中西美学范式与转型

中西美学文论纵谈

彭立勋
美学文集

第四卷

彭立勋　著

中国社会科学出版社

总　目　录

前　言 …………………………………………………………… 1
我的学术生涯 …………………………………………………… 1

第一卷

美的欣赏 ………………………………………………………… 1
美感心理研究 …………………………………………………… 57
审美经验论 ……………………………………………………… 299

第二卷

西方美学名著引论 ……………………………………………… 1
美学的现代思考 ………………………………………………… 281

第三卷

审美学现代建构论 ……………………………………………… 1
趣味与理性：西方近代两大美学思潮 ………………………… 207

第四卷

中西美学范式与转型 …………………………………………… 1
中西美学文论纵谈 ……………………………………………… 341

· 1 ·

中西美学范式与转型

第一篇 论审美学和中国美学

论《1844年经济学哲学手稿》三大美学命题 ············· 3
现代审美学建设的若干思考 ······························ 19
中华美学精神与传统美学的创造性转化 ··················· 32
文化视域下中西审美学思想之比较 ······················· 43
严羽《沧浪诗话》审美心理学思想辨析 ··················· 56
论叶燮的审美学思想体系及其独创性 ····················· 67
20世纪中国审美心理学建设的回顾与展望 ················ 81
从中西结合看20世纪前期中国审美学研究 ··············· 100
走向新世纪的中国审美心理学 ·························· 112

第二篇 论美学史和西方美学

西方美学史学科建设的若干问题 ························ 119
西方美学史研究重在批判创新 ·························· 131
范式与转型：西方美学史发展的阶段特征和动态分析 ······· 136
西方近代美学思潮的主导精神和基本倾向 ················ 148
论英国经验主义美学特点和原创性理论贡献 ·············· 159
大陆理性主义美学的演变和特点 ························ 176
西方近代启蒙美学家的"美善统一分殊"论 ················ 189

· 1 ·

从笛卡尔到胡塞尔：现象学美学方法论转型 …………………… 202
海德格尔存在主义哲学和美学的认识与评价问题 …………… 217
后现代主义与美学的范式转换 …………………………………… 230

第三篇　论审美文化和文艺美学

后现代性与中国当代审美文化 …………………………………… 243
论后现代主义文化思潮的若干倾向性特征 ……………………… 256
美学的批评与批评的美学 ………………………………………… 267
文艺理论与文艺批评的互动和互进 ……………………………… 274
论余光中的诗歌美学思想 ………………………………………… 279
生态美学：人与环境关系的审美视角 …………………………… 287
建筑艺术的文化内涵与审美特点 ………………………………… 292
从中西比较看中国园林艺术的审美特点及生态美学价值 ……… 299

附　录

彭立勋谈构建中国特色现代审美学 ……………………… 李明军／312
审美学的理论创新与学科建构
　　——美学家彭立勋先生访谈录 ……………………… 章　辉／324

后　记 ………………………………………………………………… 337

中西美学文论纵谈

前　言 ………………………………………………………………… 343

第一辑

希腊艺术与美的法则
　　——古希腊美学思想的发源 …………………………………… 345
从漂亮小姐到美的理念
　　——柏拉图对美是什么的探讨 ………………………………… 348

理念世界的"摹本的摹本"
　　——柏拉图论艺术的本质 …………………………………… 352
"理想国"与诗人
　　——柏拉图对艺术社会作用的指责 ……………………… 354
诗人描述"可能发生的事"
　　——亚里士多德论艺术与现实的关系 …………………… 356
艺术的情感作用为何有益？
　　——亚里士多德对艺术作用的辩护 ……………………… 360
最早的一个悲剧定义
　　——亚里士多德的悲剧学说 ……………………………… 363
"切近真实，寓教于乐"
　　——贺拉斯的文艺观点 …………………………………… 366
"崇高是灵魂伟大的反映"
　　——朗吉努斯论崇高风格 ………………………………… 370
诗胜画，还是画胜诗？
　　——达·芬奇的诗画比较论 ……………………………… 374
"给自然照一面镜子"
　　——文艺复兴时期的镜子说 ……………………………… 377
疯人、情人和诗人
　　——文艺复兴时期的艺术想象说 ………………………… 380
为什么会有多种诗的定义？
　　——围绕《诗学》的一场论争 …………………………… 383
悲剧和喜剧能混合为一吗？
　　——瓜里尼、维加的戏剧理论 …………………………… 386
为什么桂冠要献给诗人？
　　——锡德尼论诗的特性和目的 …………………………… 389
悲剧是怎样净化情感的？
　　——高乃依对悲剧作用的解释 …………………………… 393
想象：诗的创造的心理功能
　　——维科论诗与想象的关系 ……………………………… 396

· 3 ·

艺术是否有助于改善风俗？
　　——卢梭对文艺的否定 ················· 399
审美趣味的共同性和差异性
　　——伏尔泰论鉴赏趣味 ················· 402
"美是关系"
　　——狄德罗的唯物主义美论 ··············· 405
美学作为独立学科的诞生
　　——鲍姆加登在美学史上的贡献 ············· 408
"只有性格是神圣的"
　　——莱辛论人物性格的塑造 ··············· 410
"在特殊中显出一般"
　　——歌德论艺术创作的特殊规律 ············· 413
"既是自然的奴隶，又是自然的主宰"
　　——歌德论艺术与自然的辩证关系 ············ 416
"素朴的诗"与"感伤的诗"
　　——席勒论现实主义与浪漫主义 ············· 419
"美就是理念的感性显现"
　　——黑格尔关于美的定义 ················ 422
"情致是艺术的真正中心"
　　——黑格尔的情致说 ·················· 426
走莎士比亚之路
　　——司汤达的现实主义美学主张 ············· 429
唯意志论者眼中的审美和艺术
　　——叔本华的审美直观说 ················ 432
滑稽丑怪和崇高优美的对照融合
　　——雨果的浪漫主义文艺思想的核心论点 ········· 435
"艺术是寓于形象的思维"
　　——别林斯基的艺术定义 ················ 438
"感染性是艺术的一个肯定无疑的标志"
　　——列夫·托尔斯泰论什么是艺术 ············ 441

"欧米哀尔"的艺术哲学
　　——罗丹谈现实丑转化为艺术美 …………… 444
"俄狄浦斯情结"和"白日梦"
　　——弗洛伊德的精神分析艺术理论 ………… 447

第二辑

中华美学精神的民族特色 ………………………… 450
包容与融通：中华美学创新发展之路径 ………… 460
审美观照：中西不同学说体系的演变与比较 …… 464
鲁迅的现实主义文艺思想 ………………………… 477
朱光潜与中国现代审美学学科建设 ……………… 488
蔡仪美感论的体系建构及其独创性 ……………… 499

马克思恩格斯文艺批评中的人学思想 …………… 510
马克思恩格斯论文艺倾向性和真实性的统一 …… 522
从西方美学和文艺思潮看"自我表现"说 ……… 535
形象思维与文艺创作 ……………………………… 546
创作方法的意义不应忽视 ………………………… 558
典型理论美学价值的丰富与创新 ………………… 564
怪诞美学范畴研究的新视角 ……………………… 571
美育二题 …………………………………………… 574

附　录

我心中的剑桥 ……………………………………… 580
情满多瑙河 ………………………………………… 586
马德里广场环境艺术巡礼 ………………………… 590
圣马可广场审美漫笔 ……………………………… 593
我与汝信先生的学术之谊 ………………………… 597

美学文艺学著述年表 ……………………………… 601

中西美学范式与转型

第一篇　论审美学和中国美学

论《1844年经济学哲学手稿》三大美学命题

马克思《1844年经济学哲学手稿》(以下简称《手稿》)主要论述哲学、政治经济学和共产主义理论问题。其中的美学论述虽然不多，却集中表现着马克思早期的美学思想，而且对于美学研究具有重要的方法论意义，所以一直成为美学研究和探讨的热点。不过，《手稿》中涉及美学的论述，并不是对美学问题的专门论述，而是作为所论经济学、哲学和共产主义理论问题的引申和补充而提到的，因而也不可能充分展开。而许多研究者往往从自己所持的哲学和美学观点去进行解读，从而产生了许多歧义。因此，我们要准确地理解马克思在《手稿》中表达的美学思想，就必须回到文本本身，把有关美学论述放在它们所出现的理论语境中，紧密联系相关的理论命题，进行仔细研读和深入分析。《手稿》是以人的本质和劳动实践作为理论出发点，论及两个尺度和美的规律、人的对象化以及审美感觉。这里，笔者想通过对文本的阐释，就这三个互相联系的理论命题谈谈自己的看法，以便正本清源，从中找到正确理解马克思美学思想的钥匙。

一　人的本质和劳动实践

在《手稿》中，马克思分析了私有财产下的异化劳动。异化劳动导致人同自己的劳动产品相异化、人同自己的劳动活动相异化、人同自己的类本质相异化、人同人相异化。在论述人的类本质的异化时，《手稿》集中论述了人的本质问题。马克思在这里使用了"类""类生活""类本质"

等费尔巴哈哲学中表述人和整个人类的术语,说明他仍然受到费尔巴哈哲学的影响。但是,马克思对于人的本质的理解和费尔巴哈却有着本质的区别。

费尔巴哈在批判唯心主义和宗教的斗争中,建立了"人本学"的唯物主义。他"将人以及作为人的基础的自然当作哲学唯一的、普遍的、最高的对象",把神学转变为人本学,将神的本质归结为人的本质,这是具有进步意义的。但是,他对于人的本质的理解却是不正确的。费尔巴哈认为,人是自然界的一部分,人的生存依赖于自然界,所以人的本质就是人自身赖以生存所需要的那些东西。他说:"我所吃所喝的东西是我的'第二个自我',是我的另一半,我的本质,而反过来说,我也是它的本质。因此,可喝的水,即能够成为血的组成部分的水是带有人的性质的水,是人的本质。"① 他又认为两性关系和人的情欲也是人的本质,因为情欲才是人的感性存在的标记。费尔巴哈还提出,人的理性、意志、情感就是人的本质。如《基督教的本质》一书中说:"人自己意识到人的本质究竟是什么呢?……就是理性、意志、心。""理性、爱、意志力,这就是完善性,这就是最高的力,这就是作为人的人的绝对本质。"② 以上各种对于人的本质的看法归结到一点,就是单纯从人是自然界的产物的观点来考察人,把人仅当作生物学、生理学上的自然人,把人的本质理解为人的抽象的自然属性。

马克思在撰写《手稿》之前,就批判了费尔巴哈"过多地强调自然而过少的强调政治"的倾向。在《手稿》中,马克思明确指出"个体是社会存在物"③,从哲学上论证了人的本质不能脱离人的社会性,否定了费尔巴哈把人的本质归结为人的抽象的自然属性的观点。他说:"吃、喝、生殖等等,固然也是真正的人的机能。但是,如果加以抽象,使这些机能脱离人的其他活动领域并成为最后的和唯一的终极目的,那它们就是动物的机能。"④ 这说明,不能把人的自然属性和人的社会属性割裂开来,脱离了人的社会属性、把人的自然属性抽象出来,就抹杀了人和动物的区别,也就不可能真正了解人的本质。那么,究竟如何才能真正把握人的本质呢?马克思在《手稿》中明确指出:要从人的劳动实践来认识人的本质。他说:

---

① 《费尔巴哈哲学著作选集》上卷,荣震华、李金山译,商务印书馆1984年版,第530页。
② [德] 费尔巴哈:《基督教的本质》,荣震华译,商务印书馆1995年版,第30—31页。
③ 《马克思恩格斯文集》第1卷,人民出版社2009年版,第188页。
④ 《马克思恩格斯文集》第1卷,人民出版社2009年版,第160页。

论《1844年经济学哲学手稿》三大美学命题

"一个种的整体特性、种的类特性就在于生命活动的性质,而自由的有意识的活动恰恰就是人的类特性。""有意识的生命活动把人同动物的生命活动直接区别开来。正是由于这一点,人才是类存在物。"① 这里所说的"自由的有意识的活动"或"有意识的生命活动",就是人区别于动物的、人所特有的生产劳动。从生产劳动来说明人的本质,就是从人的最基本的社会实践活动来说明人的本质,这是历史唯物主义观点的重要表现。

有人认为,《手稿》中关于人的本质的观点和马克思在《关于费尔巴哈的提纲》中人的本质"是一切社会关系的总和"的看法是不一致的。这恰恰忽视了两种不同表述的内在的联系。马克思说:"整个所谓世界历史不外是人通过人的劳动而诞生的过程。"② 人是由劳动创造的,人类社会也是由于人的劳动才形成的。恩格斯说:"人类社会区别于猿群的特征在我们看来又是什么呢?是劳动。"③ 劳动使人从动物中最终分离出来,使人类社会同猿群区别开来,使人成为"一切动物中最爱群居的动物"④。马克思指出,"集体(即社会)只是劳动的集体",人在劳动中才形成社会。实践一开始就是社会的实践,具有社会性。人的社会性、人的各种社会关系的形成根源于人的劳动实践。人在物质生产和劳动实践中必然结成一定的生产关系,并在此基础上结成一定的政治的、思想的关系。人的生产劳动要受社会关系的制约,正是这些社会关系的总和在现实性上决定着人的本质。所以,从劳动实践来规定人的本质,和从一切社会关系的总和来规定人的本质,两者具有内在的、必然的联系,人的本质应是由生产劳动规定的人的类本质和由社会关系总和规定的人的社会本质的统一,不应将它们割裂开来或对立起来。

马克思将劳动实践作为人和动物相区别的特性,作为人的本质,这就确立了人的物质生产和劳动实践在人类社会中的基础的地位。马克思说:"全部社会生活在本质上是实践的。"⑤ 就是说全部社会生活的基础是实践的活动,物质生产和劳动实践是最基本的实践活动,是决定其他一切活动

---

① 《马克思恩格斯文集》第1卷,人民出版社2009年版,第162页。
② 《马克思恩格斯文集》第1卷,人民出版社2009年版,第196页。
③ 《马克思恩格斯选集》第4卷,人民出版社1995年版,第378页。
④ 《马克思恩格斯选集》第4卷,人民出版社1995年版,第376页。
⑤ 《马克思恩格斯文集》第1卷,人民出版社2009年版,第501页。

的东西，是人类社会存在和发展的前提。正是在这个意义上，马克思的实践概念既区别于黑格尔将实践等同于"抽象的精神的劳动"①，也区别于费尔巴哈对于实践"只是从它的卑污的犹太人的表现形式去理解"②，从而具有了崭新的革命意义，成为马克思主义哲学的核心观点。

在《手稿》中，马克思从对人的本质的科学理解出发，详细分析了人的劳动实践和动物的生产活动的区别，揭示出人的劳动实践特质，并从中引出美的规律。所以，深入解读马克思关于人的劳动实践特质的论述，对于准确理解美的规律非常重要。那么马克思是如何揭示劳动实践特质的？

第一，人的劳动实践是有意识、有目的的自觉活动。马克思说："动物和自己的生命活动是直接同一的。动物不把自己同自己的生命活动区别开来。它就是自己的生命活动。人则使自己的生命活动本身变成自己意志的和意识的对象。""有意识的生命活动把人同动物的生命活动直接区别开来。"③ 动物的生命活动是本能的、无意识的活动，不能把自己同自己的生命活动相区别；人则把自己的生命活动变成自己实践的对象和认识的对象，人在生产劳动中知道自己在生产什么以及为什么生产，知道生产要实现的目的。对此，马克思在《资本论》中有进一步的说明。他说："蜘蛛的活动与织工的活动相似，蜜蜂建筑蜂房的本领使人间的许多建筑师感到惭愧。但是，最蹩脚的建筑师从一开始就比最灵巧的蜜蜂高明的地方，是他在用蜂蜡建筑蜂房以前，已经在自己的头脑中把它建成了。劳动过程结束时得到的结果，在这个过程开始时就已经在劳动者的表象中存在着，即已经观念地存在着。"④ 这说明人的劳动实践和动物生产活动的区别就在于人的劳动是有意识、有目的的，人通过劳动实践要"在自然物中实现自己的目的"⑤。

第二，人的劳动实践是利用自然规律为人的目的服务的自由的活动。马克思用"自由的有意识的活动"来规定人的类特性，同时也就是对于人的劳动实践特性的界定。为什么说人的劳动是自由的活动呢？马克思从两

---

① 《马克思恩格斯文集》第 1 卷，人民出版社 2009 年版，第 205 页。
② 《马克思恩格斯文集》第 1 卷，人民出版社 2009 年版，第 499 页。
③ 《马克思恩格斯文集》第 1 卷，人民出版社 2009 年版，第 162 页。
④ 《马克思恩格斯全集》第 44 卷，人民出版社 2001 年版，第 208 页。
⑤ 《马克思恩格斯全集》第 44 卷，人民出版社 2001 年版，第 208 页。

个方面作了说明。其一,人的劳动是有意识的生命活动,人将自己的生命活动变成自己意志和意识的对象:"他自己的生活对他来说是对象。仅仅由于这一点,他的活动才是自由的活动。"① 其二,人能再生产整个自然界,从而"自由地面对自己的产品"。马克思说:"动物只生产它自己或它的幼仔所直接需要的东西;动物的生产是片面的,而人的生产是全面的;动物只是在直接的肉体需要的支配下生产,而人甚至不受肉体需要的影响也进行生产,并且只有不受这种需要的影响才进行真正的生产;动物只生产自身,而人再生产整个自然界;动物的产品直接属于它的肉体,而人则自由地面对自己的产品。"② 这里从四个方面说明动物的生产和人的劳动生产的区别,指出人的劳动生产具有全面、不受直接肉体需要影响、再生产整个自然界、自由地面对自己的产品的特点,即人的劳动不像动物那样受直接的肉体需要支配,片面地利用自然界的某些部分,仅仅生产直接属于他的肉体的产品,而是超越直接的肉体需要,把整个自然界"变成人的无机的身体",利用自然界的一切规律,再生产整个自然界,从而自由地面对自己的产品。恩格斯说:"动物仅仅利用外部自然界,单纯地以自己的存在来使自然界改变;而人则通过他所作出的改变来使自然界为自己的目的服务。"③ 他还明确指出:"自由不在于幻想中摆脱自然规律而独立,而在于认识这些规律,从而能够有计划地使自然规律为一定的目的服务。"④ 这些论述可以进一步说明劳动实践的自由特性。

第三,人的劳动实践是改造自然界、创造对象世界的客观物质活动。马克思说:"通过实践创造对象世界,改造无机自然界,人证明自己是有意识的类存在物。"⑤ "正是在改造对象世界的过程中,人才真正地证明自己是类存在物。这种生产是人的能动的类生活。通过这种生产,自然界才表现为他的作品和他的现实。因此,劳动的对象是人的类生活的对象化。"⑥ 这就明确指出了劳动实践是人能动地改造世界的客观的物质活

---

① 《马克思恩格斯文集》第1卷,人民出版社2009年版,第162页。
② 《马克思恩格斯文集》第1卷,人民出版社2009年版,第162—163页。
③ 《马克思恩格斯选集》第3卷,人民出版社2012年版,第997—998页。
④ 《马克思恩格斯选集》第3卷,人民出版社2012年版,第491页。
⑤ 《马克思恩格斯文集》第1卷,人民出版社2009年版,第162页。
⑥ 《马克思恩格斯文集》第1卷,人民出版社2009年版,第163页。

动。实践是作为主体的人对于作为客体的对象世界的改造，是主观见之于客观的活动，具有能动性和客观实在性。通过劳动实践改造自然界、创造对象世界，自然界表现为人的现实，劳动对象成为人的本质力量的对象化。因此，劳动实践实现了人与自然、主观与客观、自由与必然的统一。

上述论述表明，马克思的实践观是以物质生产和劳动实践作为人的全部社会实践的基础的，是把实践看作人能动地改造世界的客观的物质活动的。这是马克思的实践观和以往各种实践概念的根本区别。人的实践当然不限于物质生产实践，还包括社会政治实践、科学文化实践等。但是，一切实践都是客观的社会性的物质活动，都是建立在物质生产实践的基础之上的。如果否定了客观的物质活动的实践性质，否定了生产是最基本的实践活动，无限扩充实践的范围，把纯粹的观念和精神活动也作为实践，并将其与生产实践活动混为一谈，那就会抹杀马克思实践观的本质特点，由此也难以对马克思的美学思想做出科学的解释。

二 两个尺度与美的规律

马克思在《手稿》中，对人的劳动实践特点的理论阐述，结合对人的劳动实践和动物的生产活动的一系列对比，接着便提出了人的生产的两个"尺度"和"美的规律"的命题，其内在的逻辑联系是：人的劳动实践—劳动实践的两个尺度—美的规律。马克思说："动物只是按照它所属的那个种的尺度和需要来构造，而人却懂得按照任何一个种的尺度来进行生产，并且懂得处处都把固有的尺度运用于对象；因此，人也按照美的规律来构造。"① 对于这段重要论述，必须以马克思关于人的劳动实践的理论为基础，紧密结合人的劳动实践特点的分析，才能得到准确的理解。

所谓"尺度"，德文作 MaB，直接的意思是度量单位，引申为衡量事物的标准比较确切。马克思在《詹姆斯·穆勒〈政治经济学原理〉一书摘要》中谈到人在没有交换和有交换两种情况下使用不同尺度时说："在第一种情况下，需要是生产的尺度，而在第二种情况下，产品的生产，或者更确切地说，产品的占有，是衡量能够在多大程度上使需要得到满足

---

① 《马克思恩格斯文集》第1卷，人民出版社2009年版，第163页。

的尺度。"① 即把尺度作为衡量事物的标准来使用，这里应该不存在歧义。

按照马克思的说法，人在生产实践中要遵循两个尺度，一个是"种的尺度"；另一个是"固有的尺度"。马克思是将动物的生产和人的生产实践进行对比时讲到"种的尺度"的："动物只是按照它所属的那个种的尺度和需要来构造，而人却懂得按照任何一个种的尺度来进行生产。"这里两次提到"种的尺度"，其含义是一样的，都是指事物本身具有的标准，也就是事物本身具有的规律。不同的是，动物的生产只是按照"它所属的那个种的尺度"，而人的生产实践却懂得按照"任何一个种的尺度"。这其实就是马克思前面所说的：动物只生产自身；而人再生产整个自然界。动物的生产是本能的、无意识的活动，只是为了生产它自己或它的幼仔所直接需要的东西，所以它的种的直接的肉体需要就是生产的唯一尺度和标准。人的生产实践是有意识的、自由的活动，可以不受直接肉体需要的影响，按照任何一个种的尺度和标准，认识、掌握和利用一切事物的客观规律，再生产整个自然界。所以人的生产是全面的、自由的，能够认识和利用一切事物的客观规律。这就是人懂得按照任何一个种的尺度进行生产的含义。"任何一个种的尺度"是人在生产活动中遵循的真理的尺度和标准。

再说"固有的尺度"。德语 inhärent 一词有"内在的、含有的、本身固有的"等含义，所以，原文中的 das inhärente Maß 既可以译成"内在的尺度"，也可以译成"固有的尺度"，但后者意思更为显豁。由于"并且懂得处处都把固有的尺度运用于对象"这句话是作为前一句"人却懂得按照任何一个种的尺度来进行生产"的递进句，所以，固有的尺度不能等同于物种的尺度。而且，"处处都把固有的尺度运用于对象"这句话的主语是人，运用固有尺度于对象的主体也是人，所谓"固有"即"本身固有"，因而固有的尺度自然应是人的固有的尺度。放到人的劳动实践中来理解，就是指人作为实践的主体所具有的运用到客体对象上的尺度。

那么人的固有的尺度的具体内涵是指什么呢？它就是指人在认识和掌握事物客观规律的基础上，按照主体的需要所确定的实践的目的。人的实践活动不是像动物那样被动的适应性的活动，而是一种有意识、有目的的活动。目的性是实践的自觉能动性的主要体现，这种自觉性、目的性在物

---

① 《马克思恩格斯全集》第 42 卷，人民出版社 1985 年版，第 34 页。

质生产这一最基本的实践活动中表现得最为显著。在劳动实践中，人作为有意识的存在物，把自身的需要以目的的形式贯注于对象之中，利用自然界的客观规律对自然界进行改造，以实现自己的目的。马克思在《资本论》中说："劳动资料是劳动者置于自己和劳动对象之间、用来把自己的活动传导到劳动对象上去的物或物的综合体。劳动者利用物的机械的、物理的和化学的属性，以便把这些物当作发挥力量的手段，依照自己的目的作用于其他的物。"① 马克思这里讲的劳动资料指的是原始人经过加工的石块、木头、骨头和贝壳等工具和武器等。劳动者利用这些物的自然属性，把自己的活动传导到劳动对象上去，以便"在自然物中实现自己的目的"②。"依照自己的目的作用于其他的物""在自然物中实现自己的目的"，也就是"把固有的尺度运用于对象"。人在实践中确立目的的过程，是人的意识对客体的预先改造。物质生产过程结束时得到的结果，在这个过程开始时就作为目的在生产者头脑中以观念的形式存在着。马克思讲到人的劳动实践和动物的生产活动的区别时指出，建筑师建筑蜂房和蜜蜂建筑蜂房的最大不同，就在于建筑师在建筑蜂房以前已经在自己的头脑中把它建成了。"劳动过程结束时得到的结果，在这个过程开始时就已经在劳动者的表象中存在着，即已经观念地存在着。"③ 这种运用于被改造客体的实践主体的观念的存在，就是人在实践中要实现的目的，也就是人处处都将其运用于对象的固有的尺度。

把固有的尺度理解为人在实践中要实现的目的，绝不是把固有的尺度仅仅限于人的主观的东西。人的实践目的既不是天上掉下来的，也不是头脑中固有的，它是人在实践过程中，通过对客观事物及其规律的认识和对人自身需要的认识而形成的。目的总是以一定的客观现实为依据，并指向一定的客体，它是以客体对于主体需要的满足的实现为目标的。所以，通过对主客关系的认识而形成的目的，虽以观念形态的存在，却体现着主观与客观、理想与现实的统一，反映着客体对于主体需要的关系。从这个意义上说，固有的尺度也就是实践的价值尺度和标准。

---

① 《马克思恩格斯全集》第44卷，人民出版社2001年版，第209页。
② 《马克思恩格斯全集》第44卷，人民出版社2001年版，第208页。
③ 《马克思恩格斯全集》第44卷，人民出版社2001年版，第208页。

论《1844年经济学哲学手稿》三大美学命题

对两个尺度含义的理解,是理解马克思提出的"美的规律"内涵的基础。《手稿》讲了人的实践是按照种的尺度和固有的尺度来改造对象,从而达到两个尺度的统一,紧接着说"因此,人也按照美的规律来构造"。可见,美的规律是以两个尺度的统一为基础和前提的。所谓规律,德文作Gesetzen,具有"法则、规律、规则、准则"等含义。美的规律,也就是美的构成法则。马克思提出了美的规律,但没有具体说明。我们要理解美的规律的内涵,要结合《手稿》中对人的劳动实践的特点论述,从实践的两个尺度的辩证统一中来进行解读。

第一,美的规律是合目的性与合规律性、自由与必然的统一。如上所述,人的实践活动既要按照种的尺度,遵循客观事物的属性、规律,又要运用人的固有尺度于对象,实现自己的需要和目的。这两者的统一,就是合规律性与合目的性的统一。人的劳动实践和动物生产的本质区别,就在于人能认识和利用一切自然规律,通过改造自然界以实现人的目的。因此,合规律性和合目的性的统一是人的实践活动的基本特点。按照马克思论述中的逻辑,它也必然是美的规律的基本内涵。肯定美的规律是合规律性与合目的性的统一,和美的规律具有客观性是不矛盾的。美的规律的客观性基于人的实践的客观性。我们不能脱离了人的实践的基本特点,孤立地看待两个尺度和美的规律的内涵。美的规律的客观性固然体现在它包含了事物的客观规律,但这并不意味着它和人的目的、需要无关。正如实践虽然包含着人的目的、需要,却同样具有客观性。通过实践这种客观的物质活动,人的目的、需要已和客观事物的规律性相结合,对象化于被改造的客体对象中,从而改变了原先的观念形态的存在。合规律性与合目的性的统一,也就是必然与自由的统一。必然指自然和社会所固有的客观规律。自由指在必然基础上人所进行的自觉、自为、自主的能动的活动,即人认识和利用客观规律,改造客观世界,以为人的目的服务。在必然基础上产生的人的自由,作为实践的自觉性、能动性的表现,形成美的规律的突出特点。

第二,美的规律是主体与客体、对象化与自我确证的统一。实践是主体对于客体的改造,是通过创造对象世界达到主体与客体的统一。实践中两个尺度的统一,也就是主体尺度与客体尺度的统一。人的实践活动表现为主体的客体化与客体的主体化的双向运动。通过主体的客体化,主体实际地否定了目的自身的单纯的主观性,对象化于被改变了形式的客体中,实现了人的本质力量的对象化。通过客体的主体化,主体实际地否定了客体对于实践目的的外在性,使客体改变了原先的存在形式,转化为合目的的客体,成为人的本质力量的体现和确证。实践的双向运动,形成了主体与客体、对象化与自我确证相统一的实践结果和对象世界。马克思说:"这种生产是人的能动的类生活。通过这种生产,自然界才表现为他的作品和他的现实。劳动的对象是人的类生活的对象化;人不仅像在意识中那样在精神上使自己二重化,而且能动地、现实地使自己二重化,从而在他所创造的世界中直观自身。"① 这段话是对于主体与客体、对象化与自我确证在实践中达到统一的最好说明,而它恰恰是紧接着提出美的规律之后说的,对于理解美的规律的内涵具有直接的意义。

第三,美的规律是观念与形象、内容与形式的统一。物质生产和劳动过程结束时得到的结果,在这个过程开始时就作为目的在生产者头脑中以观念的形式存在着。作为观念的存在的实践目的,反映着人对自身需要和客观事物规律的认识,是人的意识对客体的预先改造。实践作为人的主观见之于客观的活动,就是要将观念形态的目的对象化于被改变了形式的客体事物中,这也就是化观念为事物形象、融观念与事物形象为一体。马克思讲"人也按照美的规律来构造",就包括创造对象、构造事物形象的意思。黑格尔的美的定义,就是讲理念内容与感性形象两方面的协调和统一。不过,他把理念说成自在自为的绝对理念,把理念和形象的统一看作理念自生发的结果,这和马克思讲的通过实践创造对象世界,形成观念与形象的统一,当然是有本质区别的。但作为美的规律和法则,两者又是相通的。有人认为美的规律是形式美的规律,或主要是形式美的规律。这是脱离了实践活动和创造对象世界来看美的规律,割裂了美的规律中观念内容和感性形式的内在统一性。美的规律中内含的合目的性与合规律性、自由与必然的统一绝不仅仅是形式或形式美的问题。各种形式美往往以合规律性的自然形式成为人的审美对象,但这些合规律的自然形式之所以对人成为美的,仍然是通过劳动实践的漫长过程,同人的生活的不同方面或不同因素产生了直接或间接的关系,隐含着同合目的性的内容的联系。它们只

---

① 《马克思恩格斯文集》第 1 卷,人民出版社 2009 年版,第 163 页。

是美的规律的一种特殊的表现形态,所以不能将美的规律仅仅归结为形式或形式美。

三　人的对象化与审美感觉

《手稿》在分析异化劳动、论述人的劳动的特点、阐明共产主义理论和批判黑格尔哲学时,都广泛涉及"对象化"问题。关于"人的对象化"或"人的本质对象化"的论点是手稿中的一个核心论点。马克思在运用这一论点分析和说明上述问题时,也顺带涉及美学问题。究竟怎样理解人的对象化以及它和美学问题的关系,也是理解马克思美学思想的一个重要问题。

"对象化""异化""外化"都是黑格尔哲学中的关键概念。黑格尔用这些概念去说明他的辩证法中"正""反""合"的转化过程。黑格尔认为绝对精神作为世界本源,处于辩证的发展之中。它的辩证运动是按照正(肯定)—反(否定)—合(否定之否定)三段式的途径发展的。黑格尔的客观唯心主义哲学体系,就是展现绝对精神自我外化和对象化的过程,即从精神、思想外化为物质、存在,然后又抛弃物质、存在,回复到精神、思想,达到自我认识。在黑格尔哲学中,对象化和外化、异化是同一个含义,都是表明矛盾发展的一个阶段,即事物由于统一体的分裂而走向自己的反面。

马克思在《手稿》中批判了黑格尔哲学对于对象化和异化的客观唯心主义的解释,指出:"整整一部《哲学全书》不过是哲学精神的展开的本质,是哲学精神的自我对象化;而哲学精神不过是在它的自我异化内部通过思维方式即通过抽象方式来理解自身的、异化的世界精神。"[①] 就是说,黑格尔讲的是绝对精神、世界精神通过思维方式的对象化、异化。同时,黑格尔讲的人的本质的异化和对象化,也不是人的本质的现实的对象化,而是自我意识的异化、对象化。"人的本质,人,在黑格尔看来=自我意识。因此,人本质的全部异化不过是自我意识的异化。自我意识的异化没有被看作人的本质的现实异化的表现,即在知识和思维中反映出来的这种

---

① 《马克思恩格斯文集》第 1 卷,人民出版社 2009 年版,第 202 页。

异化的表现。"① 所以，黑格尔的人的本质对象化的观点是头脚倒置的。

费尔巴哈从唯物主义立场批判了黑格尔对于对象化、异化所做的唯心主义的解释，不是从自我意识出发，而是从感性的人出发解释人的本质对象化。他说："人的本质在对象中显示出来：对象是他的公开的本质，是他的真正的、客观的'我'。不仅对于精神上的对象是这样，而且，即使对于感性的对象，情形也是如此。"② 在《基督教的本质》中，费尔巴哈运用人的本质对象化和异化的观点批判宗教，指出"上帝的本质不过是对象化了的人的本质"③，宗教是人的本质的异化。然而，费尔巴哈的唯物主义是直观的、不彻底的。"费尔巴哈不满意抽象的思维而喜欢直观，但是他把感性不是看作实践的、人的感性的活动。"④ 所以，他对人的本质对象化的理解也只能是感性直观的。

马克思在《手稿》中对人的本质对象化的概念的使用，显然有费尔巴哈思想的影响。但是，他一方面批判了费尔巴哈对于人的本质的抽象的理解；另一方面也批判了费尔巴哈对于对象化的直观的理解。马克思论证了人的本质在于社会劳动实践，同时也是从人的实践主要是劳动实践出发，来说明人的本质对象化的论点。这就既克服了黑格尔的唯心主义理解，也克服了费尔巴哈的直观唯物主义理解，使人的本质对象化的论点建立在实践唯物主义的基础之上了。

《手稿》中对于人的本质对象化的论点的阐述包含着极为丰富的理论内容，主要可从以下几个方面解读。

第一，人的本质对象化是通过人的社会实践主要是劳动实践实现的，是通过实践改造对象世界的结果。马克思说："正是在改造对象世界的过程中，人才真正地证明是类存在物。这种生产是人的能动的类生活。通过这种生产，自然界才表现为他的作品和他的现实。因此，劳动的对象是人的类生活的对象化。"⑤ 人的实践是自觉的能动的活动，是主体对于客体的

---

① 《马克思恩格斯文集》第1卷，人民出版社2009年版，第207页。
② [德]费尔巴哈：《基督教的本质》，荣震华译，商务印书馆1984年版，第33页。
③ 北京大学哲学系外国哲学史教研室编译：《十八世纪末—十九世纪初德国哲学》，商务印书馆1975年版，第577页。
④ 《马克思恩格斯文集》第1卷，人民出版社2009年版，第501页。
⑤ 《马克思恩格斯文集》第1卷，人民出版社2009年版，第163页。

论《1844年经济学哲学手稿》三大美学命题

改造。通过实践创造对象世界，人使自己的目的、需要以及意志、情感、智慧、才能等精神能力转化为对象物，人在他所创造的对象上能动地、现实地复现自己，直接证实和实现了人的本质力量。马克思还指出："工业的历史和工业的已经生成的对象性的存在，是一本打开了的关于人的本质力量的书，是感性地摆在我们面前的人的心理学。"① 这是进一步说明，物质生产和劳动实践是人的本质对象化的根源，是人的本质对象化的集中体现。

第二，人的本质对象化是主体客体化与客体主体化、人的对象化与自然的人化的双向运动，是自然界向人的生成。人的劳动实践既是主体的客体化过程，也是客体的主体化过程。主体的客体化使人的本质力量转化为对象物，实现人的对象化；客体的主体化使客体从客观对象的存在形式转化为人的主体的因素，实现自然的人化。这两者统一于实践的运动过程，使主体与客体、人与自然在实践的结果中达到了统一。马克思在《手稿》中深刻分析了人和自然界不可分割的联系，指出人在实践上"把整个自然界——首先作为人的直接的生活资料，其次作为人的生命活动的对象（材料）和工具——变成人的无机的身体"②。通过劳动实践，自然界表现为"人的作品和人的现实"。这就是马克思所说的"人化的自然界"。确切地说，人化的自然界是指已经被人的实践活动改造过、打上人的意志烙印、体现人的目的和需要的那部分自然界。所谓"自然的人化"，就是自然界在人的实践活动中不断获得属人的性质，成为人的本质力量的展现和确证，它和人的本质对象化是对同一过程、同一内涵的不同表达。有人将"人化的自然"与"自在的自然"混为一谈，认为自在的自然（尚未被人类活动作用的自然界）也是人的实践活动的产物，全部自然界都已经被人化了。这是不符合马克思的原意的，也是不符合实际的。

第三，人的本质对象化是受到社会条件影响和制约的，是随社会发展变化而发展变化的。马克思区分了"对象化"和"异化"两个概念，将后者理解为事物和现象之间的敌对的、异己的关系。他在分析私有财产社会条件下的劳动异化时，指出异化劳动使劳动的对象化表现为对象的丧失和被对象奴役，表现为异化、外化。这就"意味着他的劳动作为一种与他相

---

① 《马克思恩格斯文集》第1卷，人民出版社2009年版，第192页。
② 《马克思恩格斯文集》第1卷，人民出版社2009年版，第161页。

异的东西不依赖于他而在他之外存在,并成为同他对立的独立力量;意味着他给予对象的生命是作为敌对的和相异的东西同他相对立"①。这就使人的生命活动同人相异化,因而也就使"人的本质同人相异化",即"人的类本质,无论是自然界,还是人的精神的类能力,都变成对人来说是异己的本质,变成维持他的个人生存的手段"②。总之,私有财产下人的本质对象化成为人的本质的自我异化。"共产主义是对私有财产即人的自我异化的积极的扬弃,因而是通过人并且为了人而对人的本质的真正占有。"③ 在新的社会条件下,人的本质在对象化中实现了自我确证。"随着对象性的现实在社会中对人来说到处成为人的本质力量的现实,成为人的现实,因而成为人自己的本质力量的现实,一切对象对他来说也就成为他自身的对象化,成为确证和实现他的个性的对象,成为他的对象,也就是说,对象成为他自身。"④ 于是,人和自然界、对象化和自我确证、自由和必然、个体和类之间的矛盾得到真正解决。

马克思正是在这样的理论前提下,论及社会的人的感觉的形成和发展与人的本质力量的对象化和人化的自然界的关系问题,特别是人的审美感觉与人的本质力量对象化的关系问题。这些论述具有极为丰富的美学内容。

首先,关于主体的审美感觉与审美对象的关系问题。马克思说:"只有音乐才激起人的音乐感;对于没有音乐感的耳朵来说,最美的音乐也毫无意义,不是对象,因为我的对象只能是我的一种本质力量的确证,就是说,它只能像我的本质力量作为一种主体能力自为地存在着那样才对而我存在,因为任何一个对象对我的意义(它只是对那个与它相适应的感觉来说才有意义)恰好都以我的感觉所及的程度为限。"⑤ 这就是说,审美对象与主体的审美感觉是互相联系的,如果没有相应的审美感觉,对象就不能对主体构成审美对象,因为"我的对象只能是我的一种本质力量的确证"。马克思还说:"对象如何对他来说成为他的对象,这取决于对象的性质以及与之相适应的本质力量的性质;因为正是这种关系的规定性形成一种特

---

① 《马克思恩格斯文集》第1卷,人民出版社2009年版,第157页。
② 《马克思恩格斯文集》第1卷,人民出版社2009年版,第163页。
③ 《马克思恩格斯文集》第1卷,人民出版社2009年版,第185页。
④ 《马克思恩格斯文集》第1卷,人民出版社2009年版,第190—191页。
⑤ 《马克思恩格斯文集》第1卷,人民出版社2009年版,第191页。

论《1844年经济学哲学手稿》三大美学命题

殊的、现实的肯定方式。"① 由此可见，人对现实的审美肯定方式，即人与现实的审美关系，是由审美对象的性质和与之相适应的审美主体本质力量的性质之间关系的规定性所决定的。

其次，关于审美感觉的形成和人的本质对象化与人化的自然界的关系问题。马克思说："只是由于人的本质客观地展开的丰富性，主体的、人的感性的丰富性，如有音乐感的耳朵、能感受形式美的眼睛，总之，那些能成为人的享受的感觉，即确证自己是人的本质力量的感觉，才一部分发展起来，一部分产生出来。因为，不仅五官感觉，而且连所谓精神感觉、实践感觉（意志、爱等等），一句话，人的感觉、感觉的人性，都是由于它的对象的存在，由于人化的自然界，才产生出来的。"② 马克思把审美感觉称为"人的享受的感觉"，"确证自己是人的本质力量的感觉"，突出了审美感觉的本质和特点。审美感觉作为人的感性的丰富性的表现，是由于人的本质客观地展开的丰富性，出于它的对象的存在，出于人化的自然界，才产生出来和发展起来的。而人的本质对象化和人化的自然界则是实践的过程和结果，这就深刻地揭示出审美感觉形成的根源在于人的劳动实践。人的美感能力，既不是自然本能，也不是天赋能力，而是人类长期社会实践的结果。"五官感觉的形成是迄今为止全部世界历史的产物。"③ 感觉是在人的长期实践中产生发展的。由于生产劳动的实践活动，伴随人脑的发展，人的各种感觉器官才发展起来，逐渐地脱离动物的自然本性或本能状态，改造成具有社会性的、人性的感官，并产生出人的美感能力。

最后，关于审美感觉的社会历史制约性问题。马克思指出，私有制下人的自我异化使我们变得如此愚蠢而片面，以致一个对象，只有当它为我们所拥有的时候，当它对我们来说作为资本而存在，或者它被我们直接占有，被我们吃、喝、穿、住的时候，简言之，在它被我们使用的时候，才是我们的。因此，一切肉体的和精神的感觉都被这一切感觉的单纯异化即拥有的感觉所代替。人的审美感觉因而也被异化为拥有感，以致人们面对对象之美却无法产生美感。"忧心忡忡的、贫穷的人对最美的景色都没有

---

① 《马克思恩格斯文集》第1卷，人民出版社2009年版，第191页。
② 《马克思恩格斯文集》第1卷，人民出版社2009年版，第191页。
③ 《马克思恩格斯文集》第1卷，人民出版社2009年版，第191页。

什么感觉；经营矿物的商人只看到矿物的商业价值，而看不到矿物的美和独特性；他没有矿物学的感觉。"① 对私有财产的积极扬弃是为了人并且通过人对人的本质的真正感性的占有，是人的一切感觉和特性的彻底解放。在新的社会条件下，"人以一种全面的方式，就是说，作为一个完整的人，占有自己的全面的本质"②。"已经生成的社会创造着具有人的本质的这种全部丰富性的人，创造着具有丰富的、全面而深刻的感觉的人作为这个社会的恒久的现实。"③ 这里，马克思再次强调了人的本质对象化对于包括审美感觉在内的"人的感觉"形成的重要意义，指出："为了创造同人的本质和自然界的本质的全部丰富性相适应的人的感觉，无论从理论方面还是从实践方面来说，人的本质的对象化都是必要的。"④ 就是说，通过人的本质的对象化，新的社会创造着同人的本质的全部丰富性相适应的全面而深刻的人的感觉，从而"人以全部感觉在对象世界中肯定自己"⑤。这是马克思对于未来社会人的感觉包括审美感觉充分发展的美好展望，它与马克思主义创始人关于人的自由全面发展的社会理想是紧密结合在一起的。

综上所述，马克思在《手稿》中所做的美学论述，将与美学基本问题的研究和人类社会实践（最基本的是生产实践）紧密结合起来，与人类社会发展进程紧密联系起来，从人的劳动实践的特点中去发现美的规律及其深刻的本质内涵，从社会实践和社会发展中去寻找审美感觉的起源及其发展变化的基本规律。这就完全突破了西方传统美学的纯粹思辨的形而上学研究模式，也摒弃了对美学问题单纯感性直观的把握方式，从而在方法论上实现了美学史上的革命变革，为美学研究开创了新的方向和道路。

[原载于《武汉理工大学学报》（社会科学版）2015年第2期]

---

① 《马克思恩格斯文集》第1卷，人民出版社2009年版，第192页。
② 《马克思恩格斯文集》第1卷，人民出版社2009年版，第189页。
③ 《马克思恩格斯文集》第1卷，人民出版社2009年版，第192页。
④ 《马克思恩格斯文集》第1卷，人民出版社2009年版，第192页。
⑤ 《马克思恩格斯文集》第1卷，人民出版社2009年版，第191页。

现代审美学建设的若干思考

一 推进审美学学科建设和体系创新

审美学以审美主体的审美活动和审美经验为研究对象，在美学中具有相对独立性。把审美学作为一门独立的综合性的学科来建设，对推进美学的创新发展，更好地适应时代对美学的要求，具有重要的意义。

首先，这是美学本身转型发展的要求。美学史表明，美学思想的产生是同对人类审美活动和审美经验的观察与探讨分不开的。但是，在很长的历史时期里，西方美学的研究重点却不是人的审美经验，而是美的本体、美的本质问题。到了近代，由于哲学重点向认识论的转移和心理学的发展，美学的主要研究对象逐渐从审美客体向审美主体、审美经验转移。这一趋势在20世纪得到强势延续。心理学、美学的发展使审美经验独立成为美学的一种研究对象。从哲学、心理学、艺术学等各种不同角度研究审美经验的学说和派别层出不穷。以至于西方美学家不约而同地指出，当代美学研究的重点已不再是关于美的本质的探讨，而是对审美经验以及与此相联系的各种艺术问题的研究。这种变革被公认为当代美学区别于传统美学的一个主要标志。美学的这种变革必然推动学科的转型发展。在研究对象重点转移的同时，美学的学科体系和研究方法也产生了重要变化。许多当代有影响的美学家往往以审美经验作为构造全部美学体系的出发点，或作为研究所有美学问题的基础。这极大地推动了审美学的建设和发展。我国20世纪50年代以后的美学大讨论，基本集中在美的本质问题上，造成审美经验研究的长期缺失。改革开放以来，追赶世界美学转型发展的趋势，对审美主体、审美经验的研究有了长足发展，推进审美学学科建设和创新发展已成为推进我国当代美学研究的必然之举。

其次,这是美学回应艺术实践和现实生活的要求。美学研究本来是出于解释和指导艺术实践的需要,艺术向来是美学的主要研究对象。美学要研究美,而艺术美是美的最集中、最高度的表现,所以美和艺术的研究本来就是统一的。黑格尔说美学的正当名称是"艺术哲学",它"所讨论的并非一般的美,而只是艺术的美"[1]。他对美下的定义就是艺术美的定义。他说:"我们真正研究对象是艺术美,只有艺术美才符合美的理念的实在。"[2] 可是,许多美学论著探讨美的本质,却只是停留在抽象的哲学概念的推演和思辨上,几乎和艺术实际无关。美学研究和艺术研究成为不搭界的两大块。朱光潜先生说过,把美学和文艺创作实践割裂开来,悬空地、孤立地研究抽象的理论,就会成为"空头美学家"。要解决这个问题,就必须重视审美经验的研究,建设审美学。因为审美经验研究是联结美和艺术研究的一座桥梁,从美的本质到艺术创造、艺术欣赏和批评,需要依靠审美经验来贯通。以艺术为中心研究审美经验和结合审美经验探讨艺术问题,将两者统一起来,已成为当代西方美学发展的重要趋势。当代许多富有创造性的、产生重大影响的美学成果,都是将审美经验研究和艺术研究统一和结合起来取得的,如杜威的《艺术即经验》、英伽登的《对文学的艺术作品的认识》、苏珊·朗格的《情感与形式》等。这既是美学研究范式的转变,也是艺术研究范式的转变,极大地拉近了美学研究和艺术研究以及艺术创造和欣赏实践之间的距离。20世纪末以来,随着审美文化研究、日常生活美学、环境美学、生态美学等陆续走向美学的前沿,开始了美学面向现实和生活的全方位转型,与这些领域相关的不同于艺术的审美经验成为美学家关注的新热点。这也对审美学研究提出了新的要求,并且成为推动审美学发展的新动力。

推进审美学学科建设,需要拓展和深化关于审美活动和审美经验的研究领域和问题,完善和创新审美学学科体系。审美活动和审美经验是审美学的研究对象,也是构建审美学学科体系的出发点。但是,什么是审美经验?应当从哪些方面进行深入研究?包括哪些需要研究和解决的课题……都还是需要进一步探讨的问题。目前,人们普遍认为审美经验主要是指人

---

[1] [德] 黑格尔:《美学》第1卷,朱光潜译,商务印书馆1979年版,第3页。
[2] [德] 黑格尔:《美学》第1卷,朱光潜译,商务印书馆1979年版,第183页。

在欣赏和创造美和艺术时发生的心理活动,因此将审美心理活动研究作为审美学的研究重点是有一定道理的。审美心理是审美经验产生的出发点,是一切审美意识形成的基础,因而审美心理研究也应成为审美学的主体构成部分。但如果因此将审美学和审美心理学完全等同起来,那就忽视了审美经验的丰富内涵,把审美经验狭窄化了。

审美的意识活动表现为心理活动,但又不限于心理活动。审美意识作为审美主体对于审美对象的反映和反应,具有复杂的结构和不同的水平、不同的层次,包括不同的形式,它既包括审美心理,也包括审美心理之外的其他各种审美意识形式。审美心理包括审美感觉、知觉、联想、想象、理解、情感、意志等心理活动和过程,是审美意识的不够自觉的、不够定型的形式。除此之外,包括审美观念、审美趣味、审美理想、审美标准等在内的审美意识形式,是审美意识中的自觉的、定型化的形式。审美心理和其他审美意识形式是互相关联、互相作用的。审美观念、审美理想、审美标准等意识形式是在审美心理活动的基础上形成的,但它是对于审美心理的提炼和升华,是通过自觉活动形成的定型化的思想观念。审美心理活动总是在一定的审美观念、审美理想、审美标准影响下发生的,是受这些审美意识形式制约的。此外,在审美心理活动的基础上,在审美观念和审美标准制约下,审美主体对于审美对象的审美价值所产生的审美判断和审美评价,也是审美意识的一种重要形式。以上所述,都是审美活动和审美经验相关的内容,也都是审美学需要研究的对象,当然是审美学的学科体系建设必须包含的各个组成部分。

从当前情况看,审美心理部分的研究比较受到重视,成果也比较丰富。相对而言,对于审美意识的历史起源、社会本质和发展规律的研究,对于审美理想、审美趣味、审美标准、审美价值、审美判断、审美评价等问题的研究,则显得较为不足。虽然在西方审美学研究中,关于这些问题也有一些较为深刻的论述,但总的来看,成果并不理想。由于受到哲学观点的局限和存在问题的影响,许多西方美学家对于上述各种问题的看法仍较缺乏全面性、科学性,与审美实际相距较远。以艺术为主体的审美经验,既是一种心理现象,也是一种社会现象。对审美经验的考察和研究,不能仅仅停留在心理学层面,还必须从审美经验与人类社会实践的关系深入揭示其社会历史本质和规律性。在这方面,普列汉诺夫在《没有地址的信》中运用唯物史观，从社会学角度，对原始民族审美感觉、审美趣味和观念与社会生活条件关系所作的精辟分析和论述，至今仍然是我们学习的典范。可惜在当代美学研究中，很少再能见到这方面具有丰富考察资料、富有真知灼见和说服力的成果。因此，如何在正确的哲学观点和方法指导下，将美学和价值论、心理学、社会学、文化人类学、艺术史和艺术批评等学科结合起来，对审美经验进行全方位研究，做出深入的分析和科学的阐明，是完善和创新审美学学科体系的一项重要任务。

二　更新审美经验研究的思维方式

审美经验的性质和特点是什么？审美经验的心理结构和发生机制是怎样的？这是审美学要解决的核心问题，是美学家长期以来要揭示的审美之谜。要在这些重要问题上得到突破，就必须从更新思维方式入手。传统思维方式的一个根本特点，就是按照"孤立的因果链的模式"[①] 思考对象，把一切事物都看作由分立的、离散的部分或因素所构成，试图用孤立的组成部分去解释复杂系统的整体。这种思维方式在以往的审美经验研究中一直有很大影响。西方许多审美经验理论和学说的一大弊病，就在于脱离整体去孤立地分析其各个构成要素，乃至简单地把某种构成要素的性质当作审美经验整体的性质，把其构成要素的某种特性当作整体的功能特性。这就容易造成一叶障目，不见泰山，难免对审美经验做出种种片面的解释。如克罗齐认为美感经验就是纯感性的直觉，和理性无关；康德认为审美判断只涉及情感领域，和认识无关；弗洛伊德认为审美和艺术源于无意识的欲望，不受意识支配；等等。现代系统科学方法论突破了传统的思维方式，它把事物看作由各部分、各要素在动态中相互作用、相互联系而形成的系统，要求从整体性出发，把对象始终作为一个有机的整体，从系统与要素、整体与部分、结构与功能的辩证关系上去把握对象。由于审美经验是一种包含着许多异质要素的多方面的复合过程，是多种异质要素共同整合的结果，它的特性和规律只有在各种异质要素的整合中才能体现出来，

---

① ［美］冯·贝塔朗菲：《一般系统论：基础、发展和应用》，林康义等译，清华大学出版社1987年版，第10页。

现代审美学建设的若干思考

因此，应用系统方法论这种新的思维方式或哲学方法论，对于纠正历来对于审美经验的一些片面理解，全面地、整体地认识审美经验的性质、特性和规律，就显得特别适合和重要。

按照系统论观点，系统整体水平上的性质和功能，不是由其构成要素孤立状态时的性质和功能或它们的叠加所形成的，而是由系统内各个要素相互联系和作用的内部方式即结构所决定的。审美经验和认知、道德及其他日常经验的区别主要不在于其构成要素的多寡，它的整体特性也不能由它的构成要素的孤立的特性或其相加的总和来解释，而是要由它的全部心理构成要素相互联系、相互作用所形成的特殊结构方式来说明。如果我们不去认真研究在审美经验中感知和理解、知觉和情感、情感和理性、想象和思维、意识和无意识等各种异质要素是以何种特殊方式相互联系和作用的，不去认真分析美感中的特殊的认识结构、情感结构以及二者之间的相互关系，我们就无法从整体上去认识和把握审美经验的特性与功能。对于人们常常遇到的特殊的审美心理现象以及常常用于描述审美经验的特殊概念和范畴，如直觉性、愉悦性、形式感、移情作用、同情作用、非确定性、不可言说性、意象、趣味、灵感等，也就不能从整体上予以科学的阐明。

系统论不仅强调系统的整体性，也强调系统的层次性，把系统看作多层次的有机整体。在审美经验中，审美心理各个要素之间形成一种稳定的联系，这种稳定的联系就构成了所谓的审美心理结构。因为各个要素之间的稳定的联系具有多样性、复杂性，这就决定了审美心理结构是多层次、多等级的。审美心理构成中，各个不同的要素与要素之间的联系按照不同的水平而形成了不同的层次结构，因而我们在考察审美心理的特殊结构方式时要注意分析它的各个不同层次。首先，审美中认识因素包括感知、表象、联想、想象、理解、思维等，各种感性认识因素和理性认识因素以特殊方式相互联系、相互作用，形成感性与理性相统一的审美认识结构（形象观念、意象、形象思维等）；其次，审美中情感因素包括情绪、情感、激情、心境以及与情感相联系的意愿等，各种不同情感因素和不同认识因素以特殊方式相互联系、相互作用，形成情感与认识相交融的多层次的审美情感结构（情景互生、移情作用、同情共鸣、人物内心体验等）；最后，审美认识结构和审美情感结构以特殊方式交互作用、相互协调，导致感性与理性、认识与情感、合规律性与合目的性相协调、相统一的自由和谐的心理活动，最终形成以情感愉悦和心灵感动为特点的审美总体体验。审美经验表现出的特殊心理现象如直觉性、形式感、愉悦性等，都是由于审美心理的特殊结构方式以及美的观念的中介作用所形成的整体效应。因此，发现并科学地解释审美心理的特殊结构方式，是揭示审美经验特殊规律的关键所在。

在审美经验形成中，美的观念的中介作用非常重要。康德在《判断力批判》中阐明的"美的理想""审美理念"，就是一种美的观念。他说："我把审美理念理解为想象力的那样一种表象，它引起很多的思考，却没有任何一个确定的观念、也就是概念能够适合它，因而没有任何言说能够完全达到它并使它完全得到理解。"[①] 美的观念是审美心理特殊结构方式的产物和体现，是感性与理性、认识与情感、特殊与普遍、主观与客观、合规律性与合目的性的统一，集中表现着审美经验的系统整体性。美的观念的中介作用可以从皮亚杰的发生认识论关于同化和顺应理论得到科学说明。皮亚杰认为认识起因于主客体之间的相互作用，主体对客体的认识是主体图式同化客体信息的产物，而主体对客体的顺应又使主体图式获得更新。美的观念的中介作用和主体图式的中介作用在原理上是一致的。此外，现代控制论关于大脑活动受非约束性信息与约束性信息双重决定作用理论也对美的观念中介作用机制提供了有力支撑。弄清美的观念在美感发生中的中介作用及其形成的心理机制，是揭示审美心理奥秘的一个重要突破口。

三　科学总结中国现代审美学建设经验

中国现代审美学的发展已有上百年的历史，对它的发展过程、学术成就、研究经验及存在问题进行系统的科学的分析和总结，是推进中国特色现代审美学建设的重要前提。纵观百年中国现代审美学发展，20世纪三四十年代和八九十年代出现过两次研究热潮。两次热潮发生的时代条件有很大差别，也具有不同特点，但都产生了一些重要的学术成果，对推进中国现代审美学发展产生了重大影响。其中，最值得反思和总结的经验主要有两个方面。

---

① [德]康德：《判断力批判》，邓晓芒译，人民出版社2002年版，第158页。

首先，从研究内容上看，尽管百年来中国审美学研究所涉及的问题颇为广泛，审美心理学的基本问题几乎全都纳入研究者的视野之内，但是，从整个学科建设来看，较为集中探讨和深入研究的主要是两大问题：其一是审美经验的特质和心理机制问题；其二是艺术创造的心理活动及其特征问题。百年中国审美学在学科建设上的成就可以说主要反映在这两大问题的研究上。从发展上看，对这两大问题的研究深度不断在深化，在一些重要理论问题上也不断有创新性学说提出。如20世纪80年代以来，关于审美心理结构和美感形成的中介因素问题先后有各种新说问世，大大深化了对这一问题的认识。尤其是"自觉的表象运动"说、"审美表象"说、"审美意象"说、"形象观念"说、"情感逻辑"说等的提出，使审美经验发生的特殊心理机制问题获得了许多新的认识。此外，如审美和艺术中情感的作用和特点问题，审美和艺术中的形象思维问题，艺术创造中的直觉、灵感、非自觉性以及无意识活动问题，艺术家的个性心理及创造力问题等，也都在理论上有了重要进展，其论述的深刻性和新颖性大大超过了以往的美学研究。不过，从总体上看，在上述重要问题上，学术观点创新力度仍不够大，缺少重大的突破性的进展。特别是在应用现代科学方法论和现代科学新成果于基本理论问题研究上，与世界先进水平存有较大差距。在运用社会历史观点研究审美经验方面，也缺乏具有重要学术创新价值的成果。因此，需要继续从上述两个方面加大研究的创新力度。另外，如何将审美理论研究与艺术研究紧密结合起来，也需要继续深入探索。20世纪末以来，关于文艺的审美意识形态性质的讨论，是审美学和艺术理论研究相结合的重大成果，但这方面研究还需要继续深化和发展，使其更具创新性。

其次，从研究途径上看，百年中国审美学是在不断探索西方美学和中国美学及艺术传统相结合中向前发展的。如何接受西方美学的影响并之使与中国传统美学相交融，是中国现代审美学建设需要解决的一个主要问题。由于中、西美学在理论形态、范畴和话语及表达方式上都存在明显的差异，因此，在两者的结合中，如何使双方互相沟通，在观点、概念、范畴上产生彼此关联，同时又保持各自的特色和优点，在融合、互补中进行新的理论创造，成为实践中一个难题。在解决这个难题的过程中，20世纪前期在审美学研究中进行的中西结合的探索有过多种多样的尝试，提供了许多好的经验。从王国维、朱光潜到宗白华，既能准确地把握中西美学的融通之点，又能充分展示中西美学各自的特色，做到异中有同，同中有异，在比较、融合、互补中实现观点和理论的创新。

值得注意的是，在实现这一目标的过程中，王国维、朱光潜、宗白华都发挥了个人的独创性，采用了各自不同的方式。如王国维主要是运用西方美学的新理论、新观念和新方法，研究中国古典文艺作品和审美经验，对中国传统审美学思想范畴进行新的阐发。他的"境界"说堪称运用西方美学观念和方法阐释中国传统审美学范畴的经典成果。朱光潜则以西方美学理论，特别是各种现代心理学美学的理论为骨干，补之于中国传统美学思想和概念，试图建构一个中西结合的心理学美学体系。《文艺心理学》从体系上看，基本上是以西方审美学理论和范畴为框架的，但具体论述中，却处处结合着中国传统审美学观念和文艺创作的经验，两者互相印证，达到"移西方文化之花接中国文化传统之木"。至于宗白华，则以中国艺术的审美经验以及中国传统美学思想为本位，着重于中西艺术审美经验和美学思想的比较研究，在比较中探寻中国艺术创造和审美心理的特色，发掘中国艺术和传统美学思想的精微奥妙。他对于中西艺术不同审美特点和表现形式的分析，对于中国艺术意境的"特构"和深层创构的发掘，至今无人企及。尽管他们各自探索中西美学结合的方式不同，但着眼点却都是要通过吸收、借鉴西方美学和继承、改造传统美学，形成独特的见解，创造新鲜的理论。这一成功经验对于我们推进中国特色现代审美学建设具有重要意义。

虽然百年来中国审美学建设沿着中西结合之路获得了丰硕成果，但仍然存在一些问题。由于盲目崇拜，自觉或不自觉地把形成于西方文化土壤、哲学基础及文艺传统之中的西方美学理论、概念、范畴，无限扩大为一种普泛性的范式和标准，试图用它们去套中国文艺创作实践和传统美学思想，结果就出现了"以西格中"、生搬硬套的现象，这就使中国现代审美学建设在民族化、本土化方面存在严重不足。这个问题如不解决，势必影响中国特色现代审美学的建设。鉴于此，我们必须调整中西美学结合研究的思维方式和模式，改变以西方美学为本位和普遍原则，简单接受移植的研究方式和模式，倡导中西美学之间的文化对话，把中西美学的结合看作对话式的、多声道的，而不是单向的或单声道的，使中西美学结合真正成为一种跨文化的互动，在真正平等而有效的对话的基础上，达到中西美学的互识、互鉴、互补。

四 推动中国传统审美学思想创造性转化

建设中国特色现代审美学必须解决的另一个重要问题，即如何将中国优秀的传统审美学思想与中国当代文艺实践和美学理论建设相结合，从时代高度，用新的观点和方法对传统美学思想、命题、概念、范畴给予科学阐释，并赋予新义，使其紧密结合当代实际，具有时代内涵，实现其创造性转化。

尽管20世纪以来，对中国古代审美学思想的研究已有重要进展，中国传统审美学思想的一些重要概念和范畴正在逐步得到较深入的阐释，中西审美学思想的不同特点也在比较中逐步得到较明晰的揭示，但是对中国古代审美学思想进行全面清理和系统研究仍嫌不足，对中国特有的审美学的范畴、概念和命题进行深刻挖掘和创造性阐发仍需加强。把中国传统审美心理学思想中某些特殊范畴与西方心理学美学中的某些概念、范畴简单化地加以类比，甚至削足适履，将前者纳入后者框架和观念之中的情况，也影响着对于中国传统审美学思想的真谛和精髓的把握。

针对上述问题，首先要进一步深入研究和揭示中国传统审美学思想的特点。中国传统审美学思想不仅有其独特的观念、命题和概念范畴，而且有其独特的理论形态和思维方式，而这些又是同中国传统文化和艺术审美经验的特点相联系的。在中国传统哲学辩证思维方式影响下，中国传统审美学思想强调审美中主客体的辩证统一和二者的相互作用，强调审美中情感因素和理性因素的互相渗透和有机融合，强调审美的愉悦性与陶冶性相结合和相统一，视审美观照和审美经验为一种超越性人生境界。它所形成的一系列基本学说和范畴，如感兴说、神思说、情志说、意境说、情景说、言意说、虚实说、兴趣说、妙悟说、韵味说、虚静说等，和西方美学的基本理论和范畴构成具有不同内涵、优势和特点的两大美学体系，不仅具有鲜明的民族特色，也为世界美学做出了独特贡献。从中国哲学特有的思维方式和传统文化的独特语境出发，全面、系统地分析其形成和演变，准确、科学地揭示和把握其内涵与特点，使其成为具有中国民族特色的传统审美学思想理论体系，是在新的现实条件下对其加以继承和发展的基础和前提。中西比较研究对于揭示中国审美学思想的特点不失为一种好方法，而且可以在比较中见出中西美学思想各自的优势和互补性。新时期以来这种比较研究有了较大进展，但要注意避免比较中的生拉硬扯、以偏概全及主观臆断等现象，使比较研究真正建立在对中西美学思想的科学分析和真知灼见的基础上。

其次，要从当代现实生活以及审美和艺术实践需要出发，从新时代的高度对传统审美学思想进行新的审视和创造性阐释，使其与当代审美观念与艺术实践相结合，成为构建中国特色现代审美学的有机组成部分。近年来，美学界和文艺理论界讨论的中国古典美学和文论的现代转型或现代转换问题，对于促进中国特色现代审美学和文艺学建设是十分有益的。我们所理解的"现代转型"和"现代转换"，就是要从新的时代和历史高度，用当代的眼光对传统美学和文艺理论中的命题、学说、概念、范畴与话语体系进行新的阐述和创造性发挥，以展示其在今天所具有的价值与意义，从而使其与当代美学和文艺观念相交织、相融合，共同形成中国特色现代美学和文艺学的新的理论形态和话语体系。中国传统诗文理论中一直贯穿着"心物感应"说、"情景交融"说，既肯定审美活动和文艺创作的客观来源，又强调主客、心物、情景之间的互相联系、互相作用、互相交融；也一直倡导"情志一体"说、"情理交至"说，既肯定审美活动和文艺创作的情感特点，又强调情感和理性的互相渗透、互相制约、互相交织，这些充满唯物辩证的审美学思想，是中国传统美学思想的精华，经过创造性转化，和中国特色现代审美学与文艺理论的观点和话语体系是完全相融合的，对中国特色现代审美学和文艺理论建设具有极其重要的理论价值。

推动中国传统审美学和文艺理论的创造性转化，需要研究者既有对中国古典美学和文论的透彻理解，又有对符合时代要求的当代审美意识和文艺观念的准确把握；既要回到原点，从中国文化的特定语境中去深入理解传统美学与文艺理论观念和范畴的历史本来含义，又要立足当代，对传统美学与文艺理论观念和范畴的时代价值和当代意义进行重新发现和创造性转化，使两者真正达到融会贯通、水乳交融。这是一项具有探索性和开拓性的工作，应当提倡和鼓励探索多种多样的研究途径、研究方法，创造多种多样的理论形态和理论体系。我们应在过去研究成绩的基础上，更自觉地推动这项工作，使研究更加深刻化、系统化，更具有完整性和创新性，从而推动中国特色现代审美学建设。

五　确立中国特色现代审美学的科学方法论

20世纪以来中国审美学研究的发展历程表明，要建立科学的现代审美学体系，必须使审美学研究奠定在科学的方法论的基础之上。方法论有不同层次，最高层次的就是哲学方法论。审美学研究要沿着正确的方向前进，必须有科学的哲学方法论作指导。审美学中的一些根本问题，本来就同哲学的基本问题联系密切，何况美学本身就属于哲学的领域。审美学研究只有在科学的哲学方法论指导下，才能取得真正科学的成果。它从经验或实验以及其他相关学科中获取的大量资料，更需要进行哲学的综合。如果没有哲学的帮助，要形成、解释、阐述审美学的概念、范畴、理论、假说并形成体系，将是不可能的。建设中国特色现代审美学体系所需要的哲学方法论，既不是否定审美主体在审美经验中具有能动作用的机械唯物主义，也不是否定审美经验具有客观来源和社会制约性的主观唯心主义，而只能是辩证唯物主义和历史唯物主义。这也是近百年来中国美学发展向我们昭示的真理。马克思主义的实践论和辩证唯物主义的能动的反映论，应当是科学的审美学的方法论基础。哲学方法论的区别不仅可以使我们能站在一个理论制高点上去审视、鉴别西方各种现代审美学流派和思潮，真正从中吸取科学的、合理的成果，避免生吞活剥、亦步亦趋，而且将使我们建构的科学的、现代的审美学体系真正具有不同于西方审美学的理论特色。

哲学的方法论只能包括而不能代替具体学科的方法论。审美学与和它密切相关的心理学一样，还是一门正在走向成熟的学科，它的具体的研究方法还处在发展和更新之中。当代心理学受到习性学、计算机科学等方面的影响，着重在真实、自然条件下的研究，一般倾向于认为，心理学研究如果可能，应尽量应用自然观察法，或在实验室内进行自然观察。这种研究方法上的改变，必将对审美心理学的建设和发展产生重要影响。目前，西方审美心理学研究由于多是心理学家进行的，能广泛地运用各种心理学研究方法，特别注重实验法和测验法等定量研究方法，并十分注重收集量化的资料，故研究结论具有较强的客观性、精确性。而我国的审美心理学研究由于多是美学家、文艺学家进行的，在研究方法上采用作品分析法和档案法——搜集有关文献资料（如作家、艺术家的创作体会、日记、自传等）较为普遍，而且采用自我观察法更重于采用客观观察法，收集的资料多为非量化的描述性资料，因而研究结论往往带有一定程度的主观性、推论性。在这方面我们的基本态度是放开眼界，更多地向西方先进的、科学的、实证的、实验的研究方法学习和借鉴，以补充我们的不足。当前审美心理学的发展趋势是越来越重视多种研究方法的综合运用，既重视精细的定量研究方法，又重视宏观的定性研究方法；既强调客观的观察法和实验法所获得的资料，也不排斥自我观察和内省法所获得的资料；既注意实验室的研究结论，更注意自然观察的研究成果。总之，定量分析与定性分析，客观观察与自我内省，控制实验与自然观察，应当取长补短，互相结合，综合利用，只有这样才有助于全面揭示审美心理活动的规律和机制。

审美心理学虽然与一般心理学息息相关，但与一般心理学又有显著区别。审美心理学要形成独立的学科并取得科学的成果，不能简单地套用一般心理学的方法，而必须形成适合本身研究对象和内容的独特的方法。审美心理学研究的不是一般的人类心理经验，而是特殊的审美心理经验。我们在看到两者所具有的一般性和共同规律的同时，必须更加重视探究后者的特殊性和特殊规律，这就需要有特殊的研究方法。一般的心理实验法所获得的资料和结论之所以在审美心理研究中往往缺乏说服力和适用性，原因就在于它不完全适合审美心理经验本身的特点。一般心理学研究方法的发展趋势将是越来越自然科学化，越来越强调定量分析的重要性。而审美心理研究则由于其研究对象本身具有更为复杂的社会人文内涵，具有社会性精神现象的微妙难测的特点，因此，要达到完全自然科学化和定量分析，肯定是难以实现的。这就使审美学的特殊方法问题成为审美学发展中不能不引起高度重视的一个问题。在推进中国特色现代审美学建设中，应当把探索和形成符合学科研究对象和内容的特殊研究方法作为一项基本任务。

美学发展的趋势表明，哲学的美学和科学的美学、思辨的美学和经验的美学、理论美学和应用美学将会互相补充，共同推动当代美学的变革和重建。在这个多元化、全方位的研究格局中，对审美活动、审美经验的研究方法将越来越趋向综合性和多学科性。这既是现代科学发展趋势所使然，也是审美经验研究向广度和深度发展的必然要求。实际上，新时期以来，当代中国美学的发展已开始反映和展示了这一趋势。审美经验、审美心理乃至全部审美主体活动的复杂性和深刻性，审美心理区别于一般心理的特殊性质和规律，都表明审美活动、审美经验研究既不能不靠心理学，又不能单靠心理学。只有运用哲学、心理学、思维科学、语言学、符号学、社会学、文化人类学、艺术理论、艺术史、艺术批评等多学科的理论和方法，对审美活动与审美经验进行全方位、多角度的考察和研究，并使之互相联系起来，才能使审美经验的研究得到拓展和深化，才能使审美学学科建设和创新发展取得新的突破。

（原载于《学术界》2014年第9期）

中华美学精神与传统美学的创造性转化

一

习近平同志在文艺工作座谈会上的讲话中提出:"要结合新的时代条件传承和弘扬中华优秀传统文化,传承和弘扬中华美学精神。"[①] 这对于推动社会主义文化和文艺大发展大繁荣,对于建设中国特色马克思主义美学和文艺理论,具有重要的指导意义。中华美学精神渗透于中华民族长期的审美和艺术实践中,并以理论形态集中体现于中国传统美学之中,是中国优秀传统美学的本质和特点的集中表现。传承和弘扬中华美学精神,需要结合新的时代条件传承和弘扬中国优秀传统美学,充分发掘中国优秀的传统美学的时代意义和当代价值,使其与中国当代文艺实践和美学理论建设相结合,实现其创造性转化。

中国优秀传统美学所体现的中华美学精神,是中华优秀传统文化思想的重要组成部分,它同中华文化思想一样源远流长,博大精深,深刻反映着中华民族的审美和艺术实践经验,集中表现着中华民族的审美观和审美追求,蕴藏着中华民族基本的文化和审美基因。中华美学精神作为中国优秀传统文化和哲学在审美与艺术领域的具体展现,充分反映着中国传统文化和哲学的历史特点。筑基于"天人合一"哲学思想与"乐从和"艺术传统之上的中国古代美学,形成了以"和"为美的审美观念,视人与自然、人与社会和人自身的和谐统一为最高审美理想,由此构成中华美学精神的核心和突出特点。在中华传统哲学朴素唯物主义和辩证思维方式的深刻影响下,中国传统美学所提出和论述的一系列美学观念、学说、概念、范

[①] 习近平:《在文艺工作座谈会上的讲话》,《文艺报》2014年10月15日。

中华美学精神与传统美学的创造性转化

畴,是中华美学精神的理论体现,它集中表现为重视主客、心物、情景感应交融的审美关系建构,致力思境、情理、形神融合一体的审美意境创造,强调文质、文道、情采互相结合的审美判断标准,追求真善美统一、审美与教化结合的审美价值取向,凡此种种都深刻反映了审美和艺术的客观规律,至今仍然放射着真理的光辉,给人们以重要的思想启发,对于我们今天建设中国特色现代美学和文艺理论具有极为重要和宝贵的理论价值。

首先,中华美学精神表现在中国传统美学重视主客、心物、情景感应交融的审美关系建构。

中国传统美学和文论肯定美的客观性,强调艺术美源于现实美、生活美,同时也重视审美主体的能动作用,强调审美经验和艺术创造中审美客体与审美主体的互相作用和融合。主张艺术创作和审美心理起源于人心感于外物的"心物感应"说是中国传统美学思想中既古老而又一以贯之的观点。从《乐记》"感于物而后动"到《文心雕龙》"感物咏志"、《诗品序》"气之动物,物之感人,故摇荡性情,行诸舞咏",再到王夫之"外有其物,内可有其情,内有其情,外必有其物"等,认为艺术创作源于现实生活,艺术美源于现实美的思想在中国美学思想史上一脉相传。另外,主张审美心理和艺术创作中主客体相互作用的"心物交融"说也延绵不绝。《文心雕龙》用"物以貌求,心以理应""思理为妙,神与物游""情以物兴,物以情观"等概括性提法,深刻论述了创作构思和审美心理中心物、神物、情物两者之间彼此渗透,相互融合的关系,既肯定了艺术创作和审美心理的客观来源,又指出了审美主体的能动作用。《历代名画记》载盛唐画家张璪明确提出审美意象的创造是"外师造化,中得心源"。王夫之同样认为审美感兴和艺术构思生成于主客、心物、内外之间的相互作用和交融,指出:"情景虽有在心在物之分,而景生情,情生景,哀乐之触,荣悴之迎,互藏其宅。"[1] 这种"心物相取""情景交融"说,深入揭示出审美心理和艺术构思中主客、心物内在统一的规律,将对审美主客体关系的认识推进到一个新的高度。它们是以辩证思维方式研究审美关系建构和艺术审美创造规律的成果,与西方美学中将审美主客体分离和对立起来,片面强调审美主体作用的观点是完全不同的。

---

[1] (清)王夫之著、戴鸿森笺注:《姜斋诗话笺注》,人民文学出版社1981年版,第33页。

其次，中华美学精神表现在中国传统美学致力于思与境、情与理、形与神融合一体的审美意境创造。

意境是中国传统美学和文论特有的一个核心美学范畴。它把思与境、意与象、情与景、神与形、情与理、虚与实等互为张力的两个方面辩证统一起来，使其融合为一体，是中国传统美学深谙审美心理的特点和艺术创造的特殊规律的集中体现，全面深刻地揭示了审美意象和艺术形象构成的美学法则和规律。"思与境偕"说，"以形传神"说，"寓理于情"说，"虚实相生"说等，既是对中国艺术特点和丰富经验的深刻概括，也是对艺术和审美的形象思维规律的透彻理解与表达。与西方美学往往片面强调审美和艺术中情感的作用、把情感和理性对立起来的观点完全不同，中国传统美学思想一直强调审美和艺术中情感与理性活动的统一和交融。中国传统文论中影响最大的"诗言志"和"诗缘情"两说，就是把诗歌表达思想和抒发情感结合和统一起来的。《诗大序》说："诗者，志之所之也，在心为志，发言为诗。情动于中而形于言。"① 强调诗以情感为特点，而情、志是内在统一的。《文心雕龙》更为自觉地认识到文艺创作中情与志不可分割的联系并在理论上使二者形成一个有机统一的整体，明确提出了"情志"这一具有特殊内涵的美学范畴，使情志说成为中国传统美学中阐明审美和艺术中感情与认识、情与理统一规律的重要理论。叶燮的《原诗》传承和弘扬了这一理论，进一步论述了文艺创作中情与理互相依存和交融的关系，提出"情理交至"说，强调"情必依乎理，情得然后理真"。这些都充分表现了对审美意境深层心理结构和艺术审美规律的深刻理解。

再次，中华美学精神表现在中国传统美学强调文质、文道、情采互相结合的审美判断标准。

中国传统美学和文论十分注重文学艺术作品中内容和形式、思想性和艺术性、社会性和审美性的结合与统一，并以此作为文学艺术作品创造的基本美学法则和审美价值判断的基本标准。文与质、文与道、情与采、情与声等的关系问题，在中国传统诗论、文论等著作中都是作为核心问题之一来加以探讨的。质、道、情，即文艺作品的思想内容；文、采、声，即

---

① 北京大学哲学系美学教研室编：《中国美学史资料选编》上册，中华书局1980年版，第130页。

文艺作品的表现形式。孔子的《论语》便已注意到文与质的关系问题,指出:"质胜文则野,文胜质则史。文质彬彬,然后君子。"[①] 要求两者的统一。后来的文论虽然也有重文轻质或重质轻文者,但居于主导地位的主张却是质主文辅、文质结合。《淮南子》不仅要求文与质应该统一,而且指出"必有其质,乃为之文",认为在两者统一中质是统率文的。《文心雕龙》设专篇讨论文学作品中文与质、情与采的关系,既指出"文附质",又指出"质待文",强调二者结合,并且进一步指出:"情者,文之经,辞者,理之纬;经正而后纬成,理定而后辞畅,此立文之本源也。"[②] 不仅阐明了文学作品情理内容主导文辞形式的原理,而且将其确立为创作的根本原则。在西方美学史上,将形式和内容相分割的"美在形式"的理论从古代一直贯穿到现代,具有重要地位和重大影响,并形成各种形式主义美学思潮。而在中国传统美学思想中,这种美在形式的理论却是没有地位的,占据主导地位的观点是主张美在内容和形式的统一,即所谓"文质彬彬,尽善尽美矣",并由此形成评鉴文艺作品的基本美学标准。

最后,中华美学精神表现在中国传统美学追求真善美统一、审美与教化结合的审美价值取向。

中国传统美学和文论极为重视文艺对于真善美的价值的追求,强调文艺作品传递真善美、感动人心、陶冶灵魂、引人向上、纯化风俗的重要作用。孔子将"尽美""又尽善"即美与善的统一作为文艺的理想标准,十分强调诗歌的社会作用,"诗可以兴,可以观,可以群,可以怨"的论述既全面阐明了诗歌作用的社会性质,也指出了诗歌作用的审美特点。强调美与善不可分割的联系,是中国传统美学发展的一个最根本的特点和规律。儒家美学的要点就是强调美、善的统一,强调艺术的社会作用,并发展成中国美学史上关于艺术和审美的教化作用的有力传统。道家美学虽然对艺术审美持否定态度,但也肯定美丑、善恶相互依存的辩证关系,认为"大美""至美"与道相贯通,"原天地之美而达万物之理",视真善美为一体。可以说,主张发挥文艺的审美教化作用是贯穿在中华美学经典中的

---

① 北京大学哲学系美学教研室编:《中国美学史资料选编》上册,中华书局1980年版,第15页。

② (南朝)刘勰著、周振甫注:《文心雕龙注释》,人民文学出版社1981年版,第346—347页。

一条红线。《乐记》提出"广乐以成其教";《诗大序》提出诗歌"厚人伦,美教化,移风俗";《文心雕龙》提出"诗者,持也,持人性情";《颜氏家训》提出文章"陶冶性灵";黄遵宪提出"诗以言志为体,以感人为用";直到梁启超提出"情感教育最大的利器,就是艺术";凡此等等都是倡导审美和艺术具有引人向真、向善、向美的感化教育功能,应当发挥积极的社会作用。这与西方美学中提倡的"审美不涉社会功利""为艺术而艺术"等思想主张是完全相反的,充分表现出中华传统美学思想积极向上的人生进取精神。

以上所论,虽是挂一漏万,但也足以显示中国传统美学所展现的中华美学精神的丰富性和深刻性,足以说明中国传统美学不仅在世界美学发展中具有独特的历史意义,而且具有重要的当代价值。只要我们采用科学的态度和方法,取其精华,去其糟粕,并结合新的时代条件,对其进行创造性转化,使其与新时代的审美和艺术实践相结合,就可以同当代美学和文艺理论的观点和话语体系相融会,成为建设中国特色现代美学和文艺理论、促进当代艺术和审美实践发展的重要理论和思想资源。这也是我们今天传承和弘扬中华美学精神的意义所在。

二

在20世纪以来中国美学建设和发展中,面对变化的时代和文化条件,如何继承和发展中国传统美学是需要探讨和解决的一个重要问题。20世纪初叶,在西学东渐的影响下,中国美学发展走上中西结合的道路。运用西方美学学说和概念来研究与阐释中国传统美学思想和范畴,或将中国传统美学思想和范畴与西方美学思想和范畴互相比较及参照,成为一种新的研究趋势和方法。这对传承和发展中国传统美学,推进其向现代转化,起到了一定的作用。这方面取得重要成果并产生重大影响的美学家,当推王国维、朱光潜和宗白华三人。值得注意的是,在实现这一目标中,王国维、朱光潜、宗白华都发挥了个人的独创性,采用了各自不同的方式。如王国维主要是运用西方美学的新理论、新观念和新方法,研究中国古典文艺作品和审美经验,对中国传统美学和文论范畴进行新的阐发。他的"境界"说堪称运用西方美学观念和方法阐释中国传统美学范畴的经典成果。朱光潜以西方现代美学理论为参照，将西方美学理论、概念与中国传统美学思想、概念互相进行比较、印证和融合，"移西方文化之花接中国文化传统之木"，以图建构中西结合的文艺心理学和诗学体系。至于宗白华，则以中国艺术的审美经验以及中国传统美学思想为本位，着重于中西艺术审美经验和美学思想的比较研究，在比较中探寻中国艺术创造和审美心理的特色，发掘中国艺术和传统美学思想的精微奥妙。他对于中西艺术不同审美特点和表现形式的分析，对于中国艺术意境的"特构"和深层创构的发掘，至今无人企及。尽管他们各自探索中西美学结合的方式不同，但着眼点却都是要通过吸收、借鉴西方美学，以推动中国传统美学思想的继承和创新。这一经验对于我们继续推进中国传统美学实现创造性转化具有一定的启示意义。

20世纪下半期以来，特别是进入改革开放新时期以后，在美学和文艺理论研究中，运用马克思主义的观点和方法研究中国传统美学与文论取得了重要进展。一批全面、系统研究中国传统美学和文论的著作陆续问世，其中，李泽厚、刘纲纪主编《中国美学史》，敏泽著《中国美学思想史》，王运熙、顾易生主编《中国文学批评史》等都以论述全面、分析深入、观点新颖著称，产生了较大影响。老一辈著名学者季羡林、钱锺书等运用跨文化、跨学科的比较方法研究中国传统文化、美学和文论，开拓了学术研究的新境界。钱锺书的学术巨著《管锥编》突破了国家、民族、语言、学科、时间等各种界限，以"打通"的研究方式，熔古今中外各种文化、艺术和多种学科于一炉，从浩如烟海的中国传统文化原典中，广征博引，探赜洞微，发前人之所未见，对中国传统美学和文论作出了创造性阐释。20世纪90年代末以来，倡导中国古代文论现代转换的理论探讨和学术实践形成思潮，极大地推动了中国传统美学和文论的研究，一大批富有新意的新成果相继问世，或系统研究中国古典美学范畴，或试图建构中国古代文艺理论体系，或深入探讨中西美学和文论融合，或努力发掘中国传统美学和文论的现代意义。更多的研究著作和论文则从多角度、多方面对中国传统美学和文论进行专题性研究，并对许多有争议的问题展开争鸣，推动研究走向深入。令人欣喜的是，中国传统美学和文论的一些重要概念和范畴正在逐步得到较深入的阐释，中西美学和文论的不同特点也在比较中逐步得到较明晰的揭示。

虽然百年来对中国传统美学的研究已有重要进展，但是总体上看，对中国传统美学思想进行全面清理和系统研究仍嫌不足，对中华文化特有的美学观念、范畴、概念和命题进行深刻挖掘和创造性阐发仍需加强，如何从整体上把握中国传统美学思想的特点，建构中国传统美学思想的理论体系，如何对中国古代美学和文论进行现代转化，使其融入中国当代美学和文艺理论的观念与话语体系，仍然是一个需要深入研究和探讨的问题。长期存在的"以西格中"、生搬硬套的现象对中国传统美学研究产生的消极影响不可低估。把中国传统美学思想中某些特殊范畴与西方美学中的某些概念、范畴简单化地加以类比，甚至削足适履，将前者纳入后者框架和观念之中的情况，也仍然影响着对于中国传统美学思想的真谛和精髓的把握。

　　回顾20世纪以来在继承和发扬中国传统美学思想上所走过的道路，反思其成绩、教训和问题，可以看到要科学继承和发扬中国传统美学思想，必须正确处理两个关系：一个是中西关系；另一个是古今关系。就中西关系来说，既要善于吸取和借鉴西方美学和文论中科学的观点和方法，将之与中国传统美学和文论的阐释及研究结合起来，使中国传统美学和文论的观念、范畴、术语与西方美学和文论的观念、范畴、术语等互相比较、互相阐发、互相融通，从而获得科学性阐述和创新性阐释；又要防止对于西方文化的盲目崇拜，自觉不自觉地把形成于西方特殊文化语境中的西方美学和文论无限扩大为一种泛性的原则和标准，用它去套中国传统美学和文论，抹杀两者在观念、范畴、话语等方面的差异，否认中国传统美学思想的自有体系和民族特点，将中国传统美学和文论西化。就古今关系来说，既要尊重中国传统美学和文论的文献和经典，科学地、准确地理解和解释其历史内涵和固有特点，使文献和经典得到完善保存；又不能不加选择，不分良莠，或者守旧不变，食古不化。而是要结合新时代的条件对其加以传承和弘扬，用新的观点和方法对传统美学思想、命题、概念、范畴给予科学阐释，并赋予其新义，使其紧密结合当代实际，具有时代内涵，从而达到推陈出新，古为今用。

三

　　建设中国特色现代美学和文艺理论，需要走中西结合之路，达到中西合璧，这是历史的选择。借鉴西方美学和文艺理论的观点与方法，吸取其中科学的、合理的东西，以此对中国传统美学思想和文论进行科学的阐发，并作为我们构建新的美学和文艺理论的参照是十分必要的。否则，我们的美学和文艺理论研究就会因缺乏新鲜的思想营养而停滞不前，就无法同世界各国的美学和文艺理论研究进行对话和交流。但是，借鉴和吸收西方的美学和文艺理论观点、学说和方法，又不能盲目照搬、全盘西化，不能脱离中国文艺实际和中国美学传统，否则我们的美学和文艺理论研究将会失去创造性和民族特点，使建设中国特色现代美学和文艺理论成为泡影。从历史和现状来看，美学和文艺理论研究中对西方现代、当代美学和文艺理论盲目崇拜的西化倾向一直未能克服，而在美学和文艺理论民族化、本土化的建设方面则显得严重不足。要改变这种局面，就必须在传承和弘扬中国传统美学思想上下更大的工夫，关键就是要深入推动中国传统美学的创造性转化。

所谓中国传统美学的创造性转化，既包括对中国传统美学思想的学习和继承，更包括对其进行创新和发展；既要重视对于美学原典的认真解读和美学思想历史内涵的准确把握，又要结合新的时代条件，以新时代的眼光意识和新的学术视野，对传统美学思想进行科学辨析和创造性阐释，充分揭示其当代价值和时代意义。这是一项具有探索性和开拓性的系统学术工程，应当汇聚多方面的理论智慧和研究人才，提倡多种多样的研究途径和研究方法，创造多种多样的理论形态和理论体系，给研究者以广阔的自由的创造空间。结合研究现状，总结成功的探索和实践的经验，应当从以下几个方面继续深入推进。

第一，要结合独特的历史语境进一步深入研究和揭示中国传统美学思想的演变特点并形成体系。

中国传统美学思想不仅有其独特的观念、命题和概念、范畴，而且有其独特的理论形态和思维方式，而这些又是同中华传统文化和艺术审美经验的特点相联系的。季羡林先生说："东西文艺理论之差异，其原因不仅由于语言文字的不同，而根本是由于基本思维方式的不同。只有在这个最根本的基础上来探讨中西文论之差别，才能真正搔到痒处，不致作皮相之论。"[①] 从中国哲学特有的思维方式和传统文化的独特历史语境出发，全

---

① 季羡林：《门外中外文论絮语》，《文学评论》1996年第6期。

面、系统地分析中国传统美学思想和文艺理论的形成和演变，准确、科学地揭示和把握其历史内涵和民族特点，使其成为具有中华民族特色的传统美学思想和文艺理论体系，是在新的现实条件下对其加以继承和发展的基础与前提。

和西方哲学形而上学思维方式不同，在中国传统哲学辩证思维方式影响下，中国传统美学思想强调审美中主客体的辩证统一和二者的相互作用，强调审美中情感因素和理性因素的互相渗透和有机融合，强调艺术的审美性和社会功利性的统一，重视艺术的陶情移性的社会作用，视审美观照和审美经验为一种超越性人生境界。它所形成的一系列基本学说和范畴，同西方美学的基本理论和范畴，构成具有不同内涵、优势和特点的两大美学体系，不仅具有鲜明的民族特色，也为世界美学做出了独特贡献。研究和把握中国传统美学的特点，既要回到美学原典，对文本进行微观探究，以理解其原始本意；又要通过宏观思维和逻辑分析，从传统美学的基本观念和核心范畴入手，对传统美学的本质特征和深层结构进行整体把握，由此才能构建具有中国特色的传统美学体系。

第二，要应用综合、比较等多种方法深入揭示中国传统美学思想的理论内涵并进行创造性阐释。

比较研究、交叉研究、综合研究都是跨文化、跨学科的研究，将之运用于中国传统美学和文论研究，可以将不同文化和不同学科沟通起来，从多方面、多角度、多层次的联系中，对传统美学和文论的观念、学说、范畴、术语等获得新的理解，进行新的阐释。由于中国传统美学和文论的范畴、概念、术语具有多义性、隐含性、互容性、散发性等特点，通过比较、交叉研究，更能发掘新意。这方面的研究，在我国现、当代美学和文艺理论研究中已经取得重要成果。其中，王国维、朱光潜、宗白华、季羡林、钱锺书等著名学者各具特色的研究和探索，堪称典范。钱锺书先生把自己的研究方法称为"打通"，"以中国文学与外国文学打通，以中国诗文词曲与小说打通"，通过"打通"，"拈出新意""发前人之覆"。[①] 他的《谈艺录》《管锥编》就是通过不同文化和不同学科的打通，在互相比较、互相参照、互相阐发中对中国传统美学和文论的一系列论述做出了创造性

---

① 《钱锺书研究》第三辑，文化艺术出版社1992年版，第299页。

的解释，提出了新的见解。

中西比较美学和文论研究是一个重要且大有可为的研究领域。如何将中国传统美学和文论中的范畴、概念和术语与西方的范畴、概念和术语加以比较，准确揭示其同与异之所在，并使其互相阐发、互相融通，是中西比较美学和文论研究的一个重要任务。这种比较研究有助于揭示中华传统美学和文论的特点，而且可以在比较中见出中西美学和文论各自的优势与相互之间的互补性。新时期以来，这种比较研究有了较大进展并取得重要研究成果，但也要注意避免比较中的生拉硬扯、以偏概全及主观臆断等现象，使比较研究真正建立在对中西美学和文论的科学分析与真知灼见的基础上。

第三，要结合新时代的条件对中国传统美学思想进行创新性阐发和现代性转化。

传统美学的继承和弘扬都是在一定的时代条件下发生的，传统与现代、古与今总是处在一定的张力之中。要使传统与现代产生联系，达到古为今用的目的，就要对传统美学进行现代性转化。所谓"现代性转化"，并不是要改变传统美学和文论的固有形态，而是要从新的时代和历史高度，用当代的眼光和观念对传统美学与文艺理论中的命题、学说、概念、范畴和话语体系进行创新性阐释与创造性发挥，充分发掘其蕴含的当代价值和现代意义，使其"活化"并与当代审美观念与艺术实践相结合，与当代美学和文艺理论相交融，共同形成美学和文艺理论的新的理论和话语体系，成为构建中国特色现代美学和文艺理论的有机组成部分。

有人认为传统美学思想和文论的现代性转化是不可能的，因为它是产生于完全不同于现代的历史条件下的意识形态。这是忽视了文化发展的历史继承性。中国传统美学思想的精华以及其所体现的中华美学精神，充满唯物辩证思想和健康审美追求，在哲学思想基础、审美价值取向以及对审美和艺术规律的认识上，和我们倡导的当代美学和文艺理论是相通的，它的理论和话语体系中反映的审美与艺术的本质特征和普遍规律，不会随时代的改变而失却其真理的光辉，对当代美学和文艺理论建设仍然具有重要的启示作用和借鉴意义。所以，经过现代性阐释和创造性转化，是完全可以融入当代新的美学和文艺理论及话语体系建构之中。当然，实现这种现代性转化需要研究者既有对中国古典美学和文论的透彻理解，又有对符合时代要求的当代审美意识和文艺观念的准确把握；既要回到原点，从中华文化的特定语境中，去深入理解传统美学与文艺理论观念和范畴的历史本来含义，又要立足当代，对传统美学与文艺理论观念和范畴的时代价值和当代意义进行重新发现和创造性转化，使两者真正达到融会贯通、水乳交融。

今天我们结合新的时代条件传承和弘扬中华美学精神，就是要立足当代，特别重视传统美学和文论中关于文艺源于现实生活、艺术美来自生活美以及文艺家在审美创造中能动作用的论述，关于艺术创作的形象思维和审美规律、艺术作品的内容和形式、思想性和艺术性相统一的论述，关于艺术追求真善美价值、发挥审美教育作用和积极社会功能的论述等，通过现代性转化，使其所体现的中华美学精神发扬光大，将其包含的普遍艺术规律和艺术真理发掘出来，以充实和丰富我们的美学和文艺理论，推动作家、艺术家沿着正确的创作方向，遵循艺术的创作规律，创作出更多体现时代精神、符合人民需要的文艺精品。

（原载于《艺术百家》2015 年第 3 期）

文化视域下中西审美学思想之比较

中国传统审美学思想不仅有其独特的观念、命题和概念、范畴，而且有其独特的思维方式，而这些又是同中国传统文化和艺术的独特语境相联系的。从中国哲学特有的思维方式和传统文化的独特语境出发，准确、科学地揭示和把握其内涵与特点，是推进中国传统审美学思想的体系建构和创造性转化的前提，这就需要在文化视域下对中西审美学思想各自内涵和特点进行深入认识与比较研究。

一

中西审美学思想是建基于中西两种具有不同背景和特色的文化基础之上的。中西文化思想存在很大差别，而其最根本的差别在于思维方式的不同。中西文化在思维方式上的差别，从根本的哲学层面看，可以说是辩证思维方式与形而上学思维方式的差别。西方哲学在古希腊是较多讲到辩证法的，到了近代就出现了形而上学思维方式，占据了主导地位。中国哲学从古代一直到近代，占主导地位的是辩证思维。所以可以说，西方哲学以形而上学思维方式为主，中国哲学以辩证思维方式为主。西方的形而上学思维方式注重分析，着眼于事物的各个部分及孤立存在；中国的辩证思维方式注重综合，着眼于事物整体及普遍联系。在对事物对立统一的看法上，西方哲学比较强调对立面的对立和斗争；中国哲学比较强调对立面的统一与和谐。国学大师季羡林说："东方的思维方式，东方文化的特点是综合；西方的思维方式，西方文化的特点是分析……用哲学家的语言说即是西方是一分为二，东方是合二为一。"[①]

[①] 季羡林：《21世纪：东方文化时代》，载《中西哲学与文化比较新论》，人民出版社1995年版，第19—20页。

美国当代著名文化心理学家尼斯比特也认为，西方文化在思维方式上以逻辑和分析思维为特征；而以中国为代表的东方文化，在思维方式上以辩证和整体思维为主要特征。中西文化在哲学思维方式上的区别，直接影响着中西审美学思想对审美主客体关系的认识。

西方哲学特别重视主客关系问题。古希腊哲学家所探讨的哲学问题，主要是本体论的问题，尚未充分注意到主体与客体的对立。中世纪哲学中主体与客体的对立主要表现为天（神）与人的对立。完全意义上的主体与客体的关系问题，是在西方近代哲学中才充分尖锐地提出来的。近代哲学所突出的问题不是本体论的问题，而是认识论的问题。而主体和客体及其关系正是认识论研究的中心问题。近代哲学家将认识中的主体和客体彼此区分开来，是人类认识发展中一大进步。但是由于形而上学思维方式的影响，他们把主客、心物区分开来后，却看不到它们之间的相互依存和转化关系，往往将它们分裂和绝对对立起来，从而不同程度地陷入二元论。随着主客体关系问题的研究，主体性原则成为近代哲学的一条根本原则。从笛卡尔的"我思故我在"到康德的"先验自我"，都强调人在主体与客体关系中的主导地位和作用，强调主客统一于主体。这种哲学思想构成了近代西方审美学关于审美主客体关系认识的基础。

统观西方近代至现代各种有代表性的审美学说，基本倾向是强调审美活动中主客、心物的分裂和对立，强调审美主体对审美经验产生的决定作用。英国经验派美学的"内在感官"说主张人天生具有审辨美丑、接受美的观念的审美特殊感官和能力，它是决定事物的美并唤起审美感受的根源。"趣味"说认为是人的审美鉴赏力即"趣味"产生了美和丑的情感，并引起审美愉快，而审辨美丑的趣味标准是基于"人类内心结构"。他们都比较忽略审美中的客体的作用。康德认为"审美的规定根据只能是主观的"，鉴赏判断不是联系于客体和认识，而是联系于主体和情感。他说："为了分辨某物是美的还是不美的，我们不是把表象通过知性联系着客体来认识，而是通过想象力（也许是与知性结合着的）而与主体及其愉快或不愉快的情感相联系。"[①] 康德美学贯穿着主体性原则，有助于人们充分认识审美中主体的作用，但他将审美中主客体分裂和对立起来，排斥客体作

---

① ［德］康德：《判断力批判》，邓晓芒译，人民出版社2002年版，第37页。

用，就片面化了。里普斯的"移情"说主张审美产生于移情作用。移情作用是一种外射作用，就是把我的知觉或情感外射到物的身上，使它们变为在物的。里普斯说："审美的快感可以说简直没有对象。审美的欣赏并非对于一个对象的欣赏，而是对于一个自我的欣赏。"① 这是更加直接地将审美中作为自我的主体与作为客体的对象完全对立起来，认为审美经验的产生根本与客体对象无关，而是来自主体自我。到了当代的"审美态度"说，便把主体的审美态度即"无利害关系"或"无转移"的注意当作审美中的唯一决定因素，认为是审美态度形成审美对象并唤起审美经验的。这就将审美活动完全主观化了。

中国传统哲学虽然没有主体、客体这两个名词，却仍然讲到主客体关系。《中庸》讲"合内外之道"，内就是主体，外就是客体。不过，中国传统哲学讲得更多的是天人关系即人与自然的关系。占主导地位的是体现出辩证思维的"天人合一"的思想，认为人是自然界的一部分，人的生活理想应该符合自然界的普遍规律，强调人和自然的统一与和谐关系。这种思想也影响着对主客、心物关系的看法。在中国哲学史上，主张主客分离、对立的思想不占主导地位，主要是强调两者的统一性。与此相联系，在中国传统审美学思想中，强调审美心理活动是由外物引起的，强调审美经验中主客体互相联系、互相作用、互相交融，共同形成审美感受和成果，构成了对审美主客体关系的基本认识。

强调审美心理起源于人心（主体）外感于物（客体）是中国传统审美学思想中既古老而又以一贯之的观点。《乐记》讲音乐创作，说："凡音之起，由人心生也。人心之动，物使之然也。感于物而动，故形于声。……乐者，音之所由生也，其本在人心感于物也。……感于物而后动，是故先王慎所以感之者。"② "人心感于物""感于物而后动"，这就是所谓"心物感应"说，它表达了一种朴素的唯物主义观点。这种美学观点对我国后世的审美学思想产生了长期的影响。《文赋》说："伫中区以玄览，颐情志

---

① ［德］里普斯：《论移情作用》，载《古典文艺理论译丛》第8册，人民文学出版社1964年版，第44页。

② 《乐记》，载北京大学哲学系美学教研室编《中国美学史资料选编》上册，中华书局1980年版，第58—59页。

于典坟。遵四时以叹逝,瞻万物而思纷;悲落叶于劲秋,喜柔条于芳春。"①认为审美思绪情感皆由宇宙万物而引发。《文心雕龙》说:"人禀七情,应物斯感,感物吟志,莫非自然。"②认为审美情志皆由外物感动而发生。《诗品序》说:"气之动物,物之感人,故摇荡性情,形诸舞咏。"③认为物感心动情生是审美经验和文艺创造的起点。这都是对"心物感应"说的继承和发展,和西方片面强调审美主体对审美心理发生具有决定作用的观点形成明显差别。

更为难得的是,在"心物感应"说的基础上,中国审美学思想进一步形成了"心物相取"说,强调审美经验中主客、心物之间的互相联系、不可分割和互相作用、融为一体。刘勰说:"诗人感物,联类不穷;流连万象之际,沈吟视听之区。写气图貌,既随物以宛转;属采附声,亦与心而徘徊。"④按照王元化先生的解释:"'随物宛转'是以物为主,以心服从物;……'与心徘徊'却是以心为主,用心去驾驭物。"⑤总之,在文艺创作心理活动中,心物、主客是共同作用、互相影响的。刘勰又说:"思理为妙,神与物游"⑥,"物以貌求,心以理应"⑦,"情以物兴,故义必明雅;物以情观,故词必巧丽"⑧,强调在创作构思整个过程中,神物、心物、情物之间都是彼此渗透、融为一体的。"情以物兴,物以情观"的提法是对审美心理中主客体相互作用的辩证关系的凝练而生动的概括。

王夫之同样认为审美感兴生成于主客、心物、内外之间的互相作用。他说:"形于吾身外者,化也;生于吾身内者,心也。相值而相取,一俯一仰之间,几与为通,而悖然兴矣。"(《诗广传》卷二)在《姜斋诗话》中,他透彻地论述了诗歌创作中情与景相生相融的关系,指出:"情景虽

---

① (西晋)陆机:《文赋》,载北京大学哲学系美学教研室编《中国美学史资料选编》上册,中华书局1980年版,第155页。
② (南朝)刘勰著、周振甫注:《文心雕龙注释》,人民文学出版社1981年版,第48页。
③ (南朝)钟嵘:《诗品序》,载北京大学哲学系美学教研室编《中国美学史资料选编》上册,中华书局1980年版,第212页。
④ (南朝)刘勰著、周振甫注:《文心雕龙注释》,人民文学出版社1981年版,第493页。
⑤ 王元化:《文心雕龙创作论》,上海古籍出版社1979年版,第74页。
⑥ (南朝)刘勰著、周振甫注:《文心雕龙注释》,人民文学出版社1981年版,第295页。
⑦ (南朝)刘勰著、周振甫注:《文心雕龙注释》,人民文学出版社1981年版,第296页。
⑧ (南朝)刘勰著、周振甫注:《文心雕龙注释》,人民文学出版社1981年版,第81页。

有在心在物之分,而景生情,情生景,哀乐之触,荣悴之迎,互藏其宅。"① "情景名为二,而实不可离。神于诗者,妙合无垠。巧者则有情中景,景中情。"② 这种"情景交融"说深入揭示出审美心理中主客、心物内在统一的规律,将对审美主客体关系的认识推进到一个新的高度。它是以辩证思维方式研究审美经验的成果,与西方审美学将审美主客体分离、对立起来的观点是完全不同的。

二

审美心理是如何构成的?它的心理过程和特点是怎样的?这是审美学研究的中心问题。西方美学比较重视对这一问题的探讨。由于哲学和心理学观点以及研究角度的不同,对此问题的看法也很不同。但是有一点是大致相同的,那就是各种不同看法和学说大都是用形而上学的分析思维方式来研究这个问题,往往只重视部分而忽略整体;只重视分析而忽略综合。西方古代美学尚无心理科学依据,仅根据哲学思想推断审美心理的构成和过程。到了近代,随着自然科学的发展,许多哲学家试图纠正被唯心主义和神学歪曲的心理学思想,并给予科学解释。近代美学家也试图用这些心理学新观点来科学说明审美心理现象,从而推动了对审美心理过程和特点的深入研究。但是,当这些美学家用各种不同心理学说来解释审美经验时,往往受到形而上学思维方式的影响,忽视对审美经验和心理过程的全面的、整体的认识和把握,只注意到审美心理中某个突出因素和特别方面。有的脱离整体去孤立地研究审美经验的某个构成部分和因素,并且将这些构成部分和因素的特性当作审美经验整体的特性,以致以偏概全。有的片面地、孤立地强调审美心理中某种构成因素的功能和作用,将审美心理中本来互相联系、互相作用的因素互相分割和对立起来,肯定一个方面,排斥另一个方面。如洛克强调"观念联想"对审美心理的作用;莱布尼茨认为审美趣味就是"混乱的知觉"或"微知觉";艾迪生将审美经验归结成"想象的快感";休谟认为审美趣味只涉及情绪和情感。这种将审

---

① (清)王夫之著、戴鸿森笺注:《姜斋诗话笺注》,人民文学出版社1981年版,第33页。
② (清)王夫之著、戴鸿森笺注:《姜斋诗话笺注》,人民文学出版社1981年版,第72页。

美心理构成因素孤立、对立起来的倾向在现代西方审美经验研究中愈演愈烈。如克罗齐认为审美心理属于最简单最原始的"知"的"直觉"活动，与理性无关；弗洛伊德认为审美经验是本能、欲望的升华和满足，只涉及无意识活动；等等。可以说，西方现代心理学美学对于审美心理的结构、过程和特点的解释大都带有某种片面性，缺乏全面的、整体的、辩证的观点。

中国古代哲学家、思想家的著述中蕴藏着丰富的心理学思想。正如有的学者所指出，西方哲学重在求事理之道，中国哲学重在求人生之理。中国哲学特别重视对人的心、性的研究，这就必然涉及心理问题。在先秦诸子的著作中，就有对心理过程的各个方面的论述。但他们大都把心理过程作为一个整体，强调各种心理构成因素之间的联系和统一，而不是将它们分裂和对立起来。荀子是先秦诸子中讨论心理学问题最多的哲学家，他非常强调心理构成因素之间的联系，如"征知"说强调感、知觉需要"心"（思维）的参与，没有纯粹的感、知觉；又强调情感和思考之间的关系，说："情然而心为之择，谓之虑。"（《荀子·正名》）意思是情绪发生了，由心对之做出判断，就叫作思考。由于把人的心理看作一个相互联系、相互交融的整体，所以中国古代心理学思想中没有知、情、意的截然分割。朱熹说："意者，心之所发；情者，心之所动；志者，心之所之。"（《朱子语类》卷五）可见意、情、志统一于心，是互相联系的整体。与这些思想相一致，中国传统审美学思想也十分注重审美心理过程的整体性和统一性。刘勰在《文心雕龙·神思》中，以艺术想象活动为中心，全面论述了文艺创作构思的心理活动，就是从整体上对审美心理构成和过程的认识和把握。他说："思理为妙，神与物游"[1]，"神用象通，情变所孕。物以貌求，心以理应"[2]。这就是说，在艺术构思的审美心理活动中，心与物、意与象、感知与想象、情感与理解各种要素形成有机联系的统一整体，既不是互相分割的，也不是相互对立的，充分体现了辩证思维。

西方美学家对于审美心理构成的片面理解，集中表现在对审美心理过程中情感与认识或情与理两者的关系的认识问题上。虽然在亚里士多德、

---

[1] （南朝）刘勰著、周振甫注：《文心雕龙注释》，人民文学出版社1981年版，第295页。
[2] （南朝）刘勰著、周振甫注：《文心雕龙注释》，人民文学出版社1981年版，第296页。

黑格尔等美学家的著作中，也有对艺术和审美中情与理辩证关系的深刻论述，但西方审美学中许多有代表性的人物和学说，大都存在片面强调情感在审美中的作用，而忽视认识和理性作用的倾向，有的甚至主张审美经验只涉及情感，与认识和理性无关。休谟是英国经验派美学中专门论述情感、趣味与认识、理性关系的美学家。他提出"人性"是由理智和情感两个部分构成的，这两个方面分别由不同的学科进行研究。对理性和认识的研究属于认识论；对情感和趣味的研究属于伦理学和美学。他说："伦理学和美学与其说是理智的对象，不如说是趣味和情感的对象。道德和自然的美，只会为人所感觉，不会为人所理解。"[①]这就把理性、认识与趣味、情感对立起来，将其排除在美学及审美经验之外了。康德继承和发展了这种看法。他第一次将心理活动分为知、情、意三部分，分别为人的"认识能力、愉快和不愉快的情感和欲求能力"[②]，它们被称为知性、理性和判断力，分别成为认识论、伦理学和美学的研究对象。他认为"鉴赏判断"或审美判断不涉及对于对象的认识，只与主体的愉快或不愉快的情感相联系。他试图由此寻找审美活动和认识活动与道德功利活动之间的区别，却把审美活动与认识活动绝对对立起来，把情感与理性绝对对立起来，否定了认识、理性在审美经验中的作用。后来，康德在论述"美的理想"和"审美理念"的范畴时，又引入了理性，认为审美理念就是理性理念的感性表现。可见，感性与理性、情感与认识的矛盾始终是贯穿在康德美学中的无法解决的内在矛盾。现代西方各种审美心理学说大都比休谟和康德走得更远，在片面强调情感、直觉、无意识、欲望等对审美的决定作用中，陷入了非理性主义。

中国古代美学理论向来重视对于文艺创作和审美经验中感情与思想、情与理相互关系的研究，形成了占主导地位的情志一体、情理交融、以理导情、寓理于情的审美学思想，十分强调审美中感情与认识、情感与理性的相互统一和融合。在我国古代美学和文艺理论中，"理""义""志""思"等概念大体指文艺创作和审美心理中的思想认识和理性因素；"情"

[①] ［英］休谟：《人类理解研究》，载北京大学哲学系外国哲学教研室编译《十六—十八世纪西欧各国哲学》，商务印书馆1975年版，第670页。

[②] ［德］康德：《判断力批判》，邓晓芒译，人民出版社2002年版，第11页。

"情性""情趣""情韵"等概念大体指文艺创作和审美心理中的感情和感性因素。较早对文艺创作和审美经验的认识产生较大影响的是"诗言志"和"诗缘情"两说。前者主要是根据"诗"的创作经验提出的,后者主要是根据"骚"的创作经验提出的,但"诗""骚"本身就是在某种程度上把"志"和"情"结合在一起的。《毛诗序》说:"诗者,志之所之也,在心为志,发言为诗。情动于中而形于言。"[①] 这不仅讲了诗歌言志的性质,而且也谈到它的抒情的特点,把"志"和"情"统一起来了。从审美角度说,诗歌言志同时也是表情,两者不能分离。孔颖达说:"在己为情,情动为志,情志一也。"(《毛诗正义》)更加强调情、志二者是具有内在统一性的。

刘勰的《文心雕龙》在总结文艺创作和审美经验的基础上,广泛吸收了前人理论成果,更为自觉地意识到文艺创作中"志"和"情"不可分割的关系,并在理论上使二者成为一个有机统一的整体,明确提出了"情志"这一具有特殊内涵的美学范畴,使"情志"说成为中国传统美学阐明艺术和审美中感情与认识、情与理相统一规律的重要理论。《文心雕龙》十分重视情感在文艺创作中的作用,全书提到"情"和与之相关的概念的地方不胜枚举。但值得注意的是,刘勰并不是孤立地、片面地强调"情",而总是强调"情"和"理"、"情"和"志"的互相联系、互相渗透。"情"和"理""志"不是同时并举,就是互文同义的。如"情动而言形,理发而文见"[②],"志足而言文,情信而辞巧"[③],都是将"情"与"理""志"并举。又如"情者文之经,辞者理之纬"[④],"率志以方竭情"[⑤],便是"情""理"和"情""志"互文。更值得注意的是,《文心雕龙》还把"情理""情志"作为一个词汇来用,如"情理设位,文采行乎其中"[⑥],"必以情志为神明"[⑦] 等。这说明刘勰已经认识到艺术创作和审美经验中的

[①] 《毛诗序》,载北京大学哲学系美学教研室编《中国美学史资料选编》上册,中华书局1980年版,第130页。
[②] (南朝)刘勰著、周振甫注:《文心雕龙注释》,人民文学出版社1981年版,第308页。
[③] (南朝)刘勰著、周振甫注:《文心雕龙注释》,人民文学出版社1981年版,第11页。
[④] (南朝)刘勰著、周振甫注:《文心雕龙注释》,人民文学出版社1981年版,第346页。
[⑤] (南朝)刘勰著、周振甫注:《文心雕龙注释》,人民文学出版社1981年版,第455页。
[⑥] (南朝)刘勰著、周振甫注:《文心雕龙注释》,人民文学出版社1981年版,第355页。
[⑦] (南朝)刘勰著、周振甫注:《文心雕龙注释》,人民文学出版社1981年版,第462页。

感情和认识、理性是互相交织在一起的有机整体,审美心理既不是单纯的情感作用,也不是单纯的理性认识,而是二者化合为一的某种特殊的东西。这是中国古代美学对艺术创作和审美心理特性的认识的一个飞跃。

在为数众多的中国传统诗文理论中,虽然有的偏重义理,忽视感情;有的偏重感情,忽视理性,但总的来说,大多是在克服各种片面性中,继承和发展了"情志"说。如清初杰出思想家黄宗羲论诗文,就是把"性情"和"理"结合在一起的。他反复强调"性情"对于诗的重要性,却不排斥"理",并称"文以理为主";他虽然重视"理"的作用,却又指出"理"必须通过"情"来表现,"情不至,则亦理之郛廓耳"[①]。所以,只有寓理于情,情理交融,才可以发挥"移人之情"的特殊审美作用。又如清代杰出文学家叶燮在《原诗》中提出诗人要以卓越的才、识、胆、力去反映理、事、情的主张,并特别论述了"情"和"理"互相依存和交融的关系,认为文艺创作是"情理交至","情必依乎理,情得然后理真"[②]。尤其值得称道的是,叶燮还对艺术创作和审美经验中的"理、事、情"的特点作了细致深入的考察,提出:"惟不可名言之理,不可施见之事,不可径达之情,则幽渺以为理,想象以为事,惝恍以为情,方为理至事至情至之语。"[③] 这就深刻揭示了文艺创作和审美心理活动的特点。可以说,"情志一体""情理交至"之说,和"心物相取""情景交融"之说,两者一起共同形成中国审美学思想体系的两大支柱,成为中国美学特有的范畴——意境的两个主要内涵,不仅充分体现出中国审美学思想的特点,也为世界美学做出了独特的贡献。

三

审美观照又称审美静观,是对审美对象进行观赏和审视时的一种特殊的心理活动方式和心理状态。中西审美学思想中,都有对审美观照中主体心理状态和特点的探究。在西方美学中,柏拉图最早提出"观照"的概

---

① (清)黄宗羲:《论文管见》,载北京大学哲学系美学教研室编《中国美学史资料选编》上册,中华书局1980年版,第212页。
② (清)叶燮著、霍松林校注:《原诗》,人民文学出版社1979年版,第32页。
③ (清)叶燮著、霍松林校注:《原诗》,人民文学出版社1979年版,第32页。

念，认为审美需排除尘世的杂念，凝视、观照美本身。德国古典美学创始人康德明确提出"静观"的概念，认为审美判断是不带任何利害关系的愉快，它完全超脱实际生活的欲念和利害，只是对对象的形式起观照活动而产生愉快。自此以后，对审美观照中心理状态和特点的探究，基本上是围绕着"无利害性"这一核心问题展开的。其中，较有代表性的学说有叔本华的审美直观说、布洛的心理距离说和当代的审美态度理论。

叔本华的审美直观说是以他的唯意志论哲学为基础的。他认为，意志作为万物之源是一种欲求，它所欲求的就是生命，因此可称为生命意志。生命意志的本质就是痛苦。人要摆脱痛苦，就要舍弃欲求、摆脱意志的束缚，否定生命意志。而审美直观就是从意志和欲望的束缚中获得暂时的解脱的一种方式。审美直观"放弃了对事物的习惯看法"，"甩掉了为意志服务的枷锁"，"沉浸于对自然的直观中"，它使"注意力不再集中于欲求的动机，而是离开事物对意志的关系而把握事物"，"所以也即是不关利害，没有主观性，纯粹客观地观察事物"。[①] 总之，在叔本华看来，审美直观是对意志和欲求的超脱，是对个性的忘怀，是不考虑利害而对事物的纯粹直观。所以，抛弃欲求、不关利害、忘怀自我，就是审美直观的心理状态和特点。

康德和叔本华的"审美无利害关系"的理论，对布洛和当代审美态度理论倡导者产生了直接影响。不过，康德和叔本华是从思辨哲学出发论述审美无利害关系，而布洛和当代审美态度理论倡导者则力图把这一理论建立在心理学的科学基础之上。布洛用"心理的距离"来说明审美观照的特殊心理状态和主观态度。他认为，审美观照和日常经验是不同的。在日常经验中，人们对事物采取的是一种实际的态度，所以不能摆脱个人的实际需要和目的，不能超脱个人实际利害，因而也就不能"客观地"看待对象。而通过主体与对象保持一定的"心理距离"，主体成为摆脱个人实际需要和目的的主体；对象成为与人的实际利害无关的孤立绝缘的对象，主体和对象的关系就会发生变化，审美经验就会立即产生。当代审美态度理论把"无利害关系"和"无转移"的注意作为一种审美的观看方式，认为这种主体观看方式和态度的变化是使客体成为审美对象和让主体唤起审美经验的关键。

---

① ［德］叔本华：《作为意志和表象的世界》，石白冲译，商务印书馆1982年版，第274页。

文化视域下中西审美学思想之比较

中国古代审美学思想中,不仅很早就有关于审美观照的心理状态和特点的论述,而且形成了独特的概念和范畴。先秦哲学家老子和庄子结合对道家哲学思想的阐述,提出了审美心理虚静说。老子哲学的最高范畴是"道",属于探讨宇宙、自然生成的本体论。按照《老子》一书中的解释,"道"是一种浑然一体的东西,听不见、看不见,不靠外力而存在。它是天下万物的根源,是世界发生、变化的总规律。老子认为,认识的最终目的在于认识"道"。但认识"道"必须用特殊的认识方法,这就是老子所说的"涤除玄鉴"。"涤除",就是洗濯、扫除;"玄"即"道";"鉴"指明镜,比喻内心。"涤除玄鉴",意思就是排除各种欲念,保持内心虚静,才能像镜子那样对玄妙之"道"进行观照。所以,他又提出"致虚极,守静笃",即排除主观成见,摒出利害观念,保持内心空虚和宁静。庄子进一步发展了老子这一观点,明确提出审美心理虚静说。他说:"唯道集虚。虚,心斋也。"① 意思是,只有"道"才能集结在空虚之中,这个空虚就是"心斋"。所谓"心斋",就是指排除了一切杂念干扰的空虚的心境。庄子认为,只有疏通内心("疏瀹而心"),洗净心灵("澡雪而精神"),清除各种欲念,摒弃一切理智,使心理状态绝对处于虚静,才能观"道",感知和把握天地之"大美""至美"。

老子和庄子的虚静说对中国古典美学关于文艺创作理论和审美心理学思想的发展影响很大。南朝画家宗炳受其影响,在《画山水序》中提出"澄怀味象"和"澄怀观道"的审美心理思想。所谓"澄怀",也就是保持虚静空明的心境。这与老子说的"涤除玄鉴"、庄子说的"心斋"是一致的。宗炳认为,"澄怀"是审美观照必不可少的主观条件,只有"澄怀"才能"味象""观道",形成审美观照。"味象"之说,结合着审美实践,比老庄之说更能体现审美体验内涵。刘勰在《文心雕龙》中说:"陶钧文思,贵在虚静,疏瀹五藏,澡雪精神。"② 这是直接运用了庄子的说法,强调内心虚静是创作构思的必要心理条件。但从他论述创作构思心理过程来看,并不认同庄子将理智思考摒除在审美观照之外的看法,反而认为内心虚静和理性思考都是审美心理所需要的。

---

① 陈鼓应注释:《庄子今注今译》(上),中华书局1983年版,第117页。
② (南朝)刘勰著、周振甫注:《文心雕龙注释》,人民文学出版社1981年版,第295页。

中西审美学思想中关于审美观照心态及特点的论述，虽然概念、范畴、学说各不相同，但在观点上却有惊人的相似之处，即都认为审美观照需要一种与日常经验有别的心理状态，这种心理状态的主要特点就是要摆脱与对象之间的实用功利关系，排除一切欲念和利害考虑，让心理活动处在超功利的自由之中。但是，中西两种审美观照的学说毕竟是建立在不同文化和哲学思想的基础之上的，因而对审美观照心理的理解也存在着差别。第一，对审美观照心理的性质的看法有区别。西方的审美直观说、心理距离说和审美态度说把审美观照的特殊心理状态主要看作观赏者的"注意转向"或"无转移"的注意，也就是一种与日常经验不同的特殊的注意方式。叔本华说：审美直观就是"注意力不再集中于欲求的动机，而是离开事物对意志的关系而把握事物"①；布洛说：心理距离是通过"注意转向""使客体及其吸引力与人的本身分离开来而获得的"②；J. 斯托尼茨说：审美态度就是"对于任何意识到的对象的无利害关系的和同情的注意和观照"③。可见他们都是指对于对象的注意的指向性、选择性、集中性的改变，也就是注意方式的改变。中国的虚静说和澄怀说则把审美观照的特殊心理状态看作一种净化式人格建构和超越性人生境界。"虚静""心斋""澄怀"都不是短暂的注意指向的转移，而是一个人长久具有的稳定的心理特点，涉及整个人格境界。所谓"疏瀹五藏，澡雪精神"，是指对主体内心的调节和整个心灵的净化，这显然是一种内涵更加深刻、丰富的范畴和思想。第二，对审美观照中主客体关系的看法有区别。西方的审美直观说、心理距离说和当代的审美态度理论都认为，一旦审美主体出现超越利害考虑的心理状态，那么任何对象便都可经由主体的作用而成为审美对象，并产生审美经验。叔本华甚至认为，在审美直观中摆脱意志束缚的认识主体"乃是世界及一切客观的实际存在的条件，从而也是这一切一切的支柱"④。这显然是过于夸大了在审美观照中主体的作用，以致将主体的心

---

① [德]叔本华：《作为意志和表象的世界》，石白冲译，商务印书馆1982年版，第274页。
② [英]布洛：《作为艺术因素与审美原则的"心理距离说"》，载《美学译文》（2），中国社会科学出版社1982年版，第96页。
③ [美]J. 斯托尼茨：《美学与艺术批评哲学》，波士顿：豪顿·米夫林出版社1960年版，第35页。
④ [德]叔本华：《作为意志和表象的世界》，石白冲译，商务印书馆1982年版，第253页。

理状态当作审美观照发生的唯一来源。相较而言，中国古代美学中的审美虚静说和澄怀味象说虽然也强调超越功利的心理状态是形成审美观照的必要条件，但也指出审美观照是由对象的审美特质引起的，是审美主客体互相作用的结果。如宗炳在强调审美主体"澄怀"的同时，也强调审美客体"象"的作用。他说："山水以形媚道而仁者乐。"[①] 就是说山水以它的形象体现着道，本身具有审美的特质。只有既"澄怀"，又"味象"，主客体共同发挥作用，才能引起观赏者的审美观照和愉悦。可以说，把主体审美心态和客体审美特质两方面结合起来说明审美观照心理的形成及其特性，是中国传统审美学思想的又一个重要特色，它深刻体现着中国哲学和文化特有的辩证思维。这一文化思想传统是我们今天推动传统审美学思想实现创造性转化的重要基础。

（原载于《广东社会科学》2014 年第 6 期）

[①] （南朝）宗炳：《画山水序》，载北京大学哲学系美学教研室编《中国美学史资料选编》上册，中华书局 1980 年版，第 177 页。

严羽《沧浪诗话》审美心理学思想辨析

严羽的《沧浪诗话》是宋代最负盛名、影响最大的一部诗歌理论著作,也是中国美学史上于刘勰《文心雕龙》之后产生的一部理论性、系统性最强的美学论著。这部诗论主要是结合作品评析,探讨诗歌创作和发展的艺术规律,却始终将审美心理分析贯穿于诗歌创作和批评的论述中,从而形成了较为系统、完整的审美心理学思想。由于以诗歌为代表的抒情文学在中国古代文艺发展中居于主导地位,最充分地体现出中国传统文艺的审美特点,因而,严羽从诗歌的抒情文学特点出发,对中国文艺创作审美心理所作的分析,也最能反映出中国审美心理学思想的特点。所以,我们要了解中国审美心理学思想的发展和特色,需要对《沧浪诗话》的审美心理学思想进行深入解读和辨析。

一

在《答出继叔临安吴景仙书》中,严羽自评《沧浪诗话》说:"仆之《诗辨》,乃断千百年公案,诚惊世绝俗之谈,至当归一之论。……以禅喻诗,莫此亲切。是自家实证实悟者,是自家闭门凿破此片田地,即非傍人篱壁、拾人涕唾得来者。"[①] 这话虽有夸张之嫌,却说明了《沧浪诗话》的两大特点:一是"以禅喻诗",这虽然并非严羽首创,他却以此作为论诗的主要方式,并对之作了深入发挥;二是"自家实证实悟",虽然深研了前人诗论,却不"拾人涕唾",而是在总结诗歌创作经验的基础上创立自己的理论学说。

严羽通过"以禅喻诗"和"实证实悟"建立的新学说主要就是"兴

---

① (宋)严羽著、郭绍虞校释:《沧浪诗话校释》,人民文学出版社1961年版,第234页。

趣"说和"妙悟"说。《沧浪诗话》就是以这两大学说为核心,探索诗歌创作的特殊艺术规律,揭示文艺创作的审美心理特点,提出了系统的审美心理学思想。我们这里先来分析他提出的"兴趣"说。《诗辨》说:

> 夫诗有别材,非关书也;诗有别趣,非关理也。然非多读书,多穷理,则不能极其至。所谓不涉理路,不落言筌者,上也。诗者,吟咏情性也。盛唐诸人唯在兴趣,羚羊挂角,无迹可求。故其妙处透彻玲珑,不可凑泊,如空中之音,相中之色,水中之月,镜中之象,言有尽而意无穷。近代诸公乃作奇特解会,遂以文字为诗,以才学为诗,以议论为诗。夫岂不工,终非古人之诗也。盖于一唱三叹之音,有所歉焉。且其作多务使事,不问兴致,用字必有来历,押韵必有出处,读之反覆终篇,不知着到何在。[①]

这段文字可以说是严羽关于"兴趣"说的集中表述。其中,"趣""兴趣""兴致"三个概念,含义应该是一致的。"兴趣"一词虽然前人书中也有用过,但作为诗歌创作的一个审美范畴提出始自严羽。对于严羽作为诗歌审美范畴提出的"兴趣"究竟应当如何理解,历来都有所分歧。近年来出版的中国美学史和相关研究著作,对之也各有解释。较有代表性的看法有:(一)认为"'兴'指'诗兴',即作家在和外物接触中所引起的情思和创作冲动","'趣'则指诗歌的韵味"[②];(二)认为"'兴趣'指诗的兴象与情致结合所产生的情趣与韵味"[③];(三)认为"'兴趣'指的是诗歌意象所包含的审美情趣"[④];(四)认为"'兴'即是'情';'趣'即是'味'。'兴趣'即是'情味'"[⑤];(五)认为兴趣"是进行诗歌创作时的兴发感动作用,以及由此产生的特有的艺术趣味"[⑥]。以上解说虽然不

[①] (宋)严羽著、郭绍虞校释:《沧浪诗话校释》,人民文学出版社1962年版,第23—24页。
[②] 《中国大百科全书·中国文学》,中国大百科全书出版社1986年版,第1109页。
[③] 王运熙、顾易生主编:《中国文学批评通史》第4卷,上海古籍出版社1996年版,第385页。
[④] 叶朗:《中国美学史大纲》,上海人民出版社1985年版,第314页。
[⑤] 王文生:《中国美学史》上卷,上海文艺出版社2008年版,第161页。
[⑥] 袁行霈等:《中国诗学通论》,安徽教育出版社1994年版,第601页。

完全一致，但都认为"兴趣"这一范畴的含义不是单一的，而是复合的；不是单层次的，而是多层次的。我们仔细研读严羽论"兴趣"这段文字，也可明确感到它包含的意义是多方面的。其中，讲"诗有别趣，非关理也"，将"趣"与"理"相对，主要应是指"情"；讲"多务使事，不问兴致"，主要是指情感的感动；讲"诗者，吟咏情性也"，更是强调情感在诗中的重要作用。以上所论，都属触物动情的感兴活动，应主要属于"兴"的含义。至于讲"羚羊挂角，无迹可求"，"透彻玲珑，不可凑泊"，以及"言有尽而意无穷"，"一唱三叹"等等，则是指诗歌的韵味、趣味，应主要属于"趣"的含义。"兴"和"趣"、情感的抒发和悠远的韵味，两者本是互相联系、不可分割的。但前者偏重在审美心理的过程和主要特点；后者偏重在审美心理的效果和特殊感受，两者涉及审美心理的不同层面，可以分别加以分析和研究。

先谈"兴趣"之"兴"。"兴"是以诗歌创作"吟咏情性"这一基本审美特点为基础的，是形成这一特点的审美心理活动和过程。孔子在《论语》中最先使用"兴"一词说明诗歌"感发志意"的特殊作用，也是对诗歌情感特点的最早阐明。陆机《文赋》论文学创作，首提"应感"一词，开启了"感兴"之说。颜之推、沈约所说"兴会"，直接接触到诗歌创作中的情感活动，正如李善所说："兴会，情兴所会也。"[1] 刘勰《文心雕龙》说："情往似赠，兴来如答"[2]，将"兴"与情感活动视为一体。此后，许多论者都把"兴"解释为感触于外物而产生的情感活动。如贾岛说："兴者，情也。谓外感于物，内动于情，情不可遏，故曰兴。"[3] 李仲蒙说："触物以起情谓之兴，物动情者也。"[4] 严羽所说"兴趣"之"兴"，显然和上述对"兴"的理解是一脉相承的。它所指的就是诗歌创作中，诗人由外物刺激而引起的审美情感活动。

严羽不仅将"兴趣"视为诗歌创作的基本原则，而且把它作为品评诗

---

[1] （唐）李善：《文选注》，载胡经之主编《中国古典美学丛编》，中华书局1988年版，第322页。

[2] （南朝）刘勰著、周振甫注：《文心雕龙注释》，人民文学出版社1981年版，第494页。

[3] （唐）贾岛：《二南密旨》，载王文生《中国美学史》上卷，上海文艺出版社2008年版，第160页。

[4] （宋）李仲蒙语，载胡经之主编《中国古典美学丛编》，中华书局1988年版，第330页。

歌美丑、优劣的基本标准。《沧浪诗话》"推原汉魏以来，而截然谓当以盛唐为法"，就是因为"盛唐诸人唯在兴趣"。在《诗评》中，他说："唐人好诗，多是征戍、迁谪、行旅、离别之作，往往能感动激发人意。"① 又说："高岑之诗悲壮，读之使人感慨。"② 足见他倡导的"兴趣"就是诗歌中令人感动的真情实感的抒发，就是诗歌创作中的审美情感活动及其特点。

严羽倡导"兴趣"说，提出"诗有别才，非关书也；诗有别趣，非关理也"；又提出"不涉理路，不落言筌者，上也"，这些话，成为后人最多争论之点。争论的焦点在于别才、别趣与读书、穷理的关系，更深层次则涉及诗歌创作的审美心理活动中情与理的关系。批评者认为严羽的别才、别趣之说是将诗歌吟咏情性与学书识理对立起来了。其实，这种见解是不符合严羽的原意的。首先，必须看到严羽这些话是针对当时诗歌创作的时弊而发的，是为了纠正以"江西体""晚唐体""理学体"为代表的诗歌流弊，即"以文字为诗，以才学为诗，以议论为诗"。正如钱锺书所言："沧浪所谓'非理'之'理'正指南宋道学之'性理'；曰'非书'，针砭'江西诗病'也，曰'非理'，针砭濂洛风雅也，皆时弊也。"③ 其次，严羽在提出诗"非关书""非关理"后，立即补充说："然非多读书，多穷理，则不能极其至。"可见它并非笼统排斥学、理对诗歌创作的作用。他所说的"不涉理路"，就是指不以议论、说教为诗。诗要表达作者的思想感情，当然不可能不涉及理。但诗中之理并非抽象之理、直说之理，而是蕴含于"意兴"之中，和情感与意象水乳交融在一起之理。严羽说："诗有词理意兴。南朝人尚词而病于理；本朝人尚理而病于意兴；唐人尚意兴而理在其中；汉魏之诗，词理意兴，无迹可求。"④ 这清楚地表明，严羽是反对游离于意兴之理，而倡导融化于意兴之理，追求诗歌的词理意兴相互融合，达到无迹可求的。许学夷《诗源辩体》认为严羽这里所讲"意兴"和前此所讲"兴趣"在含义上有所差异。笔者以为这是有道理的。"意兴"既包括情感，也包括和情感融为一体的思想，是感情与思想、情感与理性的统一。所以，诗歌创作才能"尚意兴而理在其中"。严羽的"意兴"概

---

① （宋）严羽著、郭绍虞校释：《沧浪诗话校释》，人民文学出版社1961年版，第182页。
② （宋）严羽著、郭绍虞校释：《沧浪诗话校释》，人民文学出版社1961年版，第166页。
③ 钱锺书：《谈艺录》，中华书局1984年版，第545页。
④ （宋）严羽著、郭绍虞校释：《沧浪诗话校释》，人民文学出版社1961年版，第137页。

念和刘勰在《文心雕龙》中提出的"情志"概念具有异曲同工之妙。两者都强调了文学创作的审美心理活动和过程是情与理、感情与思想的互相渗透和统一。这种观点成为中国传统审美心理学思想的主导观念，一直延续下来。明代王夫之在《姜斋诗话》和《古诗评选》中都提到严羽"诗非关理"的论述，并解释说："非谓无理有诗，正不得以名言之理相求耳。"[①] 所谓"名言之理"就是"经生之理"、抽象概念之理。他进一步指出好诗应当"情相若，理尤居胜"，将情和理统一于意境之中。这就将严羽的观点向前发展了，使诗歌创作审美心理中情与理的辩证关系得到更好的阐明。

二

再谈"兴趣"之"趣"。"趣"和"兴"本来是紧密联系、不可分割的，但在具体含义上则有所差异、有所侧重。上文已说明，"兴"是指诗歌创作中情感感动的发生、过程和特点，主要涉及创作审美心理中的情感活动。"趣"也是以情感为基础形成的，不过，它主要不是表现为创作中情感活动的发生和过程，而是主要表现为情感与意象融为一体所产生的审美价值和审美体验，是作品与欣赏者结合形成的审美心理效应和感受。袁宏道说："世上所难者唯趣。趣如山上之色，水中之味，花中之光，女中之态，虽善说者不能下一语，唯会心者知之。"[②] 这说明"趣"和"味"一样，需要通过品尝才能被会心者体验到。

从《沧浪诗话》所阐述的"趣"的具体内容看，它和钟嵘的"滋味"说、司空图的"韵味"说具有直接联系。"趣"即"趣味"，用"味"的概念来说明诗歌和文学作品的审美价值和审美体验，在中国美学史上有久远的传统。《论语》记载："子在齐闻韶，三月不知肉味。"[③] 就是用"味"比较欣赏韶乐的审美快感。陆机《文赋》也以"阙大羹之遗味"来形容诗

---

① （清）王夫之：《古诗评选》卷四，载北京大学哲学系美学教研室编《中国美学史资料选编》下册，中华书局1981年版，第284页。

② （明）袁宏道：《袁中郎全集·文钞》，载胡经之主编《中国古典美学丛编》，中华书局1988年版，第757页。

③ 北京大学哲学系美学教研室编：《中国美学史资料选编》上册，中华书局1980年版，第16页。

的美感之不足。刘勰在《文心雕龙》中大量使用"味"的概念以说明作品的审美价值和审美感受，如"子云沈寂，故志隐而味深"①，"繁采寡情，味之必厌"②，等等。他还提出了"滋味""余味"的概念，丰富了"味"的内涵。到了钟嵘，就完整提出了"滋味"说。《诗品序》把"有滋味"作为好诗的首要标准，认为"使味之者无极，闻之者动心，是诗之至也"③。同时，还提出"文已尽而意有余"作为"滋味"的具体内涵。司空图发展了钟嵘的"滋味"说，提出"辨于味而后可以言诗"，进一步将"味"作为诗歌的审美评价标准。他的"韵味"说主张"味在咸酸之外"，认为"全美"的诗应具有"韵外之致""味外之旨"④。再看看《沧浪诗话》关于"兴趣"的具体论述："羚羊挂角，无迹可求""透彻玲珑，不可凑泊""言有尽而意无穷"等，不正是和钟嵘、司空图的上述见解如出一辙吗？《四库全书总目提要·沧浪集》说："司空图《诗品》有'不著一字，尽得风流'语，其《与李秀才书》，又有'梅止于酸，盐止于咸，而味在酸咸之外'语，……羽之持论，又源于图。"⑤ 这就将严羽"兴趣"说的来源和内涵讲得十分清楚了。严羽所谓"兴趣"之"趣"，在内涵上和钟嵘所说"滋味"、司空图所说"韵味"的一致，集中表现在对"言有尽而意无穷"这种诗歌创作和欣赏的审美心理现象的论述上。而这种现象正是创作和欣赏中审美心理活动特点和形象思维特殊规律的一种表现。就诗歌创作的审美心理过程来说，诗人对现实事物的认识、理解和被事物触发的情感，总是和对事物形象的感知、联想与想象紧密地联系在一起的，两者不仅从始至终互相渗透，不可分割，而且彼此促进，共同发展，最终形成融为一体的审美意象。陆机讲"情瞳昽而弥鲜，物昭晰而互进"⑥；刘勰讲"思理为妙，神与物游"⑦，"神用象通，情变所孕。物以貌求，心以

---

① （南朝）刘勰著、周振甫注：《文心雕龙注释》，人民文学出版社1981年版，第309页。
② （南朝）刘勰著、周振甫注：《文心雕龙注释》，人民文学出版社1981年版，第347页。
③ （南朝）钟嵘：《诗品序》，载北京大学哲学系美学教研室《中国美学史资料选编》上册，中华书局1980年版，第213页。
④ （唐）司空图著、郭绍虞集解：《诗品集解》，人民文学出版社1981年版，第47、48页。
⑤ 《四库全书总目提要·沧浪集》，载袁行霈等《中国诗学通论》，安徽教育出版社1994年版，第590页。
⑥ （西晋）陆机：《文赋》，载北京大学哲学系美学教研室编《中国美学史资料选编》上册，中华书局1980年版，第156页。
⑦ （南朝）刘勰著、周振甫注：《文心雕龙注释》，人民文学出版社1981年版，第295页。

理应"①；司空图讲"思与境偕"②，王夫之讲"景以情合，情以景生"③，都是指主观情思与客观物象在诗歌创作构思中互相作用和融合，形成审美意象的过程。这种审美心理活动不是借助于概念逻辑的抽象思维活动，而是借助于表象想象的形象思维活动；不是将主观情思变成为推理议论，而是将思想情感转化为审美意象。在审美意象中，思想和情感完全溶解于形象的感受、联想和想象之中，"如水中盐、蜜中花，体匿性存，无痕有味，现相无相，立说无说"④。这就是形成《沧浪诗话》所说的"羚羊挂角，无迹可求""透彻玲珑，不可凑泊"的审美趣味之原因。这样的审美意象本来就是具有多义性的，如果作品的审美意象是含蓄蕴藉、虚实巧妙结合的，那么，它就可以唤起欣赏者更多的联想和想象，使形象的内容得到进一步的丰富和发展，并由此体会到更为丰富、复杂的情思和意味。这就是产生诗歌作品"言有尽而意无穷"的心理根源。所谓"象外之象""韵外之致""味外之旨"等艺术现象，也都是出于同样的审美心理原因。

不过，严羽讲"兴趣""趣味"，和司空图讲"韵味"一样，主要着眼于部分平淡飘逸风格的抒情短诗，过于追求诗歌的空灵含蓄，加之受佛学影响，以禅喻诗，以至于把诗味的审美特点说得虚无缥缈、迷离恍惚。如所谓"羚羊挂角，无迹可求。故其妙处透彻玲珑，不可凑泊，如空中之音，相中之色，水中之月，镜中之象"等。这些论述虽然涉及诗歌的不即不离现象，却给人以不着边际之感。后来王士禛的"神韵"说进一步发展了这些论述的片面性，把诗歌创作引向脱离现实的轨道。钱锺书评严羽之语说："沧浪继言：'诗之有神韵者，如水中之月，镜中之象，透彻玲珑，不可凑泊。不涉理路，不落言诠'云云，几同无字天书。……诗自是文字之妙，非言无以寓言外之意；水月镜花，固可见而不可捉，然必有此水而后月可印潭，有此镜而后花能映影。……诗中神韵之异于禅机在此，去理路言诠，固无以寄神韵也。"⑤ 这个评论是颇中肯綮的。其实，对于由于审美心理的特点所形成的"言有尽而意无穷"的审美现象，在西方美学论著中

---

① （南朝）刘勰著、周振甫注：《文心雕龙注释》，人民文学出版社1981年版，296页。
② （唐）司空图著、郭绍虞集解：《诗品集解》，人民文学出版社1981年版，第50页。
③ （清）王夫之著、戴鸿森笺注：《姜斋诗话笺注》，人民文学出版社1961年版，第76页。
④ 钱锺书：《谈艺录》，中华书局1984年版，第231页
⑤ 钱锺书：《谈艺录》，中华书局1984年版，第100页。

也是有较深刻的论述和分析的。如康德在《判断力批判》中对于"审美理念"的论述和分析就直接涉及这一审美现象。康德说："我把审美理念理解为想象力的那样一种表象，它引起很多的思考，却没有任何一个确定的观念，也就是概念能够适合于它，因而没有任何言说能够完全达到它并使它完全得到理解。"[①] 又说："审美理念是想象力的一个加入到给予概念之中的表象，这表象在想象力的自由运用中与各个部分表象的这样一种多样性结合在一起，以至于对它来说找不到任何一种标志着一个确定概念的表达，所以它让人对一个概念联想到许多不可言说的东西。"[②] 康德所说的"审美理念"和我们上面提到的审美意象在含义上是一致的。审美理念是与理性理念相对的，理性理念是抽象思维的产物，审美理念是形象思维的产物。审美理念是由想象力所形成的表象显现，是具有个别性、多样性的感性形象。同时，它又和理性理念的内容相关联，可以引起很多的思考，是思想和形象、理性和感性、普遍性和个别性的统一。审美理念虽然可以引起很多的思考和思想，"却没有任何一个确定的观念、也就是概念能够适合于它"，因为这种思考和思想是融化在想象力所创造的形象之中的，是"与各个部分表象的这样一种多样性结合在一起"的，因而，"没有任何言说能够完全达到它并使它完全得到理解"。人们通过对于形象的直接感受和联想，却可以从中体会到"许多不可言说的东西"——这就是所谓的"言外之意""韵外之致"，也就是所谓"言有尽而意无穷"的审美现象形成的心理原因。

三

严羽的"兴趣"说是与"妙悟"说联系在一起的。兴趣中总有妙悟，妙悟出现在兴趣之中，两者不可分割。不过，在具体含义上，两者又各有侧重。如上所述，兴趣主要指诗歌创作中的审美感兴，即诗人触物动情的审美心理活动和过程；妙悟则是诗人在审美感兴中独具的敏锐应感、获得感悟的审美心理能力。妙悟是把握诗歌创作中兴趣的关键，有妙悟的诗，才能产生更大的趣味、韵味。严羽说：

---

① [德] 康德：《判断力批判》，邓晓芒译，人民出版社2002年版，第158页。
② [德] 康德：《判断力批判》，邓晓芒译，人民出版社2002年版，第161页。

> 大抵禅道唯在妙悟，诗道亦在妙悟。且孟襄阳学力下韩退之远甚，而其诗独出退之之上者，一味妙悟而已。唯悟乃为当行，乃为本色。①

对于严羽以禅的妙悟比喻诗的妙悟，历来多有不同看法。驳之者认为"诗之不可为禅，犹释之不可为诗"，二者之间风马牛不相及。赞之者认为"诗之最上乘者须在禅味中悟入"，两者是完全一致的。实际上，参禅与作诗，作为一种心理和精神活动，仅在现象上有所相似，而在实质上是不相同的。即以悟而言，作诗之悟和参禅之悟也是在实质上不同的。胡应麟说："禅则一悟之后，万法皆空，棒喝怒呵，无非至理；诗则一悟之后，万象冥会，呻吟咳唾，动触天真。禅必深造而后能悟；诗虽悟后，仍须深造。"② 可见诗的妙悟不可简单等同于禅的妙悟，我们只能在心理现象上去发现它们的类似之处。诗的妙悟和禅的妙悟在心理现象上的相通之点，在于它们都要借助直觉。不过，诗的妙悟是一种审美心理活动，其直觉是悟出审美意象，并形诸文字。这与禅宗以直觉"得无师之智"且"不立文字"是根本不同的。

直觉是审美心理中最常见、最富特色的一种现象。人们在感受和欣赏对象之美时，往往来不及进行自觉的理性思考和分析，在直接对于对象的感知活动中就立刻发现了对象之美并产生了美感感动。英国美学家哈奇生说："审美快感并不起于有关对象的原则、比例、原因或效用的知识，而是立刻就在我们心中唤起美的观念。"③ 这里讲的就是审美直觉。诗歌和文艺创作中，直觉是普遍存在的一种心理现象。陆机说："若夫应感之会，通塞之纪，来不可遏，去不可止，藏若景灭，行犹响起。方天机之骏利，夫何纷而不理。思风发于胸臆，言泉流于唇齿。"④ 这是对文学创作中直觉活动的生动描述。钟嵘论诗歌创作说："观古今胜语，多非补假，皆由直寻。"⑤

---

① （宋）严羽著、郭绍虞校释：《沧浪诗话校释》，人民文学出版社 1961 年版，第 10 页。
② （明）胡应麟：《诗薮》，载《沧浪诗话校释》，人民文学出版社 1961 年版，第 21—22 页。
③ ［英］哈奇生：《论美和德行两种观念的根源》，载北京大学哲学系美学教研室编《西方美学家论美和美感》，商务印书馆 1980 年版，第 99 页。
④ （西晋）陆机：《文赋》，载北京大学哲学系美学教研室编《中国美学史资料选编》上册，中华书局 1980 年版，第 158 页。
⑤ （南朝）钟嵘：《诗评序》，载北京大学哲学系美学教研室编《中国美学史资料选编》上册，中华书局 1980 年版，第 213 页。

司空图也说："直致所得，以格自奇。"① 这里所讲"直寻""直致"，都是指诗人从对现实景物的直接感兴中得到不同寻常的感悟，实际上涉及直觉。严羽在论妙悟时专门提到孟浩然，认为他学力虽不及韩愈，但凭妙悟写作的诗超出了韩愈，足见妙悟主要不在学力知识，而在直觉感悟。《沧浪诗话》又说："诗之极致有一，曰入神。诗而入神，至矣，尽矣，蔑以加矣！"② 后有评者将"入神"与"妙悟"并论，实则两者内在含义是一致的。陶明浚《诗说杂记》说："真能诗者，不假雕琢，俯拾即是，取之于心，注之于手，滔滔汩汩，落笔纵横，从此导达性灵，歌吟情志，……此之谓入神。"③ 这就将入神和妙悟及直觉看作一体了。

清代王夫之在《姜斋诗话》中用禅家术语"现量"说明诗歌创作中的妙悟。他说："因景因情，自然灵妙，何劳拟议哉？'长河落日圆'，初无定景；'隔水问樵夫'，初非想得：则禅家所谓现量也。"④ 这里讲的"因情因景，自然灵妙"，就是他所说的"于心目相取处得景得句"的"神笔"和妙悟。所谓"现量"，王夫之在《相宗络索》"三量"条中解释说："现量，现者有现在义，有现成义，有显现真实义。现在不缘过去作影；现成一触即觉，不假思量计较；显现真实，乃彼之体性本自如此，显现无疑，不参虚妄。"⑤ 可见，现量就是直接感知，不做抽象理性思考，"一触即觉"的直觉就是妙悟产生的心理基础。

虽然直觉这种心理现象普遍存在于审美和文艺创作中，并得到广泛的认可，对于它的性质却有着不同解释。在西方哲学家和美学家的著作中，直觉多被看作一种非理性的感性活动。如克罗齐认为，作为美感和艺术特性的直觉，是一种"最简单、最原始的'知'"，"见形象而不见意义的'知'"。⑥ 从认识过程说，直觉是知觉以下的感觉活动，与理性无关；从认识内容上说，直觉只见到混沌的形象，而不知对象的内容和意义。总之，

---

① （唐）司空图著、郭绍虞集解：《诗品集解》，人民文学出版社1981年版，第47页。
② （宋）严羽著、郭绍虞校释：《沧浪诗话校释》，人民文学出版社1961年版，第6页。
③ 陶明浚：《诗说杂记》，载（宋）严羽著、郭绍虞校释《沧浪诗话校释》，人民文学出版社1961年版，第9页。
④ （清）王夫之著、戴鸿森笺注：《姜斋诗话笺注》，人民文学出版社1981年版，第52页。
⑤ （清）王夫之：《相宗络索》，载《姜斋诗话笺注》，人民文学出版社1981年版，第53页。
⑥ 朱光潜：《朱光潜美学文集》第1卷，上海文艺出版社1982年版，第10页。

在克罗齐看来，美感和艺术的直觉，仅仅是单一的感觉活动，它和联想、想象以及理性活动是绝缘的。另一位直觉主义代表人物柏格森把直觉看成一种神秘的心理体验，认为直觉是非理性的本能，"接近无意识的边缘"。这种把直觉与理性、思维对立起来的观点在西方颇为流行。在我国出版的中国美学史著作中，也有的将严羽的妙悟解释为"有别于理性活动的直觉活动"，"属感性或直觉活动的范畴，而不是理性的思维活动"。[①] 这样理解直觉和妙悟缺乏科学的心理学根据。被称为"现代心理学新发现"的格式塔心理学认为："人的诸心理能力在任何时候都是作为一个整体活动着，一切知觉中都包含着思维，一切推理中都包含着直觉。"[②] "知觉活动在感觉水平上，也能取得理性思维领域中称为'理解'的东西。"[③] 我们说直觉是一种不经过自觉地理性分析和逻辑推理而直接和完整地认识和把握客体事物的能力，不等于说直觉和理性、思维没有关系。理性既可以以概念的形式存在，也可以以形象的方式存在；思维既可以是抽象思维，也可是形象思维。直觉正是通过形象思维活动而和理性达到统一的。

严羽虽然认为妙悟不等于学力，却强调学习经典才是达到妙悟的途径。《诗辨》说："先须熟读《楚辞》，朝夕讽咏以为之本；及读《古诗十九首》，乐府四篇，李陵苏武汉魏五言皆须熟读，即以李杜二集枕藉观之，如今人之治经，然后博取盛唐名家，酝酿胸中，久之自然悟入。"[④] 学习前人诗歌名家名篇，汲取艺术技巧和方法，对于涵养妙悟能力无疑是重要的。但妙悟根本上来自生活和实践，是直接从现实中获得的。如果没有丰富的生活阅历和对现实事物的深切体验，单凭书本和文学作品，是难以获得严羽所说的"透彻之悟"的。从这点上讲，上述王夫之论妙悟之语更有价值。王夫之所说"因情因景，自然灵妙"，"显现真实，不参虚妄"，恰恰是强调妙悟与情景应感及生活感受的直接关系，弥补了严羽论述的不足和局限。

（原载于《云南社会科学》2015年第5期）

---

① 王文生：《中国美学史》（上），上海文艺出版社2008年版，第171页。
② [美]鲁道夫·阿恩海姆：《艺术与视知觉》，滕守尧、朱疆源译，中国社会科学出版社1984年版，第5页。
③ [美]鲁道夫·阿恩海姆：《艺术与视知觉》，滕守尧、朱疆源译，中国社会科学出版社1984年版，第56页。
④ （宋）严羽著、郭绍虞校释：《沧浪诗话校释》，人民文学出版社1961年版，第1页。

论叶燮的审美学思想体系及其独创性

在中国美学思想发展史上,清代美学家和诗歌理论批评家叶燮的美学思想占有非常重要的地位。他的代表作《原诗》不仅是中国传统诗歌理论最重要的著作之一,也是中国传统审美学思想最杰出的著作之一。与此前历代众多的诗论、文论著作相比,《原诗》具有两大鲜明特点:其一是具有较强的理论思辨性。以往的许多诗话,对诗歌创作和审美经验的认识和言说,主要采取直觉的、体悟的思维方式,缺少深入的理论分析和逻辑论证。《原诗》则突破了这种思维方式的限制,对于提出的观点、概念、范畴作了较深入的分析和论证,将直感经验上升为具有思辨色彩的理论。其二是具有较完整的系统性。以往的众多诗话往往主题不集中,话题散漫,难以形成体系。《原诗》则以探究诗歌创作本原为中心,分别论述诗歌创作的审美本质和来源、诗歌创作审美主体的要求和条件、诗歌创作审美意识活动的过程和特点、诗歌创作审美意识的发展和演变,形成了较完整的诗歌创作和审美学思想体系。这一严密、完整的审美学思想体系是对传统审美学思想的总结,在中国美学思想史上是独一无二的。

一 以理、事、情和才、胆、识、力为要素的审美客体主体构成论

在中国审美学思想史上,对审美主客体关系的探讨一直占有重要地位。一方面强调审美经验和艺术创造的客观来源;另一方面又重视审美和创造主体的主观能动作用,形成对于审美主客体关系的基本认识。主张艺术创作和审美心理起源于人心感于外物的"心物感应"说是中国传统审美学思想中既古老而又一以贯之的观点。与此同时,主张审美心理和艺术创作中主客体相互作用的"心物交融"说也延绵不绝。《文心雕龙》用"物

以貌求,心以理应""思理为妙,神与物游""情以物兴,物以情观"等概括性提法,深刻论述了创作构思和审美心理中心物、神物、情物两者之间彼此渗透,相互融合的关系,既肯定了艺术创作和审美心理的客观来源,又指出了审美主体的能动作用。《历代名画记》载唐代画家张璪明确提出审美意象的创造是"外师造化,中得心源"。王夫之同样认为审美感兴和艺术构思生成于主客、心物、内外之间的相互作用和交融,指出:"情景虽有在心在物之分,而景生情,情生景,哀乐之触,荣悴之迎,互藏其宅。"① 这种"心物相取""情景交融"说深入揭示出审美心理和艺术构思中主客、心物内在统一的规律。

叶燮对审美主客体关系的看法既继承了传统,又发展了传统。他肯定美的客观性,认为现实美是艺术美的客观来源;同时又认为美的发现和创造需依靠审美主体的感受、体验和认识。他说:"凡物之美者,盈天地间皆是也,然必待人之神明才慧而见。"② 又说:"原夫作诗者之肇端而有事乎此也,必先有所触以兴其意,……当其有所触而兴起也,其意、其辞、其句劈空而起,皆自无而有,随在取自于心。出而为情、为景、为事,人未尝言之,而自我始言之。"③ 这种看法既强调了"物之美"和艺术创作"触物而兴",又肯定了审美和创作"取之于心"和"待人之神明";既体现了朴素唯物主义,又具有辩证观点。

可贵的是,叶燮在继承传统审美学思想的基础上,对审美主客体的具体内涵作了深入分析,对审美主客体的构成要素及其相互关系作了全面论述,对审美主客体在艺术创作和审美经验中的作用作了完整的揭示,从而言前人所未能言,形成了独特的、系统的关于审美主客体关系的理论。他说:

> 曰理、曰事、曰情,此三言者足以穷尽万有之变态。凡形形色色,音声状貌,举不能越乎此。此举在物者而为言,而无一物之或能去此者也。曰才、曰胆、曰识、曰力,此四言者所以穷尽此心之神明。凡形形色色,音声状貌,无不待于此而为之发宣昭著。此举在我

---

① (清)王夫之著、戴鸿森笺注:《姜斋诗话笺注》,人民文学出版社1981年版,第33页。
② (清)叶燮:《己畦文集》卷九《集唐诗序》,载北京大学哲学系美学教研室编《中国美学史资料选编》下册,中华书局1981年版,第324页。
③ (清)叶燮著、霍松林校注:《原诗》,人民文学出版社1979年版,第5页。

者而言，而无一不如此心以出之者也。以在我之四，衡在物之三，合而为作者之文章。大之经纬天地，细而一动一植，咏叹讴吟，俱不能离是而为言者矣。①

这段话可以说是叶燮对审美主客体关系的理论概括，其中包含了审美客体理论、审美主体理论、审美主客体互动和作用理论三个方面。对于这三个方面，叶燮都有详细论述。

关于审美客体理论。叶燮认为客观世界万事万物，作为审美客体和艺术之源，都是由理、事、情三者构成的。"曰理、曰事、曰情三语，大而乾坤以之定位，日月以之运行，以至一草一木一飞一走，三者缺一，则不成物。"②对于理、事、情的具体含义，叶燮也有明确的说明："譬之一木一草，其能发生者，理也。其既发生，则事也。既发生之后，夭矫滋植，情状万千，咸有自得之趣，则情也。"③这就是说，"理"是事物产生的原因和规律，"事"指事物的客观存在及过程，"情"是事物的千姿万态、丰富多彩的外在形态和具体形象。叶燮又进一步指出，理、事、情三者是相互联系的、统一为一体的。这种统一源自"自然流行之气"，他说："然具是三者，又有总而持之，条而贯之者，曰气。"④"气"是万事万物的本体和来源，理、事、情都是"气"的运动形式。这种把物质性的"气"作为宇宙本原和本体的气本体论，是中国古代唯物主义哲学思想的一种基本形式，表明叶燮对审美客体的看法是建立在朴素唯物主义基础之上的。

叶燮的理、事、情是对审美客体构成的一种完整的表述，理、事、情三者的统一，即事物一般与个别、普遍与特殊、规律与现象、内容与形式的统一，这恰恰是艺术创作对象和审美对象所具有的基本特点。有论者认为，叶燮所说的情，是事物的外在情状，不包括人物的内在情感，不能完全说明艺术对象的特点。其实，叶燮所说由理、事、情构成的审美和艺术反映的对象，既包括自然事物，也包括社会事物；既包括人的行为状貌，也包括人的心理情感。如他在论绘画和诗歌的反映对象时所说："吾尝谓

---

① （清）叶燮著、霍松林校注：《原诗》，人民文学出版社1979年版，第23—24页。
② （清）叶燮著、霍松林校注：《原诗》，人民文学出版社1979年版，第21页。
③ （清）叶燮著、霍松林校注：《原诗》，人民文学出版社1979年版，第21页。
④ （清）叶燮著、霍松林校注：《原诗》，人民文学出版社1979年版，第21页。

凡艺之类多端，而能尽天地万事万物之情状者，莫如画。彼其山水、云霞、林木、鸟兽、城邦、宫室，以及人士男女、老少妍媸、器具服玩，甚至状貌之忧离欢乐，凡遇于目，感于心，传之于手而为象，惟画则然，大可笼万有，小可析毫末，而为有形者所不能遁。吾又以谓尽天地万物之情状者，又莫如诗。彼其山水云霞、人士男女、忧离欢乐等类而外，更有雷鸣风动、鸟啼虫吟、歌哭言笑，凡触于目，入于耳，会于心，宣之于口而为言，惟诗则然，其笼万有，析毫末，而为有情者所不能遁。"①这里从"形"和"情"两者说明画与诗表现对象的区别，接着又指出画与诗、形与情是统一的。"形依情则深""情附形则显"，可见一切客观现实事物，从外在之形到内在之情都包括在理、事、情之中，也都是艺术创作和审美反映的对象。叶燮所谓的"情"，既指事物外在情状，也指人物内在情感。

关于审美主体理论。叶燮认为审美和艺术创作的主体必须具有审美识别和创造能力，这种能力是由才、胆、识、力四个方面构成的。他说："大约才、胆、识、力，四者交相为济。苟一有所歉，则不可登作者之坛。"②又说："大凡人无才，则心思不出；无胆，则笔墨畏缩；无识，则不能取舍；无力，则不能自成一家。"③才、胆、识、力的提法，虽然前人也分别有所论及，但将四者作为一组范畴完整提出，又分别对各自内涵作出明确说明，并且对四者之间的关系做出全面论述，则是叶燮在总结前人看法上的理论创造。

按照叶燮的理解，所谓"才"，就是主体具有的审美感知和艺术表现的才能。如他所说："夫于人之所不能知，而惟我有才能知之；于人之所不能言，而惟我有才能言之，纵其心思之氤氲磅礴，上下纵横，凡六合以内外，皆不得而囿之；以是措而为文辞，而至理存焉，万事准焉，深情托焉，是之为有才。"④所谓"胆"，是指创作主体敢于表达真情实感和进行自由创造的胆识。叶燮说："昔贤有言：'成事在胆'、'文章千古事'，苟无胆，何以能千古乎？吾故曰：无胆则笔墨畏缩。胆既诎矣，才何由而得

---

① （清）叶燮：《己畦文集》卷八《赤霞楼诗集序》，载北京大学哲学系美学教研室编《中国美学史资料选编》下册，中华书局1981年版，第324页。
② （清）叶燮著、霍松林校注：《原诗》，人民文学出版社1979年版，第29页。
③ （清）叶燮著、霍松林校注：《原诗》，人民文学出版社1979年版，第16页。
④ （清）叶燮著、霍松林校注：《原诗》，人民文学出版社1979年版，第26页。

伸乎？惟胆能生才，但知才受于天，而亦知必待扩充于胆邪！"① 这就是说，胆是创作成功的重要条件，是才能得到充分发挥的重要保证。所谓"识"，是指审美和创作主体对于客观事物是非、善恶、美丑的识别能力。叶燮说："人惟中藏无识，则理、事、情错陈于前，而浑然茫然，是非可否，妍媸黑白，悉眩惑而不能辨，安望其敷而出之为才乎！"② 又说："惟有识，则是非明，则取舍定。不但不随世人脚跟，并亦不随古人脚跟。"③ 可见识是正确反映客观现实、体现独立见解的基础和前提。识居才之先，"识为体而才为用"。至于"力"，叶燮认为它是与才、胆、识结合在一起的审美创作主体的独创能力和强大的艺术表现能力。他说：有力者"神旺而气足，径直往前，……故有境必能造，有造必能成。吾故曰：立言者，无力则不能自成一家"④。力是才的负载者，"力大而才能坚"。

叶燮指出，审美创作主体的才、胆、识、力四个方面是互相联系、互相作用的。艺术家的才需要借助于识、胆、力，"夫内得之于识而出之而为才；惟胆以张其才；惟力以克荷之"⑤；其他亦然。不过，他强调四者之中，识是起关键和主导作用的。《原诗》说："四者无缓急，而要在先之以识；使无识，则三者俱无所托。无识而有胆，则为妄、为卤莽、为无知，其言背理、叛道，蔑如也。无识而有才，虽议论纵横，思致挥霍，而是非淆乱，黑白颠倒，才反为累矣。无识而有力，则坚僻、妄诞之辞，足以误人而惑世，为害甚烈。……惟有识，则能知所从、知所奋、知所决，而后才与胆、力，皆确然有以自信；举世非之，举世誉之，而不为其所摇。"⑥

关于审美创作主体应该具有的条件，除才、胆、识、力之外，叶燮还提出"胸襟"，认为这是审美创造的基础。他说："诗之基，其人之胸襟是也。有胸襟，然后能载其性情、智慧、聪明、才辨以出，随遇发生，随生即盛。"接着举杜甫诗作所抒发的深切思想情感为例，说明皆因诗人"有其胸襟以为基，如星宿之海，万源从出；如钻燧之火，无处不发"，并由

---

① （清）叶燮著、霍松林校注：《原诗》，人民文学出版社1979年版，第29页。
② （清）叶燮著、霍松林校注：《原诗》，人民文学出版社1979年版，第24页。
③ （清）叶燮著、霍松林校注：《原诗》，人民文学出版社1979年版，第25页。
④ （清）叶燮著、霍松林校注：《原诗》，人民文学出版社1979年版，第27页。
⑤ （清）叶燮著、霍松林校注：《原诗》，人民文学出版社1979年版，第28页。
⑥ （清）叶燮著、霍松林校注：《原诗》，人民文学出版社1979年版，第29页。

杜甫《乐游园》和王羲之《兰亭集序》所寄托之胸襟得出结论："有是胸襟以为基，而后可以为诗文。不然，虽日诵万言，吟千首，浮响肤辞，不从中出，如剪绿之花，根蒂既无，生意自绝，何异乎凭虚而作室也！"① 叶燮所谓胸襟，就是审美创作主体的思想境界、情操情感、价值取向，它和才、胆、识、力等审美识别和艺术创造能力分别属于主体素养的不同方面，而两者又互相制约、互相补充。叶燮认为审美创作主体的胸襟决定作品的思想高度和深度，这是对中国传统美学思想的进一步发扬，虽然他所论的思想境界仍具有封建道统的局限，但其积极意义是不可忽视的。

二 以克肖自然、自我面目、变化多样为要求的审美创造法则论

叶燮不仅对审美客体、审美主体的具体内涵和构成要素作了深入分析和论述，而且对审美客体和审美主体对于审美和艺术创作的具体作用和影响，以及由此形成的艺术创作的审美规律和要求，也作了深入的探讨和阐发，从而对中国古典美学中的相关传统理论命题作了创造性的拓展和发挥。

首先，叶燮肯定美的客观现实性，肯定作为审美客体的客观现实美是审美经验和艺术创作的客观来源和反映对象，由此必然要求审美艺术创造要面向客观现实，真实地反映作为审美客体的客观事物，准确而生动地刻画构成客观事物的理、事、情。他说："凡物之生而美者，美本乎天者也，本乎天自有之美也。"② 又说："盖天地有自然之文章，随我之所触而发宣之，必有克肖其自然者，为至文以立其极。我之命意发言，自当求其至极者。"③ 这显然是强调客观现实事物"自有之美"为艺术本源，艺术创作应以"克肖自然"，即真实地刻画客观现实事物作为审美创造的最高准则。他在审美主体要素构成中特别强调"识"，也是要求作者把准确认识和把握客观事物放在创作的首位。"惟如是，我之命意发言，一一皆从识见中

---

① （清）叶燮著、霍松林校注：《原诗》，人民文学出版社1979年版，第17页。
② （清）叶燮：《己畦文集》卷六《滋园记》，载北京大学哲学系美学教研室编《中国美学史资料选编》下册，中华书局1981年版，第324页。
③ （清）叶燮著、霍松林校注：《原诗》，人民文学出版社1979年版，第25页。

流布。……横说竖说，左宜而右有，直造化在手，无有一之不肖乎物也。"① 即是说，只有正确认识和把握客观事物，才能准确而生动地描绘客观事物的性质状貌，达到艺术表现的真实性要求。

叶燮对艺术真实反映现实的审美创作规律的深刻认识和阐明，还表现在他对艺术创作的所谓"法"的辩证看法中。针对诗歌创作中复古派和当时某些人高谈创作法式、法则的言论，叶燮认为法"有死法，有活法"。"死法为'定位'，活法为'虚名'。'虚名'不可以为有，'定位'不可以为无。不可为无者，初学能言之；不可为有者，作者之匠心变化，不可言也。"② 真正的审美艺术创造不能仅仅局限于定位的死法，而必须遵循虚名的活法，即变化不定之法。他说："诗文一道，岂有定法哉！先揆乎其理；揆之于理而不谬，则理得。次徵诸事；徵之于事而不悖，则事得。终絜诸情；絜之于情而可通，则情得。三者得而不可易，则自然之法立。故法者，当乎理、确乎事、酌乎情，为三者之平准，而无所自为法也。故谓之曰'虚名'。"③ 在叶燮看来，艺术创作之法需依循自然之法，以准确、真实、生动地反映客观事物之理、事、情为依据。能真实反映事物理、事、情，则自然之法立，这就是"活法"，也就是艺术创造的最高法则。这些论述，以新鲜的思想与话语捍卫和丰富了现实主义美学原则。

叶燮正是以现实主义美学原则为理论基础，对明代前后七子为代表的文艺复古主义思潮进行了有力的批判。他指出复古主义文艺主张的根本谬误在于否定艺术创作来自客观现实生活，而将艺术之流的古代作品当作艺术的来源。《原诗》结语说："今人偶用一字，必曰本之昔人。昔人又推而上之，必有作始之人；彼作始之人，复何所本乎？不过揆之理、事、情，切而可，通而无碍，斯用之矣。昔人可创之于前，我独不可创于后乎？"④ 这就从理论上摧毁了复古主义的根基，其论述的深刻性至今对我们仍有启发。

其次，叶燮肯定审美主体在审美创造中能动作用，强调创作主体的精神世界、思想情感对于作品的思想内容和艺术形象的深层意蕴所产生的决

---

① （清）叶燮著、霍松林校注：《原诗》，人民文学出版社1979年版，第25页。
② （清）叶燮著、霍松林校注：《原诗》，人民文学出版社1979年版，第21页。
③ （清）叶燮著、霍松林校注：《原诗》，人民文学出版社1979年版，第20页。
④ （清）叶燮著、霍松林校注：《原诗》，人民文学出版社1979年版，第76页。

定性影响，强调艺术创作必须体现自我面目和独创性。他发挥了"诗言志"的传统命题，指出："志之发端，虽有高卑、大小、远近之不同；然有是志，而以我所云才、识、胆、力四语充之，则其仰观俯察、遇物触景之会，勃然而兴，旁见侧出，才气心思，溢于笔墨之外。志高则其言洁，志大则其辞弘，志远则其旨永。如是者，其诗必传，正不必斤斤争工拙于一字一句之间。"① 这就充分肯定了创作主体之志在观察、感触、反映客观现实中的主导作用，作者志高、志大、志远，作品的言辞意蕴才能高洁、宏大、深远，才能具有高度的思想和审美价值。正是基于对于创作主体与艺术创造关系的深刻认识，叶燮才反复强调"诗是心声，不可违心而出，亦不能违心而出"。他对于传统美学命题"诗品即人品"也结合文学史实例作了新的发挥，指出："即以诗论，观李青莲之诗，而其人之胸怀阔大，出尘之概，不爽如是也；观杜少陵之诗，而其人之忠爱悲悯，一饭不忘，不爽如是也，其他巨者，如韩退之、欧阳永叔、苏子瞻诸人，无不文如其诗，诗如其文，诗与文如其人。"② 这些论述至今仍然具有现实意义。

　　从审美主体对审美艺术创造的能动作用出发，叶燮也十分重视艺术的创作个性和独创性。审美创作主体的思想、经历、性情、个性等是各不相同、各具特点的，这些必然在创作上留下深刻印记，从而使作品呈现出独特的面目。他说："诗而曰'作'，须有我之神明在内。"③ "必言前人所未言，发前人所未发，而后为我之诗。"④ 古今艺术杰作无不可见我之神明、我之面目。叶燮力陈艺术创作个性之重要，提出"作诗有性情必有面目"这一至理名言。他说："如杜甫之诗，随举其一篇，篇举其一句，无处不可见其忧国爱君，悯时伤乱，遭颠沛而不苟，处穷约而不滥，崎岖兵戈盗贼之地，而以山川景物友朋杯酒抒愤陶情：此杜甫之面目也。我一读之，甫之面目跃然于前。读其诗一日，一日与之对；读其诗终身，日日与之对也。故可慕可乐而可敬也。举韩愈之一篇一句，无处不可见其骨相棱嶒，俯视一切；进则不能容于朝，退又不肯独善于野，疾恶甚严，爱才若渴：

---

① （清）叶燮著、霍松林校注：《原诗》，人民文学出版社1979年版，第47页。
② （清）叶燮：《己畦文集》卷八《南游集序》，载北京大学哲学系美学教研室编《中国美学史资料选编》下册，中华书局1981年版，第321页。
③ （清）叶燮著、霍松林校注：《原诗》，人民文学出版社1979年版，第51页。
④ （清）叶燮著、霍松林校注：《原诗》，人民文学出版社1979年版，第23页。

此韩愈之面目也。举苏轼之一篇一句,无处不可见其凌空如天马,游戏如飞仙,风流儒雅,无人不得,好善而乐与,嬉笑怒骂,四时之气皆备:此苏轼之面目也。此外诸大家,虽所就各有差别,而面目无不于诗见之。"① 可见,在叶燮看来,具有艺术个性和独特面目是作家创作成熟与成为"大家"的重要标志,是衡量作品艺术成就的重要标准。

最后,叶燮指出审美客体和审美主体都是变化多样的,因而在审美主客体共同作用下产生的艺术创作,其审美意象和艺术风格等也是变化多样的,用教条主义、陈陈相因的主张去限制审美和艺术创造的多样性、变异性,是违背审美和艺术规律的。《原诗》说:"舒写胸襟,发挥景物,境皆独得,意自天成,能令人永言三叹,寻味不穷……"② 主体胸襟和客体景物都是千差万别的,心物协同作用形成的艺术意象和意境也是千姿百态的,不同意境各有其美,不能互相代替,也无轩轾之分,在审美和艺术创作中都应得到尊重。由于受到传统正变盛衰观念的影响,评论唐诗向来重盛唐、轻晚唐,称"晚唐之诗,其音衰飒"而予贬之。叶燮对此予以驳斥说:"夫天有四时,四时有春秋。春气滋生,秋气肃杀。滋生则敷荣,肃杀则衰飒。气之候不同,非气有优劣也。使气有优劣,春与秋亦有优劣乎?故衰飒以为气,秋气也;衰飒以为声,商声也。俱天地之出于自然者,不可以为贬也。又盛唐之诗,春花也。桃李之秾华,牡丹芍药之妍艳,其品华美贵重,略无寒瘦俭薄之态,固足美也。晚唐之诗,秋花也。江上之芙蓉,篱边之丛菊,极幽艳晚香之韵,可不为美乎?"③ 这就充分肯定了自然美、艺术美的多样性、丰富性。

三 以幽渺以为理、想象以为事、惝恍以为情为表征的审美心理特点论

中国传统审美学思想向来重视关于艺术创作的审美心理构成和特点的研究。先秦两汉时期已有许多著述涉及这方面问题,至《文赋》《文心雕

---

① (清)叶燮著、霍松林校注:《原诗》,人民文学出版社1979年版,第50页。
② (清)叶燮著、霍松林校注:《原诗》,人民文学出版社1979年版,第45页。
③ (清)叶燮著、霍松林校注:《原诗》,人民文学出版社1979年版,第67页。

龙》,对创作过程及构思进行详细探讨,较为集中、系统地论述了艺术创作中的感兴、想象、情感、理解等审美心理因素和特点。唐代以后,对于意象、意境、境界以及象外之象、言外之意等审美和艺术范畴的探讨,推动了对艺术意象的审美特点认识的深化。宋代严羽融汇前人论述提出"兴趣"说,突出诗歌艺术"吟咏情性"的创作特点,强化审美情感的作用,提出"不涉理路,不落言筌""羚羊挂角,无迹可求"等艺术主张。这对纠正宋诗以理为诗、以文为诗的偏颇,深入把握艺术审美特点起到推动作用。但他脱离现实生活,把艺术审美特点说得虚无缥缈、不着边际,也带有片面性。叶燮重视严羽对艺术审美特点的论述,但也看出其片面性。他在《原诗》中以大量篇幅集中探讨艺术审美特点问题,既继承和总结了以前的相关理论成果,也发前人所未发,对艺术创作的审美心理构成和特点提出了新的观点,做出了新的表述,形成了更为完整、系统的艺术审美特点的理论。

《原诗》中对艺术创作审美特点的探讨是围绕着审美艺术创造如何表现理、事、情这一核心问题展开的。讨论由一段质疑性设问开始:"先生发挥理、事、情三言,可谓详且至矣。然此三言,固文家之切要关键。而语于诗,则情之一言,义固不易;而理与事,似于诗之义,未为切要也。……诗之至处,妙在含蓄无垠,思致微渺,其寄托在可言不可言之间,其指归在可解不可解之会,言在此而意在彼,泯端倪而离形象,绝议论而穷思维,引人于冥漠恍惚之境,所以为至也。若一切以理概之,理者,一定之衡,则能实而不能虚,为执而不能化,非板则腐。如学究之说书,闾师之读律,又如禅家之参死句、不参活句,窃恐有乖于风人之旨。以言乎事,天下固有其理,而不可见诸事者;若夫诗,则理尚不可执,又焉能一一徵之实事者乎?"① 这段质疑,要点是认为诗歌艺术创作的特点仅在于情,与理、事无关,这实际上是严羽诗论中的部分观点。

叶燮肯定了设问中关于诗歌表现情感及其相关审美心理特点的看法,同时也指出质疑者对于诗歌表现理、事的特殊方式及其审美特点却不认识、不理解。《原诗》针对设问答曰:"子所以称诗者,深得乎诗之旨也。然子但知可言可执之理之为理,而抑之名言所绝之理之为至理乎?子但知

---

① (清)叶燮著、霍松林校注:《原诗》,人民文学出版社1979年版,第29—30页。

有是事之为事，而抑之无是事之为凡事之所出乎？可言之理，人人能言之，又安在诗人之言！可徵之事，人人能述之，又安在诗人之述之！必有不可言之理，不可述之事，遇之于默会意象之表，而理与事无不灿然于前者也。"① 这就明确指出了诗和艺术所表现之理与事，不同于哲学和历史所表现之理与事。诗和艺术所表现之理不是哲学和理论著作中表达的直说之理、抽象之理，而是"不可言之理""名言所绝之理"，即由意象所蕴含的具象之理。诗和艺术所表现之事也不是历史所记叙之实有之事、可徵之事，而是"不可徵之事""不可述之事"，即由意象所塑造的虚构之事。总之，艺术中之理与事均"遇之于默会意象之表"而灿然于前，即通过鲜明而生动的审美意象或艺术形象表现出理与事。审美意象是审美主体的情思与审美客体的景象的融会统一，它不是哲学家、理论家的抽象思维的产物，而是艺术家的形象思维的产物。可以说，"遇之于默会意象之表"，就是通过形象思维创造审美意象，这是对艺术的根本审美特点的创造性表述。

为了充分说明诗和艺术通过审美意象表现理、事、情的特点，叶燮以杜甫诗《冬日洛城北玄元皇帝庙作》中一个名句"碧瓦初寒外"为例，分析道："'寒'者，天地之气也。是气也，尽宇宙之内，无处不充塞；而'碧瓦'独居其'外'，'寒'气独盘踞于'碧瓦'之内乎？'寒'而曰'初'，将严寒或不如是乎？'初寒'无象无形，'碧瓦'有物有质，合虚实而分内外，吾不知其写'碧瓦'乎？写'初寒'乎？写近乎？写远乎？使必以理而实诸事以解之，虽稷下谈天之辩，恐至此亦穷矣！然设身而处当时之境会，觉此五字之情景，恍如天造地设，呈于象、感于目、会于心。意中之言，而口不能言；口能言之，而意又不可解。划然示我以默会想象之表，竟若有内、有外，有寒、有初寒。特借'碧瓦'一实相发之，有中间，有边际，虚实相成，有无互立，取之当前而自得，其理昭然，其事的然也。……天下惟理事之入神境者，固非庸凡人可摹拟而得也。"② 杜甫这句诗用五字创造了一个天造地设的独特的审美意象，它"呈于象、感于目、会于心"，将鲜明生动的形象和深刻蕴藉的意味融合为一体。这正是叶燮所强调的诗和艺术创造的审美特点。值得注意的是，叶燮围绕审美

---

① （清）叶燮著、霍松林校注：《原诗》，人民文学出版社1979年版，第30页。
② （清）叶燮著、霍松林校注：《原诗》，人民文学出版社1979年版，第30—31页。

意象的创造，论述了想象的作用。"划然示我以默会想象之表"，就是欣赏者通过想象再造审美意象的过程。无论是作者创造审美意象，还是欣赏者再造审美意象，想象都是最基本的审美心理活动。借助于表象想象的形象思维活动，作者将主观情思融入审美意象，欣赏者则通过审美意象的联想和想象体会其情思意味。审美意象含蓄蕴藉、虚实结合，为欣赏者的联想和想象提供了丰富的空间，从而使审美意象的内容得到更加丰富多样的理解。这就是产生诗歌艺术作品"意中之言，而口不能言；口能言之，而意又不可解"审美心理根源。所谓"其寄托在可言不可言之间，其指归在可解不可解之会，言在此而意在彼"，也是说的同样的审美心理现象。叶燮的论述继承和发挥了传统美学中关于言意关系的学说，用于分析说明审美意象创造和接受的审美心理特点，是非常深刻和精辟的。

叶燮还举出杜甫其他三首诗中的名句，逐一加以分析。其中，分析《船下夔州郭宿，雨湿不得上岸，别王十二判官》中"晨钟云外湿"句时，他指出此语是"因闻钟声有触而云然也"，作者"隔云见钟，声中闻湿，妙悟天开，从至理实事中领悟，乃得此境界也"①。这里见钟闻声、声中闻湿，就是审美心理活动中常见的联觉或通感现象。作家借助这种心理作用可以创造出独特的审美意象，增强艺术表现力。同时，叶燮还提到"妙悟"，即艺术创作的审美心理活动中不时涌现的直觉或灵感。这也是从现实生活中获得领悟，创造独特意境的心理原因，都是审美心理特点的重要表现。

通过分析杜诗和其他唐诗中的名句，深化认识和论述，叶燮最后将理、事、情三者在审美艺术创作中的特殊思维和表现方式统一起来，概括出艺术创作的审美心理特点：

> 夫情必依乎理；情得然后理真。情理交至，事尚不得耶！要之作诗者，实写理事情，可以言言，可以解解，即为俗儒之作。惟不可名言之理，不可施见之事，不可径达之情，则幽渺以为理，想象以为事，惝恍以为情，方为理至事至情至之语。②

---

① （清）叶燮著、霍松林校注：《原诗》，人民文学出版社1979年版，第32页。
② （清）叶燮著、霍松林校注：《原诗》，人民文学出版社1979年版，第32页。

叶燮不是仅仅从艺术构思和艺术作品本身来说明艺术的审美特点，而是从审美意象的来源即审美对象的特殊反映方式上来论述艺术的审美特点，这是他不同于前人的独创性所在。作为审美对象构成要素的理、事、情，在审美艺术创造中，均以特殊形态呈现出来。理为"不可名言之理"，"幽渺以为理"；事为"不可施见之事"，"想象以为事"；情为"不可径达之情"，"惝恍以为情"。这就独辟蹊径，将审美和艺术的形象思维活动与科学和理论的抽象思维活动的区别，更为具体和深刻地揭示出来了，将艺术审美心理和形象思维的特殊规律和艺术真实反映现实的普遍规律结合和统一起来了，从而使人们对艺术审美特点的认识达到了一个新的水平。

有论者认为，叶燮说的情，是外在的物的情状，而不是诗歌所抒发的作者的内在的情感，由此便认定叶燮忽视了诗歌和艺术表达情感的特点。① 实际上，如我们在前面所指出，叶燮所说的情，是包括人的情感的。他说："诗者情也，情附形则显。"② 就是讲的诗歌通过外在形象表现内在情感的特点。艺术的情感特点既体现在反映审美客体的情，也体现在表达审美主体的情。在艺术创造和艺术形象中，审美主体的情和审美对象的情是融为一体的。叶燮对这两方面的情感均有许多论述，并非不讲作者抒发的内在情感。他说："作诗者在抒写性情。……作诗有性情必有面目。"③ 这显然是肯定了诗歌抒写作者情感的特点。在评论《诗经》时，他明确指出："《诗》三百篇，大抵皆发愤之所作者。……忧则人必愤，愤则思发，不能发于作为，则必发于言语。"④ 《原诗》也说："原夫创始作者之人，其兴会所至，每无意而出之，即为可法可则。如三百篇中，里巷歌谣、思妇劳人之吟咏居其半。彼其人非素所诵读讲肄推求而为此也，又非有所研精极思、腐毫辍翰而始得也；情偶至而感，有所感而鸣，斯以为风人之旨。"⑤ 叶燮将诗歌作者"情至而感，有感而鸣"称为"风人之旨"，足见他对于艺术表达情感的审美特点的重视。

---

① 参见王文生《中国美学史》（上），上海文艺出版社2008年版，第429页。
② （清）叶燮：《己畦文集》卷八《赤霞楼诗集序》，载北京大学哲学系美学教研室编《中国美学史资料选编》下册，中华书局1981年版，第324页。
③ （清）叶燮著、霍松林校注：《原诗》，人民文学出版社1979年版，第50页。
④ （清）叶燮：《己畦文集》卷九《巢松乐府序》。
⑤ （清）叶燮著、霍松林校注：《原诗》，人民文学出版社1979年版，第35页。

叶燮虽然重视情感对于审美艺术创作的作用，但又不是把情感和理性对立起来，而是强调审美经验和艺术创作中情感和理性的交融和统一。"情必依乎理；情得然后理真。情理交至，事尚不得耶！"这一论断，充分表现了叶燮对艺术创作和审美心理活动中情感与理性互相作用、交互交融的辩证关系及其特点的深刻理解。严羽的诗论强调诗歌抒发情感的特点，却忽视了情感与理性的内在联系；和叶燮差不多同时代的西方著名美学家（如休谟、鲍姆加登）也都将审美经验和艺术创作中的感性和理性、情感和理智对立起来，不了解二者之间的辩证关系。而叶燮却能传承中国古典美学重情尚理的优秀思想传统并加以发展，不仅弥补了严羽的不足，也提出了同时代西方美学家尚不能达到的认识，这不能不说是对中国乃至世界美学思想发展的一大贡献。

[原载于《武汉理工大学学报》（社会科学版）2016年第1期]

20世纪中国审美心理学建设的回顾与展望

审美心理学是美学和心理学相结合而形成的一个交叉学科。一般认为，审美心理学的研究对象是审美经验（包括审美欣赏和艺术创造），而研究的观点和方法则主要是心理学的。20世纪以来，中国的审美心理学研究在几代美学学者的努力下，不断向深度和广度突进，历经曲折，终于在八九十年代形成蔚为壮观的研究局面，成为百年中国美学发展中取得突破性进展的一个重要方面，对我国现代美学的建设起了有力的推动作用。认真总结和分析20世纪中国审美心理学的发展过程、主要成就、学术探讨及学科进展，探讨它所面临的问题及前进的途径，不仅对于进一步推动我国审美心理学的学科建设十分必要，而且对于促进有中国特色的现代美学的建设也很有意义。

一

20世纪中国审美心理学的发展经历了巨大的起伏和波折，形成了两次研究热潮。第一次发生在20—30年代；第二次发生在80—90年代。这两次热潮的形成都有其特殊的社会文化背景，在研究上也表现出不同的特点，并对中国现代美学的形成和发展产生了重大的作用和影响。

20世纪中国美学是在西方美学直接影响下起步和形成的。最初对中国美学思想发展影响最为显著的西方美学思想，一个是以康德、叔本华、尼采等为代表的德国"哲学的美学"；另一个便是克罗齐的直觉美学和以移情说、心理距离说等为代表的近代心理学美学。这两部分美学思想，都极重视审美主体和审美心理的研究，有的就是专门研究审美主体和审美心理的，这就使得20世纪初直至二三十年代的美学研究自然把审美主体和审美心理的研究作为重点。一些有影响的美学家和美学著作甚至把审美主体或审美心理研究作为建构自己美学理论体系的核心。如1920年代出版的范寿康的《美学概论》和陈望道的《美学概论》，几乎都是以里普斯的移情说作为主要的理论出发点的。而吕澂的《美学概论》和《美学浅说》不仅分别以里普斯的移情说和莫伊曼的美的态度说为蓝本，而且也是以研究美感经验为核心的。至1930年代，朱光潜的《谈美》和《文艺心理学》出版，标志着中国现代审美心理学已经形成。《文艺心理学》不仅是我国第一部审美心理学的专著，而且也代表了当时我国审美心理研究的最高水平。它综合了康德、克罗齐形式派美学和布洛、里普斯、谷鲁斯等人的心理学美学两大思潮，并以此作为自己的根本观点和根本方法，同时又融入中国传统美学思想和艺术审美实践经验，建立了我国第一个以美感经验分析为核心的完备的心理学美学体系，从而对中国现代美学的发展产生了重大影响。与此同时，他还在国外出版了《悲剧心理学》，填补了审美心理学研究的一项空白。此外，在宗白华写于20世纪30年代和40年代初的一些美学论文中，也涉及审美心理或美感的许多重要问题，特别是对审美"静照"、艺术的空灵和意境的创造等所作的深入研究和精当阐发，对中国现代审美心理研究也起到了开拓作用。

二三十年代在中国出现的审美心理研究的热潮，固然是"西学东渐"、各种现代心理学美学思潮被引进中国的结果，但也同中国当时的现实需要和文化状况有密切关系。只要我们认真分析一下五四新文化运动后接踵而至的教育界对于美育的倡导、文艺界对于"美化人生"和"生活艺术化"的追求等思想和文化现象，便可知对审美态度和美感经验的热切探究，和上述现象一样，都反映出了人们在黑暗现实中的苦苦精神追求。

二三十年代的审美心理研究成果对中国现代美学的开拓作用和主要贡献，主要体现在两个方面。首先，它追随当时世界美学发展的新思潮、新趋势，引进和介绍了西方现代心理学美学的新观念、新学说、新方法，从而扩大了中国美学的研究视野和领域，促进了中国美学理论结构和观念的变化。其次，它试图把西方现代美学特别是心理学美学的观念和方法，与中国传统美学观念以及传统艺术实践经验结合起来。不论是用中国传统美学思想和艺术实践经验去说明西方美学观念和学说，还是用西方美学观念和学说来阐释中国传统美学的观念、概念和范畴，这些探索对于中国美学包括审美心理研究迈上中西结合的道路都起了开创作用。但是，二三十年代的审美心理研究毕竟还是中国现代审美研究的起步阶段,它的局限性是明显的。如对于西方现代美学思想的全盘吸收,并以此作为根本观点和根本方法来立论或建立体系,就明显表现出研究中的批判性、选择性和创造性的不足。这当然同研究者在哲学方法论上的偏颇是有密切关系的。

1980年代在中国兴起的"美学热"中,对审美主体和审美心理的研究一扫长期以来备受冷落、无人问津的状况,再一次成为美学研究的重点。审美心理学的异军突起,对审美经验和审美心理的全面探讨和深入开掘,构成了这一时期中国美学研究的一大特色。除了大量翻译和评介西方当代心理学美学思潮和流派的代表著作之外,大批研究成果接踵而至,不仅见解纷呈,呈现出学术争鸣的局面,而且新意迭出,表现出勇于探索的精神。特别值得注意的是陆续出版了一批自成体系、影响较大的审美心理学或文艺心理学的专著。其中较有代表性的有《审美谈》(王朝闻)、《文艺心理学论稿》(金开诚)、《创作心理研究》(鲁枢元)、《审美心理描述》(滕守尧)、《美感心理研究》(彭立勋)、《文艺心理学》(陆一帆)、《审美中介论》(劳承万)、《文艺心理学教程》(钱谷融、鲁枢元主编)、《审美经验论》(彭立勋)、《喜剧心理学》(潘智彪)等。到了1990年代,虽然"美学热"已经过去,但审美心理研究仍然方兴未艾,而且又出版了一批有新意、有深度、有特色的审美心理学或文艺心理学专著,如《艺术创作与审美心理》(童庆炳)、《文艺创造心理学》(刘烜)、《文艺欣赏心理学》(胡山林)、《走向创造的世界——艺术创造力的心理学探索》(周宪)、《审美心理学》(邱明正)、《现代心理美学》(童庆炳主编)、《新编文艺心理学》(周冠生主编)等。新时期20年来出版的审美心理研究著作无论是从数量还是从质量来看,都超过了我国美学发展史上的任何时期。

审美心理研究在这一时期形成如此繁荣的局面,其原因是多方面的。首先是解放思想、实事求是思想路线的确立,促进了人文社科研究的思想大解放,久已忽视的关于人的研究和主体性研究重新得到重视,从而直接推动了审美心理研究的开展。其次是直接受到西方当代美学研究重点转向审美经验和审美主体的影响。西方美学研究重点的转移,在19世纪末、20世纪初已经开始,到了20世纪中叶以后,随着各种心理学美学和经验美学流派的形成与发展,其主流趋势更为明显。但是,由于我国五六十年代的美学讨论主要集中于美的哲学问题,美学研究主要受苏联影响,故而不仅忽视了审美经验研究，甚至把审美心理学等同于唯心主义。随着对外开放和西方当代美学影响的扩大，美学研究的重点必然会发生变化。最后，审美心理研究的突破也是我国美学研究发展自身的要求和必然趋势。在新时期解除了长期的思想桎梏之后，美学理论寻求新的突破，而在美的本质的哲学探讨难有进展、艺术理论研究又不易形成新突破的情况下，审美经验的心理学研究便成了美学发展的突破口。而长期以来对审美主体、审美经验研究的忽视和理论上的停滞状态，又为这个领域的探索者提供了创新机会和用武之地。正是审美心理研究的突破，带动了一系列美学和艺术问题的深入研究，并促进了美学研究方法的变化，从而推动新时期美学研究向着纵深发展。

20世纪八九十年代的审美心理研究热潮，与二三十年代的审美心理研究热潮既有联系，又有区别。前者对于后者是继承中的发展、吸收中的创新、接续中的跨越。这种发展、创新和跨越，使八九十年代的审美心理学研究表现出如下的重要特点。

第一，研究范围十分广泛，视野非常开阔。美学家、文艺理论家和心理学家等从不同角度、不同层面，对审美经验的性质和特征、审美心理的结构和过程、审美心理的各个要素及其相互关系、艺术创作和审美欣赏的心理过程和各种特殊心理现象、艺术家的创造力和个性心理特征、中西审美心理学思想中的基本理论和范畴等，都作了十分有益的探讨。过去的理论禁区被一一冲破，几乎所有与审美心理和审美经验有关的领域和问题都被涉及了。国外审美心理学的最新发展及其思想成果，都迅速在我国审美心理研究成果中反映出来。几十年的禁锢和封闭所导致的中国审美心理学与国外审美心理学发展之间的落差，似乎一下子都被弥补起来。

第二，研究深度不断深化，在一些重大理论问题上取得了突破性进展。纵观从80年代中期到90年代中期已出版和发表的审美心理研究成果，不仅涉及的问题越来越广泛，而且对问题的分析和阐释也越来越深化。在充分占有资料和进行创造性思维的基础上，一些重要理论问题的探索取得新的进展，从而使我国的审美心理学研究从整体上提高到一个新的水平。如关于审美心理结构和美感形成的中介因素问题，先后有各种新说问世，大大深化了对这一问题的认识。其中关于审美心理形成的特殊机制的探讨及各种学说的提出，对于揭示审美心理的内在奥秘，无疑是一个新的贡献。尤其是自觉的表象运动说、审美表象说、审美意象说、形象观念说、情感逻辑说等的提出，使审美心理发生的特殊机制问题获得了许多新的认识。此外，如审美和艺术中情感的作用与特点问题，关于审美和艺术中认识活动的特性和形象思维问题，关于艺术创造中的直觉、灵感、非自觉性以及无意识活动问题，关于艺术家的个性心理及创造力问题等，也都在理论上有了重要进展，其论述的深刻性和新颖性大大超过了以往的美学研究。

第三，广采博纳，力图兼收古今中外各种理论之长，形成自己的见解和体系。如果说二三十年代出版的审美心理研究著作，主要还是从西方美学某一个或几个理论观点出发来建构自己的体系，那么八九十年代出现的大批审美心理学著作则摆脱了这种局限。许多著作虽然注意吸收当代西方心理学美学各种流派的学说，但又不只是把自己的立论局限于某一流派的某一学说的基础上，而是立足于审美和艺术的实践经验，借助各种观察和实验资料，兼收中西美学各种理论之长，加以融会贯通，拿来为我所用，以形成自己的见解和构建自己的体系。可以说，这是中国审美心理学建设逐渐走向成熟的一种表现。

第四，研究方法日趋多样化，跨学科研究进展迅速。在审美心理研究中，除了思辨的方法和逻辑的推理外，各种经验的方法和实证的研究也都受到重视。虽然人们对于审美心理学和普通心理学的联系与区别还有不同看法，但许多审美心理学著作仍然引入了心理学常用的各种方法，并把它们同作品分析、创作经验分析以及作家艺术家传记分析结合起来。一些研究者把系统论、控制论、信息论的某些原则和方法运用于审美心理研究，取得了良好的效果。多数研究者认为审美心理研究应发展成为跨学科研究，并且进行了成功的实践。这一切都为审美心理学的发展注入了新的活力。

二

尽管百年来中国审美心理学研究所涉及的问题颇为广泛，审美心理学的基本问题几乎全都纳入研究者的视野之内，但是，从整个学科建设来看，较为集中探讨和深入研究的主要是两大问题：其一是审美经验的特质和心理机制问题；其二是艺术创造的心理活动及其特征问题。20世纪中国审美心理学在学科建设上的成就主要反映在这两大问题的研究上。

审美经验的特质和心理机制问题是审美心理学研究的最基本的问题，也是20世纪中国审美心理学研究提出来的第一大命题。30年代朱光潜在《文艺心理学》中，一开始就提出了"什么叫作美感经验？""怎样的经验是美感的？"等问题，并用了四章进行"美感经验的分析"，分别从"形象的直觉""心理的距离""物我同一""美感与生理"四个方面分析了美感经验的性质和特征。作者所得出的结论是：美感经验是一种聚精会神的观照。就我说，是直觉的活动，不用抽象的思考，不起意志和欲念；就物说，只以形象对我，不涉及意义和效用。要达到这种境界，必须在观赏的对象和实际人生之中辟出一种距离。同时，在这种境界中，观赏者常以我的情趣移注于物，产生移情作用。显然，这些对审美经验性质和特征的认识和描述，基本上是综合了克罗齐的直觉说、布洛的心理距离说和里普斯的移情说等西方近代美学观点，在理论上还不能说有多少新的创造，但它第一次全面、系统地引进和介绍了现代西方关于美感经验的学说，并结合中国文艺的实践经验和传统美学理论，对之作了较好的综合和阐释，从而为我国审美心理学的建设提供了重要的参考和借鉴。

40年代蔡仪的《新美学》出版，书中"美感论"部分对朱光潜在《文艺心理学》中据以解释美感经验的西方诸说的错误作了批评，并以唯物主义认识论作为基础，对美感的性质和特征作了新的阐明。他认为，美感是在美的观念的基础上发生的。所谓美的观念，是人在对事物的认识过程中获得的具象性质的概念，即意象、意境。这种美的观念的渴求自我充足而完全的欲望，一旦得到满足，便发生美感。美感就是由于外物的美或其摹写之能适合于这美的观念，使它充足的欲求得到满足时所产生的情绪激动和精神愉快。蔡仪力图克服旧美感论的局限，使美感论建立在唯物主义的基础上，这对于把美感研究引向科学的道路，起到了重要的积极作用。

60年代，朱光潜又发表了《美感问题》一文，这在当时美学界极少探讨美感问题的情况下是极为难得的。朱光潜在此文中超越了他在《文艺心理学》中对美感经验的分析，强调要研究美感中内容和形式、理性和感性这两对对立面之间的统一问题。他认为，近代西方美学在美感问题上可分为两派，一派是心理学派；另一派是形式主义派，这两派"实际上有一个基本共同点，都片面地强调感性，都否认理性在审美活动中起任何作用"①。因此,必须重新研究审美的能力,即"审美的总的心理结构",研究它包括哪些组成部分,在具体场合下怎样起作用,研究其中的感性活动和理性活动以及两者之间的关系。这些观点和问题的提出,对于深化美感问题研究起了重要作用,它直接影响了后来美学界对审美心理结构的进一步探讨。

在五六十年代的美学大讨论中,李泽厚提出了"美感的矛盾二重性"的论点,以说明他对美感特性的新见解。所谓美感的矛盾二重性,就是美感的个人心理的主观直觉性和社会生活的客观功利性互相对立又互相依存,不可分割地形成为美感的统一体。至80年代,李泽厚又深化了这一观点,提出了"美感就是内在的自然的人化"。在"自然的人化"过程中,"社会的、理性的、历史的东西累积沉淀成了一种个体的、感性的、直观的东西"②,从而表现为美感的矛盾二重性。与此同时,李泽厚对审美心理结构和心理过程作了较为具体的描述,特别是对美感诸因素(知觉、想象、情感、理解)及其相互关系作了较为精细的分析,指出审美愉快是多种心理功能的总和结构,并且描述了审美心理的发展过程。这些观点不仅吸收了西方当代心理学美学的若干新成果,而且也同审美和艺术实际结合得较为紧密,因而在80年代的审美心理学研究中产生了较大影响。

从80年代到90年代,中国美学界对审美心理的研究继续向具体化、多元化的方向发展,致使美学研究的重点已逐步向美感、审美经验、审美心理方面转移。最引人注目的便是陆续出版了一批研究美感或审美经验的专著,从而将中国审美心理学的学科建设推向了系统化、完整化的阶段。

首先,从宏观上对美感或审美经验的性质、特征和心理结构作了进一步探讨,提供了新的认识框架。

彭立勋在《审美经验论》(1989)中强调要从整体上去认识和把握美感或审美经验的性质和特点,并尝试运用现代系统论的成果,提出了"审美心理的整体性"原则,认为审美心理的整体特性不是决定于组成它的个别要素或各个要素相加的总和,而是决定于各种构成要素互相联系、互相作用的特殊结构方式。审美认识各要素、审美认识和审美情感等均以特殊

---

① 《朱光潜美学文集》第3卷,上海文艺出版社1983年版,第419页。
② 《李泽厚哲学美学文选》,湖南人民出版社1985年版,第386—387页。

方式相联系。美感的直觉性、形式感和愉悦性等现象特征,只有以审美认识和审美情感的特殊结构方式为依据,才能得到全面的、科学的阐明。

邱明正在《审美心理学》(1993)中对审美心理结构的建构、积淀和发展作了较为宏观的分析和论证,认为审美心理结构是人能动反映事物审美特性及其相互联系的内部知、意、情系统和各种心理形式有机组合的系统结构。它既是客体美结构系统和人自身审美实践内化的产物,又是主体在创造性的审美活动中能动创造的结果,是主客体双向运动、双向作用的结晶。一切客观存在的美只有经过同人的审美心理结构的相互作用,才能被人所感知和进行能动创造。

其次,从微观上对美感或审美经验产生的特殊心理机制和中介因素作了新的探索,形成了各有特色的学说。

滕守尧在《审美心理描述》(1985)中将审美经验的情感分为"知觉情感"和"审美快乐"两种,并对两者形成的心理机制作了新的描述。关于"知觉情感"(即情感表现性),作者主要是吸收了格式塔学派的"结构同形"说,同时又试图用社会实践理论去改造它,力求为"知觉情感"的阐释提供一个新的理论支点。关于"审美快乐",作者也认为"主要取决于心理结构与外部刺激物的不自觉的同形或同构"。它的产生有两个基本前提,一是主体的审美需要;二是类生命的审美对象的刺激作用。"每当主体克服重重干扰与类生命的审美对象本身的图式发生同构或契合时,内在紧张力便幻变出与审美对象同形的动态图式,有了确定的方向性和动态的奋求过程,愉快便随之产生。"[1]

彭立勋在《审美经验论》中提出审美经验或审美愉快的发生是以主体审美认识结构为中介的新观点。他认为主体在审美实践和认识中通过形象思维而形成的形象观念或意象,是审美认识的基本形式。由形象观念发展所建构的美的观念,便形成主体的审美认识结构。从客体的美的对象的作用到主体的审美经验或审美愉快的发生,不是简单的、直接的反映或反应,而是要以主体已形成的审美认识结构——美的观念作为中介,如果客体的美的对象和主体的美的观念恰相适合,美感迅即产生。美感的直觉特点和愉快特点,通过美的观念的中介作用说,可以从心理发生机制上得到

---

[1] 滕守尧:《审美心理描述》,中国社会科学出版社1985年版,第325页。

较合理的阐明。

劳承万的《审美中介论》(1986)认为在审美客体到审美主体美感生成、定型之间，存在着一个由审美感觉、审美知觉、审美表象构成的"审美中介系统"。这个审美中介是造成美感差异的根本原因，也是"美感之谜"之所在。作者将这个审美中介系列称为"审美感知—审美表象"结构，认为作为审美中介的审美表象是由感觉、知觉过渡到思维的中介环节。审美表象具有二重性，即直观性和概括性，蕴含了艺术的形象思维的胚胎，是内同型和外同型的联合。审美表象一方面联系于审美主体的共通感；另一方面联系于客体的合目的性形式，所以，美感是直接和审美表象联系着。要揭开美感之谜，抓住审美表象是重要一环。

最后，结合艺术和审美实际，对审美心理构成要素和心理过程进行全面、具体的分析和描述，深化了对审美心理活动特点和规律的认识。

滕守尧在《审美心理描述》中对审美经验中的四种心理要素——感知、想象、情感、理解分别进行了具体分析，认为这四种要素以一定的比例结合起来并达到自由谐调的状态时，愉快的审美经验就产生了。同时，作者还将审美经验过程分为初始阶段、高潮阶段和效果延续阶段，并分别作了描述。

蒋培坤在《审美活动论纲》中对审美心理因素和过程提出了另一种看法。他认为把审美心理要素概括为"四要素"是片面的，因为人类的审美活动不仅是一种认识活动，而且是一种价值实践。在审美过程中作为心理功能发挥作用的，是两个系列的心理因素：一是由审美欲望、审美兴趣、审美情感、审美意志组成的价值心理要素；二是由审美感知、审美想象、审美理解等组成的认识心理要素。作者强调审美价值心理是人类审美的动因系统，是审美价值关系的心理表现，并认为在审美价值心理要素中，更需要注意的是意志在审美过程中的特殊作用，甚至可以把审美意志看作艺术和审美过程中人的主体性的集中表现。

邱明正在《审美心理学》中也认为审美心理过程包括认识过程、情感过程和意志过程，其心理内容和形式则有审美直觉、审美想象、审美理解、审美情感、审美意象、审美意志等，作者对上述各方面均有较详尽的说明。

艺术创造的心理活动及其特征问题，是20世纪中国审美心理学集中研究的另一个基本问题，这也是争论较多的问题之一。

1930年代，朱光潜在《文艺心理学》中着重探讨了艺术创造中的想象和灵感问题，提出了以下主要看法：第一，艺术创造需依靠创造性想象。创造性想象具有两种心理作用，一种为"分想作用"；另一种为"联想作用"。文艺创作中的"拟人""托物""变形""象征"都是根据类似联想。第二，在艺术创造中，联想不依逻辑，却有必然性，使它具有必然性的原因不是理智而是情感。创造的想象把原来散漫零乱的意象融成整体的就是情感。艺术是一种情感的需要，艺术家之所以为艺术家，不仅在于其有浓厚的情感，而尤在于其能把情感表现出来，把它加以客观化，使它成为一种意象。第三，创造中产生的"灵感"大半是由于在潜意识中所酝酿的东西猛然涌现于意识。在潜意识中想象更丰富，情感的支配力更强大。创作受情感的影响大半都在潜意识中。朱光潜的论述突出了创造性想象在艺术创造中的地位作用，并具体分析了艺术创造中创造性想象的机制和特点，可以说是抓住了艺术创造心理的关键，它实际上已接触到后来美学界、文艺界探讨的艺术创造的形象思维问题。

1940年代，朱光潜的《诗论》正式出版。这本著作和差不多同时发表的宗白华的若干美学论文，都深入地探讨了艺术意境的创造问题，其中也涉及了对艺术创造的心理特点的认识。如朱光潜认为，诗的境界的创造必有"情趣"（feeling）和"意象"（image）两个要素。情与景的契合，我的情趣与物的意象往复交流，便是意境创造的突出心理特点。宗白华同样也认为，意境是"情"与"景"（意象）的结晶，"主观的生命情调与客观的自然景象交融互渗，成就一个鸢飞鱼跃，活泼玲珑，渊然而深的灵境"[①]。这些见解都涉及艺术创造中情感活动的特点及其与想象的关系问题。

蔡仪于1940年代初出版的《新艺术论》中，对艺术的认识的特质作了新的研究，明确提出了"形象思维"的概念。他认为，概念具有抽象性和具象性二重特性，也有两种倾向，一是和表象相脱离的倾向；二是和表象相结合的倾向。由后者而形成的具体的概念，一方面经过意识的比较、分析、综合的过程，而将现实的一般的本质的属性能动地予以概括；另一方面又以所概括的本质的一般的属性为基础构成一个新的表象，或和某一

---

① 宗白华：《美学散步》，上海人民出版社1981年版，第60页。

表象比较紧密地结合。这种具体的概念便是形象的思维的基础。所谓形象的思维，也就是一般所谓艺术的想象。形象思维借助具体的概念可以施行形象的判断和形象的推理。形象思维是艺术的认识的基础，并由此造成了艺术的认识不同于科学的认识的特质。从认识过程来说，科学的认识主要是以感性为基础的智性作用来完成的，而艺术的认识主要是受智性制约的感性作用来完成的。蔡仪的这些见解以认识论为基础，科学地阐明了艺术认识的特质，指明了形象思维的特有内涵和认识机制，对我国形象思维理论的形成以及艺术认识过程的研究，产生了重要影响。

关于形象思维和创作心理问题，在五六十年代的美学讨论中虽然也有所论及，但并未引起重视，而且后来又受到批判，所以有关这方面的研究较长时间处于停滞状态。1978年1月毛泽东《给陈毅同志谈诗的一封信》公开发表，其中肯定了"诗要用形象思维"，于是美学界、文艺界重新就形象思维问题进行了热烈讨论。朱光潜、蔡仪、李泽厚、何洛、洪毅然等都参加了讨论，发表了各自的见解。其中，李泽厚的见解不同凡响，引人注目，并形成了广泛的争论，对此后关于创作心理的研究产生了较大的影响。在《形象思维再续谈》中，李泽厚提出：（1）艺术不只是认识，形象思维并非思维。"形象思维"一词中的"思维"，只是在极为宽泛含义（广义）上使用的。艺术创作中的形象思维不是一种独立的思维方式，它是艺术想象，是包含想象、情感、理解、感知等多种心理因素、心理功能的有机综合体。用哲学认识论代替文艺心理学来解释艺术和艺术创作，是不符合艺术欣赏和艺术创作的实际的。（2）艺术的特征主要不在形象性，而在情感性。艺术的情感是艺术的生命所在。艺术创作将作者的主观情感予以客观化、对象化，艺术想象以情感为中介彼此推移，作家艺术家在形象思维中遵循的是情感的逻辑。（3）艺术创作、形象思维中经常充满灵感、直觉等非自觉性现象。作家艺术家应按自己的直觉、"本能"、"天性"、情感去创作，完全顺从形象思维自身的逻辑，不要让逻辑思维从外面干扰、干预、破坏、损害它。显然，李泽厚的上述观点同以往许多论述艺术创作和形象思维的著述相比，具有鲜明的反传统倾向，从而推动了人们对艺术创作的心理特征做一些新思考。当然，由于他在论述中往往过分强调了一个方面，而忽视了它和其他方面的内在联系，也表现出一定的片面性，因此，引起较多批评和争议也是必然的。

对形象思维的深入探讨，加之西方现当代美学思潮的大量引入，推动美学界、文艺界、心理学界对艺术创作的心理过程和特点展开了较为全面和深入的研究。从80年代初到90年代初，有一大批论文对文艺创作中情感的作用和特点、文艺创作中的灵感与直觉、文艺创作中的意识和无意识、文艺创作中理性与非理性的含义及其关系等问题，进行了多方面探讨。其规模之大，涉及问题之广，争论之热烈，都是中华人民共和国成立以来所未曾有过的。

通过探讨和争鸣，大大深化了对文艺创作心理活动中许多特殊现象的规律性认识，并使对文艺创作心理活动的分析逐步进入到深层心理结构领域。长期被忽视的文艺创作中的情感、直觉、灵感以及非自觉性和潜意识因素的作用问题，重新得到注意并得到新的阐释，同时它们与文艺创作中认识、理性、思维、意识、自觉性的相互作用和复杂关系问题也逐步得到多方面的揭示和说明。特别值得注意的是，随着形象思维和创作心理研究的深入，陆续有一批研究创作心理的专著问世。这些著作不仅在构建文艺心理学的体系方面作了新探索，而且对文艺创造的心理活动作了全面、系统、深入的研究，在许多重要问题上提出了一些新的理论观点，如下所示。

第一，关于文艺创作中认识活动的特点和形象思维问题。

金开诚在《文艺心理学论稿》（1982）中提出，文艺创造的心理活动的特点"就在于文艺创作中'自觉表象运动'占有突出的地位，它在自觉性、深广度和普遍性上都远远超过了其他创造活动所可能表现出的表象活动"[1]。作者认为，自觉的表象运动不同于一般的自发的表象活动，而是一种主要表现为自觉的表象深化、分化和变异，自觉的表象联想以及有意想象的心理过程，而创造想象则是文艺创造中最重要的自觉表象运动。作者还进一步指出，自觉表象运动具有具象概括作用，能够反映事物的发展、联系和本质，同时又以表象为材料，始终带有形象性，所以是形象思维。形象思维从心理内容上讲，就是自觉的表象运动。作者以表象运动为核心来分析文艺创造的心理特点，并对形象思维的心理内容作了具体说明，是富于新意的。

陆一帆在《文艺心理学》（1985）中对于文艺的形象思维也提出了一

---

[1] 金开诚：《文艺心理学论稿》，北京大学出版社1982年版，第2页。

些新看法，认为文艺创作所用的是特殊的形象思维，而不是一般的形象思维，不应将两者混为一谈。一般的形象思维只沿着一般化道路进行形象概括，所得的是类型形象；而文艺的形象思维是沿着一般化与个性化并进的道路进行形象概括，所得的是典型形象。这有助于人们深入探讨文艺创作中形象思维的特点。

第二，关于文艺创造中情感的作用、形式及矛盾运动问题。

鲁枢元在《创作心理研究》（1985）中，着重探讨了情感在文艺创作中的地位和作用，以及文艺创作中情感活动的形式和特点，对文艺家的"感情积累""情绪记忆""心理定势""知觉变形"以及"创作心境"等作了具体而新颖的分析。作者认为，文艺家的情绪记忆是艺术创造过程中一系列感情活动的基本形态，是整个艺术创造活动的基础和内核。情绪记忆是文艺家感情积累的库房，是驰骋艺术想象力的基地。情绪记忆是一种自发的、自然的、散漫的、较被动的、有时是无意识的心理活动，艺术想象则是一种有目的、有定向性的更加积极主动的心理活动。在情绪记忆基础上展开的艺术想象，往往以灵感触发的形式表现出来。此外，作者认为文艺家的心理定势，特别是主观的情绪、心境对于形成艺术知觉也具有重要影响。

童庆炳在《艺术创作与审美心理》（1990）中，认为在文艺创作的情感活动内部有两对矛盾：一是自我情感与人类情感的矛盾，二是形式情感与内容情感的矛盾。尽管艺术家表现的是人类的情感，但必须找到自我的情感与人类的情感的结合点，使人类的情感与个人的情感融为一体。同时，创作者在面对由内容所引起的情感与由形式所引起的情感的矛盾时，需要完成形式情感对于内容情感的征服。

第三，关于文艺创造中直觉、灵感、潜意识的作用和心理机制问题。

陆一帆在《文艺心理学》中根据钱学森提出的灵感也是一种思维方式的意见，具体论述了灵感思维方式的特点，分析了灵感思维的过程，明确提出灵感思维包括意识和无意识两个认识阶段，认为灵感便是在意识思维的基础上，由无意识的思维中产生的。作者不仅提出了"无意识思维"的概念，还对无意识思维的种类（循轨思维、越轨思维和梦）及其思维过程作了说明，见解较独特。

刘烜在《文艺创造心理学》（1992）中认为文艺创造中的灵感是整合

思维，心理上相互对立的因素在灵感状态下往往能相互配合，它总是包含着对未知事物的一种新的发现，同时它也是创作主体和创作对象的契合，并伴随着主体强烈的情感体验。作者还对创作中的直觉作了详细分析，认为直觉具有直接性、洞察性、倾向性和整体性，其动态构成是：直觉定势、对客观事物的感受、突然的领悟和直觉的发展。依作者的看法，在顿悟这一点上，直觉和灵感是极为类似的。

吕俊华的《艺术创作与变态心理》（1987）集中对艺术创作中的潜意识作了介绍和分析，分别从潜意识的创造功能、潜意识与理性的矛盾、潜意识中的理性、潜意识与理性的统一几方面作了论述。作者认为，直觉、灵感、创造性思维都是在潜意识中完成的，潜意识是艺术创造力之所在或创造性的前提条件。关于素有争议的潜意识与理性的关系问题，作者认为潜意识之中有潜在理性，只是没有被意识到。作为潜意识重要组成部分的本能和感情，都有理性在其中。同时，作者又指出，就创作全过程来说，意识与潜意识是你中有我、我中有你、互相渗透、互相转化、互相依存的。由于潜意识属于心理的深层结构，因此，科学地阐明它在艺术创造中的地位、作用和机制，对于揭示艺术创造的心理奥秘无疑是有重要意义的。

三

20世纪中国美学是在西方美学和中国美学及艺术传统相结合、相交融中向前发展的。这一点在审美主体和审美经验的研究中表现得尤为突出，从而成为中国现代心理学美学有别于西方现代心理学美学的一个主要特点。形成于二三十年代的审美心理研究热潮和形成于八九十年代的审美心理研究热潮虽然有许多不同，但在体现这一主要特点上却是一脉相承的。从王国维、蔡元培到朱光潜、宗白华等一批早期的著名美学家，为这一特点的形成奠定了基础。尤其是朱光潜和宗白华先生，他们把西方心理学美学和中国美学传统及艺术审美实践紧密结合起来，融会贯通，加以创造性地具体发挥，为在审美心理学中探索中西结合之路作了一项开拓性工作。当然，即使是朱光潜、宗白华先生，也还没有完全解决建立有中国特色的现代审美心理学的问题。朱光潜先生虽然在把中国传统美学思想融入西方美学方面作了不少工作，但他建立的审美心理学，其根本观念和方法仍是西方的，体系、框架基本上也是西方的。宗白华先生以中国传统文学范畴为基础，用西方美学观点加以创造性的阐释，但并没有形成关于审美经验的完整的理论形态和体系。到了八九十年代，研究者综合中西古今，建构了一些审美心理学的体系，但从整个理论形态看，仍然较缺乏中国特色，对中国传统美学和艺术实践经验的吸收是局部的、零散的。因此，从总体上看，如何使西方现代心理学美学的观念、理论与中国传统审美心理学思想及中国的艺术审美实践经验相结合，真正建立起有中国特色的现代审美心理学，仍然是一个有待解决的问题。

从历史和现实来看，建设具有中国特色的现代美学，关键似乎不在美的本质的哲学探讨，而在审美和艺术经验的科学研究。中国传统美学的主要优势和特点，不是体现在对美的本质做思辨的、逻辑的推论，而是体现在对审美和艺术的经验做直感的、具体的描述。西方美学和中国美学传统的结合与融会，主要不是表现在美的哲学分析上，而是表现在审美心理和艺术经验（包括创作、欣赏和批评）的科学研究上。从王国维、朱光潜到宗白华等卓有建树的美学家，都不约而同地把中国传统美学的"意境"作为美学研究的核心范畴，力图把西方美学的新观念和科学方法注入中国这一传统的美学范畴之中，使过去这个范畴所包含的丰富却不够明确的思想内涵获得逻辑论证和创造性发挥。这其实是适应了中国传统美学的特点，在审美和艺术经验领域对中西美学融合所做的成功探索，凸显实现中国传统审美思想的创造性转化对建设中国特色现代审美心理学的重要意义。

尽管1980年代以来，对中国古代审美心理学思想的研究已有初步成果，中国传统审美心理学思想的一些重要概念和范畴也正在逐步得到较深入的阐释，中西审美心理学思想的不同特点在比较中逐步得到较明晰的揭示，但是对中国古代审美心理学思想进行全面清理和系统研究仍嫌不足，对中国特有的审美心理学的范畴、概念和命题进行深刻挖掘和创造性阐发尤显欠缺。把中国传统审美心理学思想中某些特殊范畴与西方心理学美学中的某些概念、范畴简单化地加以类比，甚至削足适履，将前者纳入后者框架和观念之中的情况，也影响着对于中国传统审美心理学思想的真谛和精髓的把握。针对现状，笔者认为今后应着重从以下几个方面继续加强对中国传统审美心理学思想的研究。

首先，要对中国传统审美心理学思想进行全面、系统的发掘和整理。

中国传统审美心理学思想不仅包含在哲学家著作和心理学思想文献中，而且大量包含在诗文理论、绘画理论、书法理论、音乐理论、戏剧理论以至园林建筑理论中，需要进一步做好全面发掘和系统整理工作，尤其对其观念、范畴和体系，要做深入、系统的分析、研究。

其次，要进一步深入研究和揭示中国传统审美心理学思想的特点。中国传统审美心理学思想不仅有其独特的观念、命题和概念范畴，而且有其独特的理论体系和思维方式，而这些又是同中国传统文化和艺术审美实践经验的特点相联系的。准确地、科学地揭示和把握其特点，使其形成具有中国民族特色的传统审美心理学思想体系，是在新的现实条件下对其加以继承和发展的基础和前提。中西比较研究对于揭示中国审美心理学思想的特点不失为一种好方法，而且可以在比较中见出中西美学思想各自的优势和互补性。新时期以来这种比较研究有了较大进展，但要注意避免比较中的生拉硬扯、以偏概全及主观臆断等现象，使比较研究真正建立在对中西美学思想的科学分析和真知灼见的基础上。

再次，要从当代现实生活以及审美和艺术实践需要出发，从新时代的高度，对传统审美心理学思想进行新的审视和创造性阐释，使其与当代审美观念与艺术实践相结合，成为构建有中国特色的现代审美心理学的有机组成部分。近年来，美学界和文艺理论界讨论的中国古典美学和文论的现代转型或现代转换问题，对于促进有中国特色的现代美学和文艺学建设是十分有益的。我们所理解的"现代转型"和"现代转换"，就是要从新的时代和历史高度，用当代的眼光对传统美学和文艺理论中的命题、学说、概念、范畴进行新的阐述和创造性发挥，以展示其在今天所具有的价值和意义，从而使其与当代美学和文艺观念相交织、相融合，共同形成有中国特色的现代美学和文艺学的新的理论形态与体系。做好这项研究工作，需要研究者既有对中国古典美学和文论的透彻理解，又有对符合时代要求的当代审美意识和文艺观念的准确把握，使两者真正达到融会贯通、水乳交融。这是一项具有探索性和开拓性的工作，应当提倡探索多样的研究途径、研究方法，创造多种的理论形态和理论体系。我们应在过去研究成绩的基础上，更自觉地推动这项工作，使研究更系统化、更具有完整性。

最后，还应加强对我们民族审美心理特点的研究。宗白华先生的美学研究已为我们提供了一个典范。他对于中国各门传统艺术的审美特点，诸如诗词歌赋、绘画书法、音乐戏曲、园林建筑等等，几乎都有精当而入微的考察和分析，从而深刻揭示出我们民族的美感的特殊性。这对于研究我们民族审美心理（创作、欣赏）的特殊规律，以及反映这种特殊规律的审美心理学思想，是有极重要意义的。美感的民族特点不是凝固不变的，它将随着时代条件和社会生活的发展变化而发展变化。考察和研究我们民族美感或审美心理的特点，既要研究传统的艺术和审美实践经验，更要研究当代中国的艺术和审美实践经验，这样才能真正把握民族审美心理在新时代、新现实、新生活中的发展变化。

20世纪中国审美心理学研究的发展历程还表明，要建立科学的现代审美心理学体系，必须使审美心理研究奠定在科学的方法论的基础之上。方法论有不同层次，最高层次的就是哲学方法论。心理学美学研究要沿着正确的方向前进，必须有科学的哲学方法论作指导。心理学中的一些根本问题本来就同哲学的基本问题密切联系，更何况美学本身就属于哲学的领域。心理学美学研究只有在科学的哲学方法论指导下，才能取得真正科学的成果，它从经验或实验以及其他相关学科中获取的大量资料，更需要进行哲学的综合。如果没有哲学的帮助，要形成、解释、阐述审美心理学的概念、范畴、理论、假说并形成体系，将是不可能的。建构有中国特色的现代审美心理学体系所需要的哲学方法论，既不是否定审美主体在审美经验中具有能动作用的机械唯物主义，也不是否定审美经验具有客观来源和制约性的主观唯心主义，而只能是辩证唯物主义和历史唯物主义，这也是近百年来中国美学发展向我们昭示的真理。马克思主义的实践论和辩证唯物主义的能动的反映论，应当是我们构建科学的现代审美心理学的方法论基础。

哲学的方法论只能包括而不能代替具体科学的方法论。审美心理学与和它密切相关的心理学一样，还是一门正在走向成熟的科学，它的具体的研究方法还处在发展和更新之中。现代心理学的研究方法很多，例如实验法、观察法、调查法、测验法、档案法等，它们各有优势，可以互补。但不论运用哪种方法，都要遵循客观性原则。当代心理学受到习性学、计算机科学等方面的影响，着重在真实、自然条件下的研究，一般倾向于认为，心理学研究如果可能，应尽量应用自然观察法，或在实验室内进行自然观察。这种研究方法上的改变，必将对审美心理学的建设和发展产生重要影响。目前，西方审美心理学研究由于多是心理学家进行的，能较广泛地运用各种心理学研究方法，特别注重实验法和测验法等定量研究方法，并十分注重收集量化的资料，故研究结论具有较强的客观性、精确性。而我国的审美心理学研究由于多是美学家、文艺学家进行的，在研究方法上采用作品分析法和档案法——搜集有关文献资料（如作家艺术家的创作体会、日记、自传等）较为普遍，而且采用自我观察法更重于采用客观观察法，收集的资料多为非量化的描述性资料，因而研究结论往往带有一定程度的主观性、推论性。当然，审美心理研究由于其研究对象本身具有更为复杂的社会人文内涵，具有社会性精神现象的微妙难测的特点，要完全达到自然科学化和定量分析，也是不切实际的。这方面，我们的基本态度是放开眼界，更多地向西方先进的、科学的、实证的、实验的研究方法学习和借鉴，以弥补我们的不足。当前审美心理学的发展趋势是越来越重视多种研究方法的综合运用，既重视精细的定量研究方法，又重视宏观的定性研究方法；既强调客观的观察法和实验法所获得的资料，也不排斥自我观察和内省法所获得的资料；既注意实验室的研究结论，更注意自然观察的研究成果。总之，定量分析与定性分析、客观观察与自我内省、控制实验与自然观察应当取长补短，互相结合，综合利用，只有这样才有助于全面揭示审美心理活动的规律和机制，并形成审美心理学研究的特殊方法。

美学发展的趋势表明，哲学的美学和科学的美学、思辨的美学和经验的美学、理论美学和应用美学将会互相补充，共同推动当代美学的变革和重建。在这个多元化、全方位的研究格局中，对审美主体、审美经验的研究将仍然会处于研究重点的位置。对审美主体、审美经验的研究将越来越趋向综合性和多学科性。这既是现代科学发展趋势所使然，也是审美经验研究向广度和深度发展的必然要求。实际上，近20年来中国美学的发展已开始反映和展示了这一趋势。审美经验、审美心理乃至全部审美主体活动的复杂性和深刻性，审美心理区别于一般心理的特殊性质和规律，都表明审美主体、审美经验研究既不能不靠心理学，又不能单靠心理学。只有运用哲学、心理学、思维科学、语言学、符号学、社会学、文化人类学、艺术理论、艺术史、艺术批评等多学科的理论和方法，对审美主体和审美经验进行全方位、多角度的考察和研究，并使之互相联系起来，才能使审美经验的研究得到拓展和深化，才能使审美心理学研究有新的突破。深入揭示审美经验得以产生和实现的内在机制和奥秘，使审美经验研究进入微观层次，无疑是深化审美心理研究的一个难点和突破口。这就要求学者更多地吸收现代科学的新成果，使审美经验研究更多地奠基于现代认知心理学、神经生理学、大脑科学以及人工智能等现代科学的最新成果之上。当然，吸收现代科学的新成果，也必须从审美经验的实际出发，密切结合审美经验的特点和特殊规律，而不是用一般的科学成果代替对于审美经验的具体分析，用一般的科学概念范畴代替艺术审美中特殊的概念范畴，这样才能有助于审美经验内在发生机制的研究，促进审美心理学的创新和发展。

（原载于《中国社会科学》1999年第6期）

从中西结合看20世纪前期中国审美学研究

一

20世纪中国美学是在西方美学影响下，在不断探索西方美学和中国美学及艺术传统相结合、相交融中向前发展的。这一点在审美主体和审美经验的研究中表现得尤为突出，从而成为中国现代审美心理学建设的一个主要特点。中国现代审美心理学研究在20世纪前期和后期分别出现过两次热潮，这两次热潮形成的社会文化背景完全不同，在具体研究内容和方法上也有很大差异，但在体现这一主要特点上却是一脉相承的。

发生于20世纪初叶至30年代的中国现代审美心理学研究热潮，是在"西学东渐"，而中国传统文化又面临着现实危机的文化背景下发生的。如何认识和接受当时涌入的西方新的学术和文化思潮，如何重新认识和改造中国传统文化，是中国文化发展当时所面临的最迫切的现实问题。这个问题当然也直接影响着20世纪初中国美学的发展和建设，特别是审美心理学的发展和建设。20世纪之初，对中国美学思想发生影响最为显著的西方美学思想，一个是以康德、叔本华、尼采等为代表的德国"哲学的美学"；另一个便是克罗齐的直觉美学和以移情说、心理距离说等为代表的近代心理学美学。这两部分美学思想，都极重视审美主体和审美心理的研究，有的就是专门研究审美主体和审美心理的。这就使得20世纪初叶的中国美学研究在西方美学影响下，自然把审美主体和审美心理的研究作为重点之一，而在审美心理学建设中，如何接受西方美学的影响并之使与中国传统美学相结合的问题，也就显得特别明显和突出。

从20世纪初叶至30年代，在中国审美心理学研究中进行中西结合探索的代表人物，当推王国维、朱光潜和宗白华三人。他们各自以不同方式、不同途径进行中西美学比较和结合的尝试,不仅在审美心理学研究中表现出各自的特点,而且也做出了各自独特的贡献。他们探索的成功和不足,为中国现代审美心理学建设如何走中西结合之路提供了宝贵的经验和重要的启示。

二

王国维(1877—1927年)是把西方近代美学系统地介绍到我国来的第一人,同时他也是中国近代美学的开拓者。王国维的美学思想不限于审美心理的研究,但对审美经验的分析是他美学思想中极为重要的部分。在对审美经验的看法上,王国维主要是接受康德、叔本华和尼采等人美学思想的影响。康德、叔本华等都认为美在形式,不关内容和功利,因而审美具有超功利性,不涉及利害关系。这也是王国维对审美性质的基本看法,他说:"美之性质,一言以蔽之曰:可爱玩而不可利用者是已。"[①] 又说:"一切之美,皆形式之美也。"[②] 美既如此,审美亦然。审美主体对于审美对象"决不计及其可利用之点"[③],"亦得离其材质之意义"[④],才能于形式的玩赏中获得无限的美感愉悦。在艺术创作上,王国维也接受了康德的影响,主张天才论,但他也看出康德的天才论具有片面性,因而提出"古雅"范畴加以补救。可见他在接受西方美学影响时还是经过消化和分析的。

王国维对中国近代美学的最大贡献不在于引进介绍西方美学新观念新方法,而在于他用接受过来的西方美学新观念、新方法批评中国古典文学和艺术,重新阐释中国古典美学思想,开拓出一条将西方美学与中国美学和文艺实际相结合的探索之路。在中国美学史上,王国维是自觉进行这种探索的第一人。但他这种探索有成功,也有不足。在前期写的《红楼梦评论》中,他完全从叔本华的哲学、美学原理特别是悲剧理论出发,基本上是把《红楼梦》这部伟大著作套入叔本华以唯意志论和悲观论为核心的哲学、美学思维模式中,不仅脱离作品实际,显得牵强附会,而且几乎完全

---

① 于春松、孟彦弘编:《王国维学术经典集》(上),江西人民出版社1997年版,第137页。
② 于春松、孟彦弘编:《王国维学术经典集》(上),江西人民出版社1997年版,第138页。
③ 于春松、孟彦弘编:《王国维学术经典集》(上),江西人民出版社1997年版,第137页。
④ 于春松、孟彦弘编:《王国维学术经典集》(上),江西人民出版社1997年版,第138页。

抹杀了《红楼梦》深广的社会意义。这种探索显然不能说是成功的。但在后期写的《人间词话》中，王国维的探索发生了两个重大转变，第一是对康德、叔本华等人的美学理论，从盲目崇拜转为独自思考，努力从他们的思想羁绊下挣脱出来，做到有所选择有所扬弃；第二是将研究的目光更多地投向中国传统美学，试图从中国传统美学的特点和中国文艺实践经验出发，来借鉴西方美学理论和方法。这两大转变使王国维在探索中西美学结合道路上实现了新的跨越，结出了新的成果。

《人间词话》中的境界说是王国维美学思想最高造诣的标志，也是他将西方美学理论与中国传统美学思想融合为一的结晶。"境界"或"意境"是中国古典美学中最具特色、最有代表性的范畴之一，它主要用于揭示文艺创作的特殊规律，也作为欣赏评价文艺作品特别是诗歌的美学标准，但从创作和鉴赏两方面看，意境都涉及审美经验、审美心理的基本特点和规律问题，因而它也是中国古典审美心理学思想中一个核心范畴。王国维不仅把这个审美范畴提到更为重要的地位，而且用西方美学的观点、概念和分析方法，结合中国文艺创作实际，对这一范畴作了新的阐释。他的基本观点是把"意境"解释为"情"与"景"、"意"与"境"这几个方面的交融和统一，而且无论是"情"还是"景"，都必须达到"真"。"故能写真景物、真感情者谓之有境界。否则谓之无境界。"① 虽然把情与景统一作为意境的基本规定并非王国维独创，但他却借用西方美学的概念对"情"与"景"作了明确的解释，认为"景"属于"客观""知识""想象"，而情则属于"主观""感情""志趣"，这就揭示了意境的审美心理构成因素及其关系，是以往的论述中所未见的。

王国维对意境说的另一个新贡献，是受到叔本华关于优美感和壮美感两种不同美感类型的思想的影响和启发，将意境区分为"无我之境"与"有我之境"。按王国维的界定，"无我之境"与"有我之境"区别是十分明显的。"无我之境"是"以物观物，故不知何者为我，何者为物"②；"有我之境"是"以我观物，故物皆着我之色彩"③。同时，"无我之境"

---

① 于春松、孟彦弘编：《王国维学术经典集》（上），江西人民出版社1997年版，第325页。
② 于春松、孟彦弘编：《王国维学术经典集》（上），江西人民出版社1997年版，第325页。
③ 于春松、孟彦弘编：《王国维学术经典集》（上），江西人民出版社1997年版，第325页。

是"于静中得之",故为"优美";"有我之境"是"于由动之静时得之",故为"宏壮"。① 这些观点和叔本华的相关美学思想是一脉相承的。叔本华认为,在产生优美感时,对象和主体是一种和谐关系,主体忘记了个体,忘记了意志,好像只有对象的存在而没有觉知这对象的人了,"就是人们自失于对象之中了"②,以致对于意志的任何回忆都没有留下来;而在产生壮美感时,对象和人的意志是一种敌对关系,作为纯粹认识的主体要先强力挣脱客体对意志的不利关系,只是作为认识的纯粹无意志的主体,去把握对象中与任何关系不相涉的理念。这种对于意志的超脱需以意识来保存,所以经常有对意志的回忆伴随着。显然,这种审美观照的两种心理状态、两种美感类型,也就是王国维所谓"无我之境"与"有我之境"区别之由来。不过,王国维的两种境界说并未脱离对中国古典诗歌的独特品鉴以及对中国传统美学思想的深刻领悟,所以,他于两种境界中似更赞赏"无我之境",足见他的意境说确为中西美学合璧形成的新成果。

三

继王国维之后,在中国现代审美心理学研究中坚持走中西结合的探索之路,并向前推进,取得最明显成绩和最丰硕成果者,便是朱光潜(1897—1986年)。朱光潜受西方美学影响之深、之广,在中国现代美学家中是无人与之相比的。他几乎批判地研究了西方所有的重要美学学派,最系统地介绍了西方近现代的美学思想。他早期受康德、克罗齐美学思想的影响,认为审美的基本性质是超功利的、直觉的。后来他系统研究了西方现代心理学美学,开始发现康德、克罗齐形式派美学的根本缺陷,对其有所批判。但他并没有完全抛弃康德、克罗齐的观点,而是试图用各派心理学美学的新理论,尤其是布洛的心理距离说去加以补充和修正。他综合了康德、克罗齐形式派美学和布洛、里普斯、谷鲁斯等人心理学、美学两方面的特长,作为自己的根本观点和根本方法,又融入中国传统美学思想,将之用于审美经验研究,结合中外大量文艺创作和欣赏的实践经验,在

---

① 于春松、孟彦弘编:《王国维学术经典集》(上),江西人民出版社1997年版,第326页。
② [德]叔本华:《作为意志和表象的世界》,石冲白译,商务印书馆1982年版,第250页。

《文艺心理学》中构建了我国现代第一个以美感经验分析为核心的审美心理学体系。这部心理学美学专著的出版代表了当时我国审美心理研究的最高水平，标志着中国现代审美心理学已经形成。

《文艺心理学》的思路是从分析美感经验出发，探讨文艺创造和欣赏的心理活动及其规律。作者对美感经验的分析，分别从"形象的直觉""心理的距离""物我同一""美感与生理"四个方面来考察美感的性质和特征。其基本观点是：美感经验是一种聚精会神的观照。就我说，是直觉的活动，不用抽象的思考，不起意志和欲念；就物说，只以形象对我，不涉及意义和效用。要达到这种境界，观赏者须与对象保持一种心理距离，并常以我的情趣移注于物，产生移情作用。显然，这些对审美经验性质和特征的认识和描述，并没有超出克罗齐的直觉说、布洛的心理距离说和里普斯的移情说等西方美学观点，但作者不但对这些学说作了综合整理，而且作了"补苴罅漏"。在评介西方美学观点时，作者引用了大量中国文艺创造的实际材料，使之互为参照，又常常以中国文艺创造的实践经验来论证自己的不同看法，如论述美感与移情、美感与联想的关系，不仅介绍了西方美学观点，而且能结合中国文艺创造的实际经验，对某些西方美学观点的片面性进行分析批判，并时时发表一些新的意见。尤其值得注意的是，作者分析美感经验，描述创作心理时，又常常将西方美学的观点、范畴与中国古典美学中相关的思想、范畴进行比较，使之互相阐发、互相补充。如作者分析美感经验时指出：

> 在美感经验中，我们须见到一个意象或形象，这种"见"就是直觉或创造；所见到的意象须恰好传出一种特殊的情趣，这种"传"就是表现或象征；见出意象恰好表现情趣，就是审美或欣赏。创造是表现情趣于意象，可以说是情趣的意象化；欣赏是因意象而见情趣，可以说是意象的情趣化。①

这里不仅可以见出西方美学的直觉说、表现说、移情说的影响，而且也有中国美学的意象说、兴趣说、意境说的影响，从话语来看，也是中西

---

① 《朱光潜美学文集》第1卷，上海文艺出版社1982年版，第153页。

美学结合的产物。此外，作者在论艺术想象和天才时，处处将西方美学中的创作理论和中国古典美学中的创作理论相比较，在论美感和美的类型时，将西方美学中的崇高与优美的范畴与中国美学中阳刚美与阴柔美的范畴相比较，也对深化审美心理学中一些重要理论和范畴的研究起到较好的作用。总体来看，《文艺心理学》建构的心理学美学体系，是以西方美学的理论和范畴为主体，而以中国传统文化特别是文学和美学思想为基础的。用意大利学者沙巴提尼（Sabattini）评论《文艺心理学》的话说，"是移西方文化之花接中国文化传统之木"[①]。

和王国维一样，朱光潜也把"意境"或"境界"看作中国古典美学的核心范畴，并且都努力探索用西方美学的新观念和分析方法来重新阐释这一传统美学范畴。在对意境的基本观点上，朱光潜与王国维似无根本区别。如王国维认为意境是"情"与"景"、"意"与"境"两者的交融和统一，朱光潜也认为意境是由"情趣"和"意象"两个要素构成的，是"意象与情趣的契合"[②]。不过，朱光潜在解释"意象""情趣"以及两者的"契合"时，借用了克罗齐的直觉说和里普斯的移情说，同时根据布洛的心理距离说，把意境看作诗人或诗的鉴赏者通过直觉与想象创造的超越实际人生世相的独立自足的天地。这些观点都是王国维论意境时所未有的。朱光潜着重用移情作用来解释意象与情趣往复交流与互相渗透的过程，从而更深入揭示了意境形成的特殊心理机制。他说："从移情作用我们可以看出内在的情趣和外来的意象相融合而互相影响。比如欣赏自然风景，就一方面说，心情随风景千变万化，睹鱼跃鸢飞而欣然自得，闻胡笳暮角则黯然神伤；就另一方面说，风景也随心情而千变万化，惜别时蜡烛似乎垂泪，兴到时青山亦觉点头。这两种貌似相反而实相同的现象就是从前人所说的'即景生情，因情生景'。情景相生而且相契合无间，情恰能称景，景也恰能传情，这便是诗的境界。"[③] 这就将西方的移情说与中国传统的情景相生说融为一体了。朱光潜还认为王国维所提"有我之境"与"无我之境"的区别，实际是意境创造中有无移情作用的分别。所以"与

---

① 《朱光潜美学文集》第 1 卷，上海文艺出版社 1982 年版，第 20 页。
② 《朱光潜美学文集》第 2 卷，上海文艺出版社 1982 年版，第 53 页。
③ 《朱光潜美学文集》第 2 卷，上海文艺出版社 1982 年版，第 54 页。

其说'有我之境'与'无我之境',似不如说'超物之境'和'同物之境',因为严格地说,诗在任何境界都必须有我,都必须为自我性格、情趣和经验的返照"[1]。这里虽然对王国维提出的两种境界类型的原意有所偏离,但也见出朱光潜另据移情说来为意境分类的新的尝试。另外,朱光潜以科学的分析方法、严密的逻辑论证和现代语言,把西方美学新观念注入意境这一中国传统美学范畴中,使过去这个范畴所蕴含的不够明确的思想得到具体而清晰的阐发。这和王国维对意境所作的直感式、评点式的阐述,也是有很大区别的。

四

和朱光潜同时,而且同样获得杰出成果的另一个探索中西美学结合之路的代表人物是宗白华(1897—1986年)。宗白华对西方哲学和美学,特别是德国哲学和美学,做过系统的学习和研究,从康德、叔本华、尼采、歌德、席勒等许多西方哲学家、美学家和文学家那里吸收新鲜思想,同时,他又对中国传统哲学、美学和艺术做过潜心探索,特别是对老庄哲学以及体现于诗、画、书、建筑、音乐、戏曲等创作中的中国艺术精神和传统美学思想,具有精到的理解和深入的体会。这些条件加上他的特殊志趣,使他能在中西美学的结合上另辟蹊径,做出新的探索和贡献。他始终以中国古典文学艺术传统以及体现在其中的中国传统美学思想作为批评和研究的主要对象,主要采用中西比较的方法,将中国的美学思想、艺术传统与西方的美学思想和艺术传统互相进行比较,在比较中深化对艺术和审美的普遍规律的认识,在比较中鉴别中西艺术和美学观念的优劣,在比较中发掘中国艺术和传统美学思想的精微奥妙和基本特点。

宗白华对中西艺术的比较以绘画为中心,然后将诗词、书法、建筑、雕刻联系起来。他在较早发表的《论中西画法的渊源与基础》里,对中西绘画的不同艺术特点、不同表现方法,以及中西绘画美学思想的不同原则、不同倾向作了详尽的比较分析,深刻揭示了以诗词、书画、建筑为代表的中国艺术的审美特点。他分析比较中西绘画的不同境界特征和表现特

---

[1] 《朱光潜美学文集》第2卷,上海文艺出版社1982年版,第59—60页。

点,指出中西画法所表现的"境界层"根本不同:一为写实的,一为虚灵的;一为物我对立的,一为物我浑融的。中国画以书法为骨干,以诗境为灵魂,诗、书、画同属于一境层;西画以建筑空间为间架,以雕塑人体为对象,建筑、雕刻、油画同属于一境层。中国画运用笔勾的线纹及墨色的浓淡直接表达生命情调,透入物象的核心,其精神简淡幽微;而西洋油画则以形似逼真与色彩浓丽为其特色。绘画艺术特点的不同,导致中西绘画美学思想的差别。西洋传统艺术的中心观念是"模仿自然"与"形式和谐"。模仿自然是艺术的"内容",形式和谐是艺术的"外形",形式与内容成为西洋美学史的中心问题。然而在中国绘画美学中,这两者均处于次要位置。中国画学的六法,将"气韵生动""骨法用笔"放在前面,"气韵生动"即"生命的律动",是中国画的对象;"骨法用笔"即以笔法取物之骨气,是中国画的手段,这最能说明中国绘画美学思想的特点。宗白华还深入分析比较了中西绘画艺术和美学思想特点所由形成的文化背景和哲学基础,因此,这种比较并不限于绘画,而是对中西艺术精神和美感的不同特点的比较分析。

和王国维、朱光潜一样,宗白华也极重视对中国美学的独特范畴"意境"的研究。但他的研究不仅在以西方美学观念和现代语言去阐释意境的意义和内涵,而是着重于研寻中国艺术意境的"特构",以"窥探中国心灵的幽情壮采"。而要研寻中国艺术意境的"特构",就需借助于中西艺术和美学思想的比较,因为只有在比较中才能突现各自特点,而这正是宗白华在《中国艺术意境之诞生》等研究意境的文章中运用的重要方法。他说:"艺术家以心灵映射万象,代山川而立言,他所表现的是主观的生命情调与客观的自然景象交融互渗,成就一个鸢飞鱼跃,活泼玲珑,渊然而深的灵境;这灵境就构成艺术之所以为艺术的'意境'。"[①] 这里把意境看作主观与客观、情与景的交融互渗,似乎和以往的看法没有什么区别,但实际上这是宗白华从中国艺术创作特点分析中得出的结论,是经过与西方艺术创作相比较的结果。他强调"外师造化,中得心源"是意境创造的基本条件,认为艺术境界的显现绝不是纯客观地机械地描摹自然,而以"心匠自得为高",即中国画家常说的"丘壑成于胸中,既窨发之于笔墨",和

[①] 宗白华:《美学散步》,上海人民出版社1981年版,第60页。

西洋画家刻意写实的态度迥然不同。所以，他又认为意境不是一个单层的平面的自然的再现，而是一个境界层深的创构。从直观感相的摹写，活跃生命的传达，到最高灵境的启示，可以有三境层。西洋艺术里面的印象主义、写实主义相等于第一境层；浪漫主义、古典主义相当于第二境层；象征主义、表现主义、后期印象派旨趣在于第三境层。而中国自六朝以来，艺术的理想境界便是"澄怀观道"，静穆的观照和飞跃的生命构成艺术的两元，故而达到意境的层深。显然，这些比较分析已经深入接触到中国艺术意境的精微奥妙，对研究中国艺术意境的审美心理特点作了独特的贡献。

五

20世纪前期我国审美学研究中对中西美学结合的探索，不仅取得丰硕成果，而且积累了重要经验，它为我们今天接续历史，把中西美学结合的探索在审美心理学中继续向前推进，提供了许多有益的启示。

中国古代虽有丰富的审美心理学思想，但并无现代意义上的审美心理学或审美学。因此，建设中国现代审美心理学，推进审美学研究的现代化，不能单靠中国传统美学，还必须引进外国、西方新的美学理论、观念和方法，吸取和借鉴其中科学的、合理的东西，以此改造传统审美心理学思想，并作为构建我们自己的新的审美心理学理论和体系的参照。否则，我们的审美心理学研究就会因缺乏新鲜的思想营养而停滞不前，就无法同世界各国的美学进行对话和交流。但是，引进和吸收外国、西方的美学理论、观念和方法，又不能盲目照搬，全盘西化，不能脱离中国文艺的实际和中国美学的传统，否则，我们的审美心理学将会失去创造性和民族特色，使建设有中国特色的现代审美心理学成为泡影。所以，建设和发展中国现代审美心理学的正确道路，只能是将西方新的、科学的美学理论和方法与中国传统的、优秀的美学思想以及中国文艺实践结合起来。20世纪前期中国审美心理学建设中进行中西美学结合探索的实绩说明，引进和吸收西方美学的新理论、新观念、新方法，使之与中国文艺创造和欣赏的实际经验以及传统美学思想结合起来，使中西美学互相比较、互相阐释、互相补充，既能使我们更好地消化和吸收西方美学，包括西方心理学美学中合理的东西；也能使我们更准确、更深入地认识和把握中国传统美学的精髓和特点，促进中国传统的审美学思想向现代转换，使传统美学中的命题、学说、概念、范畴在当代眼光中，得到新的阐释和创造性发挥。王国维、朱光潜、宗白华等美学家从不同观点、不同角度对中国传统审美学思想的核心范畴"意境"所做的分析研究，就是这方面的典范。这一切说明，中西美学结合是建设和发展中国现代审美学的重要途径，对推进中国审美学的现代化、民族化具有重要作用。

由于中西美学在理论、范畴、话语和表达方式上都存在明显的差异，因此，在两者的结合中，如何使双方互相沟通，在观点、概念、范畴上产生彼此关联，同时又保持各自的特色和优点，在融合、互补中进行新的理论创造，成为实践中一个难题。在解决这个难题中，20世纪前期在审美心理学研究中进行的中西美学结合的探索，有过多种多样的尝试，提供了许多好的经验。从王国维、朱光潜到宗白华，一方面对西方美学作了认真研究，真正弄懂弄通，而不是一知半解，生吞活剥；另一方面对中国传统美学和文艺又十分精通，具有很厚的功底，而不是浮光掠影，仅得皮毛，因而才能做到融会中西，兼取所长。在他们的探索中，既能准确地把握着中西美学的融通之点，又能充分展示中西美学各自的特色，做到异中有同，同中有异，在比较、融合、互补中实现观点和理论的创新。值得注意的是，在实现这一目标中，王国维、朱光潜、宗白华都发挥了个人的独创性，采用了各种不同的方式。如王国维主要是运用西方美学的新理论、新观念和新方法，研究中国文艺创作和审美经验，对中国传统审美心理学思想范畴进行新的阐发；朱光潜则以西方美学理论和范畴体系为骨干，补之以中国传统美学思想和概念，试图建构一个中西结合的心理学美学体系，他更侧重于在中国传统美学和文艺创作经验的基础上，来消化和吸收西方美学的新思想、新理论，特别是各种现代心理学美学的理论。至于宗白华，则以中国艺术的审美经验以及中国传统美学思想为本位，着重于中西艺术审美经验和美学思想的比较研究，在比较中探寻中国艺术创造和审美心理的特色，揭示传统美学思想的精微奥妙。尽管他们各自探索中西美学结合的方式不同，但着眼点却都是要通过吸收、借鉴西方美学和继承、改造传统美学，形成独特的见解，创造新颖的理论。这一成功经验对于我们继续推进中西美学结合的探索是具有重要意义的。

虽然20世纪前期中国审美心理学建设沿着中西结合之路，获得了丰硕成果，但仍然存在一些不足。主要问题是由于当时文化语境的影响，面对当时处于强势地位的西方文化和美学思想，普遍存在有盲目崇拜的心理，自觉或不自觉地把形成于西方文化土壤、哲学基础及文艺传统之中的西方美学观念、理论、概念、范畴，无限扩大为一种普泛性的原则和标准，试图用它去套中国文艺创作实践和传统美学思想，结果就出现了以西格中和生搬硬套的现象。这一点，甚至王国维在写《红楼梦评论》时也未能避免。朱光潜的《文艺心理学》虽然在将西方美学与中国文艺创作和欣赏的实际相结合，在把中国传统美学思想融入西方美学方面作了不少探索，但他建立的心理学美学，根本观念和方法仍主要是西方的，体系、框架基本上也是西方的，这就使中国现代审美心理学建设在民族化、本土化方面存在不足。由于20世纪后期，我国审美心理学建设和中西美学结合探索都中断了一段时期，而后来重新起步时，对西方现代、当代美学的亦步亦趋又被一些人当作"时髦"，以西格中、生搬硬套现象越演越烈，甚至出现有学者指出的"失语症"的问题，这就使美学的民族化、本土化问题变得更为突出。这个问题如不解决，势必影响有中国特色的现代美学及现代审美心理学的建设。鉴于此，我们必须调整中西美学结合研究的思维方式和方法论，改变以西方美学为本位和普遍原则，简单接受移植的研究方式，倡导中西美学之间的文化对话，把中西美学的结合看作是对话式的、多声道的，而不是单向的或单声道的，使中西美学结合真正成为一种跨文化的互动，在真正平等而有效的对话的基础上，达到中西美学的互识、互鉴、互补。

　　从历史和现实的经验来看，要沿着中西结合之路建设有中国特色的现代审美心理学，必须着重解决好两大问题。其一，是如何将现代西方美学包括现代西方各派心理学美学与中国文艺实践和传统美学思想结合，使其融入中国美学和文艺实践，具有中国特点，实现其"中国化"的转换。这就需要处理好美学理论和思想的普遍性与特殊性、世界性与民族性以及借鉴与创造的关系，在吸收和借鉴现代西方美学思想成果时，切忌生吞活剥、盲目照搬，而要立足中国美学和文艺实践，通过选择、消化、吸收、改造和创造性转化，使其与中国美学和文艺实践相结合，达到外为中用。其二，是如何将中国优秀的传统美学思想包括传统审美心理学思想与中国当代文艺实践和美学理论建设相结合，使其紧密结合当代实际，适应时代发展，具有时代内涵，实现其"现代性"的转换。这就需要处理好美学理论与思想的继承与发展、传统与现代、革故与鼎新的关系，善于以世界眼光，吸纳人类美学和文艺思想发展的先进科学成果，从时代高度，用新的观点和方法对传统美学思想、命题、概念、范畴给予科学阐释，并赋予其新义，从而达到推陈出新、古为今用。就审美心理学建设来说，就是要进一步加强对中国传统审美心理学思想的系统研究，推动其实现"现代性"转换。中国传统审美心理学思想不仅有其独特的观念、命题和概念、范畴，而且有其独特的理论体系和思维方式，而这些又是同中国传统文化和艺术审美实践经验的特点相联系的。我们一方面要通过系统研究，包括中西审美心理思想的比较研究，准确地、科学地揭示和把握其固有的特点；另一方面又要以马克思主义观点和方法作指导，借鉴世界美学的各种先进科学成果，对其观念、命题、概念、范畴及至整个理论体系进行重新认识和重新阐发，使中国传统审美心理学思想和理论体系在新的时代和历史条件下获得新内涵、新发展，呈现更为科学、更为完备的形态。这实际上就是在审美心理学研究领域进行中西美学结合探索的进一步深化，这项工作做得越好，建设有中国特色的现代审美学的基础就越扎实牢靠。

（原载于《中国美学》第二辑，商务印书馆2004年版）

走向新世纪的中国审美心理学

中国现代审美心理学在沉寂了数十年之后,终于在20世纪最后20年迎来了重大转机。近20年来,审美心理学的异军突起和突飞猛进,对审美经验和审美心理的全面探讨和深入开掘,构成了新时期中国美学研究的一大特色。除了大量翻译和评介西方当代心理美学思潮和流派的代表著作之外,大批研究成果接踵而至,不仅见解纷呈,呈现出学术争鸣的局面,而且新意迭出,表现出勇于探索的精神。其中,特别值得注意的是陆续出版了一大批努力开拓、各具特色、自成体系、影响较大的审美心理学或文艺心理学的专著。美学家、文艺理论家和心理学家等从不同角度、不同层面,对审美经验的性质和特征、审美心理的结构和过程、审美心理的各个要素及其相互关系、艺术创作和审美欣赏的心理过程和各种特殊心理现象、艺术家的创造力和个性心理特征、中西心理美学思想中的基本理论和范畴等等,都作了十分有益的探讨。过去的理论禁区一一被冲破,几乎所有与审美心理和审美经验有关的领域和问题都被涉及。在充分占有资料和进行创造性思维的基础上,一些重要理论问题的探索取得新的进展,从而使我国的审美心理学研究从整体上提高到一个新的水平。这一切都为中国审美心理学在21世纪获得新的发展奠立了良好的基础。

展望21世纪的中国美学,审美心理学作为其中一个重要组成部门,仍将居于重要地位,并将对中国当代美学和文化发展产生重要影响。审美心理学的学科建设将逐渐走向成熟,关于它的若干基本问题的研究将进一步向深刻化、系统化、多样化的方向发展。审美心理学的研究范围也将进一步扩大,它和文学艺术以及现实生活的联系将会得到进一步加强。作为一门学科,审美心理学的学科体系也将在不断更新中得到完善。

从国际美学的发展趋势看,美学研究重点从美的哲学探讨向审美经验和艺术研究的转移这一基本走向没有改变。李斯托威尔在《近代美学史评述》中曾指出，近代美学思想界所采用的方法"是从人类实际的美感经验出发的，而美感经验又是从人类对艺术和自然的普遍欣赏中，从艺术家生动的创造活动中，从各种美的艺术和实用艺术长期而变化多端的历史演变中表现出来的"[①]。这一趋向在当代更为突出，许多当代有影响的美学著作或美学选本往往以审美经验作为构造全部美学体系的出发点，或研究所有美学问题的基础。可以说，对审美经验的研究成为整个当代美学研究的一个支点。与此相适应，在国际美学界，和形而上学的、思辨的方法并驾齐驱，经验的、科学的方法越来越被广泛采用，而且大有取得支配地位之势。这一切都极大地推动着经验美学或审美心理学的发展。

成立于1965年的国际经验美学学会是适应20世纪经验美学或心理美学发展而成立的世界性美学组织，其主要成员包括来自世界各国的心理学家、美学家、文艺理论家、社会学家以及环境研究工作者等。他们的共同兴趣是应用科学的方法研究审美过程，考察和分析审美经验及审美行为的条件、要素和结果，推动经验美学或心理美学的创新和发展。前不久国际经验美学学会在罗马举办了第15届国际经验美学会议，这也是20世纪该学会的最后一次会议。因此，它也大致反映出世界经验美学和心理美学研究在跨世纪发展中的新格局和新走向。这次大会有两个重要学术报告。一个是由巴黎大学心理学系教授弗兰西斯（R. Frances）所做的题为"艺术鉴赏中的声望问题"的讲演；另一个是现任国际经验美学学会主席、美国缅因大学心理学系教授马丁德尔（C. Martindale）就如何评价现代艺术和19世纪经典艺术的审美价值所做的讲演，反映出审美经验和艺术研究仍然是经验美学和心理美学关注的核心问题。会议就以下十个问题展开了专题讨论：①儿童艺术观察的心理学和艺术研究；②文学的方法、研究和教学；③文化产品的感情反应；④抽象、现代主义和审美价值；⑤经验美学中的比例；⑥性爱与美学；⑦现代艺术、原始艺术和儿童梦中的普遍形象；⑧艺术和文学创造和接受中个性的作用；⑨审美特性的演变；⑩计算机的内容分析：是否，何时，为什么，什么。同时，还围绕会员向大会提交的论文，分别就文学创造心理学、音乐心理学、视觉艺术心理学、创造力和艺术个性、艺术欣赏、艺术教育等分组进行了论文交流。该次会议的

---

① ［英］李斯托威尔：《近代美学史评述》，蒋孔阳译，上海译文出版社1980年版，第1页。

学术报告、学术论文和专题讨论显示出，经验美学或心理美学以审美经验为中心，将艺术创造、表演、欣赏、理解和艺术教育作为重点研究对象，其研究的范围和问题越来越广泛，和艺术、文化实际的联系越来越密切，研究的手段和方法也越来越多样化。这一切使我们有理由相信，在21世纪的世界美学发展格局中，审美美心理学将是大有可为的和影响巨大的。而中国的审美心理学研究也必将顺应世界美学潮流，获得进一步的发展。

从中国走向新世纪的历史发展进程来看，现实也向审美心理学提出了进一步发展的迫切需要和客观条件。中国在朝着21世纪中叶基本实现现代化的宏大目标努力奋斗的过程中，在追求实现经济现代化或"物"的现代化目标的同时，必将把"人"的现代化提到更加重要的位置。现代化既是"物"的现代化，也是"人"的现代化。"物"的现代化是物质文明建设；"人"的现代化是精神文明建设，这两方面是互相联系、互相制约、互相促进的。"人"的现代化是指人自身各方面素质的现代化，也就是培养具有现代化文明素质的人，这既是为现代化提供重要保证，也是社会主义现代化的一个根本目的。我们不能只重视"物"的现代化而忽视"人"的现代化，如果不能做到物质文明建设和精神文明建设协调发展，那么实现现代化既不可能，也没有意义。随着现代化建设的发展，人的素质不适应现代化进程的矛盾也日益明显，必须把提高人的现代文明素质作为推进现代化的一项重大任务。提高人的现代文明素质，包括德、智、体、美各个方面，除了思想道德素质、科学文化素质之外，审美素质是其中重要一环。而且，审美素质的提高必将有助于道德素质和文化素质的提高。提高人的审美素质必须依靠审美和艺术实践以及审美和艺术教育，这就为审美心理学的发展提供了大量必须研究和解决的理论与实际问题。时代发展、文化发展、艺术发展所提出的新课题，必将为中国审美心理学在21世纪的发展提供丰饶的土壤和强大的动力。

面对学科建设和客观现实的新的需要，走向21世纪的中国审美心理学必须在学科体系、学术理论和研究方法的创新上取得重大的新进展。为此，笔者认为应当从以下几个方面努力。

首先，要努力在建立有中国特色的审美心理学体系上取得新的突破。20世纪中国美学是在西方美学和中国美学及艺术传统相结合、相交融中向前发展的。这一点在审美主体和审美经验的研究中表现得尤为突出，从而成为中国现代审美心理学有别于西方现代心理美学的一个主要特点。形成于二三十年代的审美心理学研究热潮和形成于八九十年代的审美心理学研究热潮虽然有许多不同，但在体现这一主要特点上却是一脉相承的。从王国维、蔡元培到朱光潜、宗白华等一批早期的著名美学家，为这一特点的形成奠立了坚实的基础。尤其是朱光潜和宗白华先生，他们把西方心理学美学和中国美学传统及艺术审美实践紧密结合起来，融会贯通，加以创造性地具体发挥，为在审美心理学中探索中西结合之路作了一项开拓工作。当然，即使是朱光潜、宗白华先生，也没有完全解决建立有中国特色的现代审美心理学的问题。朱光潜先生虽然在把中国传统美学思想融入西方美学方面作了不少工作，但他的《文艺心理学》，根本观念和方法仍是西方的，体系、框架基本上也是西方的。宗白华先生以中国传统文学范畴为基础，用西方美学观点加以创造性的阐释，但并没有形成关于审美经验的完整的理论形态和体系。到了八九十年代，研究者综合中西、古今，各自建构了一些审美心理学的理论体系，但从整个理论体系、理论形态看，仍然较缺乏中国特色。对中国传统美学和艺术实践经验的吸收是局部的、零散的，而不是体现在整个理论体系和理论形态上。因此，从总体上看，如何使西方现代心理学美学的观念、理论与中国传统审美心理学思想及中国的艺术审美实践经验相结合，真正建立起有中国特色的现代审美心理学，仍然是一个有待解决的问题。

尽管我们在中国传统美学思想的研究上已经作了不少工作，但是，进一步深化对中国传统审美心理学思想的研究，并使之与当代美学新观念和艺术审美新实践相结合，从新时代、新实践的需要出发，对传统审美理论进行创造性阐释和重新评价，以实现传统审美理论的现代转换，仍然是建立有中国特色的现代审美心理学的一项最重要、最迫切的任务。80年代以来，对中国古代审美心理学思想的研究已有初步成果，中国传统审美心理学思想的一些重要概念和范畴正在逐步得到深入的阐释，中西审美心理学思想的不同特点也在比较中逐步得到较明晰的揭示。但是，对中国古代审美心理学思想进行全面清理和系统研究仍嫌不足，对中国特有的审美心理学思想的范畴、概念和命题进行深刻挖掘和创造性阐发尤显得欠缺。中国传统审美心理学思想不仅有其独特的观念、命题和概念范畴，而且有其独特的理论体系和思维方式，而这些又是同中国传统文化和艺术审美实践经验的特点相联系的。准确、科学地揭示和把握其特点，使其成为具有中国民族特色的传统审美心理学思想体系，是在新的现实条件下对其加以继承和发展的基础和前提。

近年来，美学界和文艺理论界讨论的中国古典美学和文论的现代转型或现代转换问题，对于促进有中国特色的现代美学建设是十分有益的。我们所理解的"现代转型"和"现代转换"就是要从新的时代和历史高度，用当代的眼光，对传统美学和文论中的命题、学说、概念、范畴进行新的阐述和创造性发挥，以展示其在今天所具有的价值和意义，从而使其与当代美学和文艺观念相交织、相融合，共同形成有中国特色的现代美学的新的理论形态和体系。做好这项研究工作，显然不是轻而易举的。它需要研究者既有对中国古典美学和文论的透彻理解，又有对符合时代要求的当代审美意识和文艺观念的准确把握，使两者真正达到融会贯通、水乳交融。这是一项具有探索性和开拓性的工作，应当提倡探索多样的研究途径、研究方法，创造多种的理论形态和理论体系。我们应在过去研究成绩的基础上，更自觉地推动这项工作，使研究更系统化、更具有完整性。只要我们扎扎实实、持之以恒地推进这项研究工作，必将有力地促进有中国特色的现代美学，包括现代审美心理学的建设。

其次，要努力扩大审美心理学的研究范围，特别是要进一步加强对当代艺术实践和审美实践的新经验研究，以形成新认识，创造新理论。对西方后现代主义美学究竟如何全面评价另当别论，但它面向当代艺术、文化和审美的新实践、新发展，力求以新的视角和认知范式重新审视艺术和审美问题的精神，对我们还是有一定启发的。中国改革开放20多年来，从经济改革到社会转型，已对人们的价值观念、文化观念、思想方式、生活方式等产生了巨大的影响，这些也在人们的审美行为和艺术实践中充分反映出来。当前，在文学艺术的创造和欣赏的实践中，在群众审美文化活动中，乃至在整个审美文化建设和发展中，都出现了许多新的趋向，提出了许多新的问题，表达出新的要求。这一切都需要美学，特别是审美心理学予以注意和重视。审美心理学研究应密切关注中国当代文学艺术的创造实践，对中国当代艺术创造中审美经验的特点和规律作出新的准确而深入的描述和概括，以便更有力地指导当代艺术创造和发展。审美心理学研究还应对当代大众艺术鉴赏、艺术教育、艺术活动乃至整个审美文化中的更为广泛的审美经验问题给予更多的关注，对其特点和规律做出深刻的说明和分析，以指导大众的审美和艺术活动。像大众传媒、广告文化、旅游文化、环境艺术、展览会、博物馆乃至大众日常生活中的审美问题，审美心理学研究也不应置身事外,而应该以独特的视角和研究方式对其加以总结和引导,从而使审美心理学在当代文化生活中发挥更大的影响。

这里特别需要强调的是审美心理学应加强对于美育心理学的研究。美育,又称美感教育或审美教育,它通过艺术美、自然美、社会美对人的影响,以唤起美感的方式,塑造人的审美心理,提高人的审美素质,达到陶情淑性、美化人生的目的。我国已把美育列为素质教育的一个重要内容,确立了它在促进人的全面发展中不可替代的作用。美育和德育、智育、体育互相联系、互相作用,都是实施素质教育、促进人的全面发展的必要组成部分。美育的基本要求是帮助人形成正确的审美观念,培养健康的审美趣味,提高审美欣赏和创造能力。审美能力是审美心理能力的综合体现,它包括审美的感觉、知觉、联想、通感、想象、理解、情感、体验等一系列心理能力的综合应用和互相作用,其中最基本的是情感的感受力和想象力,这都与心理美学研究息息相关。审美观念、审美趣味、审美能力等,同时也就是审美心理学的基本研究内容。可是,长期以来我们对美育和心理学的联系却缺乏深刻理解,像国外那样从心理学美学角度深入研究审美教育和艺术教育的著作和成果还不多见。所以,笔者认为从审美心理学角度深化美育研究,深入揭示美育的心理特点、心理过程、心理机制和心理功能,形成新的理论,以促进我国包括美育在内的国民素质教育,应成为21世纪中国审美心理学的一项重要研究任务。

最后,要努力推进审美心理学研究方法的更新和现代化,使审美心理学研究奠定在科学的方法论的基础之上。心理学美学与和它密切相关的心理学一样,还是一门正在走向成熟的科学,它的具体的研究方法还处在发展和更新之中。现代心理学的研究方法很多,例如实验法、观察法、调查法、测验法、档案法等,它们各有优势,可以互补。但不论运用哪种方法,都要遵循客观性原则。当代心理学受到习性学、计算机科学等方面的影响,着重在真实、自然条件下的研究,一般倾向于认为,心理学研究如果可能,应尽量应用自然观察法,或在实验室内进行自然观察。这种研究方法上的改变,必将对审美心理学的建设和发展产生重要影响。目前,西方审美心理学研究由于多是心理学家进行的,能较广泛地运用各种心理学研究方法,特别注重实验法和测验法等定量研究方法,并十分注重收集量化的资料,故研究结论具有较强的客观性、精确性。而我国的审美心理学研究由于多是美学家、文艺学家进行的,在研究方法上采用作品分析法和档案法搜集有关文献资料（如作家艺术家的创作体会、日记、自传等）较为普遍，而且采用自我观察法更重于采用客观观察法，收集的资料多为非量化的描述性资料，因而研究结论往往带有一定程度的主观性、推论性。这方面，我们应该放开眼界，更多地向西方先进的、科学的、实证的、实验的研究方法学习和借鉴，以弥补我们的不足。从心理学美学发展趋势来看，越来越重视多种研究方法的综合运用，既重视精细的定量研究方法，又重视宏观的定性研究方法；既强调客观的观察法和实验法所获得的资料，也不排斥自我观察和内省法所获得的资料；既注意实验室的研究结论，更注意自然观察的研究成果，总之，定量分析与定性分析、客观观察与自我内省、控制实验与自然观察，应当取长补短，优势互补，互相结合，综合利用，只有这样，才能有助于全面揭示审美心理活动的规律和机制。

当代美学发展的趋势表明，对审美心理、审美经验的研究将越来越趋向综合性和多学科性。这既是现代科学发展趋势所使然，也是审美经验研究向广度和深度发展的必然要求。实际上，近20年来中国美学的发展已开始反映和展示这一趋势。审美经验、审美心理乃至全部审美主体活动的复杂性和深刻性，审美心理区别于一般心理的特殊性质和规律，都表明审美心理、审美经验研究既不能不靠心理学，又不能单靠心理学。只有运用哲学、心理学、思维科学、语言学、符号学、社会学、文化人类学、艺术理论、艺术史、艺术批评等多学科的理论和方法，对审美主体和审美经验进行全方位、多角度的考察和研究，并使之互相联系起来，才能使审美经验的研究得到拓展和深化，才能使心理美学研究有新的突破。深入揭示审美经验得以产生和实现的内在机制和奥秘，使审美经验研究进入到打开"黑箱"的微观层次，无疑是深化审美心理学研究的一个难点和突破口。这就要求学者更多地吸收现代科学的新成果，使审美经验研究更多地奠基于现代认知心理学、神经生理学、大脑科学以及人工智能等现代科学的最新成果之上。当然，吸收现代科学的新成果，也必须从审美经验的实际出发，密切结合审美经验的特点和特殊规律，而不是用一般的科学成果代替对于审美经验的具体分析，用一般的科学概念范畴代替艺术审美中特殊的概念范畴，这样才能有助于审美经验内在发生机制的研究，推动现代审美心理学的学科建设和学术创新。

（原载于《深圳特区报》2000年12月17日）

第二篇 论美学史和西方美学

西方美学史学科建设的若干问题

对西方美学史的研究及其学科建设,在我国美学研究中是起步较晚也较为落后的部门。尽管近代中国美学是在"西学东渐"的文化背景下,深受西方美学的影响而发展起来的,对西方美学的引进和介绍也在20世纪初叶至30年代形成过一股热潮,但对西方美学史的研究却没有系统地展开,直至50年代,我国还没有一本西方美学史的著作。60年代初,朱光潜先生的《西方美学史》(两卷本)问世,才填补了我国西方美学史研究专著的空白。与此同时,汝信、夏森著《西方美学史论丛》出版,对推动西方美学史的学习和研究也产生了重要影响。从此,我国美学研究中的西方美学史学科建设开始迈出了步伐。

进入我国改革开放和现代化建设新时期以来,随着美学研究的新发展以及对外学术交流的不断加强,对西方美学尤其是西方现代美学的介绍和研究,无论是在规模和数量上,还是在广度和深度上,都超过了以往任何时期。与此相伴随,对西方美学史的研究以及西方美学史的学科建设也出现了一个新局面。从20世纪80年代到90年代,不仅有大量研究西方美学史的论文发表,而且有一批研究西方美学史的专著陆续出版,如《西方美学史论丛续编》(汝信著)、《西方美学史教程》(李醒尘著)、《西方美学通史》(蒋孔阳、朱立元主编)等。在西方美学史的研究著作方面,不仅出版了从古希腊罗马至20世纪的美学通史,而且出版了一些西方不同时期美学的断代史,如《德国古典美学》(蒋孔阳著)、《古希腊罗马美学》(阎国忠著)等。这些著作从研究的范围和内容,到研究的观点和方法,乃至资料收集和整理等,都进行了新的开拓和新的探索。与此同时,在西方素有影响的一些美学史著作，如鲍桑葵著《美学史》、吉尔伯特和库恩合著《美学史》以及塔塔科维奇著《古代美学》等，陆续被译成中文，为我国的西方美学史学科建设提供了新的参考和借鉴。近年来，有不少论文专门探讨西方美学史研究和编写方面的一些原则与方法问题，说明西方美学史的研究和学科建设已进入一个更高的层面。本文拟就西方美学史研究的几个元理论问题谈一些看法，以期推动该学科建设迈上新的水平。

一

从我国西方美学史的学科建设发展过程看，学者们考虑得较多并普遍引起注意的，首先是研究西方美学史的指导思想和方法论问题。任何历史研究和编写都有一个观点和方法问题，美学史当然也不例外。西方历史学家中虽然也有过所谓纯"客观主义"态度研究历史的主张，但是这种不带作者任何观点的纯"客观主义"实际上是不存在的。在美学史研究中亦如此。在我国，从西方美学史作为一门学科建设来说，一开始就是在马克思主义理论指导下进行的。因而，采用辩证唯物主义和历史唯物主义的观点与方法研究美学史，几乎成为学者们的共识。朱光潜先生在《西方美学史·序论》中明确提出："研究美学史应以历史唯物主义为指南。"[①] 汝信先生在《西方美学史论丛·序》中也指出："在研究美学史的时候必须采取历史主义的态度。"[②] 历史唯物主义是唯一科学的历史观，它指明了以科学态度研究历史的途径。因此，西方美学史的研究必须以历史唯物主义作为自己的哲学方法论。这一研究出发点的确立，无疑使西方美学史学科建设有了正确方向。但是，这并不等于完全解决了西方美学史研究的观点和方法问题。恩格斯早就提醒人们："如果不把唯物主义方法当作研究历史的指南，而把它当作现存的公式，按照它来剪裁各种历史事实，那么它就会转变为自己的对立物。"[③] 可见，要在西方美学史研究中做到以历史唯物主义观点和方法为指南，就必须正确理解它，并且正确应用它，坚持从美

---

① 朱光潜：《西方美学史》上卷，人民文学出版社1979年版，第7页。
② 汝信：《西方美学史论丛》，上海人民出版社1963年版，第5页。
③ 《马克思恩格斯选集》第4卷，人民出版社1972年版，第472页。

学历史发展的具体事实出发，对问题进行具体的历史的分析，真正从历史的联系和发展中科学地评价美学家或美学流派的学说、主张及其地位和贡献；可惜这方面在西方美学史研究中成绩并不理想。相反，在西方美学史研究中一般地套用哲学史上唯物主义和唯心主义斗争的公式，贬低具有唯心主义哲学观点的美学家的美学思想；或者简单地应用阶级分析方法，将现代西方美学和文艺理论一律斥之为资产阶级腐朽颓废文化予以排斥，都曾在以往的某些研究著作中出现过。当然，现在也有人走向另一个极端，认为西方美学史研究在观点和方法上应当多元化，不必强调以历史唯物主义作为研究的指南，以致在具体美学思想流派的分析评价上失去科学准衡。这些都说明，要在西方美学史研究中坚持并正确应用历史唯物主义，并非易事。

其实，在西方美学史研究中强调以历史唯物主义作为指南，并不排斥具体研究方法的多样化。相反，以历史唯物主义作为西方美学史学科建设的哲学方法论，和从西方美学史学科具体特点出发探索多种多样的研究方法，这两者不应是矛盾对立的，而应当是辩证统一的。自1858年世界上第一部美学史——齐默尔曼（R. Zimmermann）的《作为哲学科学的美学史》问世以来，国外对西方美学史研究的方式和方法已经过多次变革，做过多种探索，使之走向多样化和综合化。已被较广泛采用的研究方法主要有三种，它们各自具有不同特点。

第一，以美学家为中心的历史叙述方法。这种方法在美学史学科形成的最初阶段得到特别广泛的运用，其特点是把美学史看作美学家的历史，是杰出美学家的传记以及他们各自思想的总和。这种方法对积累美学史研究资料，并将美学史从哲学史的体系中划分出来而形成独立学科，是起了积极作用的。但是片面运用这种方法，会使美学史仅仅成为美学家各种个人思想的总和，即使在一定的学派和流派中对这些个人思想加以系统化，也难免使美学史成为美学家思想的肤浅的描述。

第二，以美学问题为中心的历史比较方法，这是鲍桑葵在《美学史》中大力提倡和运用的方法。为了说明这种研究方法和以前的研究方法的区别，鲍桑葵在《美学史·前言》中强调："我认为我的任务是写作一部美学的历史，而不是一部美学家的历史。……我首先考虑的是，为了揭示各种思想的来龙去脉及其最完备的形态，必须怎样安排才好，或怎样安排才方便。其次，我才考虑到我所提到的著作家个人的地位和功绩。"① 按照这一新的方法论原则，美学史不是个别美学家及其思想的传记史，而是各种重要的美学问题的历史。美学史不应当被描述成历史上各个美学家思想的总和，而应当是每个时代所提出的各种问题的总和，而这些问题是可以加以对照和比较的。这种方法有助于纠正历史叙述方法的片面性，也有利于梳理美学思想形成和发展的来龙去脉，并对此进行深入考察和剖析，但这种方法的运用与研究者的立场、观点有极大关联，弄不好会有削足适履的危险。

第三，以美学范畴为中心的历史阐释方法。这是当代学者在美学史研究中经常采用的一种特殊方法。苏联学者洛谢夫和舍斯塔科夫合著的《美学范畴史》（1965）、波兰学者沃·塔塔科维奇著的《六种观念的历史》（1980），堪称使用这一研究方法的代表。这种方法强调美学概念和范畴在美学历史发展中的意义和作用，把美学史主要描述为某些在历史上形成和发展的最重要的美学概念和范畴的体系，它有利于认识和把握美学思想发展的关键，并可在大量历史材料和观念中揭示出美学思想发展的内在逻辑。但在展示美学历史的全貌和美学思想的丰富性方面，这种方法却有其局限性。

现代科学的方法论是以从事研究的各种方式和方法的体系作为前提的。因此，在西方美学史研究中，不应当把某种研究方法绝对化，用它来排斥其他研究方法，而应当把各种不同的研究方式和方法结合起来，并将历史唯物主义的基本原则和方法贯穿于各种研究方式和方法中，对美学思想的发展过程进行综合性的研究和分析，这样才能在西方美学史研究中体现严格的历史性和历史的完整性。

在我国已出版的西方美学史著作中，有的是注意吸收各种研究方式和方法之长的。如朱光潜先生的《西方美学史》，虽然主要采用以介绍、评述主要流派中主要代表人物美学思想的历史叙述方法，但也很注意对美学史上的主要问题、重要概念和范畴进行历史比较研究，特别是全书最后又设专章对美学史上四个关键性理论问题作了历史小结。但是，从多数西方美学史著作来看，主要还是停留在对美学家的传记和思想以及著作论点的评价上，这样也就难免把美学史变成不同时代美学家个人思想的总和及肤

---

① ［英］鲍桑葵：《美学史》，张今译，商务印书馆1985年版，第2页。

浅描述，很难体现历史的联系和研究的深度。看来，要在西方美学史学科建设上有所突破，必须在研究方法上有所创新和发展。

二

研究对象和范围问题是西方美学史学科建设中需要进一步考虑的另一个问题。对西方美学史研究对象的认识，和对美学学科研究对象的认识，应该基本上是一致的。但是，由于学者们历来对美学的性质和对象有不同看法，所以对西方美学史研究对象的看法也就有所分歧。其中分歧较明显的主要有两种看法。一种观点认为，美学史主要研究美的哲学问题。如鲍桑葵在《美学史》中明确指出："如果'美学'是指美的哲学的话，美学史自然也就是美的哲学的历史；它的内容也就不能不是历代哲学家为了解释或有条理地说明同美有关的事实而提出的一系列有系统的学说。"[1] 苏联学者舍斯塔科夫在《美学史纲》中也认为，应"在哲学美学的范围内考察美学史，对那些基本的哲学美学问题与概念给予极大的注意"[2]。另一种观点认为，美学史主要研究文艺理论。如朱光潜在《西方美学史》中说："西方美学思想一直在侧重文艺理论，根据文艺创作实践作出结论，又转过来指导创作实践。……也就是说，美学必然主要地成为文艺理论或'艺术哲学'。"[3] 笔者认为以上两种意见应该是可以结合和统一的。从西方美学思想发展的历史实际看，它既是美的哲学的历史，也是艺术哲学的历史。尽管西方美学家中有的侧重对美的哲学探讨，有的侧重对审美经验的分析，有的侧重对艺术本质的研究，但他们都是从不同方面对人与现实的审美关系进行哲学的解释和说明，这也就是西方从古至今都把美学看作一门哲学学科的主要原因。如果我们承认美学是以人与现实的审美关系为研究对象的哲学学科，那么，西方美学史的研究对象和内容自然也就是历代西方美学家为了解释和说明人与现实的审美关系（包括美、审美经验和艺术）而提出的一系列有系统的学说。

---

[1] [英] 鲍桑葵：《美学史》，张今译，商务印书馆1985年版，第5页。
[2] [苏] В. П. 舍斯塔科夫：《美学史纲》，樊莘森等译，上海译文出版社1986年版，第17页。
[3] 朱光潜：《西方美学史》上卷，人民文学出版社1979年版，第4页。

从我国已出版的多种西方美学史著作看,在研究对象和范围上主要有以下几个问题需要进一步弄清楚。

第一,美学史与哲学史的关系。在西方传统中,美学历来是哲学的一个附属部门,西方著名的美学家都是些哲学家,著名的美学著作也多是哲学著作。因此,要研究西方美学史就必须研究西方哲学史,这两者在研究对象和内容上会有一定联系和交叉。但是,西方美学史的研究对象和哲学史毕竟是不同的。对于西方哲学家、美学家的一般哲学思想,可以作为其美学思想的哲学基础和前提在美学史中加以介绍和研究,但如果孤立地论述其一般哲学思想,或者以其一般哲学论述代替对其美学思想的发掘和研究,那就游离于西方美学史的研究对象和内容了。现在有的西方美学史著作中,列为专章论述的古代哲学家,只有对其哲学和宗教思想的介绍,几乎没有论及其美学思想。还有列为专章的哲学家,在介绍其美学思想之前,先以大量篇幅介绍其一般哲学思想,几乎与哲学史内容无异,形成各自独立的两大块。这都涉及如何弄清美学史和哲学史在研究对象上区别问题,值得进一步研究。

第二,美学史与文艺理论批评史的关系。美学和文艺理论批评都以文艺为研究对象,在历史上,美学史历来是和文艺理论批评互相联系的。西方有些著名的美学家,首先是文艺理论批评家,有些著名美学著作也属于文艺理论批评著作。美学与文艺理论批评的确结下了不解之缘。在美学史中如何处理与文艺理论、文艺批评相关的内容,使之与文艺理论批评史相区别,确实是一个难题。这里重要的还是要弄清楚美学和一般文艺理论批评的界限。美学固然和文艺理论批评互相联系,但又不能等同。美学研究对象远比文艺理论批评广泛。单就以文艺为研究对象而言,两者也有不同的认识方式和角度。美学是以人与现实的审美关系为中心来考察和认识艺术问题的,主要是研究和揭示艺术作为人与现实审美关系最高形式的最一般规律;而文艺理论批评则可以从各个方面考察和认识艺术,主要是研究和揭示各门类艺术和艺术作品的具体原则和特殊问题。从历史形成看,美学是作为一门哲学学科而发展的,它对艺术的研究也运用了哲学知识体系中所制定的方式、方法和范畴;而文艺理论批评则是作为一门经验学科而发展的,它建立在分析和总结艺术的各种具体事实的基础上。尽管美学在研究方法上也有"自上而下"(思辨的)和"自下而上"(经验的)之别,但黑格尔把美学称为"艺术哲学",仍然强调了它作为哲学学科的性质。总之,美学和文艺理论批评(文艺学)虽有联系,但仍然是有区别的两门学科。因此,美学史和文艺理论批评史在研究对象和范围上应当是有差别的。

以两部在西方文化界影响很大的著作——吉尔伯特和库恩合著《美学史》与韦勒克著《近代文学批评史》为例,它们在史料选择、观点提炼、内容介绍以及评述角度上都有很大不同。《美学史》的作者在序言中开宗明义,说明该书所研究的是"各个不同时代的思想家所提出的艺术与美之概念的意蕴",是"隐匿在所有形形色色的哲学体系和流派的辩证发展过程中"的"对艺术与美之本质的认识"。[①] 而《近代文学批评史》的作者在前言中也明确指出,该书的研究对象主要是"迄今为止有关文学的原理和理论,文学的本质、创作、功能、影响,文学与人类其他活动的关系,文学的种类、手段、技巧,文学的起源和历史这些方面的思想"[②]。两部书的作者确实准确地把握住了美学史和文学理论批评史在研究对象和范围上的区别,因而写出了两部在学科和内容上特点都很鲜明的学说史。

朱光潜先生虽然认为"西方美学思想一直在侧重文艺理论",但他所说的文艺理论是指"艺术哲学",和一般的文艺理论批评还是有区别的。所以,他在所著《西方美学史》中并没有将西方历代有影响的文艺理论批评家及其著作都列为美学史研究对象和内容,而是依照美学的研究对象和范围,只选择了诸如贺拉斯、布瓦洛、狄德罗、文克尔曼、莱辛、别林斯基这类既是著名文艺理论批评家又是美学家的人物及其著作、思想,作为重点研究和论述的对象。现在,有的西方美学史著作将主要应作为文艺理论批评史研究对象的一些西方文学理论批评家及其著作,将一些纯属文学批评的理论、学说、观点、方法(如批评家要尊重所批评的作品、批评要全面等),甚至是对具体作家、作品的评论,乃至"出版自由"之类的主张,都作为美学史的研究对象和内容,设立专章予以介绍评述,这是否会使西方美学史的学科性质和研究对象泛化与模糊化,是一个值得注意和研

---

① [美] K.E. 吉尔伯特、[德] H. 库恩:《美学史》上卷,夏乾丰译,上海译文出版社1989年版,第2—5页。
② [美] 雷纳·韦勒克:《近代文学批评史》(1),杨岂深、杨自伍译,上海译文出版社1987年版,第1页

究的问题。

第三，美学史与审美意识史的关系问题。鲍桑葵在谈到美学史的研究对象和方法时，特别提到要把美学史研究和审美意识史研究结合起来。他认为，美学史作为"美的哲学的历史"，不能仅仅当成是对于思辨理论的阐述，而必须以对审美意识的理解和研究作为基础。正如他所说："哲学见解只是审美意识或美感的清晰而有条理的形式，而这种审美意识或美感本身，是深深扎根于各个时代的生活之中的。"① 在论述美学史和审美意识史的关系时，鲍桑葵又特别强调美学史和美的艺术史的关系。他说："美的艺术史是作为具体现象的实际的审美意识的历史。美学理论是对这一意识的哲学分析，而要对这一意识作哲学分析，一个重要条件就是要了解这一意识的历史。"② 这些见解是符合美学思想发展实际的，因而是很精当的。朱光潜先生在谈到西方美学史研究时，也非常强调美学理论与文艺实践的联系，提醒"决不能把美学思想和文艺创作实践割裂开来，而悬空地孤立地研究抽象的理论"③。如果我们不能全面、深入地考察和了解一定时代审美意识和文艺实践的情况，那么，就难以全面、深入地理解和阐明那一时代形成的美学命题、学说、概念、范畴等美学理论。从这个意义上说，美学史的研究内容不应仅仅限于历代美学家提出的美学理论，还应包括这些美学理论所由产生和形成的审美意识和文艺实践状况的研究，这大概也就是鲍桑葵提出要在他的《美学史》中"尽可能写出一部审美意识的历史来"④ 的重要原因。现在我们有的西方美学史著作都似乎较忽视美学理论与审美意识的联系，在评论某一时代美学理论和个别人物美学思想时，往往是就理论谈理论，而忽略了研究它们是如何从某一时代特定的审美意识中形成和发展的。对和一定时代美学理论形成相关的审美趣味、审美风尚、文艺思潮、文艺创作等，很少结合起来加以研究，这样是难以对美学理论做出透彻的分析和理解的。当然也有另外一种情况，就是忽视了审美意识与美学理论的区别，把纯粹属于文学史、艺术史的研究内容列入美学史的研究范围。如在西方美学史著作中对某一作家的代表作品从题材

---

① ［英］鲍桑葵：《美学史》，张今译，商务印书馆1985年版，第2页。
② ［英］鲍桑葵：《美学史》，张今译，商务印书馆1985年版，第6页。
③ 朱光潜：《西方美学史》上卷，人民文学出版社1979年版，第5页。
④ ［英］鲍桑葵：《美学史》，张今译，商务印书馆1985年版，第227—228页。

情节、人物思绪到意象、结构等进行具体介绍分析,以说明作家是如何创造崇高风格的,又进一步认为作品崇高风格的创造也就代表了作家关于创造崇高风格的理论主张。这显然是混淆了美学理论和创作实践的界限,其所论也越出了美学史的研究对象和范围。

三

我国西方美学史的学科建设,大致经过了由搜集、翻译、整理美学历史文献资料到对历史文献资料进行分析、归纳、研究的过程。这两个方面都是西方美学史研究的基本功。近20年来,在搜集和翻译西方美学文献资料方面有了较大进展,从古希腊到现代,一些西方美学的名著、名篇基本上被陆续翻译过来。与此同时,对美学文献资料的分析、归纳、理解、研究却没有跟上来,具有真知灼见的创造性研究尤其少。许多西方美学史研究成果,在资料上较多是抄来抄去,在观点上往往是人云亦云。缺乏具有创造性、新颖性和深刻性的见解,是一些西方美学史著作的通病。因此,从提高西方美学史的学术研究水平和学科建设水平上看,如何在研究成果中做到史料与思想互相结合,历史与理论互相发现,在历史的叙述与比较中体现出研究者的理性思考和真知灼见,也是一个需要探讨和注意的重要问题。

任何史学研究都不能仅仅限于对史料和历史过程的介绍和叙述,它必须体现出研究者对史料和历史过程的认识和理解,必须对史料和历史过程给予说明和解释,美学史研究也不能例外。因此,真正的西方美学史研究成果,必须有建立在历史和史料基础上的思想、见解、观点、理论。当然,我们所谈的思想、理论,不是像克罗齐在《美学的历史》中所做的那样,把自己的思想、理论强加于历史和史料,用历史和史料来证明作者提出的某种美学理论和学说。而是"倾听历史的声音"[1],坚持历史主义观点,对西方美学发展的历史过程,对各个时代、各个阶段、各个流派、各个代表人物的美学思想,对不同时代美学家所提出的美学命题、学说、概念、范畴等,进行历史的具体的分析,找出它们之间固有的、内在的历史

---

[1] [美] K. E. 吉尔伯特、[德] H. 库恩:《美学史》上卷,夏乾丰译,上海译文出版社1989年版,第3页。

联系和逻辑联系，形成对于西方美学思想发展的内部规律性的深刻认识和理解。这个工作做得越深入，研究成果才越有价值。在一部真正称得上是有创见和学术价值的美学史研究著作中，历史和理论、史料和思想既是互相结合的，又是互相发现的。理论、思想、见解既然是从历史过程和材料中经过分析、比较、反思、研究而获得的一种科学认识，它们也就不仅能得到历史事实和文献材料的印证，而且也为深刻理解历史过程、思想资料的内在联系、本质特点、价值意义等，提供了新的钥匙。例如，鲍桑葵在《美学史》中对近代美学哲学的问题，从准备到形成，做出了令人信服的分析，指出了近代美学思想中两种倾向、两个潮流从互相区别到走向融合的发展规律。他认为："在笛卡尔、斯宾诺莎、莱布尼茨、沃尔夫、鲍姆加登的著作中，我们可以找到一种抽象的理性主义和唯智主义的连绵不断的思想脉络，而在培根、洛克、舍夫茨别利、贝克莱、休谟、卢梭的著作中，我们可以看到一种同样抽象的经验论的倾向或感觉论的倾向。这两个潮流在康德身上会合起来了，而且，正是由于这两个潮流在他的学说中汇集起来，这个问题才摆在后来的整个近代思想界面前，说得更具体更明白一些，又由于这个问题的特殊条件的缘故，这个问题才摆在近代美学思想界面前。'怎样才可以把感官世界和理想世界调和起来？'——这就是总的问题。'愉快的感觉怎样才可以分享理性的性质？'——这是按特殊美学方式指出的同一问题。"[①] 显然，这一独特而深刻的见解使我们对近代美学哲学的问题的形成、对近代美学思想发展的基本脉络，有了一个明晰而深入的认识，因而也特别富于创造性和学术价值。这一见解后来为许多美学史研究著作所吸收并予以再发挥，成为分析和理解近代西方美学发展过程的基本思想线索。

作为我国西方美学史学科建设的开创性和标志性著作，朱光潜先生的《西方美学史》在历史与理论、史料与思想的结合和统一上，是作了巨大努力并取得显著成就的，其中有许多好的经验值得总结并借鉴。首先，作者对全书内容安排和史料的选择上，便已体现出对西方美学历史发展线索的深入思考和理解。为充分展示和突出历史发展的基本线索，作者选取了

[①] ［英］鲍桑葵：《美学史》，张今译，商务印书馆1985年版，第227—228页。

历史发展中"代表性较大，影响较深远，公认为经典性权威"[①] 的主要流派中主要代表人物重点加以介绍和论述，从而使西方美学思想发展链条中的一些关键环节能够得到充分显示，对认识西方美学历史发展线索起到画龙点睛的作用。同时，作者对史料的选择还考虑到它的"积极意义"和"足资借鉴"的作用，这就更体现了作者对史料价值的眼光和见识。

其次，作者对历史上一些主要流派中主要代表人物美学思想的论述，不是只限于介绍或复述他们的著作中的论点，也不是面面俱到，将美学家著述中的观点不加选择地加以罗列，而是围绕各个时代所提出的重要美学问题，以及西方美学思想发展中几个关键性理论问题，就各个时代、各个流派中代表人物关于这些问题的论述，进行重点分析和评价，指出其各自得失与不同贡献，这就使历史与理论、史料与思想自然结合起来了。

最后，作者对主要代表人物的美学思想进行分析和评价时，不是就事论事，孤立地看待和评论其各种论点，而是将其放在历史的联系中，从主要代表人物美学思想与时代状况的关系、与哲学思想和文艺实践的关系、与本流派其他代表人物以及其他流派美学观点之间的关系、与前后不同时代相关美学论点的关系等各个角度，力求全面地、历史地、辩证地分析其美学思想形成的社会历史条件，揭示其美学思想的来龙去脉，评论其美学思想的历史贡献和局限。例如书中对于康德美学思想的分析，就是从近代西方哲学和美学思想发展的总体趋势与所提基本问题着眼，着重论述康德处于近代西方哲学和美学发展的关键性的转折点，是如何试图调和理性主义和经验主义两大哲学和美学思潮与流派的矛盾和对立的。作者指明了康德在美学领域企图把经验主义派的快感和理性主义派的"合目的性"结合起来的基本立场，深刻分析了他在"审美判断力的分析"中所出现的一系列矛盾或二律背反现象，以及他在美与崇高、纯粹美与依存美、自然美与艺术美、审美趣味与天才等对立面问题分析中所表现出的矛盾，阐明了他对一系列美学问题"处处看到对立，企图达到统一，却没有达到真正的统一，只做到了调和与嵌合"[②] 的基本特点。对于康德美学思想的矛盾性、复杂性、深刻性和富于启发性，对于康德美学思想内在矛盾形成的社会历

[①] 朱光潜：《西方美学史》上卷，人民文学出版社1979年版，第3页。
[②] 朱光潜：《西方美学史》下卷，人民文学出版社1979年版，第40页。

史、思想文化以及哲学方法论上的原因，对于它对西方美学发展的重大推动作用和不可避免的历史局限，作者都从历史的联系和发展中作了理性反思和深入剖析，因而使对康德美学思想的研究达到了一个新水平。反观现在有的西方美学史著作，在历史与理论、史料与思想的结合和统一上却表现出一些明显的不足。在有的著作中，我们只能读到按时期、按国别、按流派对于一些美学家著作论点的介绍和内容的复述，却很少看到对这些美学家思想、论点的深刻分析和独到见解。少量的分析评论，要么蜻蜓点水，浅尝辄止；要么只见树木不见森林，就事论事。作者几乎完全忽视了在不同时期、不同国家、不同美学流派以及同一美学流派的各个美学家的思想之间，是具有客观的、内在的历史联系的，他们的美学思想和论点往往被描述成各不相关的孤立的现象。这样的著作显然是过于着眼于史料和文献的收集、整理、归纳、介绍，而忽视了对于史料和文献的分析、理解、思索、研究，因而缺乏深刻思想和创造性见解。当然，在某些著作中，也存在另一方面的情况，就是对于西方美学思想发展的一些重大问题的认识和见解，不是充分建立在对历史事实和文献资料进行全面的、实事求是的分析的基础上，而是以偏概全、主观臆断，似乎有将某种思想、观点强加予史料以削足适履之嫌。以上两种情况表现不同，根源是一样的，就是缺乏对于美学史文献资料深入钻研的态度和精神。所以，要在西方美学史研究中达到历史与理论、史料与思想的结合和统一，就必须重新端正我们的研究态度和学风，真正从客观存在的历史实际出发，详细地占有材料，加以科学的分析和综合的研究，从其中引出其固有的而不是臆造的规律性，即找出历史发展过程以及各种发展形式的内在联系，这也是提高西方美学史研究和学科建设水平的必由之路。

（原载于《哲学研究》2000年第8期）

西方美学史研究重在批判创新

改革开放和现代化建设新时期以来，中国学者对于西方美学史的研究取得了重要进展，西方美学史学科建设也迈出了新的步伐。除了一大批西方美学史研究的专题论文和多本断代美学史著作陆续发表和出版外，数部全面论述和研究西方美学史的著作也先后出版。其中，20 世纪 90 年代出版的《西方美学通史》七卷本（蒋孔阳、朱立元主编）和 21 世纪出版的《西方美学史》四卷本（汝信主编），在研究规模、内容和水平上，都明显超越了以往的研究成果，得到学术界的高度重视和评价。这是我国的西方美学史研究提高学术水平，进入学术创新阶段的重要标志。

综观新时期以来我国的西方美学史研究著作，在学术创新方面已经取得了令人欣喜的收获。首先，扩展了研究的范围和内容。20 世纪 60 年代出版的朱光潜著《西方美学史》（上、下卷），是由中国学者编著的第一部西方美学史，在学术界产生了很大影响。但该书涵盖的内容是从古希腊至 20 世纪初。而 20 世纪 90 年代末以来出版的两部大规模的西方美学史，则将研究范围和内容扩展至 20 世纪末，均以"后现代美学"作结。与此同时，两部美学史都将"西方"看作一个"文化时空"，并对哲学美学、文艺美学、文化美学等各种美学思想采取包容性态度，因而所论的美学思潮、学派、人物、著作、观点、学说等内容也都大大超过了以往的美学史著作。其次，提出了新的研究框架和观点。尽管在大的历史分期和阶段划分上，新的美学史著作基本上沿袭了过去的做法，但对各阶段发展线索的认识和内容的设置及安排，却和以往有较大区别；对一些重要问题和重要思想的论述和评价，则新意迭出，富于创见，不少是对以往看法的突破和创新。如四卷本的《西方美学史》突破了将中世纪美学局限于罗马基督教文化的传统看法，按照中世纪文化是罗马教会与东方拜占庭各为互动之一极的双轴互动论，除了注重研究和阐述教父哲学和经院哲学中的美学思想外，还研究和论述了拜占庭文化和艺术中的美学思想；同时，也突破了认为基督文化导致中世纪美学处于停滞状态的传统观点，认为基督教中的神秘主义激发了审美的形上追求，有助于将审美的目标引向对终极存在的思考，宗教生活与审美心态作为人类对世界的精神—实践的掌握方式，具有某种亲缘性，这都使美学在中世纪基督教文化中获得了新的发展机遇。此外，在对近代经验主义与理性主义美学，德国古典美学，19世纪英、法、德美学等研究方面，也都提出了许多新见解。最后，丰富了文献资料。两本规模较大的美学史都直接从英文、德文或拉丁文翻译了第一手资料，许多都是过去中文著作中所没有的，这就使研究建立在了更为坚实的基础之上。同时，对文献资料的解读也颇多新见。

由中国学者研究和撰写的西方美学史，自然带有中国文化背景和思维特点的印记，但这丝毫不影响对于西方美学从现象到本质、从发展到规律的科学认识和准确把握。所以，中国学者的创新成果是可以与西方学者共享和交流的。对比中、西学者撰写的美学史，可以看到两者各有特点、各有优长。我们绝对不应满足于介绍和吸纳，而应以中国学者独特的思维和眼光，着重于批判和创新。为了继续推进西方美学史研究的学术创新，一方面要认真总结自己的成功经验；另一方面要追踪国外本学科研究的新趋势，不断在学科体系建设、学术观点创新、研究方法创新等方面进行新的探索。为了实现这一目标，以下几面可以作为进一步探索的内容。

第一，关于美学史研究的历史性和思想性的统一。自1858年世界上第一部美学史——齐默尔曼的《作为哲学科学的美学史》问世以来，国内外对西方美学史的研究方式和方法已经过多次变革，做过多种探索。如果从研究范式上看，主要有两种，一种是历史性的研究范式；另一种是思想性的研究范式。前者通常是把西方美学史进行史学意义上的断代划分，然后按学派、人物、思想观点等进行历史性的描述，力求达到对西方美学史的客观介绍和客观把握；后者则强调用问题史和思想史的观点研究西方美学史，力求将西方美学史所体现的思想的丰富性、历史的规律性和逻辑的内在性揭示出来，用其特有的思想轨迹来规约其发展脉络，以把握西方美学史固有的思想逻辑和丰富的思想内涵。从现有的几部有较大影响的西方美学史著作来看，笔者认为比较理想的方式是分析比较两种研究范式的优长而加以融合，形成一种两者兼容并及的综合化的研究范式，使描述西方美学史的客观历史进程与揭示其固有的思想逻辑和丰富的思想内涵能够有机结合起来。因此，应十分注重历史发展过程中世代美学思想的"前后联系"，即影响和接受的研究。对于西方美学历史发展演变中形成的主要理论、学说、范畴、概念，都力求厘清其继承、接受与批判、扬弃的关系，把握其丰富的思想内涵和固有的思想逻辑，从而深入揭示历代美学思想的内在联系和发展轨迹，阐明美学思想史是如何在继承中不断发展，在接受中不断创新的。这相对于那些只将历代美学家的思想按时间顺序排列，而不注重其思想逻辑和发展的整体性的美学史而言，在研究范式上是一个突破。

第二，关于对不同阶段美学发展的特点和规律性的把握。西方美学史发展经历了几个不同的时期或不同的阶段，出现了几次重大转折和转型。产生于不同时期、不同阶段的西方美学，不仅其形成的社会历史和文化背景有极大差异，而且作为其形成基础的哲学思想、审美意识和文艺实践等也发生了重大变化。受其影响，不同时期、不同阶段西方美学形成了不同范式，发生了重要变异。由于西方美学的发展经过几次巨大范式转型而形成明显的阶段性，各时期、各阶段美学研究的思维模式、研究对象、研究重点、研究方法乃至话语方式都有明显的区别，从而形成明显的阶段性特点。我们既要看到各个时期和阶段之间美学思想发展的继承性和连续性，更要看到各个时期和阶段美学思想的创新性和独特性。如何运用历史的辩证的方法，深入研究和阐明各个不同时期或阶段美学发展的特点以及它们之间的演变规律，是西方美学史研究中需要重点探讨的问题。我们有的美学史著作往往比较注意寻找和概括全部西方美学史的统一性和一致性，甚至把西方美学史发展过程中某个时期或某个阶段产生的美学思潮的对立加以泛化，作为贯穿全部西方美学史的基本对立线索，这不仅容易以偏概全，也不利于对不同阶段美学发展特点的认识。马克思主义的历史研究方法最重要的原则是"具体情况具体分析"。对于一些历史上大的复杂的长期发展的矛盾和问题，用分段研究的方法处理，可以了解不同历史阶段事物发展的特点，考察事物前后有什么联系和区别，看清事物的发展变化和来龙去脉，这才符合"具体情况具体分析"原则和辩证分析方法的要求。相较而言，一些由西方学者撰写的美学史，反而更注意不同阶段区别和特点的研究。如鲍桑葵著《美学史》对近代美学同古代美学的区别、发展走向、思想线索、两种倾向的对立和各自特点的论述，从历史和理论相结合的高度，概括出这一阶段美学发展的独特规律，给人以极为深刻的印象和启发，至今仍然值得我们加以借鉴。

第三，关于美学历史文本的阐释。美学的历史文本是美学史研究的基本依据，对美学历史文本的解读和阐释是美学史研究的基础工作。尽管具有直接阅读原著文字的能力，为翻译第一手文献资料，更为准确地理解文本提供了有利条件，但对文本的理解并不仅仅是对封闭的原意的恢复。正如哲学解释学所指出，对文本的理解是文本作者的历史"初始视界"和理解者的时代"现今视界"的相互融合，这种视界融合所形成的对文本理解的新的视界，给了我们新的经验和新的理解的可能性，这对于学术创新无疑具有重要意义。对于今天的研究者来说，如何在充分了解历史语境、充分领会文本作者原意的基础上，又注意从时代的新高度，在当代新观念和研究水平上认识和评价文本，力求在新的视野中提出新的见解，形成互相统一的真知灼见，是学术观点创新的必然要求，也是一个难点。正如伽达默尔所指出，文本的意义的可能性是无限的，视界是一个不断形成的过程，这就为文本阐释的创新开辟了无限的空间。因此，对于历代美学家的重要文本中所提出的命题、理论、学说、范畴、概念等的理解和释义，是一个不断发现的过程，不可能一蹴而就。这就需要我们不断以新的眼光重新对文本加以分析、考辨和审视，提出具有新意的阐释，或对已有的某些不确切解释进行调整和修正，从而推进对于美学文本意义的理解和研究。

第四，关于美学史与思想史、文化史的关系问题。任何美学思想都是在一定的文化语境中形成和发展的。美学史就是思想史、文化史的一个组成部分。如何把握好美学史与思想史、文化史的交织关系，使美学史在文化史高度的背景中得到全面深入的理解，也是提高美学史研究水平需要努力的一个问题。这里有内、外两个层次的问题。从内部层次上看，要注意美学史与审美意识史的关系。任何美学理论都是对一定审美意识的哲学分析和理论概括，要深入理解美学理论的历史，就必须了解作为其形成基础的审美意识的历史。我们要全面认识和把握一定时代美学思想，固然主要应该研究由美学家所提出的明确的美学理论和学说，但也不能完全忽视在审美意识中暗含的审美理想和审美观念，只有将表现为理论形态的显在的美学思想和暗含在审美意识中的潜在的美学思想结合起来，才能全面地展现一定时代美学思想的完整性和丰富性。从外部层次上看，要注意美学史与哲学史、伦理学史、宗教史乃至社会思想史的关系。实际上，西方美学史上的多数美学家，他们的美学思想都是同哲学思想、伦理思想或宗教思想交织在一起的，甚至就是后者的组成部分，因此离开了后者，就无法真正读懂其美学思想。现在的美学史著作对此已有足够的重视，但在研究和论述中却没有完全使二者有机地结合起来，相互之间仍有游离之感。因此，如何将美学思想史放入社会意识史和社会思想史的界面上，注意阐明美学思想与其同时代的或异时代的哲学思想、科学思想、宗教思想、伦理思想、语言学思想、人类学思想和心理学思想等的相互融合和相互促进关系，从而使美学思想发展的客观规律性得到更加全面的揭示，仍然有待于进一步探索。

（原载于《中国社会科学报》2012年2月13日）

范式与转型：西方美学史发展的阶段特征和动态分析

一

西方美学从古希腊时代开始，以有历史记载依据来说，大约发源于公元前6世纪。延绵至今，已有约2600年的历史。对于漫长的西方美学史，如何厘清其演变过程，特别是发展脉络或发展线索，是西方美学史研究中需要认真探讨的一个问题。对此，一些国内西方美学史著作和研究者相继提出不同看法。较早有的学者提出可用两条对立的线索来"统"整个西方美学史，即认为西方美学发展始终贯穿两条互相对立的主导线索："一方面是唯心主义与唯物主义的对立线索；另一方面是浪漫主义与现实主义的对立线索。"[1] 近来又有研究者认为这种看法"不十分切合西方美学发展的实际"，而另提出西方美学史发展的"两条主线"的看法，即认为全部西方美学的历史发展始终贯穿着"两条基本发展线索，这就是理性主义和经验主义两条主线"[2]。以上各种看法虽然表面不同，但思维方式则一样，就是试图对西方美学发展过程和线索做一种静态的分析和概括，将全部西方美学思想发展纳入某种持续不变、一以贯之的对立线索之中。这样做从研究者主观意图上看也许是不错的，但从西方美学史的实际情况来看，则不仅前一种概括有"过于简单化"的问题，后一种看法也存在同样的弊病。

首先，这两种看法都把美学发展史和哲学发展史几乎完全相等同，试图以对西方哲学史发展主线的某种理解来概括西方美学史的发展主线。其

---

[1] 朱光潜：《西方美学史》上卷，人民文学出版社1963年版，第6—7页。
[2] 蒋孔阳、朱立元主编：《西方美学通史》第一卷，上海文艺出版社1999年版，第38页。

实，美学发展史和哲学发展史固然紧紧相关联，却不是完全等同的。在西方美学形成和发展中，美学一直是作为哲学的一个方面和一个部门，因而在分析和把握西方美学史发展过程和线索时，如果不结合西方哲学史，就不可能得到正确理解和科学结论。但是，美学的研究对象和它包含的基本问题毕竟和哲学是有很大区别的，我们不能将美和美感的问题简单地等同于思维和存在的关系问题。美学思想的形成和发展除了主要受到哲学的影响外，还要受到特定时代和社会审美实践及审美意识，特别是文艺发展的影响，这就使其发展过程、发展脉络除了和哲学思想的发展具有共同性外，还必然具有其特殊性，这是绝对不应忽视的。如果以思维和存在关系为基本问题，将西方美学史"统"进"唯心主义与唯物主义的对立线索"之中，那就完全忽视了美学史本身的特殊性和复杂性。

其次，这两种看法都是把西方美学史发展过程中某个时期或某个阶段产生的美学思潮的对立加以泛化，作为贯穿全部西方美学史的基本对立线索，因而都有以偏概全、以部分代全体的问题。西方美学史发展经历了几个不同的时期或不同的阶段，出现了几次重大转折和转型。产生于不同时期、不同阶段的西方美学，不仅其形成的社会历史和文化背景有极大差异，而且作为其形成基础的哲学思想、审美意识和文艺实践等也发生了重大变化。受其影响，不同时期、不同阶段西方美学产生了新的范式，发生了重要变异，形成不同特点。由于西方美学思想的发展呈现出重大转折和明显的阶段性，加之贯穿于整个美学史的各种美学思想的丰富性、复杂性和多样性，因而不能将主要形成于某一时期或某一阶段的美学思潮的对立片面笼统地说成贯穿全部西方美学史的发展线索。否则，难免有牵强附会、削足适履之嫌。如用"浪漫主义与现实主义的对立线索"来笼括西方美学史发展，显然是将产生于特定时期、表现于某一方面的两种美学原则和创作方法的对立硬套在整个美学史上，当然不符合美学史的全部内容和发展实际。至于将整个西方美学史的发展线索简化为"理性主义和经验主义两条主线"，也非常勉强。实际上，理性主义和经验主义作为两种对立的哲学思潮和美学思潮，是在西方近代哲学和近代美学中才突显出来的。在此之前的西方美学很难简单地归结为理性主义和经验主义两条对立主线的发展，而在此之后的西方现代美学（特别是20世纪的西方美学），与近代美学相比已产生巨大变化和新的转向，再用理性主义和经验主义两条主线来加以概括就更不合适。

我们认为,对西方美学史发展脉络或线索的研究和概括必须从历史实际出发,充分注意到西方美学发展的复杂过程和复杂现象,注意到西方美学发展的重大转折和阶段性,注意到西方美学史的全部美学思想的丰富性和多元性,而不应脱离历史实际,将西方美学发展的复杂过程和复杂现象作一种人为式的剪裁和简单化的理解。马克思主义的历史研究方法最重要的原则是"具体情况具体分析"。对于一些历史上大的复杂的长期发展的矛盾和问题,用分段研究的方法处理,可以了解不同历史阶段事物发展的特点,考察事物前后有什么联系和区别,看清事物的发展变化和来龙去脉,这才符合"具体情况具体分析"原则和辩证分析方法的要求。由于西方美学的发展经过几次巨大的范式转型而形成明显的阶段性,各时期、各阶段美学研究的哲学基础、思维模式、研究对象、研究重点、研究方法乃至话语方式都有明显的区别,从而形成明显的阶段性特点。我们既要看到各个时期和阶段之间美学思想发展的继承性与连续性,更要看到各个时期和阶段美学思想的创新性与独特性。只有运用历史的辩证的方法,变静态分析为动态分析,深入研究和阐明各个不同时期和阶段美学发展的特点以及它们之间的内在联系,弄清西方美学思想的发展变化和来龙去脉,才能真正掌握西方美学史的发展脉络。这就需要按照西方美学的演变过程和根本性转折,对西方美学历史发展各个时期和阶段的思想变化、范式转型、基本特点和前后联系等进行具体分析,并由此对西方美学发展的基本脉络做出动态的分析和概括。

二

古希腊美学是西方美学史的滥觞,它发源于公元前 6 世纪,极盛于公元前 5 世纪到公元 4 世纪,中间经过"希腊化时期",而后由罗马美学继承和发展,直至公元 5 世纪。这大约一千多年正是西方古代奴隶制社会从形成到瓦解的时期。在奴隶制得到充分而高度发展的基础上,产生了较为发达的希腊罗马哲学和希腊罗马文艺,它们为西方古代美学的形成和发展准备了良好的条件。古希腊罗马美学是建立在西方古代哲学基础之上的,而西方古代哲学所研究的主要问题集中在本体论问题上。所谓本体论,是指关于世界本原或本质的哲学理论，即亚里士多德所说的研究"作为存在的存在"的学问。① 因此，世界的本原或者说万物的本体问题是古代哲学研究的中心问题。这势必影响到西方古代美学的研究对象和内容。古希腊罗马美学思想主要集中在从哲学本体论上来理解人类审美活动和文艺实践。从希腊古典早期的美学思想到希腊古典盛期的美学思想，再到"希腊化"和古罗马时期的美学思想，其具体内容虽然有变化，但研究得最为集中的问题还是美的本体问题和艺术的本体问题。希腊古典早期的美学以毕达哥拉斯学派、赫拉克利特、德谟克利特与智者派、苏格拉底为代表，如同他们的哲学一样，他们的美学思想都带有朴素性和直观性。但前者是从自然的角度探寻美的本体，强调美在形式的和谐；而后者则从人的角度探寻美的本体，强调美与善和功用的一致，从而形成最早的两种不同的美学倾向。希腊古典盛期的美学产生了柏拉图和亚里士多德两个最杰出的代表人物。他们围绕美的本质和艺术的本质这两大问题，建构了对立的两大美学思想体系。柏拉图是理念论哲学的创立者。理念论将超感性的理念作为世界本源，认为理念是客观独立存在的唯一真实的世界。柏拉图从理念论出发，在超感性的理念世界中去寻求美和艺术的本源和本质；认为美即理念，艺术是理念世界的"影子的影子"。亚里士多德批判了柏拉图的理念论，肯定了现实世界是真实的世界，并且从现实存在出发，用现实主义的观点，在客观的现实世界中去寻求美和艺术的本源和本质；认为艺术是对客观自然和生活的模仿，美在模仿的内容与形式。由此亚里士多德对艺术的真实性和社会作用问题也与柏拉图持相反观点。柏拉图否定文艺的真实性及其审美教育作用，亚里士多德则肯定文艺的真实性及其审美教育作用。这种美学观上理念论和现实论的对立逐渐形成为两条不同的美学思想路线，不但贯穿于古希腊罗马美学，也深刻影响着两千多年来西方美学的发展。希腊化和罗马时期美学的代表人物贺拉斯和朗吉努斯在艺术与现实关系问题上主要是受到亚里士多德现实论美学思想的影响，而普罗提诺创立的新柏拉图主义美学则是直接继承和发展了柏拉图理念论的美学思想，并为美学转向神学开辟了道路。

　　从公元5世纪末西罗马帝国灭亡（公元476年）到14世纪，西方美学发展进入中世纪时期。这是西欧封建社会形成、发展和繁荣的时期，其

---

① 叶秀山、王树人总主编：《西方哲学史》第二卷（下），凤凰出版社2005年版，第749页。

重要特点之一就是基督教成为强大的政治经济势力,并且完全统治着思想文化领域。恩格斯指出,中世纪"把古代文明、古代哲学、政治和法学一扫而光","接受的唯一事物就是基督教"。[①] 基督教在中世纪居于统治地位,政治、法律、哲学、文学都不过是从属于神学的分支。在哲学中,占统治地位的就是为基督教服务的经院哲学,它是在古代基督教"教父学"的基础上形成和发展起来的,以论证基督教教义为目的,是一种神学本体论。在基督教和经院哲学的影响下,中世纪的美学也被纳入神学。从神学出发研究美学问题,用美学来附会基督教教义,是中世纪美学的基本特点。这是一种神学美学,其价值取向和形态特征都是以基督教神学为依据的。所以,中世纪美学的对象不是研究现实世界中的美,也不是研究艺术(一般说来基督教是敌视艺术的),而是论证上帝的美。以美的概念为中心,论证"美在上帝",美是上帝的本性;上帝是美的本源和本体,天上、人间一切事物的美都是分享了上帝的美,这就是中世纪美学的基本命题。当然,中世纪美学家也论到美的其他特征,也对艺术有一些思考,但都是围绕这一基本命题展开的。从发展过程来说,神学美学在早期是教父美学,其代表人物是奥古斯丁;在晚期是经院美学,其代表人物是托马斯·阿奎那。教父美学与经院美学分别以教父哲学与经院哲学为基础。由于教父哲学是经院哲学形成的理论前提,而经院哲学是在教父哲学的基础上建立起来的,两者所研究的对象同样都是超验的世界、上帝的世界,所以,教父美学和经院美学在基本倾向上是一致的,但两者所借用的思想资料也有所不同。奥古斯丁的美学思想主要是受到柏拉图的学说和新柏拉图主义的影响,而托马斯·阿奎那的美学思想则主要是受亚里士多德学说影响。有的美学史认为托马斯·阿奎那与奥古斯丁的关系正如亚里士多德与柏拉图的关系,这从思想来源上说是有道理的。由此可见,中世纪美学仍然是沿着柏拉图和亚里士多德这两条思想主线发展的。

三

从14世纪下半叶到16世纪末叶,是欧洲历史由封建社会向资本主义

[①] 《马克思恩格斯文集》第2卷,人民出版社2009年版,第235页。

社会转化的时期。在这一时期，欧洲封建社会日益瓦解，资本主义生产关系逐步形成。与此相伴随的是人文主义思想与文化在欧洲各国的兴起和发展，这是反映正在形成中的资产阶级要求的思想文化运动，历史上称为"文艺复兴运动"。文艺复兴时期美学作为新兴的人文主义文化的组成部分，具有鲜明的反封建、反神学倾向，因此成为西方近代美学的先声。在文艺复兴时期美学发展中，唯物主义哲学、自然科学和文艺实践起到了重要推动作用。工商业的发展促进了自然科学发展，而自然科学发展又促进了唯物主义哲学的发展，它们给人文主义者带来理性和经验两大思想武器，这两者是统一的，并未如17世纪理性主义和经验主义的两派对立，这就使文艺复兴时期美学建立在经验与理性相统一的坚实基础上。在摆脱了中世纪神学美学的桎梏之后，文艺复兴时期美学恢复和发展了古希腊美学中以现实世界为对象的传统，其突出特点就是重视现实生活，崇尚自然美和人的美；同时强调文艺反映现实生活，强调艺术美的创造。在文艺复兴时期美学的代表人物如薄伽丘、阿尔贝蒂、达·芬奇、锡德尼等的美学思想中，主要问题就是文艺对现实的关系问题。他们不但是以文艺为主要对象，而且也主要是通过总结文艺实践经验提出文艺理论。由于受自然科学和美在形式观点的影响，他们也都十分重视艺术技艺的探讨。这就使文艺复兴时期美学侧重在文艺美学，较缺乏深刻的哲学思考，也没有形成严密的美学体系。但是它提供的新内容和代表的新方向，却促成了西方美学史从古代美学向近代美学的转变。

  17、18世纪是资本主义制度在西欧取代封建主义制度并最终确立的时期。文艺复兴以来萌发的近代美学，在这一时期得到了系统而深入的发展。无论从产生的一大批重要的美学家和重要的美学论著来看，还是从提出的一系列重要的美学观点、原理、命题、范畴来看，这一时期都无可否认的是西方近代美学也是整个西方美学发展的一个重要阶段。正是在这一阶段，美学在西方成为哲学中一门独立的学科。这一时期美学的发展和哲学的发展关系非常密切。由于在实验自然科学基础上对认识论和方法论问题的深入而具体的研究，这一时期哲学思想的发展中，认识论占有显著和重要的地位。欧洲近代哲学研究的重点从本体论转向认识论，这不仅使西方哲学发展产生重要转折，而且也使西方美学赖以建立的哲学基础产生重要变化。如果说美学以前主要是本体论，现在则主要是认识论，即认识论学说的一部分。围绕认识论，西方近代哲学形成了经验主义和理性主义两派的对立。经验主义片面推崇感觉经验,贬低理性思考的作用;理性主义片面夸大理性思维的作用,否认感觉经验的可靠性。这两大哲学倾向和派别的对立直接影响到美学发展。在笛卡尔、斯宾诺莎、布瓦洛、莱布尼兹、沃尔夫、鲍姆加登等的美学思想中,我们可以找到理性主义的连绵不断的思想脉络,其基本特点是从先验的理性观念出发,强调美的理性基础,认为美在于完善,艺术要符合理性原则,较为忽视想象和情感的作用;而在培根、霍布斯、洛克、舍夫茨别利、艾迪生、哈奇生、休谟、伯克、卢梭等的美学思想中,我们可以看到经验主义的持续发展的思想倾向,其基本特点是从感性经验出发,强调美的感性特点,认为美即愉快,审美和艺术主要是感官、想象和情感活动,较为忽视理性的作用。从法国古典主义美学到英国经验主义美学,从法国启蒙运动美学到德国启蒙运动美学,无不受到理性主义和经验主义两种对立的思潮和倾向的影响。伴随着哲学研究重点从本体论转向认识论,美学研究的重点也由对客体的美的本质的探讨转向对主体的审美意识、审美经验的研究。这在经验主义美学思潮中表现尤为突出。"审美趣味"或"鉴赏力"成为18世纪美学的一个核心概念,以至于有的美学史家将它称为"趣味的世纪"①。围绕审美趣味或美感问题,理性派和经验派在研究的观点和方法上也表现出很大区别。理性派认为美学是低级认识论,主要是在认识论的框架内,指出美感作为感性认识的特点;经验派认为美学属情感研究领域,不同于认识论,着重用心理学和生理学的观点和方法,强调美感中想象、情感和本能的作用。经验派和理性派从不同角度、不同方面对审美经验或美感问题的研究,涉及美感的起源、本质、特点以及主客观条件等基本问题,无论从内容的丰富性和研究的深刻性来看都超过以往任何时期。与此相联系,对文艺创作过程和特点的研究也进一步深入,涉及想象、情感、观念联想和形象思维等特殊心理活动。关于美、崇高、悲剧等基本美学范畴,经过17、18世纪美学家的重新研究和阐释获得了新的内涵。法国、德国启蒙运动美学的代表人物狄德罗、莱辛等结合时代要求和艺术实践的发展,创立了崭新的现实主义美学原则和文艺理论体系,使文艺反映社会生活和发挥社会作用问题成为美学的重要问题。总之,17、18世纪的近代美学继承和发展了古希

---

① [美]乔治·迪基:《趣味的世纪,18世纪趣味的哲学漫游》,牛津大学出版社1996年版。

腊罗马美学与文艺复兴时期美学传统，同时结合时代要求，提出和回答了一系列新的美学问题，将西方美学发展大大向前推进了一步。由于17、18世纪形成的经验主义和理性主义两种美学思潮与倾向的分歧和对立，美学中内容与形式、理性与感性、主体与客体这一系列对立面的矛盾十分尖锐地暴露出来，而寻求这些对立面的辩证统一也就成为近代美学进一步发展的必然要求和面临的主要课题，因此，将两大潮流汇合起来，将上述对立面调和统一起来，便是后继的德国古典美学要做的主要工作。

德国古典美学形成于18世纪末到19世纪初，它不仅以德国古典哲学作为理论基础，而且本身就是德国古典哲学的一个重要组成部分。德国古典哲学和美学的创始人是康德，康德哲学正如黑格尔所说，它是"近代哲学的转折点"①。康德哲学以批判人的认识能力为其主要目的，中心任务是解决知识问题、认识论问题。他从对唯理论和经验论的批判中认识到知性与感性结合起来的必要性，企图在主观唯心主义的基础上，通过"先验综合"来调和理性主义和经验主义的对立，从而使西方近代哲学思想产生了关键性的转变。在美学上，康德既不满意经验派片面强调美的感性基础，混淆美感与快感的看法，也不满意理性派片面强调美的理性基础，混淆美感与对"完善"的朦胧认识的看法，企图把它们统一起来。他以经验派的快感结合理性派的"符合目的性"，提出美感虽是感性经验却有理性基础、理想美在理性与感性的统一的观点。虽然康德并没有真正解决感性与理性、形式与内容之间的矛盾，却把美的本质和特征问题突出地提出来，清晰揭示了审美现象中诸多矛盾并提出了解决的方向。后来歌德、席勒、谢林、黑格尔所发展出来的美学观点，就是沿着康德所指的方向继续探讨解决矛盾的办法。到黑格尔从客观唯心主义出发提出"美是理念的感性显现"，辩证地论述了理性与感性、内容与形式、一般与特殊、主体与客体的相互统一，可说是德国古典美学对上述矛盾的最后的、较圆满的解决。黑格尔美学是自有人类思维以来，内容最为丰富和渊博、规模最为宏大的资产阶级美学体系，它对此前的美学思想作了一次全面的总结，具有"划时代的作用"②。

---

① [德]黑格尔：《美学》第1卷，朱光潜译，商务印书馆1979年版，第66页。
② [德]恩格斯：《路德维希·费尔巴哈和德国古典哲学的终结》，载《马克思恩格斯选集》第4卷，人民出版社1972年版，第215页。

西方美学发展到以康德和黑格尔为代表的德国古典美学达到一个高峰，它所建构的美学思想体系不仅最具完整的科学形态，涵盖了包括美、美感和艺术在内的几乎所有美学研究领域，并且把辩证法和历史观全面引入美学研究领域，以抽象的哲学思辨的形式，提出和解决了许多重大的美学问题，确立和论证了一系列重要美学范畴，从而将西方美学大大向前推进了一步。

四

19世纪中叶至20世纪初，欧洲各国进入资本主义较高发展阶段，社会历史条件、科学以及思想文化各个领域的状况都发生了重大变化。这些变化以不同方式对西方哲学发展产生了深刻影响，使西方哲学发展又处在一个重要的转折点。在马克思主义的产生实现了哲学上的革命变革的同时，从19世纪中期开始，许多西方哲学流派对西方传统哲学，特别是近代哲学采取批判态度，怀疑和否定哲学中的理性主义和思辨形而上学传统，逐步形成两种哲学思潮。一种是以唯意志主义为代表的"人本主义"或者说"非理性主义"思潮；另一种是以实证主义为代表的"科学主义"思潮。前者向传统的理性主义公开提出挑战，主张哲学应当转向人的本真的存在，转向非理性的直觉；后者则着重批判传统形而上学的思辨性，强调哲学应以实证自然科学为基础，以描述经验事实为范围，追求实证（经验）知识的可靠性和确切性。这标志着西方哲学开始发展到了一个与古典哲学有重大差别的新阶段，进入由近代到现代转型的过渡期。随着西方哲学的转型和变化，加之自然科学的影响，西方美学在研究重点和研究方法上也逐渐发生了重要改变，开始步入由近代美学向现代美学转型的过渡时期。这一时期美学流派繁杂，研究方法多样，而最能体现转型特征的美学主要不外两种方向。一种是在唯意志主义哲学的影响下，美学研究向反理性主义方向发展。从叔本华、尼采的唯意志主义美学到柏格森的生命哲学的美学，无不是贬低理性，抬高直觉，强调审美和艺术的非理性的直觉的特征，夸大非理性的生命、意志、本能、直觉、情感等在审美和艺术中的作用。另一种是在自然科学和实证主义哲学的影响下，美学向经验的、科学的、实证的研究方向发展。费希纳、里普斯、谷鲁斯等人的心理学美学把审美心理和审美经验置于美学研究的中心，主张用心理学的观点和方法来解释与研究一切审美现象；斯宾塞、丹纳、格罗塞等人的社会学美学，以艺术的起源、发展和本质特征为研究重点，采用了社会学、生物进化论、人类学、心理学等多种方法进行实证研究，它们都标志着美学研究方法从"自上而下"的抽象思辨的研究向"自下而上"的经验实证的研究的转变。

进入20世纪，西方现代美学正式形成，并得到迅速发展。一百年来，经济的高速增长，政治的巨大变动，科学技术的突飞猛进，思想文化的深刻变革，都对西方现代哲学、艺术和美学的发展变化带来重大影响。现代美学的发展和现代哲学、现代艺术的发展关系十分密切。尽管现代西方美学流派众多林立，新说层出不穷，思潮此起彼伏，呈现出多元化、复杂化的状况，但如果从它与西方现代哲学的关系来看，它的发展从整体上看仍然是主要是沿着人本主义和科学主义两大思潮、两种倾向展开的，其中，现代哲学中发生的"语言的转向"与对意识现象和存在问题的研究，从不同方面对现代美学发展的走向产生了尤为重大的影响，从而推动西方现代美学摆脱和超越传统美学，特别是以黑格尔为代表的近代美学，走上一条完全不同的新的发展道路。

所谓"语言的转向"，即从近代哲学关注认识内容转向现代哲学注重认识表达的研究，即强调以自然科学方式对语言做客观研究。其代表是以语言分析为特征的分析哲学运动。分析哲学把哲学问题归结为语言问题，声称哲学的主要任务是对语言意义的澄清，主要方法是对概念意义进行逻辑分析。它被称作哲学中一场"哥白尼式的革命"。"语言的转向"和科学主义哲学思潮有较为紧密的联系。科学主义哲学思潮的特点是强调哲学与科学的联系，以自然科学的原则和方法来研究世界，要求研究的客观性和精确性。受语言论和科学主义哲学思潮影响，20世纪以来的当代西方美学发生了两个明显的变化。一是将研究重点转向于文学艺术作品或文本本身的形式、风格、语言、语义以及结构模式等因素的分析和研究，把解读文本语言、结构作为全部美学问题的中心；二是摒弃对美和艺术作形而上学的本质探讨，如分析美学认为"美是什么"的问题是根本不能回答的伪问题。另一方面则主张对审美和艺术问题作经验的、实证的、科学的研究，注重研究的客观性以及同审美和艺术活动的联系，而且注重把自然科学的成果和方法吸收到美学研究中来。在自然主义美学（桑塔亚那、门罗等）、俄国形式主义美学（什克洛夫斯基等）、实用主义美学（杜威等）、语义学美学（理查兹等）、分析美学（维特根斯坦、韦兹等）、英美新批评派美学（艾略特、兰塞姆等）、格式塔心理学美学（阿恩海姆等）、结构主义美学（列维·斯列维－施特劳斯、罗兰·巴特等）等美学流派中，我们都可以看到哲学中"语言的转向"以及科学主义的影响，从而使美学由认识论转向语言哲学和科学主义哲学。

与此同时，西方现代哲学中对意识现象和存在问题的研究越来越突出，形成了以现象学和存在主义为主流的欧洲大陆哲学。存在主义或生存论（existentialism），把一切哲学问题归结为或从属于人的存在问题，主张从揭示人的本真存在（生存）出发，揭示一切存在物的存在结构和意义。存在主义哲学家要求以超越主客观二分的存在论取代以主客二分为特征的西方传统哲学，其出发点是用现象学方法把人的存在还原为先于主客分立的纯粹意识活动，并以人的非理性的心理体验为人的本真存在的基本方式，由此揭示人的真正存在。这是西方哲学发展由近代向现代转型的又一突出表现。存在主义或生存论哲学可以说是人本主义哲学思潮的典型代表，人本主义哲学思潮的特点就是把人作为哲学的出发点和归宿，把人的本真的存在（生存）作为哲学研究的中心，主张揭示人的生命、本能、意志、情感等非理性或超理性的意义。生存论和人本主义哲学思潮表现在美学中，其基本特点：一是突出美学问题与人的命运和人的价值的关系，突出艺术创造和审美中人的自由和能动性。如存在主义美学家认为人的存在意味着自由，审美活动是对人的自由的肯定，艺术作品的价值是召唤自由等。二是强调艺术和审美的非理性主义的性质和特点，把艺术和审美归结为直觉、想象、情感、无意识乃至梦幻活动。20世纪西方现代美学中的表现主义美学（克罗齐、科林伍德等）、精神分析学美学（弗洛伊德、荣格等）、现象学美学（英伽登、杜弗莱纳等）、存在主义美学（海德格尔、萨特等）以及法兰克福学派的社会批判美学等，无不受到人本主义思潮的影响，其中多数流派明显重视对意识现象和存在问题研究的生存论的影响。总之，语言论和生存论、科学主义和人本主义，既互相区别、相互对立，又互相联系、互相影响，推动西方美学发展和哲学发展同步，实现了近代向现代的转型。纵观20世纪以来的西方现代美学，不仅哲学基础发生了根本性转变，而且研究对象、问题、重点、方法乃至思维模式、话语方式都产生了重大变化。美学研究范围和领域日益扩大，研究范式和方法不断革新。这一切都表明西方现代美学是沿着与传统美学，特别是近代美学相区别的方向和道路在发展着，美学发展的轨迹和线索也随之发生了根本性的变化。美学的变革或转型已成为当代美学家关注和研究的主题之一。

［原载于《武汉理工大学学报》（社会科学版）2009年第2期］

西方近代美学思潮的主导精神和基本倾向

西方近代美学是在西方近代社会急剧变革中形成的。从文艺复兴时期开始，在欧洲许多国家中，资本主义经济在封建社会内部逐渐成长。特别是在1500年以后，随着海外航行和地理大发现，西欧国家的海外扩张大规模展开，通过海外殖民掠夺和贩卖奴隶，西欧各国财富迅速增加，从而极大地刺激了西欧本土经济的发展和资本主义生产关系的逐步形成。发生于16世纪的西欧"商业革命"和"价格革命"，以及从16世纪到18世纪不断开展的"圈地运动"等，有力地推进了资本主义原始积累的进程。进入17世纪，直到18世纪，西欧资本主义迅速向前发展。这场发生在西方近代的"经济革命"最终改变了全部上层建筑，使西方思想文化包括美学的发展进入一个崭新的历史阶段。

一　西方近代美学思潮及其特点

西方近代美学的奠基者是西方近代哲学的始祖——培根和笛卡尔。从他们开始，西欧近代美学发展出现了不同的思潮、倾向和派别，它们或主要在一国形成和发展，或在多个国家发生作用和影响。各美学思潮、倾向和派别之间既彼此对立和区别，又相互影响和联系，从不同角度、以不同方式对美学的各个基本问题作了全面而深刻的探讨。同时还结合时代的实践和需要，提出和解决了一系列新的美学问题，阐明了许多新的美学观点、概念和范畴，从而极大地丰富了西方美学思想，不仅推动了美学作为一门独立学科的建立，而且为形成西方美学完备的理论体系打下了基础。

17世纪在法国形成和发展起来的新古典主义文艺潮流代表了当时欧洲文艺的最高水平，从而对欧洲文艺发展产生了广泛而深远的影响。伴随着这一文艺潮流和创作实践而形成的新古典主义美学也因之而成为17世纪欧洲最为人瞩目的美学思潮之一。法国新古典主义文艺与当时中央集权的君主专制政治和笛卡尔理性主义哲学有密切关系。其作品宣扬个人利益服从封建国家的整体利益；宣扬理性至上，把理性作为文艺创作的最高标准；着重描写一般性的类型人物，强调各种文学体裁的界限，要求艺术形式完美。和新古典主义文艺实践一样，新古典主义美学思想也是在法国专制王权的影响下，在笛卡尔的唯理主义哲学的基础上形成和发展起来的，其主要代表是高乃依和布瓦洛。如果说高乃依是法国新古典主义戏剧美学思想的创始人，那么布瓦洛就是法国新古典主义美学思想的集大成者。高乃依着重论述了悲剧的社会功用和目的、悲剧题材和悲剧人物，同时，对古代悲剧理论中的净化说和"三一律"等问题也做出了自己的解释，可以说是对他本人和新古典主义戏剧创作实践的一个理论总结。布瓦洛的《诗的艺术》被认为是新古典主义的法典。它以理性作为出发点，对新古典主义文艺的衡量标准、创作原则、形式规则、体裁类别以及作家修养等进行了全面的论述和总结，涉及文艺与自然、美与真和善、理性与情感、典型与类型、内容与形式等重要美学问题。总的说来，法国新古典主义美学具有双重性：一方面，它反映着封建宫廷贵族的审美趣味和文艺理想，具有保守性；另一方面，它也在一定程度上反映了时代对文艺新的要求，具有一定进步意义。它所提出的有关现实主义的创作主张，有利于推动文艺反映时代现实，但它将某些古典主义的形式规则奉为一切文艺的金科玉律，则有碍文艺随时代而发展。所以后来受到启蒙运动美学家的反对和批判。

17、18世纪的英国作为欧洲先进国家，其哲学发展也处于领先地位。由培根奠基的英国经验主义哲学成为欧洲近代两大基本哲学派别之一。和经验主义哲学同时形成的经验主义美学，开辟了西方近代美学发展的一个新方向，成为西方美学从古代向近代转换中最早形成的美学思潮之一。英国经验主义美学的代表人物较多，包括培根、霍布斯、洛克、艾迪生、舍夫茨别利、哈奇生、霍姆、荷加斯、雷诺兹、休谟和伯克等。其中，舍夫茨别利和哈奇生受到剑桥柏拉图主义思想影响，而雷诺兹则受到新古典主义思想的影响。如果我们将培根、霍布斯和洛克看作英国经验主义美学的奠基者，那么，休谟和伯克则可看作英国经验主义美学的集大成者和总结者。英国经验主义美学将美学研究重点由审美客体转向审美主体，将审美经验或美感问题的研究提到首要地位，并从感性经验出发，着重从心理学和生理学的角度，对审美经验作了新的阐释，提出了"内在感官"学说和"趣味"理论，对审美能力或趣味的性质和特点、趣味的心理构成因素、趣味的普遍标准与个别差异，趣味形成的先天因素和后天因素等进行了全面探讨，促进了西方美学研究对象和研究方法的变化。同时，它在经验论哲学基础上，结合时代发展，对美、崇高、悲剧等重要美学范畴作了新的探讨，对于诗与想象、艺术与模仿、艺术与道德等艺术哲学问题也提出了许多新观点。这些新思想、新观点不仅显示出英国经验主义美学的启蒙性质，而且对法国、德国启蒙运动美学和稍后的德国古典美学都产生了直接的、重要的影响。当然，由于经验主义美学片面强调审美的感性特点和情感作用，较为忽视理性作用，在心理和生理研究中脱离了人的社会实践，因而也具有许多局限性。

　　和英国经验主义哲学的形成差不多同一时期，在欧洲大陆形成了理性主义哲学。与此相伴随，也形成了理性主义美学。正如经验派和理性派是16—18世纪西欧各国哲学的两个基本派别，经验主义美学和理性主义美学也是这一时期西欧美学的两大基本倾向和思潮。理性主义哲学和美学的主要代表人物产生在法国、荷兰、德国等欧洲大陆诸国。除了笛卡尔是理性主义哲学也是理性主义美学的创始人外，斯宾诺莎、莱布尼茨、沃尔夫和鲍姆加登等也是理性主义美学的主要代表人物。布瓦洛的美学实际上也是理性主义美学。理性主义美学家主要从先验的理性原则出发研究美学问题，对美的本质和来源着重从其理性基础上寻求解答，试图用"前定和谐""圆满性""完善"等理性观念来解释美的存在。他们或者把人的审美能力看作先天的良知良能，或者把审美活动看作一种不同于一般理性认识的特殊的认识形式，力图将审美活动归入认识论的范围，确立美学在认识论体系中的地位。因此，他们也较为忽视想象、情感等心理因素在审美和文艺活动中的重要作用。理性主义美学和经验主义美学既互相对立，又互相促进，共同推动了西方近代美学的发展。但由于理性主义美学片面强调理性，注重理性演绎，所以也和经验主义美学一样陷入片面性。

　　18世纪在法、德两国兴起的启蒙运动是反对封建统治、破除宗教迷信的思想文化运动。在这场思想文化运动中，启蒙运动美学作为其中的重要组成部分发挥了重要作用。从整个发展来看，启蒙运动美学家几乎都是启蒙运动中重要的思想家、哲学家，他们的美学思想是和启蒙运动整个思想倾向紧密结合的，因此，启蒙运动美学具有反封建、反神学的鲜明倾向，充满着启蒙理性精神。启蒙运动美学的主要代表人物，在法国是伏尔泰、卢梭和狄德罗，在德国是温克尔曼、莱辛和赫尔德，其中尤以狄德罗和莱辛两人成就最为卓越，影响最为巨大。启蒙运动美学家基本上都是站在唯物主义哲学立场，有些直接受到英国唯物主义经验论的影响。他们从唯物主义观点来研究和阐明美学问题，对美的本质理论、艺术本质和创作理论、诗学、戏剧和绘画理论等，都做出了新的卓越的贡献。狄德罗的"美的关系"说既肯定了美的客观基础和根源，又指出了人的主观对美的认识的作用，是以唯物主义观点解决美的本质问题的崭新尝试，对反对和批判唯心主义美学起了重要作用。狄德罗和莱辛把唯物主义运用于观察文艺问题，创造了符合时代要求的崭新的现实主义美学和艺术理论，对艺术和现实的关系、艺术的真实性和典型性、艺术想象和虚构以及艺术的倾向性和社会作用等问题都作了精辟论述，从而使西方的现实主义艺术理论提升到一个新水平。此外，狄德罗和莱辛建立的市民剧理论，莱辛通过诗画比较建立的新的诗学理论，对于扫除古典主义文艺的羁绊，促进适应资产阶级要求的文艺的形成，也起了巨大推动作用。由于启蒙思想家的唯物主义具有机械的、形而上学的性质，并且以普遍、抽象的人性来观察和分析社会历史问题，所以他们的美学思想也具有与上述问题相关联的弱点。

二 西方近代美学思潮的主导精神

17、18世纪西欧产生的上述主要美学思潮是西方近代思想文化的一个组成部分。西方近代文化的核心价值观念与中世纪文化的根本区别，就在于它所倡导的理性精神。所谓理性，在西方文化中有多重意义。从哲学认识论来看，它是用以表示进行逻辑推理的认识的阶段和能力的范畴；从社会思想上看，它是指人人具有的普遍人性，合乎自然、合乎人性即为理性；从宗教神学看，理性是指有别于信仰的人类理智。康德在解答"什么是启蒙运动"这一问题时，认为启蒙运动就是人类脱离自己所加之于自己的不成熟状态。"要有勇气运用你自己的理智！这就是启蒙运动的口号。"①

---

① ［德］康德：《历史理性批判文集》，何北武译，商务印书馆1990年版，第72页。

恩格斯也指出，在启蒙运动中，"思维着的知性成了衡量一切的唯一尺度"，"一切都必须在理性的法庭面前为自己的存在作辩护或者放弃存在的权利"。① 这都是对近代启蒙理性精神的最好注释。

这种理性精神既是对文艺复兴以来人文精神的继承和发展，也是随着自然科学的兴起而出现的科学精神的体现。和近代西欧资本主义经济和社会生产力的发展相伴随，近代西欧的自然科学发展取得了惊人的成就。近代欧洲的科学革命和经济革命是同时发生的。"欧洲的科学革命在很大程度上应归功于同时发生的经济革命。近代初期，西欧的商业和工业有了迅速发展……这些经济上的进步导致技术上的进步；后者转而又促进了科学的发展和受到科学的促进。"② 17、18世纪欧洲以一系列的科学发现推进了近代科学革命，在许多重要领域都产生了伟大的科学人物，如开普勒、伽利略、牛顿和波义耳等。科学的发展和它带来的新概念不仅对近代哲学产生了深刻的影响，而且广泛影响了近代思想的形成。"近代世界与先前各世纪的区别，几乎每一点都能归源于科学。"③ 英国著名哲学家罗素说："通常谓之'近代'的这段历史时期，人的思想见解和中古时期的思想见解有许多不同。其中有两点最重要，即教会的威信衰落下去，科学的威信逐步上升。旁的分歧和这两点全有连带关系。近代的文化宁可说是一种世俗文化而不是僧侣文化。"④ 他又说："科学的威信是近代大多数哲学家都承认的；由于它不是统治威信，而是理智上的威信，所以是一种和教会威信大不相同的东西……它在本质上求理性裁断，全凭这点致胜。"⑤ 由此不难理解，人们为什么将欧洲这段历史时期称之为"理性的时代"，也不难看到，科学战胜宗教，理性代替信仰，正是西方近代文化发展的主流。以启蒙精神为核心的西方近代文化，其主旨就是要在对神学批判的基础上，从根本上恢复理性的主导地位，弘扬理性精神，把理性精神变成人生存在的思想根基和行为准则。

---

① 《马克思恩格斯选集》第3卷，人民出版社2012年版，第391页。
② ［美］斯塔夫里阿诺斯：《全球通史——1500年以后的世界》，吴象婴、梁赤民译，上海社会科学院出版社1999年版，第249—250页。
③ ［英］罗素：《西方哲学史》下卷，马元德译，商务印书馆1982年版，第3页。
④ ［英］罗素：《西方哲学史》下卷，马元德译，商务印书馆1982年版，第3页。
⑤ ［英］罗素：《西方哲学史》下卷，马元德译，商务印书馆1982年版，第4页。

西方近代美学思潮的主导精神和基本倾向

这种理性精神深刻地渗透于近代欧洲哲学中。在17、18世纪的欧洲哲学中有着唯物主义和唯心主义、经验论和唯理论等各种派别的分野，但各派在提倡理性、限制信仰上却有着很大一致。这一时期哲学的发展有两个明显特点。一是新兴的资产阶级哲学反对经院哲学和传统宗教神学成为哲学发展的一个主要内容，这一方面是政治上反对封建势力的需要；另一方面也是发展自然科学的要求。二是认识论在哲学发展中占有十分重要的地位，哲学的注意力集中在认识主体与认识客体的关系方面，这也和自然科学的发展密切相关。因为自然科学的发展一方面向哲学提出在认识论和方法论上加以指导的要求；另一方面也使哲学家们对科学认识方法和研究方法做出哲学上的概括具有了可能。在认识论的探讨中，形成了经验论和唯理论两种倾向或派别。两派虽有区别，但在强调人作为主体的认识能力——理性上则是共同的。培根等人的经验论哲学是以尊重和颂扬人本身所具有的认识能力，即与盲目的信仰相对立意义下的广义的理性为前提的。正因为如此，威尔·杜兰在《世界文明史》中称培根是"理性的司晨者"①，并将其置于"理性时代的先驱地位"②。笛卡尔认为理性是人生而有之的良知，即正确辨别真假的能力。从广义上说，理性是与盲目信仰对立的；从严格意义上说，理性是不同于感觉的高级认识能力。他的唯理论哲学认为理性是知识的源泉，只有理性是最可靠的。他运用其所制定的理性演绎法建立起理性主义哲学体系。18世纪的法国唯物主义者和启蒙思想家对理性原则作了进一步的发挥。他们把理性当作人的本质，认为理性就是人的自然性、合理性，凡是合乎自然、合乎人性的就是理性，并把是否符合理性当作衡量是非善恶甚至美丑的根本尺度。到了德国古典哲学，康德把人的认识能力分为感性、知性、理性三个环节，认为理性是认识的最高阶段。黑格尔从唯心辩证法思想出发，认为理性是最完全的认识能力，也是思维和认识的最高阶段。他在批判包括康德在内的前人的理性主义的矛盾的基础上，建立了一个无所不包的理性主义体系。

西方近代美学是在西方近代哲学的直接影响下形成和发展起来的。因

---

① ［美］威尔·杜兰：《世界文明史·理性开始时代》（上），东方出版社1999年版，第223页。

② ［美］威尔·杜兰：《世界文明史·理性开始时代》（上），东方出版社1999年版，第227页。

而，主导近代哲学发展的理性精神也必然主导着近代美学的发展。17、18世纪和启蒙运动时期的欧洲美学尽管有法国新古典主义美学、英国经验主义美学、大陆理性主义美学、法国和德国启蒙运动美学等诸种美学思潮、派别的分野和更迭，但主导各种美学思潮和派别的人文精神就是理性精神。法国新古典主义美学的基本精神是"理性"至上，把理性作为文艺创作的基本原则，认为文艺创作只有从理性才能获得光芒和价值，理性是构成普遍人性的核心，文艺须模仿自然，表现普遍人性。英国经验主义美学的基本原则是充分肯定人的认识能力，重视人的感觉经验对美学研究的作用。和中世纪神学美学用思辨将美归结为来自彼岸的上帝完全相反，经验主义美学家通过感性经验的归纳，论证了美的现实存在，认为美既与对象的某种性质和特性相关，又依赖于人心的特殊构造和功能，是人可以认识和把握的。经验主义美学高度肯定了人作为审美主体的作用，把审美主体感受和鉴赏美的能力的研究放到突出的地位，提出了培养和提高人的审美能力的途径和方法，并将审美、艺术与道德、教育紧密结合起来。大陆理性主义美学的基本出发点是先验的理性能力，把理性看作人类普遍具有的判别是非、善恶、美丑的良知良能。理性主义美学家在理性基础上构建美的本质，明确提出美学的目的是感性认识自身的完善，是教导人们以美的方式去思维，审美虽属于感性范围，但却具有类似理性的性质。法国和德国启蒙运动美学用理性作为衡量一切的尺度，对不合时宜的新古典主义美学进行批判，将唯物主义运用于美学，认为文艺要真实地反映生活，同时作家要发挥想象、虚构、典型化的能动作用，使作品达到真、善、美的统一，对人起到教育和改造作用。所有这些美学主张，都充分体现了以人本精神和科学精神为支柱的现代理性精神，显示了近代美学的时代特色。

三　西方近代美学思潮中的两种基本倾向

17、18世纪西欧美学发展的一个显著特点是受到哲学认识论转向的影响，贯穿着经验主义与理性主义两种倾向的对立这条基本线索。如上所述，由于在实验自然科学基础上对认识论和方法论问题的深入而具体的研究，17、18世纪的哲学家普遍地把自己的理论建立在反省思维的基础上，从而使这一时期哲学思想的发展中认识论占有显著和重要的地位，认识主体与认识客体的关系问题成为哲学探讨的主要问题。这标志着西方哲学的发展产生了一次被称为认识论转向的重要的转折,哲学研究的重点从本体论转向认识论。这不仅推动西方哲学的发展进入一个新的阶段,而且也使西方美学赖以建立的哲学基础产生了重要变化。如果说美学以前主要是属于本体论,现在则主要是属于认识论,即认识论学说的一部分。围绕认识论,西方近代哲学形成了经验主义和理性主义两派的对立。两派之间及两派内部在关于认识对象、认识主体、认识的起源和途径以及认识的方法等问题上都存在分歧和争论。这两大哲学倾向和派别的对立和争论也渗透到美学研究中,直接影响到近代美学的发展,使17、18世纪西欧美学发展沿着经验主义和理性主义对立的基本线索而展开。不仅英国经验主义美学和大陆理性主义美学直接反映了两派思想、观点的对立,而且法国新古典主义美学和法国、德国启蒙运动美学也无不受到两派思想、观点的影响。

  从认识论本身来看,经验主义和理性主义两派的对立与争论首先是集中在认识的起源和途径问题上。经验主义认为一切知识都起源于感觉经验,人心原本是一块"白板"。认识必须先从感觉经验开始,然后才能由感觉经验引申出理性知识。因此,理性知识必须以感觉经验为基础。理性主义则认为感觉经验没有普遍必然性。因此,具有普遍必然性的理性知识不能来自感觉经验而只能来自理性本身,即来自理性本身固有的某种"天赋原则"或"天赋观念"。他们虽然承认人的日常知识也大都来自感觉经验,却否认理性知识须以感觉经验为基础,以上即经验派与理性派在认识起源和途径问题上的不同答案,它也是划分经验主义和理性主义这两大流派的主要标准。至于两派在认识方法上的分歧则是受认识起源和途径问题上的分歧所制约的,经验派肯定了认识必须起源于感觉经验,则在认识方法上必然重视经验的归纳法;理性派肯定理性知识不能起源于感觉经验而只能起源于理性本身,则在认识方法上也就会强调理性的演绎法。

  近代美学发展中经验主义和理性主义的对立正是奠基于两者在认识论的基本主张、基本原则上的分歧。经验主义美学家或受经验主义影响的美学家,其基本特点是强调从感性经验出发研究和解决各种美学问题,在方法上重视经验的归纳;理性主义美学家或受理性主义影响的美学家,其基本特点是强调从先验的理性原则出发研究和解决各种美学问题,在方法上重视理性的演绎。在美的本质问题上,经验主义者重视美的感性特点,强调从审美对象的感性性质和形式因素以及审美主体的愉快的情感体验中来解释美。如英国经验主义美学家亨利·霍姆和荷加斯提出了形成美的对象的各种形式要素；休谟认为美的本质是对象的某种性质适合于主体的心灵结构而引起的愉快情感，简言之，美即愉快；伯克认为美是指物体中能引起爱或类似情感的某些性质，这些性质是单凭感官去接受的对象的感性品质；等等。与此不同，理性主义者重视美的理性基础，强调从先验的理性原则出发去寻求美的普遍内容和形而上的意义。如莱布尼茨认为美在于世界的秩序、和谐，它来自上帝的理性和对世界的预先的安排——"前定和谐"。斯宾诺莎认为美与圆满性是统一的，所谓圆满性就是实在性，即事物的本质和必然性。事物的圆满性与否，决定于事物的本性，与人的愉快感觉无关。沃尔夫和鲍姆加登都把美定义为"完善"，所谓完善，就是指事物符合它按本质所规定的内在目的，也就是对象所体现的目的和意义。虽然这种完善是指感性认识的完善，它需表现于感性形象，但它必须具有理性基础。

在美感和审美主体问题的认识上，经验主义和理性主义也存在明显分歧。由于西方近代哲学发生的认识论转向，认识主体问题在一定意义上成为17、18世纪哲学的一个中心问题。伴随着哲学研究重点的转变，西方近代美学的研究重点也由对客体的美的本质的探讨转向对主体的审美意识、审美经验的分析。这在经验主义美学思潮中表现得尤为突出，使对美感活动进行心理学和生理学的分析成为经验派美学的一个基本特点。"审美趣味"或"鉴赏力"成为18世纪美学的一个核心概念，以至于有的美学史家将18世纪称为"趣味的世纪"[①]。围绕着对审美主体的意识活动的分析，经验派和理性派各自从不同出发点，提出不同看法。经验派认为美学属情感研究领域，不同于一般认识论，所以着重应用心理学和生理学的观点分析美感经验，强调美感中感觉、联想、想象、情感和本能等因素的作用。如艾迪生认为美感是一种来自视觉对象的"想象的快感"，它来源于伟大、新奇和美的事物，具有直觉特点。休谟认为趣味和理性具有不同的功能，理性传达关于真与假的知识，趣味则产生关于美与丑的情感，前者具有客观性；后者则具有主观性、创造性。伯克认为审美趣味是由感官的初级快

[①] [美] 乔治·迪基：《趣味的世纪：18世纪趣味的哲学漫游》，牛津大学出版社1996年版。

感、想象力的次级快感以及推理官能的经验三部分组成的,但他强调感官和感觉是一切美感的来源,想象力和情感是美感中最活跃的因素。经验派美学家中还有的指出,"内在感官"是美感的特殊的主体来源,它是一种既不同于外在感官又不同于理性思考的审辨美丑的直觉能力。理性派美学家虽然也不否认美感与情感的联系以及审美趣味和理解力的区别,但他们主要是在认识论的框架内考察美感活动,即主要是分析美的认识活动的特点。如莱布尼茨认为审美趣味不同于理解力,是一些"混乱的知觉",是一种"既是明白的又是混乱的"观念。鲍姆加登认为美学是低级认识论,是研究感性认识的科学,美是感性认识的完善,即由感官认识到的完善,所以审美活动自然是属于低级认识即感性认识的活动。理性派美学家中也有人认为审美是属于理性活动的,如笛卡尔就主张分辨美丑的能力来自先天的理性,审美和文艺虽然离不开想象和感性,但本质上是理性活动。上述不论哪种看法,都还是把美感当作一种认识。

在文艺观点和主张上,经验主义或受经验主义影响的美学家同理性主义或受理性主义影响的美学家之间存在着更多分歧,涉及文艺标准和创作原则、文艺中理性与情感的关系、普遍性与个别性的关系以及内容与形式的关系等重要问题。如在理性主义哲学观点直接影响下形成的法国新古典主义美学的代表人物布瓦洛,主张将理性作为文艺的最高标准和创作的基本原则,强调文艺的真和美都必须依靠理性、符合理性,文艺应模仿由理性统辖的、和真理一致的自然,即自然的普遍性、规律性,尤其是普遍的人性;主张作品塑造类型化的人物和性格,忽视人物的个性特点;轻视内容而过分重视形式技巧,把一些形式技巧凝固化、刻板化,当作永恒不变的尺度和规范。而受到唯物主义经验论影响的法国启蒙运动美学的代表人物狄德罗则与新古典主义美学原则针锋相对,主张把真实、自然作为对艺术创作的基本要求和衡量艺术作品的基本标准,把真实地反映现实作为艺术的首要任务,认为艺术的美在于"形象与实体相吻合",与艺术的真实性是统一的。艺术的模仿对象不是新古典主义者要求的理性统辖的自然,而是原始的、粗犷的、动荡的自然。作品中的人物不应当是类型化的,而应当既具有某类人物普遍特点,又具有个性差异。艺术的真实不同于哲学的真实,应重视想象、虚构和情感的作用。艺术的形式、体裁、技巧等应随时代生活和文艺内容的变化而变化、创新,不应固守新古典主义将之凝固化的某些形式、体裁和法则。

总之，在17、18世纪各种美学思潮、派别和各种美学理论、学说中，我们都可以看到经验主义和理性主义两种倾向的影响和对立。正是这两种倾向的分歧和对立，使美学中形式与内容、感性与理性、特殊与普遍、主体与客体这一系列对立面的矛盾十分尖锐地暴露出来，而寻求这些对立面的辩证统一也就成为近代美学进一步发展的必然要求和面临的主要课题，因此，将两种倾向和潮流汇合起来，将上述对立面调和统一起来，便是后继的德国古典美学要做的主要工作。

康德是承担这一历史任务的第一人。他企图在"先验综合"的基础上来调和经验主义和理性主义，并从哲学、伦理学、美学三方面来实现这个目标。在美学上，康德既不满意经验主义的美即愉快的观点，也不满意理性主义的美即完善的观点，而是企图通过批判将两者结合起来，突出地提出了美感虽是一种感性经验却具有理性基础的思想，形成了美的理想在于感性与理性的统一的观点。按照康德的分析，审美判断是对象形式适合主体认识功能，使想象力和知性这两种认识功能可以自由活动而引起的一种愉快感觉，它不涉及欲念和利害计较而本身又是令人愉快的；不涉及概念而又涉及"不确定的概念"；没有明确的目的性而又符合目的性；虽是主观的、个别的却又有普遍性和必然性。康德对于审美判断上述一系列矛盾或二律背反现象的分析，以及他在美的分析、崇高的分析和关于艺术、天才论述中提出的相互矛盾的观点，都充分说明他比前人更充分地认识到审美问题的复杂性和审美现象中的许多矛盾对立，并试图使对立双方达到调和统一。但康德美学实际上是沿用了理性主义的形而上学的方法，侧重于先验理性的分析，所以并没有也不可能真正将经验主义和理性主义统一起来，而只能达到二者之间的调和。尽管如此，通过康德美学，我们却可以看到西方近代美学所提出的最复杂的矛盾问题，从而得到西方美学史上最为丰富和深刻的思想启发。

（原载于《学术研究》2006年第5期）

论英国经验主义美学特点和原创性理论贡献

英国经验主义美学是西方美学从古代向近代转换中最早形成的美学思潮之一，它以鲜明的特点和大陆理性主义美学互相并列、彼此对立，共同构成17、18世纪西方美学发展的主线，对启蒙运动美学产生了重大作用。它继承了以希腊美学为开端的西方古典美学传统，但又按照时代的发展和需要发展了西方古典美学传统，不仅对传统美学命题和范畴作了新的阐释，而且回答了时代提出的新的美学问题，阐明了一系列的新的美学概念和范畴，以原创性的理论贡献，将西方美学大大向前推进了一步，并对近、现代西方美学发展产生了巨大的影响。

一 审美主体和审美经验成为美学研究出发点和重点

西方美学发展到近代出现了一个明显的变化，就是美学研究的主要对象由审美客体逐步渐向审美主体转变，对人的审美经验或审美意识的研究开始上升到美学研究的主要地位。这一趋向在英国经验主义美学中表现得尤为突出，因而成为英国经验主义美学在研究对象上的一大特点。这一趋向和特点的形成，和整个西方近代哲学的变化是一致的。从16世纪末到18世纪中叶的西欧哲学，无论是英国经验论还是大陆唯理论，都是将认识论放在突出地位的。经验论和唯理论的分歧和论战，也都是以认识论问题为中心展开的。"近代思想的这两种倾向同古代思想的两种倾向的区别在于，近代思想的两种倾向有着共同的出发点，那就是思想着、感受着和知觉着的主体。"[①] 如果说，近代以前的西方哲学总的来说是以本体论的问题

---

① ［英］鲍桑葵：《美学史》，张今译，商务印书馆1985年版，第227页。

作为哲学的中心问题。那么，发展到近代，开始发生了根本的改变，认识论问题变成日益突出的问题之一，这种转变直接影响到美学的定位。如果说，在文艺复兴时期以前，美学属于本体论、存在学说的一部分，那么在近代，美学已不再是以前那种纯本体论学科，而已成为认识论的学科。这正是近代美学的主要研究对象开始从审美客体向审美主体转变的哲学前提。

英国经验主义美学之所特别重视审美主体、审美经验的研究，还与经验主义哲学的基本原理和方法直接相关。英国经验主义美学以经验主义哲学为基础，强调感性认识，重视感觉经验，倡导经验的观察和归纳，是其共同特点，也是它和理性主义美学的基本区别。经验主义美学家把这一原则和方法贯彻和应用于美学具体问题的研究中，必然会将注意力集中于观察和研究审美主体在审美鉴赏和艺术创造中的感性经验，分析审美主体经验的性质、特点和形成的规律。经验主义美学家的著作中虽然对美和艺术的本体论问题也有所涉及，但它们已不像西方古代美学家那样，主要努力于寻找美的本质和来源以及艺术的本质和来源这类形而上学的问题的答案，也不像古典主义者把研究兴趣主要放在艺术作品的内容和形式本身，寻求艺术作品创作的规范和原则，对艺术作品进行分类等。"相反，这个美学学派感兴趣的是艺术欣赏主体，它努力去获得有关主体内部状态的知识，并用经验主义手段去描述这种状态。它主要关心的不是艺术作品的创作，即艺术作品的单纯的形式本身，而是关心体验和内心中消化艺术作品的一切心理过程。"[1]

英国经验主义美学把审美经验或美感以及与之相关的感觉、想象、情感等问题的研究提到首要地位，其研究成果中最具代表性、创新性的理论是"内在感官"说和"审美趣味"论，这两种学说在美学史上都产生了重大影响。有的美学史家称英国经验主义美学思潮为"'内在感官'新学派"，有的西方美学研究者称18世纪美学发展阶段是"趣味的世纪"。[2] 可以说，这两种关于审美经验的理论，最集中地表现在英国经验主义美学的理论原创性和独特贡献。

---

[1] ［德］E. 卡西勒：《启蒙哲学》，顾伟铭等译，山东人民出版社1988年版，第310页。
[2] ［美］G. 迪基：《趣味的世纪，18世纪趣味的哲学巡视》，牛津大学出版社1996年版。

(一) 内在感官说

"内在感官"说由舍夫茨别利提出，哈奇生作了进一步的发挥。他们都认为"内在感官"是一种不同于外在感官的天生的审辨美丑和善恶的能力，具有直觉性、非功利性、社会性和普遍性。这是在西方美学史上第一次明确指出美感的特殊的主体来源，对探讨美感形成的原因及其特性提供了一种重要参照。

舍夫茨别利是"内在感官"新思潮的奠基者。他认为人天生就有审辨善恶和美丑的能力，审辨善恶的道德感和审辨美丑的审美感两者根本上是相通的、一致的。审辨善恶美丑不能靠通常的五官——视、听、嗅、味、触，而只能靠一种在心里面的"内在的感官"。所以，"内在的感官"是在五种外在的感官之外的一种特殊感官，是专为审辨善恶美丑而设的感官，后来有人又把这种感官称为"第六感官"。舍夫茨别利认为，这种审辨善恶美丑的能力虽然不同于外在的感官，但是它在起作用时却和视觉辨识形色、听觉辨识声音具有同样的直接性，不需要经过思考和推理，所以，它在性质上还不是理性的思辨能力，而是类似感官作用的直觉能力。他说："眼睛一看到形状，耳朵一听到声音，就立刻认识到美、秀丽与和谐。行动一经察觉，人类的感情和情欲一经辨认出（它们大半是一经感觉就可辨认出），也就由一种内在的眼睛分辨出什么是美好端正的，可爱可赏的，什么是丑陋恶劣的，可恶可鄙的。这类分辨既然植根于自然，那分辨的能力本身也就应该是自然的，而且只能来自自然。"[①] 这就是说，"内在的眼睛"或"内在的感官"对善恶美丑的辨识是直接的、不加思考的。而且这种分辨善恶美丑的能力是自然的，也就是天生的。

然而，舍夫茨别利又指出"内在的感官"毕竟和外在的感官有别，它不仅仅是一种感觉作用，而且是与理性密切结合的。他将人分为动物性的部分和理性的部分，认为认识和欣赏美不能依靠前者，而需要借助后者。人的审美的能力或"内在的感官"不是属于动物性部分的低级的感官，而是属于理性部分的高级的感官。这里，舍夫茨别利实际上接触到美感的二重性问题，即：一方面，强调审美能力、审美活动的感性性质和不假思索

---

① ［英］舍夫茨别利：《论特征》，载［美］S. M. 凯翰、A. 迈斯金编《美学：综合选集》，牛津：布莱克威尔出版公司2008年版，第83页。

的直接性；另一方面，他又把审美能力视为一种理性性质的活动。然而他却不了解也没有解决美感的感性活动和理性活动如何统一问题，而只能在两者之间徘徊。

哈奇生发挥了舍夫茨别的"内在感官"说，使这一学说具有完整的理论形态。他认为人具有两种根本不同的知觉，即对物质利益的知觉和对道德善恶的知觉。前者引发人的物欲，后者则引起对人的行为的热爱与厌恶。与此相对应，人也有两种感官：一为接受简单的观念、感知对自己身体的利害关系的外在感官，即视、听、嗅、味、触五种外部的感官；另一为接受复杂的观念、感知事物价值（善恶美丑）的内在感官。他有时又用"内在感官"特别地指称人们接受美的观念和分辨美丑的能力。尽管哈奇生对内在感官和外在感官作了区分，而且把内在感官称作"高级的知觉能力"，但是，他又认为内在感官具有和外在感官相类似的直接性，正是根据这一点，他才把审美能力称作一种"感官"。他说："把这种高级的感知的能力叫作一种感官是恰当的，因为它和其他感官有类似之处：它的快感并不起于对有关对象的原则、比例、原因或效用的知识，而是立刻就在我们心中唤起美的观念。"① 就是说，审美的内在感官具有一接触对象立刻便在我们心中唤起美的观念并直接引起审美快感的特点，它和对"有关对象的原则、原因或效用的知识"无关，因为知识要通过理性认识才能获得，不具有感觉的那种直接性。结合美感的直接性，哈奇生还论述了美感不涉及个人利害打算的观点。他说："显然有些对象直接是这种美的快感的诱因，我们也有适宜感知美的感官，而且这种感官不同于因期待利益的自私而生的快乐。"② 哈奇生强调美感或审美的内在感官不涉及利害观念，对舍夫茨别利的内在感官说作了新补充，并对后世关于美感性质的研究产生了重要影响。

（二）审美趣味论

"审美趣味"论作为英国经验主义美学的核心理论，贯穿在艾迪生、

---

① ［英］哈奇生：《论美和德行两种观念的根源》，载［美］D. 汤森编《美学：西方传统经典读本》，波士顿：琼斯与巴特利特出版社1996年版，第122页。
② ［英］哈奇生：《论美和德行两种观念的根源》，载［美］D. 汤森编《美学：西方传统经典读本》，波士顿：琼斯与巴特利特出版社1996年版，第123页。

哈奇生、休谟、雷诺兹、伯克等美学家的著作中，而其较完整的理论形态则是由休谟和伯克共同构建的。其理论内容包括趣味的内涵、性质和特点，趣味的心理构成因素，趣味的普遍标准及形成的基础，趣味普遍共同性和个别差异性的关系，趣味个别差异性形成的原因，趣味的先天因素和后天因素的关系，趣味的培养及其途径，等等。总的来说，经验论美学家都把"趣味"看作鉴赏、感受和审辨事物美丑的能力，是产生美感的心理功能。它和获得事物真假知识的认识能力是有明显区别的。感觉、想象、情感是"趣味"最基本、最活跃的构成因素。有的美学家将趣味和理性加以对比，强调二者之间的区别；有的则承认趣味与理性相关，也有的把判断力或推理列为趣味的组成部分之一。几乎所有美学家都肯定趣味具有共同性和普遍性，同时也肯定趣味具有多样性和差异性，并对它们之间的关系及各自形成的原因作了多方面的探讨。

　　休谟是对审美趣味的内涵、特点和标准问题作了全面探讨的第一人。所谓"趣味"，在休谟著作中就是指鉴赏力、审美力，它是休谟考察和阐述美感或审美心理时运用的一个核心概念。按照休谟的理解，人性主要由理智和情感两个部分构成，前者关系知识和认识问题；后者则关系道德和审美问题，所以趣味不同于理性。他说："这样，理性和趣味的范围和职责就容易确断分明了。前者传达关于真理和谬误的知识；后者产生关于美和丑、德性和恶行的情感。前者按照对象在自然界中的实在情形揭示它们，不增也不减；后者具有一种创造性的能力，当它用借自内在情感的色彩装点或涂抹一切自然对象时，在某种意义上就产生一种新的创造物。"[1]按照这段论述，趣味是一种不同于理性的能力，它具有情感性、主观性和创造性的特点，它不是像理性那样，根据已知的或假定的因素和关系，引导我们发现隐藏的和未知的因素与关系，以获得真假的知识，而是在一切因素和关系摆在我们面前之后，使我们从整体感受到一种满足或厌恶、愉快或不愉快的情感。

　　基于以上对趣味和理性不同的特点的分析，休谟肯定了趣味的多样性和相对性，但他反对把趣味的多样性和相对性加以绝对化，认为存在一种"足以协调人们不同感受"的共同的"趣味的标准"和普遍性褒贬原则。

----

[1]　[英]休谟：《道德原则研究》，曾晓平译，商务印书馆2001年版，第146页。

他说:"尽管趣味仿佛是变化多端,难以捉摸,终归还是有些普遍性的褒贬原则;这些原则对一切人类的心灵感受所起的作用是经过仔细探索可以找到的。按照人类内心结构的原来条件,某些形式或品质应该引起快感,其他一切引起反感。"① 这里,休谟不仅指出趣味的普遍原则是存在的,因而趣味的共同标准是可以找到的,而且认为这些普遍原则和共同标准是基于共同的人性,即"人类内心结构",也可以说是"人同此心,心同此理"。总之,休谟对于审美趣味的研究,既承认趣味的多样性、差异性,又肯定趣味的一致性、普遍性。他虽然承认趣味的多样性、差异性、相对性,却没有走向相对主义,而是要努力确立趣味的普遍原则和标准,借以协调趣味的差异,提高人的鉴赏力。

继休谟之后,伯克对趣味问题也作了专门论述。他在许多方面似乎都受到休谟的影响,但对趣味的性质和内涵以及趣味的普遍原则形成的基础等问题,又作了比休谟更进一步的研究和探讨。关于趣味的性质和内涵,伯克明确指出:"我对趣味这词的解释只不过是指心灵的能力,或是那些受到想象作品与优雅艺术感动的官能,或是对这些作品形成判断的官能。"② 他认为趣味涉及三种心理功能:感官、想象力、判断力或推理能力。如他所说:"所谓趣味,就其最普遍的词义说,不是一个简单的概念,它分别由感官的初级快感的知觉,想象力的次级快感,以及关于各种关系、人的情感、方式与行为的推理能力的结论等各部分组成。所有这一切都是形成趣味的必要条件,所有这一切的基本组成在人心中都是相同的。"③ 在构成趣味的三种心理功能中,伯克认为感官和感觉是最基本的,感觉的缺陷会产生缺乏审美鉴赏力。在感觉的基础上,想象力和情感成为审美趣味中最活跃的因素。想象力可以按照新的方式改变从感官接受的观念或形象,所以它是一种创造力,和快乐、恐惧等审美情感的内容直接相关。伯克把判断力或推理也列为趣味的组成部分和必要条件之一,认为判

---

① [英]休谟:《论趣味的标准》,载古典文艺理论译丛编辑委员会编《古典文艺理论译丛》(5),人民文学出版社1963年版,第6页。
② [英]伯克:《关于崇高与美两种观念根源的哲学探讨》,A. 菲利普斯编,牛津大学出版社1990年版,第13页。
③ [英]伯克:《关于崇高与美两种观念根源的哲学探讨》,A. 菲利普斯编,牛津大学出版社1990年版,第22页。

断力的缺陷会导致错误的或拙劣的趣味。这是他提出的一个新观点。休谟并没有把理性和判断力作为趣味的基本组成部分，而只是强调趣味和理性、鉴赏力和判断力二者之间的联系。在这一点上，伯克比休谟更进了一步。

和休谟一样，伯克也探讨了关于趣味的普遍原则和共同基础问题。他肯定趣味存在有确定的原则和规律，并进而探讨了形成趣味的普遍原则和标准的基础，认为人性在感官、想象力和判断力三个趣味的组成部分方面大体上都是一致的。他说："人了解外界对象的一切自然能力是感知、想象与判断。而且首先是与感知有关。我们确实而且必须假设所有人的感觉器官的构造是几乎或完全相同的，因此所有的人感知外界对象的方式是完全相同或很少差异的。"[①] 在伯克看来，正因为感觉是确定的，不是任意的，而且，"人们的想象力的一致性与人们的感觉的一致性同样是非常接近的"，所以趣味的基础对所有人来说都是共同的，从而鉴赏就有了普遍的原则和标准。正如休谟认为趣味的共同标准是基于"人类内心结构"的一致，伯克也认为趣味的普遍原则是基于"人的器官的构造"的相同。这种仅仅从人性乃至人的生理结构上来观察和分析美感和趣味的观点，表现了旧唯物主义的一般局限性，但他们坚持美感和趣味的普遍原则和客观标准，对反对美学中的主观主义和相对主义仍然起到了一定的历史作用。

二 经验归纳和心理分析形成美学研究新范式和新方法

和研究对象从审美客体、美的本质开始主要转向审美主体、美感经验相伴随，英国经验主义美学在研究方法上也由形而上的思辨研究开始主要转向形而下的经验研究，而且特别侧重对审美现象进行心理学和生理学的科学研究。这也是经验主义美学的一大特色。西方美学从古希腊罗马的柏拉图、普洛丁到中世纪的新柏拉图主义者奥古斯丁、阿奎那，都是从先验的理念出发，进行主观的甚至是神秘的哲学思辨，这种研究方法长期影响着西方美学发展。直到17世纪的大陆理性主义美学，也仍然延续着这种影

[①] [英]伯克：《关于崇高与美两种观念根源的哲学探讨》，A. 菲利普斯编，牛津大学出版社1990年版，第13页。

响。而英国经验主义美学则受经验主义哲学方法的深刻影响，强调从感性经验出发，重视对客观现象的观察、实验，力求通过对经验的分析和归纳形成对于美学问题的理解和认识。洛克说："我们的一切知识都是建立在经验上的，而且最后是导源于经验的。"① 经验有两种，一为对外物的感觉；二为对内心活动的反省，这种经验都离不开人的心理活动。所以强调经验归纳，必然强调心理分析。正如吉尔伯特所指出："洛克的新方法在于，不是把一般的理性真理，而是把特殊的心理现象变为每一种科学研究的出发点。"② 休谟认为，人的科学必须建立在经验和观察之上，他的精神哲学包括美学的一个突出特点，就是大量细致的经验的心理分析。这也是他提出美学研究须具有"哲学的精密性"的具体含义。他对美、趣味和悲剧快感等美学问题的研究都是建立在对观察材料和经验的科学分析与归纳的基础之上的。伯克也是以经验的事实作为研究崇高与美以及审美趣味等美学问题的出发点，他还用亲身观察的经验材料来论证自己的观点，并且主要是从心理学和生理学的角度去研究和阐释美与崇高、审美经验、悲剧快感等美学问题，特别是对崇高感和美感的心理和生理基础作了独创性的分析。

英国经验主义美学在对审美现象进行心理学和生理学的研究和解释中，形成了许多新的审美心理学说和概念，其中具有原创性、应用广泛、影响较大的有"观念联想"说、"同情"说等。

（一）观念联想说

观念联想理论由霍布斯提出，洛克加以解释，到休谟又将它系统化，它是经验论哲学和美学的主要论证依据之一。按照经验论哲学家和美学家的论述，观念联想属于想象，它是在想象基础上从一个观念联想到另一个观念的心理活动。如果说判断是认识事物间差异的能力，那么，作为想象的观念联想则是认识事物间相似的能力。观念的联想和"巧智"是同一种心理活动，因为"巧智"也是把各种相似相合的观念结合在一起。对于许多重要美学现象，如美、趣味的差异、审美快感、诗的形象创造等，经验论美学家都运用了观念联想的理论去加以解释。洛克在论到有关审美和创

---

① [英] 洛克：《人类理解论》上册，关文运译，商务印书馆1959年版，第68页。
② [美] K. E. 吉尔伯特、[德] H. 库恩：《美学史》上卷，夏乾丰译，上海译文出版社1989年版，第305页。

作的心理活动时，首先使用了"巧智"（wit）概念。"巧智"是17、18世纪欧洲文艺界相当流行的一个术语，但洛克却把它同"观念的联想"结合起来。他说："巧智主要见于观念的撮合。只要观念之间稍有一点类似或符合时，它就能很快地而且变化多方地把它们结合在一起，从而在想象中形成一些愉快的图景。"① 洛克区分了巧智和判断力的差别，认为巧智是把各种相似相合的观念结合在一起，而判断力则是把各种差别细微的观念加以仔细分辨，这已暗含着形象思维和逻辑思维的区别。值得注意的是，洛克指出巧智可以在想象中形成愉快的图景，使人感动并得到娱乐，而且巧智所呈现出的美，并不需要苦思力索其中的理性，令人不假思考就可以见到，这不但揭示了巧智的审美特点，而且也指出了"观念联想"在形成美感中的作用。

关于观念联想这种心理现象，洛克也作了细微的分析。他认为观念有两个来源，一为感觉；二为反省。同时，他认为观念的联想也有两种，一种是"自然的联合"；另一种是由机会和习惯而来的"习惯的联合"。前者主要是理性的作用，后者则往往不受理性的影响。关于后一种观念的联想，洛克写道："观念的这种强烈的集合，并非根于自然，它或是由人心自动所造成的，或是由偶然所造成的，因此，各人的心向、教育和利益等既然不同，他们的观念联合亦就跟着不同。"② 他举例说了一个音乐家如果惯听某个调子，则那调子只要在他的脑中一开始，各个音节的观念就会依着次序在他的理解中出现，而且出现时，并不经他的任何关心或注意。可见所谓习惯的观念联想，实则还是由于事物在时间、空间、性质、状貌等方面的接近而在人心中建立的联系，不过由于这种联系由于受个人因素影响，因而带有偶然性和特殊性。在审美活动中，习惯的观念联想是一种普遍现象。

洛克关于观念的联想的概念的提出，在审美心理研究中产生了很大的影响。休谟在论述美和同情作用以及悲剧时，就曾广泛使用了这一概念。哈奇生也曾用"观念联想"来说明人们审美爱好产生分歧的主要原因。

---

① ［英］洛克：《人类理解论》，载朱光潜《西方美学史》上卷，人民文学出版社1979年版，第210页。

② ［英］洛克：《人类理解论》上册，关文运译，商务印书馆1983年版，第376页。

（二）审美同情说

同情说也是以观念联想为基础的，但它侧重在说明情感活动。这种理论认为，一切人的心灵在其感觉和作用方面都是类似的，凡能激动一个人的任何感情，也总是别人在某种程度上所能感到的，一切感情都可以由一个人传到另一个人，而在每个人心中产生相应的活动。这种人与人之间在感情上的互相感应和传达便是同情作用。这种同情作用，被经验论美学家广泛用来阐释美的生成、审美愉快、文艺欣赏以及悲剧审美效果等，以致被有的美学史家称作"关于同情的魔力的原则"①。在论述审美心理活动中的观念联想和同情作用时，经验论美学家还涉及所谓"移情作用"的审美现象，因而它也是后来形成的移情说的滥觞。

运用同情说分析和解释审美快感和美的生成，休谟做得最为成功，也最有代表性，他明确地提出了美与同情作用及对象效用相关的学说，试图从心理功能上揭示美和快感的形成机制。休谟认为，大多数种类的美都是由同情作用这个根源发生的。同情是人性中一个强有力的原则。同情对于我们的美感有一种巨大的作用，"我们在任何有用的事物方面所发现的那种美，就是由于这个原则发生的"②。"例如一所房屋的舒适，一片田野的肥沃，一匹马的健壮，一艘船的容量、安全性和航行迅速，就构成这些各别对象的主要的美。在这里，被称为美的那个对象只是借其产生某种效果的倾向，使我们感到愉快。那种效果就是某一个其他人的快乐或利益。我们和一个陌生人既然没有友谊，所以他的快乐只是借着同情作用，才使我们感到愉快。"③按休谟的解释，同情作用是基于因果关系的观念的联想。当我们看到任何情感的原因时，我们的心灵也立刻被传递到其结果上，并且被同样的情感所激动。看到对象的效用，我们便会联想它可以给其拥有者带来利益和引起快乐的效果，所以借着同情也感到愉快。对此，休谟举例说，房主向我们夸耀其房屋的舒适、位置的优点和各种便利细节。很显然，房屋美的主要部分就在于这些特点。这是为什么呢？休谟对此分析

---

① [美] K. E. 吉尔伯特、[德] H. 库恩：《美学史》上卷，夏乾丰译，上海译文出版社1989年版，第336页。
② [英] 休谟：《人性论》下册，关文运译，商务印书馆1983年版，第618—619页。
③ [英] 休谟：《人性论》下册，关文运译，商务印书馆1983年版，第618页。

道:"一看到舒适,就使人快乐,因为舒适就是一种美。但是舒适是在什么方式下给人快乐的呢?确实,这与我们的利益丝毫没有关系;而且这种美既然可以说是利益的美,而不是形象的美,所以它之使我们快乐,必然只是由于感情的传达,由于我们对房主的同情。我们借想象之力体会到他的利益,并感觉到那些对象自然地使他产生的那种快乐。"① 这里值得注意的是,休谟认为在同情作用中,虽然涉及对象的效用和对人的利益,但作为审美主体,我们只是借助于想象,设身处地体会到物主的利益,而实际上,对象"与我们的利益丝毫没有关系",即不涉及我们自己的利益。"这一学说实在是康德的'没有目的观念的合目的性'或他的'不关利害的快感说'的近似的前身。"②

伯克对同情这种审美心理现象也做过许多研究。他把同情看作社会交往必需的感情,同时又带有自我保存的性质;认为文艺欣赏和悲剧效果主要基于同情:"主要地就是根据这种同情原则,诗歌、绘画以及其他感人的艺术才能把情感由一个人心里移注到另一个人心里,而且常常能在不幸、苦难乃至死亡上嫁接上愉快。大家都看到,有一些在现实生活中令人震惊的事物,放在悲剧和其他类似的艺术表现里,却可以成为高度快感的来源。"③ 这里涉及悲剧何以产生快感的问题。西方美学中向来有一种颇具影响的看法,即认为悲剧能产生快感的原因在于它是虚构。伯克不赞成此说。他指出,对于并非虚构的、真正的悲惨事件和人们的厄运,我们也会因受感动而感到愉快。无论是历史中所追述的,还是我们目睹的,灾难和厄运总是令人感动并感到欣喜。"这是因为当恐怖不太迫近时,它总是产生一种欣喜的感情,而同情则往往伴随着愉快,因为它产生于爱和社交感情。"④ 悲剧和真正的灾难和不幸的差别,是在它可由仿效的效果而产生快感,但实际上,真正的灾难和厄运比仿效的艺术和悲剧,能激发更大的同情,引起更大的快感。用"同情"来解释悲剧何以引起快感的特殊审美效

---

① [英]休谟:《人性论》下册,关文运译,商务印书馆1983年版,第401页。
② [英]鲍桑葵:《美学史》,张今译,商务印书馆1985年版,第236页。
③ [英]伯克:《关于崇高与美两种观念根源的哲学探讨》,A. 菲利普斯编,牛津大学出版社1990年版,第41页。
④ [英]伯克:《关于崇高与美两种观念根源的哲学探讨》,A. 菲利普斯编,牛津大学出版社1990年版,第42页。

果,是伯克的一个新贡献。虽然它也不无片面性,但比起用"虚构""模仿""技巧"等原因来说明悲剧快感的理论,伯克的看法更深入地接触到悲剧美感的特殊心理根源,因而在美学史上是颇受重视的。

三 传统美学范畴获得新阐释和新内涵

英国经验主义美学顺应时代需要,从当时的审美实践经验出发,结合艺术欣赏和创作的新情况,对传统的美学命题作了新的探索和阐释,同时又提出了一些新的美学范畴,深刻阐明了艺术和审美中许多新问题,从而更新了美学研究的内容,这也是经验主义的一个特点和贡献。如何使古典的美学传统与近代的审美经验相结合,是经验论美学家关注的中心问题。因而,对于西方古典的传统美学范畴的思考和批判,始终贯穿于英国经验主义美学发展的过程。"在这个批判的领域中,思考工作采取了环境为它规定的方式,即同构成当代局势的主要事实的既定的对比进行斗争。而且随着思考逐渐打破传统的樊笼,它的成果愈来愈带有经验性了——这里指的是更富于生气了,更具体了,更接近于它的努力后来产生的真正的哲学思辨了。"[①]

(一) 美的范畴论

对于美这一传统美学命题的思考和批判,仍然构成了英国经验主义美学的一个主要内容。在经验派美学家中,有的继续在形而上学的哲学思辨中探求美的本质的答案,如舍夫茨别利和休谟;有的则从审美鉴赏和艺术创造的实际出发,通过研究审美事实,去概括美的对象的形式上的特征和原则,如荷加斯、霍姆和伯克;还有的试图对美进行分类,并相应提出新的美学范畴,如哈奇生、霍姆。总之,要对美这一传统美学命题注入新的内容。其中,舍夫茨别利对于美的精神本源的思考,休谟从对象与主体的关系说明美的本质的理论,伯克、荷加斯关于美的对象特质和美的形式原则的分析,哈奇生和霍姆关于绝对美和相对美的区分等,都为德国古典美学进一步解决美的本质问题提供了重要的思想资料。就美的本质的探讨来

[①] [英]鲍桑葵:《美学史》,张今译,商务印书馆1985年版,第238页。

说，最能反映经验主义美学特点和代表性的成果，应是休谟关于美的本质特征的分析。他说："美是一些部分的那样一个秩序和结构，它们由于我们天性的原始组织、或是由于习惯、或是由于爱好，适于使灵魂发生快乐和满意。这就是美的特征，并构成美与丑的全部差异，丑的自然倾向乃是产生不快。因此，快乐和痛苦不但是美和丑的必然伴随物，而且还构成它们的本质。"① 这段论述值得注意的有两点：第一，明确指出快乐构成美的本质，是美的特征和美与丑的全部差异，这实际上就是把美等同于审美主体的快乐情感，正如吉尔伯特和库恩所说："休谟把美与快感相等同，把快感与我们实体的原动力相等同。"② 第二，分析作为美的本质的快乐产生的原因，一方面是对象的各部分之间的秩序和结构，这是客体方面的条件；另一方面是人的天性的原始组织、习惯、爱好，这是主体方面根源，审美主体的快乐就是由于对象的条件适宜于主体心灵而产生的。

从上述对美的本质的基本观点出发，休谟从不同方面对美作了考察和分析。一方面，休谟认为美不是对象的一种性质，它只是对象在人心上所产生的效果，所以只存在于观赏者的心里。"即使只有心灵在起作用，感受到厌恶或喜爱的感情，它也会断定某个对象是丑的、可厌的，另一对象是美的、可爱的。"③ 因此，具有特殊组织结构的人的心灵对美的产生具有决定作用。另一方面，他又肯定对象的性质是引起审美主体快乐情感的必要条件，甚至认为对象产生快乐的形相便构成为美。他说："虽然美和丑比起甜和苦来，可以更加肯定地说不是事物本身的性质，而是完全属于内外感官感觉到的东西，不过我们还是应该承认，对象本身必有某种性质，按其本性是适于在我们的感官中引起这些感受的。"④ 表面上看来，休谟这两方面论述似乎是矛盾的，但他却努力将这两方面——对象的性质和主体的心灵统一起来。他的基本观点是把美的本质看作对象性质适合于主体心灵而引起的愉快情感。较之此前西方美学界颇为流行的"美是理念"和

---

① ［英］休谟：《人性论》下册，关文运译，商务印书馆1983年版，第334页。
② ［美］K. E. 吉尔伯特、［德］H. 库恩：《美学史》上卷，夏乾丰译，上海译文出版社1988年版，第321页。
③ ［英］休谟：《论论怀疑派》，载《人性的高贵与卑劣——休谟散文集》，杨适等译，上海三联书店1998年出版，第10页。
④ ［英］休谟：《论趣味的标准》，载《人性的高贵与卑劣——休谟散文集》，杨适等译，上海三联书店1998年版，第151页。

"美在形式"的看法,休谟关于美的本质的见解是具有创新意义的。他不是从先于人而存在的"理念"出发,也不是从外在于人而存在的"形式"出发,而是从人对美的主体感受经验——快感出发,去探寻美的生成的主体、客体原因,这无疑为研寻美的本质开辟了一条新的途径。不过,由于历史和思想局限,休谟并没有科学地解决主客体在美的形成中的关系问题,他最终还是强调审美主体的情感和感受决定着对象的美与丑,所以从主导方面来看,休谟还是属于美的主观论者。

(二) 崇高的范畴论

英国经验主义美学家非常重视对崇高这一美学范畴的研究,他们比以往任何时代的美学家都更为注意和美相区别的崇高现象以及对崇高的审美经验。这和那个变革时代的整个精神状态以及审美理想和趣味的变化是一致的。艾迪生提出了"伟大"这一范畴,并使之与美相并列,极力推崇大自然崇高美;休谟赞赏诗的巨大魅力在于崇高的激情,并将它与温柔并列为两种不同的情感形象;霍姆论述了"雄伟"这一范畴,分析了它和美在对象特性及主体感受上的区别。而伯克则以崇高与美两种观念根源的探究作为论著的主题,第一次将崇高提升为一个独立的审美范畴,将其与美严格区别开来。他对崇高感的心理生理基础的探讨和对崇高对象特质的描述,将西方美学对崇高范畴的研究提升到一个新的水平,具有承前启后的作用。

伯克从人的情欲和情感出发,着重探讨了崇高感形成的心理和生理基础。他认为大多数能对人的心情产生强有力的作用的感情,几乎都可以简单分成两类:一类涉及"自我保存";另一类涉及"社会交往"。这两类感情符合不同目的,前者是要维持个体生命的本能,后者是要维持种族生命的生殖欲和满足互相交往的愿望。总的来说,崇高感源于自我保存的感情,美感则源于社会交往的感情。

在分析崇高感和自我保存的感情的关系时,伯克指出,涉及自我保存的感情大部分主要与痛苦和危险有关,它们一般只在生命受到威胁的场合才激发起来,在人的情绪上主要表现是恐怖或惊惧,而这种恐怖或惊惧正是崇高感的基本心理内容。他说:"凡是必然适合于引起痛苦或危险观念的事物,即凡是必然令人恐怖的,或者涉及可恐怖的对象,或是类似恐怖那样发挥作用的事物，就是崇高的一个来源。"① 崇高感的主要内容是恐怖，它本来也是一种痛感，但崇高对象引起的恐怖和实际生命危险产生的恐怖，两者在情感调质上却显得不同。对实际生命危险的恐怖只能产生痛感，而对崇高对象的恐怖却能由痛感转化成快感。这是为什么呢？伯克对此的解释是："当危险或痛苦太迫近时，它们就不能产生任何愉快，而只是单纯的恐怖。但是如果相隔某种距离，并得到了某些缓和，危险和痛苦也可以变成愉快的。"② 这就是说，崇高感的形成既要使人感到危险，又要使危险不太紧逼，相隔一定距离，不致成为真正的危险。这样，由于危险受到缓和，加上其他原因，崇高对象引起的恐怖便可由痛感而转化为一种愉悦。这种看法已经隐伏着以后的所谓"心理距离"的萌芽。

伯克还指出，崇高感是与竞争心或向上心这种社会交往情感相联系的，因为崇高对象能提高一个人对自己的估价，引起对人心是非常痛快的那种自豪感和胜利感。他说："在面临恐怖的对象而没有真正危险时，这种自豪感就可以被人最清楚地看到，而且发挥最强烈的作用，因为人心经常要求把所观照的对象的尊严和价值或多或少地移到自己身上来。"③ 在前文论述自我保全的感情时，伯克曾分析崇高中的恐怖能由痛感转化为快感，是由于危险处于某种距离以外而受到缓和，这里又进一步指出是由于审美主体的自豪感和胜利感发挥作用。这和后来康德认为崇高感是一种自我尊严和精神胜利的看法恰相吻合。可以说，在西方美学家中，伯克是对崇高感的心理和生理基础分析得最为充分的人物之一。它不仅在方法上是独特的，而且在内容上也是具有独创性的，对后来西方关于崇高范畴的研究产生了重要影响。吉尔伯特说："康德关于崇高的整个理论是在伯克的影响下出现的。"④ 康德不仅认真读了伯克论崇高的著作，而且他对崇高的分析几乎采用了伯克的所有要点，如认为崇高感伴随恐惧感，是经过克服

---

① [英]伯克：《关于崇高与美两种观念根源的哲学探讨》，A. 菲利普斯编，牛津大学出版社1990年版，第36页。
② [英]伯克：《关于崇高与美两种观念根源的哲学探讨》，A. 菲利普斯编，牛津大学出版社1990年版，第36—37页。
③ [英]伯克：《关于崇高与美两种观念根源的哲学探讨》，载朱光潜《西方美学史》上卷，人民出版社1979年版，第241页。
④ [美] K. E. 吉尔伯特、[德] H. 库恩：《美学史》下卷，夏乾丰译，上海译文出版社1989年版，第427页。

痛感之后所产生的快感等。不过，康德从主观主义出发，突出崇高的主观基础和主观来源，这就与伯克的经验主义和唯物主义立场不同了。

总之，英国经验主义美学在美学研究对象的转换、美学研究范式的转型、美学研究内容的创新等方面，都表现出鲜明特点，并对西方美学作了独特贡献，从而对西方近、现代美学发展产生了深远影响。

英国经验主义美学促进美学研究重点转向审美主体和审美意识，对审美经验和审美能力的特性和规律作了创造性的研究，其影响是巨大而深刻的。康德是直接在英国经验主义美学影响下开始美学研究的。尽管他企图调和经验主义和理性主义美学，但是他的美学研究始终是侧重在对审美主体、审美意识、审美活动的考察和分析。正因为经验派美学突出地提示了审美活动的特点，同时也明显暴露了它存在的矛盾，康德才能在批判、综合经验派美学和理性派美学不同观点的基础上，对审美活动的特点和规律做出更深刻的分析。康德以后，从尼采、叔本华一直到20世纪各种现代美学流派，诸如表现主义、自然主义、直觉主义、实用主义、现象学、符号学各派美学以及各派心理学美学等，无不把对审美主体、审美经验的研究放在美学研究的中心位置。追根溯源，我们不能不看到经验主义美学的历史影响。

英国经验主义美学形成对审美现象进行经验归纳和心理分析的研究新范式，其影响也是颇为深远的。各种现代心理学美学派别固然非常强调对审美经验、审美现象的心理和生理分析，以致形成与"形而上"的美学研究相区别的"形而下"的美学研究方式，就是像自然主义、实用主义和新自然主义等现代美学流派，也都非常强调经验事实的研究和心理的分析。杜威的实用主义美学的一大特点，就是始终从"经验"分析出发。他明确声称，实用主义是对"历史上经验主义"的继承和改造。从自然主义到实用主义，无不是非常重视对艺术事实和审美经验的观察和描述。到了门罗的新自然主义美学，更主张美学要转向具体、经验的心理学和社会学研究，推动美学走向"科学"。西方现代美学研究中的这种倾向和潮流，可以说是经验主义美学的历史影响的延续。

由于英国经验主义美学受到经验主义哲学片面强调感觉经验和感性认识作用的影响，同时，经验主义美学家又强调美学是以情感为对象，因此在考察和分析审美经验时，过分偏重审美的感性和直接性的特点，强调情感、情欲在审美中的作用，而较为忽视审美活动的理性方面，有的甚至认为审美是与理性无关的。经验主义美学家偏重从人的情欲出发解释美学现象，尤其注重对审美经验的心理和生理基础的研究，但由于他们不能科学地了解人性和人的本质，脱离了人的社会实践和历史发展，仅仅把人看作具有固定不变的心理和生理特性的动物性的人，而不是看作社会的人，这就不能科学地说明审美现象和审美意识的社会性质。经验主义美学对于审美现象所做的经验的、心理学的描述，固然对解决美学问题提供了丰富的思想资料，但由于缺乏哲学的思考，它对美学问题的解释还难以达到哲学应有的理论高度。这些都显示出英国经验主义美学的不足和局限性。但同它的贡献相比，这些不足和局限性是次要的，并且在当时历史条件下，也是不可避免的。

[原载于《华中师范大学学报》（人文社会科学版）2003年第6期]

大陆理性主义美学的演变和特点

西方近代美学是以大陆理性主义美学和英国经验主义美学为开端的。如果没有这两大美学思潮作为基础，就不可能有德国古典美学这个高峰的出现。其中，大陆理性主义美学就是康德美学的直接来源之一。因此，深入分析大陆理性主义美学，对于了解西方近代美学的来龙去脉和美学的现代性的形成是有重要意义的。

一 大陆理性主义美学的发展演变

大陆理性主义哲学和美学的产生稍晚于英国经验主义哲学和美学。理性主义哲学创始人笛卡尔比经验主义哲学创始人培根晚生35年，培根的《学术的进展》出版于1605年，而笛卡尔的《谈谈方法》则出版于1637年。尽管如此，理性主义和经验主义的发展却是相互促进、并驾齐驱，并且相互重叠、彼此交错。和英国经验主义美学一样，大陆理性主义美学从产生、发展到终结大致经历了17—18世纪。有所不同的是，英国经验主义美学代表人物都来自英国，而大陆理性主义美学代表人物却来自法国、荷兰、德国诸欧洲大陆国家。虽然理性主义美学特别是以理性主义为基础的法国古典主义文艺思想在英国也有较大影响，但在英国却没有产生理性主义美学的代表人物。我们当然不能像有的论著所说，将理性主义看作"代表铁板一块"[①]的哲学和美学主张，但是理性主义和经验主义毕竟在哲学认识论的基础问题上存在着根本分歧，因此以理性主义哲学为基础而形成的美学思想，和经验主义美学思想在观点、方法上自然存在原则区别，而

---

① ［英］约翰·科廷汉：《理性主义者》，江怡译，辽宁教育出版社、牛津大学出版社1998年版，第10页。

在其自身却必然具有相互的一致性和关联性。正是着眼于哲学基础和美学思想倾向上的一致性和关联性，我们才将笛卡尔、高乃依、布瓦洛、斯宾诺莎、莱布尼茨、伍尔夫、戈特舍德、鲍姆加登看作大陆理性主义美学的代表人物。不过这些代表人物在哲学和美学的许多问题上也仍然存在差别。就哲学形而上学来说，有的是唯心主义者，有的是唯物主义者，有的持二元论，有的持一元论；就认识论的倾向来说，有的保持较纯粹的理性主义形态，有的则在理性主义基础上吸纳了某些经验主义的成分；就美学研究方法来说，有的是从某种理性主义哲学体系出发，在体系的框架内对美学问题进行思辨的研究；有的则着眼于文艺创作实践，运用理性主义观点和原则，总结和概括美学理论和文艺法则。总之，他们是以不同的立场和方式共同推动着理性主义美学的发展。

正如黑格尔所说，近代哲学是从笛卡尔的思辨形而上学开始的。笛卡尔第一个以明确的哲学形式宣布了人的理性的独立，开创了近代理性主义的哲学思潮。他对于人类理性、自我主体以及先天观念的强调和张扬，不仅开创了一种哲学研究的全新方式，也为美学提供了一种全新的方法论。尽管笛卡尔没有写过系统的美学著作，但他所创立的理性主义哲学却为近代理性主义美学的形成奠定了基础，"他的整个体系包含了一种美学理论的大致轮廓"[①]。因此，他是近代理性主义美学的真正创始者和奠基者。在美学思想上，笛卡尔主要是结合哲学和艺术问题，对一些具体的美学问题进行了探讨，尚未形成完整的体系。他的形而上学通过理性推论，肯定了上帝是心灵和自然的创造者，当然也就认为上帝是美的来源。不过，在具体考察现实事物的美时，他又将美定义为"我们的判断和对象之间的一种关系"，认为美是对象与人的外在感官和内在心灵之间的关系的适合、符合或协调，突出了判断美丑的主体价值标准。同时，他也指出美在对象的部分之间的比例和协调，强调美的整体性和统一性。他肯定美的相对性和美感的差异性，认为美感是包含着复杂心理活动的"理智的愉快"。尽管笛卡尔在哲学中抬高理性、贬低感性，但他并不否认想象和情感在文艺创作中的独特作用。他的美学思想既具有理性主义的基本特点，也注意到审美问题的特殊性和复杂性，并不像后来法国古典主义者那样走极端。

---

① ［德］E. 卡西勒：《启蒙哲学》，顾伟铭等译，山东人民出版社1998年版，第273页。

以高乃依、布瓦洛为代表的法国古典主义文艺理论是在笛卡尔理性主义哲学的基础上发展起来的。古典主义文艺理论从两个方面推进和发展了理性主义美学。第一，它将笛卡尔的理性主义的方法论原则具体应用到文艺创作和文艺研究中来，在总结古典主义文艺创作经验的基础上，提出了理性主义的文艺美学原则；第二，它将理性主义的美学思想和文艺理论条理化、系统化，形成了一个完整的理性主义美学和文艺理论体系。法国古典主义文艺思潮兴起于17世纪30年代，而在路易十四时代达到全盛。如果说较早的沙坡兰和高乃依对戏剧的功能作用、戏剧创作以及戏剧"三一律"等的论述，只是对古典主义文艺理论的初步探讨，那么，在古典主义全盛时期产生的布瓦洛的《诗的艺术》，则是集古典主义文艺理论之大成，因而被称为古典主义的美学法典。布瓦洛应用笛卡尔的理性主义哲学原则来总结古典主义文艺的创作经验，分析和解决文艺问题，从而使理性主义具体转化为古典主义文艺的美学原则。他提出文艺创作要依靠和服从理性，凭理性获得价值，以理性为最高准则。文艺模仿自然，要以理性为统辖，表现自然的普遍性和普遍的人性，达到符合理性的真实。文艺应在理性基础上达到真善美的统一，把善和真与趣味融成一片。刻画人物要符合类型性和固定的性格模式。作品的形式安排、语言运用乃至体裁风格都要符合规范化的要求和凝固化的规则，等等。可以说，笛卡尔开创的理性主义哲学原则和方法，正是通过以高乃依、布瓦洛为代表的古典主义美学和文艺理论，才得以在美学和文艺领域中产生广泛而深刻的影响的。由于古典主义文艺思潮在法国乃至整个欧洲的广泛而持久的传播，"十七世纪的文学界，各方面都体现了笛卡尔连第一句话也从未写过的笛卡尔美学"[①]。

斯宾诺莎是继笛卡尔之后的另一个理性主义哲学的代表人物。他批判了笛卡尔的二元论，建立了肯定神即自然就是唯一实体的唯物主义一元论，同时进一步将笛卡尔的理性主义认识论原则系统化，强调普遍必然性知识，并把普遍性原则贯彻到哲学的各个方面，形成了从内容到形式都更为完备的理性主义哲学体系。他将知识论、伦理学和美学相互结合起来，使理性主义美学获得了更完备的表述。在论述一般的美丑观念时，斯宾诺

[①] ［法］埃米尔·克兰茨：《笛卡尔的美学学说》，载［美］K. E. 吉尔伯特、［德］H. 库恩《美学史》上卷，夏乾丰译，上海译文出版社1989年版，第264页。

莎认为美丑不是指自然事物本身的性质,而是依据自然事物对于人的作用和感觉,对自然事物所做的一种价值判断。美丑与善恶和圆满、不圆满的概念一样,都属于按照人的感觉来解释自然的概念。同时,他又指出,作为按照自然本来面目来解释自然的概念,圆满性就是事物的实在性和本质。与这种圆满性相一致的美,不是对人的感觉而言的美,而是对于事物本质的理性直观。在论述人的心灵活动时,斯宾诺莎认为想象和理性是相互区别、相互对立的两种认识方式。想象是人的身体情状的观念,它以形象的方式而不是以概念的方式来认识事物。想象和联想的观念联系不同于理智的观念联系。理智的观念联系是客观的、逻辑的;想象的观念联系是主观的、情感的。尽管斯宾诺莎抬高理性,贬低想象,认为想象不能像理性那样达到对事物本质的正确认识,但他充分肯定了想象的特点及其在文艺创作中的特殊作用。他进而指出,情感与想象是互相联系、互相统一的,作为凭借身体情状而形成的观念,想象是对外物的认识,情感是对外物的反应。由想象—情感形成的同情作用在审美经验中具有重要作用。惊异、恐惧和轻蔑、嘲笑是形成崇高感和滑稽感的两种情感样式。这些论述进一步丰富和深化了理性主义美学的内容。

出生稍晚于斯宾诺莎的德国哲学家莱布尼茨,是理性主义哲学和美学的卓越代表,他接受并发展了笛卡尔的理性主义哲学,建立了以单子论为核心的客观唯心主义的形而上学体系,完成了大陆理性派哲学从二元论经过唯物主义一元论到唯心主义一元论的发展过程。在认识论上,他坚持先验论,认为普遍必然性的真理只能是心灵先天固有的,从而将理性主义推向极端。但他也吸收和结合了经验主义的合理成分,提出潜在的天赋观念论,承认"事实的真理",强调个体性原则,等等。他从单子论的"前定和谐"说出发,论证了美的本质在和谐、秩序,和谐即"多样性中的统一性"。和谐来自上帝的理性对于世界的预先规定和安排,因而美的本原来自上帝。这是将目的因引入对于美的解释中,试图在物质形式与实体形式、可感世界与理性主义之间建立起联系,以揭示某种最终的形而上学原因。同时,他又从单子论的认识论出发,阐述了美感属于既明白又混乱的认识,是一种"混乱的知觉",具有知其然而不知其所以然、令人愉悦却不涉及功利的特点。审美虽然属于感性认识活动,却蕴含着理性内容。这就将美感纳入理性主义认识论框架中,并确立了美学在认识论体系中的地位。这一切使莱布尼茨的美学思想成为理性主义美学发展的成熟阶段的集中表现，并对后来德国理性主义美学发展产生了巨大影响。

莱布尼茨哲学的直接继承者沃尔夫以"一种死气沉沉的学究思想方式"①，将莱布尼茨的哲学观点系统化和通俗化。这种所谓的"莱布尼茨—沃尔夫哲学"长时期在德国占据统治地位，对理性主义哲学和美学的发展具有较大影响。在哲学上，沃尔夫完全接受了莱布尼茨的单子论和前定和谐说，坚持唯心主义的唯理论。在他构建的庞大的哲学体系和各分支学科中，研究理性认识的逻辑学被放在哲学及其各学科总导引的地位，唯独感性认识没有专门学科进行研究。正是这一点促成鲍姆加登提出要建立一门研究感性认识的学科——美学。在美学思想上，沃尔夫强调"完善"（perfection）这一概念，认为美在于事物的完善，这种看法后来对鲍姆加登的美学思想产生了直接影响。

莱布尼茨和沃尔夫的理性主义哲学在文艺上的影响，主要表现在德国文艺理论家戈特舍德的诗学中。"如同在法国，布瓦洛的诗学符合笛卡尔的哲学一样，在德国，戈特舍德的理性主义的诗学也符合沃尔夫的笛卡尔-莱布尼茨的理论。"②戈特舍德推崇和追随法国新古典主义文艺思潮，他的《批判的诗学》和布瓦洛的《诗的艺术》如出一辙，片面强调理性对于文艺的作用，主张"哪一种趣味能与理性规定的规则一致，它就是好的趣味"③，认为作家只要依据理性，从道德准则出发，并掌握一套规则，就可以如法炮制出作品；艺术的本质和任务是对人进行理性和道德教育。围绕理性和想象及其与文艺的关系，戈特舍德和当时的苏黎世派展开论战，这从一个侧面反映出理性主义和经验主义、新古典主义和浪漫主义在文艺问题上的根本分歧。

莱布尼茨和沃尔夫的理性主义哲学对于美学的影响，集中表现在鲍姆加登的美学理论中。鲍姆加登直接受业于沃尔夫，是沃尔夫哲学的信徒和"个别加工者"④。他根据沃尔夫关于低级认识能力（感性）和高级认识能

---

① ［英］罗素：《西方哲学史》下卷，马元德译，商务印书馆1982年版，第123页。
② ［意］克罗齐：《作为表现的科学和一般语言学的美学的历史》，王天清译，中国社会科学出版社1984年版，第55页。
③ ［德］戈特舍德：《批判的诗学》，载马奇主编《西方美学史资料选编》（上），上海人民出版社1987年版，第502页。
④ ［德］黑格尔：《哲学史讲演录》第4卷，贺麟、王太庆译，商务印书馆1997年版，第192页。

力（理性）的划分，提出在认识论中，除了研究理性认识的逻辑学之外，还应建立一门专门研究感性认识的学科即美学。他把逻辑学称为高级认识论，而把美学称为低级认识论，使两门独立学科彼此并列，从而在理性主义框架下，为美学在哲学的领地内赢得一席之地。他在沃尔夫的美的定义的基础上，进一步提出"美是感性认识的完善"的论断，从客体对象的完善和主体认识本身的完善两方面对美的本质作了新的界说。他在一定程度上克服了理性主义的局限，肯定了美学作为感性认识的科学价值，认为美的认识虽然属于感性认识，却具有与理性认识相类似的性质，是"类似理性的思维"，能够达到"审美的真"，表现出理性认识与感性认识相调和的倾向。同时，他也指出审美的真和逻辑的真在认识和把握真的途径和方式上是不同的，强调诗的感性化和个性化特征，充分肯定感知、想象、情感、幻想对于诗的创造的作用。这也在某种程度上突破了新古典主义诗学的束缚。理性主义美学发展到鲍姆加登，已经进入尾声。尽管鲍姆加登仍然坚持理性主义立场，完全服从严格的理性规则，但他在理性法庭上为审美直觉辩护，充分肯定作为感性认识的美学和美的认识的地位和作用，也充分肯定了美的认识和文艺的特点，这在实际上已暴露出理性主义美学的片面性和内在矛盾，因而也就预示了理性主义美学的终结。

二 大陆理性主义美学的基本特点

大陆理性主义美学是在理性主义哲学的基础上形成和发展起来的，它的特点和理性主义哲学的特点密切相关。大陆理性主义和英国经验主义都是西方近代哲学发生"认识论的转向"的推动力量和重要成果，它们都把认识论作为哲学的突出问题和主要问题，但两者对认识的起源、途径和方法问题存在着完全不同的看法。经验主义认为一切知识都起源于感觉经验，认识须从感觉经验开始，理性知识必须以感觉经验为基础；理性主义则认为有普遍必然性的理性知识不能来自感觉经验，而只能来自理性本身固有的某种先天观念，因而也否认理性知识须以感觉经验为基础。可以说，对于认识起源和途径问题的不同答案，是区分理性主义和经验主义的基本标准和分水岭。黑格尔指出，近代哲学在消除思维与存在的对立的做法上分为两种主要形式。"一种是实在论的哲学论证，一种是唯心论的哲学论证；也就是说，一派认为思想的客观性和内容产生于感觉，另一派则从思维的独立性出发寻求真理。"① 这里所说正是经验主义和理性主义在认识起源和途径上的根本对立。由此出发，形成了经验主义和理性主义两派哲学的不同特点。经验派哲学强调认识的经验来源，强调感性认识的重要性和实在性，注重经验和与经验相关的问题，倡导经验归纳法；理性派哲学则强调认识的理性来源，强调理性认识的可靠性和必要性，注重理性和与理性相关的问题，倡导理性演绎法。经验主义和理性主义两种美学思潮的特点就是建立在上述两派哲学的特点基础之上的，是两派哲学上的特点在美学研究中的具体体现。鲍桑葵在《美学史》中对此有很好的概括，他说："如果说从个性中最富于个性的东西出发的英国学派是从观察训练有素的艺术感觉或分析不关利害的快感的条件，上升到美学观念的话，那么，就我们的研究目的而论，和莱布尼茨学派一脉相承的笛卡尔学派就是下降到美学观念，因为从根本上说，它企图把自己的主要用来研究认识的唯智主义学说扩大运用到感觉和知觉的现象上来。"② 可见，理性主义和经验主义在美学研究的途径和方法上是完全不同的。如果说经验主义美学是从审美和艺术的感觉经验出发，通过由下而上的经验归纳，对美学现象做出经验的描述和理论的说明，那么理性主义美学则是从既定的理性观念和体系出发，通过由上而下的理性思辨，构建关于美学现象的概念、范畴和理论体系并对此做出阐明。

经验主义美学对于美的本质的探讨，着重在分析引起人的快感的美的对象的感性形式上的特征，而理性主义美学对于美的本质的思考则着重在追寻唤起美的观念的对象的理性内容的性质。尽管在经验主义美学家中，也有人继续对美的本质从某些方面进行理性思辨，但这些理性思辨终究也不能完全脱离对于美的对象的感性特征的认识。同样，在理性主义美学家中，也有的论到美的对象在感性形式上的某些特征，但这些感性特征最终都要上升到对于美的理性性质的追寻。鲍桑葵在《美学史》中，认为理性主义和经验主义两种倾向的性质，可以用"普遍性"和"个别性"这两个

---

① [德] 黑格尔：《哲学史讲演录》第4卷，贺麟、王太庆译，商务印书馆1997年版，第8页。

② [英] 鲍桑葵：《美学史》，张今译，商务印书馆1985年版，第239页。

逻辑术语加以论述，经验主义要求根据个人的感受所宣告的内容来推出关于实在的学说，而理性主义则坚持宇宙中理性体系和必要联系一面。从美的本质探讨来看，经验主义美学和理性主义美学的差别就是强调美的个别性和感性形式与强调美的普遍性和理性内容两种倾向的分歧。理性主义美学所强调的美的普遍的理性内容，主要表现为两个向度。一个向度指向最高实体的存在、本质和规律性、目的性。如笛卡尔所说上帝的完满性，斯宾诺莎所说神或自然的绝对圆满性，莱布尼茨所说的单子的"前定和谐"以及沃尔夫所说的事物的完善等。这些概念既体现着世界的合规律性，如斯宾诺莎所说"万物皆循自然的绝对圆满性和永恒必然性而出"[①]，也体现着世界的合目的性，如莱布尼茨所说的"一切实体之间的预定的和谐"[②]。它是理性主义美学用于揭示美的形成的某种最终的形而上的原因。另一个向度指向人的理性和普遍人性。对于人的理性和主体性的张扬是笛卡尔所开创的理性主义认识论的基本特点。笛卡尔视理性为高于一切的实在，理性既是消除思维和存在对立、通向普遍必然性真理的唯一途径，也是人人具有的天赋良知和本性；既是衡量万物的尺度，也是衡量人的尺度。理性主义者都把理性看作人人所共有的普遍人性，认为人与人之间存在着普遍的共同理性。而美的本质则和这种普遍人性和共同理性互相联系。笛卡尔认为美是人的判断和对象之间的一种关系，肯定美必须和人的本性相符合；斯宾诺莎认为一般所说的美丑都是就自然事物与人的关系而言的，人的理性和人性模型是判断美丑、善恶的标准和尺度；等等，都强调了美的本质与人类理性和共同人性的关系，这也是美的本质研究的重要进展。

经验主义美学强调美学和认识论的区别，认为美学属于情感研究领域，以趣味和情感为对象，而不是以理智为对象（休谟），审美判断不是属于事实的认知，而是属于情感的价值判断（舍夫茨别利）。无论是"内在感官"说还是"审美趣味"论，强调的都是美感与认识、趣味与理性的区别。休谟明确指出，理性和趣味属于不同范围，前者传达真假的知识，后者产生美丑的情感。与此相反，理性主义美学则强调美学和认识论的联

---

① [荷兰] 斯宾诺莎：《伦理学》，贺麟译，商务印书馆1997年版，第39页。
② [德] 莱布尼茨：《单子论》，载《西方哲学原著选读》上卷，商务印书馆1985年版，第490页。

系，强调美感的认识性质而不是它的情感性质。"在这整个完整的系统中，激情和感官知觉都是从抽象智力的角度来加以描述的，因此，都是消极地，按照把它们和一个抽象的观念区别开来的属性来描述的。"① 笛卡尔在为数不多的美学论述中，虽然也肯定了审美经验中包含有各种情感活动，但他从总体上把美感看作"一种理性的愉快"，强调了理性在审美中的作用。斯宾诺莎尽管也看到情感的某些样式和审美经验有联系，但他强调的是一切情感都必须被理性所征服和控制。他在论及人们对于具体事物美丑的一般感受时，着重讲感官、知觉、想象等感性知识的作用，但在论及与事物的圆满性相一致的超验的美时，却强调直接达到对事物本质洞察的直观知识的作用。到了莱布尼茨，便直接将美感的研究纳入他的哲学认识论之中。他从单子论的认识论出发，认为观念和认识存在着由模糊到清晰、由低级到高级的发展过程。美感或美的认识既非最低级的模糊的观念和知识，亦非高级的清楚的观念和知识，而是属于一种"既是明白的又是混乱"的观念和若明若暗、不明了清楚的知识。美感认识基本上属于感性认识，和概念的理解力相区别，但又不能完全脱离理性认识。总之，在莱布尼茨看来，审美认识"既非感性的同时又非理性的"②，"审美情趣和理性既不可同一亦不可分离"③。他将美感作为认识的一种形式，把美感纳入认识论，实际上确立了美学在哲学认识论体系中的地位。莱布尼茨哲学和美学思想的继承人沃尔夫和鲍姆加登便是以此为基础继续发挥，明确提出美学是感性认识的科学和低级认识论，美感认识属于感性认识，同时也具有与理性相类似的性质，是"类似理性的思维"。这就将美学与认识论的关系以及美感的认识性质表达得更为显豁。可以说，将理性主义的认识论学说扩展运用到以感性知觉为特点的审美现象的研究中，试图对审美认识与逻辑认识的区别和联系予以哲学的论证，是理性主义美学一个重要特点和重大贡献。它对于审美认识性质的阐明，和经验主义美学对于审美快感特性的分析，是从两个不同方面对于审美经验性质的

---

① [英] 鲍桑葵：《美学史》，张今译，商务印书馆1985年版，第240页。
② [意] 克罗齐：《作为表现的科学和一般语言学的美学的历史》，王天清译，中国社会科学出版社1984年版，第52页。
③ [美] K.E.吉尔伯特、[德] H.库恩：《美学史》上卷，夏乾丰译，上海译文出版社1989年版，第298页。

透视和把握，虽然各有其片面性，却为后来德国古典美学对两者进行综合准备了条件。

在艺术本性问题上，经验主义美学强调艺术的感性性质和特点，重视想象和情感在艺术中的重要地位和作用，着重于对艺术创作和欣赏的心理体验、心理过程和心理特点的观察与分析；理性主义美学则强调艺术的理性性质和作用，忽视想象和情感在艺术中的地位和作用，侧重在对艺术作品内容和形式上各种规范和法则的制订。想象的性质、特点及其在审美和艺术中的地位和作用问题，是贯穿于经验主义美学发展全过程的一个重要问题。培根提出哲学属于理性、诗歌属于想象；霍布斯论述想象和判断的区别以及两者在诗中不同作用；洛克指出"巧智"和观念联想与审美的关联；艾迪生阐明审美中想象的快感的特质；休谟强调想象对于趣味和诗的特殊作用；伯克认为想象和情感是趣味中最活跃因素；等等，充分显示想象是经验主义美学探究审美和艺术本性的一个核心概念和范畴。以想象为中心，经验主义美学深入阐述了艺术中形象思维与抽象思维的区别和联系，将艺术本质和规律的研究大大向前推进了一步。

比较而言，理性主义美学极少对于艺术与想象关系有深入探究和专门论述。在理性主义认识论体系中，想象被列为感性认识，它不可能提供正确、可靠的知识，因而和理性认识是完全对立的。抬高理性、贬低感知和想象是理性主义认识论的基本倾向。这势必影响到理性主义美学对想象在艺术中作用的看法。当然，在理性主义美学家中，也不是全都否定想象在文艺中的作用。如笛卡尔虽然在认识论中贬低想象，但在具体论到诗歌时，又不能不承认诗与哲学的区别在于想象与理性，事实上肯定了想象在文艺中的独特作用。但由于他毕竟是把想象和理性对立起来的，不承认想象的认识作用，也就不可能真正把想象作为一种形象思维，确立它在艺术中的独特地位。这就为后来古典主义美学和文艺理论一味强调理性对文艺的支配作用，忽视想象和情感在艺术创作中的特殊功能，打下了基础。古典主义美学作为理性主义在文艺中的具体运用，不仅将理性作为衡量文艺价值的最高准绳，而且将理性原则贯穿于文艺作品从内容到形式的方方面面；不仅强调文艺要从理性和道德准则出发进行创作，而且强调文艺要以对人进行理性和道德教育为基本目的。在片面强调理性对文艺作用的同时，古典主义美学却"要把想象力彻底拒之于艺术理论大门之外"①，这就走向了否定艺术的形象思维的特点的极端。可以说，贯穿于17、18世纪欧洲美学发展中的理性和想象力之争，就是理性主义美学和经验主义之争的一个缩影。这场争论在德国，集中表现为理性主义文艺理论家戈特舍德与苏黎世派的论战。而理性主义美学的最后一位代表人物鲍姆加登则多少看出了理性主义者在艺术问题上走向理性极端的缺陷和危险，初步论证了审美认识和逻辑认识作为两种认识方式的区别，"在理性法庭上为纯审美直觉辩护"②，使理性主义否定想象、情感对艺术重要作用的倾向有所匡正，从而也就促进了理性主义美学和经验主义美学走向融合。

三 大陆理性主义美学的贡献和局限

理性主义美学家不是把自己仅仅限制在美学现象之内，不是停留在对审美感性经验进行观察和描述，而是从理性观念和体系出发，超越感性现象和经验，对美学问题进行理性的推导和思辨。他们不断追寻美的形而上学的终极来源及其所蕴含的普遍的理性内容，寻找美感或审美官能的特殊本性及其同悟性、理性的联系和差别，探讨艺术同理性以及精神生活其他领域之间的关系问题，从而使美学问题被置于系统哲学的指导和关注之下，得到了真正的哲学洞察。这为美学成为一门科学做出了重要贡献。因为，"如果美学把其活动局限于为艺术作品的创作定出技术规则，局限于就艺术作品对观赏者产生的影响作心理学的观察，那么，美学就不会是一门科学，并且永远也不可能成为科学。这样的活动是一种经验主义的活动，是与真正的哲学洞察完全对立的，而且从方法论观点来看，它与真正的哲学洞察形成了最鲜明的对照"③。理性主义美学对于美、美感和艺术的理性基础和理性性质的强调，对于克服关于各种美学问题的肤浅理解、深化美学研究，具有重要推动作用。

和经验主义美学将研究的主要对象转向人的审美经验和审美心理不同，理性主义美学仍然将对美的本质和本源的形而上学的思考放在重要的

---

① ［德］E.卡西勒：《启蒙哲学》，顾伟铭等译，山东人民出版社1998年版，第278页。
② ［德］E.卡西勒：《启蒙哲学》，顾伟铭等译，山东人民出版社1998年版，第342页。
③ ［德］E.卡西勒：《启蒙哲学》，顾伟铭等译，山东人民出版社1998年版，第334页。

大陆理性主义美学的演变和特点

地位。在西方传统美学中，从古希腊罗马美学到中世纪美学，关于美的本质和本源问题的形而上的探讨，都是同哲学中的本体论学说相联系的，甚至可以说就是本体论学说在美学中的运用和延伸，如柏拉图的美在理念说，普罗提诺的美在"太一"流溢的理式说，奥古斯丁和阿奎那的美根源于上帝说，等等。理性主义美学对于美的本质和本源的研究，也是建立在理性主义哲学的本体论学说的基础上的。如上所述，近代哲学将认识论问题提到首位，使之一跃而成为哲学的主要问题。但这并没有动摇形而上学在哲学中的基础地位，事实上，近代注重认识论的哲学家几乎也都是重视本体论的。这是因为他们的认识论需要以世界的存在和本质规定为依据，不论认识的对象还是认识的主体都需要以本体论作为基础和前提。作为认识对象的实体问题，就是一个从认识论角度来看的本体论问题。理性主义哲学家要为人的理性和外部世界找到一个共同的实体性存在作为二者统一的根据，因此他们哲学着眼于最高实体的客观实在性，最高实体存在是他们全部哲学的逻辑前提。从笛卡尔论证自我（心灵）、上帝和物质三种实体，到斯宾诺莎阐明实体即神或自然，再到莱布尼茨提出单子论，充分显示出理性主义哲学家对于形而上学和本体论的执着追求。理性主义美学关于美的本质和本源问题的学说，基本上就是从各种本体论和实体范畴出发，通过理性思辨而推导出来的。如笛卡尔认为上帝是最高的、绝对的实体，是具有一切完满性的存在，因而也是一切真、善、美的泉源。斯宾诺莎认为实体、神或自然具有最高的圆满性或绝对的圆满性，圆满性即是事物的实在性、本质和必然性，而美与圆满性是一致的。莱布尼茨认为上帝是一个绝对完满的存在，它在创造每一个单子时，已经预先规定了一切单子的变化发展的历程和内容，并使所有单子的变化发展达到相互和谐一致。就是这种"前定和谐"创造了美。所以，美的本质在和谐，而美的来源在上帝。莱布尼茨哲学的追随者沃尔夫和鲍姆加登接受了"前定和谐"说，又将和谐的概念发展成完善的概念，提出美在于事物的完善和美是感性认识的完善，从而成为理性主义美学中具有代表性的美的定义。这一切对于美的本质和来源的形而上的理性思辨，是在人的理性所论证的新的世界图景中展开的，因而极大地推进和丰富了西方传统的美的哲学。

大陆理性主义美学是以理性主义哲学为基础形成和发展起来的，它深受理性主义哲学强调理性认识、贬低感性认识的片面性的影响，而且把美学作为一种认识论,企图将主要用来研究认识的理性主义学说直接扩大运用到远比认识问题复杂得多的审美和艺术现象上来,这就使其在强调美、审美和艺术的理性基础和理性性质的同时,忽视了它们的感性基础和感性性质,忽视了感知、想象、联想、幻想和情感等在审美和艺术中的重要地位和独特作用,不仅在理论上违背了审美和艺术的特点和特殊规律,而且脱离了审美和艺术的实际,架空了美学理论。理性主义美学解释美学问题的出发点是理性,然而这种理性并非人们在社会实践基础上,经由感性认识的飞跃形成的对于客观世界本质和规律的理性认识,而是理性主义哲学家反复强调的作为认识的绝对开端的自我意识和先天观念(如笛卡尔所谓"天赋观念"、莱布尼茨所谓"天赋的内在原则"等),因而它从根本上说是先验论和唯心主义的,这就使理性主义美学建立在一个基础并不牢固的沙滩上,而它对美学问题的理解也难免带有主观主义和唯心主义的倾向。这一切都表现出理性主义美学的历史局限性。

  理性主义美学和经验主义美学在研究方法、研究重点上的区别,以及两者在美的本质、审美性质和艺术本性等美学基本问题上的观点分歧,使蕴藏于美学问题中的各个矛盾方面充分地、尖锐地展现出来。在理性与感性、普遍与个别、内容与形式、认识与情感、理智与想象等对立面中,理性主义美学和经验主义美学都各持一端、强调一个方面,因而都表现出片面性。它们固然各具特点、各有贡献,但所达到的也只是片面的真理。这便为德国古典美学在不同矛盾方面的综合中解决美学问题奠定了基础。德国古典美学的创始人康德正是从经验主义和理性主义两个美学思潮提出的矛盾问题出发,并在解决这一矛盾问题中实现了美学的哥白尼式的超越。

(原载于《南方论丛》2007年第9期)

西方近代启蒙美学家的"美善统一分殊"论

对美与善相互关系的思考,早在西方古代美学中已经开始了。古希腊的苏格拉底、柏拉图、亚里士多德都曾论及美、善关系问题。不过,由于当时哲学家对美、善概念的区分还不是很严格,对美善关系的看法也就比较笼统,并未形成完整理论。中世纪的托马斯·阿奎那在美学论述中较详细地论及美与善的关系,但也未形成系统学说。到了近代,随着哲学上认识论的转向,美学研究重点从审美客体转向审美主体,审美研究和人性的研究进一步结合,美学和伦理学有了更紧密的联系,于是,在西方启蒙美学家的思想中,对美与善之间关系的研究被提升到一个新的重要地位。从霍布斯、斯宾诺莎到舍夫茨别利、哈奇生,再到狄德罗、莱辛等,关于美与善、审美感与道德感、艺术与道德相互关系的新观点、新论断、新学说,层出不穷,在西方美学史上第一次形成了完整、系统的"美善统一分殊"理论,不仅对后世美学发展产生了深远影响,而且其当代价值也不容忽视。

一 美是"预期希望的善"和"预示善的外表"

西方近代启蒙美学家对于美与善关系的思考,是建立在对人和人性的研究基础之上的。休谟明确指出,作为人的科学的基础的"人性",主要是由理智和情感两个部分构成的,它们分别属于不同学科研究的对象。认识论的对象是理智,而伦理学和美学的对象则是情感。"伦理学和美学与其说是理智的对象,不如说是趣味和情感的对象。"[①] 这一明确划分不仅使美学、伦理学和认识论区别开来,而且也将美学和伦理学联系起来。这就

[①] 北京大学哲学系外国哲学教研室编译:《十六—十八世纪西欧各国哲学》,商务印书馆1975年版,第670页。

为推进美与善、审美与道德之间关系的研究奠定了新的基础.

第一位从人性研究出发,对美、善本质及其相互关系进行系统阐述的启蒙美学家是英国经验派哲学家霍布斯。霍布斯结合对人性的研究,对人的情感或激情作了具体而深入的论述。他把"激情"或"意向"称为人的"自觉运动的内在开端"。然后以意向和事物的不同关系区分出两种最基本的情欲:欲望和嫌恶。当意向是朝向引起它的某种事物时,就称为欲望或愿望;当意向避离某种事物时,一般就称为嫌恶。欲望和嫌恶,这两个名词都来自拉丁文,两者所指的都是运动,一个是接近;另一个是退避。霍布斯又进一步指出,欲望和嫌恶两种情欲也就是爱和憎两种情感。他说:"人们所欲求的东西也称为他们所爱的东西,而嫌恶的东西则成为他们所憎的东西。因此,爱与欲望便是一回事,只是欲望指的始终是对象不存在时的情形,而爱则最常见的说法是指对象存在时的情形。同样的道理,嫌恶所指的是对象不存在,而憎所指的则是对象存在时的情形。"① 和欲望或爱与嫌恶或憎恨两种基本情感性质相联系,霍布斯探讨了善恶问题。他说:"任何人的欲望的对象就他本人说来,他都称为善,而憎恶或嫌恶的对象则称为恶;轻视的对象则称为无价值和无足轻重。因为善、恶和可轻视状况等语词的用法从来就是和使用者相关的,任何事物都不可能单纯地、绝对地是这样。也不可能从对象本身的本质之中得出任何善恶的共同准则。"② 这段论述说明善和恶都是表明对象和人、客体和主体间价值关系的概念,善是人所欲望的对象,恶是人所嫌恶的对象,两者体现了对象对于人的不同价值。事物的善和恶都不是绝对的,而是和人、和主体相关的。判断善恶的标准不能从对象本身得出,只能从主体、从人身上得出。虽然霍布斯还看不到善恶观念和善恶标准都反映着一定社会、民族、阶级中人们的利益和实践要求,但他试图从人的自然本性说明善恶的来源,并从具有不同利益的人自身中寻求善恶标准,而反对从上帝意志或抽象精神中说明善恶来源和寻求善恶标准,仍然体现出了鲜明的唯物主义倾向。

霍布斯认为,善有三种:一种是预期希望方面的善,谓之美;另一种是效果方面的善,就像所欲求的目的那样,谓之令人高兴;还有一种是手

---

① [英]霍布斯:《利维坦》,黎思复、黎廷弼译,商务印书馆1985年版,第36页。
② [英]霍布斯:《利维坦》,黎思复、黎廷弼译,商务印书馆1985年版,第37页。

段方面的善,谓之有效、有利。与此相对应,恶也有三种:一种是预期希望方面的恶,谓之丑;另一种是效果和目的方面的恶,谓之麻烦、令人不快或讨厌;还有一种是手段方面的恶,谓之无益、无利或有害。这里特别值得注意的是霍布斯将美和善以及丑和恶直接联系起来,认为美是善之一种,即"预期希望方面的善";丑也是恶之一种,即"预期希望方面的恶"。关于美、丑与善、恶之间的关系,霍布斯还有一段颇为明确和深刻的论述:

> 拉丁文有两个字的意义接近于善与恶,但却不是完全相同,那便是美与丑。前一个字指的是某种表面迹象预示其为善的事物,后一个字则是指预示其为恶的事物。但我们的语言中,还没有这样普遍的字来表达这两种意义。关于美,在某些事物方面我们称之为姣美,在另一些事物方面则称之为美丽、壮美、漂亮、体面、清秀、可爱等等;至于丑,则称为恶浊、畸陋、难看、卑污、极度可厌等等,用法看问题的需要而定。这一切的语词用得恰当时,所指的都只是预示善或恶的外表。①

在霍布斯看来,美、丑和善、恶二者既有联系,又有区别。美"是某种表面迹象预示其为善的事物",是"预示善的外表"。这里的"预示""表面迹象""外表"在朱光潜先生的《西方美学史》中分别译作"指望""明显的符号""形状或面貌",从而使意思更为显豁。换句话说,美是善在"形状或面貌"上的"明显的符号",使人见到这种符号,就可以"指望"到善。② 由此可见,美以其外在表现形式预示着善,善是美的体现内容,美是善的表现形式。从体现内容上看,美与善是相联系的,从表现形式上看,美与善又是相区别的。丑与恶的关系可以此类推。我们知道,在西方美学史上,从苏格拉底开始,关于美与善关系问题的探讨一直持续不断。其中既有认为美与善是同一的,也有认为美与善是不同一的,还有主张美与善既有一致也有区别的。至于美与善相一致或相区别的表现和原

---

① [英]霍布斯:《利维坦》,黎思复、黎廷弼译,商务印书馆1985年版,第37—38页。
② 朱光潜:《西方美学史》,人民文学出版社2002年版,第203—204页。

因，则存在更多不同的见解。霍布斯上述见解的独创性不仅在于他既看到美与善的联系又看到美与善的区别，更在于他提出了美是以鲜明的外在形式体现出人可预示、指望的善的内容这一新鲜思想，从而丰富、深化了人们对美与善相互关系的认识。

霍布斯关于美是"预期希望的善"和"预示善的外表"的看法，是近代西方美学中"美善统一分殊"理论中最具代表性的学说之一，它的提出标志着西方美学中对美、善关系的研究跨入一个新的阶段，并且对之后的启蒙美学和德国古典美学有关美、善关系的研究都产生了深刻影响。康德的《审美判断力批判》尽管在美的分析论部分，过于强调美与善之间的区别，但随后在崇高的分析论和审美判断力的辩证论部分，却又反复申述了美、崇高与道德、善之间的内在联系，并最终做出了"美是德性—善的象征"①的重要论断。按照康德的解释，"象征的表象只是直觉的表象方式的一种"②。它和另一种图型式表象方式都是感性化的生动描绘，即形象的表现。只不过后者是概念的直接表现，而前者是对概念的间接表现，即"某种单纯类比的表象"③。这样的理解既表明了美与善在内容上的联系和一致，又表明了美与善在形式上的区别和殊异，显然是对"美善统一分殊"论的继承和发展，特别是康德关于美是善的象征或类比的表象的提法，和霍布斯关于美是预示善的外表或迹象的提法，从内涵到表述都可以看出继承关系，足见霍布斯的美善学说的深刻影响。

二 美、善观念的共同成因与不同内涵

和霍布斯同时代的大陆理性派哲学家和美学家斯宾诺莎对美丑和善恶观念形成的原因以及两者的关系，曾做过更为详细的研究和阐述。由于斯宾诺莎的哲学研究具有强烈的伦理动机和伦理目的，伦理学是其思想体系的核心和基础，所以，他更加着重于美学与伦理学的统一，也更加强调美丑与善恶观念的一致性和共同来源。在他看来，人们一般所说的美丑和善

---

① ［德］康德：《判断力批判》，邓晓芒译，人民出版社2002年版，第200页。
② ［德］康德：《判断力批判》，邓晓芒译，人民出版社2002年版，第199页。
③ ［德］康德：《判断力批判》，邓晓芒译，人民出版社2002年版，第199页。

西方近代启蒙美学家的"美善统一分殊"论

恶,都不是指的自然和事物本身具有的性质,而是人们按照事物给予人的感受和作用,对自然和事物所作的解释和评价。他说:"我绝不把美或丑、和谐或紊乱归给自然,因为事物本身除非就我们的想象而言,是不能称之为美的或丑的、和谐的或紊乱的。"① 又说:"只要人们相信万物之所以存在都是为了人用,就必定认其中对人最有用的为最有价值,而对那能使人最感舒适的便最加重视。由于人们以这种成见来解释自然事物,于是便形成善恶、条理紊乱、冷热、美丑等观念。"② 这就是说,美丑和善恶观念都不是来自人们对于事物本性的理智的了解,所以不是表示自然事物本身性质的事实判断;而是人们以想象和成见,依据自然事物对于人的作用和感受来解释和评价自然事物,因而都是反映自然事物对人的关系的价值判断。这种从自然事物与人的感受的关系来说明美丑、善恶观念形成的原因和性质的看法,和霍布斯从对象与人的情感的关系来说明美丑、善恶来源和性质的看法,基本上是相同的。但他更加强调作为主体的人在美丑观念形成中的主导作用,也更加强调美丑和善恶观念的内在一致和联系。

斯宾诺莎进一步分析了形成美丑和善恶观念的成见,认为这种成见就是"万物有目的"论。按照这种成见,自然万物无一不有目的,它们与人一样,都是为着达到某种目的而行动,无一非为人用。正是基于这种成见,人们便想象着自然事物对于人的作用和价值,于是便形成善恶、美丑观念,并把这些观念当作事物的重要属性。他说:"像我早已说过那样,他们相信万物都是为人而创造的,所以他们评判事物性质的善恶好坏也一概以事物对于他们的感受为标准。"③ 在斯宾诺莎看来,美丑、善恶观念既是来自"万物有目的"的成见,那它们就不是属于事物本身,也不能把它们当作事物本身的性质。因为"自然本身没有预定的目的,而一切目的因只不过是人心的幻象"④。这里表现了斯宾诺莎哲学的一个重要观点,就是万物受制于绝对必然性的观点。按照这种观点,自然界中存在的各种物体都处于不间断的因果系列的链条之中,具体事物之间存在着因果必然联系。任何事物的发生都有其所以发生的必然原因,它们都是宇宙普遍秩序

---

① [荷兰]《斯宾诺莎书信集》,洪汉鼎译,商务印书馆1996年版,第142页。
② [荷兰] 斯宾诺莎:《伦理学》,贺麟译,商务印书馆1997年版,第41页。
③ [荷兰] 斯宾诺莎:《伦理学》,贺麟译,商务印书馆1997年版,第42页。
④ [荷兰] 斯宾诺莎:《伦理学》,贺麟译,商务印书馆1997年版,第39页。

的必然结果。他说:"自然的运动并不依照目的,因为那个永恒无限的本质即我们称为神或自然,它的动作都是基于它所赖以存在的必然性。"① 既然"万物有目的"论不能正确解释自然事物,那么由此成见而形成的善恶、美丑观念当然也不能正确说明自然事物本身的性质。同时,斯宾诺莎又认为,虽然就事物本身性质上说,无所谓善恶、美丑,但从自然事物与人的关系上说,仍需保持善恶、美丑的概念,以反映自然事物对于人的意义和价值,这也就是善恶与美丑观念所具有的基本性质以及它们之间所具有的共通性。

尽管斯宾诺莎认为美丑和善恶观念的形成都是基于同一原因,着重在说明两者的共通性和一致性,但是,他也明确指出了美丑与善恶的区别。以下是他分别论述美丑与善恶的两段话:

> 外物接于眼帘,触动我们的神经,能使我们得舒适之感,我们便称该物为美;反之,那引起相反的感触的对象,我们便说它丑。②

> 所谓善是指我们所确知的任何事物足以成为帮助我们愈益接近我们所建立的人性模型的工具而言。反之,所谓恶是指我们所确知的足以阻碍我们达到这个模型的一切事物而言。③

在一定意义上,这两段话也可以看作斯宾诺莎对美、丑和善、恶概念分别所做的定义。关于美、丑,这里强调的是外物对于我们的感官和感情的快感或不快感作用,主要表现为事物与人之间的感性关系;关于善、恶,这里所指是事物对于我们达到所要建立的"人性模型"所产生的促进或阻碍作用,也就是事物是否有利于人性的完善,而这种作用则是我们"所确知的",也就是说它是以理性认识为基础的,主要表现为事物与人之间的理性关系。这样,美、丑与善、恶,虽然都是表现着事物或对象对于人的价值,但两者的具体内涵以及对人起作用的具体方式却又是有差别的。

---

① [荷兰] 斯宾诺莎:《伦理学》,贺麟译,商务印书馆1997年版,第167页。
② [荷兰] 斯宾诺莎:《伦理学》,贺麟译,商务印书馆1997年版,第42页。
③ [荷兰] 斯宾诺莎:《伦理学》,贺麟译,商务印书馆1997年版,第169页。

三 审美感与道德感同属"内在感官"又各具特点

在西方近代美学关于美与善关系的研究中,英国启蒙美学家舍夫茨别利和哈奇生是有着特殊贡献的两个人物。他们二人都是道德哲学家,而且在思想上是一脉相承的。他们不仅彻底打通了美学和伦理学,使美学问题和道德问题研究融为一体,而且将对美与善关系的研究从审美和道德客体延伸至审美和道德主体,扩展和发展为对审美主体和道德主体的审美感和道德感之间关系的研究,提出了审美感和道德感统一于"内在感官"的新说,使人们对美与善的关系的认识和研究又向前跨出了一大步。

舍夫茨别利和哈奇生认为,人们观察审辨善恶的道德感与观赏审辨美丑的审美感,两者都是人天生的能力,而且在根本上是相通的、一致的。审辨善恶、美丑不能全靠人的五种外在感官,而必须依靠人的"内在感官"。内在感官是不同于外在感官的一种特殊感官,具有外在感官所不具备的功能。外在感官只能接受简单观念,感知事物对自己身体的利害关系;内在感官则能接受复杂观念,感知事物对人的善恶、美丑价值。内在感官包括形成意识、美感、道德感、公益感、荣誉感、荒谬感等多种能力,其中最基本的便是道德感和审美感。由于人的审美感和道德感都是发生于内在感官,而且都是人天生的能力,所以,它们始终是互为贯通、互相联系的。舍夫茨别利说:

> 眼睛一看到形状,耳朵一听到声音,就立刻认识到美、秀丽与和谐。行动一经察觉,人类的感情和情欲一经辨认出(它们大半是一经感觉就可辨认出),也就由一种内在的眼睛分辨出什么是美好端正的,可爱可赏的,什么是丑陋恶劣的,可恶可鄙的。这类分辨既然植根于自然,那分辨的能力本身也就应该是自然的,而且只能来自自然。[①]

[①] [英]舍夫茨别利:《论特征》,载[美]S. M. 凯翰、A. 迈斯金编《美学:综合选集》,牛津:布莱克威尔出版公司2008年版,第83页。

这里明确指出分辨美丑、善恶的能力都是来自自然，即天生的人性，并经内在感官（"内在的眼睛"）的作用，同样具有一经感觉就可辨认的直觉性质，所以，在性质上是相通的、一致的。内在感官的说法带有猜测性，缺乏科学依据，但它明确指出了审美感和道德感的产生具有特殊的心理机制，却能给人以新的启发。按照舍夫茨别利的看法，人的道德感是基于生而有之的"天然情感"，这种天然情感是适合于社会生活的社会性的情感，所以，与道德感相通的审美感也应当是一种社会性的情感。

　　舍夫茨别利和哈奇生进一步分析了审美感和道德感所具有的共同特性。首先，审美感和道德感虽然属于高级知觉能力，却和外在感官一样，对美丑善恶的感受和辨识具有直接性，不需要经过思考和推理，也不需要借助于对有关对象的理性知识。哈奇生说："把这种高级的感知的能力叫作一种感官是恰当的，因为它和其他感官有类似之处：它的快感并不起于对有关对象的原则、比例、原因或效用的知识，而是立刻就在我们心中唤起美的观念。"① 这里主要讲审美感的直觉性，同时，它也适用于道德感。舍夫茨别利认为对于人的行为和情感的善恶的感受与评价，也具有这样的直接性。

　　其次，审美感和道德感都不涉及利害观念，不是由于个人利害原因而产生愉快或不愉快。哈奇生说："美与谐调的观念，像其他感性观念一样，是必然令人愉快，而且直接令人愉快的；我们自己的任何决心或利害打算，都不能改变一对象的美丑。"② 又说："道德之追求并不出于追求者的利害计较或自爱，不出于他自己利益的任何动机。"③ 在哈奇生看来，审美感和道德感都是与生俱来的、与个人利害无关的感觉能力。人们对于美的对象欣赏并产生快感，并非出于利己的动机。同样，道德感也不出于个人的利害计较和满足自己利益的任何动机。人们之所以趋善避恶，是因为善行使人愉快而恶行使人痛苦。正是在这一点上，道德感和审美感具有了相通性。后来，康德在《审美判断力批判》中接受了哈奇生关于审美感不带

---

① ［英］哈奇生：《论美和德行两种观念的根源》，载［美］D. 汤森编《美学：西方传统经典读本》，波士顿：琼斯与巴特利特出版社1996年版，第122页。
② ［英］哈奇生：《论美和德行两种观念的根源》，载［美］D. 汤森编《美学：西方传统经典读本》，波士顿：琼斯与巴特利特出版社1996年版，第123页。
③ 周辅成编：《西方伦理学名著选辑》上册，商务印书馆1964年版，第792页。

任何利害的看法，却认为对于善的愉悦是与利害结合着的，唯有对美的鉴赏的愉悦才是一种无利害的和自由的愉悦。这就又将审美感和道德感区别开来了。

虽然舍夫茨别利和哈奇生都认为审美感和道德感同为内在感官的功能，两者具有相通性和一致性，但他们也仍然看到两者是各有特点和区别的。舍夫茨别利和哈奇生都对美和美感的特性作了专门研究和论述，强调在对美的感受中对象的形式因素和主体的感性活动的重要性。舍夫茨别利虽然经常将美与善、审美感与道德感相提并论，但对两者侧重点的强调却是有区别的。如他在比较审美感和道德感时说："在心灵的内容或道德的内容上，与在平常的物体上或普通感官的内容上，有同样的情形。平常物体的形状、运动、颜色和比例，显现于我们的眼睛内，按照它们的各部分不同的尺寸、排列和布置，必产生美或丑。而在举止或动作中，一旦显现于我们的理解内，按照那内容的规则或不规则，也必定可见有显著的差别。"[①] 这里讲的审美感主要涉及对象的形式因素（形状、颜色、尺寸、比例、排列等），而且主要同主体的感官和感性活动相联系；而道德感则主要涉及对象的内容因素（举止、动作、心灵等），并且主要同主体的理解和理性活动相联系，可见两者在具体内容和表现形式上仍然是各有特点的。

四　艺术与美德结成朋友、审美与道德作用互相融合

对于美与善、审美与道德关系的研究，在美学中总是和对于艺术与道德关系问题的研究相联系、相结合的。西方近代美学家将关于美与善的关系问题放在美学研究的重要位置，正是出于解决他们所面对的艺术新问题的需要。启蒙哲学家和美学家高扬理性的旗帜，而理性作为人心的信念，是与道德观念密不可分的。启蒙思想家所要建立的理性王国，就包括完善人的道德、实现人的幸福的内容。这固然反映着处于上升时期的资产阶级的愿望，但也代表着时代的进步要求。而艺术在促进人性和道德的完善上是发挥着不可替代的重要作用的。可以说，如何发挥好艺术对改造风俗、

---

① 周辅成编：《西方伦理学名著选辑》上册，商务印书馆1964年版，第758页。

完善道德的积极作用，是时代向启蒙美学家提出的迫切课题。这就是为什么启蒙美学家不仅仅是单纯研究美与善的关系，而且将其延展和具体化为艺术与道德关系的阐明的重要原因。

关于艺术和道德的关系，一直是舍夫茨别利美学思想中占有重要地位的问题。由于他把美与善、审美感与道德感看成是统一的、一致的，所以自然地也就强调艺术和道德之间的紧密联系。他说：

> 内在的节拍感，社会美德方面的知识及其实践，对道德美的熟识及热爱，这一切都是真正的艺术家和正常的音乐爱好者必不可少的品质。因此，艺术和美德彼此结成了朋友，并从而使艺术学和道德学在某种意义上亦结成了朋友。①

这主要是从道德对艺术的影响和作用方面来谈道德与艺术的关系。按舍夫茨别利的看法，人心中善良品质所组成的"内在的节拍"或和谐反映着大宇宙的和谐，而这样"内在的节拍"又是认识和欣赏外在美的必备条件。所以，自己心灵不美的人就无法真正认识美和欣赏美。真正的艺术家和艺术欣赏者必须具备"内在的节拍感"，热爱道德美，才能创造和欣赏艺术美。从另一方面讲，艺术对道德的影响和作用也是巨大的。在《独语，或对作家的忠告》中，舍夫茨别利称赞古代的杰出诗篇"是对时代的一种殷鉴或一面明镜"，对于人的道德、心灵和性格的形成发挥着重要的教化作用。他说："这些诗篇不仅从根本上讨论道德问题，从而指出真实的性格和风度，而且写得栩栩如生，人物的音容面影宛若在眼前。因此，它们不但教导我们认识别人，而且主要的和它们的最大优点是，它们还教导我们认识自己。"② 他还指出，由于在天才的作品中，人物清楚而且逼真地显出人性来，"所以，在这里有如在一面明镜上，我们可以发现自己，窥见我们最详细的面影，刻画入微，适合我们自己来领悟和认识。即令是短短一霎间审视的人，也不能不认识了自己的心灵"③。像这样突出地强调

---

① [美] K. E. 吉尔伯特、[德] H. 库恩：《美学史》，麦克米伦公司1939年版，第240页。
② 《缪灵珠美学译文集》第二卷，中国人民大学出版社1987年版，第27页。
③ 《缪灵珠美学译文集》第二卷，中国人民大学出版社1987年版，第27页。

西方近代启蒙美学家的"美善统一分殊"论

艺术对形成人的道德面貌和塑造人的心灵的教育作用,在英国启蒙美学家中,舍夫茨别利可谓第一人。

舍夫茨别利对于艺术的道德作用的强调,在后来的启蒙美学家中引起强烈反响。法国启蒙美学家狄德罗是继舍夫茨别利之后,对于艺术与道德关系问题关心最多、论述最详的人物之一。狄德罗更加自觉地认识到时代对文艺的要求,因此也更加注重艺术对人的教育和改造作用。他明确指出,戏剧和一切艺术的目的就是要引起人们对道德的爱和对恶行的恨。艺术对人的道德感化和影响作用是巨大的、不可代替的。他说:"只有在戏院的池座里,好人和坏人的眼泪才融汇在一起。在这里,坏人可能会对自己可能犯过的恶行感到不安,会对自己曾给别人造成的痛苦产生同情,会对一个正是具有他那种品性的人表示气愤。"[①] 艺术可以帮助法律,引导人们热爱道德而憎恨罪恶,培养高尚的趣味和习俗。为了充分发挥艺术的道德教育作用,狄德罗提倡严肃剧要"以人的美德和责任为对象",绘画要"颂扬伟大美好的行为","使德行显得可爱,恶行显得可憎,荒唐事显得触目"。[②] 为此,他敦促艺术家要热爱真理和美德,说:"真理和美德是艺术的两个朋友。你想当作家吗?你想当批评家吗?那就首先做一个有德行的人。如果一个人没有深刻的感情,别人对他还能有什么指望?而我们除了被自然中的两项最有力的东西—真理和美德深深地感动以外,还能被什么感动呢?"[③] 这段话和上述舍夫茨别利关于艺术与美德结成朋友的话,可以说是异曲同工,至今对我们认识艺术家的社会责任感,仍然具有发人深省的作用。

尽管舍夫茨别利和狄德罗如此强调艺术和道德的紧密联系,他们却并没有将艺术和道德混为一谈,也没有抹杀艺术的审美特点。恰恰相反,他们要求艺术必须在充分体现自身特点中发挥道德的作用,就是要把思想道德情感寓于艺术形象和人物性格的描绘之中,做到寓教于乐。舍夫茨别利称赞诗人之父和巨擘荷马的作品说:"他并不描述品质或美德,并不谴责习俗,并不故作谀颂,也不由自己说明性格,而始终把他的人物放在眼

[①] 《狄德罗美学论文选》,人民文学出版社 1984 年版,第 137 页。
[②] 《狄德罗美学论文选》,人民文学出版社 1984 年版,第 411 页。
[③] 《狄德罗美学论文选》,人民文学出版社 1984 年版,第 227 页。

前。是这些人物自己表明自己，是他们自己如此谈吐，所以显得在各方面都与众不同，而又永远保持其本来面目。他们个别的天性和习染，刻画得这样正确，而且一举一动莫不流露性情，所以比诸世间一切批评和注释，给予我们更多的教益。诗人并不装成道貌岸然耳提面命，也绝不现身说法，所以他在诗中殆无迹所寻。这就是大师之所以为大师。"① 这可以说是论述文艺发挥道德教育作用的特点的一段绝妙文字。文中指出诗人不能道貌岸然、耳提面命，也不能现身说法、故作谀颂，而应当把人物刻画得惟妙惟肖，由人物自己表明自己，使作者思想感情的表达无迹可寻，这是对艺术的审美特点的深刻揭示。同样，狄德罗也反对在艺术作品中进行生硬的道德说教，强调戏剧和绘画都要刻画出新颖独特、丰富多彩的人物性格和优美的艺术形象，以富于激情的人物和形象去打动人心。他对艺术打动人的情感的审美教育作用非常重视，说："诗人、小说作家、演员，他们以迂回曲折的方式打动人心，特别当心灵本身舒展着迎受这震撼的时候，就更准确更有力地打动人心深处。"② 因此，艺术的道德作用必须与审美作用相结合，在艺术中，善与美、道德与审美应该是互相融合和内在统一的。

综上所述，启蒙时代的西方美学家从不同角度、不同层面，对美与善的关系问题作了全面、深入的探讨和研究。他们所提出的各种新说在西方美学思想发展中具有重要的意义。首先，它们深化了人们对于美的本质和特点的认识。美不是孤立的存在，美的特殊本质也表现在它与真和善的相互联系和区别中。由于美与善在本质上具有内在一致性，都是反映着对象对于人的意义和价值，从对象和人的关系看，必然包含着合规律性与合目的性相统一的内容，所以，如果将美仅仅归结为外在形式就显得很不合理。美与善的联系和区别，充分说明美是外在感性形式与内在理性内容的统一。后来德国古典美学家黑格尔就是沿着这种思路，将美的本质特征的探究大大向前推进，从而得出美是理念与形象、内容与形式、理性与感性、普遍与个别、主体与客体相统一的重要结论。其次，它们极大地扩展了美学研究的视野和范围。由于深刻认识到美和善的联系和统一，所以，对于美和善结合得最为紧密的人的行为美、心灵美、道德美的研究比以往

---

① 《缪灵珠美学译文集》第二卷，中国人民大学出版社1987年版，第28页。
② 《狄德罗美学论文选》，人民文学出版社1984年版，第137页。

更加受到注意和重视，同时，审美教育以及艺术的特殊教育作用问题也更加成为美学家关注的重要的理论和实际问题。在后来的德国古典美学中，歌德专门论述了"道德美"范畴，而席勒则把审美教育作为美学研究的主要内容。在马克思创始人那里，审美教育进一步被看作促进人的全面自由发展的重要手段。这些思想作为推动美学发展的一种强有力的优秀传统，至今仍然对世界和我国当代美学建设产生着重要影响。

（原载于《学术研究》2010年第11期）

从笛卡尔到胡塞尔：现象学美学方法论转型

胡塞尔在《〈笛卡尔的沉思〉引论》中明确指出："法兰西最伟大的思想家勒内·笛卡尔（René Descartes）曾通过他的沉思，给先验现象学以新的推动。这些沉思的研究就直接把发展着的现象学改造为先验哲学。因此，人们几乎可以把现象学称之为新笛卡尔主义。"[①] 这充分表明了现象学哲学对笛卡尔哲学的继承与发展的关系。笛卡尔哲学是胡塞尔现象学的重要的思想来源，这也从一个方面显示出近代理性主义哲学对现代西方哲学的影响。但胡塞尔却通过对笛卡尔的批判，在思维方式上实现了对近代西方哲学的超越。在哲学上如此，在美学上同样如此。

一 从经验自我到先验自我

由胡塞尔所开创的现象学哲学是 20 世纪欧洲大陆最重要、最有影响的哲学思潮之一。一般认为，在现代西方哲学中，实证主义和分析哲学与近代哲学中的经验主义传统关系密切，而现象学则与近代欧洲大陆思辨哲学和理性主义传统关系密切。有的研究者甚至认为"现象学是极端唯理主义的产物"[②]。胡塞尔自己明确阐述过他运用的现象学方法与理性主义的关系，说："这是一种方法，我想用这种方法来反对神秘主义与非理性主义，以建立一种超理性主义（Ueberrationalismus），这种超理性主义胜过已不适合的旧理性主义，却又维护它最内在的目的。"[③] 从胡塞尔哲学思想形成来

[①] 倪梁康主编：《胡塞尔选集》（下），上海三联书店 1997 年版，第 870 页。
[②] 李幼蒸：《〈纯粹现象学通论〉中译者序》，载［德］胡塞尔《纯粹现象学通论》，李幼蒸译，商务印书馆 1996 年版，第 2 页。
[③] 胡塞尔 1935 年 3 月 11 日致列维－布留尔信，载［美］施皮格伯格《现象学运动》，王炳文等译，商务印书馆 1995 年版，第 132 页。

从笛卡尔到胡塞尔：现象学美学方法论转型

看，它和笛卡尔哲学、康德哲学的关系都非常密切。

尽管在胡塞尔思想发展的各个时期，他对"现象学"概念的内涵和外延有不同的理解，但从最一般的意义上看，现象学可以定义为是一门关于"意识现象"的学说，更明确地说，它是一门"意识本质论"。按照胡塞尔在完成向先验现象学的转变之后对现象学所做的新的规定：现象学"可以被称之为关于意识一般、关于纯粹意识本身的科学"。这里所说的"意识一般"或"纯粹意识本身"不仅仅指意识中的意识活动，而且还包括作为意识活动之结果的意识对象。胡塞尔现象学的主要部分是先验现象学，所谓先验现象学，从方法论上说，它通过"先验的还原"引导人们从"自然态度"进入"哲学观点"，通过"本质的还原"引导人们从经验事实进入本质领域；而从对象上说，它所提供的不是实在的、经验的意识现象，而是先验的、本质的意识现象。① "纯粹的或先验的现象学将不是作为事实的科学，而是作为本质的科学（作为'艾多斯'科学）被确立；作为这样一门科学，它将专门确立无关于'事实'的本质知识。这种从心理学现象向纯粹'本质'的还原，或就判断思想来说，从事实的（'经验的'）一般性向'本质的'一般性的有关还原就是本质的还原。"② 胡塞尔认为，普遍地、理性地认识世界是哲学永远不可丢弃的任务，他终生的努力就是要发现一种完善的方法，建立一个理性的、统一的知识体系。他的现象学方法，包括本质还原和先验还原，都是为了用理性的思维方法认识世界的本质和结构，这和笛卡尔所开创的近代理性主义哲学传统是一脉相承的。

胡塞尔在建构其现象学观点和方法时，无疑是自觉地把笛卡尔的理性主义哲学看作其思想的一个重要理论源头的。他一生为数不多的几部完成了的著作中有一部以"笛卡尔的沉思"命名，在《欧洲科学危机和超验现象学》和《纯粹现象学通论》中也反复提及笛卡尔。胡塞尔高度评价笛卡尔哲学的开创意义，他说："《沉思集》是在一个完全独一无二的意义上，而且恰好是通过返回到纯粹的自我我思活动，开辟了哲学的新时代。事实上，笛卡尔开创了一种全新的哲学。由于改变了哲学的整个外观，所以它

---

① 参见倪梁康主编《胡塞尔选集》（上），上海三联书店1997年版，第13页。
② ［德］胡塞尔：《纯粹现象学通论》，李幼蒸译，商务印书馆1996年版，第45页。

呈现出一个根本性的转变——从朴素的客观主义到先验的主观主义。"① 笛卡尔将哲学转回到主体自身,转移到主观领域中来,表明了认识论的转向即是主体的转向、主观的转向。他从怀疑一切出发,然后寻找到不能再被怀疑的我思,并严格地将"我思"作为一切知识信念的前提和基础,表明他是一个严格意义上的主体主义者。胡塞尔肯定笛卡尔通过普遍怀疑建立"我思故我在"的命题的历史意义,认为它确立了我的思(意识活动)和思的我(意识活动的执行者)的绝对自明性,找到了认识有效性的最终源泉,包含着一个伟大的发现。"这里所谓的发现也即对先验纯粹的、绝对自足的主体性的揭示,这种绝对无可置疑的主体性无论何时都是它本身所能认识的。"② 胡塞尔坚持"我思"的逻辑先在性以及绝对自明性原则,并且把主体的绝对先在性原则发挥到了极致。他所说的现象学的还原,即先验的还原,就是还原到纯粹的主体性上去,而通过笛卡尔道路来达到纯粹主体性,则是胡塞尔的先验还原的道路之一。在《现象学》一文中,胡塞尔这样概括阐明了现象学的先验还原和笛卡尔的"我思"关系:

  在笛卡尔的《沉思录》中,如下的思想已经成为一门第一哲学的指导思想:所有实体之物包括整个世界是为我们存在的并且只是作为我们自己的表象的表象内容,作为我们自己的体验生活的合乎判断地被意识之物、在最好条件下证明地被证实之物而如此存在着。这是对所有的、无论是真正的、还是非真正的先验问题的动机说明。笛卡尔的怀疑方法是揭示"先验主体性"的第一个方法,他的"我思"导向对先验主体性的第一次抽象把握。③

  胡塞尔的先验还原是一条通向先验的主观性的道路。它是要把那种有关世界是自在地、客观地存在的观点还原为世界是相对于先验的主体而存在、世界是由先验的主体构成的观点。为此,必须进行普遍的悬置和彻底的中止判断,对传统的和自然的信念加以排除,"将这整个自然世界置入

---

  ① 倪梁康主编:《胡塞尔选集》(下),上海三联书店1997年版,第873页。
  ② 倪梁康主编:《胡塞尔选集》(下),上海三联书店1997年版,第1133页。
  ③ [德]胡塞尔:《现象学》,载倪梁康主编《面对实事本身——现象学经典文选》,东方出版社2000年版,第92页。

括号中"。在这一点上,胡塞尔也无疑受到笛卡尔的极大启发,他高度评价了笛卡尔的普遍怀疑精神,指出:"笛卡尔以及任何一个立志于成为严肃认真的哲学家的人,都不可避免地会以一种彻底怀疑的终止判断为开端……从笛卡尔的终止判断出发,一切建筑在经验基础上的意义和有效性的成就都被质以疑问。的确,正如我们已经说过的,这是一种'认识批判史的开端',而且是一种对客观的认识进行彻底批判的历史的开端。"① 可以说,普遍怀疑和中止判断是胡塞尔现象学与笛卡尔哲学的一个共同的逻辑起点,正如胡塞尔所说:"我们现在可以让普遍的悬置概念在我们明确、新颖的意义上,取代笛卡尔的普遍怀疑设想。"② 但笛卡尔的普遍怀疑止步于"我思"实体的寻得,却未进一步对"我思"的实体性进行悬置和中止判断。笛卡尔将自我看作与物质的实体相对的心灵的实体,从而导致主客分立的二元论。胡塞尔批判笛卡尔的主观主义立场不彻底,批评他的心物二元论。他认为通过笛卡尔的怀疑途径所得出的不应是笛卡尔意义上的、还没有完全摆脱经验特性的"我"和"我思",而应是先验的自我和先验的意识,即经过现象学的彻底的中止判断而剩下来的纯粹的自我和纯粹的意识。因此,胡塞尔说"笛卡尔把到手的伟大发现滑掉了"③。他"不向自己提出系统地研究纯粹自我的任务"④。

胡塞尔认为,经由笛卡尔式的怀疑途径,通过彻底的中止判断和先验的还原之后,作为"现象学剩余物"的就是"纯粹意识"或"先验意识"。这种纯粹意识即是现象学所要研究的对象。在《纯粹现象学通论》中,胡塞尔分析和论证了纯粹意识的一般结构,认为纯粹意识具有一个意识活动(Noesis)和意识对象(Noema)互相关联的意向性结构,而纯粹自我或先验自我则是作为意识活动的执行者而存在。按照胡塞尔现象学还原的思路,他首先肯定意识活动、意向性结构以及作为意识活动执行者的自我的自明性,然后说明意识活动如何构成意识内容即意识活动的对象。

---

① [德] 胡塞尔:《欧洲科学危机和超验现象学》,张庆熊译,上海译文出版社 2005 年版,第 101—102 页。
② [德] 胡塞尔:《纯粹现象学通论》,李幼蒸译,商务印书馆 1996 年版,第 97 页。
③ [德] 胡塞尔:《纯粹现象学通论》,李幼蒸译,商务印书馆 1996 年版,第 100 页。
④ [德] 胡塞尔:《欧洲科学危机和超验现象学》,张庆熊译,上海译文出版社 2005 年版,第 110 页。

这样一来，传统认识论中的"事物与知性的一致性"问题便转变成"意识活动"与"意识对象"的关系问题；传统本体论中的"精神"与"物质"的对立便转变为"意识活动"与它所构造出的"意识对象"的对立。① 胡塞尔的现象学研究是在纯粹意识的领域之内进行的，它把认识对象是否客观存在的问题悬置起来，着重研究意识的对象如何向意向的意识显现，意向的意识如何构成意识的对象。其研究的最终结果是否定对象在意识之外作为自在之物独立存在，认为一切对象归根结底都是由意识活动构成的。这样，胡塞尔便批评和超越了由笛卡尔所开创的近代认识论设立的主客、思有、心物相分立的二元论，走向了世界是由先验的主体构成的先验唯心论的一元论。这便为现象学美学的方法论转型奠定了哲学基础。

二 意向结构与审美对象

意向性问题是现象学所关注的核心问题。胡塞尔将"意向性"作为"现象学首要主题"，"把意向性作为无处不在的包括全部现象学结构的名称来探讨"。② 他所创立的意向性理论既是现象学哲学的核心理论，也是现象学美学的理论基石。

胡塞尔提出"意向性"概念，显然是受到他的老师布伦塔诺的影响，但他将这一概念追溯到笛卡尔，认为在笛卡尔的"我思"中已经明确地突出了意向性的因素。"意向性的另一种表达方式为'思的活动'（Cogitatio），例如在经验、思想、情感、意愿等中意识地对某种东西的拥有（etwas Bewuβthaben），因为每一个思的活动都有它的所思（Cogitatum）。"③ 按照胡塞尔的理解，所有意识都是"对某物的意识"，朝向对象是意识的根本特性，因此，意向性代表着意识的最普遍结构。不过，由于胡塞尔在《逻辑研究》和《纯粹现象学通论》中哲学观点和立场有较大变化，所以，他的意向性理论也经历了一个发展过程。在《逻辑研究》中，胡塞尔是从表达入手探讨意向性问题的。他认为表达是有意义的记号。"表达通过意

---

① 参见倪梁康主编《胡塞尔选集》（上），上海三联书店1997年版，第14页。
② ［德］胡塞尔：《纯粹现象学通论》，李幼蒸译，商务印书馆1996年版，第210页。
③ ［德］胡塞尔：《欧洲科学危机和超验现象学》，张庆熊译，上海译文出版社2005年版，第112页。

义表示（指称）对象。"① 如果从语言学角度看，表达是借助于意义与对象相关联；那么，从意识角度看，意向行为则通过意向内容（意义）指向对象。胡塞尔承认有的意向活动并不直接指向对象，如某些情感的意向活动，但他强调一切意向活动都以对象化的意向活动为基础。情感的意向活动是以理智的意向活动为基础的。意向行为分为意义赋予的行为和意义充实的行为，前者仅能获得抽象的意识内容；后者可在想象中使对象形象化地呈现出来。这些论述不仅是对意识结构的分析，对美学也具有重要意义。

随着胡塞尔从《逻辑研究》时期的"本质现象学"向《纯粹现象学通论》时期的"先验现象学"的转变，他的意向性理论也有新的发展。其中重要一点是对意向对象内容结构的分析和意识对象领域的扩展。他认为不仅意向活动有一个结构，即意向行为（Noesis）——意向对象（Noema），意向对象也有一个结构。"完全的意向对象是由诸意向对象因素的复合体组成的，在该复合体中特定的意义因素只形成一种必不可少的核心层，其他因素本质上基于此核心层之上，因此这些因素同样可被称为意义因素，不过是在一种扩大的意义上。"②

按照胡塞尔的分析，意向对象的结构是由意向对象的核心、边缘域和"对象本身"三者构成的。意向对象的核心相当于《逻辑研究》中所说的意义；"对象本身"指被进行综合的意向行为所发现的、在一系列相关意向内容间的一致性的极；意向对象的边缘域指被意向行为附带以为的、规定性尚未明确显示出来的东西。在《逻辑研究》中，胡塞尔主张意向行为是通过意向内容（意义）指向对象的，对象外在于意识活动；而在《纯粹现象学通论》中，意义和对象已经合为一体，共同组成意向对象，对象成为意识的一部分。意识活动是由意向行为和意向对象构成的。所谓意向性理论，就是研究意识如何通过意向行为而构成意识对象的。这些论述成为现象学的审美对象和审美经验学说的理论基础。

现象学美学对审美对象的理解和分析，与传统美学对于事物美、丑价值或审美价值的认识和美的本质的探讨，在方法论上是完全不同的。传统

---

① ［德］胡塞尔：《逻辑研究》第2卷，载刘放桐等编著《新编现代西方哲学》，人民出版社2000年版，第308页。
② ［德］胡塞尔：《纯粹现象学通论》，李幼蒸译，商务印书馆1992年版，第227页。

美学对于事物审美价值的认识和美的本质的探讨，是以主客、思有、心物分立的二元论作为基础的。二元论把主体与客体、精神与物质、思维与存在两者区分开来后，看不到两者之间相互依存和转化的关系，而将它们分裂和对立起来。笛卡尔把心物当作两个相互独立的实体，就是这种二元论的最典型形式。以主客二元对立的方法论为基础的传统美学，要么主张美在主观，要么主张美在客观，有的虽然主张美在主客观的关系，但由于不了解主客观是对立的统一，因而两者仍然是一种外在的协调关系，主客仍然是互相分离的。笛卡尔同样把美定义为主客观之间的一种关系。他明确指出："一般地说，所谓美和愉快所指的都不过是我们的判断和对象之间的一种关系。"① 这种主客观关系既指对象的刺激与外在感官之间关系的适合或协调，也指对象的性质与内在心灵之间关系的符合或对应。这种美的定义和笛卡尔心物对立的二元论是相一致的。胡塞尔反对笛卡尔的二元论，他的现象学还原一开始就排除了主客二元对立的存在，并且将这种对立看作是"自然态度"的产物，力图通过悬置或中止判断来加以消除。现象学还原不仅要求把有关认识对象的存在的信念放在括号里，而且要求把作为经验主体的人的存在的信念悬置起来，因为这样才能从自然态度转变到现象学态度，作出无任何预先假设的论证。其结果就是排除了自然态度的世界而转向先验纯粹的一般意识，同时也排除了属于自然世界的物的性质和价值特性，它包括美与丑、令人愉快和令人不快、可爱和不可爱等等。"由于排除了自然界，即心理的和心理物理的世界，因而也排除了由价值的和实践的意识功能所构成的一切个别对象，各种各样的文化构成物，各种技术的和艺术的作品，科学作品（就其作为文化事实而非作为公认的有效性统一体被考虑而言），各种形式的审美价值和实践价值。"② 由此可见，传统美学中关于美的本质和审美价值的问题，是被胡塞尔排除在现象学还原范围之外的。

现象学美学是在胡塞尔创立的意向性理论的基础上重新构建审美对象学说的。胡塞尔本人虽然没有对审美对象问题做过系统论述，但他分析意

---

① ［法］笛卡尔：《致麦尔生神父的信》，载北京大学哲学系美学研究室编《西方美学家论美和美感》，商务印书馆1980年版，第78—79页。

② ［德］胡塞尔：《纯粹现象学通论》，李幼蒸译，商务印书馆1996年版，第150页。

向行为——意向对象结构时，却涉及审美观察的对象问题，从而为如何考察审美对象指出了方向。胡塞尔认为，在呈现和再现领域中的意向对象具有不同的变样。"变样一词一方面涉及现象的可能变换，因此涉及可能的实显运作；另一方面，它涉及重要得多的意向作用或意向对象的本质独特性，这种独特性即指向某种其它未变样之物。"① 在分析意向对象的"中性变样"时，胡塞尔以考察杜勒的铜版画《骑士，死和魔鬼》为例加以阐述。他说：

> 我们在此首先区分出正常的知觉，它的相关项是"铜版画"物品，即框架中的这块版画。
>
> 其次，我们区分出此知觉意识，在其中对我们呈现着用黑色线条表现的无色的图象："马上骑士"，"死亡"和"魔鬼"。我们并不在审美观察中把它们作为对象加以注视；我们毋宁是注意"在图象中"呈现的这些现实，更准确些说，注意"被映象的现实"，即有血肉之躯的骑士等。②

在这段论述中，胡塞尔明确指出，我们正常的知觉所感知的作为物品的"铜版画"，以及知觉意识中对我们呈现出的黑色线条和无色图象，都不是我们在审美观察中加以注视的对象。只有"被映象的现实"，即能够传达和形成这一映象表现的"图象"意识或"图象客体"——有血肉之躯的骑士才是我们的审美对象。胡塞尔进而指出，作为审美对象的图象意识或图象客体，是"正常知觉的中性变样"，是"中性的形象客体意识"。所谓"中性变样"，"它是一切实行行为的在意识上的对立物：它的中性化"。它被包括在如中止实行、使失去作用、"置入括号"、想象实行等形式中，而对对象的存在不予设定。所以，胡塞尔说："这个进行映象表现的图象客体，对我们来说既不是存在的又不是非存在的，也不是在任何其他的设定样态中；不如说，它被意识作存在的，但在存在的中性变样中被意识作

---

① [德]胡塞尔：《纯粹现象学通论》，李幼蒸译，商务印书馆1996年版，第264页。
② [德]胡塞尔：《纯粹现象学通论》，李幼蒸译，商务印书馆1996年版，第270页。

准存在的（gleichsam-seiend）。"① 这就是说，作为审美对象的图象客体，不是正常知觉和知觉意识的对象，而是一种要对对象的存在与否不做设定的知觉的中性变样形式。按照胡塞尔对图象意识的意向性分析，图象客体不过是一种通过图象意识的意向作用而产生的特殊的意向对象，因而审美对象也就是一种由图象意识活动而产生的特殊的意向对象。

胡塞尔之后，现象学美学家对审美对象问题作了更深入、更系统地探讨。尽管他们在具体观点上存有分歧，但基本上都是以胡塞尔的意向性理论为基础，沿着胡塞尔开辟的方向，对审美对象进行意向性分析。现象学美学的代表人物英伽登认为，审美对象和审美经验是互相关联的，作为审美对象的艺术作品，既非实在客体，亦非观念客体，而是一种"意向性客体"。他强调审美经验的对象和一般认识活动的对象是不同的。审美经验的对象不是一般知觉的实在对象，"对象的实在对审美经验的实感来说并不是必要的，在审美经验中，我们喜不喜欢一件东西也并不取决于这种实在，因为这种实在作为感觉对象某个时刻的存在根本不影响我们的审美愉快或审美反感"②。在审美经验中，我们并不指向对象的实在本身，而是指向在直接经验中呈现的并具有审美价值的特性。所以，审美对象只有在审美经验中才能形成。另一位现象学美学代表人物杜弗莱纳也强调审美对象和审美知觉是互相关联、不可分割的，审美对象必须依凭审美经验才能界定自己。他说："审美知觉是审美对象的基础"③，"审美对象只有在审美知觉中才能完成"④。不管是英伽登还是杜弗莱纳，都把弄清审美对象和艺术作品的区别作为界定审美对象的关键问题。英伽登虽然承认艺术作品是界定审美对象的基础，但是他强调审美对象只能在观赏者的审美经验中才能形成，所以离不开主体的审美感知和审美态度。他说："艺术作品可能被人感知的方式有两种：感知的行为可以发生在寻求审美经验时审美态度的关联中，也可以进入某种超审美的全神贯注中，在沉入科学研究或某种单

---

① [德] 胡塞尔：《纯粹现象学通论》，李幼蒸译，商务印书馆1996年版，第270—271页。
② [波] R. 英伽登：《审美经验与审美对象》，《哲学和现象学研究》第11卷第3期（1961年3月）。
③ [法] M. 杜弗莱纳：《审美经验现象学》，载《马克思主义文艺理论研究》编辑部编选《美学文艺学方法论》（下），文化艺术出版社1985年版，第619页。
④ [法] M. 杜弗莱纳：《美学与哲学》，孙非译，中国社会科学出版社1985年版，第67页。

纯消费的关系中。"① 只有当对艺术品的感知发生在审美态度、审美经验之中时，艺术作品才能作为审美对象呈现在观赏者的审美活动中。杜弗莱纳也指出："审美对象是审美地被感知的客体，亦即作为审美物被感知的客体。"② 艺术作品作为一种存在物，当它非审美地被感知时还不能成为审美对象。只有当艺术作品被审美地感知时，才能呈现为"审美要素"，"审美要素的呈现使我们可以把艺术作品理解为审美对象"③。所以，审美对象只能是被审美感知的艺术作品。"审美对象和艺术作品的区别表现在这里：必须在艺术作品上面增加审美知觉，才能出现审美对象。"④ 这样，现象学美学通过分析审美对象与艺术作品的联系和区别，赋予了审美对象以严格的定义。

现象学美学以胡塞尔的意向性理论为基础，对审美对象与审美经验、审美对象与审美知觉、审美对象与艺术作品、审美对象与审美要素等相互关系作了全面阐述，形成了一套逻辑严密、自成一体的审美对象的学说。其主要特点是强调审美对象与审美意识活动的不可分性，主张只有在审美意识活动——审美经验的作用中，艺术作品才能转变为审美对象。这显然是把审美对象看作由审美意识活动指向和构成的对象，亦即英伽登所说的"纯意向对象"。这种学说和建立在主客二元对立基础上的传统的美的本质学说具有明显的区别，对于如何在主客体统一中探讨美的本质和阐明审美对象也具有启发作用。但由于其立足点是意识构成对象、主体创造客体的先验唯心论，所以，仍然无法真正摆脱以审美主体去规定审美客体的唯心主义美学的旧路数。

三　本质直观与审美经验

按照胡塞尔对意识活动的分析，意向行为和意向对象（意向内容）两

---

① ［波］R. 英伽登：《艺术价值和审美价值》，载《英伽登美学文选》，华盛顿，1985年，第92页。
② ［法］M. 杜弗莱纳：《审美经验现象学》，载《马克思主义文艺理论研究》编辑部选编《美学文艺学方法论》（下），文化艺术出版社1985年版，第605页。
③ ［法］M. 杜弗莱纳：《审美经验现象学》，载《马克思主义文艺理论研究》编辑部选编《美学文艺学方法论》（下），文化艺术出版社1985年版，第631页。
④ ［法］M. 杜弗莱纳：《审美经验现象学》，载《马克思主义文艺理论研究》编辑部选编《美学文艺学方法论》（下），文化艺术出版社1985年版，第618页。

者是互相联系、不可分割的。意向行为指向意向对象，意向对象由意向行为所构成。与此相应，现象学美学对审美意识活动的分析，也将审美行为（审美经验）和审美对象看作互相联系、不可分割的。既然现象学美学把审美对象看作由审美经验的意向作用所构成的特殊的意向对象，那么，要把握审美对象，就必须对审美经验做进一步研究。

胡塞尔对审美对象问题虽然未留下完整的理论表述，但他对审美经验问题留下了一篇完整的论述文字。这就是1907年胡塞尔致德国文学家胡戈·冯·霍夫曼斯塔尔的一封信，它也是目前唯一发表出来的胡塞尔关于"美学与现象学"问题的手稿。在这封信中，胡塞尔是结合艺术创造和欣赏来论述审美经验的。他指出，现象学的方法和态度要求我们对所有的客观性持一种与"自然"态度根本不同的态度，这种态度与我们在欣赏纯粹美学的艺术时对被描述的客体与周围世界所持的态度是相近的。在具体分析欣赏和创造艺术的"纯粹美学直观"时，胡塞尔写道：

> 对于一个纯粹美学的艺术作品的直观是在严格排除任何智慧的存在性表态和任何感情、意愿的表态的情况下进行的，后一种表态是以前一种表态为前提的。或者说，艺术作品将我们置身于一种纯粹美学的、排除了任何表态的直观之中。存在性的世界显露得越多或被利用得越多，一部艺术作品从自身出发对存在性表态要求得越多（例如，艺术作品甚至作为自然主义的感官假象：摄影的自然真实性），这部作品在美学上便越不纯。①

这里所说的"纯粹美学的艺术作品的直观"或"纯粹美学的、排除了任何表态的直观"，就是胡塞尔对于审美经验的基本要求和特点的概括。胡塞尔的意思是，审美经验——"纯粹美学直观"和自然的精神态度、现实生活的精神态度是不同的。自然的精神态度、现实生活的精神态度完全是"存在性的"，即将那些感性地摆在我们面前的事物看作是现实；而纯粹美学直观则是在严格排除任何存在性表态的情况下进行的。艺术作品对存在性表态要求得越多，越是接近"自然真实性"，在美学上便越是不纯。

---

① 倪梁康主编：《胡塞尔选集》（下），上海三联书店1997年版，第1202页。

这种纯粹美学直观的精神态度,从另一方面来说,与纯粹现象学的精神态度却是相近的。因为现象学的方法也要求严格地排除所有存在性的执态。据此,胡塞尔得出的结论是:"现象学的直观与'纯粹'艺术中的美学直观是相近的。"①

所谓"现象学的直观",即现象学本质还原方法的"本质直观"。胡塞尔认为,不仅个别的东西,而且像逻辑规律那样本质的东西都可以被直观。最基本的逻辑规律是直接被直觉到的,是非经验的、先天的,它不以任何其他东西为前提。推而广之,一切本质的东西都可以被直观到。这种通过直观以获得非经验的、无预先假定的本质的认识方法,就是本质直观的方法。本质直观的方法把"直接的给予"或这个意义上的直观看作一切认识的来源,并要求通过直观来获取本质洞察。正如胡塞尔所说:"每一种原初地给予的直观是认识的正当的源泉,一切在直觉中原初地(在某种程度上可以说,在活生生的呈现中)提供给我们的东西,都应干脆地接受为自身呈现的东西,而这仅仅是就在它自身呈现的范围内而言的。"② 为了做到本质直观,首先要求把有关认识对象的存在的信念悬置起来,通过中止判断,使我们的目光集中于事物向我们直接显现的方面,以达到纯粹现象,然后在对个别东西的直观的基础上使共相清楚地呈现在我们的意识面前。胡塞尔指出,本质直观与经验直观或个别直观是本质上不同的。经验直观或个别直观是对一个别对象的意识,而"本质直观是对某物、对某一对象的意识,这个某物是直接目光所朝向的,而且是在直观中'自身所与的'……它就是一种原初给与的直观,这个直观在其'机体的'自性中把握着本质"③。

胡塞尔将本质直观"作为把握先天的真正方法",它是对先天、对一个纯粹本质进行直观,"本质真理是先天的,在其有效性中先于所有事实性,先于所有出自经验的确定"④。因此,他又将本质直观称作"先天直观""理念直观",这使我们想到笛卡尔对于"直觉"作用的阐述。笛卡尔认为,要获得真理性的认识,除了通过自明性的直觉和必然性的演绎以

---

① 倪梁康主编:《胡塞尔选集》(下),上海三联书店1997年版,第1202页。
② 《胡塞尔全集》第3卷,1976年德文版,第51页。
③ [德]胡塞尔:《纯粹现象学通论》,李幼蒸译,商务印书馆1996年版,第52页。
④ 倪梁康主编:《胡塞尔选集》(上),上海三联书店,1997年,第494页。

外，人类没有其他途径。何谓"直觉"？笛卡尔说："我所了解的直觉，不是感官所提供的恍惚不定的证据，也不是幻想所产生的错误的判断，而是由澄清而专一的心灵所产生的概念。"① 直觉的知识是一种不证自明的知识，它不是来自感性经验，而是来自先天的观念。由此可见，胡塞尔的"理念直观"和笛卡尔的理性直觉，在某种意义上是有联系的。

尽管胡塞尔认为，纯粹美学直观或审美经验与现象学的直观是相近的，艺术家对待世界的态度与现象学家对待世界的态度是相似的，但是他却又明确地指出了纯粹美学直观与现象学直观、艺术家与哲学家的区别。他说：

> 艺术家与哲学家不同的地方只是在于，前者的目的不是为了论证和在概念中把握这个世界现象的"意义"，而是在于直觉地占有这个现象，以便从中为美学的创造性刻划收集丰富的形象和材料。②

可见纯粹美学直观与现象学直观、艺术家与哲学家在把握现象的目的和方式上是不同的。现象学直观要在纯粹直观的分析和抽象中，以论证和概念的方式，阐明内在于现象之中的意义；而纯粹美学直观则恰恰相反，它要直接地保留现象的直觉性、形象性和丰富性，以进行审美的或艺术的创造。按照胡塞尔的理解，直观行为是由感知和想象这两种意识行为共同构成的。"艾多斯，纯粹本质，可以在经验所与物中，在知觉、记忆等等的所与物中被直观地例示，但它也可以在纯想象的所与物中被例示。"③ 对感知表象、感知立义与想象表象、想象立义的细致分析和区别，是胡塞尔关于现象学直观研究中的重要内容。值得注意的是，胡塞尔特别强调想象表象在艺术和审美中的作用。他指出，想象表象或想象体验作为意向的体验，显然属于客体化体验的领域；客体性在想象中得以显现并且在可能的情况下被意指以及被相信。这种客体性本身不是现象学的对象，但客体化的体验，即想象体验、想象表象，则是一个现象学的材料。在审美的直观中，想象表象、想象体验异常明显。"例如，艺术家在直观他的艺术造型

---

① 《笛卡尔哲学著作》第 1 卷，英国剑桥大学 1911 年版，第 7 页。
② 倪梁康主编：《胡塞尔选集》（下），上海三联书店 1997 年版，第 1204 页。
③ ［德］胡塞尔：《纯粹现象学通论》，李幼蒸译，商务印书馆 1996 年版，第 53 页。

从笛卡尔到胡塞尔：现象学美学方法论转型

时所具有的那种体验，也就是那些特殊的内在直观本身，或者是那些与外在直观、感知直观相对的对半人半马、史诗中的英雄形象、风景等等的直观化。在这里，与外在的、作为当下的显现相对立的是内在的当下化，是'在想象中的浮现'。"① 这种对审美和艺术直观中想象的作用的强调，我们在笛卡尔的相关论述中同样可以找到。尽管笛卡尔主张想象和理性各自具有不同的性质和功能，并否认想象可以作为认识事物的依据，他却肯定了想象作为一种特殊思想方式在把握事物上的特点以及它在艺术和审美中的独特作用。他说："在我们身上，就像在打火石上一样拥有知识的火花，哲学家把它们从理性中抽象出来，但诗人则是从想象的迸发中提炼，所以他们闪烁得更加灿烂。"② 这与上述胡塞尔对艺术家与哲学家的不同所作的论述，有异曲同工之妙。

胡塞尔之后的现象学美学家在现象学直观理论的基础上，通过对知觉和想象的现象学分析，对审美经验作了更为系统和深入的探讨。英伽登认为，在审美经验中我们中断了关于周围物质世界的事物中的"正常的"经验和活动，改变了我们的态度，亦即从日常生活中采取的实际态度、从探究态度转变成特殊的审美态度，使我们的注意力从这种或那种性质的真实存在转移到特质本身上面。在我们对这些特质的直观中，对于感觉到的事物的存在的信念失去了它的约束力，用胡塞尔的话说，它就是被"还原"了。在审美直观中，许多特质互相协调形成一个整体，它们互相影响并赋予整体一种性质特征，即"和谐质"。"我们必须掌握那些具有审美价值的特质，并将其综合起来，以求把握所有这些特质的和谐。只有在这种时候，在一种特殊的情感观照中，我们才能沉醉于构成'审美对象'的美的魅力之中。"③ 在现象学美学家中，有的将审美经验归结为想象活动，如萨特说："审美对象是由将它假设为非现实的一种想象性意识所构成和把握的。"④ 也有的将审美经验归结为知觉活动，如杜弗莱纳主张"审美知觉是

---

① 倪梁康主编：《胡塞尔选集》（下），上海三联书店1997年版，第722页。
② 《笛卡尔选集》第10卷，1902年，第217页。
③ [波] R. 英伽登：《审美经验与审美对象》，《哲学和现象学研究》第11卷第3期（1961年3月）。
④ [法] 萨特：《想象心理学》，褚朔维译，光明日报出版社1988年版，第288页。

· 215 ·

审美对象的基础"①,"审美对象只有在审美知觉中才能完成"②。但不管是强调知觉活动,还是强调想象活动,现象学美学家在审美经验是一种直观行为这一点上却是基本一致的,也就是和胡塞尔的纯粹美学直观理论是一脉相承的。显然,这种对审美经验的分析,和建立在主客二元对立的思维方式基础上的传统的审美经验理论是不一样的。传统美学研究往往是从对象所唤起的主体心理体验的构成因素和性质特点上来把握审美经验,而现象学美学则将主体和对象看作互相依存、互相作用的不可分割的整体,把审美经验看作一种在纯粹意识中进行的直观行为,并从这种直观行为(而非心理体验)的构成和特点上来把握审美经验。这无疑为审美经验的研究、为分析审美经验的性质和特点,开辟了一个新的途径。同时,也从哲学基础、审美对象到审美经验全面完成了现象学美学的方法论转型。

(原载于《美学》第二卷,南京出版社2008年版)

---

① [法] M. 杜弗莱纳:《审美经验现象学》,韩树站译,文化艺术出版社1996年版,第604页。
② [法] M. 杜弗莱纳:《审美经验现象学》,韩树站译,文化艺术出版社1996年版,第67页。

海德格尔存在主义哲学和美学的
认识与评价问题

近年来,在我国美学界围绕"实践存在论美学"展开的争论中,涉及对海德格尔存在主义哲学和美学究竟应当如何认识及评价问题。主张实践存在论美学的论者认为,海德格尔的存在论和马克思的实践论具有一致性和相通性,通过打通二者之间的"理论视域关联",可以用海德格尔的存在论"来发展、深化和丰富马克思的实践观",实现海德格尔的存在论哲学和美学与马克思的实践论哲学和美学的"融合"。反对实践存在论美学的论者则强调,海德格尔的存在论哲学"是一种主观唯心论的生存本体论",执意寻找马克思与海德格尔存在观上的一致性,必然在哲学和美学研究上,模糊马克思主义实践观与海德格尔存在论的界限。[①] 这些分歧看法说明我们对于海德格尔存在主义哲学和美学思想的内涵与性质,及其与马克思实践论哲学和美学思想的关系等问题,需要重新加以探明。

一

在当代西方哲学家中,海德格尔无疑是最富争议的一个人物。西方当代哲学界和思想界对他的哲学著作和思想的认识和评价,一直存在着分歧巨大的两极。这除了哲学立场和观点不同的原因外,海德格尔特立独行的思辨方式和生僻艰涩的文字表达,使他的著作难读难懂,也是一个重要原因。连海德格尔同时代与之亲近的西方哲学家,也有人认同海德格尔所谈的那个"存在"是没人能够懂得的。但是,我们要理解和评价海德格尔的哲学和美学,存在问题是绝对绕不开的一道坎儿。在《存在与时间》这部

---

① 参见宋伟、朱立元、王昌树、董学文等关于实践存在论美学的争论文章。

奠基之作中，海德格尔明确地说："具体而微地把'存在'问题梳理清楚，这就是本书的意图。"① 可以说，海德格尔全部哲学就是从重新提出存在的意义问题开始的。因此，我们仍然必须把海德格尔所谈的那个存在，作为我们理解他的思想的基础和出发点。

海德格尔认为，西方传统形而上学仅仅将目光聚焦于存在者，从而遗忘了存在是什么，致使存在的意义仍然隐藏在晦暗中。而存在论的基本任务，就是要澄清存在的意义。因为"使存在者之被规定为存在者的就是这个存在"②。但是，存在又总是意味着存在者的存在，要掇取存在的意义，还是要从存在者出发。那么，应当把哪种存在者作为出发点，好让存在的意义开展出来呢？海德格尔回答说："这种存在者，就是我们自己向来所是的存在者，就是除了其他可能的存在方式以外还能够对存在发问的存在者。我们用此在〔Dasein〕这个术语来称呼这种存在者。"③ "此在"是海德格尔存在主义哲学的独特的、关键的术语，它其实指的就是"人"这种存在者。为什么此在能够成为领会和解释存在的出发点呢？海德格尔的解释是："此在在他的存在中总以某种方式、某种明确性对自身有所领会。""对存在的领会本身就是此在的存在的规定。此在在存在者层次上的与众不同之处在于：它在存在论层次上存在。"④ 由此，海德格尔确立了此在具有的"优先地位"，也确定了通过对此在特加阐释这样一条途径突入存在概念的基本思路。

《存在与时间》这本书可以说基本上就是围绕着对此在的阐释展开的。海德格尔把此在的存在称为"生存"（Existenz），着重分析了此在的基本建构。为此，他提出了"在世界之中存在"即"在世"这一术语。"在之中"意指此在的一种存在建构，是此在存在形式上的生存论术语。此在本质上包含着在世，"因为此在本质上是以'在之中'这种方式存在的"⑤。

---

① ［德］海德格尔：《存在与时间》，陈嘉映、王庆节合译，熊伟校，生活·读书·新知三联书店2000年版，第1页。
② ［德］海德格尔：《存在与时间》，陈嘉映、王庆节合译，熊伟校，生活·读书·新知三联书店2000年版，第8页。
③ ［德］海德格尔：《存在与时间》，陈嘉映、王庆节合译，熊伟校，生活·读书·新知三联书店2000年版，第9页。
④ ［德］海德格尔：《存在与时间》，陈嘉映、王庆节合译，熊伟校，生活·读书·新知三联书店2000年版，第14页。
⑤ ［德］海德格尔：《存在与时间》，陈嘉映、王庆节合译，熊伟校，生活·读书·新知三联书店2000年版，第68页。

海德格尔存在主义哲学和美学的认识与评价问题

此在不是孤立的存在，它总是处于其世界中，与其世界同时在此。所以，"在世界之中"构成了此在的基本建构。此在的在世意味着此在与世界处于不可分割的联系之中，按照海德格尔的理解，此在与世界的这种联系不是日常经验中的空间关系，也不是主体和客体之间的关系，而是浑然一体的、更为原始的关系。

通过对此在在世的分析，海德格尔对世界提出了一种新的解释。他认为，世界不是指世内各种事物，不是存在于世界之内的存在者的总体。世界总是和此在不可分地联系在一起的。既然此在从生存论上被规定为"在世界之中的存在"，而世界是"在世界之中存在"的一个组建环节，那么世界本身也就是一个生存论环节。所以，世界不是被了解为本质上非此在的存在者，而是被了解为一个实际上的此在作为此在"生活""在其中"的东西。"'世界'在存在论上绝非那种在本质上并不是此在的存在者的规定，而是此在本身的一种性质。"①

海德格尔提出的此在以及对此在在世的分析，对以主客二分为基本特征的西方传统形而上学作了批判。它试图寻找一种先于主客体分野的现象，以克服传统哲学分裂主客体的倾向。这种对传统形而上学的超越，代表了西方现代哲学的一种主要趋势。海德格尔的此在不是传统哲学中的人和主体概念，而是先于主客之分的、现象学本体论意义上的人的存在。他认为此在与世界不可分割，此在只能在世界之中存在，反对设定一个撇开世界的主体；此在的世界是共同世界，"在之中"就是与他人共同存在；此在首先在从周围世界上手的东西中发现自己本身，这些看法都不同于主体性形而上学。但是，海德格尔提出的此在以及对此在的生存论分析，是以人的存在作为中心和出发点的。他强调"此在具有优先地位"②，认为"世界本质上是随着此在的存在展开的"③，世界只是"此在本身的一种性质"④，没

---

① ［德］海德格尔：《存在与时间》，陈嘉映、王庆节合译，熊伟校，生活・读书・新知三联书店2000年版，第76页。
② ［德］海德格尔：《存在与时间》，陈嘉映、王庆节合译，熊伟校，生活・读书・新知三联书店2000年版，第10页。
③ ［德］海德格尔：《存在与时间》，陈嘉映、王庆节合译，熊伟校，生活・读书・新知三联书店2000年版，第233页。
④ ［德］海德格尔：《存在与时间》，陈嘉映、王庆节合译，熊伟校，生活・读书・新知三联书店2000年版，第76页。

有此在，就没有世界。按照他的解释，存在者分为此在式的存在者和非此在式的存在者，后者被称为世内存在者。世界本身并不是世内存在者，因为世内存在者必须通过此在在世才能呈现出来。就是说，一切其他存在者和世界的存在完全依赖于人的存在，这就陷入了主观唯心主义。对于《存在与时间》中的以人为中心的倾向，海德格尔的老师胡塞尔就曾表示过担忧，而对于其主观主义倾向的批评，自该书问世后也不绝于耳。

海德格尔以此在分析为基础的存在论，和马克思创立的科学的实践观是不可同日而语的。马克思说："通过实践创造对象世界，改造无机界，人证明自己是有意识的类存在物。"① 实践作为人特有的存在方式，是人能动地改造世界的物质活动，是主体对于客体的改造，是一种对象性的、具有客观实在性的活动。它和海德格尔的所谓此在，在内涵上是完全不同的。按照海德格尔的解释，此在是先于主客分化、没有规定性的原始状态中的人的存在，"此在总是我的存在"，根本不是主体对于客体的改造的客观物质活动。科学的实践观批判了旧唯物主义"对对象、现实、感性，只是从客体的或者直观的形式去理解，而不是把它们当作感性的人的活动，当作实践去理解"②，要求以人的实践作为出发点去认识和把握世界，从而第一次科学地解决了人与世界的关系问题。人的实践活动将世界分化为属人世界与自在世界。属人世界是被人的实践改造过并打上人的目的和意志烙印的世界，是与人的活动不可分离的；自在世界是人类存在之前和人类活动尚未涉及的自然界，是独立于人的活动的。这和海德格尔主张没有人的存在就没有世界是完全不一样的。自在世界和属人世界都具有客观实在性，都属于不以人的意志为转移的客观世界。而在海德格尔的此在在世的分析中，却根本否认除了此在所领悟和揭示的世界之外，有独立于人的意识而存在的客观世界。他说："到底有没有一个世界？这个世界的存在能不能被证明？若由在世界之中的此在来提这个问题——此外还有谁会提这个问题呢？——这个问题就毫无意义。"③ 这实际上就是拒绝承认独立存在的客观世界，这种观点与马克思科学的实践观怎么能实现"融合"并使后

---

① 《马克思恩格斯选集》第1卷，人民出版社1995年版，第46页。
② 《马克思恩格斯选集》第1卷，人民出版社1995年版，第54页。
③ [德]海德格尔：《存在与时间》，陈嘉映、王庆节合译，熊伟校，商务印书馆1987年版，第233页。

者得到"发展"呢?

二

在海德格尔对此在在世的生存论分析中,对于此在的展开状态和此在的结构整体的分析可以说是其重点所在。海德格尔认为,此在就是它的展开状态,展开状态意味着"开敞"和"敞开状态"。通过展开状态,此在就能同世界的在此一道,为它自己而在"此"。他指出,此在的原始的展开状态有三种,即情绪或现身、领会、言谈。虽然三种方式是互相联系的,但情绪无疑居于首要地位。领会也总是带有情绪的领会,正是在情绪这一展开样式中,此在的存在才能够作为赤裸裸的"它在且不得不在"绽露出来。情绪是此在的原始存在方式,它先于一切认识和意志。此在在情绪中现身,"现身的有情绪从存在论上组建着此在的世界的敞开状态"①。在《存在与时间》中,海德格尔分析到的此在的基本情绪是畏、烦、死。他认为,畏是此在的基本现身情态,是此在别具一格的展开状态。畏与怕是有别的。怕之所怕者是对人有害之事;而畏之所畏者却不是有害事物,而是完全不确定的。"畏之所畏者就是在世本身。"② 畏之所畏者是被抛的在世,所以畏的整个现象就把此在显示为实际生存在世的存在。畏连同在畏中展开的此在本身一道,为把握此在原始存在的整体性提供了现象基地。以此为基础,海德格尔提出了表示此在原始的结构整体性的基本概念——烦(Sorge,又译"操心")。

按照海德格尔解释,此在的存在有不同的表现形式或环节,它们构成一个统一的结构整体,这个结构整体即是烦。"烦"这个术语指的是一种生存论存在的基本现象,此在的基本存在结构是在世,而在世的存在状态是烦。烦作为原始的结构整体性在生存论上先天地处于此在的任何实际行为与状况之前,也就是说,总已经处于它们之中了。海德格尔说:"我们

---

① [德]海德格尔:《存在与时间》,陈嘉映、王庆节合译,熊伟校,生活·读书·新知三联书店2000年版,第160页。
② [德]海德格尔:《存在与时间》,陈嘉映、王庆节合译,熊伟校,生活·读书·新知三联书店2000年版,第215页。

把烦提出来作为此在之存在"①,"在世本质上就是烦"②,"只要这一存在者'在世',它就离不开这一源头,而是由这源头保持、确定和始终统治着的。'在世'的存在,就存在而言刻有'烦'的印记"③。

海德格尔将烦分为烦忙(Besorgen,又译"操劳")和烦神(Fuersorge,又译"操持")。烦忙指"寓于上手事物的存在"④,即此在与世内上手事物产生关系的存在状态。上手事物不是现存事物,是指首先与此在来照面的世内存在者。这种在烦忙活动中照面的存在者称为用具,用具的存在方式是"上手状态",即处于此在手头。用具本质上是一种"为了作……的东西"。有用、有益、合用、方便等等都是"为了作……之用"的方式。在这种"为了作……"的结构中有着从某种东西指向某种东西的指引,不仅指向它的合用性的何所用、它的成分的何所来,同时还指向承用者和利用者。例如,鞋是一种用具,作为用具,它包含了"为了作某某之用",即指向穿鞋。同时,用具中还包含有指向其质料来源的指引,如鞋被指向毛皮、线、钉子等等,毛皮又指向生皮、兽类,乃至整个"处在自然产品的光照中的'自然'"⑤。这样,通过烦忙活动中对用具的使用,不仅揭示了用具的存在,也揭示了与此在相关的他物以致世界的存在。就是说,正是烦这种此在在世的活动,赋予了其他存在者和世界以意义。

烦神指"与他人的在世内照面的共同此在共在"⑥,即此在与他人产生关系的存在状态。烦神和烦忙既有联系又有区别。烦忙中此在使用用具,既要与用具打交道,也要与相关的他人打交道。此在的存在不只是孤独的个人的在世,而是与他人一道在世,即共在。此在与他人的共在关系不同

---

① [德]海德格尔:《存在与时间》,陈嘉映、王庆节合译,熊伟校,商务印书馆1987年版,第238页。
② [德]海德格尔:《存在与时间》,陈嘉映、王庆节合译,熊伟校,商务印书馆1987年版,第233页。
③ [德]海德格尔:《存在与时间》,陈嘉映、王庆节合译,熊伟校,商务印书馆1987年版,第240页。
④ [德]海德格尔:《存在与时间》,陈嘉映、王庆节合译,熊伟校,生活·读书·新知三联书店2000年版,第222页。
⑤ [德]海德格尔:《存在与时间》,陈嘉映、王庆节合译,熊伟校,生活·读书·新知三联书店2000年版,第83页。
⑥ [德]海德格尔:《存在与时间》,陈嘉映、王庆节合译,熊伟校,生活·读书·新知三联书店2000年版,第222页。

于烦忙中此在与用具的关系,因为在这种共同来照面的方式中,与此在发生关系的不是非此在的存在者,而是与此在本身的存在方式一样的他人。"他人并不等于说在我之外的全体余数……他人倒是我们本身多半与之无别、我们也在其中的那些人。"① 在烦神中,在世就是与他人共同在世。

海德格尔用烦、畏和死等情绪来揭示此在的原始存在及原始存在的结构整体性,以求揭示此在生存即人的存在的意义。这种理论从一个方面反映了现代西方社会中一部分人对人的本质、意义、价值及人所处环境的思考,值得我们认真研究。海德格尔认为:"人的'本质',就是人的生存"②,但他将人的生存解释成非理性的原始的情绪活动,由此来规定人的本质,必然陷入历史唯心主义。有的论者将海德格尔的"此在生存"和马克思的"人的感性活动"进行类比,力求试图将两者混为一谈。③ 这是没有根据的。我们知道,马克思讲"人的感性活动",指的是人的实践,是主体改造客体的客观物质活动;而海德格尔的"此在生存"是指主客不分的原始存在的情绪活动,这两者具有完全不同的性质。马克思在《关于费尔巴哈的提纲》中,从人的实践出发来规定人的本质,指出:"人的本质不是单个人所固有的抽象物,在其现实性上,它是一切社会关系的总和。"④ 同时,批判了费尔巴哈脱离人的实践和社会关系,从抽象的宗教感情去理解人的本质的历史唯心主义观点。而海德格尔同样是抛离人的社会实践和社会关系,从抽象的烦、畏、死等情绪去揭示人的生存即人的本质,这怎么能同马克思科学的实践观相类比呢?

固然,海德格尔在论述烦忙中此在与上手事物的关系时,谈到了上手事物即用具的使用和制作,其中也包括某些合理的观点,如认为揭示上手事物不能只对物做"观察",而是要通过使用行动做"寻视"等等。有的论者据此认为这些论述接近马克思的实践观点。不过,我们要明白,海德格尔所说的用具的"制作",并不是指对象性的对事物的加工制作;所论

---

① [德]海德格尔:《存在与时间》,陈嘉映、王庆节合译,熊伟校,生活·读书·新知三联书店2000年版,第137页。
② 孙周兴选编:《海德格尔选集》(上),生活·读书·新知上海三联书店1996年版,第369页。
③ 宋伟:《马克思美学的哲学基础及其当代理解——关于"实践存在论美学"论争的论争》,《上海大学学报》2010年第1期。
④ 《马克思恩格斯选集》第1卷,人民出版社1995年版,第56页。

此在与用具的关系，并不是主体与客体的关系，更不是主体改造客体的客观物质活动。此在和用具的联系不是通过生产活动，而是通过指引联络形成的"因缘结构"。按照海德格尔的说法，用具因效用的何所用，通过指引互相联系，形成因缘关系。例如，锤子因其自身同锤打有缘；因锤打，又同修固有缘；因修固，又同防风避雨之所有缘；这个防风避雨之所为此在能避居其下之故而"存在"。这种因缘结构导向此在的存在本身，世内事物就是在这因缘整体中上手的。海德格尔又把这种因缘整体和指引关联称为"意蕴"，即此在赋予世内存在者以含义，使之以因缘（上手状态）的存在方式来照面。说穿了，所谓烦忙、所谓此在与用具的关系，其实都是源于此在的揭示活动。这和马克思科学实践观所讲的实践——人能动地改造世界的物质活动具有天壤之别，两者是完全不能等同的。

三

大约在1930年以后，海德格尔的哲学思想产生了转折，从而使他的思想分为前后两个时期。对于这种转折的真实含义，研究者有各种解释。一种较流行的看法是认为海德格尔前期强调此在，而后期则强调存在；前期是从此在揭示存在，后期则着眼于存在本身。但对于将这一转折解释为从主体主义转向非主体主义，海德格尔本人则予以否认。[①] 不过，从1930年发表《论真理的本质》开始，海德格尔一直将"存在之真理"问题作为他哲学探讨的主题，围绕存在的真理、艺术、诗、语言等问题也成为海德格尔的研究课题，这些论述就包括了海德格尔的美学思想。

1935年完成的《艺术作品的本源》是海德格尔美学思想的代表作。它清楚地表明，艺术的本质问题是海德格尔在美学上思考的核心问题。由于海德格尔对艺术问题的思考是以对真理问题的思考为基础的，所以，要理解他对艺术本质的看法，需要先对他关于真理的观点有所了解。海德格尔所说的真理，不是传统认识论意义上的真理，而是本体论意义上的真理。他的真理论不是属于认识论，而是属于存在论。传统的真理观把真理理解

---

① 谢地坤主编：《西方哲学史（学术版）第七卷：现代欧洲大陆哲学》（上），凤凰出版社、江苏人民出版社2005年版，第545页。

为认识与现实相符合，或者说主观与客观相符合，而这恰恰是海德格尔所批判的。海德格尔是在源自希腊的词语"无蔽"（Aletheia）的意义上思考真理的。他认为"真理是存在者之为存在者的无蔽状态"[①]，是存在本身的澄明。所以在他看来，真理本质上是存在的真理，对真理的揭示就是对存在的揭示。存在是一种绽出自身的力量，因而存在即是自由。既然真理是存在的真理，因此真理的本质就是自由。

海德格尔研究艺术，是因为在他看来，艺术是"存在之真理"发生的原始性、根本性方式之一。在《艺术作品的本源》中，他对艺术的本质和本源问题作出了完全不同于西方传统美学的思考和解答。究竟如何才能找到艺术的本质呢？海德格尔先作了一番绕圈子的思考。他说，艺术家和艺术作品互为本源，这两者都通过一个第一位的第三者而存在，这个第三者就是艺术。但艺术和艺术作品，两者又互为答案。最终，海德格尔认为，艺术在艺术作品中成就本质，为了找到艺术的本质，还是要探究现实的作品，追问艺术作品是什么。

作品是什么？它如何称其为作品？为回答这个问题，海德格尔首先分析了艺术作品与物的关系。他认为，所有艺术作品都具有物因素。在建筑作品中有石质，在绘画中有色彩，在语言作品中有语音，在音乐作品中有声响……这种物因素是艺术作品中本真的东西筑居于其上的基础。我们知道，海德格尔在《存在与时间》中认为世内存在者包括上手事物和现存事物，但他说这两者都不是物。现在，他对物的观点有了显著变化，认为"自然物和用具"就是物。海德格尔考察了历来哲学对物的解释，把它归纳为三种，即把物理解为特性的载体、感觉多样性的统一体和具有形式的质料。他认为这些关于物的概念阻碍了人们去发现物之物因素、器具之器具因素，当然也就阻碍了人们对作品之作品因素的探究。海德格尔将物分为三类：纯然物、器具和艺术作品，认为器具在物与作品之间具有一种独特的中间地位，所以首先要找出器具之器具因素，以启发我们去认识作品之作品因素。于是他选了一个普通器具农鞋为例，但它却不是实物，而是凡·高的一幅著名油画中画的鞋。通过分析，海德格尔描述道："在这鞋

[①] 孙周兴选编：《海德格尔选集》（上），生活·读书·新知上海三联书店1996年版，第302页。

具里，回响着大地无声的召唤，显示着大地对成熟的谷物的宁静的馈赠……这器具属于大地，它在农妇的世界里得到保存。"① 在这里，器具的有用性本身植根于器具之本质存在的充实即可靠性之中，器具的器具存在才专门露出了真相。凡·高的油画揭开了这器具即一双农鞋真正是什么，这个存在者进入它的存在之无蔽中。在作品中，存在者是什么和存在者如何被开启出来，这种开启也即解蔽，亦即存在者之真理。所以，在艺术作品中，存在者的真理已被设置于其中了。由此，海德格尔认为："艺术的本质就应该是：'存在者的真理自行设置入作品'。"②

艺术就是自行设置入作品的真理，那么，这种在作品中发生的真理本身又是什么呢？为此，海德格尔选择了一件建筑作品——希腊神庙来分析说明。通过分析，他说："神庙作品阒然无声地开启着世界。同时把这世界重又置回到大地之中。"③ "世界"和"大地"是海德格尔用于说明艺术中真理之发生的两个具有特殊含义的概念。"世界是在一个历史性民族的命运中单朴而本质性的决断的宽阔道路的自行公开的敞开状态（Offenheit）。大地是那永远自行锁闭者和如此这般的庇护者的无所促迫的涌现。"④ 世界具有敞开性和历史性；大地具有遮蔽性和庇护性。建立一个世界和制造大地，乃是作品之作品存在的两个基本特征。世界和大地虽然本质有别，但却相依为命。世界建基于大地，大地穿过世界而涌现出来，两者共处于作品存在的统一体中。世界与大地的对立是一种争执，在争执中，一方超出自身包含着另一方。作品建立一个世界并制造大地，同时就完成了这种争执。作品因之是这种争执的实现过程，在这种争执中，存在者整体之无蔽亦即真理被争得了。"在神庙的矗立中发生着真理。这并不是说，在这里某种东西被正确地表现和描绘出来了，而是说，存在者整体被带入无蔽并保持于无蔽之中。"⑤

---

① 孙周兴选编：《海德格尔选集》（上），生活·读书·新知上海三联书店1996年版，第254页。
② 孙周兴选编：《海德格尔选集》（上），生活·读书·新知上海三联书店1996年版，第256页。
③ 孙周兴选编：《海德格尔选集》（上），生活·读书·新知上海三联书店1996年版，第263页。
④ 孙周兴选编：《海德格尔选集》（上），生活·读书·新知上海三联书店1996年版，第269页。
⑤ 孙周兴选编：《海德格尔选集》（上），生活·读书·新知上海三联书店1996年版，第276页。

海德格尔存在主义哲学和美学的认识与评价问题

按照海德格尔的理解，所谓存在者整体，就是在冲突中的世界和大地。世界和大地的争执就是澄明与遮蔽的争执，而真理之本质，即澄明与遮蔽的原始争执。"真理唯作为在世界与大地的对抗中的澄明与遮蔽之间的争执而现身。真理作为这种世界与大地的争执被置入作品中。"[①]

结合对艺术的探讨，海德格尔论述了美。他说，在作品中发挥作用的是真理，而不只是一种真实。作品不只是显示个别存在是什么，而是将存在的整体带入无蔽之中，于是，自行遮蔽着的存在便被澄亮了。如此这般形成的光亮，把它的闪耀嵌入作品之中。这种被嵌入作品之中的闪耀就是美。所以，"美是作为无蔽的真理的一种现身方式"[②]，"美属于真理的自行发生（Sichereignen）"[③]。

海德格尔是从存在问题出发来思考艺术问题的，他对艺术本质和美的解释迥异于西方传统美学和艺术理论。对于各种传统的艺术本质论，如认为艺术是对现实的模仿和反映，是与事物的普遍本质相符合；认为艺术是与美相关，而与真理毫不相关等，海德格尔都作了批判。这有助于克服某些片面认识。他认为艺术作品的直接现实性存在于物中，艺术作品建立的世界是历史性民族的世界，美和真是一致的等等，这些观点都颇具启发性。但是他在《艺术作品的本源》中，对艺术作品和艺术本质的一些推论显得较为勉强，结论也缺乏充分说服力。按海德格尔说法，艺术是真理把自己设立于存在者之中的一种根本方式，而真理设立自身或发生的基本方式还有建立国家、本真生活、牺牲（宗教）、思的追问（哲学）。既然如此，仅仅靠"艺术是真理之自行设置入作品"这一艺术本质的规定，并没有说明艺术与其他不同的真理设立自身或发生方式具有什么根本区别。海德格尔批评那种认为艺术只与美有关、与真理无关的观点是对的；但否认艺术与美有关、以真代美，是否就是艺术呢？更为令人困惑的是，真理究竟是如何自行设置入作品而成为艺术本质的呢？海德格尔的回答是："由

---

① 孙周兴选编：《海德格尔选集》（上），生活·读书·新知上海三联书店1996年版，第283页。
② 孙周兴选编：《海德格尔选集》（上），生活·读书·新知上海三联书店1996年版，第276页。
③ 孙周兴选编：《海德格尔选集》（上），生活·读书·新知上海三联书店1996年版，第302页。

于真理的本质在于把自身设立于存在者之中从而成其为真理,所以在真理之本质中包含着那种与作品的牵连(Zug zum Werk),后者乃是真理本身得以在存在者中间存在的一种突出的可能性。"① 就是说,真理把自身设立于存在者是真理的本质,真理的本质中有着一种"冲行",冲向作品,而作品恰恰是真理的本质得于实现的一种突出可能性,于是两者一拍即合,创造出艺术。如此说来,似乎真理先已存在于某处,然后冲向作品与作品牵连。然而,海德格尔又否认真理事先在某处现存着,而是说通过艺术作品,真理才得以生成。这不是自相矛盾吗?海德格尔自己也感到他的结论"模棱两可",认为"谁或者以何种方式'设置'"始终未曾规定,并不得不承认"艺术是什么的问题,是本文中没有给出答案的问题之一"②。

海德格尔这种存在主义美学观点和马克思的实践论美学观点是否具有"一致性"呢?通观《艺术作品的本源》,海德格尔始终都限于探讨艺术与物、存在、真理、世界、大地等之间的关系,并没有涉及艺术和美与人的实践的关系问题。按照马克思关于在生产实践中"人却懂得按照任何一个种的尺度来进行生产,并且懂得处处都把固有的尺度运用于对象;因此,人也按照美的规律来构造"③ 的论述,艺术和美的创造不仅根源于人类改造世界的实践,而且,艺术作品的创造和生产本身就是人的实践活动的基本类型之一。艺术作品是人的本质力量的对象化的产物。研究艺术的本质,焉能不谈艺术的来源及其与人的实践的关系?海德格尔确实谈到艺术作品的创作问题,可是他却拒绝把创作与人的实践联系起来。在他看来,艺术作品是"被创作存在","作品的被创作存在意味着:真理之被固定于形态中"④,形态是世界和大地争执的裂隙自行嵌合而成的构造。被创作存在和艺术家是没有关系的。"正是在艺术家和这作品问世的过程、条件都尚无人知晓的时候,这一冲力,被创作存在的这个'此一'(Dass),就已

---

① 孙周兴选编:《海德格尔选集》(上),生活·读书·新知上海三联书店1996年版,第283页。

② 孙周兴选编:《海德格尔选集》(上),生活·读书·新知上海三联书店1996年版,第306页。

③ 《马克思恩格斯文集》第1卷,人民出版社2009年版,第163页。

④ 孙周兴选编:《海德格尔选集》(上),生活·读书·新知上海三联书店1996年版,第285页。

从作品中最纯粹地出现了。"① 虽然海德格尔一开始说过，艺术家和艺术作品相辅相成，彼此不可或缺，但他却只从艺术作品去谈艺术本质，创作的本质也是由作品决定的，以致认为"正是在伟大的艺术作品中（本文只谈论这种艺术），艺术家与作品相比才是无足轻重的"②。这种排斥艺术家作用的艺术创作，还能和人的实践有关系吗？我们知道，马克思、恩格斯从人的实践出发，区分出社会存在和社会意识，提出社会存在决定社会意识的原理，并把艺术看作社会意识形态之一。在《政治经济学批判导言》中，马克思还将艺术看作人的头脑掌握世界的一种独特方式。这都是从不同方面论述艺术的性质和本质问题。而海德格尔既然割断了艺术与人的实践的联系，排斥了作家在艺术创作中的作用，当然也就要一口否定艺术是一种"文化成就"和"精神现象"，这实际上也就是否定了艺术的意识形态性和审美性。这与马克思奠立于科学实践观和历史唯物主义基础之上的艺术本质论有什么"一致性"？两者又如何能实现"融合"？

海德格尔的存在主义哲学以新的思考方式和话语方式，超越了西方传统形而上学，对于西方现代哲学的发展产生了广泛而巨大的影响。对于内容如此丰富和复杂的哲学思想，我们绝不可以简单地拒斥和否定，而应当以马克思主义为指导，对它进行科学的分析和批判，分清良莠，有所扬弃，有所吸收。这对科学认识马克思主义哲学与西方现代哲学关系是必需的。但是，必须清醒地看到，海德格尔的存在主义与马克思主义的科学实践观属于两种完全不同的思想体系，在世界观上存在着原则区别。忽视这种原则区别，把海德格尔的存在主义和马克思的实践观混为一谈，片面强调两者的"一致性"并牵强地寻求两者的互相"融合"，这是非科学的、不可取的。如果在"发展、深化和丰富马克思的实践观"的名义下，用海德格尔存在主义来改造和曲解马克思主义实践观，并以此为基础去构建所谓"马克思主义美学"，那么，由此提出的各种理论必然是建筑在沙滩上的。

（原载于《学术研究》2014年第1期）

---

① 孙周兴选编：《海德格尔选集》（上），生活·读书·新知上海三联书店1996年版，第286页。

② 孙周兴选编：《海德格尔选集》（上），生活·读书·新知上海三联书店1996年版，第260页。

后现代主义与美学的范式转换

从20世纪60年代中期开始猛烈冲击着西方思想文化界的后现代主义思潮，以及持续了将近20年的关于"后现代"的大论战早已偃旗息鼓。但是，后现代主义所带来的影响以及学者们研究后现代主义的兴趣，似乎并未随之消失。现在，由于有了一定的距离感，我们可以比较冷静地对后现代主义思潮和理论进行再审视、再思考，对它的积极影响和消极作用做出比较清楚和符合实际的估价和说明。其中，需要重新理清和思考的一个重要问题便是，后现代主义对当代美学的发展究竟产生了什么影响，如何正确认识后现代主义在美学领域所产生的正面作用和负面作用。科学地回答这一问题，无论是对于正确评价后现代主义美学思潮，还是推进当代美学的发展与变革，都是很有意义的。

有学者认为，后现代主义所指涉的思潮"已具有世纪性思想运动的规模"。从一定意义上说，这一评价并不过分。因为后现代主义思潮不仅以其向西方传统思想文化进行全面挑战并对其进行重新整合和改写的鲜明倾向，震动了整个西方思想文化界，而且它的波及和影响范围之广也是20世纪以来其他许多思潮难以相比的。作为一个范围广泛的思想文化运动，后现代主义在包括哲学、美学、神学、史学、社会学、政治学、语言学以及文学理论在内的众多人文社会学科中都产生了重要影响，而且它对各人文社会学科的影响又是互相作用、互相联系的。因此，我们在考察后现代主义在美学中的作用和影响时，不仅要分析后现代主义学者和著作中某些具体的美学观点，而且要分析后现代主义思潮所体现的主要倾向、主要特征及其对美学的影响，才能得出全面的结论。

一

尽管人们认为后现代主义思潮包含着极其复杂而且往往相互冲突的立场，乃至对后现代主义的定义、后现代主义的特点，至今也无法做出确切的回答，但是综观后现代主义思潮中的各种流派、各种主张，在批判和否定西方传统思想文化这一基本点上，却是大都达到共识的。后现代主义者把批判的矛头直指自启蒙运动以来直到20世纪现代主义的思想文化成果，倡导与现代性理论、话语和价值观相决裂。雅各·德里达认为，从柏拉图到黑格尔和列维－施特劳斯的整个西方形而上学的传统，都是他所谓的"逻各斯中心主义"的传统。在这种传统中，人们认为语言受非语言实体的真实本性所支配，并且能够反映这种真实本性，因而总要认定某种由语言表达的最终的真实，一种语言文字与其语意最终合一而不可再分的"逻各斯"（Logos）。而这种"逻各斯中心主义"恰恰是西方形而上学传统的一个致命的矛盾，因而也是解构主义所要摧毁的主要目标。让·弗利奥塔认为，在西方传统思想文化中，话语活动都是在某个"宏大叙述"（grand narrative）的制约下，或参照某"宏大叙述"而构建起一套自圆其说的元话语，形成诸如精神辩证法、意义阐释学、理性主体或劳动主体的解放、财富增长之类的宏大的理论体系。而后现代主义就是对一切"宏大叙述"或"元叙述"表示怀疑。在后现代主义思潮中，反"逻各斯中心主义"、反本质主义、怀疑一切"元叙述"、向所有的统一性开战等等，可说是最具有标志性和导向性的主张，其矛头所向，都是要否定、反叛作为现代性传统的西方思想文化及其话语和理论体系，其中首当其冲的便是长期以来在西方奉为圭臬的传统哲学、传统美学和传统文学艺术。

后现代主义对传统美学的否定性批判，首先表现于它对于传统美学基本理论命题以及由此构建的整个理论体系的消解。西方美学自柏拉图、亚里士多德到康德、黑格尔，都是把"美是什么""美感是什么""艺术是什么"等作为基本理论命题，试图建立一套关于美的本质和艺术本质的理论和概念体系。进入20世纪以后，各种现代主义美学流派虽然把研究重点从美的本质转向艺术和审美经验，但仍然沿着西方美学形而上学的传统，试图建立各种具有普遍性的美学概念，以求解审美和艺术的本质。例如存在主义哲学和美学的代表者海德格尔从他的存在本体论出发，对文艺的本质作了别具一格的探讨，认为文艺的本质是"存在之真理的自行发生"，是"真正的存在之思"，因而是构成创造性生存的一种至关重要的活动。但是，后现代主义者对于传统美学的上述基本命题和概念却采取了拒斥的态度。米歇尔·福柯有一篇题为"一种存在的美学"的访谈录，实际上通篇都没有具体涉及美学问题。在被问及美的问题时，他的回答是："我对美是不敏感的。"① 这种回避美学基本问题的态度是很容易理解的。因为既然后现代主义以反中心化、反本质主义、反元叙述、反体系性为其特征，当然也就不会同意有一个普遍性的美的本质和艺术本质的概念与定义存在。德里达从一种反形而上学的立场出发，把原理、原则、本质、本源、存在、真理等形而上学概念都看作"逻各斯中心主义"予以否定，那么传统美学中以美和艺术的本质、本源研究为基础而建立的美学概念和理论体系，当然也就应当予以消解。解构主义文学理论家保罗·德·曼说："美学自从它刚好在康德以前以及与康德同时得到发展以来，事实上是意义和理解过程的一种现象论，它（如其名称所示）假设了一种很可能是悬而未决的文学艺术的现象学，这也许是十分天真幼稚的。"② 这就否定了传统美学中关于美和艺术研究的客观真理性和认识价值，导向了对传统美学理论体系的全面怀疑。

后现代主义对传统美学的否定性批判，还表现在对于传统美学中设置的审美与非审美、艺术与非艺术界限的消除。西方传统美学以对艺术本体论的理解为基础，对艺术和非艺术作了严格的区分。从黑格尔到克罗齐，从克乃夫·贝尔到苏珊·朗格，传统美学中各种关于艺术的定义虽然出发点和角度不同，但其所指都是以审美为其本质特点的所谓"纯艺术"，由此也就形成了艺术不同于非艺术、审美有别于非审美的传统看法。而后现代主义的文化和艺术的新型态，却不断向这种传统见解发起冲击。高雅文化和通俗文化、纯艺术和俗艺术界限的基本消失，文化、艺术走向大众化、商品化，构成了后现代文化艺术的一大景观。弗·詹明信把它称为

---

① 《权力的眼睛——福柯访谈录》，严锋译，上海人民出版社1987年版，第10页。
② [美]保罗·德·曼：《对理论的抵制》，载王逢振等编《最新西方文论选》，漓江出版社1991年版，第215页。

"审美通俗化"或"审美民本主义"(aesthetic populism),认为它是后现代主义文化和艺术的一个基本特色。他说:"今天的后现代主义(理所当然地)正是民本精神在审美形式(包括建筑及其他艺术)上的具体呈现。"① 又说:"在现代主义的巅峰时期,高等文化跟大众文化(或称商业文化)分别属于两个截然不同的美感经验范畴,今天,后现代主义把两者之间的界限彻底取消了。"② 让·鲍德里亚也指出,在古典和现代文化中,雅文化和俗文化属于不同的阵营,各自有自身的逻辑和运作规则,两者的对立是显而易见的。但是,在后现代条件下,两者的对立被同一所取代,界限的丧失使得文化趋于庸俗。现代主义文化所追求的那种艺术的自律和独立,在后现代文化中被有力地消解了。据此,他提出要建立一种"超美学"(transaesthetics),使美学不仅仅局限于传统的艺术领域,而是向经济、政治、文化和日常生活等各个方面广泛渗透,以便使审美和艺术获得广泛的扩张或泛化。有的美学家也试图为审美和艺术提供一种具有广泛包容性的定义,如后分析美学家迪基的"习俗"论认为,要确定一对象究竟是否艺术作品,要看作为习俗的艺术世界是否授予其作为艺术品的地位。这样一来,几乎没有什么东西不能成为艺术品,只要它被授予"艺术品"地位的话。这实际上是彻底混淆以至取消了艺术与非艺术的界限,也抹杀了审美和艺术的基本标准,可以说是对传统美学进行了重新改写。

后现代主义对从古典到现代的传统美学的否定性批判和重新改写,对美学的发展既可能产生某些积极影响,也会发生消极作用。从积极影响方面说,后现代主义向"美学霸权主义"发起挑战,敢于质疑和否定长期以来人们认为是天经地义的西方传统美学概念和理论体系,试图消解传统美学人为设置的形形色色的框框和界限,这对于美学领域冲破不符合时代要求和实践发展的条条框框的束缚,对于重新审视传统美学中的理论、概念、范畴的合理性和适用性,应该是有推动作用的。实际上,某些后现代主义美学家已经对许多传统美学的概念作了细致地分析和清理工作,这对于廓清一些美学概念的含混和语言的混乱,确实是有益的。同时,后现代

---

① [美]詹明信:《晚期资本主义的文化逻辑》,陈清侨等译,生活·读书·新知三联书店1997年版,第423页。
② [美]詹明信:《晚期资本主义的文化逻辑》,陈清侨等译,生活·读书·新知三联书店1997年版,第424页。

主义美学十分注重对于当代新出现的文化艺术形态的考察和研究，呼唤美学和艺术走出"象牙塔"，去关注范围更为广泛、与大众关系更密切的文化和生活中的审美现象，从纯美学走向"超美学"，这对于推动美学研究现实的实际问题，拓展美学的研究视野，也具有一定的积极意义。实际上，这种发展趋向也是反映了时代生活以及文化艺术的变革向美学提出的要求。近20年来，在国际美学界应用美学受到前所未有的重视和发展，正说明这一趋向具有历史必然性。总的来说，后现代主义对传统美学的否定性批判，给人带来一个重要信息，即传统美学必须与时俱进，根据时代需要进行变革。

但是，后现代主义对美学产生的消极作用也是不容忽视的。在批判传统美学时，后现代主义采用的是摧毁性的否定思维方式，即根本上否定传统美学概念和理论体系存在的价值和意义，把美学与非美学、审美与非审美、艺术与非艺术等基本的界线都不加区别当作人为设置的框框而加以抛弃，甚至提出"反美学"（anti-aesthetic），怀疑一切美学范畴的有效性，这就导向了美学的取消主义。后现代主义者完全摒弃传统美学概念和理论，一味标新立异，这只能割断美学发展的历史联系，使美学发展失去历史继承性，因而也不可能在吸收传统美学的精华的基础上真正做到适应时代和实际发展的创新。一部美学史，就是传统和创新辩证统一的互动过程，传统必须在不断创新中获得新的生命，创新必须在发掘传统中获得必要前提。后现代主义对传统美学命题和概念进行了消解，却并没有为新的美学建设贡献出多少有价值的科学的理论，这就说明违背美学自身发展的客观规律，是不可能真正实现适应时代需要和实际发展的美学变革的。

二

后现代主义既然否定了传统美学的基本理论命题的意义，否定了对美、审美和艺术本质作哲学思考的价值，否定了审美与非审美、艺术与非艺术作区分和界定的可能性，那么，在美学领域中所能做的，恐怕也就主要只剩下和后现代主义集中研究对象相一致的作品的文本研究了。在这方面，后现代主义一反传统美学和批评理论，提出了作品文本意义的不确定和阐释的无限"延宕"的主张，这可以说是后现代主义美学中最具突破性和代表性的一种理论了。

后现代主义文论家伊·哈桑在列举现代主义和后现代主义的区别时，认为二者在主要倾向上，前者为确定性，后者为不确定性。他引用了解构主义批评家杰弗里·哈特曼的断言："当代批评旨在一种不确定性的阐释学。"① 如果从西方文学和文学批评发展的过程来看，他们这种说法分大体应该是能够成立的。在以后结构主义为代表的后现代主义思潮形成之前，西方美学和文学批评在论述作品的文本时，对如何确定文本的意义，在方式、方法上尽管有各种有同见解和主张，但在确定文本所表现的意义这一点上却是基本一致的。西方从古典到近代的批评理论固然如此，就是现代主义批评理论也不例外。如一度在英美文坛成为批评的基本范式的新批评，主张不考虑作品的外在因素，而集中探讨文本的结构，特别是探讨作品中的词语与语境的关系，力图通过对单个文本的细读，具体说明作品微妙复杂的意义。后起的结构主义不满足于为单个文本提供解释，而向当时居于统治地位的新批评发起挑战。它不但挑战传统的人文主义，而力图将科学的严密性和客观性引入文学领域，而且把实际的作品和作者都抛在一边，而力求找出在作品的差异下面存在着的一些永恒普遍的结构，并认为正是这些普遍结构模式赋予作品以意义。尽管结构主义注意内在结构而排除其他方面，但它仍然没有超出确定文本意义的范畴，因为对于结构主义文论来说，结构和意义同为作品潜在的属性，作品的可理解性是不应质疑的。

在确定文本意义上，真正实现突破性转变的是后结构主义。后结构主义对结构主义的批判是奠立于语言学基础之上的。结构主义语言学认为，语言（Langue）指语言系统，它作为言语（Parole）的基础结构发生作用；语言是一个符号系统，由能指和所指两部分构成；能指和所指的联系是任意的，但一个所指有寻求其能指并与之构成一个确定单位的自然倾向，因而字义是具有某种稳定性的。但是，后结构主义却认为，字义并不像结构主义所说的那样具有稳定性，它基本上是不稳定的。语言不是一个能指与所指对应统一、规定明确的结构，而是像一张漫无头绪、错综复杂的网，

---

① ［美］伊·哈桑：《后现代主义概念初探》，载《后现代主义》，赵一凡等译，社会科学文献出版社1999年版，第126页。

其中各种因素相互作用而不断变化,每个因素都无法绝对限定。由此推断,以语言为载体的文学作品便很难确切表现作者想要表达的意义。于是,一些批评家宣称文本不表示任何意义;而另一些批评家则认为读者对文本的解释因人而异,文本可表示任何意义。这两种偏激看法,都表现出后结构主义基本观点,从而突破了确定文本意义的西方批评传统。

雅克·德里达出版于1967年的《论文字学》,被公认为解构主义的经典之作。这本著作的目标就是要颠覆以"逻各斯中心主义"为别名的西方理性主义的读解传统。德里达指出,根据逻各斯中心主义,对存在、本质、真实的信念,乃是一切思想、语言和经验的基础。这种信念极想找到能够赋予其他一切符号以意义的符号,也极想找到固定的、可以表明一切符号的意义。但是,德里达认为,任何符号本身都不能充分存在,所以,这种逻各斯中心主义只不过是一种幻想。为了说明符号不能充分存在及其分裂性,德里达创造了"延异"(différance)这个新术语。在法语中这个新词与"差异"只有第七个字母a和e有差别,只听不写无从分辨。德里达解释说,"差异"是个空间概念,只指符号空间上的判别,而"延异"不仅是个空间概念,还是个时间概念,它包含有"能指"无限地推迟它的"存在"、意义在时间过程中向后延宕的意思。通过这个新造的术语,德里达想要说明的意思是:语言的意义取决于符号的"差异",同时,意义必将向外"撒播",永无止境的"延宕",所以,意义最终是无法获得的。对于读解来说,这一术语意味着文本的意义没有得到确证的可能。

如果说德里达是从语言、符号本身否定了文本意义的确定性,那么罗兰·巴尔特则从读者对文本的参与得出了同样的结论。1970年出版的《S/Z》是巴尔特最具代表性的后结构主义著作。在这本著作中,巴尔特否定了结构主义叙事理论,转而突出强调读者对于文本的作用。他认为由于读者处于历史发展中,所以文本的结构和意义也就处于历史性的变化和开放之中,解构应成为一切文本的属性。巴尔特将文本分为两种:第一种称作"阅读性文本",第二种称作"创造性文本";第一种文本是使读者成为某种固定意义的"消费者",第二种文本则使读者成为意义的"生产者"。创造性文本处于动态之中,能指和所指之间没有固定的关系,其意义是无限多元和蔓延扩张的,读者对于文本的关系不是被动地接受,而是能动的创造。读者在阅读中自己也形成一个文本,成为其他文本的一个复数,通过把阅读的文本与读者的文本或增加的复数相联系，读者便拥有生产意义的巨大自由。巴尔特认为，创造性文本即现代主义作品才是真正的文本，而阅读性文本如现实主义作品则是过时的。但他通过对巴尔扎克的小说《萨拉辛》的分析，证明即使是后一种文本也是具有可写性并能解构的。总之，在巴尔特看来，读者的阅读对于创造性文本具有决定性的作用。这种文本可以用多种方式理解，无一可以作为权威；由于读者观点不同，文本的意义便会以大量片断的形式表现出来，而这些片断也不会有任何内在的统一性。所以，文本不可能有确定的意义。

美国解构主义批评家保罗·德·曼将解构主义应用于文学批评，发展为一种修辞学阅读理论。他说："修辞在本质上悬置了逻辑，并打开了指涉偏差的多变的可能性。尽管修辞或许在某种程度上距离日常用法较远，我却会毫不犹豫地将语言的修辞及比喻的潜在可能与文学本身等同起来。"[①] 在《阅读的寓言》（1979）这部集中反映德·曼的修辞的解构主义观点的著作中，他对语言的修辞性特征进行了分析，指出"修辞手段"（转义）可以使作者言此而意彼，可以用一个符号代替另一个符号，形成隐喻，也可以使意义从一个符号转移到另一个符号，形成转喻。"转义"在语言里是普遍现象，它产生一种破坏逻辑的力量，因而否定语言的指称性。德·曼把修辞性视为语言固有的根本特性，这就否定了语言与其指称或意义相一致的传统语言观。他进而认为文学语言的决定特征实际上是修辞性，或者说文学文本的修辞性更为突出。既然文学是修辞性的，"转义"不可避免地介入批评和文学文本之间，进行某种程度的"干预"，所以阅读必然总是"误读"。如果排除或拒绝"误读"，它就不可能是文学的文本。因此，任何批评或阅读理论要想得到文本的"正确"解释，都是自欺欺人的。总之，在德·曼看来，语言的修辞性造成一切文学文本的自行解构。批评阅读面对的是变化莫测的语言，语言的指称意义因受到修辞的破坏而形成不确定性，这就必然导致文本意义的不确定性和阅读理解的不可能性。

后结构主义或解构主义关于文本意义及阐释的理论，以反叛的姿态对传统的美学和文学批评观发起挑战，确实不同凡响，而且也的确包含有一

---

① [英] 拉曼·塞尔登编：《文学批评理论——从柏拉图到现在》，刘象愚、陈永国等译，北京大学出版社2000年版，第424页。

些发人深思的深刻见解。首先,后结构主义文本观突破了将作品文本看作一个封闭的独立的单体的传统观点,强调了文本的无限开放性以及文本之间的相互依存性。"延异"不仅是一个空间概念,更是一个时间概念,这就把一切文本,包括文学文本都看成一个无限开放和不断变化的过程。"互文性"不是把文本看作孤立的单元,而是强调文本之间的影响和转化。这些见解中都具有辩证法的因素。实际上,一个文学文本的意义是与该文本所处的语境相关的,读者或批评家将文本置于不同的阐释语境,文本的意义也就随之发生变化。同时,任何一个文本都是处于一定文化系统的网络运动之中的,其意义要置于各种文本交织的文化网络中才能被深刻理解。其次,后结构主义文本观改写了文本意义决定于作者意图的传统观点,突出强调了读者的能动性和阅读的创造性,认为读者在阅读文本中不仅是"消费者",而且是"生产者",具有生产意义的作用,这种看法也包含有一定的合理性,和德国接受美学的观点可以说是不谋而合。

但是,后结构主义文本观存在的问题也是显而易见的。首先,它抛弃了"语言总有所指"这一使语言之所以是语言的根本属性,肆意割裂语言的能指与所指的联系,否认语言有特定的指涉性,使文本完全与意义本源相脱节,文本读解也因此变成了能指符号互相置换的游戏。如果后结构主义这种观点能够成立,那么,语言将丧失它作为表达思想和进行交际的基本功能,人类历史和文化传承和交流也都将成为不可能,这显然是违背常理和常识的。其次,它否定文学文本表示任何确定的意义,这和文学的性质、文学的历史也是极不相符的。正如美国当代著名文论家艾伯拉姆斯在批评解构主义时所指出,文学从来就是人写的、写人的、为人而写的,而解构主义理论和批评却全然把"人"抽掉了。文学是人学,如果否定了文学文本表情达意的功能,使之失去了任何意义,那么文学对人也将不再有存在的价值。承认文学文本意义的确定性,并不等于承认一个文学文本只有一个明确的意义,对它只能作一种阐释。文学文本自身特性及其读解活动都表明,作品的意义既有确定性,又有不确定性。对文本的不同阐释,只是对文本意义的不断丰富,而不是文本意义的不可理解。最后,它根本否认文学文本的意义和作者有关,认为文本的意义只能由读者的创造来决定,这也未免失之片面。把读者在阅读中的自由创造夸大到无限程度,把一切"误读"都当作必然现象,甚至否认对作品有正确阐释的可能性和判断阐释正确与否的标准,这就走向了相对主义,使阅读和批评陷入无所适从的困境。这当然不能说是一种科学的阐释和批评理论。

三

有学者认为,后现代主义从根本上说来,是一种作为文化代码的"语言"层面上的话语解构和建构活动,一种话语的"解码"和"再编码"活动。[①] 这个概括准确地道出了后现代主义思潮在认知范式和方法论上的特点。而这一特点的形成,是和当代西方哲学中的"语言的转向"(the linguistic turn)紧密相关的。包括解构主义、新历史主义、后殖民主义等在内的诸多后现代主义思潮,之所以把注意力和兴趣都集中在对文本和话语的研究上,就是哲学中"语言的转向"所直接形成的结果。

所谓"语言的转向",是指当代哲学从认识论研究到语言哲学研究的转变。这种转变被看作哲学中的一场伟大革命。它的过程可以上溯到19世纪末至20世纪初,而在20世纪60年代以后,由于结构语言学对哲学的影响,而形成一个转捩点。现代英美分析哲学家如罗素、维特根斯坦、石里克等,都在不同程度上把全部哲学问题归结为语言问题,认为语言是哲学的首要的甚至唯一的研究对象,并把语言哲学看作其他哲学学科的基础,认为只有通过语言分析,才能澄清或解决哲学问题。现代欧洲大陆各个哲学学派也从不同角度强调语言研究在哲学中的重要地位。卡西勒的"符号形式哲学"、胡塞尔的现象学、海德格尔的存在主义以及伽达默尔的哲学释义学等,都在不同程度上把语言问题置于哲学的核心地位。正如伽达默尔所说:"毫无疑问,语言问题已在本世纪的哲学中处于中心地位。"[②]

20世纪60年代初兴起的结构语言学,其发展和传播对欧洲大陆语言哲学的发展起了巨大的推动作用。索绪尔创立的结构语言学,由于提出了与西方传统的语言观相左的独创性的语言理论,而被誉为语言学中的一次

---

① 参见盛宁《人文困惑与反思——西方后现代主义思潮批判》,生活·读书·新知三联书店1997年版,第37页。

② [德] 伽达默尔:《科学时代的理性》,《哲学译丛》1986年第3期。

"哥白尼式的革命"。在结构主义语言学的影响下，结构主义和后结构主义都把语言问题作为研究的中心问题，并且把语言学作为一切思考的出发点，甚至直接把结构语言学的某些原理和方法应用于哲学、人类学、社会学、心理学乃至美学、文艺学等方面的研究。如米歇尔·福柯提出用"考古学"的理论和方法来研究人文科学，他所谓的考古学就是排斥主体性，而把语言作为研究的线索，去寻找历史变迁的谱系。因为语言排除主体，是唯一客观的、被结构化的现实，所以考古学也就是一种关于话语（discourse）的理论。在《词与物》（1966）、《知识考古学》（1969）这些代表性著作中，福柯认为，任何事物都依赖于语言，作为内在结构的词与外在现象的物之间存在着不可分的联结。他力图揭示隐藏在语言深处的秩序的型式或知识的信码（code），认为正是这些型式或信码把词与物结合在一起，并且构成了文化和知识的潜在的统一性。与此相关，福柯认为，现代思想的任务不再是找出概念的连续性和根源性，而是去描述使得概念得以可能的"知识型"，而后者与话语秩序本身是有联系的，甚至就是一回事。因此，现代思想的任务就是去描述话语得以可能的条件以及话语的全部层次。可以把人文科学看作独立自主的话语体系，把人文科学中所说的一切当作一种"话语—对象"来对待。福柯这种看法，正是道出了后现代主义对人文科学领域所带来的认识范式和方法论上的根本变革。20世纪六七十年代以后的西方人文社会科学，如果说与以前相比有一个最突出的变化，那就是明显地增加了一种"话语意识"。由于这种话语意识，各门学科及其所探讨的问题都被看成是一种语言象征层面上的运思和话语层面上的建构，这不能不说是一次大规模的后现代的学术转向。

这种变化和转向对美学范式转换所产生的影响是不容置疑的。上面我们评述过的德里达、巴尔特和德·曼关于文学文本意义不确定和阅读批评即文本自行消解的观点，都是建立在他们对语言特别是文学语言的研究的基础之上的。德·曼明确指出，正是文学语言的特性导致对作品的"误读"，正是语言的不确定性导致文学文本解构自身。解构主义文学批评的理论和实践都可以说是在语言层面上的运思和建构。这一点从耶鲁学派另一位解构主义批评家J.希利斯·米勒的修辞批评的观点中可以看得更为清楚。米勒认为："文学研究决不应想当然地承认文学的模仿参照性。这样一种真正的文学学科，将再也不只是由思想、主题和种种人类的心理组成。它将再次成为哲学、修辞学以及对转义的认识论的研究。"① 这就是说，对于文学的研究主要不是涉及社会思想内容的，它属于修辞学的研究。米勒甚至认为，文学与社会历史语境的关系也是一种文本关系或符号对符号的关系。而且，这种关系是比喻和转义性的，从不是直接的指称参照。这就是说，文本与语境的关系只能以比喻的修辞方式思考，对文学与历史关系的研究，依赖于对这些潜在的修辞手段的认识和比喻含义的把握。这样一来，对文学与历史和社会关系的研究，也成了修辞学的研究。

由此可见，在"语言的转向"特别是结构主义语言学的影响下，后现代主义人文社会科学，包括美学和文学批评，对语言问题给予了越来越大的关注。从哲学到史学、从政治学到社会学、从美学到文学批评，众多问题的讨论被转移到了"语言"这个层面上来，而哲学思考和人文科学过去一向所关心的那个客观存在的世界已不再是主要的关注对象，甚至完全被撤到了一边。这种研究范式的转变，使人们的注意力完全转移到了语言的世界、符号的世界、文本的世界，而不再是那个完全独立于语言世界以外的客观存在的世界。这种转变所产生的作用是双方面的。一方面，它显示出对于语言的自觉和重视，使人们对语言的性质、特征、意义、指称等问题获得了新的认识，因而有利于从语言层面深化对所研究的问题的思考；另一方面，这种转变又是建立在对传统语言观和语言的"表征"能力的质疑的基础之上的。传统语言观把"语言"看成是对世界的再现，是状物表意、可在人际交流的符号象征，这就是语言的"表征"功能。而后结构主义者、解构主义者由于否定了关于语言与其所指最终合一的传统语言观，从而也就否定了语言作为世界的表征的可能。他们将语言看成与世隔绝的独立的符号世界，完全抛弃了"语言总有所指"这一语言的根本属性，使语言表征与其所指相分裂，能指与其意义脱节，对语言的实指（reference）完全不予考虑，认为语言的意义在"延异"中都是相对的、相互消解的，都是能指符号的置换运作，可以无休止地被阐释下去。这样一来，他们的语言表述和话语建构也就成了一种"语言游戏"，与实际存在及其意义并无多少联系，也可能并不相符。因此，这也就不能不使人们对他们的话语

---

① [美] 希利斯·米勒：《自然和语言的时刻》，载郭宏安等《二十世纪西方文论研究》，中国社会科学出版社1997年版，第437页。

建构的价值问题产生怀疑。查尔斯·纽曼把"话语的通货膨胀"（inflation of discourse）看作后现代主义的一大特征，而鲍德里亚则明确指出，后现代的危机实际上是"表征危机"（the crisis of representation）。他甚至认为，在"后现代"，符号已经取代了现实，因此，一切依据理性和表征而进行的判断都消失了，审美判断也不复存在。这些后现代主义思想家的忧虑之言是颇为发人深思的，后现代主义思潮及其美学之所以只能轰动于一时，这和它的价值问题不是没有关系的。当然，对于它在思想文化和美学发展中所产生的影响，我们也是不能忽视的。

（原载于《文艺研究》2001年第5期）

第三篇 论审美文化和文艺美学

后现代性与中国当代审美文化

一

后现代性及其与现代性的关系问题，是20世纪末叶以来西方文化思想界讨论的热点问题。在盛行于20世纪70—90年代的后现代主义文化研究中，后现代性可以说是一个关键的概念和范畴。后现代主义的代表人物，从利奥塔、哈桑、詹明信、罗蒂到德勒兹、鲍德里亚、凡蒂莫和鲍曼等，都积极参加了后现代性的讨论，并发表了各自的见解。特别是利奥塔《后现代状态》一书的出版，引发了一场围绕后现代性问题的哈贝马斯—利奥塔之争，从而使后现代性概念在西方广泛传播开来。西方有学者认为，文化研究中出现的富有戏剧性的变化，即"现代性问题和后现代性问题代替了更为熟悉的意识形态概念和霸权概念"，标志着一个文化研究中的"新时代"。[①] 可见后现代性问题在西方当代文化研究中的重要意义。

像后现代主义本身一样，后现代性也是一个歧义颇多的不确定概念。一方面，后现代性广泛涉及哲学、经济学、政治学、社会学、美学、文化学、语言学、心理学、教育学、历史学、各类文学艺术以及科学技术等众多学科和领域，本身带有学科的整合性，因而内容庞杂；另一方面，西方一批著名的思想家和文化学者对后现代性存在各种不同看法，甚至发表了

---

① [英] 安吉拉·默克罗比：《后现代主义与大众文化》，田晓菲译，中央编译出版社2001年版，第38页。

针锋相对的观点，最终也没有形成大致统一的认识，这也很符合后现代主义强调"差异"和"多元"的主张，因而其内涵就显得较为模糊。不过，归纳一下后现代主义代表人物对后现代性的理解，大致可以区分出两个不同向度。一是历史的向度，主要是把后现代性理解为一个时间的概念，认为现代性和后现代性分属于西方社会和文化发展的不同时期或阶段。如詹明信就表明，他所理解的后现代主义或后现代性，"乃是从历史的角度出发，而非把它纯粹作为一种风格潮流来描述"①。他认为资本主义发展可分为三个主要阶段，即市场资本主义、垄断资本主义和跨国资本主义，与此相适应，文化发展也可分为三个时期，即现实主义、现代主义、后现代主义。如此看来，后现代性即是与晚期资本主义相适应的一个文化时期的历史性标志。二是思想的向度，主要是把后现代性理解为一个文化性质变化的概念，认为现代性和后现代性分别为两种性质不同的文化认知、思维和体验方式。如利奥塔指出："后现代主义的问题，首先是一个思想的表达法的问题：在艺术上、在文学上、在哲学上、在政治上。"② 凡蒂莫和鲍曼都认为后现代性不是一个不同的或更新的历史时期本身的出现，而是对现代性"历史终结"的一种体验。不能用区分工业社会/后工业社会、资本主义/后资本主义的方式来理解现代和后现代性。现代性和后现代性可以而且必须在相同的概念空间和历史空间中共存。在鲍曼看来，现代性和后现代性这两个术语之间的对立，意味着在理解世界，特别是社会生活方面的差异。"从现代性观点来看，知识的相对主义是一个必须加以反对并最终在理论和实践中加以克服的问题；那么，从后现代性观点来看，知识的相对性却是世界的一个永久性特征。"③

以上理解后现代性的两个向度，笔者认为各有其合理性，在一定意义上也是可以互相包容的。对后现代性这一概念或范畴，我们既应作历史的考察，也应作逻辑的分析，即从历史与逻辑的统一中来加以理解。只有既弄清后现代性形成的历史条件和历史过程，又把握后现代性的思想内涵和

---

① [美]詹明信：《晚期资本主义的文化逻辑》，陈清侨等译，生活·读书·新知三联书店1997年版，第500页。
② 《后现代性与公正游戏——利奥塔访谈、书信录》，谈瀛洲译，上海人民出版社1997年版，第145页。
③ 蒋孔阳、朱立元主编：《西方美学通史》第7卷，上海文艺出版社1999年版，第896页。

基本特点，我们才能对关于后现代性的众说纷纭加以辨析，对后现代性概念获得较为全面和确切的理解。

二

后现代性虽然是在现代性的基础上产生的，但是，它却是对现代性反思和批判的结果，是对现代性的反叛和超越。正如后现代主义理论建构者詹明信所说："不论从美学观点或从意识形态角度来看，后现代主义表现了我们跟现代主义文明彻底决裂的结果。"[①] 从现代性到后现代性，是西方文化在理论基础、思维方式、价值取向、话语体系乃至整个文化形态上的一次大转变，这就使后现代性具有了迥异于现代性的诸多特质或特点。

首先，以多元性和异质性拒斥总体性和统一性。西方现代主义文化观念是建立在理性主义精神之上的，它坚信人的理性可以认识外部世界，获得真实知识。通过用理性去框架一切、整合一切，西方现代文化构建了以总体化、统一性为特征的主体性形而上学和各种理论体系，从而使人类的一切努力都集中到某一个目标上。这就是后现代主义理论家利奥塔所说的"宏大叙事"和"元叙事"。对于这些以总体性、统一性为特点的"宏大叙事"和"元叙事"，后现代主义表示出根本的怀疑和拒斥。利奥塔说："我们可以把对元叙事的怀疑看作是'后现代'。"[②] 后现代思想强调差别以及对不可测量的东西的经验，而在所有关于统一性的观念中，是没有差别和不可测量的东西的地位的。因此，利奥塔明确指出：让我们向总体性宣战，让我们激活差别。后现代思想认为差别的不可还原性是根本的，统一性伴随的是强制和独断，重视差别以及异质性和多元性，应当成为新方向的基本特点。后现代主义哲学家德勒兹用游牧范式和城邦范式的对立，来说明后现代性和现代性的区别。所谓城邦范式，代表着总体性、同一性、控制、封闭和无差异，长期主导着西方文化的形而上学就是城邦范式的典范。而所谓游牧范式，则代表着单一性、多样性、自由放任、开放、

[①] [美]詹明信：《晚期资本主义的文化逻辑》，陈清侨等译，生活·读书·新知三联书店1997年版，第421页。

[②] [法]让-弗·利奥塔：《后现代状态：关于知识的报告》，车槿山译，生活·读书·新知三联书店1997年版，第2页。

差异和重复，它是创造性和生成，是反传统和反因袭的象征。"城邦范式的形而上学同一性哲学就像被分割成无数条块的平原，沟壑纵横，河流交错。人们住在这平原上，老死不相往来，过着封闭单调的生活。而游牧范式则好比一望无际、坦坦荡荡的高原，人们可以自由迁徙，过着无拘无束、四处流动的游牧生活。这种游牧生活积极向上，崇尚多样性，差异性和重复，反对同一性和一致性，信奉自由放任、发散和无中心，而不是体系和规则。"① 这一比喻，充分说明了后现代性和现代性在思维方式上的巨大区别。

其次，以意义的消解和不确定性代替意义的确定性和深度感。后现代主义文论家伊·哈桑在列举现代主义和后现代主义区别时，认为二者在主要倾向上，一为确定性，二为不确定性。在西方现代文化理论和文化批评中，尽管对于如何确定文本的意义，在方式、方法上有各种不同的见解和主张，但是在确定文本所表现的意义这一点上却是基本一致的。解构主义创始人德里达把这种西方理性主义的读解传统称为"逻各斯中心主义"。他指出，根据逻各斯中心主义，对存在、本质、真实的信念，乃是一切思想、语言和经验的基础。这种信念极想找到能够赋予其他一切符号意义的符号，也极想找到固定的、可以表明一切符号的意义。但是，德里达认为，任何符号本身都不能充分存在，所以，这种逻各斯中心主义只不过是一种幻想。在以逻各斯为中心的结构中，最基本的结构成分是说话的声音（能指）与所指称的对象（所指）的对立，在形而上学传统中，声音与对象（存在、思想、真理、意义等）具有内在联系。德里达通过消解结构，使声音与对象的对立不复存在。他所倡导的解构方法，就是要把代表观念的概念打上引号，把它们仅仅当作符号，将符号所代表的思想含义悬隔出去。在这样的解构方式中，"思想"意味着虚无。德里达还创造了"延异"（différence）这个新术语，以说明语言的意义取决于符号的"差异"，同时，意义必将向外"撒播"，永无止境"延宕"，所以，意义最终是无法获得的。解构主义关于意义消解和不确定性的观点，被后现代主义者视为圭臬，在哲学、美学、文艺创作和欣赏批评中产生了很大影响，从而导致后

---

① 叶秀山、王树人总主编：《西方哲学史》第7卷（下），凤凰出版社2005年版，第985—986页。

现代主义文化的"平面化"和"无深度感"。詹明信在《晚期资本主义的文化逻辑》中,将凡·高的现代主义经典作品《农民的鞋》和后现代主义画家华荷的《钻石灰尘鞋》加以比较,认为前者提供了通向某种更广阔现实的征兆,具有深刻的含义;而后者则只是一堆随意凑合起来的死物,完全失去了解释的必要性。詹明信由此切入,进一步分析了后现代文化艺术对表达人们认识深度的种种模式的消解,并概括地指出:"一种崭新的平面而无深度的感觉,正是后现代文化第一个、也是最明显的特征。说穿了,这种全新的表面感,也就给人那样的感觉——表面、缺乏内涵、无深度。这几乎可以说是一切后现代主义文化形式最基本的特征。"① 这也表现出后现代性与现代性在文化价值取向上的根本不同。

最后,以大众文化、商业文化消弭高雅文化与通俗文化、艺术与非艺术的界限。西方传统美学以对艺术本体论的理解为基础,对艺术与非艺术作了严格区分,形成了艺术不同于非艺术的传统看法。在现代主义文化中,高雅文化和大众文化、纯艺术和俗艺术分别属于两个截然不同的审美经验范畴。作为现代主义典范的先锋派艺术,就是以追求纯艺术为目的,而明确要求与当时商业文化相决裂的。和大众文化、商业文化相联系的"文化产业"(culture industry)在它刚出现时,便受到以捍卫现代性为己任的法兰克福学派的抨击。然而,后现代主义文化却不断向这些传统见解发起冲击。高雅文化和通俗文化、纯艺术和俗艺术的界限的彻底消失,文化、艺术走向大众化、商业化,构成了后现代文化艺术的一大景观。"在如此这般的一幅后现代'堕落'风情画里,举目便是下九流拙劣次货(包装着价廉物亦廉的诗情画意)。矫揉造作成为文化的特征。周遭环顾,尽是电视剧集的情态,《读者文摘》的景物,而商品广告、汽车旅店、午夜影院,还有好莱坞的B级影片,再加上每家机场书店都必备的平装本惊险刺激、风流浪漫、名人传奇、离奇凶杀以及科幻诡怪的所谓'副文学'产品,联手构成了后现代社会的文化世界。"② 詹明信把这种大众文化、商业文化的泛滥称为"审美民本主义"(aesthetic populism),认为它也是后现

---

① [美]詹明信:《晚期资本主义的文化逻辑》,陈清侨等译,生活·读书·新知三联书店1997年版,第440页。
② [美]詹明信:《晚期资本主义的文化逻辑》,陈清侨等译,生活·读书·新知三联书店1997年版,第424页。

代文化和艺术的一个基本特色。由于后现代大众文化的盛行，是同所谓消费社会、信息社会、传媒社会相适应、相结合的，所以，这种大众文化就同消费文化、传媒文化、网络文化结下了不解之缘。鲍德里亚从消费、信息、传媒和技术的角度分析当代流行文化和艺术，认为后现代社会文化是一个由通信网络、信息技术、传播媒介和广告艺术制造出来的各种各样的模型所构成的虚幻世界，是一个纯粹的"仿真"秩序。艺术和其他商品一样，被纳入消费系统，在这个消费系统中，消费主体被作为消费客体的商品所组成的消费客体系统所控制、吸引、蛊惑，甚至个人的认知、思想和行为也为这种客体所左右。在流行模式中，美和丑相沟通；在媒体传播中，真和假相沟通。所有崇高的人文价值标准，所有道德、美学和实践教育的整个文明的标准，都将会从我们的影像和符号体系中死亡。鲍德里亚认为，后现代文化的上述种种特征，表明西方文化已经步入"伪病态"时期。这些分析，足以使我们认识后现代性和现代性在文化形态和文化生态上显示的重大差别。

三

后现代主义文化思潮在 20 世纪 80 年代后期被介绍到中国，并迅速在文化思想领域产生了广泛影响。一方面，许多学者开展了对后现代主义思想的评介和研究，一时间形成所谓"后学"热，使后现代主义的思想观点在社会上传播开来，特别是在大学生和青年中有较大影响；另一方面，一些文化和文学艺术工作者也各自从不同方面吸收和借鉴后现代主义的文化观点和创作思想，进行了一些新的探索和试验，这些都对中国当代审美文化的发展和走向发生了影响。

我们所理解的审美文化，是指与审美活动和审美经验相联系的文化。它既可以说是从审美角度看文化，也可以说是从文化角度看审美。这种审美与文化的结合和交融恰恰是后现代文化的一种自觉倾向，也是后现代主义文化研究的一种独特角度。这也是在当代审美文化中，后现代主义影响特别明显的一个重要原因。

在后现代主义的影响下，基于中国改革开放以来特殊的经济、社会和文化背景，特别是向市场经济以及信息社会、消费社会的转型，中国当化审美文化发生了一些显著变化,在一些方面表现出后现代性的趋向。以下试图从三个方面做一些探索和分析。

如前所述,詹明信认为高雅文化和大众文化界限的消失,是后现代主义的特点之一。另一位后现代主义文化研究者费瑟斯通也说:"如果我们来检讨后现代主义的定义,我们就会发现,它强调了艺术与日常生活之间界限的消解、高雅文化与大众通俗文化之间界限的消失。"[①] 可以说,大众文化、商业文化主导着后现代社会的文化世界,成为现代性转向后现代性的一个突出标志。中国实行改革开放以后,西方具有后现代性的大众文化很快传播到我国。从风靡世界的流行音乐到好莱坞商业大片,从欧美畅销小说和书刊到迪士尼卡通音像产品及其衍生制造物,等等,逐步进入中国文化市场,进入大众的文化消费,迅速在大众中流行开来。这直接影响和推动了我国大众文化的发展。改革开放以来,中国市场经济的发展,大众传播媒介的发达,文化与经济的融合,以及大众文化消费需求的扩大和审美趣味的变化,等等,也为大众文化的发展提供了各种条件。伴随着新时期改革开放而发展起来的当代中国大众文化,作为一种新的文化形态,已经从审美文化的边缘逐步走向中心,大举进入中国人的文化视野和文化生活,成为新时期中国当代文化发展和建设中最值得注意的现象之一。

中国大众文化作为审美文化的一种新形态,不同于传统意义上的民间文化。民间文化是人民群众自生自发的创作,是民众自然而然的经验表达,是为了满足民众自享自娱的需要,具有集体性、口语性以及传承变异性等特点,传播交流范围受到局限。而当代大众文化则是在大工业生产、市场经济和现代科技的基础上发展起来,是通过市场机制有意识的运作,使文化和经济结合的产物。大众文化的创造者并非一定就是大众本身,相反,大众主要是大众文化被动的消费者。由于借助大众传播媒介的力量,并进行批量性生产和复制,当代大众文化流传范围可以不受任何地域的限制。当然,当代大众文化和传统民间文化,在通俗易懂、符合大众审美趣味以及为群众所喜闻乐见等方面,也有许多类似之处。

中国当代大众文化是在西方后现代、后工业社会形成的大众文化的影

---

① [英]迈克·费瑟斯通:《消费文化与后现代主义》,刘精明译,译林出版社2000年版,第94页。

响下发展起来，与西方当代大众文化具有明显的借鉴关系。因而两者在文化形态、形式、手段、载体，乃至某些内容方面具有相同或相似之处。但是，我们也不能将中国当代大众文化和西方后现代大众文化加以等同。中国当代大众文化发展的社会背景和文化语境与西方大众文化是不同的。在立足中国当代国情和群众文化需求，实现本土化的发展中，中国当代大众文化的时代特征和民族特征日益显现。以影视和动漫的大众文化产品为例，一方面在形式、手段上与国际接轨的程度越来越高；另一方面在性质、内容上的中国特色也越来越鲜明。

当代中国的大众文化几乎包括了各种文化艺术形式，与文化产业的多个门类直接结合在一起。特别是在影视、音乐、演艺、文学、出版、动漫游戏、娱乐休闲、广告、旅游等类文化产业和文化形式中，大众文化已经形成了一定规模。从贺岁片到商业大片，从家庭题材电视剧到历史题材电视剧，从流行歌曲到卡拉OK，从曲艺演出到标准舞比赛，从通俗杂志到畅销小说，从动漫产品到网络游戏，从歌舞厅表演到旅游景区文娱活动，各种大众文化产品和文化服务以前所未有的广度进入大众的日常审美活动和文化生活，在广大群众中产生了很大影响。只要我们看看《甲方乙方》《不见不散》《手机》等贺岁片上映时的高票房价值，看看电视连续剧《渴望》播放时许多地方万人空巷的效果，看看港台和内地歌星流行歌曲演唱会的盛况，看看电视超女大赛时的热捧，等等，我们就会对大众文化在群众审美文化中的重要地位和作用深信不疑。

詹明信在比较现代主义与后现代主义差别时指出，前者的特征是乌托邦式的设想，而后者却是和商品化紧紧联系在一起的。后现代大众文化就是一种和商品化紧密相连的文化，它是借助于市场的作用，通过文化产业而发展起来的。作为商业文化，大众文化的消费功能和娱乐功能显得较为突出。从《超级女声》到《我型我秀》《舞林大会》等真人秀节目的热烈反响，从上海"新天地"娱乐圈到深圳"世界之窗"艺术表演的火爆场景，等等，表明我国当代大众文化的商业性、消费性、娱乐性、消遣性得到充分展现。在充分肯定大众文化对满足人民群众文化需求所发挥的重要作用的同时，如何引导大众文化在发展中处理好意识形态属性与商品属性、社会效益与经济效益、教育作用与娱乐作用的关系，是一个值得注意的问题。

四

　　从哲学上来说，德里达的解构主义是后现代主义的真正灵魂，是颠覆西方整个形而上学传统的最锐利武器。所谓解构，它所针对的就是传统哲学主体—客体、形式—内容、现象—本质、偶然—必然、能指（语言）—所指（说话的对象）之类两极对立的"概念"结构。按照解构主义的观点，上述每一个对立结构中的前者都达不到后者，后者不是前者的源头和原本。因此，解构的结果必然是对内容、本质、真理、意义的质疑。正如德里达所说，解构除了消解之外，别无其他。如果从创作思想上来看后现代主义对中国当代审美文化和文学艺术的影响，那么由解构主义引发的消解意义、消解理想、消解崇高、消解价值标准，就是一个带有倾向性的问题。

　　文学创作中的消解之风，当然不仅是对于西方后现代解构思想的移置，而是有着自身的历史原因和现实原因。它既是对以往文学审美中存在的廉价的说教、虚假的理想以及伪崇高、伪宏大之类的一种反拨，也是新时期以来在社会转型中部分人价值观念迷茫以致精神滑坡的一种曲折反映。自20世纪80年代末以来，这种消解之风在当代小说创作中不断蔓延。"一段时间以来，思想启蒙的声音在部分作家中日渐衰弱和边缘化，他们的小说告别了思想启蒙，走向解构和逍遥之途如新写实小说。"[①] 从20世纪80年代末到90年代盛行于当代文坛的新写实小说，虽然不乏成功之作，但在创作思想的总体倾向上，却与解构思潮有着密切关系。新写实小说告别了艺术真实需透过生活现象以揭示生活本质的现实主义文学观念，热衷于表现生活的"原生形态"和"纯态事实"，强调使生活现象本身成为写作对象，而不再追问生活有什么意义，并且通过瓦解文学的典型性，以消解强加在生活现象之上的所谓"本质"。其中有的作品关注于消除了人性中精神因素的原始纯粹的本能世界，有的作品则醉心于日常生活中平庸琐碎的生活流过程。同时，这些作品采取纯客观创作态度，以"零度情感"来反映现实，取消作家情感介入，消解了激情和价值判断，以致形成主体意识的弱化及现实批判立场的缺席。作品中对所描绘的那样平庸无奈的现

[①] 雷达：《当前文学创作症候分析》，《光明日报》2006年7月5日。

实生存状况逐渐丧失了批判能力,所有改变现实的理想因素都被消解。这一切,很容易使我们想到詹明信对后现代文化的"无深度感""情感消逝"以及"主体性瓦解"等特征的分析。

  如果说在新写实小说中,我们看到了对于生活的本质、意义以及价值判断的消解,那么,在另一种所谓身体写作中,我们则看到自然主义的人欲放纵、精神因素的缺席以及价值标准的失范,这是意义消解向另一个向度的发展。身体写作论者强调身体是写作的起点,作品的思想、意蕴、语言无不带有作者身体的温度。他们认为,从身体出发的写作与从精神出发的写作是不同的。如果传统作家注重的是"精神",那么新生代作家注重的便是"身体",而"身体"不可避免地与欲望联系在一起。由于将"身体"与"精神"对立起来,那么剩余的当然就是描写身体的本能欲望,而从"身体写作"滑向"下半身写作"也就是必然之途。于是我们看到,对于身体的欲望性的展示,对于"性"事的大量感官化描绘,在一些作品中大肆泛滥,到了让人熟视无睹、麻木不仁、完全消解了意义的地步。有人称这是"以身体的名义所进行的一系列还原或者解构活动"。而这些作品所展现的"对即兴的疯狂不作抵抗,对各种欲望顶礼膜拜"(卫慧语),不可避免地会导致对价值标准的消解和颠覆。从卫慧的《上海宝贝》到木子美的《性爱日记》,所谓"后现代身体写作"终于以人欲放纵走完解构人文精神之途。

  解构思想对于中国当代审美文化的影响是多方面的,其表现形式也是多种多样的,例如,王朔小说中对于一切既定秩序和准则的嘲弄、调侃和颠覆;历史题材电视、电影中对于历史真实的消解;描写偷情故事的作品的低水平重复和感性化、平面化;毫无内容乃至失去解读必要的废话诗;充满恐怖和扭曲的行为艺术、解构红色经典、亵渎英雄人物;等等,无不是解构思潮的产物。尽管解构思想具有打破既定模式的积极意义,但是它也具有消解意义并导致多元放任的消极作用。当它被不加分析地运用时,其负面影响就需要我们加以认真注意和分析批判了。

五

  法国当代著名哲学家鲍德里亚在其后现代理论中着重考察了媒体、信息技术和消费社会对后现代文化带来的变化。他认为后现代文化的一个基本特征就是"模拟"（simulation）。在他看来，当代发达的资本主义社会作为新型消费社会，都已进入一个新的模拟时代。计算机、信息技术、广播传媒、自动控制系统、移动通信、网络媒体以及按照符号和模型而形成的社会组织结构，已经取代了工业社会化的大生产地位，成为信息社会的统治结构。现代性是一个由工业资产阶级统治的工业生产的时代，而后现代的模拟时代则是一个由各种模型、数字和控制论支配的信息与符号的时代。在这个令人眼花缭乱的信息时代里，人们生活在由各种模型、数字、符号构筑的环境里。后现代文化就是一个由通信网络、信息技术、传播媒介和广告艺术制造出来的各种各样的模型所构成的虚幻世界，是一个纯粹的仿真秩序。这种虚拟现实或超现实（hyperreality），即由模型和符号构造的经验结构，销蚀了模型和真实之间的差别。模型取代了真实并成为真实的决定因素。"模型、数字和符号构成了真实，真实变成了模型、数字和符号，模仿和真实之间的界限已经彻底消融，从内部发生了爆炸，即内爆。内爆所带来的是人们对真实的那种切肤的体验以及真实本身的基础的消失殆尽。"[①] 对此，鲍德里亚举例说，80年代的美国电视节目就直接模拟出真实的生活情境。而在"电视世界"里，医生的形象或模型（模拟医生）就经常被当成真正的医生，如此等等。

　　鲍德里亚所描绘的这种以传播媒介和信息网络所形成的"模拟"为特征的后现代文化，其实也正是我们在中国当代审美文化中所看到的一种新景观。随着文化与高科技的结合以及文化进入大众消费系统，传媒文化、网络文化、广告文化等在当代审美文化中的地位和作用越来越突出。电子媒体和信息网络的强大覆盖力和广泛的亲和力，使电影、电视、电脑、网络，以及它们的延伸物如VCD、DVD、游戏软件、网络多媒体艺术、数码摄影、超文本作品等在审美文化中大行其道，电视、广告、电子和数字媒体的渗透在整个社会达到了迄今为止空前的程度。电子传媒和数字媒体长于筑构视觉文化，而视觉文化长于打造"图像文本"，于是，有人将数字媒体时代称为"读图时代"。在这个时代里，电子媒介无所不在，图像符号广泛渗透在人们的日常生活和文化生活中。大众传媒用电子科技手段每天都把难以计数的图像（包括视像、影像等）呈现在人们的眼前，形塑了

---

① ［法］让·鲍德里亚：《模仿》，纽约，1983年，第23页。

我们对于世界的新的观看方式、把握方式和理解方式。在很大程度上，当代审美文化可以说正在变成一种图像文化，这也就是鲍德里亚说的由模型和符号所形成的"模拟"社会。

这种由电影、电视、网络、电子游戏、音像制品、广告和图文版本书刊等所创造的图像，都是电子科技和数字科技的产物，它们和以往时代艺术家创作出来的视觉艺术作品相比，具有后者所无法取代的直观性、虚拟性和仿真性，能够产生虚拟的超真实感，往往使我们置身其间，而忘却真正的现实世界的存在，这便是鲍德里亚所说的"超现实"："影像不再能让人想象现实，因为它就是现实。影像也不再能让人幻想实在的东西，因为它就是其虚拟的实在。"[①] 不仅如此，数字媒体还可以在似乎非常真实的空间中构造出任何的图像，使文学中那种超越现实的幻想直接地呈现在人们眼前，而且"真实"得天衣无缝，如好莱坞大片所创造的影像空间。这一切使图像文化能给人以特殊的感官感受和审美享受，使人沉迷其中，乐此不疲。这就使对于图像的审美，在当代审美文化活动中成为最普遍的选择。比如，人们往往是通过欣赏根据同名作品创作的电影和电视而去了解长篇文学名著，通过观看历史题材的影视作品而去认识历史。

图像文化的普泛化，在相当大的程度上消解了纯粹的审美和日常生活的界限，这也是后现代主义重要特征之一。在消费性社会中，人们除了物质商品的消费外，还出现了对符号和图像的消费，重视商品符号和象征价值（如品牌）的消费主义文化盛行。各种符号和图像通过传媒文化、网络文化、广告文化等充斥于日常生活之中，使得今天的生活环境越来越符号化、图像化。这种与人们的日常生活和消费文化相关的图像，往往既是艺术的、审美的，又是消费的、生活的，如妇女杂志或生活杂志中鼓吹的理想家居，广告或时尚电视剧中宣传的理想服饰，等等。总之，图像文化在人们的日常生活中无处不在，与之并行的"日常生活审美化"，成为当代审美文化的普遍特征。

由传媒、网络创造的图像文化，给人们带来新的审美经验，也为当代

---

① ［法］让·鲍德里亚：《完美的罪行》，王为民译，商务印书馆2000年版，第8页。

审美文化注入了新的活力。但是，图像文化具有感官性和瞬间性的特点，而且往往带着消费时代无法规避的商业气息。如何克服图像文化的平面化以及抵制具有感官刺激的图像被纯粹用于商业化目的而产生的消极影响，也是当代审美文化建设的一个不可忽视的问题。

（原载于《学术研究》2007年第9期）

论后现代主义文化思潮的若干倾向性特征

后现代主义是20世纪六七十年代以来，伴随着西方国家在经济、科技、社会、政治、文化诸方面的新变化所形成的一种新的社会文化思潮和理论，这种思潮和理论虽脱胎于西方现代主义，却具有反叛和批判现代主义的鲜明倾向，它通过对西方现代人文传统的质疑和改写而形成一些倾向性特征。我们必须深入分析这些倾向性特征，才能对它作出恰如其分的评价。

一 对西方现代人文传统的否定性批判

后现代主义理论家弗·詹明信说："不论从美学观点或从意识形态角度来看，后现代主义表现了我们跟现代主义文明彻底决裂的结果。"[①] 尽管人们认为后现代主义思潮包含着极其复杂而且往往相互冲突的立场，乃至对后现代主义的定义、后现代主义的特点，至今也无法作出确切的回答，但是综观后现代主义思潮中的各种流派、各种主张，在批判和否定西方传统思想、文化这一基本点上，却是大都达成共识的。后现代主义者大都把批判的矛头直指自启蒙运动以来直到20世纪现代主义的思想文化成果，力图"摆脱"笼罩在现代主义身上的"假象"，积极倡导与现代性理论、话语和价值观相决裂。

西方现代主义文化观念体现着所谓理性主义精神，认为人的理性可以认识外部世界，获取真实知识，并以此为人服务，改善人类社会。而后现代主义的批判矛头，首先就是针对这种用理性框架一切、整合一切的形而上学观念。雅克·德里达认为，从柏拉图到黑格尔和列维-施特劳斯的整

---

① ［美］詹明信：《晚期资本主义的文化逻辑》，陈清侨等译，生活·读书·新知三联书店1997年版，第421页。

个西方形而上学的传统,都是他所谓的"逻各斯中心主义"的传统。"而逻各斯中心主义也不过是一种言语中心主义(Phonocentrisme):它主张言语与存在绝对接近,言语与存在的意义绝对贴近,言语与意义的理想性绝对贴近。"① 在这种传统中,人们认为语言受非语言实体的真实本性所支配,并且能够反映这种真实本性,因而总要认定某种由语言表达的最终的真实,一种语言文字与其语意最终合一而不可再分的"逻各斯"(Logos),试图从意指活动中窃取意义、真理、显现、存在等等。在德里达看来,这种"逻各斯中心主义"恰恰是西方形而上学传统的一个致命的矛盾,因而也是解构主义所要摧毁的主要目标。

在否定和摧毁作为理性精神体现的西方形而上学传统上,让-弗朗索瓦·利奥塔似乎比德里达态度更为鲜明。利奥塔的名著《后现代状态:关于知识的报告》,通过对后现代知识状况的考察和对知识合理性的探讨,把批判矛头直指西方近代以来以总体化、统一性为特征的主体性形而上学和整个现代认识论。他认为,在西方传统思想文化中,话语活动都是在某个"宏大叙事"(grand narrative)的制约下,或参照某"宏大叙事"而构建起一套自圆其说的元话语,并依靠元话语使自身合法化,这些"宏大叙事"便是诸如精神辩证法、意义阐释学、人类解放学说、财富增长学说等启蒙运动以来形成的理论体系。利奥塔认为,这些宏大叙事或元叙事之所以有合法化的功能,是因为它们把自己的合法性建立在"有待实现的理念上面",而这只不过是一厢情愿的设想,并不拥有任何历史必然性,也不真正具有合法化的能力。利奥塔把它称之为合法化危机。他明确指出:"我们可以把对元叙事的怀疑看作是'后现代'。"② 换句话说,后现代主义就是对一切"宏大叙事"或"元叙事"表示怀疑。在后现代主义思潮中,反"逻各斯中心主义"、反本质主义、怀疑一切"元叙事"、向所有的统一性开战等,可说是最具有标志性和导向性的主张,其矛头所向,都是要否定、反叛作为现代性传统的西方思想文化及其话语和理论体系。

后现代主义对西方现代人文传统的否定性批判,虽然所涉及的主要是

---

① [法]雅克·德里达:《论文字学》,汪堂家译,上海译文出版社 1999 年版,第 15 页。
② [法]让-弗·利奥塔:《后现代状态:关于知识的报告》,车槿山译,生活·读书·新知三联书店 1997 年版,第 2 页。

观念层面、文化层面的问题，却反映出西方思想文化界面对当代资本主义种种新变化所产生的困惑，以及对当代资本主义的某些最新认识。资本主义实现"现代化"的过程，同时也是一个在文化和观念上进行自我证明，使自己的全部活动"合理化"的过程。但是，随着"现代化"的实现，资本主义社会弊病丛生，使人们对原先的种种"合理性"不得不产生怀疑。这就出现了利奥塔所说的"知识的合法化问题"以及"叙事危机"，"大叙事失去了可信性，不论它采用什么统一方式：思辨的叙事或解放的叙事"[①]。后现代主义思想家从不同观点、不同角度质疑和否定长期以来人们认为是天经地义的西方现代人文传统及其概念和理论体系，其矛盾所向，直指资本主义主流文化或专制性权威，这反映了当代资本主义的文化矛盾和信仰危机，为我们认识当代资本主义社会和文化提供了一面镜子。但是，后现代主义在批判西方现代人文思想传统时，采用的是破坏性的否定思维方式，即根本上否定传统人文思想概念和理论体系存在的价值和意义，这就导向了虚无主义和取消主义。同时，由于后现代主义思潮主要流派具有过于强烈的否定和破坏色彩，重视解构，而轻视建构，提出了问题，而没有解决问题，所以在轰动效应之后，又不免令人感到大为失望。

后现代主义对现代人文传统的否定，不仅表现在哲学和理论层面，而且表现在文化和艺术层面。后现代主义文化在与西方现代文化传统的决裂中，形成了新的倾向、新的特点。后现代主义理论家对这些倾向、特点加以概括，提出了审美通俗化、文化大众化等美学和文化理论，这同西方传统美学和文化观点也是大相径庭的。西方传统美学从本质主义出发，建构了以美和艺术本质为核心的美学和艺术理论，同时也以对美和艺术本质的理解为基础，对艺术和非艺术、审美和非审美作了严格的区分，形成了艺术不同于非艺术、审美有别于非审美的传统看法。后现代主义理论家既然摒弃了本质主义，当然也就打破了传统美学为艺术和审美设定的框框，主张对后现代文化艺术产生的新变化重新进行文化的理论概括。而后现代主义的文化和艺术的新形态，也不断向这种传统见解发起冲击。高雅文化和通俗文化、纯艺术和俗艺术界限的基本消失，文化、艺术走向大众化、商

[①] ［法］让-弗·利奥塔：《后现代状态：关于知识的报告》，车槿山译，生活·读书·新知三联书店1997年版，第80页。

论后现代主义文化思潮的若干倾向性特征

品化,构成了后现代文化艺术的一大景观。弗·詹明信把这种现象称为"审美民本主义"(aesthetic populism),认为它是后现代主义文化和艺术的一个基本特色。他说:"今天的后现代主义(理所当然地)正是民本精神在审美形式(包括建筑及其他艺术)上的具体呈现。"① 又说:"在现代主义的巅峰时期,高等文化跟大众文化(或称商业文化)分别属于两个截然不同的美感经验范畴,今天,后现代主义把两者之间的界限彻底取消了。"② 让·鲍德里亚也指出,在古典和现代文化中,雅文化和俗文化属于不同的阵营,各自有自身的逻辑和运作规则,两者的对立是显而易见的。但是,在后现代条件下,两者的对立被同一所取代,界线的丧失使得文化趋于庸俗。现代主义文化所追求的那种艺术的自律和独立,在后现代文化中被有力地消解了。据此,他提出要建立一种"超美学"(transaesthetics),使美学不仅仅局限于传统的艺术领域,而是向经济、政治、文化和日常生活等各个方面广泛渗透,以便使审美和艺术获得广泛的扩张或泛化。这些异于传统美学的见解对于推动文化和美学研究面向现实,拓展视野,关注大众文化和审美活动,具有一定积极意义,但是,由于它混淆了艺术与非艺术、审美与非审美的界限,否定了传统文化、美学和艺术理论的合理性和有效性,甚至导向"反文化""反美学""反艺术",对文化艺术的健康发展也产生了消极影响。

二 对文本意义确定性的消解

在后现代主义哲学和文化思潮中,德里达创立的后结构主义被西方学者公认为最具代表性的学说和理论。德里达提出著名的解构战略,并对西方文化中的许多经典文本进行了解构性的读解。所谓"解构"(déconstruction),就是消除和分解结构,实际上是对概念(语言符号)和文本的意义进行批判性解释。它从揭露文本本身的矛盾出发,消解、颠覆文本原有结构,发掘那些普遍的、确定的意义之外的意义,强调意义的多

---

① [美]詹明信:《晚期资本主义的文化逻辑》,陈清侨等译,生活·读书·新知三联书店1997年版,第423页。
② [美]詹明信:《晚期资本主义的文化逻辑》,陈清侨等译,生活·读书·新知三联书店1997年版,第424页。

向性和不确定性。由此，后现代主义一反传统批评理论关于文本意义可确定的看法，提出了文本意义的不确定和阐释的无限"延宕"的观点，从而成为后现代主义思潮中最具突破性和代表性的一种理论。后现代主义文论家伊·哈桑在列举现代主义和后现代主义的区别时，认为二者在主要倾向上，一为确定性，二为不确定性。他引用了解构主义批评家杰弗里·哈特曼的断言："当代批评旨在一种不确定性的阐释学。"①

在以后结构主义为代表的后现代主义思潮形成之前，西方批评对如何确定文本的意义，在方式、方法上尽管有各种不同见解和主张，但在确定文本所表现的意义这一点上却是基本一致的。西方从古典到近代的批评理论固然如此，就是现代主义批评理论也不例外。如一度在英美文坛成为批评的基本范式的新批评，主张不考虑作品的外在因素，而集中探讨文本的结构，特别是探讨作品中的词语与语境的关系，力图通过对单个文本的细读，具体说明作品微妙复杂的意义。在确定文本意义上，真正实现突破性转变的是后结构主义。后结构主义对结构主义的批判是奠立于语言学基础之上的。结构主义语言学认为，语言（Langue）指语言系统，它作为言语（Parole）的基础结构发生作用。语言是一个符号系统，由能指和所指两部分构成；能指和所指的联系是任意的，但一个所指有寻求其能指并与之构成一个确定单位的自然倾向，因而字义是具有某种稳定性的。但是，后结构主义却认为，字义并不像结构主义所说的那样具有稳定性，它基本上是不稳定的。语言不是一个能指与所指对应统一、规定明确的结构，而是像一张漫无头绪、错综复杂的网，其中各种因素相互作用而不断变化，每个因素都无法绝对限定。由此推断，以语言为载体的文化的文本便很难确切表现作者想要表达的意义。于是，一些批评家宣称文本不表示任何意义，而另一些批评家则认为读者对文本的解释因人而异，文本可表示任何意义。两种偏激看法，都表现出后结构主义基本观点，从而突破了确定文本意义的西方批评传统。

被公认为解构主义的经典之作的雅克·德里的《论文字学》，集中体现了反对逻各斯中心主义和言语中心主义的基本精神。这本著作的目标就

---

① ［美］伊·哈桑：《后现代主义概念初探》，载《后现代主义》，赵一凡等译，社会科学文献出版社1999年版，第126页。

论后现代主义文化思潮的若干倾向性特征

是要颠覆以"逻各斯中心主义"为别名的西方理性主义的读解传统。德里达指出，根据逻各斯中心主义，对存在、本质、真实的信念，乃是一切思想、语言和经验的基础。这种信念极想找到能够赋予其他一切符号以意义的符号，也极想找到固定的、可以表明一切符号的意义。但是，德里达认为，任何符号本身都不能充分存在，所以，这种逻各斯中心主义只不过是一种幻想。为了说明符号不能充分存在及其分裂性，德里达创造了"延异"（différance）这个新术语。在法语中这个新词与"差异"（différence）只有第七个字母 a 和 e 有差别。différance 有多种含义，但有两个源于拉丁文 differre 的主要意义，一为延缓，二为差别。德里达解释说，"差异"是个空间概念，只指符号空间上的差别，而"延异"不仅是个空间概念，还是个时间概念，它包含有"能指"无限地推迟它的"存在"、意义在时间过程中向后延宕的意思。通过这个新造的术语，德里达想要说明的意思是：语言的意义取决于符号的差异，同时，意义必将向外"撒播"，永无止境地"延宕"。撒播在本质上与延异相联系，撒播将自身置入延异的开放的链条中。德里达说："撒播意味着空无（nothing），它不能被定义。""虽然它产生了无限的语义结果，但是它却不能还原到一种简单起源的现存性上……也不能归结为一种终端的在场。它表示一种不可简约的和'有生殖力的'多元性。"[①] 撒播象征着文字相互派生、界限消失、飘忽不定、绵延不断，语言的意义被分配、扩散到整个语言系统中，产生无限和多元的语义结果，永无最后的终结。所以，对于读解来说，延异和撒播意味着文本的意义没有得到确证的可能，意义最终是无法获得的。

如果说德里达是从语言、符号本身否定了文本意义的确定性，那么，罗兰·巴尔特则从读者对文本的参与得出了同样的结论。1970 年出版的《S/Z》，是巴尔特最具代表性的后结构主义著作。在这本著作中，巴尔特否定了结构主义叙事理论，转而突出强调读者对于文本的作用。他认为由于读者处于历史发展中，所以文本的结构和意义也就处于历史性的变化和开放之中，解构应成为一切文本的属性。巴尔特将文本分为两种：第一种称作"阅读性文本"，第二种称作"创造性文本"。第一种文本是使读者成

[①] ［法］德里达：《立场》，载《二十世纪西方哲学经典文本·欧洲大陆哲学卷》，复旦大学出版社 1999 年版，第 850—851 页。

为某种固定意义的"消费者",第二种文本则使读者成为意义的"生产者"。创造性文本处于动态之中,能指和所指之间没有固定的关系,其意义是无限多元和蔓延扩张的,读者对于文本的关系不是被动地接受,而是能动地创造。读者在阅读中自己也形成一个文本,成为其他文本的一个复数,通过把阅读的文本与读者的文本或增加的复数相联系,读者便拥有生产意义的巨大自由。巴尔特认为,创造性文本即现代主义作品才是真正的文本,而阅读性文本如现实主义作品则是过时的。但他又指出,即使是后一种文本也是具有可写性并能够解构的。总之,在巴尔特看来,在创造性文本中,"作者已经死了"[①],只有读者的阅读对于创造性文本才具有决定性的作用。这种文本可以用多种方式理解,无一可以作为权威;由于读者观点不同,文本的意义便会以大量片断的形式表现出来,而这些片断也不会有任何内在的统一性。所以,文本意义的确定性是不可能存在的。

后结构主义文本观突破了将作品文本看作一个封闭的独立的单体的传统观点,强调了文本的无限开放性以及文本之间的相互依存性。"延异"不仅是一个空间概念,更是一个时间概念,这就把一切文本、包括文学文本都看成一个无限开放和不断变化的过程。"互文性"不是把文本看作孤立的单元,而是强调文本之间的影响和转化。这些见解具有辩证法的因素。此外,后结构主义文本观改写了文本意义决定于作者意图的传统观点,突出强调了读者的能动性和阅读的创造性,认为读者在阅读文本中不仅是"消费者"而且是"生产者",具有生产意义的作用,这种看法也包含一定的合理性。

但是,后结构主义文本观抛弃了"语言总有所指"这一使语言之所以是语言的根本属性,肆意割裂语言的能指与所指的联系,否认语言有特定的指涉性,使文本完全与意义本源相脱节,文本读解也因此变成了能指符号互相置换的游戏。如果后结构主义这种观点能够成立,那么,语言将丧失它作为表达思想和进行交际的基本功能,人类历史和文化传承、交流也都将成为不可能,这显然是违背常理和常识的。再者,它根本否认文本的意义和作者有关,认为文本的意义只能由读者的创造来决定,这也未免失

---

① [法]罗兰·巴尔特:《阅读的快乐》,载《二十世纪西方美学经典文本·结构与解放》,复旦大学出版社2001年版,第448页。

之片面。把读者在阅读中的自由创造夸大到无限程度，把一切"误读"都当作必然现象，甚至否认对作品有正确阐释的可能性和判断阐释正确与否的标准，这就走向了相对主义，使阅读和批评陷入无所适从的困境。

三 对话语、语言和符号模拟的探究

伽达默尔说："毫无疑问，语言问题已在本世纪的哲学中处于中心地位。"① 这和 20 世纪以来西方现代哲学中的"语言的转向"（the linguistic turn）紧密相关。所谓"语言的转向"是指当代哲学从认识论研究到语言哲学研究的转变。这种转变被看作哲学中的一场伟大革命。它的过程可以上溯 19 世纪末、20 世纪初，而在 20 世纪 60 年代以后，由于结构语言学对哲学的影响，而形成一个转换点。现代英美分析哲学家如罗素、维特根斯坦、石里克等，都在不同程度上把全部哲学问题归结为语言问题，认为语言是哲学的首要的甚至唯一的研究对象，并把语言哲学看作其他哲学学科的基础，认为只有通过语言分析，才能澄清或解决哲学问题。现代欧洲大陆各个哲学学派也从不同角度强调语言研究在哲学中的重要地位。结构主义和后结构主义都把语言问题作为研究的中心问题，并且把语言学作为一切思考的出发点，甚至直接把结构语言学的某些原理和方法应用于哲学、人类学、社会学、心理学乃至美学、文艺学等方面的研究。这对后现代主义文化思潮的特征的形成产生了很大影响。

后结构主义哲学家米歇尔·福柯提出用"考古学"的理论和方法来研究历史和人文科学，他所谓的"考古学"就是排斥主体性，而把语言作为研究的线索，去寻找历史变迁的谱系。因为语言排除主体，是唯一客观的、被结构化的现实，所以考古学也就是一种关于话语（discourse）的理论。正如福柯所说："考古学所要确定的不是思维、描述、形象、主题，萦绕在话语中的暗藏或明露的东西，而是话语本身，即服从于某些规律的实践。"② 他的知识考古学的一个主要特点，就是将历史视为话语的构造，

---

① ［德］伽达默尔：《科学时代的理性》，载《哲学译丛》1986 年第 3 期。
② ［法］米歇尔·福柯：《知识考古学》，谢强、马月译，生活·读书·新知三联书店 2003 年版，第 152 页。

是许多不连贯的话语实践的排列。从考古学到谱系学,福柯始终将话语实践作为考察和研究对象。考古学集中研究支配话语实践的推理理性被"组装"起来的各种规则;谱系学则将话语与权利的运作联系起来,揭示其中的权力机制。在《词与物》(1966)、《知识考古学》(1969)这些代表性著作中,福柯认为任何事物都依赖于语言,作为内在结构的词与外在现象的物之间存在着不可分的联结。他力图揭示隐藏在语言深处的秩序的型式或知识的信码(code),认为正是这些型式或信码把词与物结合在一起,并且构成了文化和知识的潜在的统一性。与此相关,福柯认为,现代思想的任务不再是找出概念的连续性和根源性,而是去描述使得概念得以可能的"知识型",而后者与话语秩序本身是有联系的,甚至就是一回事。因此,现代思想的任务就是去描述话语得以可能的条件以及话语的全部层次。可以把人文科学看作独立自主的话语体系,把人文科学中所说的一切当作一种"话语—对象"来对待。福柯这种看法,正是道出了后现代主义对人文科学领域所带来的认识范式和方法论上的根本变革。在"话语意识"影响下,西方人文学科及其所探讨的问题,几乎都被看成一种话语层面的运思和建构。

在"语言的转向"特别是结构主义语言学的影响下,后现代主义哲学和人文社会科学对语言和话语问题给予了越来越大的关注。法国哲学家利奥塔在《后现代状况》一书中提出"科学知识是一种话语"[1],强调话语在知识建构中的作用。他从反对同质性、一致性、共识性而强调异质性、多元性、差异性的后现代认识论出发,推崇维特根斯坦提出的语言游戏说,主张语言游戏的异质性、多样性和不可通约性。语言游戏说认为语言的使用并不具有某种普遍的确定的规则,只能由参与语言游戏的人彼此约定,并且只在参与语言使用的人中有效。各个游戏使用的语言及其意义之间不可通约。利奥塔说:"我们没有任何理由认为可以找到全部这些语言游戏共有的元规定,没有任何理由认为一种可检验的共识……能够包容全部元规定,这些元规定的作用是调节在集体中流传的全部陈述。"[2] 由于语

---

[1] [法]让-弗·利奥塔:《后现代状态》,车槿山译,生活·读书·新知三联书店1997年版,第1页。
[2] [法]让-弗·利奥塔:《后现代状态》,车槿山译,生活·读书·新知三联书店1997年版,第137页。

言游戏没有普遍的确定的规则,因而人们在游戏中可以自由思考、自由想象,不能允许存在任何元叙事式的形而上学偏见。这就进一步否定了元叙事、元语言以及一切具有"现代性"特征的哲学和文化的合法性。

如果说福柯和利奥塔关注的是话语、语言这种人类社会历史发展中长期形成的符号体系,那么,被视为后现代文化理论重要代表的法国思想家鲍德里亚则将视线投向后现代社会迅速兴起的由数字技术、电子信息、大众传媒等形成的一种新的符号体系——"模拟"(simulation)。他说:"模拟是现阶段历史的主导图式,由符号所控制。"[1] 在《客体系统》《消费社会》《符号政治经济学批判》和《拟像与模拟》等著作中,鲍德里亚都把符号模拟作为他的重要论题。在他看来,在电子媒体时代和消费社会,人们生活在由各种符号、模拟、数字构筑的环境中,符号、模拟、数字构建了主宰社会生活的新的社会秩序。符号模拟取代真实物品,符号价值取代使用价值和交换价值,整个社会文化似乎进入一个符号模拟时期。鲍德里亚对充斥于当代社会的符号、模拟进行了分析批判,着重论述了它的性质、特征和影响作用。

首先,符号、模拟抹杀了真实和虚拟之间的区别,导致了真实的消失。鲍德里亚认为,电视是电子媒介文化的重要代表,它促成了符号和图像在日常生活中的迅速传播。电视图像和符号创造了一种"超现实"(hyperreality),超现实是通过计算软件或者类似系统所产生的虚拟现实,是各种纯粹的模型和符号之间的模仿。模拟产生的超现实是一个没有真实原型的世界,但是它"比真实更加真实"。"影像不能再让人想象现实,因为它就是现实。"[2] 鲍德里亚认为,在超现实世界中发生的"内爆"必将消除模仿和真实之间的界限,导致真实的消失。他说:"模型、数字和符号构成了真实,真实变成了模型、数字和符号,模仿和真实之间的界限已经彻底消融,从内部发生了爆炸,即内爆。内爆所带来的是人们对真实的那种切肤的体验以及真实本身的基础的消失殆尽。"[3]

其次,符号、模拟所形成的客体系统对主体具有支配作用,导致主体

---

[1] [美] M. 波斯特编:《鲍德里亚文选》,斯坦福大学出版社1988年版,第135页。
[2] [法] 让·鲍德里亚《完美的罪行》,王为民译,商务印书馆2000年版,第6页。
[3] [法] 让·鲍德里亚:《模仿》,1983年,第23页。

作用的消失。鲍德里亚认为，在消费社会时代，形成了一个由电子信息、符号影像构成的大众消费系统。在这个消费系统中，消费主体被作为消费客体的商品所组成的消费客体系统所控制和蛊惑，消费者主体通过各种方式同构成他们日常生活的商品符号系统相互联系，并被这个客体消费系统所左右，客体无声无息地消解了主体的支配地位。在艺术领域，鲍德里亚认为波普艺术可以说是第一个作为一种"被标上符号的"和"被消费的"艺术对象来探索自身的身份地位的艺术种类。他以安迪·沃霍尔风行一时的作品《玛丽莲·梦露》为例，指出这是一个真人沦落为符号、复制取代创作的代表作，模拟使得客体上升到主导地位，主体被客体取代了。

　　后现代主义理论家对于话语、语言和符号模拟的研究，拓展了人文社会科学研究的视野，推动了研究范式的转变。但是，他们大都怀疑传统语言观，否认话语、语言与其所表现的客观存在世界的关系，将话语、语言、符号研究孤立起来，甚至当成语言游戏和推理游戏，因而其对人文社会科学和文化研究的价值是令人质疑的。

（原载于《开放时代》2003年增刊）

美学的批评与批评的美学

别林斯基将文艺批评称作"行动的美学",这有两方面的含义。一方面,说明文艺批评需以美学理论为基础和指导,从美学的观点来分析和评价文艺作品;另一方面,说明美学应当介入文艺批评,与文艺批评实践相结合,通过批评实践发展美学理论。这两方面的含义,笔者认为对当前的文艺批评和美学研究都有很强的现实意义。推动美学和文艺批评互相结合,一方面有助于克服当前文艺批评有数量缺质量、有介绍缺分析、肤浅平庸、缺乏深度等问题;另一方面,也有助于解决美学研究从抽象理论到抽象理论、不食人间烟火、与文艺创作和批评实践严重脱节的弊端。

美学批评与历史批评

恩格斯在谈到文艺批评时,不止一次提出要"从美学观点和历史观点"来衡量、分析和评价作家和作品,认为这是批评和衡量作家作品的"最高的标准"。从美学观点批评衡量作品与从历史观点批评衡量作品在着眼点上是有区别的,前者着眼于艺术的特殊规律和作品的审美价值;后者着眼于艺术的普遍规律和社会意义。但艺术的普遍规律寓于特殊规律之中,作品的社会意义需通过审美价值来体现,所以,美学的批评和历史的批评不是相互分离的,而是密不可分的。美学的批评需要通过分析艺术作品的审美特点和审美价值,去深刻揭示蕴含于艺术形象之中的历史内涵和社会意义;历史的批评也要将发掘艺术作品的历史内涵和社会意义寓于对艺术形象的审美分析和判断之中。别林斯基说:"不涉及美学的历史的批评,以及反之,不涉及历史的美学的批评,都将是片面的,因而也是错误的。批评应该只有一个,它的多方面的看法应该渊源于同一个源泉,同一个体系，同一个对艺术的观照。"① 这不仅说明美学的批评和历史的批评是相互依托、融为一体的，而且指出两者的结合与统一是根源于对同一个艺术形象体系的审美观照。也就是说，只有将美学的批评与历史的批评有机结合起来，融合为一个统一体，才能对作为审美对象的艺术作品做出全面的、科学的、深刻的分析和评价。

将美学的批评和历史的批评机械地分割开来，甚至对立起来，不仅会导致理论上的片面性，而且会导致文艺批评实践上的种种偏颇。以往曾经流行一时的教条化、简单化乃至庸俗社会学的批评，就是忽视甚至抛弃美学的批评，而将社会历史的批评教条式地变成给作家作品和艺术形象贴上阶级的、政治的、道德的标签，使文艺批评蜕变为公式化、概念化的说教。这是严重违背艺术的特点和审美规律的。恩格斯两次提到从美学观点和历史观点评论作家作品，都是将美学观点置于历史观点之前的；这绝不是无意为之，而是基于对文艺价值和批评职能的深刻理解。别林斯基说："确定一部作品的美学优点的程度，应该是批评的第一要务。当一部作品经受不住美学的评论时，它就不值得加以历史的批评了。"② 文艺作品作为审美对象，首先需要从美学上去感受、衡量、评价，从对艺术形象的审美分析中去揭示其蕴含的历史内涵和社会意义。如果缺乏对于艺术形象的审美把握和分析，那么，所谓历史的、社会的、思想的分析就会落空。现在，文艺批评中教条化、庸俗化的社会批评几乎很少了，但从美学观点和历史观点结合上，能够对作家作品抓住实质做出准确深刻剖析、提出真知灼见的批评却仍然不足，这也是我们期盼文艺批评进一步提高水平的一个重要原因。

另一方面，我们也要看到，在克服教条化、简单化、庸俗社会学的批评之后，有的批评家走向另一个极端，对于历史的、社会的、思想的、道德的批评缺乏应有的重视和必要的努力，显出肤浅和疏漏。有的批评对于反映重大题材、具有时代精神的作品轻描淡写，对于其深刻的社会、思想意义缺乏深入的探索和发掘；有的批评就事论事、浮光掠影，对于作品的思想内涵和形象的历史意蕴缺乏准确的深刻的理解和剖析；也有的批评对

---

① 《别林斯基选集》第3卷，满涛译，上海译文出版社1980年版，第595页。
② 《别林斯基选集》第3卷，满涛译，上海译文出版社1980年版，第595页。

于文艺作品在反映社会历史方面出现的一些倾向性问题缺乏辨别能力和批评勇气。这必然影响着批评对创作和欣赏的引导和帮助作用。卢卡奇说："文学的起源和发展是社会的总的历史过程的一部分。文学作品的美学本质和美学价值以及与之有关的它们的影响是那个普遍的和有连贯性的社会过程的一个部分。"① 文学的美学价值必然蕴含着历史内涵和社会意义，美学的批评总要通向历史的批评。西方当代文艺批评中某些流派倡导批评"向内转"，用所谓文学的"内在研究"取代"外在研究"，将文本看作"一个独立自治的、非历史的客体"，把文学作品产生的社会历史因素和蕴含的社会历史内涵等都排斥在文学批评之外，仅仅着眼于文本形式、结构、词语、手法等的考究和分析，这实际上是唯美主义、形式主义文论的另一种表现，它和文艺作为审美意识形态的本质和特点是背道而驰的，当然不应当成为我们模仿、追随和倡导的批评理论和模式。

审美经验与美学分析

坚持美学批评与历史批评的统一，就是坚持文艺批评的最高标准，它不仅对文艺作品提出了很高的要求，同时也对文艺批评家提出了很高的要求。就美学的批评来说，它要求批评家以正确的美学观点为指导，遵循艺术的审美特点和创作的审美规律，精通艺术美的构成法则和审美经验的心理结构，总之，需要具有一定的美学理论素养和对作品进行美学分析的能力；同时，它还要求批评家对于具体的作品的艺术形象和艺术美具有敏锐的感受力和鉴赏力，能够对作为审美对象的具体作品有深切的审美感受、体验，产生独特的审美经验。以上两个方面——美学理论素养和审美感受能力、美学分析和审美经验，都是进行美学的批评不可缺少的支撑。感想式的批评缺乏坚实的理论支持和深刻的美学分析；学理化的批评缺乏对具体作品的深入的审美体验和独特的审美感悟，这两者都不符合美学的批评的要求，从而极大地制约了美学批评的水平和质量的提高。

文学批评需要以文艺欣赏为基础。审美主体对于作为审美对象的具体

---

① 中国社会科学院外国文学研究所外国文学研究资料丛刊编辑委员会编：《卢卡奇文学论文集》（一），中国社会科学出版社1980年版，第275页。

的审美经验是进行审美分析和判断的前提。没有对于作品的审美体验，没有被艺术形象引起审美的感动和愉悦，是很难对作品做出准确的审美判断和评价的。鲁迅说："诗歌不能凭仗了哲学和智力来认识，所以感情已经冰结的思想家，即对于诗人往往有谬误的判断和隔膜的揶揄。"① 讲的正是以感情为核心的审美体验对于审美判断的重要性。现象学美学家强调审美对象和审美经验的互相关联和相互作用，认为艺术作品虽是界定审美对象的基础，但它只有在欣赏者的审美经验中才能形成审美对象，艺术作品的审美价值也只有在欣赏者的审美经验中才能获得实现。这种理论具有一定的合理性，它正确指出了审美主体的审美经验对于感受、认识、评价艺术作品的审美特质和价值的重要作用，说明美学的批评必须建立在批评家对于作品的深入的审美体验的基础之上。作为文艺批评的基础的审美经验应当是对于整个艺术作品的完整的经验，对作品的审美判断和评价必须始于对完整的审美经验的回顾。如果批评家仅仅阅读和欣赏了一部分作品或作品的局部，便以此作为判断和评价整个作品审美价值的根据，便会以偏概全，丧失评价的准确性。不幸的是，现在不少批评家常常并未认真阅读整个作品，获得完整的审美经验，便匆匆做出判断和评价，这就难免产生批评判断与作品价值的错位。

　　作品欣赏的审美经验固然是美学的批评的基础，但文艺欣赏和美学批评、审美经验和美学分析，并不能等同。文艺欣赏的审美经验是感受审美对象的心理体验，是感知的理解和理解的感知的形象思维活动。在审美经验中，审美主体调动自己的人生经验、情感想象、审美趣味等参与对于艺术形象的体验，必然形成一定的主观性和差异性。而文艺批评则不能仅仅依靠感性和直觉，不能局限于形象思维，它主要是依靠理性和概念的抽象思维。别林斯基说："进行批评——这就意味着要在局部现象中探寻和揭露现象所据以显现的普遍的理性法则，并断定局部现象与其理想典范之间的生动的、有机的相互关系的程度。"② 这只有通过理性和抽象思维才能达到。如果说欣赏的审美经验只是让人感受到美丑与好坏，获得感动和愉悦，那么批评则要回答作品的美丑、好坏的道理究竟何在？让人感动和愉

---

　　① 《鲁迅全集》第7卷，人民出版社1956年版，第235页。
　　② 《别林斯基选集》第3卷，满涛译，上海译文出版社1980年版，第574页。

悦的原因究竟是什么？在这个意义上，"批评是哲学的认识"（别林斯基语）。再者，欣赏的审美经验可以因个人审美爱好不同而带有主观的差异，但是，对于作品的美学分析和审美评价却必须根据艺术作品本身具有的审美特质和价值，符合作品的客观实际。

批评家对作品进行美学分析的准确、深刻和新颖程度决定着美学批评的质量和水平，是美学批评的关键所在。准确而深入地把握和揭示出艺术作品的审美特质和艺术形象的审美特点，发掘它们所具有的独特的审美价值，是美学分析的目标和追求。无论是对于作品审美意境、人物形象的分析，还是对于作品结构、语言、手法的分析，乃至对于作品创作方法、艺术风格的分析等，都需要从整体上着眼于它们的独特性和创新性，尤其是对创作中出现的与时俱进、具有时代特征的审美趋向，批评家更应及时发现并做出理论阐明。在这方面，别林斯基对俄国19世纪新出现的现实主义小说所作的美学分析堪称美学批评的典范。在《论俄国中篇小说和果戈理君的中篇小说》中，别林斯基用"从平凡的生活中汲取诗意，用对生活的真实描绘来震撼心灵""被悲哀和忧郁之感所压倒的喜剧性兴奋"等来概括和分析果戈里小说的美学特点，充分肯定了果戈理所代表的现实主义创作倾向，令俄国文坛耳目一新。新时期以来，我们的文艺批评对作家作品的美学分析有了很大进展，对于一些作家作品美学特色的开掘也取得一定成绩，但像别林斯基那样对作家作品做出准确、深刻而又富于独创性的美学分析的批评却不多见。批评要对创作产生重大影响和作用，必须在这方面有新的突破。

批评实践与批评美学

美学批评需要美学理论的指导，建构批评美学是美学与批评实践结合的需要。批评美学从美学高度研究文艺批评的基本原理，是沟通美学和文艺批评不可少的桥梁。但是，我们的美学理论研究却长期疏远文艺批评实践，批评美学在美学理论中也没有自己应有的地位。我国当代美学研究中普遍流行的一种看法，是将美学的对象和范围界定为美的哲学、审美心理学和艺术社会学三部分，这就没有将批评美学包括在内。事实上，中外美学史一直都有关于批评美学的研究。古希腊罗马代表美学著作《诗学》和

《诗艺》中就有关于批评原则的论述;中国古代美学思想主要就在文艺批评著作中,成体系的美学著作《文心雕龙》有专章论述文艺鉴赏和批评。西方近代以来,许多著名美学家都是文艺批评家,布瓦洛、休谟、狄德罗、莱辛等的美学著作中都包括有批评美学的内容。进入20世纪,西方美学中各种批评美学流派和学说不断涌现,美学研究也正式将批评美学列为美学的组成部分。分析美学家乔治·迪基认为当代美学是由审美哲学、艺术哲学和批评哲学三个大部分构成的。奥尔德里奇的美学专著《艺术哲学》就是分别探讨审美经验、艺术作品、各种艺术和艺术谈论的逻辑,艺术谈论的逻辑就是批评哲学。应该说,我们在批评美学建设方面是远远落后于国外,也远远落后于我国文艺批评发展实践需要的。

新时期以来,各种西方现代批评美学学说和流派对我们的文艺批评产生了很大的影响,马克思主义美学的批评理论受到严重挑战。20世纪以来的西方现代批评理论经过数次理论转向,从新批评、神话—原型批评到俄国形式主义、结构主义和读者反应批评,再到后结构主义和各种后现代主义等,学说众多,取向多元,鱼龙混杂。其中,某些批评理论和方法具有一定合理性,是可以作为参考借鉴的,特别在文学作品的语言、结构、技巧等形式分析方面,提出了一些新的概念和方法,有助拓宽文学批评的视野。但其片面性十分突出,而从根本文学观念上看,则与科学的马克思主义文学观念有着本质区别,尤其是其中所包含的非历史主义、非理性主义观点以及形式主义、主观主义观点等,如果不加分析的照搬,就会把文艺批评引向歧途。因此,在社会主义文艺实践的基础上,构建中国特色的马克思主义批评美学是推动中国当代文艺批评发展和繁荣的迫切任务。

建构中国特色马克思主义批评美学需要着重解决两个问题。其一,是结合新的时代条件传承和弘扬中国传统文艺批评理论。中国传统美学是和文艺批评紧密结合的,在众多的文论、诗论、画论、乐论、曲论等中,都有极丰富的批评美学思想。它们提出的许多文艺批评观念、命题、概念、范畴,反映了文艺的本质、特点和规律,在价值取向上和我们倡导的当代文艺批评具有一致性,其当代价值不容忽视。应从新时代高度,结合当代文艺理论和批评实践,给予新的理论阐释,推动其实现创造性转化,使其融入中国特色现代文艺批评的理论和话语体系,这也是传承和弘扬中华美学精神的一个重要内容。其二,是结合社会主义文艺的新实践创新和发展马克思主义文艺批评理论。马克思主义文艺批评的基本原理，是对文艺本质规律的理论概括，具有科学性和真理性，必须坚持，但真理也要随着实践的发展而发展。社会生活的变革和群众审美需求的发展，新媒体的广泛运用和审美文化的蓬勃兴起，使文艺批评的对象、主体和方式都发生了变化。文艺批评理论也要不断发展和创新。最近，习近平同志在文艺工作座谈会上发表的讲话中，针对社会主义文艺发展的新情况新问题，对文艺评论提出了新的要求，强调要"把人民作为文艺审美的鉴赏家和评判者"，要"运用历史的、人民的、艺术的、美学的观点评判和鉴赏作品"等，这是对马克思主义批评美学的新发展，是对于用美学观点和历史观点作为标准衡量作品的论述的创新，是崭新的社会主义文艺批评理论；这也为构建中国特色马克思主义批评美学奠定了新的理论基石。

（原载于《文艺报》2015年8月3日）

文艺理论与文艺批评的互动和互进

读了《文艺报》刊发的王元骧和董学文关于文艺理论研究的两封通信，也唤起了笔者对文艺理论研究现状的一些同感。当前我国文艺理论研究的确存在理论思考不深、理论创新不足、理论对文艺实践指导作用不强等问题，需要得到重视和加强。但文艺理论研究的羸弱问题，原因比较复杂，并非是"完全以评论（文艺批评）来排斥、取代理论"所致。加强文艺理论研究和加强文艺批评，两者不仅不矛盾，而且是相互联系、相互促进的。现在正在开展的如何增强文艺批评的有效性的讨论，其实也不应该只是囿于文艺批评自身，而是应当和加强文艺理论对文艺批评的指导作用问题结合起来探讨，才会更加深入，更有成效。

文艺理论和文艺批评，本来就是互相联系、互相结合、互相促进的。文艺理论作为文艺的本质、特点以及创作、欣赏、批评、发展的普遍规律的科学概括，本来就是来自文艺实践的，这既包括文艺创作实践，也包括文艺批评实践。另外，从文艺理论的功能、价值和作用看，它不仅表现在对文艺创作的指导作用上，也表现在对文艺批评的指导作用上。从直接性来看，文艺理论对文艺创作的作用也往往是通过文艺批评产生的。在美学和文艺理论批评史上，同为文艺理论著作和文艺批评著作的名作，同为文艺理论流派和文艺批评流派的派别，同为文艺理论家和文艺批评家的学者，比比皆是。我们甚至可以说，在文艺繁荣发展的时代，都离不开文艺理论和文艺批评的协同发展、互相促进和共同繁荣。

当代极盛一时、影响广泛的新批评派，其理论倾向另当别论，但在实践文学理论和文学批评结合上却有值得借鉴之处。该派的一些主要人物既是文学批评家，又是文学理论家；他们既注重文学批评实践，又注重文学理论建设。在文学理论上，他们提倡"有机的"形式主义，主张文学作品是独立的自足的有机体，作品或文本作为文学本体是文学研究的唯一对象。在文学批评上，他们把文本作为出发点和归宿，以细读文本和字义分析作为进行批评的具体方法，以考察和分析文本诸因素组成的统一的结构作为批评的目的。该派的文学理论观点的提出都是以文学批评实践为基础的，而文学批评实践则是其文学理论观念的具体运用，充分表现出文艺理论和文艺批评相互推动和相互促进的关系。

　　文艺理论和文艺批评的互动和互进，首先表现于文艺理论对文艺批评的指导和促进作用。文艺理论为文艺批评提供观察、分析、鉴别和评判文艺现象、文艺思潮、文艺作品的视角、理念、范畴、概念、标准和方法。不管批评者是否自觉和愿意，他在从事批评活动时，总是在一定的理论、观点、标准和方法影响下进行的。诚如鲁迅所说，没有一定的圈子，不受任何观点、标准影响的批评家，在文艺批评史上从未见过。实践证明，只有在正确的、科学的文艺理论指导和帮助下，文艺批评才能健康的发展并发挥有效的作用。我国社会主义文艺批评是以马克思主义文艺理论为指导的文艺批评，长期以来，马克思主义文艺理论及其研究成果，在文艺批评实践中发挥了重要的作用。中华人民共和国成立以后，许多卓有成绩的文艺批评家都是在马克思主义文艺理论和毛泽东文艺思想的指导下，对推进和发展文艺评论作出了重要贡献。一些著名文艺评论家同时也是著名文艺理论家，他们将建设中国化的马克思主义文艺理论与开展文艺论争和文艺批评紧密结合起来，对文艺创作的新经验和复杂的文艺问题进行深入细致的分析探讨，写出大量对文艺创作影响较大的文艺批评论文，较为充分地发挥了文艺批评对文艺创作的有效作用。在改革开放的新时期，我国的马克思主义美学和文艺理论研究有了新的发展，许多重要文艺理论问题结合新的创作实践有了新的探讨，中国特色社会主义文艺理论建设不断向前推进，这一切都为发挥文艺理论对文艺批评的指导作用提供了更好的条件。事实上，一些文艺批评家在运用马克思主义文艺理论研究新成果，对新时期许多重要文艺现象和文艺作品开展批评方面，已经取得了显著成绩，并对推动文艺创作健康发展产生了重要作用。

　　但是，从我国文艺事业发展的全局来看，文艺理论建设仍然是较为薄弱的一环。文艺理论研究滞后于文艺实践，文艺理论对文艺创作和文艺批评指导性不强，应有的功能和作用没有得到充分发挥。造成这种状况，固然也有文艺实践发展变化太快不易把握，文艺批评太过于经验化、实用化等因素影响，但主要原因还是在文艺理论研究自身。

首先，文艺理论研究未能很好地与变化的文艺实践与时俱进，观念和理论创新不足。当代文艺实践在时代和社会急剧发展变化中不断创变，新的文艺领域、文艺形态层出不穷，新的文艺现象、文艺经验接连呈现，文艺创作和文艺批评都不断面临许多新的情况、新的问题。面对这些文艺新变，文艺理论反映较为迟缓，研究深度明显不够，很少提出能够有效地解释和说明新的文艺实践的新思想、新观点、新学说，这就使文艺理论对文艺创作和文艺批评的作用大受局限。可以说，理论的创新已成为当代文艺理论发展的首要问题。正如文艺理论家钱中文所说："文学理论学科的现代性问题，与文化理论一样，存在着积极适应当前实践急速发生变化了的迫切要求。今天的文学艺术已非昔比，文学艺术部分地改变了自己的面貌，而大众文化、通俗文化、媒介文化、网络文化的传播，或者说大众审美文化的出现，极大地改变了原有文化和文学艺术的格局，于是理论的现代性问题、创新问题就变得极为迫切了。"[①]

其次，文艺理论研究没有很好地立足于我国文艺的实际，而是照抄照搬西方文艺理论，致使理论研究出现严重西化倾向。新时期以来，伴随着对外开放，在西方流行过或正流行的形形色色的现代美学和文艺理论，几乎都被介绍到我国来，形成一股西方文论热。如果我们能对之采取正确态度，立足于中国文艺实践需要，处理好学习与批判、借鉴与创新的关系，现代西方文论中的合理因素，本来可以成为我们推进文艺理论现代化和创新的重要资源。可是，许多人却对现代西方文论采取顶礼膜拜的态度，生吞活剥地将其全部吸收到文艺理论研究中来，以至于形成西方文论话语的复制，造成有学者指出的中国文论的"失语"问题。这样西化的文艺理论，严重脱离中国当代社会主义文艺发展的实际需要，是不可能在文艺创作和文艺批评中发挥正确的指导作用的。

形成文艺理论和文艺批评良性互动与互进，除了要加强文艺理论对文艺批评实践的指导作用外，还要加强文艺批评对文艺理论建设和发展的促进作用。这是问题的另一个方面。文艺批评虽然以文艺现象和文艺作品为对象，是对具体文艺现象和作品的分析、评论，但它不能仅仅停留在感性

---

① 《钱中文文集》第4卷，黑龙江教育出版2008年版，第211页。

观察和体验的层面，而是要对感性认识进一步作理性思考，对感性经验作深入理性总结，从而使对具体文艺现象和作品的分析评论，上升到对文艺普遍规律的认识和时代精神的把握，在文艺批评文本中体现出理论色彩和理论光芒。我们读别林斯基的那些评论当时俄国文学的著名文艺批评著作，像《论俄国中篇小说和果戈理君的中篇小说》《1846年俄国文学一瞥》《1847年俄国文学一瞥》等，一方面看到他对果戈理和以果戈理为代表的"自然派"，从作品的创作倾向到思想艺术特征，从派别形成的社会原因到具有的历史地位，都作了细致精确的分析和评价；另一方面也看到他结合对作品的评论，提出并深刻论述了一系列现实主义美学和文艺理论的重要问题，对文学的真实性、典型性、独创性、人民性、民族性等理论命题和概念，都有深刻的理解和哲理的思考，达到了美学理论同文学批评的有机结合。这些文艺批评史上的经典范例告诉我们，具有深刻理性思考和真知灼见的文艺批评，可以通过探讨文艺创作中出现的新情况、新问题，总结文艺发展的新经验、新教训，反映时代对文艺的新要求、新期待，提出新的文艺思想、观点、概念、命题，丰富和发展文艺理论，对推动文艺理论建设起到重要作用。

　　现在，我们讨论如何增强文艺批评的有效性，主要集中在文艺批评如何才能有效地帮助、促进和引导文艺创作实践方面，这是很自然的。但是，文艺批评对文艺理论建设的推动作用，也是文艺批评能否充分发挥促进文艺发展的有效作用的一个重要方面。而且，文艺批评对文艺创作的引导作用，和对文艺理论的推动作用，两者是有联系的。如果文艺批评能对文艺理论起到推动作用，那它对文艺创作的指导作用会更大。实际上，现在我们有些文艺批评之所以对文艺创作缺乏有效性，和它对文艺理论建设缺乏有效性，在许多原因上是一致的。例如文艺批评的主观化、经验化、实用化，使主观感想式批评、感觉印象式批评、人情捧场式批评广为流行。对于批评对象，不作全面了解，不作深入探究，瞎子摸象，浅尝辄止；对于所论作品，不是实事求是，好处说好，坏处说坏，而是一味吹捧，或一味棒杀。这样的批评既缺乏科学态度，又缺少理性思考，当然既不能指导文艺创作实践，也不能推动文艺理论发展。

　　和上述文艺批评实践上的偏颇相联系，在文艺批评理念上也存在一些误区。有人认为，文艺批评表达的是批评家对作品的主观印象、个人偏好和评价，不具有客观性和科学性。也有人认为，文艺批评和欣赏同属于审美的感性和直觉活动，不需要深刻的理性的思考和分析，这和西方文学批评理论中出现的"主观式批评"和"印象式批评"在认识上大体有些相似。在文艺批评中，批评家对作品的感受和评价不可避免地要打上个人主观和个性化的印记，但是，这应该是建立在依据科学的批评标准对于作品的正确认识之上的。对于作品的正确判断和评价只能建立在主观与客观、评价与认识相统一的基础上。一味强调批评的主观性、个人性，会导致批评的价值和准衡的丧失。正如别林斯基所指出，在文艺批评中"根据个人的遐思怪想、直接感受或者个人的信念，是既不能肯定任何东西也不能否定任何东西的"①。文艺批评虽然需以审美欣赏为基础，但它不能完全等同于欣赏活动。批评是对欣赏的反省和提升，需要将欣赏中的感性认识提高到理性认识，对作品进行深入的思考，使感性体验与理性思考达到统一。别林斯基说，"进行批评——这就是意味着要在局部现象中探寻和揭露现象所据以显现的普遍的理性法则"，所以，"批评应该听命于理性"。② 克服批评中的浮浅和平庸现象，提高评论的水平和质量，必须从加强批评家的理性思维入手。因此，笔者认为提高批评家的美学和文艺理论素养，以及从美学观点和历史观点进行批评的能力，是增强文艺批评有效性的关键所在。

（原载于《文艺报》2012 年 8 月 31 日）

---

① 《别林斯基选集》第 3 卷，满涛译，上海译文出版社 1980 年版，第 573 页。
② 《别林斯基选集》第 3 卷，满涛译，上海译文出版社 1980 年版，第 574 页。

论余光中的诗歌美学思想

余光中不仅是中国台湾现代的著名诗人,而且是现代重要诗歌评论家。从20世纪50年代到90年代,在长达近半个世纪的写作生涯中,余光中结合诗歌创作、品评、研究和教学,写下了大量诗歌理论文章。它们或评论台湾现代诗的得失,或论述中国现代诗的发展,或研究英美现代大诗人佳作,或探讨中国古代大诗人名篇,或进行中西文学及诗歌特色之比较,或从事诗与散文、诗与音乐关系之探索。其所论话题颇为广泛,内容颇为丰富,几乎涉及诗歌的价值和功能、诗歌创作的内容和心理、诗歌的形式和手法、诗歌的声调和音律等诗歌美学问题的各个方面,同时也触及中国现代诗歌理论争鸣和实践探索的诸多焦点问题,如现代与传统、中国与西方、吸收世界潮流与保持民族本色、主知与重情、意识与潜意识、表现自我与反映时代、整齐与变化、自由与格律等等。从研究的广度、深度和创造性来看,余光中的诗歌理论文章都是独树一帜的,它对中国现代诗歌理论建设以及诗歌美学探讨所作的重要贡献是不容置疑的。

一

中国现代诗发端于20世纪初叶新文化运动以后,虽多有探索,但创作成就并不明显,理论建设更显薄弱。进入50年代,中国台湾诗人纪弦等延续大陆30年代现代派诗作的余波,推行新诗的现代化,并倡导"横的移植"等主张,在台湾引发了对现代诗的新的争鸣与探索。除现代诗社外,蓝星诗社、创世纪诗社等诗歌团体、流派,也从不同角度提出了现代诗的主张并进行了各自的实践,从而推动了台湾诗坛的现代化运动。从现代诗在台湾的发展来看,不仅在创作上或理论上理解不同,解释互异,而且作家辈出,历经变迁,其间既有成功的探索,也有不成功的试验。因此,如何对台湾现代诗创作探索上的成败得失给予科学的分析和总结,对现代诗理论争论上的是非功过给予正确的判断和评估,就成为台湾新诗理论建设乃至中国新诗理论建设的一个相当重要的问题。

余光中是中国台湾现代诗理论建设和创作实践的积极参与者和促进者,而且他在理论上和创作上对现代诗都有自己独立的认识和见解。在谈到为"现代诗"正名时,余光中主张"现代诗"有狭、广二义。狭义的"现代诗"应遵循所谓现代主义的原则,而广义的"现代诗"则不需拘于这些条件。这样区分,既可避免将许多现代诗的创作探索强行排除于"现代诗"之外,又可防止用所谓现代主义的原则去硬套一切现代诗创作。而余光中本人在理论研究和建设上的着眼点则是在于广义的现代诗,因而使他能从一个更为广泛也更为全面的视角审视现代诗的问题。

无论是从"五四运动"以来中国新诗的发展来看,还是从1950年代以来台湾现代诗的发展来看,贯穿于理论和创作上的一个根本问题,便是如何看待和处理诗歌的现代与传统的关系问题。从1950年代到1960年代,台湾现代诗的理论争论,主要也是围绕这一问题而展开的,因而形成了所谓"现代主义"与"传统主义"两种各有侧重的诗歌主张和精神。面对抛弃传统和保持传统两个极端主张,余光中自有他的观点。他说:"浪子们高呼反叛传统,孝子们竭力维持传统。事实上,传统既不能反叛,也不能维持的。传统是活的,譬如河水,无论想使河水倒流,或是静止不动,都是不可能的。孝子和浪子的共同错误,都以为传统是死的堆积,不是活的生长。死守传统,非但不能超越传统,抑且会致传统的死命。相反地,彻底抛弃传统,无异自绝于民族想象的背景,割断同情的媒介。"① 显而易见,这里阐述的对待传统的观点是全面的、辩证的,也是非常符合包括诗歌在内的全部文学发展史的实际的。在分析了中西诗歌史上许多倡导反叛传统的流派和诗人,特别是一些现代大诗人的创作之后,余光中得出结论:"西洋很少有现代诗人不曾出于古典的传统,很少有现代诗人不曾浸淫于《圣经》、希腊神话、莎士比亚、中世纪传奇。""在一些顶尖儿的现代诗人作品中,我们也可以摸到传统不朽的脉搏。"因此,一部诗歌史就是既继承传统又超越传统的历史,把诗歌的现代化和继承传统绝对对立起

---

① 《余光中选集》第3卷,安徽教育出版社1999年版,第9—10页。以下引文均见此书。

来，实际上也是阻绝了诗歌现代化吸收营养、开拓创造之路。

现代与传统的关系问题，换一个角度来看，也就是西方与中国的关系问题。有些现代诗的提倡者，认为现代诗乃是"横的移植"而非"纵的继承"，这说明他们所谓的新诗现代化，既是一味排斥中国诗歌传统的，又是全盘照搬西方现代主义诗歌创作思想和形式的。于是，在西方盛行一时的达达主义、存在主义、超现实主义等，便被某些现代诗的作者奉若神明。他们轮流模仿西洋现代主义诸流派，似乎患了一种"主义狂"（Ismania）。从达达主义、存在主义，他们学到了虚无主义和人生无意义；从超现实主义，他们又学到了潜意识真实和"自动语言"。对西方现代主义的亦步亦趋，终于导致了现代诗的两大危机——内容的虚无和形式的晦涩，把台湾的现代诗引向"并无出口的黑隧道之中"。针对这种偏向，余光中大声疾呼"我们必须创造'中国的'现代文学，'中国的'现代诗。我们要求中国的现代诗人们再认识中国的古典传统，俾能承先启后，于中国诗的现代化之后，进入现代诗的中国化，而共同促成中国的文艺复兴。否则中国诗的现代化实际上只是中国诗的西化，只是为西洋现代诗开辟殖民地而已"。这些话尖锐、鲜明，触及中国新诗发展的要害。

反对把中国诗的现代化等同于中国诗的西化，并不是反对新诗要向西方诗包括西方现代诗学习和借鉴。正如余光中所指出："对西方深刻的了解仍是创造中国现代诗的条件之一。"这里的关键是新诗究竟向西方学些什么，以及究竟如何学习西方。就是说，学习西方既要有所取舍（而不是全盘照搬），又要从生活实际出发（而不是生搬硬套）。而一些现代诗的作者却缺少学习和借鉴西方的正确态度和方法。例如，他们言必存在主义，却并未真正了解存在主义的要义，而是生吞活剥，"将西方哲人对于存在所体验出来的结论或提炼出来的本质，强加于东方人的存在经验之上"。余光中说得好："身为东方作家的他们，不但接受了西方对存在的诠释，而且把它当作一把标准尺，来量东方人的存在经验，遇见不合西方尺寸的，便皱起眉，摇起头来。"这实在是"从'观念'出发"，与创作规律大相径庭了。

在检讨了台湾现代诗的发展及其成败得失之后，余光中深思熟虑，极富理性地提出了他对中国现代诗发展方向和建设目标的总体看法。他说："我们的最终目的是中国化的现代诗。这种诗是中国的，但不是古董，我们志在役古，不在复古；同时它是现代的，但不应该是洋货，我们志在现代化，不在西化。这样子的诗歌是属于中国的，现代中国，现代中国的年轻一代的。"这就是要把现代和传统、西化和中化结合起来，融为一体，最终为创造中国化的现代诗服务。由于正确处理了上述关系问题，那么，中国化的现代诗必然是既具民族性，又具时代性的。"在空间上，我们强调民族性。我们认为一首诗也好，一位诗人也好，惟有成为中国的，始能成为世界的"；"在时间上，我们强调时代性。我们认为惟时代的始能成为永恒的，也只有如此，它才不至沦为时髦"。余光中这些论述虽然主要是从台湾新诗创作实践中总结、升华出来的认识，同时也包括了他对"五四运动"以来中国新诗发展道路和创作实践的深刻的反思，因此，它必然成为中国新诗理论建设上的一笔重要财富。

二

理智与情感、知性与感性的关系问题，似乎是诗歌创作的一个永恒的话题。由于诗歌创作主张和流派各自侧重点的不同，而形成为"主知"和"重情"的不同倾向。在中国古代，有"诗言志"与"诗缘情"之分；在西方，也有主知的古典主义与重情的浪漫主义之别。在台湾现代诗运动的初期，有人输入西方现代诗人艾略特一派的"主知"的观念，以纠正"抒情"的横流。对此，余光中给予了积极的评价。他分析道："18世纪，诗人抑激情而扬理性；19世纪的诗人则反过来，抑知而纵情。于是作者的感情便分裂而不得调和。在20世纪初的反浪漫主义运动之中，艾略特和其他作家遂自然而然提出'主知'，以纠正浪漫主义的'纵情'，因为浪漫主义的末流往往沦为'感伤主义'。"这段论述高度简练地概括了近代以来西方诗歌创作中主知与重情相嬗变的历史过程，颇为精辟。同时，它也显示了西方现代艾略特一派诗人和台湾现代诗运动初期一些诗人提出"主知"的诗歌创作观念，是有其合理性。正如余光中所指出："所谓'主知'应该是指作者之着重观察与思考，而不仅仅（像偏激的浪漫主义者那样）凭藉感情与想象。""观察所以辨认，思考所以了解；有了这样的条件，一个作家才能知世而且自知。"

肯定"主知"的诗歌创作思想的合理性，也就是肯定知性、理性在诗歌创作中的作用，这也是对台湾现代诗创作中出现的反理性倾向以及意象上混乱、模糊、晦涩等弊病的一种反拨。曾几何时，台湾现代诗坛一些人大力张扬超现实主义，强调诗歌创作的无意识和无理性。对此，余光中立即予以批评。他明确表示："我们不能否认，超现实主义在表现内在的现实和解放想象力上的或正或反的作用，可是我们也无法否认，它是功过参半，甚或过多于功的，因为它要推翻意识在创作时的作用，和任何理性的约束。"接着，余光中又对意识和理性在诗歌创作中的作用作了科学分析，指出在诗人创作中，意识和无意识、理性和非理性是不可能在想象和意象的创造中截然分离的。他形象地比喻道："事实上，诗人于创作时有如巫师：巫师来往于阴阳二界，而诗人则出入于意识与潜意识之间。在不创作时，诗人亦遵守理性与非理性间的界限，到创作时，他不时突破此一界限而已。潜意识必须恰如其分地臣伏于意识，否则潜水的诗人采到的珍珠，只是一把冥钞，不能在阳间通用。"这些科学的结论不仅来自余光中个人诗歌创作的成功经验，而且也来自他对中外大诗人创作经验的总结，来自他深厚的文学学养和理论功底。

除了超现实主义的所谓"无意识"之说外，在台湾诗坛上，还曾出现过所谓"纯粹经验"之说。他们认定，诗人创作时追求的对象，应该是未经知性介入毫无概念作用的纯粹经验。对于此说，余光中认为，"在本质上说来，实在是超现实主义衍生出来的另一支流"，因为"这种狭隘的论调，整个推翻了知性在诗中的功用"。在批驳这一论调的同时，余光中还分析、评论了台湾1970年代新现代诗的开拓者、青年诗人罗青的诗作，称道："罗青诗中的世界，既非纯粹的感性，也非纯粹的知性。他的创作手法，可以说，是在知性的轨道上驶行感性，说得玄一点，他的诗，正如17世纪玄学诗派那样，是'感性的思索'。"这就把诗歌创作中感性和知性的关系讲得更为全面了，不仅讲了知性对感性的作用——"在知的轨道上驶行感性"，而且讲了知性依赖感性的特点——"感性的思索"。可以说，这是对诗歌创作规律的准确把握和深刻揭示。

"主知"和"重情"虽然在诗歌史上曾表现为侧重点不同的两种诗歌创作思想，两者却是可能而且应该结合的。余光中说："主知的古典，重情的浪漫，原是'艺术人格'两大倾向。抑知纵情，固然导致感伤。过分压抑情感，也会导致枯涩与呆板，终致了无生趣。"这是极有见地之说。

想象和抒情毕竟是诗歌创作的主要特点,"抒情,而不流于纵情"应该是任何诗人的基本权利。对于谙熟于中国古典诗歌和英美现代诗歌的余光中来说,他从两者之中领会和学习的最理想的诗歌境界,就是将思想与想象、理性与抒情互相统一和结合起来。他在比较中西文学和诗歌的差异和特点之后说:"由于对超自然的观念互异,中国文学似乎敏于观察,富于感情,但在驰骋想象,运用思想两方面,似乎不及西方文学;是以中国古典文学长于短篇的抒情诗和小品文,但除了少数的例外,并未产生若何宏大的史诗或叙事诗。"这是从创作的审美心理特点去考察中西文学和诗歌创作的各自所长及不足,同时,也就启示我们,中国的新诗创作既要发扬中国文学之优势,又要吸纳西方文学之所长,将观察与想象、思想与情感结合起来。余光中认为,这也正是西方现代一些大诗人创作成功的奥秘。例如他评论被批评家、文学史家和同行的诗人公认为20世纪前半期的大诗人之一的叶慈,便指出叶慈中年以后的作品之所以变得那么坚实、充沛、繁富、新鲜且具活力,就是得益于诗人思想的深化和想象的丰盛。"最为奇妙的是:他竟然愈老愈正视现实,把握现实,而并不丧失鲜活的想象。"余光中这样称道叶慈,同时他把叶慈晚年的创作经验概括为"冷眼观世,热心写诗","惟其冷,所以能超然,能客观;惟其热心,所以能将他的时代变成有血有肉的个人经验"。这一"冷"一"热",不正是对诗歌创作中理性与情感、观察与想象、客观与主观、时代精神与个人经验互相结合的美学规律的生动概括么?

三

诗歌形式问题是中国新诗在创作和理论上无法回避的一个问题。所谓"自由诗"与"格律诗"之争,便是这一问题的集中表现。在台湾现代诗坛,一些诗人鼓吹自由诗,强调用散文做写诗的工具。这种主张对于少数杰出的诗人,确曾起了解除格律束缚的功效;但对于多数作者,本来就不知诗律之深浅,却要尽抛格律去追求空洞的自由,其效果往往是负面的。许多现代诗作者误认为"自由诗"的特质就是不要韵,不要音律,不必讲究行与节的多寡与长短。他们把"自由诗"当作"形式的租界",逃到那里面去写一些既无节奏又无结构的东西,结果使泛滥成灾的散文化,成为台湾现代诗的一大病态。余光中痛感台湾现代诗坛误解自由,不讲诗歌形式所带来的不良影响和严重后果。他指出:"所谓自由,如果只是消极地逃避形式的要求,秩序的挑战,那只能带来混乱。"因此,他深入、详细地研究了诗歌形式美及其构成规律,并对中国现代诗的新形式从创作到理论作了创造性的探索,从而为中国新诗的形式创新作出了极有价值的贡献。

余光中认为,要纠正现代诗坛忽视形式和诗歌散文化之偏颇,必须纠正对"自由诗"的误解。所谓"自由诗"原是惠特曼创始,并经意象派诗人们鼓吹的一种"没有诗体的诗体"。意象派兴起于 20 世纪初英美诗坛,以僵化的诗体为革新的对象,并试用口语的新节奏来写自由诗。当初意象派的诗人虽然鼓励大家试验自由诗,同时也曾强调其目的是在创造新节奏。所以,余光中说得好:"自由诗反叛的是僵化的形式,却要为新的形式或旧形式的新生铺路。"自由诗不是抛弃诗歌形式的创造,自由也并非绝对的自由。余光中一针见血地指出:"一位诗人有自由不遵守前人的任何形式,但是,如果他不能自创形式并完善的遵循它,那他便失败了。""严格地说来,所谓'自由诗'并不自由,也不容易,因为创造一种新形式来让自己遵守,比仅仅遵守前人已有的形式,是困难得多了。"这些观点,既符合诗歌形式变迁的历史,也充分体现了辩证的思想,极有助于形成对"自由诗"的科学认识。

自由诗与格律诗常被人们看作是两种完全不同形式的诗体,因而导致人们往往把诗歌形式中"自由"与"格律"看成是两种互相排斥、互不相容的东西。余光中认为这也是一种误解,他指出:从诗歌形式变迁看,"'自由'一词,原来是指摆脱前人固定的格律,而不是指从此可以任意乱写,不必努力去自创新的节奏,成就新的格律"。这就是说,从诗歌形式的创造来看,自由和格律并不是完全对立的。只讲格律,不讲自由,会导致追求整齐而无力变化;只讲自由,不讲格律,又会导致变化太多而欠整齐。前者单调,后者混乱,这都是违背诗歌形式美的规律的。余光中认为"五四运动"以来的中国新诗打破了格律的限制,却不知如何善用自由,句法既无约束,方法亦趋散文化,不讲格律、声调,结果阻塞了新诗的语言,读来毫无诗意,这种教训是值得认真总结的。他又进一步指出:"其实西方不少较佳的自由诗,往往只是几种格律的自由配合,或是自由出入于某种格律,而非将格律一概摒除。"如果我们真能辩证地理解诗歌形式中自由与格律的关系，我们就不至于再像以前那样只知走"自由诗"和"格律诗"两个极端，而会按照整齐与变化的美学规律，去创造适合新诗内容与表现的新形式，这也许就是余光中诗论给予我们的一个新的启示。

在新诗形式创造中，余光中特别注意研究诗歌的声调之美。他说："一首诗的生命至少有一半在其声调。"又说："诗不能没有意象，也不能没有声调，两者融为诗的感性，主题或内容正赖此以传。缺乏意象则诗盲，不成音调则诗哑；诗盲诗哑，就不成其为诗了。"这是精辟之言。声调是诗之所以为诗的必备要素，是诗的生命的一半，可见声调在构成诗歌形式美中的重要地位。可是，正如余光中所指出，台湾40年来的现代诗坛虽重视了意象的经营，却忽视了声调的掌握，导致现代诗在音调上的乱象，"读者排斥现代诗的原因不一，但是声调的毛病应该是一大原因"。现代诗要能赢得读者，受到读者喜爱，必须纠正忽视声调的偏颇。

余光中说："音调之道，在于能整齐而知变化。"为了深入探讨诗歌声调美及其构成规律，余光中对诗和散文两种文学形式进行了比较研究，又对诗和音乐的关系进行了全面考察，同时，还对中西诗歌音律构成之区别作了科学分析，这使他对中国现代诗如何形成声调美的问题有了非常深刻的理论认识。在考察诗与音乐的密切关系时，余光中认为诗兼通于画和音乐，乃是一种综合艺术，不仅"诗中有画"而且"诗中有乐"。诗"把字句安排成节奏，激荡起韵律，诗也能产生音乐的感性，而且像乐曲一样，能够循序把我们带进它的世界"。在研究诗和散文的形式差异时，余光中认为诗在句法、分行分段和音律上都有不同于散文的独特性。如中国古典诗，诗句讲究整齐，形成奇偶对照，从而构成诗的节奏；再通过音律上平仄的协调，控制节奏的轻重舒疾，使之变化有度；等等。在分析中西诗音律之别时，余光中认为："中国诗和西洋诗，在音律上最大的不同，是前者恒唱，后者亦唱亦说，寓说于唱"，"中国古典诗节奏，有两个因素：一是平仄的交错，一是句法的对照"，而"在西洋诗中，节奏的形成，或赖重音，或赖长短音，或赖定量之音节"。所有这些研究、比较、分析，对于我们认识和掌握诗歌的声调之美及其规律，对于我们创造与中国语言文字特点相结合的民族化的诗歌声调美，都是大有裨益的。

（原载于《世界华文文学论坛》2001年第1期）

生态美学：人与环境关系的审美视角

随着当代人类环境意识、生态意识的觉醒以及生态环境、生态文明建设的发展，环境和生态问题的研究不仅在自然科学领域占据重要地位，而且在社会科学、人文科学中也受到极大重视。更值得注意的是，为了深入探讨并解决人类生态和环境问题，自然科学和人文社会科学互相结合起来，形成了许多综合学科、交叉学科、新兴学科，如生态人类学、生态经济学、生态伦理学、生态社会学、生态心理学、城市生态学、文化生态学等等，其中，正在形成中的生态美学可谓是新秀。

生态美学顾名思义，应是生态学和美学相交叉而形成的一门新型学科。生态学是研究生物（包括人类）与其生存环境相互关系的一门自然科学学科，美学是研究人与现实审美关系的一门哲学学科，然而这两门学科在研究人与自然、人与环境相互关系的问题上却找到了特殊的结合点，生态美学就是生长在这个结合点上。作为一门形成中的学科，它可能向两个不同侧重面发展，一是对人类生存发展问题进行哲学美学的思考；二是对人类生态环境进行经验美学的探讨。但无论侧重面如何，作为一个美学的分支学科，它都应以人与自然、人与环境之间的生态审美关系作为研究对象。

生态美学研究人与自然、人与环境的关系，首先是把它作为一个生态系统的整体来看待的。生态学认为，一定空间中的生物群落与其环境相互依赖、相互作用，形成一个有组织的功能复合体，即生态系统。系统中各生物因素（包括人、动物、植物、微生物）和环境因素按一定规律相联系，形成有机的自然整体。正是这种作为有机自然整体的生态系统，构成了生态学的特殊研究对象。生态学关于世界是"人—社会—自然"复合生态系统的观点，形成了生态学世界观，它推动了人认识世界的思维方式的变革，把有机整体论带到各门学科研究中。这一点对于确定生态美学的研究对象十分重要。生态美学按照生态学世界观，把人与自然、人与环境的关系作为一个生态系统和有机整体来研究，既不是脱离自然与环境去研究孤立的人，也不是脱离人去研究纯客观的自然与环境。

美学不能脱离人。美学研究所涉及的基本问题总是这样或那样地与人相关。生态美学把人与自然、人与环境的关系作为研究对象，这表明它所研究的不是由生物群落与环境相互联系形成的一般生态系统，而是由人与环境相互联系形成的人类生态系统。人类生态系统是以人类为主体的生态系统，以人类为主体的生态环境比以生物为主体的生态环境要复杂得多，它既包括自然环境（生物的或非生物的），也包括人工环境和社会环境。所以，生态美学不限于研究人与自然环境的关系，而应包括研究人与整个生态环境的关系。人类生态环境问题，应是生态美学研究的中心问题。

当然，由人与环境相互作用构成的人类生态系统以及人类生态环境，不仅是生态美学的研究对象，也是各种以人类生态问题为中心的生态学科（如生态经济学、生态伦理学等）的研究对象。所以，要确定生态美学的研究对象，还需要再作区分。生态美学毕竟是美学，它对生态问题的审视角度应当是美学的。它不是从一般的观点，而是从人与现实审美关系这个独特的角度去审视、探讨人类生态系统以及人类生态环境问题。从美学的观点看，人与现实的审美关系具有特定的内涵，它是作为主体的人与作为客体的对象以审美经验为纽带相结合、相统一形成的关系。作为审美客体的对象说，它必须对人具有审美价值；作为审美主体的人说，它必须对对象具有审美感受能力。审美经验就是由对象的审美价值和主体审美能力相结合、相统一而产生的审美情感体验。生态美学需以审美经验为基础，以人与现实的审美关系为中心，去审视和探讨处于生态系统中的人与自然、人与环境的相互关系，去研究和解决人类生态环境的保护和建设问题，其研究的主要内容应包括人与自然关系的美学意义、生态现象的审美价值和生态美、生态环境的审美感受和审美心理、人类生态环境建设中的美学问题、艺术与人类生态环境、生态审美观与生态审美教育等等。

生态美学和环境美学有密切关系。这两门新兴交叉学科都是从人与现实审美关系的角度研究人与自然、人与环境的关系，都以"人与环境结合的审美领域"作为研究对象。但环境美学侧重在环境（自然环境、人工环境等）本身的研究，而生态美学则更强调人与环境作为生态系统的有机整体性。生态美学把生态学理论和生态价值观引入美学领域，深化了人们对人与环境互相依存、和谐共生关系的认识,形成了生态美、生态审美、生态艺术等新概念,进一步拓展了美学的研究范围。

生态美学研究对生态文明建设具有深远的意义。生态文明建设要求实施可持续发展战略,正确处理经济发展同人口、资源、环境的关系,不是以牺牲自然环境为代价去换取经济和社会的发展,而是经济和社会的发展同自然环境的保护互相结合起来,以促进人和自然的协调与和谐,使人们在优美的生态环境中工作和生活,努力开创生产发展、生活富裕和生态良好的文明发展之路。生态文明建设既是物质文明建设,也是精神文明建设。在这两方面,生态美学研究都可以对生态文明建设发挥重要作用。

首先,生态美学研究可以帮助人们形成正确的生态审美观,进而促使人们形成正确的生态价值观。生态审美观是人对于生态现象的审美价值和生态环境的认识、感受与理解,它决定着人们对于生态现象、生态环境的审美评价、审美态度。在中西优秀的文化传统和美学传统中,都把人与自然的和谐统一作为一种审美理想。中国古代哲学和美学中的"天人合一""道法自然"等命题,西方哲学和美学中的"宇宙和谐""外在自然与内在自然统一""人与大自然共鸣"等提法,以及中外文学和艺术中表现的人对大自然的热爱和向往,都从不同方面反映了生态审美观的形成和发展过程。而贯穿其中的一条红线,就是追求人与自然的协调、和谐和统一。马克思在《1844年经济学哲学手稿》中,对人与自然的辩证统一关系作了全面阐述,提出了自然主义和人本主义互相结合的重要思想。这是对人与自然和谐共生的哲学观、生态观、美学观的深刻揭示,其意义十分深远。人与自然的和谐统一,既是生态美形成的前提和基础,也是对生态环境进行审美评价的最基本标准,更是建立正确的生态审美观所要解决的最基本问题。

生态审美观和生态伦理观一样,都是生态价值观的构成部分。生态价值观反映着人对生态现象、生态问题的价值认识和评价。现代西方生态价值观,既有肯定人类的价值高于自然的价值、部分承认自然的内在价值的现代"人类中心论",也有强调人与自然价值平等、充分肯定自然具有"内在价值"的"非人类中心论"。后者包括"生物中心论"和"生态中心论"。后起的生态学继承和发展了生物中心论、生态中心论的一些重要思想,又吸收现代人类中心论的一些观念,以生态系统中一切事物互相联系的整体主义思想，强调人与自然统一、"人与自然和谐相处"的基本价值观念。可持续发展伦理观在此基础上，进一步把影响当代环境问题的两大重要关系，即人与人之间的关系（人际公平、代际公平）和人与自然的关系结合起来考虑，以促进人类之间和谐及人与自然的和谐为共同目标，从而成为一种更为全面的生态价值观。生态美学对生态审美价值和生态美的研究，将会对树立正确的生态价值观起到促进作用，从而引导人们形成一种适合人类生态发展的，健康文明的行为方式和生活方式。

其次，生态美学研究在生态环境建设中可以起到指导作用。人类生态环境是一个由自然环境、人工环境、社会环境共同组成的复合系统。生态环境建设既包括自然环境的保护，也包括人工环境的营造以及社会环境的改善，还有自然环境与人工环境如何实现协调和统一等问题。但不论如何复杂，建设一个适宜于人居住、生活、工作的优美的环境，始终是生态环境建设追求的目标。因而，环境的美化也就必然成为环境建设的一个重要内容和重要方面。在这方面生态美学大有用武之地，不仅生态审美观所体现的人与自然和谐统一的理念，应成为整个生态环境建设的指导原则，而且可以通过对生态美和生态审美心理的研究，深入探讨生态环境建设的美的规律，以便对生态环境建设进行具体指导。

在人类生态环境建设中，城市生态环境建设无疑是一个特别重要、特别复杂的问题。城市是人口、设施、财富、活动高度集中的地方，是最典型的人类生态系统，同时也是最主要的人工生态系统。城市既有社会属性，又有自然属性；既有经济功能，又有生态功能，如何使两个属性、两种功能互相结合、协调统一，是城市生态建设需要研究和解决的基本问题。作为现代城市建设新思潮的"生态城市"建设思想的提出，是人们反思近代以来现代化城市建设的经验和教训，针对城市存在的生态问题，在城市建设观念上实现的一个重大变革。它将城市建设由片面强调其经济功能转向经济功能与生态功能的协调，由片面强调以人为中心转向人与自然和环境的统一，为将城市建设成环境优美、生态平衡、可持续发展的人类聚集地提供了新的思路。生态城市建设无疑将成为生态文明建设的重点工程，并将城市生态环境建设提升到一个新的水平。城市生态环境建设离不开对城市生态环境美的研究和认识。城市生态环境美的创造涉及人工环境与自然环境的协调统一、人工环境中建筑、园林、雕塑、小品相互之间的协调统一、城市的绿化和自然环境保护、城市景观的营造、城市文明环境的建设等问题，而所有这些问题都是生态美学应当研究的内容，因而也都是生态美学可以充分发挥作用的地方。

（原载于《光明日报》2002 年 2 月 19 日）

建筑艺术的文化内涵与审美特点

在由各门类艺术所组成的艺术大家族中，建筑是与人的实际生活具有最直接联系的一种艺术类型。正如英国建筑史研究学者帕瑞克·纽金斯所说："无论我们是否意识到这一点，建筑艺术的确是每个人生命史中不可分的一部分。"[①] 建筑，这一被黑格尔称为"最早诞生的艺术"，它一出现就与"实用"结下了不解之缘。然而，几乎同时，建筑也不同程度地体现着人对于美的追求。"事实上，只要洞穴一旦换上茅屋或像北美印第安人那样的小屋，建筑作为一种艺术也就开始了。与此同时，美的观念也就牵涉其中了。"[②] 自从世界上有了第一幢刚具有雏形的"房屋"，建筑就表现出使用和审美的双重功能。正是这双重功能和价值的结合和统一，形成了建筑艺术的最基本的特点，也显示出它与其他艺术的主要区别。尽管在不同的建筑对象中，建筑的使用功能与审美功能可以有所侧重，但是总体说来，建筑仍然是一种实用与审美结合的艺术。

一 建筑意蕴的象征性和历史性

黑格尔在《美学》中指出："建筑无论在内容上还是在表现方式上都是地道的象征型艺术。"[③] "建筑一般只能用外在环境中的东西去暗示移植到它里面去的意义"，"创造出一种外在形状只能以象征方式去暗示意义的

[①] ［英］帕瑞克·纽金斯：《世界建筑艺术史》，顾孟潮、张百平译，安徽科学技术出版社1990年版，第1页。

[②] ［英］威廉·奈德：《美的哲学》，载朱狄《艺术的起源》，中国社会科学出版社1982年版，第199页。

[③] ［德］黑格尔：《美学》，朱光潜译，商务印书馆1979年版，第30页。

作品"。① 建筑以象征方式暗示的意义，就是建筑的内在意蕴。建筑不仅具有外在形式美，而且具有蕴含内容美。建筑艺术作为现实的反映，同一定时代和社会的经济、政治、文化、宗教以及生活习俗等密切相关，直接体现着一定时代和社会的理想、观念、审美情趣和爱好。建筑的象征意义因而具有深刻的历史内涵，是一定的历史文化和时代精神的折射和反映。例如，始建于明代永乐年间的北京紫禁城宫殿，是明、清两朝的皇宫。它的巨大的建筑规模和体量，有等差、有节奏的空间安排，中轴对称的院落式布局，以及黄瓦、红墙、白色台基等庄重色调，无不体现着封建宗法礼制精神，象征着封建帝王至高无上的地位和权威。从天安门的高大辉煌，到午门的巍峨雄壮；从太和殿广场的雍容尊贵，到太和殿的庄重稳定，都渗透着皇权至上、唯我独尊的封建帝王意识。从某种意义上说，紫禁城宫殿就是中国封建社会政治文化和审美意识的结晶，是一部凝固化的历史巨著。

建筑的象征性是建筑艺术追求的深层次境界，成功的象征可以产生强大的精神感染作用，从而使建筑达到物质和精神、实用和审美、形式和内容的高度统一。建筑的象征意义是通过建筑的多种外在形态和形式综合显示出来的。建筑的造型、序列、环境，附属于建筑的雕刻、绘画、工艺美术，以至建筑中使用的形状、色彩、数字等，都是用于体现建筑象征含义的各种外在形态和形式因素。不论通过何种外在形态和形式，只有当建筑的形象与其所象征的意义有机地联系在一起，达到建筑艺术形式与内容的高度统一时，建筑的象征性才具有审美的意义，并能为人所普遍认同。例如埃及金字塔采用极为巨大的建筑体量，造成一座座简单古朴的四方锥体，使之稳固地屹立于大漠荒野之上，象征着法老的至高无上和生命的永恒。哥特式建筑的代表作巴黎圣母院以它那宽敞高大、升腾向上的中殿空间，两端昂然耸立、直冲云霄的高塔，细长俏丽、大大小小的连续尖券，建筑内外立面上的各种具有宗教内容的雕像、绘画，以及形式优美的图案装饰和迷离变幻的色彩光影，造成宗教世界的神秘气氛，给人以超越尘世、向往天国的暗示。由于建筑的象征性是以建筑特定的外在形象去暗示某种抽象的观念、思想和精神，所以对其象征意义的认识，需要在充分感知建筑形象的基础上展开联想和想象，并与理性思维相结合才能获得。

---

① ［德］黑格尔：《美学》，朱光潜译，商务印书馆 1979 年版，第 30 页。

建筑的各种造型是由各式各样的平面、立面、结构、装饰等组成的，而点、线、面和结构等形式的运用，主要服从建筑本身的特定目的，并通过空间结构和形态，以形成抽象的形式美的构图效果，进而赋予建筑以精神的内涵和艺术的感染力。因此，建筑的象征性是和建筑形式的"抽象性"及"抽象美"相结合的。建筑和雕塑虽然都属于"造型艺术"，但建筑在造型上不像雕塑那样可以具体地再现特定的对象，不直接模仿人体或自然事物的形状，而是要作艺术的"抽象化"处理，使造型和形式上具有"抽象性"。所以，建筑的象征性不是通过直接模仿事物形象表现的，而是通过抽象化的建筑造型表现的，即达到"使抽象物富有表现性的趋势"①。如贝聿铭设计的香港中国银行大厦，建筑造型十分陡峭，形体从下而上逐渐收束，节节升高，顶部以三角形立方体直插蓝天。不但具有抽象的形式美，也象征了金融事业的繁荣昌盛，是建筑的抽象性和象征性有机统一的又一杰作。即使有的成功建筑在造型上具有"拟物化"的趋向，那也不是某一具体实物的模拟，而是经过抽象处理的象征符号。如世界驰名的悉尼歌剧院的九片"风帆"式的造型，就可以引起观赏者的多种揣测和联想，并和建筑结构和空间形态达到了浑然一体，仍然是象征性和抽象美的巧妙结合。

建筑的象征性在不同类型的建筑中，其体现程度是不一样的。一般说来，宫殿建筑、宗教性建筑、纪念性建筑以及大型公共建筑等，其象征性较为显著；而居住建筑、工业建筑、农业生产建筑等，其象征性则较为薄弱。由于建筑艺术不能直接地再现或描绘现实事物，也不能细致地表现或抒写内心情感，而只能通过"抽象化"的空间形体间接地暗示某种精神意蕴，所以，建筑的象征意义具有较大的概括和宽泛的性质，因而人们在审美中对它的联想和理解往往是多重的、朦胧的，这反而使建筑能带给人们更多的审美享受。

二 建筑风格的时代性和民族性

建筑风格是建筑作品在整体上呈现出的代表性的独特面貌，是由作品的独特内容与形式相统一而形成的外部风貌和格调。它最直接、最显著地

---

① ［德］W. 沃林格：《抽象与移情》，王才勇译，辽宁人民出版社1987年版，第117页。

体现了建筑艺术的美学追求，也是建筑艺术审美鉴赏中最为人注目和感兴趣的对象。建筑风格的形成既有主观原因，也有客观原因；既受自然条件的制约，也受社会历史条件的影响；既包括时代的审美要求，也包括民族的审美要素。代表着一定历史时代和一定民族的建筑艺术的基本风格，以独特的外在风貌深刻反映着一定时代和民族的经济、政治、文化和生活习俗，内在地体现着一定时代和民族的思想观念、审美理想和精神气质，因而具有鲜明的时代性和民族性，成为建筑的时代风格和民族风格。不同时代风格和民族风格的建筑艺术，在建筑的造型式样上具有各不相同的鲜明的特征。

在世界建筑史上，以欧美为中心的西方建筑和以中国为中心的东方建筑形成两大体系，各自涌现出众多的建筑风格。在欧洲建筑艺术中，20世纪以前，曾先后出现过希腊式、罗马式、拜占庭式、哥特式、文艺复兴式、巴洛克式、古典主义以及洛可可等各种具有代表性的建筑风格。各种建筑风格的时代特色非常突出，是特定的时代精神在建筑艺术中的鲜明体现。古希腊建筑开欧洲建筑的先河，造型主要特征是矩形建筑绕以开敞的列柱围廊，柱式定型化。其中爱奥尼柱式建筑，风格端庄秀雅；多立克柱式建筑，风格雄健有力，两者均体现着古代希腊追求和谐完美的文化精神，典型代表是雅典卫城建筑群和其中的帕提侬神庙。古罗马建筑在希腊建筑基础上又有重要发展，它发展了古希腊柱式的构图，同时发明了拱券结构，形成柱式同拱券的组合，创造出拱券覆盖下的体量巨大、复杂多变的内部空间。大型建筑物风格雄浑凝重，气势恢宏，充分反映出古罗马帝国的国力强盛和雄厚，如罗马大斗兽场、万神庙等。中世纪的欧洲基督教占统治地位，建筑风格主要表现在教堂建筑上。拜占庭风格建筑如圣索菲亚大教堂既继承了罗马建筑的一些要素，又吸取了东方建筑传统，创造出利用帆拱（1/4球面拱）在方形平面上安置大穹隆顶的结构体系，立体轮廓参差多变，内部装饰富丽堂皇，风格独特。哥特式是欧洲中世纪建筑的典型风格，其造型特征是采用尖券、尖拱和飞扶壁，形成高旷巨大的内部空间，外观上突出高耸的钟楼和大大小小的尖塔和尖顶，形成向上的动势，雕刻丰富，色彩绚丽，具有体态空灵、动感强烈、富于象征性的特点，代表作品有巴黎圣母院、科隆主教堂等。文艺复兴建筑以人文主义为基础，扬弃中世纪哥特式建筑风格，重新采用古希腊罗马建筑的构图要素，大胆创新，突出象征独创精神的穹顶，注重体积感和整体效果，形式风格多样，著名建筑有佛罗伦萨大教堂、圣彼得大教堂等。此后，又相继出现了自由奔放、富丽堂皇的巴洛克风格，纤巧繁琐、娇柔妩媚的洛可可风格，以理性主义为基础、强调规则逻辑、造型严谨的古典主义建筑风格，等等。

19世纪、20世纪之交，在欧美由产业革命引起的建筑革命，猛烈冲击着传统的建筑审美观念和流行的古典主义风格，以新的审美观念和新材料、新手法创造出的现代建筑形式和风格逐渐风靡全球。现代主义建筑的基本特点是强调建筑实用功能，建筑美必须首先功能合理、技术先进，表现手法和建造手段需统一，建筑形体和内部功能要配合，因而被称为"功能主义"。从20世纪60年代后期起，又出现了怀疑和批评现代主义的后现代主义建筑思潮。

中国建筑艺术风格具有鲜明的民族特色。经过2000多年发展演变，中国古代建筑形成了和欧洲古代建筑不同的特征。它注重环境营造和群体组合，主要靠群体序列取得艺术效果；重视表现建筑的性格和象征意义；构造技术和艺术形象相统一，形成形象突出的曲线屋顶；具有绚丽的色彩。总的来说，西方建筑较重视建筑单体和造型，而中国建筑较重视建筑群体与整体和谐统一。

建筑风格的时代性和民族性是相互联系的。不同时代风格的建筑艺术在不同民族、不同国家，其具体表现仍然带有各自的特点。各个民族的建筑艺术风格随着历史的变化，也会带有不同的时代特色。但相对而言，建筑风格的时代性较多变化性和创新性，而建筑风格的民族性则较多稳定性和继承性，如何将二者巧妙地结合和统一起来，是建筑艺术创作的重大课题。

三 建筑形式的和谐美与个性美

建筑形式包括环境、序列、造型以及结构、色彩、质地等，是构成完整的建筑艺术形象的基本因素。它们直接作用于人的视知觉，是形成建筑艺术美感的客观基础。建筑艺术的形式美是建筑艺术美的重要组成部分。黑格尔把建筑称为"外在的艺术"，足见外在形式美对于建筑的重要性。

建筑艺术的形式美，首先是和谐美。和谐美是形成建筑形式美的最基本原则。建筑的和谐美是通过建筑内部各部分之间、建筑与建筑之间以及建筑与环境之间构成的空间有机组合体现的。它贯穿了形式美的法则，如变化和统一、均衡和对称、对比和微差、比例和尺度、节奏和韵律等。其中，变化而又统一，尤其是形成建筑形式和谐美的关键。从平面到立面、从内部到外观、从细部到体量、从个体到群组，正是依靠变化和统一才能形成有机协调的空间构成和体量组合。如美国杰出现代建筑师 F. 赖特设计的"流水别墅"，坐落于风景优美的山涧溪谷，建筑造型由竖直的烟囱、墙壁及水平的挑台等几何形体构成，参差俯仰，高低错落，对比强烈，相互照应。建筑依山就势，凌空飞跃，与自然环境融为一体。当代意大利建筑理论家 B. 泽维认为，"流水别墅"达到了建筑空间的形成和体量的组合两全其美，是建筑形式和谐的高度体现。

城市建筑艺术是由城市地形地貌、园林绿化和建筑群体共同组成的空间形态，它以创造和谐优美的城市空间环境为目的。因此，统一、变化和协调是城市建筑艺术必须遵循的美学规律。城市建筑之美不应仅仅着眼于建筑个体，更应着眼于建筑群体和空间组合。现代建筑家伊利尔·沙里宁在仔细考察和分析了欧洲中世纪著名城镇建筑设计之后得出结论：这些城镇之所以能形成如此生动美好的面貌，不是光靠多建漂亮的房屋，而是得益于这些房屋在形式上的相互协调。据此，他指出："一个城镇之所以成为真正的美的奇迹，就是因为它的房屋能够恰当地相互协调。如果没有这种相互协调，那么无论有多么美丽的房屋，城镇的面貌仍旧会变得散漫杂乱。"[1] 现代建筑的整体观念不光是求得建筑个体形象尽善尽美，而且要求建筑与建筑之间、建筑与整体环境之间和谐统一。城市建筑设计要按照城市景观的总体要求，仔细推敲城市空间的比例、尺度、序列和建筑群的高低、体量、色彩、质地以及韵律节奏等，遵循统一、变化和协调的美学规律，形成既统一有序又变化多样的城市建筑艺术的整体美与和谐美。

建筑艺术形式美的另一个重要表现是个性美。个性是人和事物特殊品格的形象体现，所以个性美也就是特色美。建筑学家 M. B. 波索欣说："城

---

[1] [美]伊利尔·沙里宁：《城市：它的发展、衰败与未来》，顾启源译，中国建筑工业出版社1986年版，第46页。

市美观是无数特点,其中主要是建筑面貌上的个性和特殊性构成的。"① 可见,建筑形式和形象是否具有个性和特色,对于形成建筑美和城市美来说是至关重要的。建筑形式和形象上的个性和特点,既反映着建筑文化的地方特色、民族特色和时代特色,也体现着设计者、建造者的个人创造性和独特构思。它主要表现为有特色的建筑物和建筑群,如巴黎埃菲尔铁塔、悉尼歌剧院,均因为其建筑造型具有极为独特的个性美,而成为一座城市的特殊标志。又如威尼斯的圣马可广场,是由不同时期、不同风格建筑组成的建筑群,其中的教堂、钟塔、总督宫及新老市政厅等建筑,分别建造于12世纪至17世纪的不同年代,各自采用罗马式、拜占庭式、哥特式、文艺复兴式等不同时代的建筑形式,各个建筑都具有鲜明的时代特点和地方特点,造型十分独特,如圣马可教堂融罗马式和拜占庭式为一体,被称为"世界上最美的教堂"。同时,不同个性和特色的建筑又相互映衬,在蓝天绿水的烘托下,整体上显得十分协调,组成一个极富特色的广场建筑群。传说拿破仑进入威尼斯城后,曾赞叹圣马可广场"是世界上最美的广场"。这当然是由圣马可广场建筑艺术形式的个性美与和谐美导致的必然结果。

(原载于《城市发展研究》2005年第6期)

---

① [苏] M. B. 波索欣:《建筑·环境与城市建设》,冯文炯译,中国建筑工业出版社1988年版,第34页。

从中西比较看中国园林艺术的审美
特点及生态美学价值

园林是人类生活环境的组成部分，具有美化环境、改善生态，供人游憩、休闲、观赏、审美等功能。因此，园林艺术和建筑艺术一样，是一种实用和审美相结合的艺术。中西园林艺术都具有悠久的历史，并逐步形成了大致相同的园林类型。但由于社会历史、生活环境和文化思想等方面的不同，中西园林艺术在造园思想、艺术风格和审美特点上具有明显的差异。近年来，对中西园林艺术的比较研究取得很大进展，但对中西园林艺术的基本差异和中国园林艺术的审美本质特征如何加以准确概括和深入认识，仍然有待探讨。同时，在当代生态美学建设中，如何从中国园林艺术和美学思想中汲取有价值的思想资源，也是一个有待进一步研究的问题。

一

关于中西园林艺术的基本差异和特点，多数研究者认为在于西方园林艺术较重视人工美，而中国园林艺术则较重视自然美，但也有学者认为"西方园林更重自然，而中国园林更重人为"[①]。产生这种不同看法，可能是研究者观察角度不一样。但笔者认为，如果从艺术风格上来看，说西方园林更强调人工美，中国园林更崇尚自然美，还是较为恰切的。因为艺术风格是艺术在总体上呈现出的独特风貌。如果从造园指导思想、园林布局和构图以及造园要素的利用和处理等综合来看，那么，西方园林的典型形态整体上呈现为人为状态的建筑风景园林，而中国园林的典型状态整体上则呈现为天然状态的自然山水园林。

---

① 杜书瀛：《论李渔的园林美学思想》，《陕西师范大学学报》2010年第2期。

首先，从造园指导思想上看，西方园林强调的是自然的人工化，使自然服从人为的规则、秩序和安排，看重的是由人工雕琢的美。17世纪上半叶，由法国园林艺术家布阿依索所写的《论造园艺术》是西方最早的园林专著。它强调："如果不加以条理化和安排整齐，那么，人们所能找到的最完美的东西都是有缺陷的。"[1] 所谓"条理化"就是人工化。之后，法国古典主义著名园林艺术家勒诺特尔更明确指出，在造园中要"强迫自然接受匀称的法则"[2]，其将人工美凌驾于自然美之上的倾向十分明显。

反观中国园林，在造园指导思想上强调的是顺应和利用自然之性，使人工服从自然的天然形态和存在规律，崇尚的是天然之趣和自然之美。魏晋南北朝是中国古典园林发展的重要转折期，这一时期产生的自然山水园林，就是在追求"野致""有若自然"的造园指导思想下形成的。明清时期，中国园林美学思想趋于成熟，计成所著《园冶》总结造园指导思想，提出"虽由人作，宛自天开"的著名主张，强调人工须与自然相协调，以创造天然形态的自然之美为目标。他说："园地惟山林最胜，有高有凹，有曲有深，有峻而悬，有平而坦，自成天然之趣，不烦人事之工。"[3] 这显然是将天然之趣放在人事之工之上，与勒诺特尔的主张形成鲜明对比。

其次，从园林布局和构图看，西方园林的突出特点是以人工成分最重的建筑为主导，其他景物部分的安排都由建筑引导而展开和设置，整体上呈园林建筑化的态势。这就是黑格尔在论园林艺术时所讲的"把自然风景纳入建筑的构图设计里，作为建筑物的环境来加以建筑的处理"[4]，特别是由主体建筑引申的中轴线成为整个园林布局的关键。全部结构都沿着中轴线有规则地形成和展开，基本上呈现为整齐、对称的几何构图。整个园林景观布局既清晰又开敞，从中轴线望去，给人以一览无余的感觉。从意大利台地园林到法国古典主义园林，基本都具有这样的布局和构图特点，尤其是由勒诺尔特先后主持设计和建造的沃·勒·维贡特庄园和凡尔赛宫苑，堪称这方面的典范。凡尔赛宫苑的整体布局，以坐西朝东的宫殿建筑为中心，中轴线向东、西两边延展。园林布置沿宫殿西面的中轴线依次展

---

[1] 《中国大百科全书·建筑园林》，中国大百科全书出版社1988年版，第11页。
[2] 《中国大百科全书·建筑园林》，中国大百科全书出版社1988年版，第12页。
[3] 计成：《园冶》卷一，载张国栋主编《园冶新解》，化学工业出版社2009年版，第19页。
[4] ［德］黑格尔：《美学》，朱光潜译，商务印书馆1979年版，第103页。

从中西比较看中国园林艺术的审美特点及生态美学价值

开,中轴线和两边的次轴线,道路均呈对称的放射状,平面构图为规则的几何式图案。在中轴线上,整齐有序地安排着花坛群、水池、喷泉、雕像、草坪、林荫道和大运河。宏伟壮观的中轴线和层层有序的布局,充分表达了赞颂中央集权的君主专制制度和"太阳王"路易十四的艺术主题。

中国园林在布局和构图上和西方园林的差别十分明显,其鲜明特点是以山水自然景物为主导,楼台亭榭等建筑则依循山水自然景物而布置,"宜亭斯亭,宜榭斯榭"[①],"亭宇台榭,值景而造"(《吴群图经纪南园》),使建筑巧妙地融入自然景物之中,也就是从整体上呈建筑园林化的态势。从园林整个布局来看,中国园林没有西方园林那样的中轴线设置。虽然园林中某些建筑群也会有中轴线出现,但整个园林构图则是依照自然地形和山水林木,曲折多变,呈不规则的自然形式,即《园冶》中所说的"相地合宜,构园得体"。西方园林依照规则式、几何式布局,园路设置呈直线和正交;中国园林伴随自由式、自然式布局,园路设置则呈曲线、多迂回。和西方园林的清晰开敞、一览无余恰恰相反,中国园林则独具曲径通幽、步移景换之妙。无论是江南私家园林如拙政园,还是北方皇家园林如颐和园,在布局构图上都具有上述特点。尤其是颐和园,整个布局以大面积的山水——万寿山和昆明湖为主体和基本构架,形成山嵌水抱的大格局。主要建筑大都布置在前山前湖开阔景区,依山傍水而建。前山中央地区建置由佛寺殿宇组成的主体建筑群,规模庞大,耸立在高台上的佛香阁尤为壮观,但建筑依山势层层而上,和山体融为一体,更显雄伟壮丽的皇家气派。其余分散建筑则因地制宜,依地势高低自由合宜地布局。前山南麓沿湖滨设置长廊,亭轩堂馆皆临水而建,与湖光山色互相融合,相得益彰。水面广阔的昆明湖虽然按传统仙境模式形成"一湖三山"构图,但由水面、堤岸、岛屿、石桥等构成的全部湖区景色则呈现为天成的自然风光。沿着蜿蜒曲折、绿树成荫的湖堤走去,一种"纳千顷之汪洋,收四时之烂漫"的天然之趣油然而生。

最后,从造园要素的利用和处理来看,西方园林都采用规整式、几何式、图案式等方式,对地形、水体、花草、树木等造园要素进行人工化处理或再造,并不注意利用它们的天然形态和自然条件。如花木经过人工处

---

① 计成:《园冶》卷一,载张国栋主编《园冶新解》,化学工业出版社2009年版,第11页。

理，建成整齐的花坛、绿篱、草坪和林荫大道；水体经过人工再造，构成规则的水池、喷泉、瀑布和大运河。和此相匹配，各种雕像层出不穷，也是西方园林的重要景观。与此不同，中国园林在利用和处理各种造园要素上，非常注重原有的自然条件，并竭力保持景物的天然形态。人对各种造园要素的加工改造，都是对其自然条件和天然形态的提升和完善。计成在《园冶》中一再强调造园要充分利用各种自然因素，因地成形，就地取材，使一切景物皆成自然天成之态。如花树虽经培植，却以自然生长状态散置建筑之旁和山水之间，罕见修饰整齐的花坛和笔直的林荫道；水体虽经疏导，却似天然状态的湖、池和溪流，少有规整化的水池、喷泉和运河。与西方园林多置雕像不同，中国园林重视掇山叠石，使假山、湖石的设置，成为一道独特的景观。计成的《园冶》设专节论"掇山"和"选石"；李渔的《闲情偶寄》也有专节论"山石"，可见假山、湖石在中国园林构成要素中的特殊地位。假山、湖石在江南园林中运用十分广泛，苏州留园中的冠云峰堪称一绝。"片山块石，似有野致"[1]，巧夺天工的假山湖石以其天然之趣，突显了中国园林崇尚自然之美的特点。

二

尽管对自然美与人工美的不同强调形成了中西园林艺术的基本差别，但仅就这一方面还不能完全概括中国园林艺术的精髓和本质特点。关于中国园林艺术的本质和精髓，学界有两种相反的看法。一种意见认为"追求意境是中国古典园林的本质特征"[2]；另一种意见认为"追寻自然之本质恰好是中国园林艺术的精髓所在"[3]。笔者认为这两种概括都不够全面。因为在中国园林艺术中，崇尚自然美和追求意境美，两者不是分割和对立的，而是结合和统一的。如果说，西方园林艺术审美上的本质特点是人工美和形式美的统一，那么中国园林艺术审美上的本质特点就在于自然美和意境美的统一。

---

[1] 计成：《园冶》卷三，载张国栋主编《园冶新解》，化学工业出版社2009年版，第132页。
[2] 刘海燕：《中外造园艺术》，中国建筑工业出版社2009年版，第87页。
[3] 周武忠：《寻求伊甸园——中西古典园林艺术之比较》，东南大学出版社2001年版，第184页。

从中西比较看中国园林艺术的审美特点及生态美学价值

西方园林艺术将人工美与形式美结合起来的特点,是比较容易认识和把握的。因为西方园林布局和要素的一切人为加工和创造,都是在传统的形式美原则的指导下进行的。可以说,各种人为加工再造的手段,都是为了实现创造形式美的目的。对于形式美的追求是西方美学思想最重要的一种传统,从古希腊的毕达哥拉斯学派,经过文艺复兴艺术家,到近代经验主义和理性主义美学家,对形式美法则的探求连绵不断。比例、对称、均衡、和谐、秩序、变化、多样、统一等形式法则,成为西方艺术家永恒不变的审美追求。在园林艺术创造中,尤为如此。黑格尔在《美学》中指出,西方园林是用建筑艺术的秩序安排,整齐一律和平衡对称的方式来安排自然事物。也就是说,要用形式美的法则改造自然事物,以创造园林形式美为目的。他说:"最彻底地运用建筑原则于园林艺术的是法国的园子,他们照例接近高大的宫殿,树木是栽成有规律的行列,形成林荫大道,修剪得很整齐,围墙也是用修剪整齐的篱笆来造成的,这样就把大自然改造成为一座露天的广厦。"[1] 这就是人工美和形式美结合的典型成果。

对于中国园林将自然美与意境美统一起来的特点,许多人往往感到不易理解。因为自然美侧重在客体自然事物的形式外貌,而意境美则要求主体内在情思的参与,是主体和客体、情与物、思与境的融合与统一,两者差别似乎很大,实际上并非如此。我们知道,意境作为中国传统美学的一个基本范畴,来源于先秦哲学的"意""象"和佛教术语的"意""境"。南朝时代的刘勰在《文心雕龙》中集中论及文学创作中主观情思与客观物象的关系,提出"物以貌求,心以理应"的构思理论,为"意境"说奠立了基础。至唐代诗论,便正式提出"意境"范畴,发展为要求"思与境偕""意与境合"的"意境"说。宋至明清时期,"意境"说进一步发展,王夫之从情景交融上阐明意境,提出"景以情合,情以景生""情中景""景中情"的精辟论述。意境范畴在发展中被广泛运用到文学、绘画等艺术形象的创造中,形成中国艺术特有的意境美。中国园林意境美的追求和文学、绘画密切相关,它是由园林的自然景观与创作者、欣赏者的情感、想象互相交融而产生的一种艺术境界。因此,它和自然美不是分割的、对立的,而是结合的、统一的。在园林艺术意境美的创造中,创作者和欣赏

---

[1] [德] 黑格尔:《美学》,朱光潜译,商务印书馆1979年版,第105页。

者须以自然美为基础和重要来源，在自然景物中寻求能与人的审美情趣和感情相共鸣、相契合之点，将特定感情和趣味寄寓于自然景物之中。可见，园林意境美是始终不能脱离自然美的。另外，中国园林艺术又不是单纯的描摹自然，而是要在对自然进行选择和加工中，融入人的审美情趣和理想，将自然美提升为意境美。所以，追求自然美和意境美的和谐统一是中国园林美学的核心思想。计成论造园之道，既讲客观自然条件，又讲主观设计精妙；既讲选景、造景、借景，又讲寓情于景、触景生情；既强调天然之趣，又推崇神游之乐。所谓"因借无由，触情俱是……物情所逗，目寄心期"①，"触景生奇，含情多致"②，等等，就是对园林意境美的创造及其与自然美相统一关系所作的精辟概括。西方近代出现的英国自然风景园，由于深受中国园林艺术西传的影响，采用自由式布置方式，注重模仿自然，但它对中国园林的仿效仅得其形，未得其神，故无法理解和实现自然美与意境美相统一这一精髓。

为了创造园林意境美，实现自然美和意境美的统一，中国园林艺术在造园思想、原则、手法上都有许多创造。其中，特别独特并值得称道的有"巧于因借"、虚实相生以及诗文入景等。

"巧于因借，精在体宜"是计成在《园冶》中提出的重要的造园原则和手段。按照他的解释，"因"主要指如何顺应自然条件，置景造景；"借"主要指如何利用自然环境，得景借景。两者都要做到"得体合宜"，方能达到精妙。这里既涉及营造自然美的问题，也涉及创造意境美的问题。特别是"借景"一说，具有丰富的美学内涵。计成说："夫借景，林园之最要者也。"③ 借景有远借、邻借、仰借、俯借、应时而借等各种方式，既有园内各种景物的互相借资，更有园内外景物的互相借衬。诚如计成所言："借者，园虽别内外，得景则无拘远近。晴峦耸秀，绀宇凌空，极目所至，俗则屏之，嘉则收之，不分町疃，尽为烟景。"④ 借景虽然需要巧妙地利用园内外自然景物，却不是对自然景物的被动接受，而是在设计

---

① 计成：《园冶》卷三，载张国栋主编《园冶新解》，化学工业出版社2009年版，第151—152页。
② 计成：《园冶》卷三，载张国栋主编《园冶新解》，化学工业出版社2009年版，第100页。
③ 计成：《园冶》卷三，载张国栋主编《园冶新解》，化学工业出版社2009年版，第152页。
④ 计成：《园冶》卷一，载张国栋主编《园冶新解》，化学工业出版社2009年版，第11页。

者审美意识和情感主导下,对于自然景物的再选择、再组合。计成说:"因借无由,触情俱是。"① 即借景的根据是要能触景生情,情景交融。只要能"触情",无不可借。所以,通过借景,既可扩大和丰富园林自然景观,形成景物之间的关联,为观赏者提供丰富的想象空间,又可寄情于自然景物及其综合关系之中,达到"物情所逗,目寄心期",由此进而实现自然美和意境美的统一。颐和园借玉泉山,避暑山庄借磬锤峰,寄畅园借锡山之塔等,都是借景成功的范例。

虚实结合、虚实相生是中国古代美学的一个重要思想,也是创造艺术意境的一个重要方法,它和意境、情景、形神、疏密、显隐等范畴是交织在一起的。深受文学、绘画影响的中国园林艺术,在创造园林意境中广泛运用了这些手法。在园林意境创造中,"实"指实体景物,"虚"指风景空间。景物亦有虚实之分,山石、湖池、花木、建筑等为实景,旭日、夜月、朝晖、晚霞等为虚景,水面倒影、镜中映相也是一种虚景。泛而言之,近景为实,远景为虚;密景为实,疏景为虚;显露之景为实,隐藏之景为虚;山景为实,水景为虚;等等。虚实也包括形神、景情的关系,即所谓"以景为实,以意为虚"②。"虚""实"是对立统一、相依相生的关系。通过虚实结合、虚实互用、虚实相生,不仅可以形成变化多样、气象万千的自然之美,而且可以形成"象外之象,景外之景"③,营造含蓄蕴藉、激发想象的审美空间,以有限的园林实体景象表现无限的意象和情思,创造出深远、隽永的意境之美。西湖之平湖秋月、断桥残雪、雷峰夕照等景观,就是虚实结合形成的、引发无穷联想和想象的审美佳境。

诗文入景是中国园林意境创造的独特手法。中国园林艺术和诗歌、文学、绘画等艺术有着深刻的联系,许多文学家、诗人、画家也是造园家。所以,追求"诗情画意"成为造园的优秀传统。诗画创作中的比、兴、移情、拟人等表现手法也被运用到园林意境创造中来,如被文人称为岁寒三友的松、竹、梅便格外受到造园家的青睐。以诗文意趣融入园景,更是形

---

① 计成:《园冶》卷三,载张国栋主编《园冶新解》,化学工业出版社2009年版,第151—152页。

② (清)黄宗羲:《景州诗集序》,载北京大学哲学系美学教研室编《中国美学史资料选编》下册,中华书局1981年版,第209页。

③ (唐)司空图著、郭绍虞集解:《诗品集解》,人民文学出版社1981年版,第52页。

成诗情画意的巧妙方法。作为景点题名的匾额和常与匾额匹配的楹联，往往体现着造园者或园主的构思和情趣，它们和景物融为一体，相互映衬，彼此烘托，既丰富和扩大了景观，唤起联想和想象，又深化和延伸了意念，引发兴致和情感，对创造园林意境起到了画龙点睛的作用，如拙政园中面对荷池而建的"远香堂"，题名采自宋代周敦颐《爱莲说》"香远益清，亭亭净植"句，匾额将景物和情思融为一体，意境顿出。

三

中西园林艺术在艺术风格和审美特点上的差异，是在中西不同的传统文化思想的影响下形成的。两种不同的造园体系，体现着两种不同的文化精神。

首先，中西文化思想对人与自然关系有着不同的理解和态度，这是形成中西园林艺术差异的主要哲学思想基础。中国传统文化思想的主要特点是比较重视人与自然的统一与和谐的关系，强调人对自然的顺应和利用；而西方文化思想则比较重视人与自然的对立和斗争的关系，强调人对自然的控制和征服。在西方古希腊哲学中，普罗泰戈拉提出"人是万物的尺度"的著名命题，显示了对人的主体地位和作用的高度重视和强调。到了近代，随着自然科学的发展和科学技术的进步，人类改造和征服自然的作用和力量，在哲学和文化思想上，得到空前的强调和张扬。培根的"知识就是力量"的论断，肯定人类发展科学技术就是要提高征服自然的能力。笛卡尔明确提出"借助实践使自己成为自然的主人和统治者"的观点，康德也提出"人是自然的立法者"的重要命题，都是将人置于自然之上，突出人的主体性和作用。尽管这些思想在当时具有进步意义，但也片面强调了人对自然的统治和征服，强化了人与自然的对立和斗争关系。在这种文化思想背景和影响下，西方园林艺术必然会将人为因素置于自然因素之上，让自然服从人的安排，突出人工雕琢之美，以人工化的建筑和景观代替天成自然之美。

关于人与自然的关系，中国古代虽然也有强调"天人之分"的观点，但占主导地位的是"天人合一"的思想。天人合一作为中国传统哲学的基本观念，发源于先秦，后历经演变，到宋代达到成熟。这一思想包括复杂的内容,按照我国著名哲学家张岱年先生的归纳,其合理的、有价值的重要思想,主要是肯定人与自然的统一关系,认为人是自然界的一部分,人应该服从自然界的普遍规律,人类的生活理想是天人的调谐。《周易大传》说:"先天而天弗违,后天而奉天时","财成天地之道,辅相天地之宜",就是讲人与自然要达到相协调的境界。宋代张载明确提出"天人合一"的命题,认为人是天地即自然的产物,人与自然都具有客观实在性,彼此合成一个整体。庄子的天人合一思想属于另一种类型。他认为天是自然,人是自然的一部分,"人与天一也"。但他又强调以自然反对人为,主张人完全顺应自然。这固然有消极思想,但强调人要遵循自然规律则是合理的。这种天人合一的思想对中国传统美学思想和文学艺术创作产生了直接而深远的影响,形成了中国传统美学和艺术强调自然和谐的天成之美,以及崇尚情景交融的意境之美的特点。自魏晋以来,在日益成熟的中国山水诗、画和散文中,山水自然美成为自觉的审美对象,对自然美和意境美的创造和融合都达到极高的成就。这一切也都极大地影响着中国园林艺术特点的形成,使崇尚天成自然之美和追求自然美与意境美的统一,成为中国园林艺术区别于西方园林艺术的独特标志。

另外,中西文化的差异还突出表现在思维方式上的区别,这是形成中西园林艺术不同本质特点的更深刻的原因。按照我国著名学者季羡林和张岱年两位先生的概括,西方哲学和文化以形而上学思维方式为主,其特点是注重分析,是分析思维方式;中国哲学和文化以辩证思维方式为主,其特点是注意综合,是综合思维方式,这种认识也得到了西方学者的认同。如美国著名文化心理学家尼斯比特认为,西方思维方式以逻辑和分析思维为特征,中国和东方思维方式以辩证和整体思维为主要特征。西方分析思维方式往往用孤立的、分割的观点看事物,注重一分为二,比较强调对立面的互相排斥和斗争;中国综合思维方式则用联系的、整体的观点看事物,注重合二而一,比较强调对立面的互相联系和统一。西方哲学从古希腊开始,就非常重视形式逻辑,辩证思维也很丰富。赫拉克利特最早在西方提出对立统一和斗争的辩证法思想,但他更强调对立面之间的斗争。到了近代初期,分解的研究方法占据了主导地位,导致了形而上学的思维方式。近代西方哲学家主张主客、心物、思有对立二分的二元论,将主体和客体、人和自然、现象和本质等都看成是二元对立的、分割的。这种思维方式对西方美学思想和艺术发展的影响非常之大，致使对于美和艺术中主体与客体、人与自然、普遍与特殊、感性与理性、内容与形式等关系，往往形成片面化的理解，对于形式美及其构成原则也往往形成孤立的、绝对的、片面的看法。这也是西方园林艺术片面强调人工美，过分看重几何式、规则式的形式美的一个重要思想原因。中国传统哲学的辩证思维起源甚早，先秦老子就十分重视事物的矛盾性，强调对立面的相互联系和转化。宋代张载提出"一物两体"，认为任何事物都有对立两个方面，对立面既对立又统一；事物之间不是孤立的，而是处在一定联系之中的。明代王夫之发展了张载的思想，认为对立面有机结合于一个整体之中，不能互相分离。这种注重事物普遍联系和整体的思想，深深印刻在中国传统美学思想和艺术之中，致使中国美学的基本范畴表现为多方面规定的综合，或两个对立的规定的结合。如意境，就是形与神、思与物、情与景、实与虚以及人与自然等多个对立面规定的结合，是综合思维的产物。中国园林艺术不是将人工美与自然美、自然美与意境美看作互相排斥和对立的，而是看作为互相联系和统一的。它将人工美融化于自然美，又将自然美提升为意境美，追求自然美和意境美的统一，从深层思想上看，正是得力于综合思维。

四

中国园林艺术崇尚自然美，追求自然美与意境美相统一的本质特点，以及由此体现的人与自然和谐统一、和谐共生的哲学理念，充分表现了中国传统文化的生态审美智慧，为当代生态美学的建设提供了一份难得的重要的思想资源。

生态美学是在当代人类生存环境急剧恶化和生态文明建设日益迫切的时代条件下，应运而生的一门新的交叉学科，它和生态学、生态哲学、生态伦理学、美学、文艺学等，都有密切关系。关于它的研究对象和范围，目前还处于探讨之中，较有影响的表述有"人与自然的生态审美关系""人与自然、人与环境之间的生态审美关系""人与自然、社会以及自身的生态审美关系"等。不论哪种表述和理解，有一点是共通的，即认为人与自然的生态审美关系是生态美学研究的基础和出发点。生态美学按照生态

从中西比较看中国园林艺术的审美特点及生态美学价值

学世界观,把人与自然和环境的关系作为一个复合生态系统和有机整体,并从人与自然和环境的审美关系的视角来审视其价值和特性。[①] 所谓人与自然的生态审美关系,实质上就是人与自然在生态系统中的和谐统一、和谐共生的关系。失去了生态系统中人与自然的和谐统一,就无法形成人与自然的生态审美关系。海德格尔提出的"诗意的栖居"的美学命题,被人们看作对于人和自然的生态审美关系的哲学的诗意的表达,而人要达到这样一种生存境界,就必须与自然形成亲和友好的关系。所以,海德格尔才一反西方传统思想,提出人类要"拯救大地","并不控制大地、并不征服大地"[②],从而美好地生存在大地之上。中国园林艺术所体现的人与自然和谐统一的理念,同"诗意的栖居"的理想是一致的。在"虽由人作,宛自天开""巧于因借,精在体宜"等造园思想和原则的指导下,中国园林艺术从构思布局到要素处理都强调顺应自然条件,遵循自然规律,保护自然环境,利用自然形态,崇尚自然天成之美,这对维护人与自然和谐共生的生态系统、构建人与自然生态审美关系,都是具有重要启发意义的。

由人与自然环境组成的复合生态系统是人的因素与自然环境因素相互影响、相互作用形成的有机整体,而人与自然的生态审美关系,也是在人与自然互相影响、互相作用、互相交融中形成的。人类的实践活动是人与自然互相作用的过程。马克思指出,人在实践中,"把整个自然界——首先作为人的直接的生活资料;其次作为人的生命活动的对象(材料)和工具——变成人的无机的身体"[③]。在人与自然"持续不断地交互作用"中,"人却懂得按照任何一个种的尺度来进行生产,并且懂得处处都把固有的尺度运用于对象;因此,人也按照美的规律来构造"[④]。正是在人与自然的交互作用中,自然因满足人的生存需要和审美需要,而对人展现出生态价值和审美价值。同时,也正是在人与自然的相互作用中,人才形成了感悟和体认自然的生态审美价值的能力。所以,人与自然的生态审美关系是人与自然、审美主体与审美客体互相作用、互相交融的结果。这种互相作用

---

① 参见彭立勋《生态美学:人与环境关系的审美视角》,《光明日报》2002年2月19日。
② 孙周兴选编:《海德格尔选集》(下),生活·读书·新知上海三联书店1996年版,第1193页。
③ 《马克思恩格斯文集》第1卷,人民出版社2009年版,第161页。
④ 《马克思恩格斯文集》第1卷,人民出版社2009年版,第163页。

和交融既是人类长期的历史过程,也体现在人对自然的审美欣赏和艺术创造中。宗白华先生说:"艺术意境的创造,是使客观景物做我主观情思的象征。我人心中情思起伏,波澜变化,仪态万千,不是一个固定的物象轮廓能够如量表出,只有大自然的全幅生动的山川草木,云烟明晦,才足于表象我们胸襟里蓬勃无尽的灵感气韵。"① 这是对艺术创造中人与自然、审美主体与审美客体相互交融的生态审美关系的生动描述。中国园林艺术的创造和欣赏非常注意人与自然、审美主体与审美客体的互动交融。通过运用因借体宜、虚实相生、显隐互现、曲折婉转等造园原则和手法,一方面,充分展现大自然的盎然生机、万千气象和生动形象,"纳千顷之汪洋,收四时之烂漫",尽显自然景观的"自成天然之趣",使自然的生态审美价值得到无限释放;另一方面,深切融入和引发创作者和欣赏者的审美感受和情感体验,使自然景物的"因借"与审美主体的"触情"互相交融,"似多幽曲,更入深情","触景生奇,含情多致",从而达到"物情所逗,目寄心期",使自然天成之美升华为意境灵动之美。可以说,通过主客、物我互动交融,构建体现人与自然生态审美关系的园林意境,这是中国园林艺术的一个独特贡献。

作为一门正在形成中的学科,生态美学可以有两个发展方向。一是从哲学美学的角度对人类生存状态进行思考,构建生态审美观和生态价值观;二是从经验美学的角度对生态环境建设进行探讨,促进生态保护和环境美化。这两方面的研究都可以对形成人与自然的生态审美关系,推动生态文明建设发挥积极作用。在生态美学的应用研究方面,生态城市、生态景观、生态设计、生态园林等理念的提出及实践,成为生态环境建设的新思潮,正在受到人们的重视。美国生态美学家保罗·戈比斯特将生态美学应用于景观感知和评价的研究,对生态审美景观的营造提出了一些很有价值的思想。他认为传统的风景美学将对景色的主观审美感受作为景观评估的唯一标准,可能会导致"审美—生态冲突",因为"审美价值与生态价值之间具有潜在矛盾,即在生态上有重要性的景观可能由于它们在视觉上没有吸引力而不能得到保护"。据此,他提出要重视"生态审美在景观感知和评估中的作用",使"景观的审美价值与生态价值相结合"。他说:

---

① 宗白华:《艺境》,安徽教育出版社2000年版,第5页。

"生态美学主张审美价值和生态价值不可分割,并把这种关系的实现看作是首要的、更好的。"① 中国园林艺术早就注重景观的审美价值与生态价值的结合与统一。计成提出"虽由人作,宛自天开"的造园原则,主张"相地合宜,构园得体","涉门成趣,得景随形",追求园林景观的"野致"和"自成天然之趣"等,都是强调在园林景观的选择和营造中,要充分依据和利用自然条件和生态环境,使自然景观的审美价值和生态价值达到统一。正如保罗·戈比斯特所说:"中国文化中环境美学所产生的影响可能会为审美价值与生态价值的更好结合提供一个机遇。"② 从当代生态美学新思潮反观中国园林艺术和美学思想,它所具有的生命力和价值,更加显得弥足珍贵。

(原载于《艺术百家》2012 年第 6 期)

---

① [美]保罗·戈比斯特:《西方生态美学的进展:从景观感知与评估的视角看》,《学术研究》2010 年第 4 期。
② [美]保罗·戈比斯特:《西方生态美学的进展:从景观感知与评估的视角看》,《学术研究》2010 年第 4 期。

附 录

彭立勋谈构建中国特色现代审美学

李明军[*]

推动审美学学科建设和体系创新

李明军：在中国当代美学界，你不仅研究审美活动和审美经验见长并形成鲜明的特色，而且是比较唯物的。你的代表作《美感心理研究》和《审美经验论》在美学界和文艺界都产生了较大影响，对中国当代美学在注重美的本质探讨的同时，也关注审美和艺术问题研究起到推动作用。你是怎样选择和坚持这一研究方向的？

彭立勋：1980 年春，我赴北京筹建全国马列文论研究会，拜访了周扬、朱光潜、蔡仪等美学前辈，向他们请教了一些美学问题。同年 6 月，参加了在昆明召开的第一次全国美学会议，在大会上就马克思主义美学研究问题作了发言。接着，北京师范大学举办全国高校美学教师进修班，我在那里听了朱光潜、王朝闻、蔡仪、宗白华、李泽厚等著名美学家的讲课。在此期间，我主要学习和研究了马克思《1844 年经济学哲学手稿》。经过学习和思考，我觉得当代中国各派美学对于美的本质的主张，各有优长，也各有缺陷，都难于完全令人信服。沿着旧的思路，难于获得突破。美固然具有客观性，但却不能脱离人的审美活动而存在。因为只有通过人的审美活动，客观对象才对人显现出美的价值。但长期以来，我国美学界

---

[*] 李明军，内蒙古民族大学文学院教授，文学博士，从事中国现当代文艺思潮研究。

对审美活动和审美经验的研究严重不足。而现代西方美学却越来越重视审美经验的研究，实现了从美的本质到审美经验的研究重点的转移。这一切，都使我感到把审美经验作为研究重点是大有可为的。于是，我将对于审美活动和审美经验的研究作为主攻方向。

1985年，我的新著《美感心理研究》出版，这是新时期我国最早出版的审美心理研究专著之一。在书中，我将美学和心理学、社会学、文艺学等多种学科结合起来，对美感心理的性质、特点、要素、结构、过程、形态等作了比较全面、系统的研究和论述，对美感的心理结构和功能特性，以及美感发生的心理机制作了一些新的探索。此书出版后，反响较大，多次再版，获得了全国优秀畅销书奖。但我觉得意犹未尽，继续研读了国内外一些相关研究成果，感到有许多问题有待深入探索。1987年，国家教委派我去剑桥大学作访问学者，我利用这个难得的机会，在国外阅读和收集了许多新资料，形成了一些新思想。回国后，撰写和出版了《审美经验论》。相对于《美感心理研究》，这本书更加注重审美经验的复杂性和特殊性的考察，也更加注重对于审美心理特殊结构方式的研究，同时，在运用当代新学科、新方法和借鉴当代西方审美经验研究新成果方面，也作了更多新的尝试。书中以现代科学方法论为基础，以分析审美心理特殊结构方式为中心，构建了一个较完整的审美经验的理论体系。此书获得了广东省优秀社会科学研究成果专著一等奖。

除了审美经验研究之外，西方美学研究也是我着力较多的一个领域。我在英国考察和研究西方当代美学发展情况时，对重视审美经验研究的英国经验主义美学产生了浓厚的兴趣，并且依凭剑桥大学得天独厚的图书资料优势，收集了较丰富的研究资料。后来，我以此为基础，将经验主义和理性主义两大美学派别单独列为一个研究课题，对其作全面、系统、综合、比较研究，撰写和出版了《趣味与理性：西方近代两大美学思潮》。这本书虽然是对西方近代两大美学思潮和派别的历史研究，但几乎涵盖了西方美学发展中产生的各种基本理论、学说、概念、范畴的探讨。其中，有关审美经验研究的历史梳理则是一个重点。

通过对审美活动和审美经验的理论研究和研究历史梳理，我觉得有必要提升到学科建设上加以推进。这促使我在原有研究成果的基础上再加发展，撰写和出版了《审美学现代建构论》，试图对审美学的学科体系建构、审美经验研究方式及方法创新以及构建中国特色现代审美学等做一些新的探索。这本书也是我长期从事审美学研究的心得和思想成果的一个小结。

李明军：你提出要把审美学作为一门独立的综合性的学科来建设，这对推进我国当代美学创新发展具有怎样的意义？

彭立勋：首先，这是美学本身转型发展的要求。西方美学的研究重点从美的本体、美的本质向审美主体、审美经验转移，是20世纪美学转型发展的重要表现。心理学美学的异军突起使审美经验独立成为美学的研究对象。从哲学、心理学、艺术学各种不同角度研究审美经验的学说和派别层出不穷。以致西方美学家不约而同地指出，审美经验以及与此相联系的各种艺术问题的研究已成为当代美学研究的重点。这种变革被公认为是当代美学区别于传统美学的一个主要标志。美学的这种变革必然推动学科的转型发展。在研究对象重点转移的同时，美学的学科体系和研究方法也产生了重要变化。许多当代有影响的美学家往往以审美经验作为构造全部美学体系的出发点，或作为研究所有美学问题的基础。这极大地推动了审美学的建设和发展。我国20世纪50年代以后的美学大讨论，基本集中在美的本质问题上，造成审美经验研究的长期缺失。改革开放以来，追赶世界美学转型发展的趋势，对审美经验的研究有了长足发展，推进审美学学科建设和创新发展已成推进我国当代美学研究的必然之举。

其次，这也是美学回应艺术实践和现实生活的要求。美学研究本来是出于解释和指导艺术实践的需要，艺术向来是美学的主要研究对象。黑格尔认为美学的正当名称是"艺术哲学"。他说："我们真正研究对象是艺术美，只有艺术美才符合美的理念的实在。"可是，我们的许多美学研究几乎和艺术实际无关，美学研究和艺术研究成为不搭界的两大块。朱光潜先生说过，把美学和文艺创作实践割裂开来，悬空地、孤立地研究抽象的理论，就会成为"空头美学家"。要解决这个问题，就必须重视审美经验的研究，因为审美经验研究是联结美和艺术研究的一座桥梁。从美的本质到艺术创造、艺术欣赏和批评，需要依靠审美经验来贯通。以艺术为中心研究审美经验和结合审美经验探讨艺术问题，将两者统一起来，已成为当代西方美学发展的重要趋势。这既是美学研究范式的转变，也是艺术研究范式的转变，极大地拉近了美学研究和艺术研究以及艺术创造和欣赏实践之间的距离。20世纪末以来，随着审美文化研究、日常生活美学、环境美学、生态美学等陆续走向美学的前沿，开始了美学面向现实生活的全方位转型。与这些领域相关的不同于艺术的审美经验成为美学家关注的新热点。这也对审美学研究提出了新的要求，并且成为推动审美学发展的新动力。

李明军：正如你所说，在西方现代美学中，对审美经验和相关的艺术问题的研究已经有丰富的成果，审美学的各种形态都有发展。比较而言，我国的审美学建设还存在不足，你认为推进审美学建设要解决的主要问题是什么？

彭立勋：推进审美学学科建设，首先需要拓展和深化关于审美活动和审美经验的研究领域和问题，完善和创新审美学学科体系。审美活动和审美经验是审美学的研究对象，也是构建审美学学科体系的出发点。但是，什么是审美经验？应当从哪些方面进行深入研究？包括哪些需要研究和解决的课题？等等，都还是需要进一步探讨的问题。目前，人们普遍认为审美经验主要是指人在欣赏和创造美和艺术时发生的心理活动，因此将审美心理活动研究作为审美学的研究重点，这是有一定道理的。审美心理是审美经验产生的出发点，是一切审美意识形成的基础，因而审美心理研究也应成为审美学的主体构成部分。但如果因此将审美学和审美心理学完全等同起来，那就忽视了审美经验的丰富内涵，把审美经验狭窄化了。

审美的意识活动表现为心理活动，但又不限于心理活动。审美意识作为审美主体对于审美对象的反映和反应，具有复杂的结构和不同的水平、不同的层次，包括不同的形式。它既包括审美心理，也包括审美心理之外的其他各种审美意识形式。审美心理活动是审美意识的不够自觉的、不够定型的形式。除此之外，包括审美观念、审美趣味、审美理想、审美标准等在内的审美意识形式，是审美意识中的自觉的、定型化的形式。审美心理和其他审美意识形式是互相关联、互相作用的。审美观念、审美理想、审美标准等意识形式是在审美心理活动的基础上形成的，但它是对于审美心理的提炼和升华，是通过自觉活动形成的定型化的思想观念。审美心理活动总是在一定的审美观念、审美理想、审美标准影响下发生的，是受这些审美意识形式制约的。此外，在审美心理活动的基础上，在审美观念和审美标准制约下，审美主体对于审美对象的审美价值所产生的审美判断和审美评价，也是审美意识的一种重要形式。以上所述，都是审美活动和审美经验相关的内容，也都是审美学需要研究的对象，当然是审美学的学科体系建设所必须包含的各个组成部分。

从当前情况看，审美心理部分的研究比较受到重视，成果也比较丰富。相对而言，对于审美意识的历史起源、社会本质和发展规律的研究，对于审美理想、审美趣味、审美标准、审美价值、审美判断、审美评价等问题的研究，则显得较为不足。虽然在西方审美学研究中，关于这些问题也有一些较为深刻的论述，但总的看来，成果并不理想。由于受到哲学观点的局限和存在问题的影响，许多西方美学家对于上述各种问题的看法仍较缺乏全面性、科学性。以艺术为主体的审美经验，既是一种心理现象，也是一种社会现象。对审美经验的考察和研究，不能仅仅停留在心理学层面，还必须从审美经验与人类社会实践的关系深入揭示其社会历史本质和规律性。在这方面，普列汉诺夫在《没有地址的信》中运用唯物史观，从社会学角度，对原始民族审美感觉、审美趣味、审美观念与社会生活条件关系所作的精辟分析和论述，至今仍然是我们学习的典范。可惜在当代美学研究中，很少再能见到这方面具有丰富考察资料、富有真知灼见和说服力的成果。因此，如何在正确的哲学观点和方法指导下，将美学和价值论、心理学、社会学、文化人类学、艺术史和艺术批评等学科结合起来，对审美经验进行全方位研究，作出深入的分析和科学地阐明，是完善和创新审美学学科体系的一项重要任务。

更新审美经验研究的思维方式

李明军：你在《审美经验论》和《审美学现代建构论》中，都提出要更新审美经验研究的思维方式，并倡导运用现代科学方法论于审美经验研究，这是出于怎样的考虑？

彭立勋：审美经验的性质和特点是什么？审美经验的心理结构和发生机制是怎样的？这是审美学要解决的核心问题，是美学家长期以来要揭示的审美之谜。要在这些重要问题上得到突破，必须从更新思维方式入手。传统思维方式的一个根本特点，就是按照"孤立的因果链的模式"思考对象，把一切事物都看作由分立的、离散的部分或因素所构成，试图用孤立的组成部分去解释复杂系统的整体，这种思维方式在以往的审美经验研究中一直有很大影响。西方许多审美经验理论和学说的一大弊病，就在于脱离整体去孤立地分析其各个构成要素，乃至简单地把某种构成要素的性质和特性当作审美经验整体的性质和特性。这就容易造成一叶障目，不见森林，难免对审美经验做出种种片面的解释。从康德的审美判断说、克罗齐的审美直觉说到弗洛伊德的审美无意识说等，无不存在同样的片面性。现代系统科学方法论突破了传统的思维方式，它把事物看作由各部分、各要素在动态中相互作用、相互联系而形成的系统，要求从整体性出发，把对象始终作为一个有机的整体，从系统与要素、整体与部分、结构与功能的辩证关系上去把握对象。由于审美经验是一种包含着许多异质要素的多方面的复合过程，是多种异质要素共同整合的结果，它的特性和规律只有在各种异质要素的整合中才能体现出来，因此，应用系统方法论这种新的思维方式或哲学方法论，对于纠正历来对于审美经验的一些片面理解，全面地、整体地认识审美经验的性质、特性和规律，就显得特别适合和重要。

按照系统论观点，系统整体水平上的性质和功能，不是由其构成要素孤立状态时的性质和功能或它们的叠加所形成的，而是由系统内各个要素相互联系和作用的内部方式即结构所决定的。审美经验和认知、道德及其他日常经验的区别主要不在于其构成要素的多寡，它的整体特性也不能由它的构成要素的孤立的特性或其相加的总和来解释，而是要由它的全部心理构成要素相互联系、相互作用所形成的特殊结构方式来说明。如果我们不去认真研究在审美经验中感知和理解、知觉和情感、情感和理性、想象和思维、意识和无意识等各种异质要素是以何种特殊方式相互联系和作用的，不去认真分析美感中的特殊的认识结构、情感结构以及二者之间的相互关系，我们就无法从整体上去认识和把握审美经验的特性和功能。对于人们常常遇到的特殊的审美心理现象以及常常用于描述审美经验的特殊概念和范畴，如直觉性、愉悦性、形式感、移情作用、同情作用、非确定性、非功利性、不可言说性、意象、趣味等，也就不能从整体上给予科学的阐明。

李明军：你以现代系统科学方法论为基础，通过分析审美心理的特殊结构方式，构建了独特的审美经验的理论体系，受到同行专家的高度评价。这方面研究你获得了哪些新的认识和新的成果？

彭立勋：我在《审美经验论》和《审美学现代建构论》等著作中，以系统科学方法论为基础,从审美经验特别是艺术创作和欣赏的经验出发,提出了审美心理系统整体论、审美认识结构方式论、审美情感结构方式论、美感发生中介机制论以及审美生成主客体互动论等理论观点,形成了一个较为完整的、独特的审美经验的理论体系。通过深入分析和探讨审美经验的特殊心理结构方式以及美感发生的中介机制,我确信审美经验的整体性质和特点不是由心理构成因素的孤立性质或各种心理因素相加的总和所决定的,而是由它的特殊心理结构方式决定的。审美中各种感性认识因素和理性认识因素以特殊方式相互联系、相互作用,形成感性与理性相统一的审美认识结构(形象观念、意象、形象思维等);审美中情感因素和不同认识因素以特殊方式相互联系、相互作用,形成情感与认识相交融的多层次审美情感结构(情景互生、移情作用、同情共鸣、人物内心体验等);审美认识结构和审美情感结构以特殊方式交互作用、相互协调,导致合规律性与合目的性相统一的自由和谐的心理活动,最终形成以情感愉悦和心灵感动为特点的审美总体体验。审美经验表现出的特殊心理现象如直觉性、形式感、愉悦性等,都是由于审美心理的特殊结构方式以及美的观念的中介作用所形成的整体效应。因此,发现并科学地解释审美心理的特殊结构方式,是揭示审美经验特殊规律的关键所在。

在审美经验形成中,美的观念的中介作用非常重要。康德在《判断力批判》中阐明的"美的理想""审美理念"也就是一种美的观念。他说:"我把审美理念理解为想象力的那样一种表象,它引起很多的思考,却没有任何一个确定的观念、也就是概念能够适合它,因而没有任何言说能够完全达到它并使它完全得到理解。"美的观念是审美心理特殊结构方式的产物和体现,是感性与理性、认识与情感、特殊与普遍、主观与客观、合规律性与合目的性的统一,集中表现着审美经验的系统整体性。美的观念的中介作用,既可以从皮亚杰的发生认识论关于同化和顺应理论得到科学说明,也可从现代控制论关于大脑活动受非约束性信息与约束性信息双重决定作用理论得到有力支撑。弄清美的观念在美感发生中的中介作用及其形成的心理机制,是揭示审美心理奥秘的一个重要突破口。

如果我们能从审美经验的特殊结构方式去认识和把握审美经验的整体性质和特性,那么对美学中长期争议的审美非功利问题就可以有新的认识。人们在获得审美愉快时,确实没有自觉的个人利害考虑,但这种愉快是审美中各种心理要素以特殊方式相互作用、共同整合的结果，其中已渗透着想象、理解、情感、意愿等心理要素，而人的这些心理要素及其形成的整体意识总是自觉不自觉地受到一定的社会生活条件制约的。所以，审美愉悦的个人主观形式中必然寓含着客观社会功利内容，是非功利性与功利性的统一。这就是为什么艺术的审美愉悦功能和教育感化功能总是不能偏废的原因。

推进中国特色现代审美学建设

李明军：你在《审美学现代建构论》中认为，对百年中国现代审美学的发展进行系统的科学的分析和总结，是推进中国特色现代审美学建设的重要前提。你对王国维、朱光潜、宗白华审美学研究的比较分析相当精确，对中西结合探索经验的总结也非常深刻。

彭立勋：百年中国现代审美学是在不断探索西方美学和中国美学及文艺传统相结合中向前发展的。如何接受西方美学的影响并之使与中国传统美学相交融，是中国现代审美学建设需要解决的一个主要问题。由于中、西美学在理论形态和范畴、话语及表达方式上都存在明显的差异，因此，在两者的结合中，如何使双方互相沟通，在观点、概念、范畴上产生彼此关联，同时又保持各自的特色和优点，在融合、互补中进行新的理论创造，成为实践中一个难题。在解决这个难题中，20世纪前期在审美学研究中进行的中西结合的探索有过多种多样的尝试，提供了许多好的经验。从王国维、朱光潜到宗白华，既能准确地把握中西美学的融通之点，又能充分展示中西美学各自的特色，做到异中有同，同中有异，在比较、融合、互补中实现观点和理论的创新。

值得注意的是，在实现这一目标中，王国维、朱光潜、宗白华都发挥了个人的独创性，采用了各自不同的方式。如王国维主要是运用西方美学的新理论、新观念和新方法，研究中国古典文艺作品和审美经验，对中国传统审美学思想范畴进行新的阐发，他的"境界"说堪称运用西方美学观念和方法阐释中国传统审美学范畴的经典成果。朱光潜则以西方美学理论特别是各种现代心理学美学的理论为骨干，补之于中国传统美学思想和概念，试图建构一个中西结合的心理学美学体系。《文艺心理学》从体系上看，基本上是以西方审美学理论和范畴为框架的，但具体论述中，却处处结合着中国传统审美学观念和文艺创作的经验，两者互相印证，达到"移西方文化之花接中国文化传统之木"。至于宗白华，则以中国艺术的审美经验以及中国传统美学思想为本位，着重于中西艺术审美经验和美学思想的比较研究，在比较中探寻中国艺术创造和审美心理的特色，发掘中国艺术和传统美学思想的精微奥妙。他对于中西艺术不同审美特点和表现形式的分析，对于中国艺术意境的"特构"和深层创构的发掘，至今无人企及。尽管他们各自探索中西美学结合的方式不同，着眼点却都是要通过吸收、借鉴西方美学和继承、改造传统美学，形成独特的见解，创造新鲜的理论。这一成功经验对于我们推进中国特色现代审美学建设具有重要意义。

虽然百年来中国审美学建设沿着中西结合之路获得了丰硕成果，但仍然存在一些问题。由于盲目崇拜，自觉或不自觉地把形成于西方文化土壤、哲学基础及文艺传统之中的西方美学理论、概念、范畴，无限扩大为一种普泛性的范式和标准，试图用它去套中国文艺创作实践和传统美学思想，结果就出现了"以西格中"、生搬硬套的现象，这就使中国现代审美学建设在民族化、本土化方面存在严重不足。这个问题如不解决，势必影响中国特色现代审美学的建设。鉴于此，我们必须调整中西美学结合研究的思维方式和方法，改变以西方美学为本位和普遍原则，简单接受移植的研究方式，倡导中西美学之间的文化对话，把中西美学的结合看作对话式的、多声道的，而不是单向的或单声道的，使中西美学结合真正成为一种跨文化的互动，在真正平等而有效的对话基础上，达到中西美学的互识、互鉴、互补。

李明军：你将推动中国传统审美学思想创造性转化，使其与中国当代审美和文艺实践相结合，作为建设中国特色现代审美学的关键问题很有见地。那么，究竟应当如何推动中国传统审美学思想的创造性转化？传统审美学思想对构建中国特色现代审美学具有怎样的价值？

彭立勋：建设中国特色现代审美学需要对中国优秀的传统审美学思想进行创造性转化。实现这一目标，应从两方面努力。首先要进一步深入研究和揭示中国传统审美学思想的特点。尽管20世纪以来，对中国古代审美学思想的研究已有重要进展，中国传统审美学思想的一些重要概念和范畴正在逐步得到较深入的阐释，中西审美学思想的不同特点也在比较中逐步得到较明晰的揭示，但是对中国古代审美学思想进行全面清理和系统研究仍嫌不足，对中国特有的审美学的范畴、概念和命题进行深刻挖掘和创造性阐发仍需加强。中国传统审美学思想不仅有其独特的观念、命题和概念范畴，而且有其独特的理论形态和思维方式，而这些又是同中国传统文化和艺术审美经验的特点相联系的。在中国传统哲学辩证思维方式影响下，中国传统审美学思想强调审美中主客体的辩证统一和二者的相互作用，强调审美中情感因素和理性因素的互相渗透和有机融合，强调审美的愉悦性与陶冶性相结合和相统一，视审美观照和审美经验为一种超越性人生境界。它所形成的一系列基本学说和范畴，和西方美学的基本理论和范畴，构成具有不同内涵、优势和特点的两大美学体系，不仅具有鲜明的民族特色，也为世界美学作出了独特贡献。从中国哲学特有的思维方式和传统文化的独特语境出发，全面、系统地分析其形成和演变，准确、科学地揭示和把握其内涵和特点，使其成为具有中国民族特色的传统审美学思想理论体系，是在新的现实条件下对其加以继承和发展的基础和前提。中西比较研究对于揭示中国审美学思想的特点不失为一种好方法，而且可以在比较中见出中西美学思想各自的优势和互补性。新时期以来，这种比较研究有了较大进展，但要注意避免比较中的生拉硬扯、以偏概全及主观臆断等现象，使比较研究真正建立在对中西美学思想的科学分析和真知灼见的基础上。

其次，要从当代现实生活以及审美和艺术实践需要出发，从新时代的高度，对传统审美学思想进行新的审视和创造性阐释，使其与当代审美观念与艺术实践相结合，成为构建中国特色现代审美学的有机组成部分。近年来，美学界和文艺理论界讨论的中国古典美学和文论的现代转型或现代转换问题，对于促进中国特色现代审美学和文艺学建设是十分有益的。我们所理解的"现代转型"和"现代转换"就是要从新的时代和历史高度，用当代的眼光对传统美学和文艺理论中的命题、学说、概念、范畴和话语体系进行新的阐述和创造性发挥，以展示其在今天所具有的价值和意义，从而使其与当代美学和文艺观念相交织、相融合，共同形成中国特色现代美学和文艺学的新的理论形态和话语体系。中国传统诗文理论中一直贯穿着"心物感应"说、"情景交融"说，既肯定审美活动和文艺创作的客观来源，又强调主客、心物、情景之间的互相联系、互相作用、互相交融；也一直倡导"情志一体"说、"情理交至"说，既肯定审美活动和文艺创作的情感特点，又强调情感和理性的互相渗透、互相制约、互相交织，这些充满唯物辩证的审美学思想，是中国传统美学思想的精华，经过创造性转化，和中国特色现代审美学和文艺理论的观点和话语体系是完全相融合的，对中国特色现代审美学和文艺理论建设具有极其重要的理论价值。

推动中国传统审美学和文艺理论的创造性转化，需要研究者既有对中国古典美学和文论的透彻理解，又有对符合时代要求的当代审美意识和文艺观念的准确把握；既要回到原点，从中国文化的特定语境中，去深入理解传统美学与文艺理论观念和范畴的历史本来含义，又要立足当代，对传统美学与文艺理论观念和范畴的时代价值和当代意义进行重新发现和创造性转化，使两者真正达到融会贯通、水乳交融。这是一项具有探索性和开拓性的工作，应当提倡和鼓励探索多种多样的研究途径、研究方法，创造多种多样的理论形态和理论体系。我们应在过去研究成绩的基础上，更自觉地推动这项工作，使研究更加深刻化、系统化，更具有完整性和创新性，从而推动中国特色现代审美学建设。

李明军：美学研究与哲学研究密切相关，美学思想总是以一定的哲学方法论为基础建立起来的。你提出建设中国特色现代审美学必须确立正确的、科学的方法论，这是一个带方向性的问题，对当前美学和文艺研究具有很强的现实意义。

彭立勋：20世纪以来中国审美学发展历程和当代美学论争都表明，要建立科学的现代审美学体系，必须使审美活动和审美经验研究奠定在正确的、科学的方法论的基础之上。方法论有不同层次，最高层次的就是哲学方法论。审美学研究要沿着正确的方向前进，必须有科学的哲学方法论作指导。审美学中的一些根本问题，本来就同哲学的基本问题密切联系，何况美学本身就属于哲学的领域。审美学研究只有在正确的哲学方法论指导下，才能取得真正科学的成果。它从经验或实验以及其他相关学科中获取的大量资料，更需要进行哲学的综合。如果没有哲学的帮助，要形成、解释、阐述审美学的概念、范畴、理论并形成体系，将是不可能的。建构有中国特色的现代审美学体系所需要的哲学方法论，既不是否定审美经验具有客观来源和社会制约性的主观唯心主义，也不是否定审美主体在审美经验中具有能动作用的机械唯物主义，而只能是辩证唯物主义和历史唯物主义。马克思主义的实践论和辩证唯物主义的能动的反映论，应当是科学的审美学的方法论基础。哲学方法论的区别不仅可以使我们能站在一个理论制高点上去审视、鉴别西方各种现代审美学流派和思潮，真正从中吸取科学的、合理的成果，避免生吞活剥、亦步亦趋，而且将使我们建构的科学的、现代的审美学体系真正具有不同于西方审美学的理论特色。

现在，美学界、文艺界思想活跃，学术观点越来越趋向多元化发展。这就更加需要强调确立正确的、科学的哲学方法论的重要性。当前在美学和文艺领域产生的许多理论分歧和争论，归根到底还是哲学方法论上的分歧所引起的。有的人在美学和文艺理论研究中，不加分析地搬用某些现代西方哲学理论作为基础，或者用某些现代西方哲学理论来改造马克思主义的哲学观点，这就在哲学方法论上产生了问题。以此作为研究美学和文艺问题的出发点，在观点上难免出现偏颇；这也从另一方面说明确立正确的哲学方法论对于美学和文艺研究沿着正确方向前进是至关重要的。

哲学的方法论只能包括而不能代替具体学科的方法论。审美学与和它密切相关的心理学一样，还是一门正在走向成熟的学科，它的具体的研究方法还处在发展和更新之中。当前西方心理学美学的发展趋势是越来越重视多种研究方法的综合运用，可供我们借鉴。审美学要形成独立的学科并取得科学的成果，绝不能简单地套用一般心理学的方法，而必须形成适合本身研究对象和内容的独特的方法。一般心理学研究方法的发展趋势将是越来越自然科学化，越来越强调定量分析的重要性。而审美心理研究则由于其研究对象本身具有更为复杂的社会人文内涵，具有社会性精神现象的微妙难测的特点，因此，要达到完全自然科学化和定量分析，肯定是难以实现的，这就使审美学的特殊方法问题成为审美学发展中不能不引起高度重视的一个问题。对审美经验的研究不仅要借助心理学，也要借助社会学、文化人类学、文艺学、符号学等，这就必然使审美学的研究方法具有综合性和多学科性。我们应当在推进审美学学科建设中，继续探索符合学科研究对象和内容的特殊研究方法，这也是推动中国特色现代审美学建设和创新发展的一个重要方面。

（原载于王文革、李明军、熊元义主编《当代文艺理论家如是说》，中国文联出版社2015年版）

审美学的理论创新与学科建构

——美学家彭立勋先生访谈录

章 辉[*]

创新审美经验研究理论体系

章辉：你从20世纪80年代初开始，长期从事美学研究，在审美学、西方美学、比较美学、文艺美学等领域建树颇丰，并形成自己鲜明的学术特色，被同行专家称为我国新时期审美经验研究的代表性美学家之一。你在《审美经验论》一书中提出要更新审美经验研究的思维方式，并倡导运用现代科学方法论于审美经验研究，这对审美学的理论创新有何重要意义？

彭立勋：虽然对审美经验的研究，早已引起众多美学家的重视和兴趣，但是，人们至今对其规律的认识还是有限的。有的当代西方美学家甚至认为，迄今为止对于审美经验的主要内容进行透彻研究的人寥寥无几。这可能是对已有的研究成果估计不足，但也反映出美学界对现有的研究水平的不满。如何在更高水平上对审美经验进行全面、透彻的研究，以求得对于它的特殊性质和规律有更深入、更切实的认识，是摆在当代美学家面前的一项艰巨任务。我认为，要在现代水平上对审美经验作出新的、深入的分析，必须借鉴现代科学方法论，在更新思维方式上作出更大的努力。传统思维方式的一个根本特点，就是按照"孤立的因果链的模式"思考对象，把一切事物都看作由分立的、离散的部分或因素构成。这种思维方式

---

[*] 章辉，三峡大学文学与传媒学院"楚天学者"特聘教授，文学博士，从事美学和文艺理论研究。

在审美经验的分析中一直很有影响。其结果就形成偏重于对审美经验的各个构成要素、各个组成部分、各种表现形式进行分离的、孤立的分析，或者简单地把某种构成要素的性质当作审美经验整体的性质，或者孤立地将某种表现形式的现象当作审美经验的全部规律。这就难以避免对审美经验做出种种片面的解释。当代科学技术已经由分化转向整合，由研究简单性现象发展到关注对象的复杂性，这就必然引起方法论基础的更新。适应这种变化，一种新的思维方法形成并发展起来，这就是系统方法。系统方法突破了习惯的思维方式，它把事物看作由各部分、各要素在动态中相互作用、相互联系而形成的系统，要求从整体出发，把对象始终作为一个有机的整体，从对象本身所固有的各个方面、各种联系上去考察对象，从系统与要素、整体与部分、结构与功能的辩证关系上去把握对象，从而能够把微观和宏观、还原论和整体论结合起来，以适应复杂性问题的解决。由于审美经验不是一种简单的、纯一的心理现象，而是一种包含着许多异质要素的多方面的复合过程，是多种异质要素共同整合的结果，它的特性和规律只有在各种异质要素的整合中才能体现出来。因此，应用系统方法论这种新的思维方式或哲学方法论，可以纠正历来对于审美经验的一些片面理解，为全面地、整体地认识审美经验的性质、特性和规律，开辟一条新的途径。这方面完形心理学美学已经作了一些尝试，并取得积极成果，充分证明运用现代科学方法论于审美经验研究是推动审美学创新的有效手段。

章辉：你以现代系统科学方法论为基础，通过分析审美心理的特殊结构方式，构建了独特的审美经验的理论体系，受到同行专家的高度评价。请介绍一下你在审美经验的理论体系建构上所取得的新的研究成果。

彭立勋：我在《审美经验论》和《审美学现代建构论》等著作中，以系统科学方法论为基础，以分析审美心理特殊结构方式为中心，从审美经验特别是艺术创作和欣赏的经验出发，提出了审美心理有机整体论、审美认识结构方式论、审美情感结构方式论、美感发生中介机制论以及审美生成主客体互动论等新的理论观点，形成了一个较为完整的、独特的审美经验的理论体系。

首先，提出并阐明了审美心理有机整体论。运用系统方法对审美经验进行宏观研究，首先要着眼于对审美经验的整体特性的总体的分析和把握。一般系统论的创立者贝塔朗菲认为，系统论是关于"整体性"的一般科学。系统方法包括要素分析，但不限于要素分析，它特别强调整体性，强调综合对于分析的统摄性。以往的许多审美经验理论的一大弊病，就在于脱离整体去孤立地分析其要素，乃至把其构成要素的某种特性当作整体的功能特性。西方一些很有影响的审美理论在解释审美经验的特性时，往往只注意到其构成要素的特殊性，却忽视了其要素构成方式的特殊性，所以在规定美感的特性时缺乏整体观念。它们或者强调美感即直觉（即低级的感觉活动），与理智无关（克罗齐）；或者认为美感只涉及情感，不能容纳认识（康德）；或者主张美感根源于无意识的欲望，不受意识支配（弗洛伊德）；等等。实际上，直觉、情感、欲望乃至无意识的深层心理因素，都不过是审美心理、审美经验的构成要素，它们各自孤立的性质或孤立性质相加的总和，都不能构成美感的整体特性和功能。按照系统论观点，系统整体水平上的性质和功能，不是由其构成要素孤立状态时的性质和功能或它们的叠加所形成的，而是由系统内各个要素相互联系和作用的内部方式即结构所决定的。审美经验和认知、道德及其他日常经验的区别主要不在于其构成要素的多寡，它的整体特性也不能由它的构成要素的孤立的特性或其相加的总和来解释，而是要由它的全部心理构成要素相互联系、相互作用所形成的特殊结构方式来说明。我们要科学地认识和把握审美经验的特性和功能，就必须把审美经验作为一个有机整体，深入研究在审美经验中各种异质要素是以何种特殊方式相互联系和作用的，从感性与理性、认识与情感、愉悦与陶冶的辩证统一中去把握审美经验的整体性。

其次，提出并论证了审美心理特殊结构方式论。系统论认为，要把握系统的整体特性，必须分析和了解系统内各要素相互联系和作用的内部方式，即结构。因为"系统的性质和这种整体性（非加和性）是由其结构来决定的，即由系统的要素的相互作用方式和联系方式决定的"（茹科夫）。这就要求我们在研究审美经验性质和特性时，必须把分析和掌握审美经验的特殊心理结构方式作为核心。审美心理结构是审美经验中各种心理要素之间形成的一种稳定的内部联系和互相作用的方式。审美经验的整体性质和特点就是由它的特殊心理结构方式所决定的。按照系统论的结构层次性、等级性原理，我们将审美心理结构分为审美认识结构和审美情感结构，分别考察他们的特殊结构方式和层次性。然后再将审美认识结构和审美情感结构结合起来，综合考察他们相互间的特殊结构方式和层次性。审美认识活动包括感知、表象、联想、想象、理解等不同认识层次，各种感性认识因素和理性认识因素以特殊方式相互联系、相互作用，形成感性与理性相统一的审美认识结构——形象观念和形象思维，具有"思与境偕""寓理于情""可解不可解之会"等审美特点。审美情感活动包括审美主体与对象互动中产生的各种情绪、激情和情感，它们与不同的认识层次相联系，从浅层次、简单的情感发展到深层次、较复杂的情感，并形成不同的情感活动形式。较常见的审美情感活动形式有触景生情、移情作用、人物内心体验、同情共鸣等，它们互相结合构成多层次审美情感结构。审美认识结构和审美情感结构以特殊方式交互作用、相互协调，导致合规律性与合目的性相统一的自由和谐的心理活动，最终形成以情感愉悦和心灵感动为特点的审美总体体验。审美愉快的总体体验，不是某一种心理因素引起的，也不同于审美活动中的伴随不同认识因素的各种情感因素。它是审美心理整体特殊结构方式的产物，具有复杂、丰富的心理内涵和心理原因。

最后，提出并探讨了审美发生中介机制论。审美经验不是审美主体对审美客体的简单反映，而是主体与客体相互作用的能动过程。客体对主体的影响，需要通过主体美的观念的中介作用，才能形成美感心理效应。美感发生往往是对于审美对象一见倾心，具有直觉性。这种现象只有通过美的观念的中介作用才能得到合理解释。在美感发生机制中，美的观念的中介作用非常关键。美的观念是审美心理特殊结构方式的产物和体现，是感性与理性、认识与情感、特殊与普遍、主观与客观、合规律性与合目的性的统一，集中表现出审美经验的系统整体性。康德在《判断力批判》中阐明的"美的理想""审美理念"也就是一种美的观念。美的观念的中介作用可以从现代控制论信息论和心理学的新成果中得到更科学的说明。现代控制论提出，人的意识具有"信息—调节性质"，人的心理过程表现为双重决定作用：一方面，它受到从外部世界获得的非约束性信息的制约；另一方面，它又受种族发生和个体发育中所积累的大脑的一切约束性信息影响。这两种决定因素——外部的和内部的、外来的和内源的——总是处于密切的联系和交互作用之中的。现代心理学对知觉的研究表明，知觉的结构一方面是外部信号作用的结果；另一方面又来自主体，是主体贡献的结果。主体在实践和认识活动过程中所形成的各种解释模型的系统，为认识客体对象提供了"观察点""视角"和"解码系统"，因而在主体反映客体中起着中介因素的作用。这都有助于从微观上去揭示审美经验发生的中介因素和内在机制，使审美经验研究取得新突破。

推进审美学学科建设

章辉：你在《审美学现代建构论》中将审美经验研究提升到学科建设层面，提出把审美学作为一门独立的综合性的学科来建设。你认为审美学和美学是什么关系？怎样具体界定审美学的研究对象？

彭立勋：关于审美学，存在着多种理解。有的著作取名《审美学》，实际研究内容和美学几乎完全一样，这就是把审美学等同于美学，只是用了不同的名称来称呼同一学科。按照这种理解，"Aesthetics"本来含义就是审美学，美学应该称作审美学。另一种理解是把审美学看作美学中的一个组成部分，如认为美学是由美的哲学、审美心理学、艺术社会学三个部分组成，这种看法在我国当代美学研究中较有影响。还有一种理解，就是把审美学看作美学中相对独立的一门学科，或者说与美学密切联系的一门交叉学科，西方当代美学家多持这种看法。如《走向科学的美学》的作者、美国著名美学家托马斯·门罗认为包括审美心理学、审美形态学、审美价值学在内的审美学，是一种经验科学和美学的分支学科。西方心理学美学家几乎都是将心理学美学或审美心理学作为一门独立学科来看待的，有的甚至将它看成心理学的分支学科。随着西方当代美学的研究重点从美的本体、美的本质向审美主体、审美经验转移，从哲学、心理学、艺术学各种不同角度研究审美经验的学说和派别层出不穷，审美学发展成一门独立的交叉学科已是大势所趋。

审美学作为美学的一门相对独立的分支学科，它以人的审美活动和审美经验作为特定的研究对象。审美活动是人的社会实践活动之一，主要包括两种形式，一是对艺术和一切具有审美价值的对象的欣赏；二是对艺术和一切审美对象的创造。审美活动是在审美主体和审美客体互相作用中发生的，具有不同于认识、道德等活动的特点。所以，审美学必须研究审美主、客体的特殊关系（审美关系），阐明审美活动的来源、性质和特点。审美经验是审美主体在审美欣赏和美的创造活动中产生的感受和体验以及在感受、体验的基础上形成的判断和评价。广义上它包括审美心理活动、审美评价活动以及在此基础上形成的审美趣味、审美理想、审美标准等各种审美意识。审美心理、审美评价和其他各种审美意识的性质、特点和规律是审美学研究的主要内容。

就研究对象说，审美学和美学是部分与整体的关系。按照传统理解，美学应当包括美、美感和艺术的研究，也就是包括了审美学的研究内容。但审美学和美学在研究对象的重点上是不一样的，审美学的研究对象重点集中在审美经验上，它对美和艺术的研究也是从审美经验出发的，并且是密切结合着审美经验的。就研究范式和方法上看，审美学又是超越了美学的学科界限的。比如，审美心理研究需要美学和心理学、艺术学等学科的交叉；审美评价研究需要美学和价值学、艺术批评学等学科的交叉；审美趣味、审美标准和审美理想的研究需要美学和文化人类学、社会学等学科的交叉；等等。所以，审美学在美学中具有相对独立性。认为有了美学，审美学就不能作为独立的学科存在，是没有根据的。

章辉：你对审美学的研究对象、学科体系、研究方法、学术资源等都作了全面的探讨和论述，从我国美学研究情况看，你认为推进审美学学科建设要解决哪些问题？

彭立勋：首先需要推进审美学的多学科交叉和融合。从审美学的研究对象审美经验本身来看，其性质所具有的复杂性、特殊性、多样性和深刻性，不是仅仅依靠某一种学科就能够全面、深入地加以揭示和探明的。我们不能将审美经验的研究仅仅归结成一种心理学的研究，将审美学等同于审美心理学。审美经验研究固然需要依靠心理学，但又不能局限于心理学。审美经验的多方面的复杂性质，它与主现、客观方面的多种关系需要比心理学更为广泛的研究。比如，审美经验作为人的一种特殊意识活动，它是如何反映和评价客观世界的，如何认识它的本质和特点，把握它与人的其他诸种意识活动的联系和区别等等，这更需要哲学的思考和回答。又比如，审美经验作为社会意识之一，它同整个人类社会生活的联系，它的起源和发展，它的社会历史制约性以及在人类文化中的地位和作用，等等，这需要借助于社会历史的研究方法，需要从社会学、文化人类学、历史学、艺术史等学科的角度共同进行研究。还有，关于审美经验的类型和审美范畴的研究，关于创造和欣赏中审美经验的差异性和一致性的研究，关于审美经验的多样性和变化性的研究等等，又与艺术形态学、艺术创造和鉴赏的一般理论等相联系。总之，要全面地分析和解释审美经验，需要借助于哲学和多种人文科学、自然科学的成果来做综合思考。审美学应是一个包括多种形态的、由多种学科交叉构成的综合性学科。其中，既有从不同哲学体系和观点出发探讨审美意识本质、规律和特点的审美哲学，又有从各种心理学体系和观点出发，阐明审美心理构成、过程和特点的审美心理学；既有用社会历史观点和方法研究审美意识的社会性质和历史变化的审美社会学，也有主要从艺术实践出发，探索艺术创作、艺术作品和艺术欣赏的审美特点和规律的审美艺术学。正是多种形态的存在和多种学科的交叉，为审美学的现代构建开辟了广阔的创新空间。

其次，需要拓展和深化审美经验的研究领域和问题。审美心理是审美经验产生的出发点，是一切审美意识形成的基础。研究审美经验自然应以审美心理为主要对象，但这部分研究也需要进一步拓展研究领域和问题，不能局限于心理学的既有研究内容和一般结论，而是要紧密结合审美心理特点和复杂性以及实际提出新问题并进行开创性探索。审美的意识活动表现为心理活动，但又不限于心理活动。它具有复杂的结构和不同的水平、不同的层次，包括不同的形式，既包括审美心理，也包括审美心理之外的其他各种审美意识形式。审美心理包括审美感觉、知觉、联想、想象、理解、情感、意志等心理活动和过程，是审美意识的不够自觉的、不够定型的形式。除此之外，包括审美观念、审美趣味、审美理想、审美标准等在内的审美意识形式，是审美意识中的自觉的、定型化的形式。审美心理和其他审美意识形式是互相关联、互相作用的。审美观念、审美理想、审美标准等意识形式是在审美心理活动的基础上形成的，但它是对于审美心理的提炼和升华，是通过自觉活动形成的定型化的思想观念。审美心理活动总是在一定的审美观念、审美理想、审美标准影响下发生的，是受这些审美意识形式制约的。此外，在审美心理活动的基础上，在审美观念和审美标准制约下，审美主体对于审美对象的审美价值所产生的审美判断和审美评价，也是审美意识的一种重要形式。从当前情况看，审美心理部分的研究比较受到重视，成果也比较丰富。相对而言，对于审美意识的起源、本质和特点的研究，对于审美理想、审美趣味、审美标准、审美价值、审美判断、审美评价等问题的研究，则显得较为不足。如何在正确的哲学观点和方法指导下，将美学和价值论、心理学、思维科学、社会学、艺术史和艺术批评等学科结合起来，对上述方面的问题作出深入的研究和科学的阐明，是完善和创新审美学学科体系的一项重要任务。

最后，需要推进经验的研究和思辨的研究互相结合。从美学史发展看，对审美经验的研究主要有两种途径和方法。一种是思辨的、哲学的途径和方法；另一种是经验的、科学的途径和方法。这两种研究方法各具特点，对于揭示审美经验的性质和特性具有不同的作用。一般说来，对于审美经验进行的经验的、科学的研究，是以经验的材料为基础的，它需要对反复产生的现象进行观察和实验，需要把思想见解作为能被测试和验证的假设，需要客观的数据和定量的分析，需要把理论放在有效的事实的基础上。这一切使它对审美经验的性质和特点的把握往往具有具体的、微观的、部分的、精确的特点。另外，对于审美经验进行的思辨的、哲学的研究，则是从形而上学的假说和某种哲学的构架出发，它需要并非经验的逻辑分析，需要纯粹的理性思考，需要最高的科学抽象，需要构造出概念、范畴和理论的体系。这一切使它对审美经验的把握往往具有概括的、宏观的、整体的、系统的特点。审美学研究的实践和进展说明，采用单独一种方法研究和揭示审美经验，都较难全面、深入地认识和揭示审美经验的性质、特点和各个方面的问题，只有将经验的、科学的方法和思辨的、哲学的方法两者有机结合起来，才有助于深化审美经验的研究。无论是经验的、科学的方法，还是思辨的、哲学的方法，它们本身都处在不断发展和更新之中，要将审美学的研究提高到新的水平，进一步推进审美学的现代建构，研究方法的丰富和更新是不可缺少的。

推动中西审美学融合创新发展

章辉：你对百年中国现代审美学的发展进行了系统的分析和全面的总结，并指出建设中国特色现代审美学必须走健康的中西结合之路。那么，你认为中国现代审美学建设在中西结合探索方面有哪些经验和问题？如何进一步推进中西审美学融合发展？

彭立勋：中国古代虽有丰富的审美学思想，但并无现代意义上的审美学。因此，建设中国特色现代审美学，推进审美学研究的现代化，不能单靠中国传统美学，必须引进外国、西方新的美学理论、观念和方法，吸取和借鉴其中科学的、合理的东西，作为构建我们自己的新的审美学理论和体系的参照。否则，我们的审美学研究就会因缺乏新鲜的思想营养而停滞不前，就无法同世界各国的美学进行对话和交流。但是，引进和吸收外国、西方的美学理论、观念和方法，又不能盲目照搬，全盘西化，不能脱离中国文艺的实际和中国美学的传统；否则，我们的审美学将会失去创造性和民族特色，使建设有中国特色的现代审美学成为泡影。所以，建设和发展中国现代审美学的正确道路，只能将西方新的、科学的美学理论和方法与中国传统的、优秀的美学思想以及中国文艺实践结合起来。

20世纪以来的中国现代审美学是在不断探索西方美学和中国美学及文艺传统相结合中向前发展的。如何接受西方美学的影响并之使与中国传统美学相交融，是中国现代审美学建设需要解决的一个主要问题。由于中、西美学在理论形态和范畴、话语及表达方式上都存在明显的差异，因此，在两者的结合中，如何使双方互相沟通，在观点、概念、范畴上产生彼此关联，同时又保持各自的特色和优点，在融合、互补中进行新的理论创造，成为实践中一个难题。在解决这个难题中，20世纪前期在审美学研究中进行的中西结合的探索有过多种多样的尝试，提供了许多好的经验。从王国维、朱光潜到宗白华，都发挥了个人的独创性，采用了各自不同的方式，"移西方文化之花接中国文化传统之木"。既能准确地把握中西美学的融通之点，又能充分展示中西美学各自的特色，做到异中有同，同中有异，在比较、融合、互补中实现观点和理论的创新。这一成功经验对于我们推进中国特色现代审美学建设具有重要意义。

虽然百年来中国审美学建设沿着中西结合之路，获得了丰硕成果，但仍然存在一些问题。由于盲目崇拜，自觉或不自觉地把形成于西方文化土壤、哲学基础及文艺传统之中的西方美学理论、概念、范畴，无限扩大为一种普泛性的范式和标准，试图用它去套中国文艺创作实践和传统美学思想，结果就出现了"以西格中"、生搬硬套的现象。这就使中国现代审美学建设在民族化、本土化方面存在严重不足。改革开放以来，我们在引进西方现当代美学成果上迈出了更大步伐，但盲目崇拜、生吞活剥的现象却越演越烈，以致产生中国美学和文论的所谓"失语"。这个问题若不解决，势必影响中国特色现代审美学的建设。有鉴于此，我们必须调整中西美学结合研究的思维方式和方法，改变以西方美学为本位和普遍原则，简单接受移植的研究方式，倡导中西美学之间的文化对话，把中西美学的结合看作对话式的、多声道的，而不是单向的或单声道的，使中西美学结合真正成为一种跨文化的互动，在真正平等而有效的对话的基础上，达到中西美学的互识、互鉴、互补。只有构建中西美学融合创新发展的新模式，中国特色现代审美学建设才能取得更大成效。

章辉：你对西方现代美学素有研究，对西方现当代各种审美经验研究的学派和学说作了系统考察。你认为应当如何科学地评价现当代西方审美学思想并正确借鉴其思想资源？

彭立勋：20世纪以来的西方现当代美学，学派林立，思潮纷繁。在这种学术背景中发展的审美学，逐渐形成了多种多样的形式或形态。其中，在审美哲学和审美心理学两大方面，研究成果最为集中，流派、学说最为繁多。前者的代表主要有唯意志主义审美学、表现主义审美学、实用主义审美学、现象学审美学等；后者的主要代表是审美移情说、心理距离说、精神分析心理学美学、格式塔心理学美学等。此外，结合审美经验探讨具体艺术问题的审美艺术学也有丰富的成果。面对如此丰富、复杂的研究成果，我们首先要通过系统梳理，弄清其各自的发展脉络和学术地位，并以科学的批判态度和方法，对各种流派和学说进行具体分析，肯定其学术贡献，指出其思想局限，从中发现真正值得借鉴的有价值的思想资源，这样才能达到科学评价、外为中用的目的。

在众多西方现当代审美学研究成果中，我认为现象学审美经验理论和格式塔心理学美学是特别值得深入分析和研究的。这两种审美学学说可以说是当代西方在审美哲学和审美心理学两方面最具有代表性的成果。前者主要应用现象学的哲学理论和方法，对审美经验的性质和特点、审美经验与审美对象、审美经验与审美价值的关系等问题，从宏观上作了较深入的探讨和阐述，强调审美经验与审美对象的相互作用和相互制约；后者主要应用格式塔心理学的原理和实验结果，对审美和艺术知觉的特点和形成的心理机制，从微观上作了较细致的分析和解释，提出了审美知觉的整体性和表现性的理论。这两种审美学理论都紧密结合着艺术创作和欣赏的实践，许多观点颇具科学性和说服力，应当将它们吸收和融入现代审美学的科学体系中来。

不过，西方现代审美学对审美经验的研究和解释主要是建立在某种特定的哲学体系、心理学学说或艺术学观点的基础之上的。这些体系、学说、观点多是强调研究对象的某个部分、某个侧面、某种特征，而忽视了对象各个部分、各个侧面、各种特征之间的紧密联系和互相作用，甚至将它们互相对立起来，这就免不了带有一定的片面性、主观性，如果单独用它们来研究和解释审美经验必然会存在不足和局限。特别是唯意志主义的"审美直观"说（叔本华）、表现主义的"审美直觉"说（克罗齐）、精神分析心理学的"审美无意识"说等，都具有强烈的非理性主义特点，其消极作用不可忽视。这就需要我们用正确的观点和方法去进行批判分析和鉴别取舍。

章辉：你将实现中国传统审美学思想创造性转化，作为建设中国特色现代审美学的一个关键问题。同时又提出深入研究中国传统审美学思想特点是实现此目标的一个前提。你认为应该如何去认识中国传统审美学思想的特点？

彭立勋：中国传统审美学思想不仅有其独特的观念、命题和概念、范畴，而且有其独特的思维方式，而这些又是同中国传统文化和艺术的独特语境相联系的。从中国哲学特有的思维方式和传统文化的独特语境出发，准确、科学地揭示和把握其内涵和特点，是推进中国传统审美学思想的体系建构和创造性转化的前提。

中西审美学思想是建基于中西两种具有不同背景和特色的文化的基础之上的。中西文化思想存在很大差别，而最根本的差别在于思维方式的不同。中西文化在思维方式上的差别，从根本的哲学层面看，可以说是辩证思维方式与形而上学思维方式的差别。西方的形而上学思维方式，注重分析，着眼于事物的各个部分及孤立存在；中国的辩证思维方式，注重综合，着眼于事物整体及普遍联系。国学大师季羡林说："东方的思维方式，东方文化的特点是综合；西方的思维方式，西方文化的特点是分析……用哲学家的语言说即是西方是一分为二，东方是合二为一。"这对中西审美学思想的形成和特点产生着直接影响。

首先，中国传统审美学思想强调审美中主客体的相互作用和辩证统一。在中国哲学史上，主张主客分离、对立的思想不占主导地位，主要是强调两者的统一性。与此相联系，在中国传统审美学思想中，强调审美心理活动是由外物引起的，强调审美经验中主客体互相联系、互相作用、互相交融，共同形成审美感受和成果，构成了对审美主客体关系的基本认识。强调审美心理起源于人心（主体）外感于物（客体）的"心物感应"说，是中国传统审美学思想中既古老而又以一以贯之的一种朴素的唯物主义观点，这与西方较多片面强调审美主体对审美心理发生具有决定作用的观点形成明显差别。更为难得的是，在"心物感应"说的基础上，中国审美学思想进一步形成了"心物相取"说，强调审美经验中主客、心物之间的互相联系、不可分割和互相作用、融为一体。《文心雕龙》论述文艺创作心理活动说"思理为妙，神与物游""物以貌求，心以理应""情以物兴，物以情观"，认为创作构思整个过程中，神物、心物、情物两者之间都是彼此渗透、融为一体的，这是对审美心理中主客体相互作用的辩证关系的凝练而生动的概括。王夫之的"情景交融"说进一步发展了《文心雕龙》的思想，深入揭示出审美心理中情景、主客、心物内在统一的规律，将对审美主客体辩证关系的认识推进到一个新的高度。它是以辩证思维方式研究审美经验的成果，与西方审美学中多将审美主客体分离、对立起来的观点是完全不同的。

其次，中国传统审美学思想强调审美心理的有机整体性。中国古代心理学思想中没有知、情、意的截然分割。朱熹认为意、情、志统一于心，是互相联系的整体。与这些思想相一致，中国传统审美学思想也十分注重审美心理过程的整体性和统一性。《文心雕龙·神思》中，以艺术想象活动为中心，全面论述了文艺创作构思的心理活动，认为感知与想象、情感与理解各种要素形成有机联系的统一整体，既不是互相分割的，也不是相互对立的，而是互相依存和作用的整体性审美心理构成和过程。许多西方美学家对于审美心理过程中情感与认识或情与理两者的关系存在片面理解，单纯强调情感在审美中的作用，而忽视认识和理性作用，甚至将两者对立起来。而中国传统审美学思想则十分强调审美中感情与认识、情感与理性的相互统一和融合，形成了占主导地位的"情志一体""情理交至""以理导情""寓理于情"等审美学思想。《文心雕龙》在总结文艺创作和审美经验的基础上，更为自觉地意识到文艺创作中"志"和"情"不可分割的关系，并在理论上使二者成为一个有机统一的整体，明确提出了"情志"这一具有特殊内涵的美学范畴，使"情志"说成为中国传统美学阐明艺术和审美中感情与认识、情与理相统一规律的重要理论。叶燮在《原诗》中发展了《文心雕龙》的思想,提出"情理交至"说,认为文艺创作"情必依乎理,情得然后理真"。他还深刻揭示了文艺创作和审美心理活动的具体特点,提出:"惟不可名言之理,不可施见之事,不可径达之情,则幽渺以为理,想象以为事,惝恍以为情,方为理至事至情至之语。"可以说,"情志一体""情理交至"之说,和"心物相取""情景交融"之说,两者共同形成中国审美学思想体系的两大支柱,成为中国美学特有的范畴——意境的两个主要内涵,不仅充分体现出中国审美学思想的特点,也为世界美学作出了独特的贡献。

最后,中国传统审美学思想强调审美活动和审美经验的社会伦理道德价值和意义。突出强调美与善高度统一,是中国传统美学一个极为显著的特征。在中国古代早期美学思想中,美和善往往被看作密不可分,美也就是善。孔子开始将美与善明确加以分别,论述了美与善既有区别又相统一的关系。他高度称赞《韶》乐既"尽美"又"尽善",将美与善的统一作为追求的审美理想标准。儒家美学的美善统一观,长期影响着中国传统美学思想的形成和发展,使中国传统美学和文论极为重视文艺对于真善美价值的追求,十分强调文艺感动人心、陶冶情性、塑造心灵、引人向上、醇化风俗的重要社会作用,特别重视审美活动和审美经验所具有的社会伦理道德意义和价值。孔子关于"兴于诗,立于礼,成于乐"和"诗可以兴,可以观,可以群,可以怨"论述,就是强调文艺产生的审美经验在思想道德教育和完善人性上的特殊作用。《乐记》和《诗大序》又进一步具体地发挥了这种观点,使其发展成为中国美学史上关于艺术的审美教化作用的有力传统。《乐记》提出"反情以和其志,广乐已成其教",《诗大序》提出诗歌"厚人伦,美教化,移风俗",《文心雕龙》提出"诗者,持也,持人性情",《颜氏家训》提出文章"陶冶性灵",黄遵宪提出"诗以言志为体,以感人为用",直到梁启超提出"情感教育最大的利器,就是艺术",凡此等等,都是倡导审美和艺术具有引人向真向善向美的感化教育功能。这与西方美学中提倡的"审美不涉社会功利""为艺术而艺术"等主张是完全相反的,充分表现出中华传统美学思想积极向上的人生进取精神。

(原载于《美与时代》2016年第1期)

后 记

我于1996年出版过一本论文集《美学的现代思考》，其中选收了我在此前10多年间发表的论文。这本论文集所选收的是此后近20年来发表的论文，分别发表于《中国社会科学》《哲学研究》《文艺研究》《光明日报》《文艺报》《学术研究》《广东社会科学》《学术界》《艺术百家》《开放时代》《云南社会科学》《华中师范大学学报》（人文社会科学版）等报刊，或载入《美学》《中国美学》等文集。这些论文涉及内容较广泛，但主要是研究中国美学和西方美学的，且其中多篇都谈到美学思想发展中的范式和转型问题，所以就取了《中西美学范式与转型》这个书名。

"范式"（paradigm）是美国著名科学哲学家库恩提出的用于说明科学发展模式的核心概念。他认为科学发展是常规时期和革命时期相互交替的过程。常规时期，科学共同体在既定范式支配下进行研究；革命时期，旧范式为新范式所取代，也就是范式转型，导致科学发展出现重大转折。所谓范式，库恩将它解释为科学共同体围绕某一学科或专业所具有的共同信念，即共同遵循的基本理论、观点和方法，它提供了一种共同的理论模型和框架。科学发展就是在范式与转型不断往复中前进的动态发展模式。尽管库恩对范式的解释具有主观约定主义的缺陷，但他认为范式规定了一种特有的基本理论和方法，并且将范式之间的竞争和交替提到科学发展的关键地位，却是有可取之处的。我在考察和研究中西美学思想发展时，借鉴了这一观点和方法。但我把范式看作那些体现时代特征、反映着对审美和艺术规律的新认识、对学科具有基本理论和方法意义的美学观点、学说及研究方式。这些范式在美学思想发展史上起着支配作用，而范式的转型则标志着美学思想发展发生了新的转折。所以，研究美学思想发展，应当以范式和转型作为重点。只有这样，才能厘清美学思想相续相禅的发展脉络和不断创新的过程，才能把握美学思想发展的阶段特征和时代特色，建构美学思想发展的动态模式。

　　科学认识和厘清中西美学思想的发展变化，不仅是研究美学史的要求，也是为了更好地借鉴和传承中西美学思想，推动当代美学建设。我始终认为，当代中国美学建设，必须从马克思主义美学思想、中国传统美学思想、西方美学思想三者之中汲取资源和营养，并以当代中国审美和艺术实践为基础，推动三者之间的交汇和整合，才能得到创新和发展。

　　本文集按照论文大致内容分为三篇。

　　第一篇主要包括马克思美学思想、审美学、中国美学方面的研究文章。我从20世纪80年代开始研究马克思《1844年经济学哲学手稿》美学思想，写了几篇论文。现在重读《手稿》，又受到许多新的启发。《论〈1844年经济学哲学手稿〉三大美学命题》表达了我对《手稿》的一些新认识。审美学一直是我从事美学研究的重点方向。在我看来，审美学虽然属于美学，但从研究重点、角度和研究方法上看，审美学还是具有自身特点的，可以而且应该作为一门综合性交叉性的独立学科来建设。《现代审美学建设的若干思考》等文，就是集中论述了我对审美学学科建设、体系建构、观点创新、方法更新、资源整合等方面的一些探索和看法，并提出"推进审美学学科建设和体系创新"和"构建中国特色现代审美学"等主张，也算是一家之言。关于中国传统美学和现代美学的两组文章，也都主要是从审美学的角度进行研究的。《中华美学精神与传统美学的创造性转化》对中华美学精神在传统美学中的主要表现及其内涵、特点，以及实现中国传统美学创造性转化的路径和方式进行了系统阐述，提出了一些较有新意的看法，曾被《高等学校文科学术文摘》和《红旗文摘》转载、转摘。《文化视域下中西审美学思想之比较》用比较方法说明中西审美学思想形成的不同文化语境和哲学基础，详细分析了两者在解决审美基本问题上的不同进路，是我在认真考察两种审美学思想体系后形成的一些认识。《20世纪中国审美心理学建设的回顾与展望》对百年来中国审美心理学的发展过程、主要成就、理论探讨、学科建设等作了全面、系统的梳理和总结，提出了建设中国特色现代审美心理学的构想和思路，可以看作对于中国现代审美学学科建设和理论探讨的历史反思。这篇论文在《中国社会科学》发表后，又被译成英语在该刊英文版转载，并获得广东省人民政府颁发的社会科学优秀成果奖二等奖。

后 记

第二篇集中收录西方美学史、西方近现代美学思潮、流派和代表性美学家思想方面的研究文章。《西方美学史学科建设的若干问题》与《范式与转型：西方美学史发展的阶段特征和动态分析》两文，是我在承担汝信先生主持的国家社会科学基金课题项目"西方美学史研究"中，对如何研究和编写西方美学史所做的一些探索，主要对西方美学史的研究对象、研究方法、学术创新，以及如何认识西方美学史的发展脉络和阶段性特征等问题有针对性地发表了一些见解，其中后一文的观点曾被《光明日报》学术版转摘。《西方近代美学思潮的主导精神和基本倾向》和《论英国经验主义美学的特点和原创性理论贡献》等，旨在对近代西方代表性美学思潮和流派进行综合和比较研究，以西方近代社会和文化转型为背景，分析和概括它们的主导精神、基本倾向、主要特点、理论体系和历史贡献等，在国内西方美学史研究中算是较为宏观和别具一格的。《从笛卡尔到胡塞尔：现象学美学方法论转型》运用比较方法研究了胡塞尔现象学和笛卡尔理性主义哲学的联系和区别，进而从宏观上探讨了现象学美学在思维方式上对笛卡尔和近代西方美学的超越，观点较为独特。《后现代主义与美学的范式转换》一文也是运用宏观视野和综合方法对后现代主义美学在反传统中倡导的美学研究理论范式进行概括和辨析，从而阐明后现代主义美学思潮的主要倾向和基本特征，明显不同于较为普遍的对于后现代主义美学人物和观点的分别研究。

第三篇主要包括审美文化、文艺美学和环境美学方面的研究文章。这些文章试图将美学的理论和审美与艺术实践结合起来，应当属于美学的应用研究。在当代社会转型、文化变迁和新媒体兴起等影响下，审美和文艺实践中产生了许多新变化和新问题，也为美学研究提供了许多新课题。我在《后现代性与中国当代审美文化》和《美学的批评与批评的美学》等文中，对当代审美文化和文艺理论批评中的某些新问题作了一些理论分析。我从20世纪90年代初便开始研究城市美学和环境美学问题，这在国内算是较早的。1995年我在《文艺研究》上发表的《城市空间环境美与环境艺术的创造》，是将环境美学与艺术美学结合起来进行研究的尝试。这篇论文被杰出科学家钱学森发现并推荐收入了《钱学森论城市学与山水城市》一书。收入本编的两篇研究建筑艺术和园林艺术的文章，也是按照同样的研究思路撰写的。《从中西比较看中国园林艺术的审美特点及生态美学价值》不但用比较研究方法全面考察了中国园林艺术在自然美与意境美相统一上的特点,而且从人工与自然、艺术与环境结合上深入揭示了中国园林艺术的生态美学内涵及其当代价值。

附录中收入了两篇对我的学术访谈,通过对话,我比较系统而概括地阐述了我在美学研究上的一些独特观点和个人看法,也算对自己长期美学探究成果做一个小结。

我从1959年发表第一篇学术论文,到编完这本论文集,时间已过去整整57年。57年来,我做过大学的教学工作,做过社科院的行政工作,但主要精力和时间还是用在学术研究上。学术研究是我的人生追求,也是我的生活乐趣。埋头学术研究,让我付出了许多心血和辛劳,也让我得到无比满足和快乐。回顾在学术追求中度过的一生大部分岁月和得到的收获,我感到年华没有虚度。在此,我要感谢在学术研究上给我以指导和帮助的许多学术前辈和学术同人,以及对我的研究成果发表和出版给予大力支持并付出辛劳的编辑朋友,他们是我在学术道路上艰难跋涉的助力者。我以最大的感激,怀念我的逝世的母亲,她用慈爱和奉献精神,长期为我们照料着子女和家庭,免去了我工作的后顾之忧。我还要感谢我的妻子,她担负着和我同样忙碌的大学教学工作,却用比我多得多的时间和精力承担着家庭的责任,使我能集中更多时间和精力于学术研究。这一切都将深藏于我的心底,化为永恒的美好记忆。

这本文集的构思、编辑和出版,得到中国社会科学出版社大力支持,卢小生编审作为本书责任编辑,给予了热情帮助并付出许多辛劳。在此,特表示衷心感谢。

作者

2016年1月12日

中西美学文论纵谈

前　言

　　这本文集收录的论文和文章写作和发表于 1978 年至 2022 年，分为两辑。第一辑中的文章是从《西方美学与中国文论》（彭立勋、曾祖荫）一书中由我撰写的西方美学部分中选出的。1985 年，湖北教育出版社的编辑来华中师范大学中文系约稿，希望编辑出版一套主要供大学生和文学爱好者阅读的文学知识书籍。我当时在中文系任副系主任，分管科研工作，系主任刘守华就让我负责这套书的编写组织工作。我们邀请了系里各方面文学专业的教师，就美学、文艺理论、中国古代文学、中国现代文学、外国文学等方面撰写了 10 本书，编为一套，定名为《文学之友丛书》，并请著名作家姚雪垠写了序。出版前出版社又请丁玲题写了书名。《西方美学与中国文论》就是这套丛书中的一本。这套书 1986 年出版后受到欢迎，1988 年获得全国第一届优秀教育图书评奖一等奖。为了适合读者阅读，这套书摆脱了教科书的写作模式，采用漫谈式写作方式。虽然不设章节，但内容的系统性仍然较强，而且重点突出，特别注重知识性、专业性。写作形式一题一议，文字明白晓畅，可读性强。今天看来，它也是另有一种存在价值的。

　　第二辑中的文章一部分是我在 2016 年出版论文集《中西美学范式与转型》之后新发表的；一部分是 1996 年以前发表，但未收入 1996 年出版的论文集《美学的现代思考》的。这些文章时间跨度比较大，内容包括马克思主义文论、中国古代美学、中国现代美学、中西美学比较、文艺理论等多个方面。其中有两篇文章需要交代一下。一篇是《审美观照：中西不同学说体系的演变与比较》。1998 年 9 月国际经验美学学会在罗马召开第 15 届会议，我作为学会副会长之一应邀出席会议，向会议提交了一篇英语论文《审美观照：中西审美心理学说比较》，被安排在会议"审美鉴赏"专题讨论中作了宣讲，并被收录在英文会议论文集中。2021 年我翻阅这篇英文论文，对这个课题又有了一些新的认识，于是重新看了许多资料，对这些新的看法进行丰富充实提高，改写成了现在收录的论文。论文在《深圳社会科学》上发表后，被中国人民大学复印报刊资料《美学》转载，也算我对这个长期思考并感兴趣的问题划上一个句号。另一篇是《蔡仪美感论的体系建构及其特点》。2006 年 10 月中国社会科学院文学研究所为纪念蔡仪诞生 100 周年举办蔡仪学术思想研讨会，我被邀请参加会议，并在会上就蔡仪美感论的创新性和特色作了发言。接着，我和时任文学研究所所长杨义先生一同到香山饭店参加"马克思主义美学与当代中国和谐社会建设"学术会议，在和他交谈中，他说在蔡仪学术思想研讨会前，他专门阅读了《新美学》改写本，对我在会议上的发言表示赞同，还说蔡仪对美感和形象思维问题的新贡献很值得研究。后来文学研究所文艺理论研究室编辑纪念蔡仪诞生百年文集约我写文章，我便按照在学术研讨会上发言的思路丰富补充写作了现在收录的文章。它原载于纪念文集《美学的传承与鼎新》，也表达了我对蔡仪先生的缅怀。

　　文集最后的附录，收集了我写的几篇记叙短文，记的都是我的学术经历中难忘的时光和片段，希望它作为美好记忆和我的文集共存。

2022 年 6 月 28 日

第一辑

希腊艺术与美的法则

——古希腊美学思想的发源

理论来源于实践，又指导实践。美学理论和艺术实践从来是互相联系的。一个艺术创作的鼎盛时代往往有一个美学理论鼎盛时代接踵而至。

古代希腊在艺术上出现过繁花似锦的昌盛局面，荷马史诗是古希腊人民智慧的结晶，戏剧、音乐、绘画、雕塑、建筑等各种艺术都极其繁荣。这样丰富的艺术实践自然为希腊美学理论提供了深厚的基础。

希腊的哲学家、艺术家结合当时丰富的艺术实践，很早就开始了对于美的问题的探讨，其中出现得最早的一种关于美的本质的见解"美在事物形式"，就是从直接感受和研究客观事物及艺术作品的感性形式中所形成的看法。公元前6世纪盛行于希腊的毕达哥拉斯学派以及稍后的哲学家赫拉克利特（约公元前540年—前480年），便都是从物体形式上去寻找美的。毕达哥拉斯学派用数学和声学的观点去研究音乐节奏的和谐，发现音乐节奏的和谐是由高低、长短、轻重各不相同的音调，按照一定数量上的比例所组成的，因此，音乐的基本原则是一定的数量的关系。从音乐数量关系的研究中，毕达哥拉斯学派找到了一个辩证的原则，即"音乐是对立因素的和谐的统一，把杂多导致统一，把不协调导致协调"。后来，卓越的唯物主义哲学家赫拉克利特进一步阐述了这一原则，强调只有通过对立面的矛盾和斗争才能形成最美的和谐。他说："互相排斥的东西结合在一起，不同的音调造成最美的和谐；一切都是斗争所产生的。"这些看法就是美学思想中"寓变化于统一"的美的法则的最早来源。他们提出的美就是事物的对立统一所形成的和谐的看法，对后来的艺术实践产生了很大影响。

公元前5世纪，希腊著名雕塑家波里克利特在毕达哥拉斯派的美学观点影响下，结合造型艺术实践，著成《法规》一书。他在书中研究了人体的数量比例，指出了人体方面的一切比例、对称，从而证明了他的学说，即美是事物各部分之间的对称和适当的比例。波里克利特之所以把比例和对称确定为美的法则，是和当时希腊人对人体美的重视以及雕刻艺术的高度发展有着密切关系的。希腊人出于实际需要，非常重视人的体格的健全，因之很重视体育锻炼等社会活动。自公元前776年起，每四年一次的奥林匹克竞赛会就是他们重视运动锻炼的表现。在运动会上，运动员都是裸体的。竞赛优胜者享有很高荣誉，不仅姓名要记录在特别的名册中，而且还要由雕刻家雕塑成纪念像安放在神殿里。这种对人的体格锻炼的重视，促进了希腊人对人体美的崇尚，也促进了希腊雕塑艺术的发展。运动和竞技本来也是为了适应实用的需要，但久而久之，就形成了特殊的人体美的审美观念，认为最矫健、最匀称的人体是最美的人体。因而许多著名的雕刻家往往把运动员、竞技士等现实人物作为表现的主要对象之一。如希腊雕塑艺术的鼎盛时期的米隆、菲底亚斯和波里克利特三位雕塑大师的许多不朽的雕刻作品，在艺术形式上完美地体现了比例、对称、变化、统一等形式美的法则。米隆的著名雕塑《掷铁饼的运动员》就是一个典范，它选取了运动员在投掷过程中的瞬间动作加以表现。掷铁饼者弯腰扭身，右腿弯曲，全身力量和重心落在右脚上，左脚则相应拖后点地。右手扬起将铁饼平托于后，作即将掷出之势，左手则自然轻扶右膝。整个人体动作表现得复杂多变，特别是两腿、两臂的动作有实、有虚、有变化、有对比，但它们又围绕一个轴心展开，互相补充，互相协调，从而形成一个寓多样于统一的和谐的整体。

古希腊美学思想的集大成者是亚里士多德。他的美学理论专著《诗学》主要是分析希腊史诗和悲剧，很少直接谈到"美"，但他在谈到文艺时，谈过和谐感和节奏感是人爱好文艺的原因之一，还提出了文艺作品须是有机整体的原则，这都涉及艺术作品的形式美的问题。而在他论及悲剧艺术的情节安排时，又明确地提到了"美"。他说："一个有生命的东西或是任何由各部分组成的整体，如果要显得美，就不仅要在各部分的安排上见出秩序，而且还要有一定的体积大小，因为美就在于体积大小和秩序。"亚里士多德认为物体的体积大小合适，才可以作为由部分组成的有机统一整体来看；各部分安排上有秩序，才能见出比例、和谐，这主要还是就事物形式来谈美的。不过他主要不是就造型艺术，而是就史诗和悲剧说的，所以他认为作品要完美，就要做到情节自然，结构严谨，各部分紧密衔接，形成有机整体等等。这些原则不仅在当时希腊悲剧中得到体现，而且在后来欧洲各国的艺术创作实践中也产生了很大影响。

　　古希腊哲学家和艺术家结合艺术实践探讨美的问题，由于忽视了美的内容的重要意义，仅仅把美归结为事物的形式特征，因而无法避免直观的缺陷。但他们正确地抓住了美必须具有特定的感性形式，并努力在客观事物中去发现它，却不乏合理因素。他们通过总结希腊艺术实践所提出的形式美的法则，作为美的本质固不可取，但如果我们能从作品的具体内容出发适当加以运用，对于实现艺术的内容和形式的完美统一，也仍是有所裨益的。

从漂亮小姐到美的理念

——柏拉图对美是什么的探讨

美是什么？这是自古以来许许多多哲学家、美学家希图解决的最根本的美学问题。在欧洲美学史上，最早对美的本质问题作深入的哲学思考的人是古希腊的哲学家柏拉图。柏拉图（公元前427年—前347年）是古希腊唯心主义哲学家苏格拉底的学生，曾在雅典建立著名的学园，授徒讲学。他的哲学著作，除《苏格拉底的申辩》以外，都是用对话体写成的，共有四十篇左右。在绝大多数对话中，主要发言人都是苏格拉底。对话内容主要是谈政治、伦理教育以及当时争辩激烈的哲学问题，但附带地也谈到美学问题。他对于美的本质的看法主要见于《大希庇阿斯》《会饮》两篇对话，此外，在《理想国》《斐多》等诸篇对话中也都涉及关于美的问题。

《大希庇阿斯》是柏拉图早年写作的一篇专门讨论美的问题的对话，也是西方第一篇有系统的讨论美是什么的著作。对话是在苏格拉底和希庇阿斯两人间进行的，辩论的中心便是"什么是美？"这个问题。一开始，希庇阿斯认为"美就是一位漂亮的小姐"，拿个别美的事物作为对"美是什么"的回答。苏格拉底反驳对方说，一匹母马或是一个汤罐也可以是美的。他强调要区别"什么是美的东西"与"美是什么"两个不同的问题。前者是指个别美的事物后者是指"美本身"，即"一切美的事物有了它就成其美的那个品质"。所以，他认为美不是美的姑娘，也不是美的母马或汤罐，而是所有这些美的事物中共同的本质的东西，这就明确提出了"美的本质"究竟是什么的问题。苏格拉底说："我问的是美本身，这美本身把它的特质传给一件东西，才使那件东西成其为美。"这个看法是很重要的，它说明柏拉图不是要对具体的美的事物做出评价，而是要对美的本质作深入的哲学思考，要极力寻找美之所以为美的普遍性。黑格尔在《美学》中说:"柏拉图是第一个对哲学研究提出更深刻的要求的人,他要求哲学对于对象(事物)应该认识的不是它们的特殊性而是它们的普遍性,它们的类性,它们的自在自为的本体。"柏拉图明确提出美的本质和普遍性问题,这对美的哲学研究是有推动作用的。

但是,美的本质究竟是什么呢?《大希庇阿斯》篇并没有一个明确的回答。苏格拉底和希庇阿斯逐一讨论了当时流行的一些美的定义,如"美是恰当的""美是有用的""美是有益的""美是视觉和听觉所生的快感"等等,对它们进行了批驳。但辩来辩去,"美本身是什么"这个问题始终还是没有解决。苏格拉底最后以"美是难的"这句谚语结束了这场对话。从这篇对话中,我们可以明白当时在希腊对"美是什么"的问题已有过相当热烈的争论,看法分歧很大。苏格拉底说:"无论在人与人,或国与国之中,最不容易得到人们赏识,最容易引起辩论和争执的就是美这个问题。"可见关于美的问题自古以来就是争执很大的问题。柏拉图当时对这个问题也还是处在思考和探索的过程中。所以,他没有勉强给"美是什么"作一个结论,而只是对各种美的定义作了分析和辩驳。这对人们从多方面联系中去寻求美的本质还是有一定启发的。

柏拉图创立学园以后,他的哲学思想和美学思想日臻成熟。在这一时期所写的《会饮》《理想国》《斐多》等篇对话中,他便深思熟虑、胸有定见地提出了"美是理念"的看法,从而对他早年提出的"美是什么"的问题作了明确回答。柏拉图的"美是理念"的观点是建立在他的客观唯心主义的理念论的哲学基础之上的。理念论认为,我们日常所处的现实世界是变化无常的、相对的,因而不是真实存在的;现实世界的任何个别的、具体的、特殊的人和事物都有其一般的概念,这个概念却是不变的,所以,人的概念比具体的人更真实。柏拉图把这种一般概念叫作"理念",认为由各种"理念"所构成的"理念世界"是客观独立存在的,是唯一真实的,是第一性的;而由具体事物构成的物质世界则是虚幻的、不真实的,它只是"理念世界"的"影子"或"摹本",是由"理念世界"派生出来的,是第二性的。理念论将理念世界和现实世界分离,颠倒了思想和现实的关系。柏拉图正是从这种唯心主义的理念论出发来建立他的关于美的理论,他所探讨的美不是现实生活中的美,也不是文学艺术中的美,而是存在于理念世界中的美。所以,他认为美的本质就是理念。

柏拉图对话中关于"美是理念"的思想,包括以下几个方面的意思:

第一,"美本身"不依赖于具体的美的事物,先于美的事物,是个别事物的美的创造者。《理想国》第六卷中说:"一方面我们说有多个的东西存在,并且说这些东西是美的,是善的,等等。另一方面,我们又说有一个美本身,善本身,等等,相应于每一组这些多个的东西,我们都假定一个单一的理念,假定它是一个统一体而称它为真正的实在。"那么,这种脱离具体的美的事物而独立存在的"美本身"究竟是什么呢?柏拉图认为那就是美的理念。

第二,具体的美的事物之所以是美的,完全是由于它们"分有"了"美本身"——美的理念。《斐多》篇说:"如果有人告诉我,一个东西之所以是美的,乃是因为它有美丽的颜色或形式等等,我将置之不理。因为这些只足以使我感觉混乱。我要简单明了地,或者简直是愚蠢地坚持这一点,那就是说,一个东西之所以是美的,乃是因为美本身出现于它之上或者为它所'分有',……美的东西是由美本身使它成为美的。"这就是说,美的自然现象和社会事物,美的艺术作品,它们本身并没有美。任何具体事物只有当它与美的理念相结合,"分有"了美的理念,才能成为美的。总之,美的根源在于理念。具体事物的美是相对的、变幻无常的,只有"美本身"即美的理念才是绝对的、永恒不变的。

第三,怎样才能认识"美本身"或美的理念呢?柏拉图认为必须经过一个循序渐进的过程:最初是爱个别形体的美,由个别形体美推广到一切美形体,从此得到形体美的概念;其次是爱心灵方面的道德美,如行为制度习俗之类;第三步是爱心灵方面的学问知识美,即真的美;最后是爱包涵一切的绝对美,即美的本体、美的理念。《会饮》篇描述这个过程说:"先从人世间个别的美的事物开始,逐渐提升到最高境界的美,好像升梯,逐步上进,从一个美形体到两个美形体,从两个美形体到全体的美形体;再从美的形体到美的行为制度,从美的行为制度到美的学问知识,最后再从各种美的学问知识一直到只以美本身为对象的那种学问,彻悟美的本体。"这里,柏拉图强调"心灵的美"比"形体的美""更可珍贵",提出了真善美合一成为最高理念的看法,这些思想都很值得注意。

柏拉图的对话在探讨美的本质时,对美的现象和本质、个别和一般之间的关系作了一些辩证分析。他把对美的认识看作一个过程,这也有辩证因素。从个别美的事物、美的形体中去探求美的共同本质，这无疑是正确的。但柏拉图从唯心主义出发，根本上颠倒了存在与意识之间的关系。他所说的"美本身"或美的理念实际上只是客观存在的美的事物的本质在人们头脑中的主观反映，他却把它说成是不依赖于具体事物的独立存在物，并且把它看成是具体事物之所以美的根源，这就本末倒置了。

理念世界的"摹本的摹本"

——柏拉图论艺术的本质

比起柏拉图关于美的学说来,他的艺术理念显得更为明确,也更为完整。柏拉图以前的希腊哲学家对艺术也有所论述,其中涉及的主要问题便是艺术对现实的关系问题。柏拉图对于艺术问题的提出和解决,还是集中在艺术对现实的关系问题上,但是他较之以前的思想家更为系统地阐述了艺术的本质和作用,从而建立起一个完整的唯心主义的艺术理论体系。

柏拉图对于艺术本质的基本看法,就是把艺术看作一种模仿。所以,他在《理想国》卷十里,便是从"研究模仿的本质"来阐明艺术的本质。模仿说是希腊早已有之的传统看法,如赫拉克利特就有过艺术模仿自然的观点。这种看法把客观现实看作文艺的蓝本,表现出朴素的唯物主义的艺术观。但是,柏拉图却把模仿说和他的理念论结合在一起,这就改变了模仿说原来的朴素唯物主义的内涵,使它变成了他的客观唯心主义艺术理论的组成部分。在柏拉图看来,艺术是由模仿现实世界而来的,而现实世界又是模仿理念世界而来的。现实世界本身并不是真实体,它只是理念世界的"摹本"或"影子",因此模仿现实世界的艺术也就只是"摹本的摹本""影子的影子""和真理隔着三层"了。在《理想国》卷十里,柏拉图以床为例阐明他的理论。他认为有三种床:第一种是神制造的"本然的床",是"床之所以为床"的那个理式,也就是床的真实体;第二种是由木匠制造的床,是床的理式的摹本;第三种是画家制造的床,是模仿工匠的作品,而不是直接模仿自然中的真实体。画家画床,所要模仿的只是工匠作品的外形,而不是它的本质。"所以模仿和真实体隔得很远,它在表面上像能制造一切事物,是因为它只取每件事物的一小部分,而那一小部分还只是一种影象。"柏拉图由此断定:"从荷马起,一切诗人都只是模仿者,无论是模仿德行,或是模仿他们所写的一切题材,都只得到影象,并不曾抓住真理。"

　　柏拉图认为艺术只能模仿现实世界的外形，不能模仿现实世界的本质，只能是在感性形式下对物质世界的模仿，不可能向人们提供有关理念世界的真知识，因此也就达不到真理。这些看法取消了艺术真实地反映现实、揭示现实本质的可能性，完全否定了艺术的认识作用。柏拉图之所以对艺术的本质产生这种错误看法，当然首先是由于他对艺术的理解是建立在客观唯心主义的哲学基础之上的。他认为理念世界才是真实存在，自然会轻视感性世界。认识理念世界只有通过抽象的思维活动，所以他崇尚理性认识，鄙视感性认识，把两者对立起来。这样，他们就自然要抬高"理念"和哲学，而贬低作为物质感性世界的模仿的艺术。如果我们没有忘记柏拉图是处在希腊文化由文艺高峰转向哲学高峰的时代，而他又是以在新的基础上建立维护贵族奴隶主统治的思想制度为己任的，那么，他这种贬低艺术价值的观点和态度也就不难理解了。在《斐德若》篇里，柏拉图把人分为九等，其中列在第一等的是"爱智慧者，爱美者，或是诗神和爱神的顶礼者"，这就是哲学家，也就是贵族阶级中的文化修养最高的代表；而"诗人或是其他模仿的艺术家"则是列为第六等，其地位不仅低于战士和政治家，而且还在体育家、医生、预言家和宗教职业者之下。在柏拉图看来，诗人或一切模仿的艺术家，对于所模仿的事物并没有什么有价值的真知识。因为"他如果对于所模仿的事物有真知识，他就不愿模仿它们，宁愿制造它们，留下许多丰功伟绩，供后世人纪念。他会宁愿做诗人所歌颂的英雄，不愿做歌颂英雄的诗人"。柏拉图认为荷马虽在诗中谈到最伟大最高尚的事业，如战争、将略、政治、教育之类，但是他既不曾替哪一国建立过一个较好的政府，也没有哪一国称他是立法者和恩人；既没有人提起他指挥哪一次战争，也没听说过他生平做过哪些人的导师，这就证明荷马对这类事情并没有真知识，也不能真正使人得益。柏拉图肯定实际事物制造者和实际生活创造者，固然不无道理，但他借此否定艺术的价值，认为有了实际生活便可以取消艺术，却是非常片面的、形而上学的观点。

"理想国"与诗人

——柏拉图对艺术社会作用的指责

柏拉图虽然轻视作为"摹本的摹本"的诗和其他艺术,他却充分了解诗和艺术的巨大社会作用。在柏拉图之前的长时期中,希腊文艺在希腊人的精神生活中发挥着广泛而深刻的影响。古老的神话、荷马的史诗、悲剧、喜剧以及音乐,都是希腊教育的主要教材,诗人也被看作"教育家"。在奴隶主民主制时代,雅典领袖利用戏剧这种具有群众性的艺术形式进行宣传教育,使剧场成为当时自由民的政治讲坛和文化生活的中心之一。对于艺术的这种广泛而深刻的社会影响,柏拉图是有体会和认识的。但是,他认为希腊文艺遗产和民主制下的戏剧活动对人产生的影响是不好的,是不符合他所要建立的奴隶主贵族的"理想国"的要求的。按照柏拉图制定的理想国方案,最为重要的任务之一就是对于城邦的"保卫者"或统治者的教育。这种教育的目标是要培养一种理想的"保卫城邦"的人,一种所谓有"正义"的人。这种人既具有勇敢精神,又能够节制自己,安分守己,听命于哲学家统治。那么,当时作为教育的主要手段的希腊文艺是否能培养这种理想国的保卫者呢?柏拉图的回答是否定的。

首先,柏拉图指责包括荷马著作在内的希腊文艺作品在内容上都存在着严重的毛病。这些作品多叙述神和神斗争、神谋害神之类的故事,把神和英雄们描写得和平常人一样常犯罪恶,互相争吵,互相陷害,欺骗,荒淫,爱财,怕死,遇到灾祸就哀哭。柏拉图认为这是"说谎",是歪曲了神和英雄们的真实面貌,用这样的榜样绝不能教育青年人学会真诚、勇敢、镇静、有节制,所以应该严禁这种诗人和故事作者到理想国中来。

其次,柏拉图攻击诗歌和一切模仿的艺术对人产生坏的心理作用。他认为模仿诗人和画家都是逢迎人心的无理性部分,使人性中的低劣部分得到培养和发育。《理想国》卷十说:"模仿诗人既然要讨好群众,显然就不会费心思来模仿人性中理性的部分，他的艺术也就不求满足这个理性的部分了；他会看重容易激动的情感和容易变动的性格，因为它最便于模仿。"根据柏拉图的奴隶主贵族式的伦理学说，人的灵魂由理智、意志和情欲这三部分组成，而这三部分就相当于国家的三个等级：统治者、战士和劳动者。情欲就是人性中的无理性的、低劣的部分，它应当受到理智的节制，就像劳动者应该服从统治者的支配一样。但是诗人和艺术家往往利用人性中的弱点，满足人们的情欲，致使情欲不受理智的节制。悲剧餍足人们的感伤癖和哀怜癖，使这种情欲失去理智的控制，但它使人从同情穷人的痛苦和悲伤中得到快感。这样"拿旁人的灾祸滋养自己的哀怜癖，等到亲临灾祸时，这种哀怜癖就不易控制了"。喜剧则投合人类"本性中诙谐的欲念"，平时本以为羞耻而不肯说的话，不肯做的事，这时却"不嫌它粗鄙，反而感到愉快"，"结果就不觉于无意中染到小丑的习气"。

　　根据上述理由，柏拉图对诗人下了逐客令，宣布"要把诗驱逐出理想国"。但他不是无条件地排斥一切诗歌，他要求的是诗"不仅能引起快感，而且对于国家和人生都有效用"。如果符合这个条件，就可准许他回到"理想国"来。他说："我们只要一种诗人和故事作者：没有他那副悦人的本领而态度却比他严肃；他们的作品须对于我们有益；须只模仿好人的言语，并且遵守我们原来替保卫者们设计教育时所定的那些规范。"在西方美学中，柏拉图可算是最早明确提出要以政治效用作为衡量文艺标准的了，只不过他强调的政治效用，指的是要有利于贵族奴隶主统治罢了。从这里可以看到，柏拉图的艺术理论是具有鲜明的阶级性的。

诗人描述"可能发生的事"

——亚里士多德论艺术与现实的关系

亚里士多德（公元前384年—前322年）是古希腊极博学的思想家，在哲学、逻辑学、心理学、物理学、政治学、历史、伦理学和美学等各方面都做出了相当大的贡献。在美学思想上，亚里士多德对柏拉图既有继承，也有批判，其中批判的部分比继承的部分显得更为重要。他在美学专著《诗学》中，批判了柏拉图的美学观点，系统地阐述了自己的美学主张，对许多重要的美学问题都提出了新的见解。车尔尼雪夫斯基说："《诗学》是第一篇最重要的美学论文，也是迄至前世纪末叶一切美学概念的根据。"

在亚里士多德以前，希腊哲学家探讨艺术问题，往往集中在艺术和现实的关系这个根本问题上。亚里士多德在《诗学》中仍然是把这个艺术哲学的基本问题作为首要的问题来解决。《诗学》一开头就提出了艺术的本质是什么的问题，并且明确指出了艺术的本质就是对现实的模仿。在《诗学》第一章里，亚里士多德说："史诗、悲剧、喜剧和酒神颂以及大部分双管箫乐和竖琴乐——这一切实际上是模仿。"后来，他又把画家和其他造型艺术家，像诗人一样，称为"模仿者"。可见亚里士多德是把模仿看作一切艺术的共同本质。他认为各种艺术都是对现实的模仿，而它们之间的差别就在于"模仿所用的媒介不同，所取的对象不同，所采的方式不同"。绘画和雕塑用颜色和线条模仿事物，音乐用音调模仿，舞蹈用有节奏的姿态模仿，史诗则用语言来模仿，这就是各种艺术模仿媒介的差别。在模仿对象上各类艺术也有差别，例如"喜剧总是模仿比我们今天的人坏的人，悲剧总是模仿比我们今天的人好的人"。即使用同样媒介模仿同样对象，各类艺术也可因模仿的方式不同而互相区别开来。史诗模仿对象，时而用叙述手法，时而叫人物出场；而戏剧则通过剧中人物的动作来模仿。总之，不论从亚里士多德对艺术总的看法看，还是从他对各类艺术区别的论述看，《诗学》都是以模仿说作为考察艺术的出发点。车尔尼雪夫斯基把"艺术就是模仿"当作《诗学》的基本思想，这种理解是准确的。

我们知道，模仿说是古希腊早已有之的传统看法，并非亚里士多德的独创。在较早的唯物主义者赫拉克利特和德谟克利特那里，关于艺术模仿自然的看法，表现出对艺术的朴素唯物主义的简单理解。但是，持模仿说并不一定就是唯物主义艺术观点，对它也可以做出唯心主义解释。柏拉图就是这样做的。按照柏拉图的理解，艺术是由模仿现实世界而来的，而现实世界又是模仿理念世界而来的。只有理念世界才是真实存在的。现实世界不过是理念世界的摹本，所以也就不是真实存在的。艺术所模仿的不是理念世界，而是现实世界，因此不过是"摹本的摹本"。既然艺术模仿的对象并非真实存在，那么艺术本身当然也就不可能反映真实，不可能揭示现实的本质和规律。

亚里士多德批判了柏拉图的理念论，同时也就批判了柏拉图对模仿说的唯心主义解释。在他看来，普遍和特殊是辩证统一的，脱离特殊并先于特殊而独立存在的普遍是没有的，这就从根本上否定了柏拉图所谓的理念世界的存在。亚里士多德既然肯定了现实世界是真实的存在，因而也就肯定了模仿现实世界的文艺是能够反映真实的，是能够揭示现实的本质和规律的。由此可见，亚里士多德和柏拉图虽然都采用了模仿说，但是他们对模仿说的理解是很不一样的，由此而形成的文艺观也是根本对立的。在柏拉图看来，艺术模仿现实乃是它的根本缺陷，它造成艺术的不真实，不能抓住真理；在亚里士多德看来，艺术模仿现实正是它的生命所在，艺术能够真实地反映现实，揭示形象的真理，所以才具有巨大的价值。

柏拉图认为艺术只能模仿现实世界的感性现象和外形，不能反映现实世界的内在本质和规律。亚里士多德不同意这种看法。他认为艺术模仿现实，不仅可以真实地模仿现实的感性现象，而且可以反映现实的内在本质和规律；不仅可以描写个别人、个别事，而且可以使所写的人和事具有普遍性。他在《诗学》第九章中拿诗和历史作比较，以阐明艺术的真实性，提出了两点很重要的看法：第一，历史"叙述已发生的事"，诗"描述可能发生的事"。已发生的事，其中有许多纯粹是偶然现象，缺乏内在联系，不一定合乎可然律或必然律。可能发生的事，则一定合乎可然律或必然律，也就是体现了事物的内在联系和因果关系，符合事物发展的必然规律。亚里士多德见到的古希腊历史大都是编年纪事，所以他没有看出历史也能揭示事物内在联系和发展规律。但他把诗和历史进行比较，主要用意是要说明诗不应只模仿偶然现象，还必须通过现象揭示事物的本质和规律。这个论点不仅彻底驳倒了柏拉图对艺术真实性的怀疑和攻讦，而且认为艺术的高度真实性正在于描述外在现象和反映内在本质的统一，在于偶然与必然的统一。这就确立了艺术的真实性原则，从而为现实主义艺术理论奠定了基础。

历史叙述个别人物和"个别的事"，诗描述带有普遍性的人物和"带有普遍性的事"。就是说，诗对于现实的模仿，不是抄袭现实中已有的个别人物和事件，而是要表现某一种人，按照可然律或必然律会说的话、会行的事。换言之，艺术反映现实应当通过个别表现一般，通过特殊性表现普遍性。这种个别与一般、普遍与特殊高度统一的人物和形象，就是艺术典型。诗能创造典型，所以它比历史更高、更带有普遍性、更富于哲学意味。这些观点已经接触到艺术的典型性问题，对以后西欧美学中典型学说的形成和发展产生了很大影响。总之，在亚里士多德看来，艺术模仿现实不是简单地抄袭，它不仅描写现实的表面现象，而且要揭示事物的内在本质和规律，不仅要描绘个别，而且要反映一般，所以，艺术可以而且应当具有高度的真实性、典型性。这是贯穿《诗学》中的一个核心思想，也是亚里士多德在继承和发展模仿说的基础上，对艺术与现实关系所提出的最深刻的见解。

亚里士多德虽然认为艺术是对现实的模仿，但他并不排斥艺术家的主观能动作用。他强调艺术要真实地反映现实，同时又认为艺术真实可以比实际生活更高、更理想、更美。《诗学》第十五章论及人物塑造时说："既然悲剧是对于比一般人好的人的模仿，诗人就应该向优秀的肖像画家学习；他们画出一个人的特殊面貌，求其相似而又比原来的人更美；诗人模仿易怒的或不易怒的或具有诸如此类气质的人，也必须求其相似而又善良，例如荷马写阿喀琉斯为人既善良而又与我们相似。"诗人模仿人物，是模仿具有某类气质的人，这就需要对实际生活中的某类人物进行集中和概括，也就是艺术的典型化。典型化既是通过个别表现一般，因此也就表现着艺术家对于生活的深刻认识和审美理想。典型形象的创造既是对现实生活进行集中概括的结果，也是熔铸艺术家审美理想形成的结晶。所以真正的艺术典型化总是包含着理想化的成分，艺术的真实性和理想性是可以互相结合和统一的。所谓诗人塑造人物"必须求其相似而又善良"，就是既要符合生活真实面貌，又要比生活中实际人物更理想。如荷马史诗中塑造的英雄阿喀琉斯，既有普通人的思想感情和鲜明的个性，又被描写得骁勇善战、胆识过人，以至于他一出现，就使敌人丧胆。从亚里士多德对荷马塑造阿喀琉斯这个人物的称赞中，可以清楚地了解他对艺术的典型性和理想性相统一的要求。除了史诗，亚里士多德也很称赞当时优秀的肖像画家，认为他们画人物能够做到特殊和普遍相统一，"求其相似而又比原来的人更美"。希腊名画家宙克西斯在画《海伦后》时，曾把希腊克罗通城邦里最美的美人召集在一起，力求把这许多美人的特点都综合在一个人物身上。亚里士多德在《诗学》第二十五章里特别提到宙克西斯所画的人物，认为"这样画更好，因为画家所画的人物应比原来的人更美"。艺术必须以现实生活为蓝本，同时又需对生活进行加工改造，使其比普通实际生活更集中、更典型、更美、更理想。这是对艺术和现实的关系的辩证唯物主义的理解。在亚里士多德的理论中，我们已经可以看到这种辩证唯物主义艺术观的萌芽。

艺术的情感作用为何有益?

——亚里士多德对艺术作用的辩护

在文艺的社会作用问题上,亚里士多德的看法和柏拉图的看法也是对立的。柏拉图既然认为文艺只能模仿现实的现象,不能揭示现实的本质和真理,当然也就要否认文艺具有认识作用。不仅如此,柏拉图还指责诗和艺术激动人的感情,使人得到审美快感,是"培养发育人性中低劣的部分,摧残理性的部分",对人起败坏道德的作用。这样,柏拉图就把艺术的审美作用和功利价值完全对立起来,否定了艺术的审美作用。

亚里士多德针对柏拉图对诗人的指责,竭力为诗和艺术辩护。他首先从诗的起源论证了诗和艺术存在的必要性和合理性。《诗学》第四章说:"一般说来,诗的起源仿佛有两个原因,都是出于人的天性。人从孩提的时候起就有模仿的本能(人和禽兽的区别之一,就在于人最善于模仿,他们最初的知识就是从模仿得来的),人对于模仿的作品总是感到快感。"亚里士多德认为人用艺术模仿现实事物和从模仿作品得到快感,都是由人的天性所决定的。这样来解释艺术的起源,今天看来当然是不科学的,但它认为艺术的产生和存在可以在人的天性中找到根源,而且这种天性又恰是人和禽兽相区别、人高于禽兽的地方,这就驳斥了柏拉图攻击艺术只是迎合人性中"低劣的部分"的谬说。同时,亚里士多德又以人的上述天性作为心理依据,肯定了艺术具有使人获得知识和产生快感的两种重要作用。

亚里士多德认为使人获得知识,提高人对现实事物的认识能力,是艺术的重要作用之一。艺术模仿现实,能够通过现象揭示本质,显示事物的必然性和普遍性,因而能为人提供形象的真理。这种关于艺术的认识作用的理论后来在许多文艺理论家的著作中得到了继承和发挥。

但是,亚里士多德并没有把艺术的作用和科学的作用混为一谈。在强调艺术的认识作用的同时,他对艺术对人的感情影响和审美作用也作了充分阐述。《诗学》中分析艺术引起人快感的原因说:"我们看见那些图像所以感到快感,就因为我们一面在看,一面在求知,断定某一事物是某一事物,比方说,'这就是那个事物'。假如我们从来没有见过所模仿的对象,那么我们的快感就不是由于模仿的作品,而是由于技巧或着色或类似的原因。模仿出于我们的天性,而音调感和节奏感(至于'韵文'则显然是节奏的段落)也是出于我们的天性。"从这段论述可以看到,亚里士多德认为艺术能给人以美感,既有内容方面的原因,也有形式方面的原因。从内容方面说,主要是由于艺术真实地反映了现实,包含有形象的真理,人们"一面在看,一面在求知",因而感到快感。这种把美感和艺术的认识内容结合起来的看法,不同于以前单从形式上来说明美感根源的看法,是一种独特而又深刻的见解。从形式方面看,这里特别提到技巧、着色、音调感、节奏感等因素,主要是指艺术作品的形式美所引起的快感。《诗学》第二十三章还提到情节的完整、布局的完美也能引起审美的快感,其中说:"史诗的情节也应像悲剧的情节那样,按照戏剧的原则安排,环绕着一个整一的行动,有头,有身,有尾,这样它才能像一个完整的东西,给我们一种它特别能给的快感。"这里所说的情节安排的整一、完整,其实也就是多样统一、变化整齐的形式美的法则的体现。但在亚里士多德看来,这种形式上的有机整体却又不仅是单纯形式问题,而是由内容上的内在联系所决定的。这种内容决定形式、形式与内容相统一的美学观点也是颇值得注意的。

亚里士多德对美感的看法,还有一点值得注意。以前的美学家谈到美感,大都以"快感"一以贯之,而不问具体的审美对象所引起的快感究竟有什么特点和不同。亚里士多德虽然也认为美感是一种快感,但他却看到由于审美对象不同,所引起的快感各有特殊性,所形成的美感也就不尽相同。例如悲剧的快感就既不是全同于喜剧,也不完全同于史诗。"我们不应要求悲剧给我们各种快感,只应要求它给我们一种它特别能给的快感。既然这种快感是由悲剧引起我们的怜悯与恐惧之情,通过诗人的模仿而产生的,那么显然应通过情节来产生这种效果。"这就是说,悲剧的快感是和它所引起的特殊情感——怜悯与恐惧结合在一起的。怜悯和恐惧本来都是痛苦的感情,但悲剧能使人的这种感情得到净化,痛感又能转化为快感。除了悲剧的美感外,亚里士多德在《政治学》中还谈到人们"可以在不同程度上受到音乐的激动,受到净化,因而心里感到一种轻松舒畅的快感"。但音乐所激起的情感有别于悲剧,所生的"净化"以及由此而生的快感也就有所不同。这些论述不仅揭示出各类艺术美感的差异,而且对艺术美感形成的原因作了多方面的探讨。在亚里士多德看来,艺术美感的产生,既是因为从模仿中认识事物的节奏、和谐等形式美,也是因为受到不同情感的激动,使情感得到净化。对于亚里士多德提出的"净化"(katharsis)一词,后世学者有不同的具体解释,但不管哪种解释,都肯定"净化"是对人的心理和情感的积极作用。亚里士多德认为艺术使人的感情得到净化,对于促进人的心理健康和陶冶道德情操都会产生良好影响,所以,净化所产生的快感是一种"无害的快感"。这种看法驳斥了柏拉图否定艺术的情感影响和美感作用的论点,并且将艺术的美感作用与教育作用联系和统一起来了。

最早的一个悲剧定义

——亚里士多德的悲剧学说

在亚里士多德的时代，希腊悲剧已达到十分成熟的阶段。在《诗学》中，亚里士多德总结希腊悲剧创作的经验，对悲剧的性质、作用、内容、形式，作了比较全面和细致的分析，提出了一些独创而深刻的见解，从而形成了西方最早的有系统的悲剧理论。

在《诗学》第六章里，亚里士多德给悲剧下了一个这样的定义："悲剧是对于一个严肃、完整、有一定长度的行动的模仿；它的媒介是语言，具有各种悦耳之音，分别在剧的各部分使用；模仿方式是借人物的动作来表达，而不是采用叙述法；借引起怜悯与恐惧来使这种情感得到陶冶（一译'净化'）。"这是西方美学史上最早的一个悲剧定义。在这个定义中，亚里士多德按照他所提出的艺术分类的原则，从模仿对象、媒介、方式三个方面以及悲剧的特殊艺术效果和作用上，来界定悲剧这类艺术的性质和特征。在以上四点中，第一点是关于悲剧的模仿对象和内容方面的，具有特别重要的意义。

按照亚里士多德的理解，悲剧和史诗都是对于一个严肃的行动的模仿。《诗学》第四章说："诗由于固有的性质不同而分为两种：比较严肃的人模仿高尚的行动，即高尚的人的行动，比较轻浮的人则模仿下劣的人的行动，他们最初写的是讽刺诗，正如前一种人最初写的是颂神诗和赞美诗。"又说："自从喜剧和悲剧偶尔露头角，那些从事于这种诗或那种诗的写作的人们，由于诗固有的性质不同，有的由讽刺诗人变成喜剧诗人，有的由史诗诗人变成悲剧诗人。"这段论述说明，讽刺诗和喜剧、史诗和悲剧，各有继承发展关系。史诗和悲剧不同于讽刺诗和喜剧，是由于"诗固有的性质不同"，而性质不同则是由于所模仿的对象不同。前者是模仿高尚的人的行动，后者是模仿下劣的人的行动。这就确定了悲剧的特殊对象和内容：描写严肃的、高尚的行动和人物。这个论点符合希腊悲剧的实际情况，并且对以后悲剧理论的发展一直有着巨大影响。

亚里士多德认为悲剧艺术包含六个成分：情节、"性格"、言词、"思想"、"形象"与歌曲。其中，情节、"性格"和"思想"三者是模仿的对象，言词和歌曲是模仿的媒介，"形象"是模仿的方式。对于情节、"性格"和"思想"等悲剧内容问题，亚里士多德是比较重视的，在《诗学》中着重进行了研究。按照他的解释，"情节是行动的模仿（所谓'情节'，指事件的安排），'性格'是人物的品质的决定因素，'思想'指证明论点或讲述真理的话"，这三个成分是互相联系、不可分割的。悲剧是行动的模仿，而行动是由某些人物来表达的，这些人物必然在"性格"和"思想"两方面都具有某些特点。

但是，亚里士多德认为在悲剧的六个成分中，最重要的是情节，即事件的安排。情节和性格相比较，情节具有更重要的地位。这是为什么呢？按照亚里士多德的解释，这是因为悲剧所模仿的不是人，而是人的行动、生活、幸福。悲剧的目的不在于模仿人的品质，而在于模仿某个行动；剧中人物的品质是由他们的"性格"决定的，而他们的幸福与不幸，则取决于它们的行动。他们不是为了表现"性格"而行动，而是在行动的时候附带表现"性格"。根据以上理由，亚里士多德断定："悲剧中没有行动，则不成为悲剧，但没有'性格'，仍不失为悲剧。""情节乃悲剧的基础，有似悲剧的灵魂；'性格'则占第二位。"对于亚里士多德这个论断，后世学者和批评家往往有不同意见，如莱辛在《汉堡剧评》中就认为在戏剧中，"性格远比事件更为神圣"。但如果我们仔细考察一下西欧悲剧艺术的发展过程和古希腊悲剧的特点，那么对亚里士多德强调情节重要性的思想，就会给予历史的、合理的解释。

亚里士多德在讨论悲剧情节时提出的最有价值的论点就是有机整体的观念。《诗学》第七章说："悲剧是对于一个完整而具有一定长度的行动的模仿……所谓'完整'，指事之有头，有身，有尾。所谓'头'，指事之不必然上承他事，但自然引起他事发生者；所谓'尾'，恰与此相反，指事之按照必然规律或常规自然的上承某事者，但无他事继其后；所谓'身'，指事之承前启后者。所谓结构完美的布局不能随便起讫，而必须遵照此处所说的方式。"这段话看来平常，实则具有深刻含义，说明悲剧情节的各部分必须互相因依，体现出事物的必然性，结合成为一个不可分割的整体。据此，亚里士多德提出了情节（行动）的整一性的原则，要求悲剧情节应当限制在一桩具有必然联系和一致性的事件里，与此无关的可有可无的情节都应当尽量删去。《诗学》第八章说："情节既然是行动的模仿，它所模仿的就只限于一个完整的行动，里面的事件要有紧密的组织，任何部分一经挪动或删削，就会使整体松动脱节。要是某一部分可有可无，并不引起显著的差异，那就不是整体中的有机部分。"亚里士多德认为戏剧情节必须是一个具有必然联系的有机整体，这和他要求艺术反映现实的必然律的思想是一致的。他所提出的情节整一性原则也符合戏剧艺术高度集中反映生活和受时间、场地限制的特点，所以受到后来戏剧家的重视。但情节整一性并不是绝对的永恒不变的规律。后来的古典主义者把它刻板化，并且穿凿附会，加上时间、地点的整一，合成所谓"三一律"，用形式束缚内容，这当然是不符合亚里士多德的本意的。

　　亚里士多德对悲剧人物和性格也作了许多论述，其中特别值得注意的，是他对于理想的悲剧主人公的要求以及悲剧人物"过失论"。按照亚里士多德的悲剧定义，悲剧应能引起怜悯和恐惧之情。写好人由顺境转入逆境，坏人由逆境转入顺境，或极恶的人由顺境转入逆境，都不能引起怜悯和恐惧之情，因而也都不合悲剧的要求。怜悯是由一个人遭受不应遭受的厄运而引起的，恐惧是由一个遭受厄运的人与我们相似而引起的。所以，悲剧的主人公应当比一般人好而又与一般人相似。"这样的人不十分善良，也不十分公正，而他之所以陷于厄运，不是由于他为非作恶，而是由于他犯了错误。"也就是说，悲剧主人公的悲惨遭遇并不是由于罪恶而是由于看事不明而犯了错误。无罪而遭到如此厄运，故使人怜悯；但遭受如此厄运又与本人过失有关，故使人恐惧（怕因小过失引起大灾祸）。希腊悲剧多反映人和命运的冲突，因此习惯于用命运观念去解释悲剧的根源。亚里士多德不提"命运"，不从外界寻找悲剧的原因，而是从悲剧主人公的性格和行为中寻找形成悲剧的内因，这是具有辩证因素的。不过，亚里士多德论述悲剧主人公时，把"名声显赫"、"生活幸福"、出身高贵作为条件，又表现出历史的、阶级的局限性。由于他不理解悲剧是社会发展中矛盾冲突的反映，而仅局限于用"过失"说解释悲剧原因，也就不能更深刻地揭示悲剧的本质。

"切近真实，寓教于乐"

——贺拉斯的文艺观点

贺拉斯（公元前65年—前8年）是罗马的诗人和文艺批评家，他生活在罗马文学的黄金时代，即奥古斯都时代。《诗艺》是他给罗马贵族皮索父子论诗的一封诗体书信，集中地阐述了他对于文艺创作的观点。这封共有四百余行的诗体信，内容大致可分为三部分：第一部分泛论文艺创作的一般原则；第二部分讨论诗的种类，主要是谈戏剧体诗；第三部分谈论有关创作的一些具体问题。

《诗艺》中所阐述的文艺观点主要有以下几个方面。

在文艺和现实的关系上，《诗艺》主要是继承了亚里士多德的文艺模仿自然的观点。从这个朴素的唯物主义观点出发，《诗艺》强调作家要到现实生活中汲取丰富的材料。贺拉斯明确指出："我劝告已经懂得写什么的作家到生活中到风俗习惯中去寻找模型，从那里汲取活生生的语言吧。"同时，他劝告作家在创造时应从生活经验出发，"在选材的时候，务必选你们力能胜任的题材，多多斟酌一下哪些是掮得起来的，哪些是掮不起来的"。贺拉斯虽然要求作家到生活中去找范本，却又赞同画家和诗人需"大胆创造"，主张创作要有"虚构"。只是他认为作家的创造和虚构也要以现实生活为基础，不能违背生活的规律和真实。他说："虚构的目的在引人欢喜，因此必须切近真实；戏剧不可随意虚构，观众才能相信，你不能从吃过早餐的拉米亚（专吃婴儿的女妖）的肚皮里取出个活生生的婴儿来。"这就是说，文学创作的虚构必须有生活真实作为根基，同时又有助于形成艺术真实，不能带有主观随意性。这种对艺术虚构和艺术真实关系的辩证看法，确实是很可取的；同时在主张虚构和大胆创造时，又强调了文学的真实性，这也是符合现实主义的文学观点的。

亚里士多德在《诗学》中已经指出文艺模仿的主要对象不是自然，而是人的"各种'性格'、感受和行动"。贺拉斯在《诗艺》中继续发挥了这个观点。他认为文学能传达人的各种内心感受:"大自然当初创造我们的时候,她使我们内心能随着各种不同的遭遇而起变化;她使我们(能产生)快乐(的感情),又能促使我们愤怒,时而又以沉重的悲痛折磨我们,把我们压倒在地上;然后,她又(使我们)用语言为媒介说出(我们)心灵的活动。"这段话把表现内心情感看作文学产生的一个心理根源,并使它与文艺模仿自然说统一起来,可见"模仿说"和"表现说"自古就不是互不相容的。在论到文学表现情感的特点时,贺拉斯还强调作家须有真情实感,认为情感的真实既是达到艺术真实的必要条件,也是使作品具有艺术魅力并能从感情上打动读者的重要原因。他说:"一首诗仅仅具有美是不够的,还必须有魅力,必须能按作者愿望左右读者的心灵。你自己先要笑,才能引起别人脸上的笑,同样,你自己得哭,才能在别人脸上引起哭的反应。"

关于人物性格塑造,贺拉斯在《诗艺》中提出类型说。类型说主张从不同年龄、性别、职业的各类人物中抽象出一些共同的性格特点,作为塑造各类人物性格的标准。比如贺拉斯就认为儿童、青年、成年、老年这几个不同年龄阶段的人,其喜爱、癖性、要求、愿望都是不同的。"所以,我们不要把青年写成个老人的性格,也不要把儿童写成个成年人的性格,我们必须永远坚定不移地把年龄和特点恰当配合起来。"在贺拉斯看来,描写不同类型的人物的性格特点,是塑造人物的关键。他写道:"如果你希望观众赞赏,并且一直坐到终场升幕,直到唱歌人喊'鼓掌',那你必须(在创作的时候)注意不同年龄的习性,给不同的性格和年龄以恰如其分的修饰。"这种类型说虽然和典型人物说有关,却比典型说要浮浅得多。典型说要求概括人物性格的本质特征,并且使人物的共性与个性达到高度统一,而类型说要求表现的类型性,虽然也是一种共同性,却不能反映人物性格的本质特征,它要求的是人物性格在数量上的某种共同性;同时,它片面强调类型性,忽视人物个性,所以极易导致公式化和概念化。这种类型说后来对17世纪古典主义文学理论和创作产生了很大影响。

在文艺的社会作用问题上,《诗艺》简明扼要地提出了"寓教于乐"的著名论点。贺拉斯说:"诗人的愿望应该是给人益处和乐趣,他写的东西应该给人以快感,同时对生活有帮助。……寓教于乐,既劝谕读者,又使他喜爱，才能符合众望。"这个说法虽然并不新鲜，却把文学的教育作用和美感作用、娱乐作用辩证地结合起来，概括也十分准确，至今仍然能使人得到启迪。在古希腊文艺理论中，柏拉图是片面强调文学的政治作用，而排斥美感作用的。亚里士多德不同意这种看法，认为美感作用可以而且必须和教育作用统一起来。贺拉斯基本上还是持亚里士多德的观点。"寓教于乐"这个提法着重指出了文学的作用和特点，因而成为《诗艺》中著名论点之一。贺拉斯对于诗人的职责和诗歌的功能给予很高的估价，认为"荷马和堤尔泰俄斯的诗歌激发了人们的雄心奔赴战场"，"诗歌也指示了生活的道路"，"因此诗人和诗歌都被人看作是神圣的，享受荣誉和令名"。从这种对作家职责和文学功能的观点出发，他要求作家在写作时要有"判断力"或"正确的思考"，"懂得他对于他的国家和朋友的责任是什么"；要求戏剧宣扬公民道德，歌颂英雄业绩，描写爱国题材；同时，他还批评当时的罗马社会"铜锈和贪得的欲望腐蚀了人的心灵"，对文艺创作起着破坏作用。这些论点在当时都有一定的积极意义。18世纪启蒙作家在强调文艺的宣传教育作用时，也十分推崇贺拉斯"寓教于乐"的论点。

在文艺创作的内容和形式的关系上，《诗艺》一方面肯定内容的重要性；另一方面又特别强调形式的妥当和完美。贺拉斯说："一出戏因为有许多光辉的思想，人物刻画又非常恰当，纵使它没有什么魅力，没有力量，没有技巧，但是比起内容贫乏、（在语言上）徒然响亮而毫无意义的诗作，更能使观众喜爱，更能使他们流连忘返。"这显然是说，作品的内容和形式相比较，内容是更为重要的，占主导地位。这对当时只以机关布景竞胜而缺乏内容、专供罗马贵族消遣的戏剧来说，无疑是一种针砭。但是，贺拉斯在肯定内容重要的前提下，也非常注意形式上的刻苦追求和尽善尽美。相对而言，《诗艺》中对作品形式方面提出的要求远远多于内容上的要求，其中涉及诗的布局、结构、语言、音律以及其他技巧问题。例如关于语言，贺拉斯就明确要求："在安排字句的时候，要考究，要小心，如果你安排得巧妙，家喻户晓的字便会取得新义，表达就能尽善尽美。"关于作品结构和形象刻画，贺拉斯则强调要有整体性，"要做到统一、一致"。为了达到形式的完美，贺拉斯还劝告诗人要对作品反复修改、再三琢磨。

在传统和创新的关系上，《诗艺》的基本思想是要求在传统中求创新。

"切近真实，寓教于乐"

贺拉斯不反对创新，但要求合乎传统，强调创作须以希腊为师。他劝告诗人"应当日日夜夜把玩希腊的范例"，这句劝告后来成为17世纪古典主义文学运动中的一个鲜明口号。由于这个口号对待古典文学遗产只强调继承，而相对忽视了批判和革新，所以易导致保守。贺拉斯就是持这个观点，要求诗人从创作的题材、体裁、语言乃至诗格，都需遵守传统规定。他说："你与其别出心裁写些人所不知、人所不曾用过的，不如把特洛亚的诗篇改编成戏剧。"所以他主张采用"古典的"题材，在这个范围内体现独创。这种强调模仿古典的文艺主张，在长时间内对欧洲的戏剧创作有相当大的影响，而贺拉斯也就作为古典理想的奠基者而为后人所重视。

"崇高是灵魂伟大的反映"

——朗吉努斯论崇高风格

在罗马时代出现的文艺理论著作中,对后代影响最大的是《论崇高》。一般学者认为,这部书的作者是公元3世纪雅典的修辞学家朗吉努斯(213—273年)。这部书埋没了很久,但自16世纪初次印行以来,一向受到西方文艺界的重视,常与亚里士多德的《诗学》并称。

在西方现存的美学和文艺理论著作中,朗吉努斯的《论崇高》是第一部将文艺中的崇高作为一个美学范畴来加以探讨的著作,这是它对后世产生较大影响的一个重要原因。这部著作中所论的"崇高",和后来的西方美学家伯克、康德等所说的崇高,作为美学范畴来说,固然有其共同的地方,有内在联系,但是两者也不完全是一回事。这部著作所说的崇高,只是指表现于文艺作品中的崇高,而且主要是指文艺作品的一种风格。作者在第一节中就明确指出:"所谓崇高,不论它在何处出现,总是体现于一种措辞的高妙之中,而最伟大的诗人和散文家之得于高出侪辈并在荣誉之殿中获得永久的地位总是因为有这一点,而且也只是因为有这一点。"这不仅说明了作者所论的崇高的含义,而且也说明了崇高对于文学的重要性,而这也正是作者之所以特别重视崇高问题的根本原因。在作者看来,崇高对于文学作品犹如灵魂。"如果你去掉崇高的因素,你就会好像从身体里取去了灵魂。"所以,在诗文中"宁可要带有小疵的崇高",也不要"永无失措,无可矫正,然而永不超出平凡的风格"。一篇作品,"即便只为其体现了灵魂的伟大而不为别的理由","也应当使居文学上的首位"。作者的这些见解,显然是在呼唤着一种具有伟大精神气魄的不平常的文学出世。这对于纠正当时文学上片面追求形式技巧的娴熟、完美,而缺乏充实的、有生命的内容的倾向,是有积极意义的。

在《论崇高》中,作者论述得最为充分和详尽的,就是构成作品的崇高风格的因素和来源。作者指出，几乎一切崇高主要是有以下五个来源：第一是"庄严伟大的思想"；第二是"强烈而激动的情感"；第三是"运用藻饰的技术"；第四是"高雅的措辞"；第五是"整个结构的堂皇卓越"。这五个来源，前两个主要是依靠天赋，后三个则可以从技术得到助力。作者所指出的这五个崇高的主要来源或构成因素，包括了从作品的内容到形式的诸多方面，因此可以说，作者是把崇高看作作品从内容到形式的特殊性的有机统一的表现。在分析构成崇高的作品内容和形式的各种因素时，作者表现出深刻的辩证观点。一方面，作者认为语言、技巧以及修辞方式等形式方面的因素，是构成崇高风格的必不可少的条件，"文辞藻饰，用得恰当，是会在产生崇高上起重大作用的"，并对崇高风格在语言、结构，修辞方式等方面的要求作了细致的分析。另一方面，作者又反复强调崇高的思想感情在构成崇高风格中的主导的、决定的作用，强调语言、修辞和各种形式技巧的运用必须与崇高的思想感情的内容结合起来，形式要为表现特定的内容服务。他说："为了平息这种附着在运用修辞方式上的怀疑，我们必须争取崇高和强烈感情的援助。因为艺术技巧，一旦和这些伟大同盟者联合起来，就会被它们的庄严美丽遮掩干净而超出一切怀疑所能达到的领域。"作者进一步认为，在崇高风格中，"用语言表达的思想和这些表达思想的语言，总是密切相关的"，"美妙的措辞就是思想的光辉"。所以，崇高的思想内容和崇高的表现形式，二者是应该而且必须成为不可分割的有机统一体的。

作者指出，在形成崇高的五个条件之中"最重要的是第一种，一种高尚的心型"。因为崇高风格总是以伟大高尚的精神为其思想基础的，"崇高可以说就是灵魂伟大的反映"，只有精神慷慨高尚的人，只有思想上充满了庄严的人，才能具有崇高的思想，而有了崇高的思想，语言才会充满崇高，并使整个作品焕发出灿烂光辉。正如作者所说："一个崇高的思想，如果在恰到好处的场合提出，就会以闪电般的光彩照彻整个问题，而在刹那之间显出雄辩家的全部威力。"与此相反，如果一个人没有高尚的心灵，不能产生高尚的理想，作品内容浅薄、平淡，不能给人以深刻的启发，那就距离崇高的要求太远。对此，作者明确指出"生活中为一切高尚心灵所鄙弃的东西，绝不会是真正伟大的"，"把整个生活浪费在琐屑的、狭窄的思想和习惯中的人是绝不能产生什么值得人类永久尊敬的作品的"。十分明显，作者强调文学中崇高风格的形成和作家的精神品质的关系，是符合文学创作的实际的。这个观点不仅在当时是切中文学创作的时弊的，就是在今天，也可以使我们从中受到深刻启发。

在分析崇高时，作者还强调文学作品要表现出强烈的情感，要具有激动人心的情感效果。在论述各种修辞方式和语言技巧的运用时，作者一再指出它们都应当有助于表现风格的强劲和热情奔放，有助于表现强烈感情的爆发。他明确指出，崇高的风格和强烈的情感的表现是不可分的。"强烈感情在一般文学里有重大作用，尤其是在有关崇高的这一方面。"作者不仅强调作品中的情感表现要强烈、奔放，而且也指出情感表现要真实，要恰到好处，"要自然而然地从那情境中产生出来而不是由言者的技巧制造出来"。他说："我要满怀信心地宣称，没有任何东西能够像恰到好处的真情流露那样导致崇高；这种真情通过一种'雅致的疯狂'和神圣的灵感而涌出，听来犹如神的声音。"作者在书中称赞希腊大演说家德谟斯特尼斯和荷马的《伊利亚特》，重要原因之一就是它们表现出强烈的、巨大的、真挚的情感。他认为如果作家的强烈而激动的情感通过鲜明的形象表现出来，就会产生一种激动人心的特殊效果。这里，作者对文学形象和崇高风格的情感作用作了精辟的阐述。他说："风格的庄严、恢宏和遒劲大多依靠恰当地运用形象。……诗人和演说家都用形象，但有不同的目的。诗的形象以使人惊心动魄为目的，演说的形象却是为了意思的明晰。但是两者都有影响人们情感的企图。"在朗吉努斯之前，亚里士多德和贺拉斯在《诗学》和《诗艺》中也都先后指出过文艺的情感作用，贺拉斯还明确指出文艺的作用是给人益处和乐趣。但是，朗吉努斯并不满足于对于文艺的作用的这些传统提法，他要求文艺应当有一种"使人惊心动魄"的更强烈、更激奋的情感效果，而不只是止于让人得到"娱乐"或"乐趣"。这也表现在他对崇高风格的作品所引起的特殊美感和心理状态的分析中。如第一节写道："一切使人惊叹的东西总是使理智惊诧而使仅仅合情合理的东西黯然失色的。相信或不相信，惯常可以自己做主；而所谓崇高却起着专横的、不可抗拒的作用；它会操纵一切读者，不论其愿从与否。"第七节又指出，在阅读崇高的作品时，"感到了我们的灵魂为真正的崇高所提高，因而产生一种激昂慷慨的喜悦，充满了快乐与自豪，好像我们自己开创了我们所读到的思想"。这都是要求文艺作品要有使人感情激昂，精神振奋，以致使读者难以自制的强烈效果。像这样重视和强调文艺的情感作用，可以说是朗吉努斯对西方文艺理论的一个独特贡献，并且对以后浪漫主义创作方法的发展产生了较大影响。不过，朗吉努斯在强调情感时，却并不忽视理智的作用，而是认为情感须受理智的支配。因为"那些巨大的激烈情感，如果没有理智的控制而任其为自己的盲目、轻率的冲动所操纵，那就会像一只没有了压舱石而漂流不定的船那样陷入危险"。这里又表现出作者的辩证思想，因而同西方近代那些片面强调情感而排斥理性作用的文艺观点也是有很大区别的。

诗胜画，还是画胜诗？

——达·芬奇的诗画比较论

文艺复兴时期意大利著名画家达·芬奇（1452—1519年）不仅创作了一系列杰出的绘画，而且留下了许多画论笔记。这些笔记既是画家自己创作经验的概括，又是文艺复兴时代盛期绘画艺术经验的总结，具有很高的理论和科学价值。在画论笔记中，达·芬奇将绘画和文学进行了对比和研究，阐明了绘画和文学的联系和区别，着重指出了绘画对于文学的优越性。他的观点对于后来在美学和艺术理论中进一步开展关于诗画的不同点的研究，对于深入认识各类艺术的审美特征，产生了较大的影响。

关于诗与画的关系问题，很早就引起了人们的思索。但在达·芬奇之前，美学家和艺术理论家较多强调诗画的共同点。我国很早就把画看成是无言诗，古希腊诗人西摩尼得斯也提出过"画是无声的诗，而诗则是有声的画"的看法。罗马诗人贺拉斯在《诗艺》中所说的"画如此，诗亦然"，也是强调诗画的一致性，而且几乎成了西方文艺界的一个信条。达·芬奇并不否认画和诗作为艺术的共同点。他在画论笔记中也引用了"画是哑巴诗，诗是盲人画"的流行说法，认为诗与画都是对于自然的模仿，"二者都各尽已能模仿自然，都能用来阐明各种道德风习"。但是，他和前人的看法不同，更主要是强调诗与画的区别，对此提出了系统的见解。画论笔记中明确指出"绘画不同于文学"，并从表现手段、描绘内容以及对欣赏者的作用等各个方面，归纳出诗与画的区别。从对欣赏者感官的作用上看，诗是听觉的艺术，画是视觉的艺术。"如果诗人通过耳朵来服务于知解力，画家就是通过眼睛来服务于知解力。"从表现手段上看，诗的手段是语言文字，画的手段是逼真的物象。"诗用语言把事物陈列在想象之前，而绘画确实地把物象陈列在眼前，使眼睛把物象当成真实的物体接受下来。"从反映内容上看，诗擅长于描绘人物语言和内心活动，而画则擅长于准确地描绘自然万物和有形物体。"绘画能比语言文字更真实更准确地将自然万象表现给我们的知觉。但文学比绘画更切实地表现语言。""如果诗包容伦理哲学，绘画则研究自然哲学。假使诗歌描写精神活动，绘画则研究反映在人体动态上的精神活动。"达·芬奇对于诗与画各自特点所做的分析，完全是建立在对艺术实践和艺术作品的科学的认识基础之上的，所以它显得既精辟又深刻。

在诗与画的对比研究中，达·芬奇还涉及诗与画两种艺术谁优谁劣的问题。在达·芬奇之前，在艺术理论中流行的一种看法是诗优于画。从古代到文艺复兴时代以前，绘画在艺术中的地位一向较诗和文学为低。希腊罗马时代，绘画都被看作一种"技艺"或手工劳动。中世纪的经院哲学鄙视手工劳动，将绘画和雕塑都作为"机械艺术"，使之与高尚的"自由艺术"（诗歌、音乐等）相对立，到了文艺复兴时期，随着生产关系的大变动和造型艺术的大发展，这种传统的见解自然要被动摇。当时，各种艺术互争地位高低，因此形成争辩。达·芬奇在画论笔记中一反诗优于画的传统观念，竭力为绘画辩护，表现出明显的尊画抑诗的倾向。他列举了许多方面，引用了许多例证，来论证"画胜过诗"。首先，绘画依靠视觉，而视觉比之听觉是"更高贵的感官"。达·芬奇认为，任何科学都必须以感性经验为基础，未经感官知觉的知识都是虚假的。而视觉能最准确地将外界事物的形象传给人的知觉，所以是最有用的科学。绘画既以最高贵的感觉——视觉为基础，当然也就成为人类认识自然和传布真和美的最有力的一种手段。正是在这个意义上，达·芬奇把绘画看作一门科学。他一再强调眼睛在认识客观事物中的重要作用，并据以阐明绘画对于诗和文学的优越性。画论笔记中说："被称为灵魂之窗的眼睛，乃是心灵的要道，心灵依靠它才得以最广泛最宏伟地考察大自然的无穷作品。耳朵则属次要地位，它依靠收听肉眼目击的事物才获得自己的身价。"这种看法固然有失片面之处（马克思认为眼睛和耳朵都是重要的审美的感官，因此，从视觉和听觉的区别不能说明艺术的优劣），但是，它对我们认识作为视觉艺术的绘画的特殊认识功能，仍是有启发意义的。绘画长期被人称为再现的艺术，就是和仅依靠视觉的感受来对现实进行审美的把握这一特点分不开的。

其次，达·芬奇认为绘画能充分表现由和谐的比例构成的形体美，使人产生感官愉快的美感效果,而诗则不能做到这一点,这也是画优于诗的重要原因之一。按照达·芬奇的美学观点,和谐的比例才能产生美,"构成整体的各部分之间的和谐匀称使感官愉快"。绘画依靠视觉,"能将所见物体的表面和外形最准确地传于心灵"。不仅如此,它还能将形体中的和谐、匀称、协调之美,同时射进眼帘,"可以让人在一瞥间同时见到一幅和谐匀称的景象,如同自然本身一般"。所以,绘画能在表现事物的形体中"以甘美的谐调愉悦感官"。在这方面,诗就不及绘画美妙。因为诗人在表现任何美丽的事物时,不得不把构成整个画面谐调的各部分在不同时间分别叙述,结果在我们的记忆中不能形成任何谐调的比例印象,因而也就难于产生由观赏形体美所引起的感官愉快。达·芬奇在这里涉及后来美学家们所说的"空间艺术"和"时间艺术"的区分问题。他所提出的绘画在表现物体美上优于诗的观点,后来由18世纪的德国美学家莱辛在《拉奥孔》中作了进一步的论述和发挥。

最后,达·芬奇认为绘画比诗更易为人们所欣赏、理解和接受,这也是它优于诗的地方。他说:"绘画包罗自然的一切形态在内,而诗人除事物的名称以外一无所有,而名称不及形状普遍。"所以,绘画更易为人所普遍接受。他认为如果画家和诗人都用同一题材来表现,那么画家的作品一定能吸引更多的观众。此外,他还认为绘画比诗更易为观众所理解,因为"绘画通过视觉将它的主题立即传达给你,它所借助的器官也就是将自然物传之于心的同一个器官"。绘画的内容直接表现在目击的形象之中,"画所表现的人物神情只要和他们内心活动相适应,它就能被人理解"。文艺复兴时代的艺术理论大多强调文艺要以民众为对象,表现出民主倾向,达·芬奇的上述观点是恰好与此相关的。

"给自然照一面镜子"

——文艺复兴时期的镜子说

文艺复兴时期,文学艺术和自然科学冲破中世纪基督教神学的束缚,迅猛向前发展。与此相适应,在文艺理论上,希腊罗马的传统的现实主义观点也得到了进一步地发挥。被人文主义思想所武装的思想家和艺术家们,在坚持"艺术模仿自然"说的同时,又对它作了新的解释和说明。其中最为突出的,就是由画家达·芬奇、小说家塞万提斯(1547—1616年)以及戏剧家莎士比亚(1564—1616年)等先后倡导的镜子说。

镜子说的基本观点是把艺术比作反映现实的"镜子",要求文艺像镜子的作用那样,以现实事物为蓝本,如实地反映现实。达·芬奇说:"画家的心应该像一面镜子,永远把它所反映事物的色彩摄进来,前面摆着多少事物,就摄取多少形象。"他认为画家如果想要检查他的作品的效果是否符合事物在自然中的实际效果,最好取一面镜子去照实物,再拿镜子里的反映和画相比较,看画里的形象与镜子里的形象和实物是否一致。这种说法虽然显得有些简单化,但达·芬奇的本意是为了强调画家的心应"像一面镜子真实地反映面前的一切"。这种艺术观点,在塞万提斯的小说《堂吉诃德》和莎士比亚的剧本《哈姆雷特》中也有表露。在《堂吉诃德》中,塞万提斯重申了罗马作家西塞罗的看法,认为"喜剧应该是一种人生的镜鉴,风俗的范型和真理的假象",并提出文艺的"主要原则是模仿真实"。在《哈姆雷特》中,莎士比亚通过哈姆雷特之口,更鲜明地阐明了这种观点。他说:"演戏的目的,从前也好,现在也好,都是仿佛要给自然照一面镜子,给德行看一看自己的面貌,给荒唐看一看自己的姿态,给时代和社会看一看自己的形象和印记。"如果说达·芬奇在提出"镜子说"时,主要还是从绘画描绘实物方面来立论,那么莎士比亚所说的"给自然照一面镜子",则是强调文艺要反映时代和社会生活中的冲突和矛盾。他的剧本《哈姆雷特》就是通过体现人文主义理想的典型人物与丑恶现实之间不可调和的矛盾及其悲剧结局,从一个方面画出了大时代的面影的,这可说是实践他自己的文艺观点的典范。

镜子说既然把文艺看作反映现实的镜子,自然也就强调文艺创作要从现实中寻求源泉,作家艺术家须以自然为师。达·芬奇认为自然是"一切大画家的最高向导",画家应该"做自然的儿子",直接向自然学习,而不应该抛开自然,拿别人的作品作为模仿的典范。他说:"画家如果拿旁人的作品做自己的标准或典范,他画出来的画就没有什么价值;如果努力从自然事物学习,他就会得到很好的结果。"他用艺术史的材料说明,凡是艺术家只是模仿现成的作品的时代,艺术就迅速地衰颓下去;凡是艺术家以自然为源泉,直接从自然转向艺术的时代,艺术就会向前发展,杰出的艺术家就会涌现。据此他认为只有自然和现实生活才是艺术的真正源泉,"谁能到泉源去吸水,谁就不会从水罐里取点水喝"。这种以自然和现实生活为师的文艺观点,也表现在文艺复兴时期其他文学批评家和文学家的论述中。如意大利文学批评家明屠尔诺说:"艺术要尽一切努力去模仿自然,它愈接近自然,也就模仿得越好。"塞万提斯也指出:自然便是艺术"唯一的范本",对于现实模仿得愈加妙肖,艺术作品就愈见完美。这些观点无疑是符合唯物主义反映论的。

所谓文艺是反映自然的一面镜子,自然是文艺的唯一范本,这里所说的"自然"并不是专指自然事物或自然风景,而是包括感性的现实世界中的一切,其中尤其是指人的生活和行动。亚里士多德在《诗学》中认为诗所模仿的对象是"行动中的人",强调悲剧要"模仿行动"。文艺复兴时代的思想家和艺术家们根据当时文艺创作的新情况,要求进一步扩大文艺描写对象的范围,更广泛地反映出人的生活的各个方面,不仅要描绘人的行动,还要揭示人的内心活动;不仅要表现人的思想、愿望,还要抒发人的情绪、热情。瓦尔齐认为亚里士多德规定为模仿对象的"行动",本身就应该包括"情绪和心理习惯"。达·芬奇则认为诗歌应该"描写精神活动",画家描绘人物神情也应"和他们内心活动相适应"。这些主张,体现了人文主义者对于艺术的要求,无论是对于抒情文学的发展,还是对于叙事文学中人物形象的塑造,都是起着推动作用的。

镜子说虽然强调文艺创作要以自然为范本,如实地反映自然,却并不主张文艺照搬自然，毫不加以选择。达·芬奇提醒画家"每逢到田野去，须用心去看各种事物，细心看完这一件再去看另一件，把比较有价值的事物选择出来，把这些不同的事物捆在一起"。这就是要求艺术家在反映现实时要有选择、提炼、集中、概括，不能看到什么就描绘什么。他还明确指出："画家应该研究普遍的自然，就眼睛所看到的东西多加思索，要运用组成每一事物的类型的那些优美的部分。用这种方法，他的心就会像一面镜子真实地反映面前的一切，就会变成好像是第二自然。"从这段话可以明白，镜子说所要求的"真实"，并不是照搬自然的真实，而是经过艺术家对自然进行加工改造的艺术的真实——"第二自然"的真实。达·芬奇认为艺术创造是"第二自然"，这既肯定了艺术是来源于自然，也指出了艺术不同于实际存在的自然，强调了艺术的加工改造的重要性。另外，这段话也提出了创造"第二自然"——艺术的真实的途径。那就是要"研究普遍的自然"，通过事物的个别性去把握它的普遍性，把个别事物中具有普遍性的优美的部分选择出来，加以集中概括。这实际上就是在讲艺术的典型化。在另一个地方，达·芬奇还明确指出：画家要"经常留心从许多美的面孔上选出最好的部分"，用这种方法就可以画出"典型人物"。典型化和思想化往往是结合在一起的，这在达·芬奇的上述论述中已有表现。到了塞万提斯，便将典型化和理想化的关系讲得更为显豁。他认为，"关于人物的描写，如一个战争的英雄之类，就可以尽量描写他的先见如何可以预料敌人的策略，他的雄辩如何可以鼓励或节制他的部下，乃至他如何的足智多谋，如何的行动迅速等等"，总之，"凡是一个完美英雄所组成的种种品性，他无一不可形诸笔下"。这种所谓"集诸品性而萃于一身"的创作方法，就是将人物加以典型化和理想化的方法。由此创造出的典型人物，当然就会比普通实际生活中的人物更真实、更有普遍性，也更理想化。这些观点都显示了文艺复兴时期关于艺术典型学说的新发展，同时也说明当时艺术家和思想家们对于文艺和现实关系的认识，是具有辩证的思想的。

疯人、情人和诗人

——文艺复兴时期的艺术想象说

文艺复兴时期，欧洲的文学艺术得到很大的发展，取得了辉煌的成就。达·芬奇、米开朗琪罗、拉菲尔、杜勒在艺术上的建树，薄伽丘、拉伯雷、塞万提斯、莎士比亚在文学上的突破，都是对人类艺术宝库的重大贡献。这一时期的文艺作品，通过高度的艺术概括，创造了一系列不朽的艺术形象，既真实地反映了当时的社会生活，也表达了新兴资产阶级的理想和广大人民的愿望。随着文艺创作的发展，对于创作方法和创作心理的研究也有了新的进展。对于创作中想象活动的重视和研究，就是这种新进展的一个方面。

关于想象，亚里士多德在《心理学》中已经做过探讨。他在《诗学》中认为诗人的职责不在于描写已发生的事，而在于描写可能发生的事，并提倡采用"按照事物应当有的样子来描写"的创作方法。这实际上已涉及文艺创作到中想象的作用问题。罗马时代的雅典学者斐罗斯屈拉特在《阿波罗琉斯传》中，转述了公元1世纪的希腊学者阿波罗琉斯论艺术创造中的想象的一段话。这段话将想象和模仿加以对比，认为"想象比起模仿是一种更聪明灵巧的艺术家"，"模仿只能塑造出见过的事物，想象却也能塑造出未见过的事物，它会联系到现实去构思成它的理想"。所以，艺术品是由想象创造的，这个观点不是强调模仿，而是强调想象，显示了对创作理论进行探讨的一种新的趋向，很值得重视。

不过，斐罗斯屈拉特转述的这段话，主要还是就以神话为题材的文艺创作来谈的，因而还不是把想象当作整个文艺创作中必要的一种心理活动来看待。文艺复兴时代的思想家和艺术家们结合各方面的艺术实践，多方面阐明想象在文艺创作中的地位和作用，把艺术想象的研究大大向前推进了一步。意大利文艺批评家卡斯特尔维屈罗（1505—1571年）认为诗的题材和历史的题材是不完全相同的。历史家并不凭他的才能去创造他的题材,他的题材是"由世间发生的事件的经过"供给他的。诗却不然,"诗的题材是由诗人凭他的才能去找到或是想象出来的"。由于诗人处理的故事是本来不曾发生过的事物,"是由他自己想象出来的",所以他们才能得到历史家所得不到的赞赏。这种立论的方法虽然还是根据亚里士多德的《诗学》,但明确提出想象的活动作为区别诗与历史的一个重要标志,却是一种新颖的见解。此后,意大利哲学家和语言学家马佐尼(1548—1598年)在《〈神曲〉的辩护》中专门论述了想象对于文艺创作的重要作用。他认为想象是达到"诗的逼真"所必需的一种心理能力,是"适宜于创作的能力"。通过对创作构思的分析,他所引出的必然结论是:"因为诗依靠想象力,它就要由虚构的和想象的东西来组成。"这些论述是从创作心理的角度来探讨艺术想象活动的较早的尝试,它已经接触到创作构思中心理活动的特点问题。对于文学创作中想象的重要地位和作用,莎士比亚在《仲夏夜之梦》中也有极生动、极充分的描述。他通过人物之口说:"疯人、情人和诗人全是由想象构成的。一个人看见的魔鬼,比地狱所能容纳的还多,那就是疯人。情人呢,同样疯狂地,在埃及人的脸上看到海伦的美貌。诗人的眼睛,灵活狂放地一转,就能从天上看到地下,从地下看到天上;诗人的想象把别人不知道的事体现出来的当儿,他那支笔就给了它们形体,虚无缥缈的东西就有了住所和名字。"这段话的要义是在说明诗人"是由想象构成的"。为了强调这个意思,莎士比亚故意把诗人和疯人、情人相比,以见出他们在心理活动特点上的某种一致性。诗人的想象可以"精骛八极,心游万仞",人间天上,天上人间,不仅可以创造现实中不存在却可能存在的事物,而且可以幻想出现实中不存在也不可能存在的形象,创造出人们所不曾知道的事,而且使它得到形象的生动体现,也可以使形象带上个人的感情色彩。如果说莎士比亚关于戏剧是"给自然照一面镜子"的论断,主要表现着他的现实主义文艺观点,那么从他对艺术想象作用的描述中,我们则更多地看到他的文艺观中的浪漫主义成分。

  文艺复兴时期的文艺理论对于想象的重视,是和对于文艺与现实关系的辩证理解相关的。文艺要以现实为范本,但不能照搬事实;艺术真实来源于现实生活,但不等于事实的真实,这是当时许多思想家和艺术家的一种共同的看法。意大利作家和批评家钦提奥(1504—1573年)一再强调

"诗人写事物,并不是按照它们实有的样子,而是按照它们应当有的样子去写"。因此,他很重视创作的虚构,认为诗人不同于历史家,"他借虚构来模仿辉煌的事迹"。在钦提奥之前,薄伽丘(1313—1375年)也讲过诗要虚构,因为诗人要把真理隐藏在"虚构的事故"中,不过这还是用"寓言说"来为虚构辩护。而后来的艺术家和批评家则由于受到亚里士多德的启发,从文艺和现实的关系以及创作的心理活动来看待虚构和想象的问题。马佐尼说:"诗的逼真在性质上是这样的:它是由诗人们凭自己的意愿来虚构的。"就是说,艺术的真实不是事实的真实,而是艺术家运用虚构的方法,对生活进行典型化所创造的。只有通过虚构和典型化,创作才不会受生活事实的局限,艺术形象才能在现象和本质、个别和一般的统一中达到对生活的真实的反映。艺术的真实离不开虚构,而虚构则要借助想象的心理能力。所以,马佐尼说:"想象真正是驾驭诗的故事情节的能力,只有凭这种能力,我们才能进行虚构,把许多虚构的东西组织在一起。"从艺术真实、艺术虚构和想象的心理能力之间的必然联系来论述想象在创作中的作用,较之过去一般地谈论想象活动,这在理论上是更为深刻的。

  文艺复兴时期文艺理论上对于想象的重视,还和对于文艺特征的深入认识有关。关于文艺和科学等意识活动的区别,以前多是从它们的作用和效果上来立论,较少从反映现实以及创造心理上来研究。朗吉努斯和斐罗斯屈拉特都讲过诗人模仿要运用形象和创造形象,可以看作对于文艺特点的一种较早的说明。马佐尼对此加以发展,明确提出适宜于文艺创作的能力是"制造形象的能力",而"不是按照事物本质来形成概念的那种理智的能力"。科学须形成概念,故依靠理智;文艺须创造形象,故凭借想象。这里已接触到文艺创作和科学研究中形象思维和抽象思维的区别问题。在西方文艺理论中,"形象思维"一词是在19世纪才出现的。在此之前,一般艺术理论家、艺术家都是用"想象"一词来表明艺术创作的心理特点。所以,文艺复兴时期的想象说,可以说是代表着当时对文艺创作特殊规律的认识,对后来形象思维理论的形成无疑具有先驱的作用。

为什么会有多种诗的定义?

——围绕《诗学》的一场论争

16世纪意大利哲学家马佐尼在《〈神曲〉的辩护》中,认为诗的定义至少可以有三种。第一种定义:诗是一种模仿的艺术,目的在于再现一个形象;第二种定义:诗是一种模仿的游戏,目的在于娱乐;第三种定义:诗是一种受社会功能制约的消遣,目的在于教益。除此之外,马佐尼认为还可以补充一个定义:诗作为一种理性的功能,目的在于产生惊奇感。

为什么会出现多种诗的定义呢?这当然是由于文艺理论家和批评家对于文学的性质、功能和目的的理解上有着分歧。而这种种分歧的出现,又是和16世纪意大利文艺理论批评家们围绕亚里士多德的《诗学》所展开的研究、论争有着密切关系。

"文艺复兴"一词的本来含义,就是指对希腊罗马古典文化的再生。这当然要涉及对于希腊罗马古典文艺理论的批判继承问题。15世纪中叶以后,意大利人文主义者研究亚里士多德《诗学》和贺拉斯《诗艺》的风气盛极一时,到16世纪达到高潮。在近一个世纪里,意大利印行的《诗学》的新译本和注释本就有十几种之多,贺拉斯《诗艺》也译成意大利文。此外,意大利学者还按照《诗学》和《诗艺》的方式写了许多论诗专著,显示出文艺理论探讨的活跃气氛。在解释、研究和讨论亚里士多德《诗学》等古典文艺理论著作中,学者们形成了保守和革新两派。保守派把亚里士多德的理论看成普遍永恒的"法则",强调"愈紧密地追随古人就越能得到赞赏"(明图尔诺语)。革新派则强调民族、时代和风俗习惯不同,"作家们不应该让前人所定下来的范围束缚他们的自由,而不敢离开老路走一步"(钦齐奥语)。这两派的争论实际上是一种"古今之争",17世纪法国轰动一时的古今之争在此已可见端倪。

古今之争涉及对诗的本质、功能、作用以及一系列创作原则的看法,推动了资产阶级需要的新诗学的建立。当时,随着新的时代生活和新兴资产阶级在文学中要得到表现的要求,一些新兴的文字体裁也相继出现,如但丁的《神曲》既非史诗又非戏剧;彼特拉克的抒情诗受到民间诗歌影响;阿里奥斯托的传奇体叙事诗《疯狂的罗兰》是继承了中世纪的诗歌形式;薄伽丘的《十日谈》则无论是从希腊还是罗马都找不到来源。对于这些新兴的文学,保守派往往引经据典,用《诗学》中的"规则"加以否定;而革新派则竭力为新兴的文学辩护,认为亚里士多德《诗学》的许多"规则"是根据当时的文学创作总结的,并不全适用于新的文学,所以新的文学"不应受古典规律和义法的约束"。

在诗的性质和作用问题上,人文主义者大都坚持亚里士多德的"模仿自然"说和贺拉斯的"寓教于乐"说,但在具体理解和侧重面上也有所不同。有的人文主义者把重点放在诗的"教益"作用上,如瓦尔齐认为诗、哲学和历史三种学问在目的上是一致的,都是要促进人类生活的完美,只是它们所用的手段不同——哲学通过教训,历史通过叙述,而诗则通过模仿。这种看法肯定了文艺的教育作用,并指出文艺起教育作用的手段不同于哲学、历史,是可取的。但它又把文艺的教育作用和所谓"诗的公道"(即文学作品中表现的善有善报、恶有恶报)混为一谈,把文艺的作用单纯地看作使人趋善避恶,这就显得简单化、庸俗化了。有的人文主义者则忽视教益而只是强调诗的"娱乐"作用,如卡斯特尔维屈罗认为诗的发明本来是专为娱乐和消遣的,所以诗的功能就在于通过对人们遭遇的逼真的描绘,使读者得到娱乐。这样明确地把娱乐看作诗的唯一目的,在西方文艺理论中还是首次出现。虽然这种观点的提出也和强调文艺应该面向一般民众的主张有关,但它把文艺的娱乐作用和教育作用人为地对立起来,否定了文艺给予人的思想道德修养的影响,却是十分片面的、不利于文艺作用发挥的。此外,还有的人文主义者主张诗的功用既不在教益,也不在娱乐,而是在于通过模仿事物的普遍性和理想美,把一种"奇妙的而且几乎神圣的和谐渗透到读者的心灵里",因而使人感到一种惊心动魄的狂喜。这种看法可能是受到朗吉努斯的影响,认为诗的功用只在"感动";实际上这是一种强调文学的情感作用、美感作用的观点,它有助于我们认识文学的作用的特点。但是,它又离开文学的教育作用和娱乐作用来谈情感作用、美感作用,似乎认为后者与前者无关,这就不符合实际了。由于对于诗的性质、作用在认识、理解上有以上各种分歧意见，由此而形成的诗的定义当然也就会是多种多样。但是，真正科学的诗的定义是不能建立在对于文学性质和功能的片面理解上的，只有克服了认识上的主观性、片面性，从实际出发，全面考察文学的性质和功能，一个完善的、科学的诗的定义才能产生。

悲剧和喜剧能混合为一吗？

——瓜里尼、维加的戏剧理论

欧洲戏剧理论在文艺复兴时期得到了进一步发展。伴随着新的戏剧实践，在戏剧理论中也提出了许多新的问题，关于悲剧和喜剧混合的理论，就是新的问题之一。

悲剧和喜剧是在古希腊产生的两个传统的剧种。自古以来，这两个剧种的界限都是森严的。亚里士多德在《诗学》中规定了悲剧和喜剧的差别："喜剧总是模仿比我们今天的人坏的人，悲剧总是模仿比我们今天的人好的人。"这个观点成为欧洲戏剧理论上的传统看法，后人不仅以此为创作的指南，而且在理论上也主要是强调这两个剧种的区别。按照一般的理解，悲剧是描写地位高贵的人物，喜剧则是描写地位卑贱的人物；悲剧是严肃的，喜剧是滑稽的；悲剧使人产生恐惧、哀怜以引起快感，喜剧则使人产生笑谑以引起快感。这两者之间的严格界限是不能超越的。直到文艺复兴时期，多数文艺批评家在研究戏剧种类时，也还是复述亚里士多德的传统观点，或对悲剧和喜剧的区别进一步加以描述和补充。如明屠尔诺以表现对象的身份地位作为划分标准，将戏剧分为三类：第一类记述高贵人物——伟人和名人的庄重严肃的事件。这是悲剧的题材。第二类描写中等社会——城市、乡村的平民、农民、兵士、小商小贩之类。这是喜剧的题材。第三类描写低贱的人，以及一切卑鄙滑稽足以引人发笑的人。这便是笑剧的题材。又如卡斯特尔维屈罗以不同的人物组成来规定悲剧和喜剧的界限，认为"悲剧里的人物是地位显贵，意气风发，心性高傲，勇于追求自己向往的目标"的，而"喜剧里的人物是性格平庸，只晓得奉公守法，忍气吞声"的。以上这些观点都是把悲剧和喜剧同特定的人物身份联系在一起，认为悲剧和喜剧是不能混同的，地位高贵的人物和地位卑微的人物也是不能在舞台上同时出现的。

悲剧和喜剧能混合为一吗？

然而，这种传统的戏剧理论，在文艺复兴时期却开始受到挑战。1585年，意大利剧作家瓜里尼（1538—1612年）创作的《忠实的牧羊人》一剧，打破悲剧人物为社会上层、喜剧人物为普通老百姓这一传统界限，使地位不同的人物同时出现在剧中。守旧派反对和批评此剧，瓜里尼于是写了《悲喜混杂剧体诗的纲领》为他的创作辩护，同时明确提出将悲剧和喜剧"结合在一起来产生第三种诗"——"悲喜混杂剧体诗"的理论主张。针对守旧派的批评，瓜里尼论证了将悲剧和喜剧混合为一种新型剧种的可能性和必要性。在论述悲、喜剧为什么能混合为一时，瓜里尼以自然事物和其他艺术为例，说明不同种的事物互相结合在一起，是符合自然规律的。骡，是由马和驴的交配而产生的第三种动物；青铜，是由黄铜和锡混合而产生的第三种矿物；绘画，是多种多样颜色的混合；音乐，是多种多样声音的混合，但它们不都是显得很和谐吗？反对悲剧和喜剧能混合的人总是用亚里士多德规定的戏剧规则作为后盾。瓜里尼也引用亚里士多德的观点为悲、喜剧的混合辩护。亚里士多德固然说过悲剧写上层人物、喜剧写一般民众，但他又说过，由上层人物统治的寡头政体，和由一般民众产生的民主政体，可以混合形成共和政体。据此，瓜里尼问道："既然政治可以让这两个阶层的人混合在一起，为什么诗艺就不可以这样做呢？"可见，让上层人物和下层普通民众出现在同一场面的悲喜混杂剧是合理的。瓜里尼通过戏剧对人的心理作用论证了悲、喜剧混合为一的必要性，他说，悲喜混杂剧是将"悲剧的和喜剧的两种快感糅在一起"，既不至于使听众落入"过分的悲剧的忧伤"，又不至于使听众落入"过分的喜剧的放肆"；"既不拿流血死亡之类凶残的可怕的无人性的场面来使我们感到苦痛，又不至使我们在笑谑中放肆到失去一个有教养的人所应有的谦恭和礼仪"。所以，"悲喜混杂剧可以兼包一切剧体诗的优点而抛弃它们的缺点"，它既有利于人的性情陶冶和身心健康，又可以投合各种性情、各种年龄、各种兴趣的人的需要。这种戏剧理论显然反映了新兴的资产阶级对于戏剧的新的要求和新的审美趣味。

和瓜里尼处于同一历史时期的西班牙剧作家维加（1562—1635年），在《当代编剧的新艺术》中，也提出了和瓜里尼的观点极相似的主张。维加认为剧作家应当满足当今群众的审美要求，不应当受陈旧规则的束缚。他主张突破悲剧和喜剧的界限，把两者混合起来，让帝王和平民同台出现。他说:"悲剧和喜剧混合,太伦斯和塞内加(分别为罗马喜剧家和悲剧家)混合,这又是一个人身牛首的怪物,使得它一部分严肃,一部分滑稽;因为这种多样化能引起大量的愉快。"这也仍然是从审美心理的角度来论证悲喜混合剧的优越性和必要性。和瓜里尼一样,维加也认为悲剧、喜剧混合为一是符合自然规律的,因为大自然正是由于多样化才显得美丽,这与悲喜混杂剧因为多样化而引起更大愉快正是一致的。

瓜里尼、维加和英国的莎士比亚同时创造了悲喜混杂剧这个新剧种。这个新剧种的产生以及悲喜混杂剧理论的提出,在欧洲文学艺术发展史上具有重大的意义。首先,它反映了新的时代、新的阶级对于文艺的一种新的要求。戏剧舞台上的变化,与历史车轮的转动是相呼应的。文艺复兴时期政治和经济的发展,人文主义思想的传播,人民群众力量的上升,必然会在戏剧舞台上反映出来。所以,过去不能同时在戏剧里得到表现的上层统治人物和一般平民人物,现在在悲喜混杂剧这种新剧种里获得了新的关系和安排。其次,它冲破了悲剧和喜剧界限森严的传统美学观念的束缚,辩证地看待悲剧和喜剧之间的联系和区别,促进了新的美学观点和艺术理论的建立和发展。把悲剧性和喜剧性交融在一起,也有利于艺术更加真实地、多方面地反映社会生活,这也是符合艺术本身的发展规律的。最后,悲喜混杂剧剧种的出现和悲喜混杂剧理论的提出,为18世纪启蒙时期狄德罗和莱辛所提倡的严肃剧和市民剧开了先声,对于后来西方资产阶级戏剧理论的建立和发展,都有着重要影响。

为什么桂冠要献给诗人?

——锡德尼论诗的特性和目的

在文艺复兴时期英国的文艺理论著作中,锡德尼(1554—1586年)的《为诗辩护》是一部具有人文主义思想的代表作。锡德尼是16世纪的英国诗人和批评家,学识渊博,卓有成就,当时被人称为"新学花朵"。1579年英国讽刺作家戈逊写了一本《罪恶的学堂》的小册子谴责诗歌,并在没有得到锡德尼允许的情况下指名献给他。锡德尼便于次年写了《为诗辩护》,作为对戈逊的反驳。但这部著作并不限于对一人一书的批评,而是对文学中的重大问题进行了全面论述,不仅内容相当广泛,而且见解也相当新颖。

在《为诗辩护》中,锡德尼将诗与哲学、科学、道德、历史等学问相比较,以阐明诗的特性和目的,论证诗人的特殊作用和优越性。这是贯穿全书的中心思想,也是书中最为精彩的理论阐述。锡德尼所说的诗,并不限于诗歌,而是泛指文学。所以,他的论述实际上是提出了对于文学的特性、目的和作用的见解。

关于诗的特性,锡德尼提出了"形象虚构"说,强调诗和哲学、科学、历史、道德的区别在于它能虚构和创造自然中所没有的形象。他认为一般学问,从天文、数学、修辞、逻辑到历史、法学、哲学等,都是"以大自然的作品为其主要对象的",它们或者"记录下大自然所采取的秩序",或者"陈述人们所做出来的事",或者"按照自然的规律思考",总之,只能依靠自然,"遵循自然"。而诗和文学则在这方面高出于其他学问。锡德尼说:"只有诗人,不屑为这种服从所束缚,而是为自己创新的气魄所鼓舞,在其造出比自然所产生的更好的事物中,或完全崭新的、自然中所从来没有的形象中,……实际上升入了另一自然,因为他与自然携手并进,不局限于她的赐予所许可的狭窄范围中,而自由地在自己才智的黄道带中游行。"这段话从诗与自然的关系来揭示诗的特点和优越性,实际上包括互相联系的两点意思:第一,强调诗的形象性。科学、历史、哲学虽以大自然为对象,但并不是用形象来模仿自然。而诗则是一种模仿艺术,"就是说,它是一种再现,一种仿造,或者形象的表现;用比喻来说,就是一种说着话的画图"。这是对诗和文学在反映现实上的特点的一种相当明确的表述。在另一个地方,锡德尼还指出,哲学家、道学家都是把他们的知识建立在"抽象和一般化的东西上",而诗人则"为人们的心目提供一个事物的象形",这些看法预示了后来对于形象思维和抽象思维、诗和哲学不同特点的探讨。第二,强调诗的创造性。科学、历史、哲学只能记录和反映自然所产生的东西和实际存在的事物,而诗和文学则能创造出比自然所产生的更好的事物,创造出完全崭新的、自然中所从来没有的形象。锡德尼关于诗人通过创造形象升入"另一种自然"的提法,和达·芬奇的艺术是"第二自然"的提法非常相似,都是表现出对艺术和现实关系的辩证理解。他说:"自然从未以如此华丽的挂毡来装饰大地,如种种诗人所曾作过的……它的世界是铜的,而只有诗人才给予我们金的。"这一生动的比喻,突出地说明了诗人的创造作用,说明了诗和文学可以比实际存在的自然事物更理想、更美好。这里,锡德尼发挥了亚里士多德"诗人的职责不在于描写已发生的事,而在于描述可能发生的事"的观点,明确提出"形象虚构"说,把"形象的虚构"作为诗和文学的本质特点。他说:"只有那种怡悦性情的,有教育意义的美德、罪恶或其他等等的卓越形象的虚构,这才是认识诗人的真正标志。"

结合着诗的特性,锡德尼还着重论述了诗的目的和作用,提出了"感人向善"说。他认为"一切人间学问的目的之目的就是德行",即引导人们的灵魂达到尽可能高的完美。而诗人也是为了这个最高贵的目的。诗人的"创作是为了模仿,而模仿是既为了怡情,也为了教育,而且怡情是为了鼓舞人们去实践那个他们本来会逃避的善行,而教育则是为了使人们了解那个感动他们、使他们向往的善行"。这种看法显然是继承了西方传统的诗"寓教于乐"说,却更加强调了诗的道德作用,使诗的怡情作用和教育作用都与引人向善的道德目的统一起来。锡德尼的理论贡献不仅在于强调了诗和文学的道德目的和作用,而且在于他将诗人同历史家、道德家和哲学家进行比较,多方面地论述了诗和文学实现道德目的的特点以及它对于历史、道德、哲学的优越性,这主要表现在以下几个方面。

第一,历史家须如实地叙述事物,"他是如此局限于存在了的事物而不知道应当存在的事物,如此局限于事物的特殊真实,而不知事物的一般真理"。诗人却不然。诗人从事于模仿,"却不搬借过去现在或将来实际存在的东西,而只在渊博的见识的控制之下进入那神明的思考,思考那盖然的和当然的事物"。由于诗人能将他的例子虚构得最为合理,使个别事例体现着一般真理,所以,诗的教育和感动人的作用远远地超过了历史家。

第二,历史家由于不得不如实地叙述事物,就不能淋漓尽致地描写完美的模范。而诗人在模仿现实时,为了使它更有教育和娱悦的意义,却可以"照他自己的意思加以美化"。诗描绘人物,"总是用德行的全部光彩来打扮它",使德行受到推崇,罪恶受到惩罚。如果戏剧描写坏人,那么当"他们走出舞台的时候总是这样戴上了脚镣手铐以致他们不见得会引诱人家来仿效他们了";但是历史家的著作,由于"被一个愚蠢世界的真实所束缚住了,却常常成为善行的鉴戒和放肆的邪恶的鼓励"。

第三,道学家向人们提供各种箴规,哲学家向人们传授一般概念,它们的知识"是建立在这样抽象和一般化的东西上",是"用着难以掌握的论证来确立赤裸裸的原则",以致既难以使人了解,更难于让人运用。而诗人却与此恰恰相反。"因为无论什么,道学家说应当做的事情,他就在他所虚构的做到了它的人物中给予了完美的图画;如此他就结合了一般的概念和特殊的实例。……他为人们的心目提供一个事物的形象,而于此事物,道学家只予以唠叨的论述,这论述既不能如前者那样打动和透入人们的灵魂,也不能如前者那样占据其心目。"

第四,哲学家是用有步骤的逻辑推论的办法教导人,而诗人则是用虚构的形象感动人。然而感动高出于教导,感动"几乎既是教导的前因,又是它的后果;因为谁会愿意受教导呢,假使他不为受教导的愿望所激动"。道德学说的说教固然也能教导人,然而这种说教"究竟会产生什么好处能像感动人去实行它所教的那样多呢?"

基于以上理由,锡德尼断定:没有任何学问能够像诗那样感动人去向往德行;在吸引人向往德行方面,诗是无与伦比的。"这种促使人去行善,感动人去行善,实在,就使桂冠戴在诗人头上,使他不但胜过历史家,亦胜过哲学家。"锡德尼为了强调诗的优越性和重要性,将诗人凌驾于哲学家、道德家、历史家之上，固然表现出理论上的绝对化和片面性，但他认为诗在发挥道德作用上有自己的特点，有哲学、道德、历史所不及的地方，却是符合实际的。他通过将诗人与哲学家、道德家、历史家进行比较，深入地探讨了文学反映现实和发挥社会作用的特性，这在今天对我们认识和掌握艺术的特殊规律仍然具有一定价值。

悲剧是怎样净化情感的？

——高乃依对悲剧作用的解释

亚里士多德在《诗学》中给悲剧下定义时，提出悲剧的特殊作用是"借引起怜悯与恐惧来使这种情感得到净化（Katharsis）"。对于这一论述究竟如何加以理解，是西方文艺理论研究中长期存在分歧的一个问题。法国古典主义戏剧家高乃依（1606—1684年）在《论悲剧——兼及按照可能性或者必然性处理悲剧的方法》一文中，对这一论述提出了自己的解释和看法。

高乃依是法国古典主义早期代表作家。他的代表作《熙德》是法国第一部古典主义悲剧。这部剧演出后深受当时的巴黎观众欢迎，但同时也遭到一些人的围攻。路易十三的枢机大臣黎塞留对它很不满意，利用法兰西学院对它进行严厉谴责，批评它违背三一律，高乃依因此辍笔多年。这场关于《熙德》的论争，反映了当时古典主义文学派中两种不同倾向的矛盾与分歧。除《熙德》外，高乃依还创作了《贺拉斯》《西拿》和《波利厄克特》等著名悲剧。他和拉辛、莫里哀三人均以剧作闻名于世，被称为"古典主义三大代表作家"。但拉辛、莫里哀在戏剧理论上建树不多，而高乃依却对戏剧理论做出了重要贡献。他针对当时戏剧上的有关争论，总结自己的创作经验，撰写了三篇具有连续性质的戏剧理论专著来阐述悲剧的原理和美学原则，世称"高乃依戏剧三论"。《论悲剧》即是其中之一。

在对待古典的态度上，高乃依和后来的古典主义理论批评家的盲目崇古有所不同。他反对拘泥陈规，主张根据时代要求，批判地继承和发展前人的理论，因而代表着古典主义的进步传统。在讨论亚里士多德的悲剧理论时，他也反对墨守亚里士多德的权威性见解，主张应根据历史发展的实际来看问题。由于这种正确态度，加之他自己具有悲剧创作的丰富的实践经验，因而便能在《论悲剧》中对悲剧的特殊作用问题，大胆提出自己的看法。

亚里士多德关于悲剧的特殊作用的论点，告诉我们两个意思：第一，悲剧引起怜悯和恐惧之情；第二，悲剧以怜悯和恐惧作为手段净化类似的情感。高乃依认为，关于第一个意思，亚里士多德已经作了详尽解释，但他对于第二个意思却只字未谈。这就留下了一个问题：悲剧究竟是怎样使人的情感得到净化的？《论悲剧》一开始就抓住这个主要问题进行分析，给人以势如破竹之感。围绕这个问题，高乃依提出了以下两点看法：

一、根据亚里士多德的论述，"怜悯是由一个人遭受不应遭受的厄运而引起的，恐惧是由这个这样遭受厄运的人与我们相似而引起的"，就是说，怜悯之情是针对我们所见的陷于不幸的人而发的；继怜悯而产生的恐惧则是针对我们自己的。由此，高乃依推论出悲剧使人的情感得到净化的方式或途径应该是："我们看见与自己类似的人陷入不幸，因而产生对不幸者的怜悯，而怜悯之情则使我们引起深恐自身遭受同样不幸的恐惧，恐惧之情引起避免这种不幸的愿望，而这种愿望则促使我们去净化、抑制、矫正，甚至根除我们内心的情欲——也就是使我们所怜悯的剧中人陷于不幸的那种情欲。上述的这一切之所以能够产生，都是出于这样一种简单的，但也是必然无疑的想法：要想避免后果，便需根除原因。"按照这种解释，悲剧通过引起怜悯和恐惧，促使我们去节制、根除使剧中人陷于不幸的那种情感，从而达到净化情感的作用。怜悯和恐惧只是借以达到净化情感的手段，并不是所要净化的情感。所要净化的情感是和剧中人相似的，并使剧中人陷于不幸的那种情感。这种看法，后来遭到18世纪德国戏剧家、美学家莱辛的反驳。莱辛认为，根据亚里士多德的原意，"悲剧应当引起我们的怜悯和我们的恐惧，仅仅为了净化这种或类似的激情，而不是无区别地净化一切激情"，"他没有想到别的激情，他想到的只是我们的怜悯与恐惧；至于悲剧净化其余的激情或多或少，在他看来是无关紧要的"（《汉堡剧评》）。莱辛还指出，所谓悲剧使怜悯和恐惧的情感得到净化，就是要使人将这种情感控制到一个"有益的程度"，以促进"道德的完善"。由此可见，高乃依和莱辛两人在悲剧如何净化情感、净化什么情感的看法上是有很大分歧的。不过，莱辛强调的是要忠实于亚里士多德的原意，而高乃依却侧重于按照自己的创作经验来理解亚里士多德的说法。他们都有各自正确的一面。

二、亚里士多德在论述什么样的人物和事件才能引起怜悯与恐惧之情时，提出悲剧应当选择既不十分善良也不十分公正的人，这种人之所以陷于厄运，不是由于他为非作恶，而是由于他犯了错误。至于写好人由顺境转入逆境，或坏人由顺境转入逆境，都不适合悲剧。因为它"既不能引起怜悯之情，又不能引起恐惧之情"。高乃依根据这句话，认为亚里士多德之所以不赞成描写这些事件，是因为怜悯、恐惧二者皆无。但如果它们能引起这两种情感之一，他就不会不赞成这些事件了。由此推论"在他谈到怜悯和恐惧时，并没有要求每个悲剧里都必须同时存在这两种因素，他认为二者之一便足以净化情欲，这与没有恐惧的怜悯不能使情欲净化、没有怜悯的恐惧也不可能使情欲净化的看法并不相同"。为了论证这个看法，高乃依举出了一些例证，其中既有亚里士多德所举的剧本，如《俄狄浦斯》，也有他自己创作的剧本，如《熙德》等。在这些剧本中，悲剧人物的遭遇可能引起我们怜悯却不会使我们恐惧；也可能引起我们恐惧却不会使我们怜悯，但它们都能促使人的情感得到净化。对于高乃依这一看法，莱辛后来也进行了反驳。莱辛认为按照亚里士多德关于怜悯的定义，"怜悯必然包括恐惧；因为不能引起我们的怜悯的东西，同时也就不能引起我们的恐惧"，"这种恐惧并非一种特殊的、与怜悯无关的激情，并非似乎有时借助怜悯、有时不借助怜悯就能引起这种激情，犹如有时借助恐惧、有时不借助恐惧就能引起怜悯一样"（《汉堡剧评》）。莱辛指出悲剧引起的怜悯与恐惧两种情感是互相连接在一起的，着重论述了二者的辩证关系，这是独特的见解，具有合理性。不过，高乃依的看法指出了亚里士多德的论据和论点不完全一致，并且力图使亚里士多德的论述和古典主义者的新的悲剧艺术实践结合起来，也是有一定意义的。高乃依的悲剧既描写了完美无瑕的人物，也描写了可憎恶的人物。而按照亚里士多德的论述，这两类人物对悲剧都不相宜，因为它们不能引起怜悯或恐惧之情。高乃依既不愿将自己的悲剧削足适履，又不愿否定亚里士多德定下的法则，唯一的选择便只能是用自己的创作经验去对亚里士多德的法则做出新的解释。

想象：诗的创造的心理功能

——维科论诗与想象的关系

从文艺复兴以来，西方美学家和艺术家越来越重视想象在艺术创作中的作用，而专门把想象作为诗的本质和特点，并从历史发展上给予理论阐明的，当推意大利历史哲学派学者维科（1668—1744年）。维科的主要著作是《新科学》，这是一部探讨人类社会文化的起源发展的专著，重点在研究原始社会，特别是古希腊罗马社会。结合人类历史发展的研究，维科在美学上主要分析了想象与诗和其他文化形成的密切关系，并从想象这种心理功能去阐明诗和哲学的区别，因而成为美学史上第一个明确地把诗的心理功能和哲学的心理功能加以区别和对立的美学家，对后世关于形象思维和抽象思维之间差别的研究，产生了较大影响。

维科研究了人类最初的诗的活动和其他文化活动，从而断定诗的活动是通过人的想象活动而形成的，和理智活动无关。在分析诗的起源时，维科指出：原始人好比人类的儿童，他们的心理特点和儿童一样，都是没有推理力，而有旺盛的想象力的。由于原始人无知，对于自然界发生的许多现象没法理解，便感到惊奇，于是他们就"把自己感觉到而对之惊奇的那些事物的原因都想象为神"。例如当天空里轰起炸雷、闪着疾电的时候，原始人不知道原因，就大惊大骇起来，抬头一看，就看到天。在这种情况下，按照人心的本性，人就会把自己的性质附会到雷电这种效果上去，把天想象为一个巨大的、有生命的物体，把打雷扯闪的天叫作"天神"或"雷神"。"就是用这种方式，最早的神话诗人创造了第一个神话故事"，这也就是诗的起源。据此，维科指出：诗的产生是与人的一种与生俱来的功能——想象力相联系的，原始人"在他们的强旺而无知的状态中，他们全凭身体方面的想象力去创造，正因为想象力完全是身体方面的，他们的创造显出惊人崇高，崇高到一种程度，以致凭虚构去创造的那些人自己也大为惊动。这些人由于创造，就博得'诗人'的称号"。维科认为最初的诗——神话的形成，是凭借想象的心理功能所创造的，这是科学的。马克思也曾指出古代神话是借助丰富的想象力创造出来的。维科认为人的心理功能有一个发展过程，原始人和儿童一样，具有旺盛的感觉力和生动的想象力，抽象思考能力是后来才发展起来的。这种看法后来在瑞士心理学家皮亚杰对儿童心理和思维发展的研究中得到证明。这一切，对我们认识原始人的形象思维及其与人类最初文艺活动的关系，是很有意义的。不过，维科在考察诗和其他文化的起源时，只限于从人的精神活动本身去寻找动力，而完全看不到它与人类物质实践活动的联系，这就显出了他唯心史观的局限性。

维科从历史发展和不同的心理功能上考察了诗与哲学的区别。他认为人类的发展经过三个阶段：神的时代、英雄时代和人的时代。在神的时代，想象力特别丰富，产生了原始神话；在英雄时代，抽象思考力还不发达，产生了荷马的英雄史诗；在人的时代，人学会抽象思考，哲学也就形成了。人的推理力与想象力属于人类心理功能发展的不同阶段，"推理力愈弱，想象力也就愈强"。"由于人类推理力的欠缺，崇高的诗才产生出来。"所以，诗不用理智的思考，诗里也完全没有哲学。等到人类发展到会作抽象思考即进行哲学活动的时候，人类就由儿童期转到成年期，诗也就失去了原有的强旺的创造力。这种分析方法，很容易使我们联想到后来黑格尔关于艺术、宗教、哲学是绝对精神发展的三个阶段的提法，因为它们都是运用历史方法说明艺术和哲学的区别。维科经过分析，对诗与哲学的区别和各自的特点从理论上作了如下概括："诗人可以看作人类的感官，哲学家可以看作人类的理智。""按照诗的本质，一个人不可能同时既是崇高的诗人，又是崇高的哲学家，因为哲学把心从感官那里抽开来。而诗的功能却把整个的心沉没在感官里；哲学飞腾到普遍性相，而诗却必须深深地沉没到个别事例里去。"总之，从心理功能上看，哲学依靠的是思索和推理去认识一般，诗依靠的是感觉和想象去掌握个别。像维科这样明确地指出艺术和哲学在心理功能上的区别，以前实属少见。他把想象作为进行诗的创造的特殊心理功能，由此说明诗的特点，实际上已经见出形象思维与抽象思维的差别。不过，他把想象与理智完全对立起来，认为诗只与想象有关，而与理智完全无关，却是错误的。与维科几乎同时代的艺术理论家缪越陀里就曾指出,想象须与理智合作才能产生最好的诗歌,与维科的看法是不一致的。

在阐明想象在诗的创造中的作用时,维科还分析了想象创造"诗的意象"的两种活动方式。其一是以己度物,将对象拟人化。维科指出,当人们对产生事物的自然的原因还是无知的,不能根据类似事物的类比来解释它们时,"他们就把自己的本性转到事物身上去",例如"磁爱铁"。最初的诗人就是按照这种方式,"把有生命的事物的生命移交给物体,使它们具有人的功能,例如感觉和情欲,这样,他们就用这些物体造成了神话故事"。维科所说的这种想象的方式,就是后来的美学家所说的移情作用。其二是"以形象表示的类概念",诗中的人物性格就是以这种方式创造的。维科说:"原始人就像人类的儿童,他们对于事物还不会构成理智的类概念,因此他们有一种自然的需要去创造出诗意的人物。这种人物就是以形象来表示的类概念或普通概念;它们仿佛就是典范或理想的图象,可以收纳一切相似的个别事物。"所谓"理智的类概念",就是抽象概念,它是抽象思维的产物;所谓"以形象来表示的类概念",就是形象观念,它是形象思维的产物。在这种"以形象表示的类概念"中,诗人以个别人物统摄类似的一切人物,例如荷马用阿喀琉斯(《伊利亚特》的主角)来统摄一切英雄的勇猛的特质,用俄底修斯(《奥德赛》的主角)来统摄一切有关英雄智慧的情绪和习俗。维科的这些分析已经接触到形象思维的特性和艺术典型化的规律了,由此可以见出维科在美学上的重要贡献。

艺术是否有助于改善风俗?

——卢梭对文艺的否定

卢梭（1712—1778年）是法国启蒙运动中最杰出的思想家之一，也是一位有特殊成就的文学家。他和伏尔泰、狄德罗同为启蒙运动三大领袖，是以狄德罗为首的"百科全书派"的代表人物之一。但是在对文艺的基本态度和对文艺的社会作用的看法上，卢梭却与伏尔泰、狄德罗有很大的不同。伏尔泰、狄德罗以及其他启蒙主义者一般都很看重文艺，对文艺在社会生活中的积极作用也都是采取肯定的态度；而卢梭却恰恰相反，他对文艺持否定态度，认为文艺损害道德、败坏风俗，对社会产生消极作用，应当受到谴责。

卢梭的这种文艺否定论，在他的第一篇论文《科学艺术发展是否有助于改善风俗?》中得到充分阐明。1749年，卢梭在从巴黎到范赛纳监狱去探望狄德罗的路上，看到第戎学院公开征文的广告，题目是"科学艺术的复兴对改良风俗是否有益"。在狄德罗的鼓励下，卢梭便写了上述论文去应征，结果中选，从此他的名声便传遍了法国。这篇论文的第一部分论述科学和艺术在历史上的消极作用；第二部分论述科学和艺术为什么"有害"。论文列举和论述了"由文艺产生的罪过"，主要表现是：

第一，艺术使人丧失了原始的自然本性，束缚了人们的精神，卢梭由于不满当时社会的不平等现象，鼓吹"返于自然"。他把人类的原始社会加以理想化，歌颂人类的自然状态，认为人类在原始时代，生活简朴、思想单纯、性格自然，不受任何虚伪的、繁缛的礼节和习俗的束缚，"是一幅全然出于自然之手的美丽景色"。可是，当人类进入文明社会，出现了"不平等"和"奴役"，人的自然、淳朴的本性就被破坏了，代之而起的便是虚伪、压抑和罪恶。在这种转变中，艺术起了消极作用。他说："在艺术还没有能塑造我们的风格，没有教导我们的感情使用一种造作的语言之前。我们的风格是粗朴的,然而却是自然的,举止的不同,初看起来,只是表现性格的不同。"可是进入文明社会后,由于艺术的熏陶,"我们的风尚里流行着一种邪恶而虚伪的共同性,每个人的精神仿佛都是一个模子里铸出来的,礼节不断地在强迫我们,风气又不断地在命令着我们;我们不断地遵循着这些习俗,而永远不能遵循自己的天性"。

第二,艺术使人灵魂腐败,德行消逝。卢梭认为,要造成好的风俗,最重要的就是要以德行治理世界。可是,艺术却不利于道德风化的纯洁、高尚,它通过供人消遣,传播着各种恶劣行为。他说:"我们的公园里装饰着雕像,我们的画廊里装饰着图画。你以为这些陈列出来博得大家赞扬的艺术杰作表现的是什么呢?是捍卫祖国的伟大人物呢?还是以自己的德行丰富祖国的更伟大的人物呢?都不是的。那是各种各样心灵的与理智的歪曲颠倒的景象,从古代神话里煞费苦心地挑选出来专供我们孩子们消遣好奇用的;而且毫无疑问地是为了使他们甚至在不认字以前,在他们眼前就有了各种恶劣行为的模范了。"由此,卢梭认为艺术的发展进步同人的道德风尚的发展进步是成反比例的。"我们的灵魂是随着我们的科学和我们的艺术之臻于完美而越发腐败","随着科学和艺术的光芒在我们的天边升起,德行也就消逝了"。

第三,艺术总是与奢侈相联系,破坏着人们的勇敢和尚武精神。卢梭认为奢侈是人类怠惰与虚荣的产物,是文明社会的腐败现象之一。奢侈必然引来风化的解体,同时反过来又引起了趣味的腐化。"当生活日益舒适、工艺日臻完美、奢侈开始流行的时候,真正的勇敢就会削弱,尚武的德行就会消失;而这些仍然是科学和艺术在暗中起作用的结果。"为了证明这个论点,卢梭举出一些历史上的事例,他认为罗马人的武德就是"随着他们赏识图画、雕刻和金银器皿以及培植美术开始消逝的"。

卢梭的这些观点,表示出他对传统观点的大胆挑战和叛逆态度。他谴责艺术造成的弊端和危害,实际上是谴责统治阶级的文明,谴责私有制带来的种种罪恶,谴责封建贵族的奢侈生活、虚伪礼节、华丽辞章、腐败艺术。他揭露出统治阶级的文明和艺术是为了将社会罪恶"以德行的名义装饰起来",使"疑虑、猜忌、恐怖、冷酷、戒惧、仇恨与奸诈永远会隐藏在礼义的那种虚伪的面幕下边"。这种批判无疑是具有极大进步意义的。但是,卢梭在批判统治阶级文明和艺术时,不加分析地否定一切艺术,抹

艺术是否有助于改善风俗？

杀艺术在社会生活中的积极作用，甚至提出要清除一切艺术，"拆毁这些露天剧场，打碎这些大理石像，烧掉这些绘画"，这些观点也暴露出他在思想上的片面性和偏激情绪。他这种否定艺术的态度和观点，和柏拉图在《理想国》中排斥诗人的文艺观点几乎如出一辙，而同启蒙主义者认为艺术可以提高道德、加强理性的观点则互相抵触。再者，卢梭把艺术、道德等精神文明的发展视为造成历史倒退和社会罪恶的原因，看不到艺术、道德等社会意识形态是由一定的经济基础和政治制度所决定的。这不仅使他将进步的艺术同统治阶级文明混为一谈，而且也使他不能看到形成统治阶级文明和社会罪感的真正的社会根源。这里也就表现出卢梭的历史唯心主义观点的局限性。

审美趣味的共同性和差异性

——伏尔泰论鉴赏趣味

在法国18世纪启蒙运动的领袖人物中，伏尔泰（1694—1778年）的声望是最高的。他的著作横跨几个领域，既有哲学、历史、政论，又有悲剧、喜剧、史诗、抒情诗和哲理小说。这些著作在当时法国和全欧都产生了很大影响，因而使他成为思想界的泰斗；但较之后来的启蒙主义者卢梭、狄德罗，他的思想则显得温和保守。在文艺思想上，他既反对古典主义的泥古倾向，又留恋古典主义的法则和传统，因而常常在理论批评中表现出互相矛盾的美学观点。

在著名的美学论文《论史诗》中，伏尔泰对人们的鉴赏趣味的一致性和差异性作了较为深刻、细致的分析。他首先肯定在人们的审美观点和审美趣味方面，是具有许多共同性的。譬如对于文艺作品的鉴赏，不同民族的欣赏者就会有共同一致的看法和要求。因为"任何有意义的东西都属于世界上所有的民族。各个民族都认为单一而简单的情节比混在一起的互不相关的冒险事迹更能使人感到愉快，这个情节应该是轻松而逐步展开的，并且不使人产生厌倦之感。围绕这样一个统一的情节，再加上发挥得像人体四肢一样比例适当的故事插曲，这是人们普遍所希望的。……同时，情节必须是动人的，因为一切的心灵都要求受到感动"。伏尔泰列举了一系列各民族对于艺术作品的大致相同的要求，以证明为所有民族所共同接受的鉴赏趣味的准则是有很多的。正是由于这种鉴赏趣味的一致性，所以人们才能共同喜爱和欣赏不同时代、不同民族的作品；那些有成就的古代作家才能被不同时代、不同民族的人们作为创作的典范，例如荷马、德摩斯梯尼、维吉尔、西塞罗等"在某种程度上已将所有的欧洲人联合起来置于他们的支配之下，并为所有各民族创造了一个统一的文艺共和国"。从这里，伏尔泰得出一个结论："我们应该赞美古人作品中被公认为美的那一部分，我们应该吸取他们语言和风俗习惯中一切美的东西。"这个结论无疑是具有说服力的。

但是，伏尔泰并不是孤立地、片面地强调审美观点和趣味的一致性、共同性，而是同时也指出了审美观点和趣味的特殊性、差异性。首先，他认为人们的鉴赏趣味在不同的民族、不同的国家是有差别的。例如对于人体美的看法，就往往随民族和国家而异。"一个人的容貌在法国被认为美丽，在土耳其却不一定被认为美丽；在亚洲和欧洲算是最可爱迷人的，在几内亚却会被认为是丑八怪。"至于说艺术作品，不同民族、不同国家在鉴赏趣味上的差别就表现得更为明显。作家的创作，由于"他们从培育他们的国土上接受了不同的趣味、色调和形式"，所以在文学作品的风格上也就表现出不同的民族和国家的特色。于是，伏尔泰对欧洲各主要民族和国家在创作风格上的特色作了生动、准确的概括。他说："从写作的风格来认出一个意大利人、一个法国人、一个英国人或一个西班牙人，就像从他面孔的轮廓，他的发音和他的行动举止来认出他的国籍一样容易。意大利的柔和和甜蜜在不知不觉中渗入到意大利作家的资质中去。在我看来，辞藻的华丽、隐喻的运用、风格的庄严，通常标志着西班牙作家的特点。对于英国人来说，他们更加讲究作品的力量、活动和雄浑，他们爱讽喻和明喻甚于一切。法国人则具有明彻、严密和幽雅的风格。他们既没有英国人的力量，也没有意大利人的柔和，前者在他们看来显得凶猛粗暴，后者在他们看来又未免缺乏须眉气概。"这段论述说明文学风格带有深刻的民族烙印，不同民族风格的形成和民族的审美心理特点密切相关，在理论上是颇为精辟的。

另外，伏尔泰认为人们的鉴赏趣味在不同的时代也是有差别、有变化的。这种趣味的变化最明显地反映在艺术作品中。"在纯粹依赖想象的各种艺术中，有着象在政治领域中一样多的变革。"由于古人和今人在现实生活、风俗习惯、物质条件、思想文化乃至语言等方面都有明显的不同，因此，不能在艺术上一味模仿古人，用永恒不变的艺术法则去束缚千变万化的艺术创造。据此，伏尔泰指出："我们可以赞美古人，但不要让我们的赞赏变成为盲从。为了更好地回顾过去并欣赏那些我们不能加以精确评价的古代作品，让我们不要对自然赋予的美闭上眼睛而使我们自己和自然遭受损失吧。"在这里，我们似乎已经隐约感觉到了后来的启蒙主义者批评古典主义的那种战斗气息。

从分析鉴赏趣味的共同性和差异性中，伏尔泰还引出了一个对于文学研究十分有益的原理。他说："一个研究文学的人考察一下产生于互不联系和各个时代和国家的不同类型的史诗，这不仅能得到很多乐趣，而且也会得到很大好处。"就是说，可以对不同时代、不同民族、不同类型的作品进行比较研究，从中找出它们在审美趣味和艺术规律上的一致性和特殊性，这样有助于更透彻地理解艺术在不同时代、不同民族里发展的方式。伏尔泰的这种看法，有的西方批评史家认为其是比较文学的理论先驱。

伏尔泰对鉴赏趣味的分析也存在一些局限性，这主要表现在他不能科学地说明形成人们的鉴赏趣味的共同性和差异性的社会根源。例如他认为不同民族的创作风格的形成是"由于各个民族相互厌恶和轻视"，就显然是不正确的。

"美是关系"

——狄德罗的唯物主义美论

在法国启蒙运动的三大领袖之中，思想最为进步和丰富、对美学和文艺理论贡献最大的还是狄德罗（1713—1784年）。狄德罗博学多才，是著名的《百科全书》的组织者和主编。作为杰出的美学家和艺术批评家，狄德罗对各种艺术有广泛的兴趣和精湛的研究，特别是在美学、戏剧和绘画理论三个方面，有许多深刻的论述。

狄德罗的美学思想是他的唯物主义哲学思想的一部分。在《美之根源及性质的哲学的研究》一文中，狄德罗提出了"美是关系"的著名论点。他给美下定义说："我把一切本身有能力在我的悟性中唤醒关系概念的东西，称之为在我身外的美；而与我有关的美，就是一切唤醒上述概念的东西。"他还说："就哲学观点来说，一切能在我们心里引起对关系的知觉的，就是美的。"狄德罗认为客观事物具有不以人的主观意志为转移的客观实在的关系，这种关系就是事物的美的性质。先有客观事物的实在关系，然后才能引起审美主体对它的知觉，才能在悟性中唤起关系的观念。

那么，什么是狄德罗所说的"关系"呢？他认为一个是事物本身各部分之间的关系，另一个是事物和事物之间的关系。前者他称为实在的美，后者他称为相对的美。他说："不论他从自然中采用例子，或从绘画、道德、建筑、音乐中借取典范，他总可以发现那本身具有唤起关系观念的东西，而他称之为实在的美；也总可以发现那唤起他将其他事物加以比较的适当关系的东西，而他称之为相对的美。"实在美是就对象本身的内部关系而言，"孤立地、就它本身来考虑"。他具体论证说："当我声称一朵花美，或一条鱼美，我意味着什么呢？假如我孤立地考虑这朵花或这条鱼的话，我所意味的没有别的东西，不过是我在组成它们的各部分之间，看到了秩序、安排、对称、关系，因为所有这些字眼只是以不同方式来观察关系本身而已。在这种意义之下，凡花皆美，凡鱼皆美。然而是什么美呢？那就是我所谓的实在的美。"这里所谓秩序、安排、对称等都是以不同方式来观察事物各部分之间的关系本身，这种关系决定着这朵花或这条鱼的实在的美。至于相对美，则是就对象间比较的关系而言，"就它与其他对象的关系来考虑"。他具体论证说："假如我考虑花、鱼，就它们与其他花、其他鱼的关系来考虑的话，我说它们美，意思就是：在同类的存在物中，花中这一朵，鱼中那一条，在我心中唤醒最多的关系观念和最多的某些关系；……在这种新方式之下考虑对象，就有了美和丑；但是什么美，什么丑呢？那就是所谓相对的了。"这里，狄德罗不是孤立地看某一对象的美，而是在对象间的相互关系中、在比较中看对象的美与丑。

　　狄德罗把"美是关系"的论点运用到对于社会美和艺术美的解释上，认为社会美和艺术美也是决定于"关系"。例如，他为了论证人的语言、行为的美是受一定关系决定的，以高乃依的悲剧《贺拉斯》里"让他死吧！"这句话为例来进行分析。"让他死吧！"这句话放在不同的环境，即不同的关系之中，它的性质、意义不同，因而它的美丑性质也就会改变。如果告诉读者，在一场关乎祖国荣誉的战斗中，参加战斗的战士是老人所剩下的唯一的儿子，这位战士要以一个人抵挡三个敌人，他的两个弟兄都已被那三个敌人杀死，老人是在对女儿说这句话，于是"让他死吧！"这句话随着环境和关系的展现，就变成美的了。如果改换了环境和关系，把"让他死吧！"这句话从老贺拉斯的口中移到喜剧人物史嘉本的嘴里，从法国剧院搬到意大利的舞台"让他死吧！"就变成了打诨。狄德罗由此得出结论："所以美确乎如我们以上所说，是随关系而开始、增长、变化、衰落、消失的。"在这里，狄德罗所说的"关系"就是指社会环境、社会关系。所以，他认为社会美、艺术美是随着社会关系的改变而改变的。

　　狄德罗提出的"美是关系"的论点是唯物主义的美学观点，它明确肯定了美的客观性。按照狄德罗的理解，美是客观的、第一性的，实在美、相对美都是一种客观存在，悟性中的美的观念不过是对客观的存在的美的反映。他说"我的悟性没有给事物添一点东西进去，没有去掉一点东西。不管我想到或者一点也没有想到卢浮宫的门面，其一切组成部分照旧有这种或那种形式，其各部分间也照旧有这种或那种安排。不论有人无人，卢浮宫的门面不减其美"。这就说明美是不以欣赏者的主观意志为转移的客观存在，悟性不能改变它。卢浮宫门面的美是因为它有客观的实在的关系。狄德罗说："我说一个存在物，由于我们注意它的关系而美，我并不是说由于我们的想象力移植过去的智力或虚构的关系，而是说那里的实在关系，借助于我们的感官而为我们的悟性所注意到的实在关系。"这里，狄德罗明确提出，事物的美是因为它那里的实在关系，不是想象力移植过去的智力或虚构的关系。悟性中的关系是实在关系的反映，这当然是唯物主义的。

狄德罗把"美是关系"的论点运用到社会生活上，认为随着社会事物在社会生活中的关系的不同，事物的美也必然发生改变。他说："野蛮人看到一串玻璃珠、一枚铜指环、一只铜铁臂钏就高兴，而已开化的人却只对最完美的东西才注意；邃古的人对茅屋、草舍、谷仓都滥用美、瑰丽等等名词，今天的人却把这些称谓限制在人的才能的最高努力上。"这里，狄德罗看到了社会美是随着人类社会生活的发展而发展的，这是具有辩证思想的观点。

但是，狄德罗在论述他自己的论点时，对"关系"这个概念的理解也仍是比较模糊的。他所说的"关系"这个概念太广泛了。凡事物都存在种种内部关系、外部关系，"美是关系"还不能说明究竟是一种什么关系才是美的，特别是对于事物本身的内部关系，狄德罗主要还是从事物的形式方面的关系（如秩序、安排、对称等）来讲的，这说明"美是关系"的论点仍带有机械唯物主义的局限性。

美学作为独立学科的诞生

——鲍姆加登在美学史上的贡献

在西方美学史上，德国美学家鲍姆加登（1714—1762年）可说是一位具有独特地位的人物。他第一个提出把美学作为一门独立科学，并把它命名为"埃斯特惕卡"（Aesthetica），因而被人们称为"美学之父"。"Aesthetica"其希腊文的原义是直觉学或感性学，鲍姆加登用它来作为一门新学科的名称，其意为"审美学"，现在流行译为"美学"。1750年，鲍姆加登正式用这个名称来称呼他的研究感性认识的一部专著，从此，美学作为独立的科学便诞生了。

鲍姆加登首先从认识论的角度规定了美学科学的性质。他说："美学（美的艺术的理论，低级知识的理论，用美的方式去思维的艺术，类比推理的艺术）是研究感性知识的科学。"按照鲍姆加登的规定，认识论分为两部分：一部分是高级的认识论，研究理性认识；另一部分是低级的认识论，研究感性认识。前者是逻辑学，后者即为美学。鲍姆加登这种看法的形成和德国理性主义哲学家莱布尼茨（1646—1716年）的影响有密切关系。莱布尼茨的理性主义是唯心主义的，他认为人生来就有先天的、先验的理性认识。不过这种天赋观点并不是一开始就清楚明白，要使之成为明晰的观念，需要经过一个认识的过程。因此，他把人的认识分为"朦胧的认识"和"明晰的认识"；"明晰的认识"又分为"混乱的认识"和"明确的认识"。按照认识过程来说，这些认识是由低而高逐渐上升的，而人们的审美趣味就是属于"明晰的认识"中的"混乱的认识"。这种认识可以对事物产生生动的印象，所以是"明晰的"；但又不能将事物的各部分及其关系分辨得很清楚，所以是"混乱的"。鲍姆加登所说的"感性认识"，也就是莱布尼茨所说的"混乱的认识"。他认为以往人们不重视"混乱的认识"是一个缺陷，应该有一门专门研究"混乱的认识"即感性认识的学问，这就是美学。莱布尼茨把审美限于感性活动，使之与理性活动对立起来。鲍姆加登发展了这一思想，明确把美学对象限定为感性认识，使之与研究理性认识的逻辑学对立起来。这种看法对后来西方美学的发展有深远影响。

鲍姆加登结合美学的对象，从感性认识出发，给美下了一个定义。他说："美学的对象就是感性认识的完善（单就它本身来看），这就是美。与此相反的就是感性认识的不完善，这就是丑。"这里，鲍姆加登把感性认识的完善与不完善作为区别美与丑的标准，是对莱布尼茨和沃尔夫美学思想的一个发展。沃尔夫（1679—1754年）是莱布尼茨的信徒，也是鲍姆加登的老师。他根据莱布尼茨的目的论，用"完善"的概念来解释美，他说："美在于一件事物的完善，只要那件事物易于凭它的完善来引起我们的快感。"鲍姆加登结合了莱布尼茨审美属于"混乱的认识"和沃尔夫美在事物完善的观点，从而形成了"美是感性认识的完善"的定义。不过，沃尔夫的美在完善说，指的是引起快感的对象的完善；而鲍姆加登则主要指的是感性认识本身的完善。就是说，这种完善不仅是在对象，而且也是在人的主观认识。实际上，这就是要从主体和客体两方面去寻找美的根源。所以，鲍姆加登又把美学称为"以美的方式去思维的艺术"。虽然鲍姆加登也不完全否认对象有美，但他认为对象的美和"感性认识的完善"的美并不是一回事，他说："丑的事物可以用美的方式去思维，而最美的事物也可以用丑的方式去思维。"这就是说，事物的美和用美的方式去思维（即感性认识的完善）是有区别的。丑的事物可以因为感性认识的完善而转化成美，美的事物也可以由于感性认识的不完善而转化为丑。

鲍姆加登把"完善"的概念用于说明艺术。他认为完善要靠观念的生动明晰，而生动明晰则须观念包含着丰富具体的内容。所以，"种的观念、比类的观念较富于诗的性质"，而"个别事物的观念最能见出诗的性质"。个别事物都是完全确定的、具体的、感性的，所以个别事物的观念所包含的因素最多、最丰富，也最为明晰生动。这种强调艺术需有个别性、具体性、感性的观点，和古典主义者强调普遍性、类型性、理性的观点是不一样的。它反映出德国新兴的资产阶级追求个性解放的要求，预示着启蒙时代欧洲文艺思想的重大转变。

"只有性格是神圣的"

——莱辛论人物性格的塑造

继《拉奥孔》一书之后，莱辛又写成了《汉堡剧评》这部戏剧理论巨著。1767年汉堡民族剧院成立，莱辛担任剧院的艺术顾问。他的主要工作是创办一份小报，对上演剧目和表演艺术发表评论，以引起广泛兴趣和深入讨论。他根据第一年的52场演出撰写了104篇评论，对汉堡民族剧院的实践进行批评和理论探讨，这就是《汉堡剧评》的由来。

作为启蒙主义思想家和美学家，莱辛和狄德罗是同一条战线上的盟友。他在德国为建立市民剧而进行的理论和实践工作，和狄德罗在法国所做的工作是大致相同和互相呼应的。《汉堡剧评》对德国古典主义戏剧及其清规戒律进行了深入的批判，同时以亚里士多德的《诗学》为理论根据，以莎士比亚的戏剧创作为典范，充分阐明了现实主义的艺术理论。这和狄德罗的戏剧理论在基本倾向上也是一致的。不过，莱辛在一些具体理论观点上有自己独到的见解，甚至有些看法和狄德罗也有不同，这突出表现在他关于戏剧人物性格的理论中。

在戏剧题材的所有组成因素中，莱辛认为居于关键地位的是人物性格，作家应当把创造人物性格作为首要任务。他说："一切与性格无关的东西，作家都可以置之不顾。对于作家来说，只有性格是神圣的，加强性格，鲜明地表现性格，是作家在表现人物特征的过程中最当着力用笔之处。"像莱辛这样强调性格在戏剧创作中的地位，在以前的戏剧理论中还很少见。按照亚里士多德以来西方对戏剧的传统观点，认为戏剧中最重要的是情节或事件，性格和事件相比较，是居于较次要地位的；莱辛的看法与此相反，他认为在戏剧中性格比事件更为重要、更为本质、更有意义。他说："我们把事件看作某种偶然的、许多人物可能共有的东西。性格则相反，被看作某种本质的和特有的东西。""对于一个作家来说，性格远比事件更为神圣。"在论证性格比事件更为重要的原因时,莱辛着重分析了二者之间的关系,指出事件"是性格的一种延续",是由性格所决定的。"这种性格在这种情况下通常会引起这样的事件,而且必须引起这样的事件。"所以,作家在创作中应该首先"对性格进行仔细的观察",并且将它"清清楚楚地表现出来",这由性格引出的情节或事件便不可能有多少走样。莱辛的这个看法是符合辩证观点的,同时也是能够经受创作实践的检验的。近代戏剧(小说和叙事诗也一样)在题材上一般都是侧重人物性格。莱辛的戏剧理论可以说是为近代戏剧创作的新发展奠定了理论基础。不过,莱辛的"性格神圣"说,和狄德罗的看法却并不一致。狄德罗认为人物性格要取决于情境,所以情境比人物性格更重要。莱辛并不否认性格是受环境决定的,但又认为戏剧中环境的表现不能脱离人物性格,因为情节和事件是由具有一定性格的人在特定环境中的行动所形成的。如果我们全面地、辩证地看待性格和环境的关系,那么狄德罗和莱辛的看法在实质上又是可以统一的。因为性格固然要受环境决定,但是性格也能影响并改变环境。作家在刻画人物性格时,固然须表现出形成这种性格的环境,但是要真实地反映一定时代的社会环境和关系,如果不集中笔力塑造出真实而典型的人物性格,那么在文艺作品中也很难达到目的。

莱辛不但强调人物性格对于创作的重要性,而且阐明了人物性格塑造的现实主义原则。他首先关心并加以论证的就是人物性格的真实性问题。"在舞台上一切属于人物性格的东西,都必须是从最自然的原因中产生出来的。""必须按照既定性格的准则加以深思熟虑,这些动机必须是按照严格的真实性产生出来的,绝对不可与此相违背。"这就是莱辛对戏剧中人物性格塑造所提出的第一个要求。为此,他坚决批判古典主义悲剧中那些矫揉造作、"跟自然相去十万八千里"、随时随地都是作者传声筒的人物刻画。甚至被法国人称为"伟大的高乃依"的剧作,莱辛也指出他对有的人物性格描写得不恰当、不真实,而"不真实的东西不会是伟大的"。与此同时,莱辛还进一步分析了艺术中的性格真实与生活真实的联系和区别,着重指出性格真实并不等于历史真实。他认为作家在塑造人物性格时,应当根据"内在可能性或者教育性",不必受历史人物的性格的束缚,作家"宁可选择另外的性格,而不选择历史的性格",因为这更能增加我们的知识,并使我们感到愉快。伏尔泰曾经批评托马·高乃依的悲剧中塑造的伊丽莎白女王的性格"违背历史的真实"。莱辛为托马·高乃依笔下的人物性格辩护说:"如果高乃依作品中伊丽莎白的性格,是历史上这位女王的真实性格的诗歌般的理想,如果我们看到在伊丽莎白身上运用真实的色彩描绘了优柔寡断、矛盾重重、担惊受怕、懊悔、绝望,伊丽莎白那颗骄傲的、温柔的心,我不想说一定会在这种或那种情况下,被这些情绪所袭扰,而是说我们设想它可能被这些情绪袭扰。""作家就完成了他作为一个作家应该做的一切。手持编年纪事来研究他的作品,把他置于历史的审判台前,来证明他所引用的每个日期,每个偶然提及的事件,甚至在历史上存在与否值得怀疑的人物的真伪,这是对他和他的职业的误解,如果不说是误解,坦率地说,就是对他的刁难。"这段论述说明,作品中的真实性格是作家在历史真实的基础上,按照性格的必然性、可能性、理解性,经过典型化而塑造出来,不能简单地将他与历史上的事实混为一谈。

狄德罗在《关于〈私生子〉的谈话》中指出:"喜剧体裁表现类型,悲剧体裁表现个性。"对于这种见解,莱辛也表示了不同的意见,他根据亚里士多德的《诗学》和悲剧创作实践,认为"悲剧的性格必须像喜剧的性格一样,是具有普遍性的"。悲剧作家表现一个莱古鲁斯、一个布鲁图斯,不是为了表现某一个人的真实遭遇,因为"这样的遭遇是具有他们那种性格的人,完全可能遇到,并且一定会遇到的",所以这样的性格和遭遇必然具有一定的普遍性和典型性。性格的普遍性和典型性与特殊性和个别性不是截然分割和对立的,而是有机统一在完整的性格里。一方面,要"把个性提高为普遍性";另一方面,又要将普遍性寓于个性之中,使人物性格个性化。只有这种普遍性和个别性相统一的人物,莱辛才把它称为"性格化的人物"。如果使普遍性游离于个别性之外,那就会走入莱辛所说的另一个极端:"把性格化的人物弄成人物化的性格;把邪恶的或者有德行的人,弄成一副邪恶和德行的骨架。"这是根本违背艺术的特点和规律的。莱辛的这些看法纠正了把人物性格的普遍性和个别性机械对立起来的错误,为塑造戏剧中的典型人物指出了正确的途径。

"在特殊中显出一般"

——歌德论艺术创作的特殊规律

德国伟大作家歌德（1749—1832年）不仅在艺术创作上取得了杰出成就，具有丰富的创作经验，并且他的美学思想也极为丰富和深刻。他的美学和文艺理论论述散见于卷帙浩繁的著作中，是对创作经验和各门艺术深入研究的总结，其中有关艺术和自然的关系、典型化以及创作方法等方面的论述，尤为精辟。

关于典型化的问题，歌德集中论述了特殊与一般的辩证关系。他在编辑他和席勒的通信集时，曾写出如下一段感想：

> 诗人究竟是为一般而找特殊，还是在特殊中显出一般，这中间有一个很大的分别。由第一种程序产生出寓意诗，其中特殊只作为一个例证或典范才有价值。但是第二种程序才特别适宜于诗的本质，它表现出一种特殊，并不想到或明指到一般。谁若是生动地把握住这特殊，谁就会同时获得一般而当时却意识不到，或只是到事后才意识到。

这里所说的两种不同的形象创造方法，一种是"为一般而找特殊"；另一种是"在特殊中显出一般"，确实是有原则分歧的。歌德和席勒在创作思想上的主要分歧，也就表现在这里。所谓"为一般而找特殊"，就是从一般概念出发，作者心中先形成一个具有一般性的抽象概念，然后再找个别的具体形象作为例证或典范，这个别具体形象实际上也就是图解一般的思想概念。这种创作方法要求作者先进行抽象思维，然后再用形象来表现，这显然是违反创作的特殊规律的。所以，歌德对此持否定态度，认为用它来指导创作，只能产生"寓意诗"。什么是"寓意诗"呢？歌德说："寓意把现象转化为一个概念，把概念转化为一个形象，但是结果是这样：

概念总是局限在形象里，完全拘守在形象里，凭形象就可以表现出来。"就是说，在寓意诗中，形象仅仅是为表现某种概念而存在，没有来自真实生活的丰富深刻的意蕴，所以作品中的思想意义也受到局限，不能在有限中见到无限。这种作品形象既失去生动的个性，思想也缺乏艺术的光彩。如席勒的某些作品，歌德就认为属于寓意诗。马克思曾经批判过文艺创作中"把个人变成时代精神的单纯的传声筒"的"席勒式"方法，这也就是歌德所否定的"为一般而找特殊"的方法。

歌德认为"在特殊中显出一般"是创造艺术形象的正确方法，因为只有它"才特别适宜于诗的本质"。在《歌德谈话录》中，歌德也说过："诗人应该抓住特殊，如果其中有些健康的因素，他就会从这特殊中表现出一般。"所谓"从特殊中表现一般"，就是作家的创作要从现实生活中生动具体的个别形象出发，通过对于个别特殊形象的集中、概括，使其自然而然地显出生活的本质规律和普遍真理。歌德认为作家只要从生活中把握住个别特殊的形象，真实而完整地将它表现出来，其中必然会显示出一般和普遍性，即使作家"并不想到或明指到一般"，形象本身所包含的普遍意义也会自然而然地流露出来。这种创作方法从个别特殊形象出发，并且始终不脱离个别特殊形象，一般与个别、普遍与特殊是互相渗透和统一的，所以它是完全符合艺术创作的形象思维和典型化的特殊规律的。恩格斯认为艺术作品的"倾向应当从场面和情节中自然而然地流露出来，而不应当特别把它指点出来"，歌德关于"在特殊中显出一般"以及不"明指到一般"的论点，和恩格斯的看法是一致的。

文艺是通过具体、生动的形象反映现实生活的，一般和普遍须寓于个别和特殊之中。歌德深谙艺术创作的特殊规律，他反复强调掌握和描绘个别特殊事物对于艺术创作的极端重要性。他说："艺术的真正生命正在于对个别特殊事物的掌握和描述。此外，作家如果满足于一般，任何人都可以照样模仿；但是如果写出个别特殊，旁人就无法模仿，因为没有亲身体验过。"在同爱克曼谈话中，歌德劝他必须"从观念（Idee）中解脱出来"，去"闯艺术的真正高大的难关"，"这就是对个别事物的掌握"。他指出："到了描述个别特殊这个阶段，人们称为'写作'（Komposition）的工作也就开始了。"歌德这样重视和强调认识和描述个别特殊事物，不仅完全符合形象思维的规律，而且还有着其他方面的重要意义。首先，它有助于纠正把典型理解为类型化、观念化的错误倾向。贺拉斯的典型即类型说，经过法国古典主义者的理论发挥和创作上的运用，长期在文艺思想中具有很大影响。法国艺术史家温克尔曼所标榜的古典艺术的"理想美"，实质上与古典主义的"类型"是相似的，都是为一般而牺牲特殊。这种看法极易导致文艺创作上的概念化、公式化，同时和启蒙时期资产阶级强调个性的时代精神也相抵触。歌德强调典型化须以个别特殊事物为出发点和基础，在个别特殊中显示一般，这就使典型化回到正确的道路上来。另外，歌德强调掌握和描写个别特殊，也有利于作家面向现实生活，从生活出发进行创作，避免以主观倾向代替客观现实的创作倾向。歌德在谈到他与席勒的争论时说："我主张诗应采取从客观世界出发的原则，认为只有这种创作方法才可取。但是席勒却用完全主观的方法写作，认为只有他那种创作方法才是正确的。"这里所说的"从客观世界出发"还是"用完全主观的方法写作"的分别，其实也就是"在特殊中显出一般"还是"为一般而找特殊"的分别。从根本上说，这是两种不同的创作方法的分歧，前者是现实主义的；后者是公式主义的。所以，歌德强调作家掌握和描绘个别特殊事物，是和他的现实主义文艺观相联系的。

"既是自然的奴隶,又是自然的主宰"

——歌德论艺术与自然的辩证关系

据《歌德谈话录》所载,有一次歌德和爱克曼共同观赏荷兰大画家鲁本斯的一幅风景画。画中描绘的是夏天傍晚的景色——树、羊群、马和农夫都由夕阳照射着,生动地表现出一种活跃而安静的意境。对此,爱克曼称赞不已。但他却惊讶地发现,画中人物把阴影投到画这边来,而树却把阴影投到和看画者对立的那边去,好像从两个相反的方向受到光照。爱克曼认为"这是违反自然"。歌德却笑着回答说:这正是鲁本斯的伟大之处,因为"艺术并不完全服从自然界的必然之理,而是有它自己的规律"。鲁本斯的大胆手笔"显示出他本着自由精神站得比自然要高一层,按照他的更高的目的来处理自然"。通过评论这幅画,歌德对艺术和自然的辩证关系作了如下一段重要论述:

> 艺术家对于自然有着双重关系:他既是自然的主宰,又是自然的奴隶。他是自然的奴隶,因为他必须用人世间的材料来进行工作,才能使人理解;同时他又是自然的主宰,因为他使这种人世间的材料服从他的较高的意旨,并且为这较高的意旨服务。

这段话的基本意思是艺术既要依靠自然、服从自然,又要超越自然、高于自然。这是歌德对艺术和现实关系的一个全面的理解,代表着他的基本美学观点。

歌德的文艺思想基本上是唯物主义和现实主义的。他把"遵守自然,研究自然,模仿自然"作为"对艺术家所提出的最高要求",认为艺术创作必须来自现实生活,从客观现实出发。在总结自己创作经验时,他说:"世界是那样广阔丰富,生活是那样丰富多彩,你不会缺乏做诗的动因。

但是写出来必须全是应景即兴的诗,这就是说,现实生活必须既提供诗的机缘,又提供诗的材料。一个特殊具体的情境通过诗人的处理,就变成带有普遍性和诗意的东西。我的全部诗都是应景即兴的诗。来自现实生活,从现实生活中获得坚实的基础。我一向瞧不起空中楼阁的诗。"所谓"应景即兴的诗",就是立足于现实生活,从现实生活汲取灵感和材料、真正有感而发的作品。这样的作品由于来自活生生的现实生活,所以才能从整体到细节都显得非常真实,例如歌德的小说《少年维特之烦恼》就是取材于现实生活。他的著名诗剧《浮士德》虽是取材于中世纪传说,但浮士德的精神面貌、内心矛盾仍然是反映着当时的现实生活。所以,从文艺的来源上说,它必然是自然的奴隶。

但是,艺术和自然之间毕竟有着巨大的区别,"对自然的全盘模仿在任何意义上都是不可能的"。所以,歌德一方面反对艺术脱离自然,另一方面也反对将艺术和自然混为一谈。他说:"艺术要通过一种完整体向世界说话。但这种完整体不是他在自然中所能找到的,而是他自己的心智的果实,或者说,是一种丰产的神圣的精神灌注生气的结果。"又说:"艺术家一旦把握住一个自然对象,那个对象就不再属于自然了;而且还可以说,艺术家在把握住对象那一顷刻中就是在创造出那个对象,因为他从那对象中取得了具有意蕴,显出特征,引人入胜的东西,使那对象具有了更高的价值。"这两段论述不但重要,而且非常精辟,因为它不仅指出了艺术可以高于自然,而且对艺术之所以高于自然的原因做出了深刻分析,从而揭示了艺术创作中主观与客观、人与自然、感性与理性、形象与思想、内容与形式的辩证统一关系。按照歌德的理解,艺术是一种"显出特征的整体",这个整体不是现实中的自然存在,而是艺术家根据对现实的感受、认识、理解,对自然进行加工改造、灌注生气的结果,所以,它是艺术家心智的果实。这个由艺术家心智的作用所创造的"完整体"虽然是来自自然,却具有自然对象所不可能具有的两个重要特质。其一是它经过艺术家对自然的选择、提炼、概括、虚构,使现象和本质、个别和一般达到了高度统一,从而使所创造的艺术形象充分地显示出了事物的本质和必然规律。按照歌德的说法,一件事物如果能够按照它的本质最完满地被表现出来,那就是"完整",这种完整的东西也就最能"显出特征"。所以,他把艺术中充分表现本质的个别形象称为"显出特征的整体",这是自然对象所无法比拟的。其二是艺术家在对自然进行加工改造中，同时也表现了自己对生活的认识和评价，熔铸了自己的思想感情，因而使艺术形象成为主观和客观、形象和思想的高度统一。艺术家总是从一定的世界观和社会理想来反映客观现实的，因此，艺术总是带有艺术家主观的思想、感情、人格、理想的烙印。所以，歌德说艺术家是"按照他的更高的目的来处理自然"，"使这种人世间的材料服从他的较高的意旨，并且为这较高的意旨服务"。这里所谓"更高的目的""较高的意旨"，就是指艺术家的积极、健康、进步的思想、感情、道德、理想。由于艺术家主观对客观现实反映的积极能动作用，因而使艺术形象体现出了深刻的思想内容，这也就是歌德所说的"具有意蕴、生气灌注的整体"。由于艺术家的能动作用和艺术对自然的优越性，所以他必然又是自然的主宰。

"素朴的诗"与"感伤的诗"

——席勒论现实主义与浪漫主义

《论素朴的诗与感伤的诗》是席勒继《美育书简》之后的另一篇重要的美学论文。在这篇论文中，席勒根据对欧洲文艺发展的研究和自己的创作实践，阐明了现实主义与浪漫主义两种艺术创作方法的区别和各自的特点，指出了这两种创作方法达到统一的可能性，从而为当时德国民族文学的发展指明了方向。

关于席勒这篇美学论文的产生，歌德在和爱克曼的谈话中有以下说明："古典诗和浪漫诗的概念现已传遍全世界，引起许多争执和分歧。这个概念起源于席勒和我两人。我主张诗应采取从客观世界出发的原则，认为只有这种创作方法才可取。但是席勒却用完全主观的方法去写作，认为只有他那种创作方法才是正确的。为了针对我来为他自己辩护，席勒写了一篇论文，题为'论素朴的诗和感伤的诗'。"由此可知，席勒这篇美学论文和当时关于古典主义和浪漫主义的争论有关。席勒所谓"素朴的诗"就是歌德所说的"古典诗"，实际上就是现实主义的诗；席勒所谓"感伤的诗"就是歌德所说的"浪漫诗"，也就是带有浪漫主义色彩的近代诗。可见，所谓"素朴诗"和"感伤诗"的区别，实际上是关于现实主义和浪漫主义两种创作方法的区别。

席勒认为素朴诗与感伤诗的分别是起源于古代人和近代人与自然的不同关系。所谓"自然"，按席勒的理解是包括外在自然（现实）和内在自然（人性）。他指出，在古典时代人与自然处同一体，人与自然是和谐的，这就是素朴诗产生的条件；近代人已与自然分裂，人与自然是对立的，却又想"回到自然"，而这又是不可能的。就是这种情况产生了感伤诗。据此，席勒说："诗人或者是自然，或者寻求自然。前者使他成为素朴的诗人，后者使他成为感伤的诗人。"那么，素朴诗与感伤诗作为两种

· 419 ·

不同的艺术创作方法，究竟有什么根本区别呢？席勒说：

> 在自然的素朴状态中，由于人以自己的一切能力作为一个和谐的统一体发生作用，他的全部天性因而表现在外在生活中，所以诗人的作用就必然是尽可能完美地模仿现实；在文明状态中，由于人的天性的和谐活动仅仅是一个观念，所以诗人的作用就必然是把现实提高到理想，或者换句话说，就是表现或显示理想。

这里，席勒明确指出素朴诗的特点是"尽可能完美地模仿现实"，而感伤诗的特点则是"把现实提高到理想"，"表现或显示理想"。这样明确地从理论上说明古典主义（实即现实主义）与浪漫主义的基本区别，在西方美学史上席勒可说是首创。根据"模仿现实"和"表现理想"这两个根本特点，席勒从多方面对素朴诗和感伤诗的创作原则、感受方式以及引起的不同审美心理状态，作了对照和比较分析。从创作原则上看，素朴诗人总是面对活生生的现实，力求描绘感性的、具体的真实，"按照人的实质在现实中表现人性"。所以，"素朴诗人在感性的现实方面总是比感伤诗人占有优势，因为他是把感伤诗人仅仅力求达到的东西作为实在的事实来处理的"。总之，素朴诗人的创作是从客观现实出发，如实地反映客观世界；感伤诗人的创作则强调主观观念的作用，强调透过主观观念来反映客观世界，也就是"在他自己里面使人性益臻完善"，"在观念世界里给诗人所激起的冲动寻找营养"。如果说素朴诗人要受到一切感性东西所必须受到的限制的话；相反地，观念的自由力量必然要帮助感伤诗人，使其从有限的状态进到无限的状态。从感受方式上看，素朴诗人只限于模仿现实，他除了素朴的自然和感觉以外，再没有其他的范本，所以他对自己的对象只能有单一的关系，因而只有一种处理方式；感伤诗人就不同了，因为他要同两个互相冲突的东西打交道，一个是当作有限看的现实，另一个是当作无限看的观念，这两个究竟哪一个占优势，就决定在处理方式上的差别。另外，从所引起的审美心理效果看，在素朴的诗中，我们总是从真实中，从对象活生生地存在于我们的想象中获得欢乐，所以，它引起心灵的平静，引起松弛和宁静的感觉，引起情趣的一致以及充分的满足；至于在感伤的诗中，我们必须把想象力的表象和理性的概念结合在一起，并且在两种全

"素朴的诗"与"感伤的诗"

然不同的心境中摇摆不定，因此在读感伤诗时，心灵就激动起来，处于紧张冲突的心理状态中。

席勒虽然认为素朴诗和感伤诗各有特点和优势，但他又认为两种诗可以而且应该结合和统一在一起。他说："不论素朴的性格或感伤的性格，如果单独来看，都不能完全包括美的人性这个观念，这个观念只有在两者的密切结合中才能产生出来。"通过两种性格的结合，可以吸收双方的优点，而又可以相互提防走向极端，所以这是"理想中的优美人性"，也是"真正的审美标准"。这可以说是两种创作方法可以结合的理论根据。同时，席勒还指出，古代诗人不是没有感伤诗，近代诗人也不是没有素朴诗，"不仅在同一个诗人身上，而且也在同一部作品中，也往往发现这两类的诗结合在一起，例如，在《少年维特之烦恼》中就是这样，正是这种性质的作品才常常使人最受感动"，这可以说是两种创作方法可以结合的艺术实践根据。由此可见，席勒关于现实主义与浪漫主义相互区别而又统一的美学见解是经过深思熟虑的，他的深刻思想远远超过了大多数的同时代人。

"美就是理念的感性显现"

——黑格尔关于美的定义

黑格尔（1770—1831年）是德国古典唯心主义美学的集大成者。他超越了以往任何美学家，使美学成为一门完整的系统的历史科学，在美学领域"起了划时代的作用"。他的《美学》得到马克思和恩格斯的高度评价。

黑格尔在哲学上创立了欧洲哲学史上最庞大的客观唯心主义体系，他也是第一个系统地阐发唯心主义辩证法的哲学家。黑格尔认为，在自然界和人类社会出现以前，就有一种精神的实体存在。这个精神实体不是人或人类的精神，而是整个宇宙的精神。黑格尔把它叫作"绝对精神"（或"绝对理念"），认为它是世界万物的本源。自然的、社会的、人类思维的一切现象都是由这个"绝对精神"所派生的。这种"绝对精神"不是某一个人或者某一群人的思想，而是一种独立于人而存在的普遍的思想，它不以任何个人的意志为转移。对于人的主观来说，它是客观的。黑格尔的整个哲学体系，就是描写"绝对精神"是怎样自我发展和自我认识的。由于"绝对精神"发展自己、认识自己的过程经历了三个基本阶段：逻辑阶段、自然阶段和精神阶段，所以他的哲学体系相应地也是由"逻辑学""自然哲学"和"精神哲学"这三个部分组成的，黑格尔的《美学》即属于"精神哲学"的范围。

黑格尔在《美学》中从他的客观唯心主义出发，提出了美的定义。他说："美就是理论，所以从一方面看，美与真是一回事。这就是说，美本身必须是真的。但是从另一方面看，说得更严格一点，真与美却是有分别的。……真，就它是真来说，也存在着。当真在它的这种外在存在中是直接呈现于意识，而且它的概念是直接和它的外在现象处于统一体时，理念就不仅是真的，而且是美的了。美因此可以下这样的定义：美就是理念的感性显现。"按照黑格尔自己的解释，他这个美的定义里包括三个方面：

一是理念,这是内容、目的、意蕴;二是感性显现,这是外在的表现,上述内容的现象与实在;三是这两方面的统一,也就是理性内容与感性形式、内在意蕴与外在表现的统一。

如上所述,黑格尔从他的客观唯心主义出发,认为整个世界都是绝对理念自我发展、自我认识的一个过程,都是理念创造出来的。因此,美和艺术也必然是理念自我发展、自我认识的一个方面,也是理念所创造出来的。美的本质就是理念。就是在这个意义上,他称美为理念。

把美看成理念,并不始于黑格尔。早在古希腊的柏拉图就认为,个别的美的事物还不是美,只有美的理念才是美。但是,黑格尔所说的理念不完全等同于柏拉图所说的理念。柏拉图的理念是与客观存在相对立的,它超越于客观现实之上,抽象地存在于另外一个世界中,所以黑格尔认为"柏拉图式的理念是空洞无内容的"。黑格尔的"理念"则不然,它虽然在道理上也是先于现实世界,现实世界是由理念派生而来,实际上它却不是超越于现实世界的经验之上,而是作为现实世界的精神或灵魂,与客观存在的现实世界统一在一起。黑格尔一再指出:"理念是概念与实在的统一","理念不是别的,就是概念,概念所代表的实在,以及这二者的统一"。概念还不是理念,它还只是理念处于抽象的状态,具有普遍性,于道理上可以说有,但实际上并不存在。概念的普遍性与实在的个别性统一起来,这时才是理念。例如人的某些普遍性体现于浮士德或哈姆雷特,就是体现了概念与实在的统一。因为理念是概念与实在的统一,所以它不是空洞的。它虽然是思想的总合,是精神性的,却具有丰富的内容,是多样的统一体。用黑格尔自己的话来说,就是它是"具体"的。

黑格尔认为,只有理念才是真实的,宇宙万物都是从理念派生出来的。美既然是理念,自然也就是真实的了。美和真从本质上来看,应当是一致的,所以他说:"美与真是一回事。"但是,美的理念毕竟不同于一般的理念,美也毕竟不同于真。真是理念作为理念本身来看的,它是一种纯粹思维,我们只有通过纯粹思维的哲学,才能加以理解。至于美,却不同了。黑格尔说:"就艺术美来说的理念,并不是专就理念本身来说的理念,即不是在哲学逻辑里作为绝对来了解的那种理念,而是作为符合现实的具体形象,而且与现实结合为直接的妥帖的统一体的那种理念。"就是说,一方面,美的理念应该符合理念的本质,应该是理念;另一方面,它又具有定性，具有确定的形式，从而显现为具体的形象。正因为这样，所以黑格尔认为，美的最妥当的定义应当是："美是理念的感性显现。"一方面，美是理念；另一方面，美又不是别的理念，而是呈现为感性形象的理念。当理念自己实现自己在具体的感性形象之中的时候，这时，对理念来说，是取得了客观存在的感性形式；而对形象来说，则是符合了理念的要求，表现了理念的本质意蕴。所以，美是理念的感性显现，也就是通过个别的感性存在，来表现本质的具有普遍性的意蕴。艺术正是如此。因此，黑格尔谈美的理念，事实上是在谈艺术；他所说的美，事实上是指艺术美。

黑格尔关于美的定义，是以唯心主义哲学为基础的。他把美和艺术看成是属于绝对理念的领域，是从绝对理念中所派生出来的。这样，他也就否定了客观世界的美，否定了艺术的现实根源。按照黑格尔的看法，美既然是理念的感性显现，因此美实际上是理念加于现实的一种幻象，在现实中没有真正的美。所以，他把美和艺术都看成是心灵的作品，这自然是错误的。

黑格尔关于美的定义，虽然在根本的性质上是唯心主义的，但由于他运用了辩证法，其中也包含着许多合理的东西。这主要是在他的美的定义中，包括美是理性与感性的统一、一般与个别的统一、内容与形式的统一等重要思想。黑格尔的定义肯定了美和艺术要有感性因素，又要有理性因素，最重要的是二者还必须结成契合无间的统一体。他说：在美的理念中，"理念和它的表现，即它的具体现实，应该配合得彼此完全符合"。又说："在艺术创造里，心灵方面和感性的方面必须统一起来"，"在艺术里，感性的东西是经过心灵化了，而心灵的东西也借感性化而显现出来了"。黑格尔强调理性、重视理性，但又指出它应当与感性统一起来，所以他既反对忽视艺术的理性内容和思想认识作用的倾向，也反对忽视艺术的感性形象，使艺术变为抽象的思想的倾向，这是值得我们重视的。

黑格尔的美的定义，还包括普遍性与个别性相统一的思想。他认为"概念与个别现象的统一才是美的本质和通过艺术所进行的美的创造的本质"。所以，美必须具有内在意蕴的普遍性，同时又必须具有外在现象的个别性。艺术如果没有抓住事物的普遍性，就不能通体生气灌注而成其为美。但是这种普遍性又不是"抽象形式的普遍性"，而是"仍然融会在个性里"。否则，单纯抽象的普遍性也不属于以美为其特征的艺术。总之，在美和艺术中，"普遍的东西应该作为个体所特有的最本质的东西而在个体中体现","换句话说，要达到普遍性与个体的统一"。黑格尔所说的普遍性与个别性相统一的自由和谐的整体，也就是艺术典型。

理性与感性、普遍性与个别性的统一也就是内容与形式的统一。内容就是普遍的理性因素，形式就是个别的感性形象。黑格尔说："艺术的内容就是概念，艺术的形式就是诉诸感官的形象。艺术要把这两方面调和成为一种自由的统一的整体。"在内容与形式的统一中，黑格尔强调内容的决定作用，但也认为形式可以反作用于内容。同时，黑格尔还认为，并不是任何东西都可以适合于艺术的表现。抽象的东西，即不宜于作艺术的内容，例如"太一"，"这种不是按照神的具体真实性来理解的神就不能作为艺术的内容，尤其不能作为造型艺术的内容"。至于希腊的神，因为它本身就是个别的、具体的，最接近人的自然形状，因此黑格尔认为，希腊的神最宜于艺术的表现。这样，必须本身是具体的东西才能显现为形象，才适宜于作艺术的内容。艺术的内容是具体的，它的表现形式也应当是具体的，"正是这两方面同有的具体性才可以使这两方面结合而且互相符合"。黑格尔这种说法，不仅指出了艺术的内容与形式相统一的内在根据，而且对于我们了解艺术的特征、艺术创作的规律也是很有意义的。

"情致是艺术的真正中心"

——黑格尔的情致说

黑格尔的《美学》主要是研究艺术美的。所谓艺术美，按照黑格尔的理解，就是理念通过感性形式得到了显现的艺术形象。艺术美的中心是人物性格，因为性格就是普遍力量在个别人物身上的具体体现，也就是理念的感性显现。所以，黑格尔指出："性格就是理想艺术表现的真正中心。"艺术美只有在描写人物性格上，才能得到最完满的体现。但是，性格并不是抽象的东西，它是具体表现在动作和情节上的。人物的动作和情节是由内因与外因相互矛盾和冲突而形成的。形成人物动作的外因，黑格尔称为"情境"；形成人物动作的内因，黑格尔称为"情致"。所以，要了解黑格尔关于人物性格的理论，就要弄清他的情致说。

什么是"情致"呢？黑格尔解释说，它是那种"不是本身独立出现的而是活跃在人心中，使人的心情在最深处受到感动的普遍力量"。就是说，情致是"普遍力量"和个别人物相统一而形成的人物的主观情绪。所谓"普遍力量"，就是指一定时代所流行的伦理、宗教、法律等方面的观念和理想，它们都是来自黑格尔所说的绝对理念，是"某一绝对理念的儿子"。按照黑格尔的说法，作为理念的普遍力量要在艺术中得到表现，必须具体化。普遍力量具体化为"神"，"神"与个别人物结合起来，便形成为人物性格中的"情致"。所以他说："神们变成了人的情致。"就是说，"情致"是由"神们"即各种"普遍力量"演变而来的。但它又不能脱离个别人物独立出现，而是要活跃在人的心中，成为人的一种主观情绪力量。所以，黑格尔说："'情致'是一件本身合理的情绪方面的力量，是理性和自由意志的基本内容。"例如悲剧《安提戈涅》的女主角安提戈涅不顾国王禁令收葬她的弟兄所表现出的兄妹情谊，就是一种情致。属于艺术的情致范围是很窄的，其中主要是"恋爱，名誉，光荣，英雄气质，友谊，母爱，子爱之类的成败所引起的哀乐"。

黑格尔很重视情致在艺术中的作用。艺术的中心是人物性格，人物性格须具体表现为行动，而驱遣人物采取行动的正是情致。例如在埃斯库罗斯的悲剧中，希腊神话中的英雄俄端斯特为替父报仇杀死自己的母亲，就是由情致所推动的。黑格尔说："我们应该把'情致'只限用于人的行动，把它了解为存在于人的自我中而充塞渗透到全部心情的那种基本的理性的内容（意蕴）。"情致不但是决定人物行动的内因和力量，而且是使艺术具有强烈感动力的主要因素和来源。艺术要能感动人，就要在情感上引起人的共鸣，而最能引起共鸣的就是"本身真实的情致"。所以，黑格尔说："情致是艺术的真正中心和适当领域，对于作品和对于观众来说，情致的表现都是效果的主要的来源。"

情致在本质上需要一种表现，这就形成为人物性格。黑格尔是由情致的探讨进入对人物性格的探讨。他说："情致如果要达到本身具体，像理想的艺术所要求的那样，就必须作为一个丰富完整的心灵的情致而达到表现"，"而在具体活动状态中的情致就是人物性格"。按照黑格尔的理解，情致是构成人物性格的具体内容，而人物性格则为各种情致的集中表现。因此，他对于理想的人物性格的要求，便都是从"情致"说引出的。

那么，黑格尔对艺术中理想的人物性格有哪些要求呢？

首先，性格要具有丰富性。"因为人不只具有一个神来形成他的情致；人的心胸是广大的，一个真正的人就同时具有许多神，许多神只各代表一种力量，而人却把这些力量全包罗在他的心里。"所以，人物性格必须具有丰富的内容，显出丰满性和多方面性，例如荷马所写的人物性格就是如此。在荷马笔下，每一个英雄都是许多性格特征的充满生气的总和。"阿喀琉斯是个最年轻的英雄，但是他一方面有年轻人的力量，另一方面也有人的一些其他品质，荷马借种种不同的情境把他的这种多方面的性格都揭示出来了。"所以，关于阿喀琉斯，我们可以说："这是一个人！高贵的人格的多方面性在这个人身上显出了它的全部丰富性。"通过这些分析，黑格尔总结荷马所写的人物性格的特色说："每个人都是一个整体，本身就是一个世界，每个人都是一个完满的有生气的人，而不是某种孤立的性格特征的寓言式的抽象品。"可见黑格尔要求人物性格完整、丰满，而反对将人物抽象化、单一化。

其次，性格要具有明确性。"要显出更大的明确性，就须有某种特殊的情致，作为基本的突出的性格特征，来引起某种确定的目的、决定和动作。"所以，性格既要丰富、多样，又要"有一个主要的方面作为统治的方面"。例如莎士比亚所写的朱丽叶，是从许多关系的整体中显出她的性格，像她与父母、保姆、巴里斯伯爵，以及神父劳伦斯的关系。"尽管有这些复杂的关系，她在每一种情境里也一心一意地沉浸在自己的情感里，只有一种情感，即她的热烈的爱，渗透到而且支持起她整个的性格。"

最后，性格要具有坚定性。所谓坚定性，就是要"一贯忠实于它自己的情致所显现的力量"，使性格成为一个"本身坚定的统一体"。人物性格须根据自己的意志发出动作，对自己的行动负责任。不能在一个人物性格里摆上许多不能融会成为统一体的差异面，因而使性格失其为性格。莎士比亚的特点正在于他把人物性格描绘得果断而坚强。"哈姆雷特固然没有决断，但是他所犹疑的不是应该做什么，而是应该怎样去做。"

黑格尔把情敌看作人物性格的具体内容，指出它是普遍与个别、理性与情感的统一，并以此作为人物行动的内因，是符合辩证观点的。他所说的理想的人物性格就是典型性格，而对于艺术中理想性格的要求也是很符合艺术的规律和特点的，这些都由马克思和恩格斯加以批判地继承了。不过，他的情致说终究是从客观唯心主义的理念论出发的，把情致的来源归结为普遍永恒的理念，使他看不到情致所反映的具体的社会历史内容，终不免陷入抽象人性论的窠臼。

走莎士比亚之路

——司汤达的现实主义美学主张

在西欧批判现实主义文学运动的发展过程中,法国作家司汤达(1783—1842年)是一位有着特殊贡献和深远影响的人物。这不仅由于他的小说《红与黑》是西欧批判现实主义文学中第一部成熟的作品,而且还在于他的美学论文《拉辛与莎士比亚》为19世纪批判现实主义文学的发展提供了最早的美学理论基础。

《拉辛与莎士比亚》主要收集了司汤达的两部分论文。第一部分包括"为创作能使1823年观众感兴趣的悲剧,应该走拉辛的道路,还是莎士比亚的道路?"、"笑"、"浪漫主义"三章。第二部分包括古典主义者和浪漫主义者的十封来往书信。贯穿这些论文的一根红线,就是批判古典主义,倡导浪漫主义,指出19世纪的新文学不是走拉辛的道路,而是走莎士比亚的道路。司汤达虽以"浪漫主义者"自居,实际上他所阐明的却是现实主义美学原则。

文艺要不要随时代的变化而变化,以"适应时代需要"?这是司汤达在《拉辛与莎士比亚》中与古典主义模仿者论争的一个重要美学问题。古典主义艺术从内容到形式都是为"那些穿戴价值上千金币的绣花服装和庞大黑假发的侯爵们"服务的,早已不适应表现19世纪新时代生活的需要。但是,古典主义的模仿者却泥古不化,正像司汤达讥笑的一样,他们认为"1670年侯爵们的趣味和路易十四宫廷的气派强加以拉辛的许多条件,今天仍需谨遵照办,在不同程度上还须是拙劣的照抄照行",这就严重地割裂了文艺与时代生活的联系,使文艺走上僵化的反现实主义道路。

司汤达猛烈抨击古典主义模仿者泥古不化的美学观点,认为文学必须随时代变化而变化。他尖锐地指出:"人民在他们有风俗和娱乐方面,从来没有感到比1780年到1823年这些年代的变化更为急骤更为全面的了;

可是有人却企图投给我们一种一成不变的文学!"按照司汤达的理解,审美观点和文学艺术都是时代的产物,每个时代都有自己的审美观点、审美趣味,都有自己的艺术和文学,既不可能有适用于一切时代的、固定不变的美学标准,也不可能有"一成不变的文学"。古典主义也是一定时代的产物,不是万古不变的美学法则。在"一个儿子不像父亲这样的世纪",在"发生了空前的革命性的急骤变化"的新时代,古典主义模仿者是"生不逢时"。司汤达强调时代变化对文学发展的影响,强调文学要适应时代要求,这是一种战斗的唯物主义的美学观点。它在当时冲击古典主义文艺罗网的斗争中,发挥了摧枯拉朽的作用。

文艺必须符合时代的要求,必须反映当代的生活,为当代人民的艺术需要服务,这是司汤达所提出的一个重要的现实主义的艺术原则。他在阐明浪漫主义和古典主义的区别时说:"浪漫主义是为人民提供文学作品的艺术。这种文学作品符合当时人民的习惯和信仰,所以它们可能给人民以最大的愉快。古典主义恰好相反。古典主义提供的文学是给他们的祖先以最大的愉快的。"考察一个作家是浪漫主义者还是古典主义者,主要就是看他的创作和时代生活是一种什么关系。面对现实,反映时代生活,就是浪漫主义者;模仿古人,脱离时代生活,就是古典主义者。一切伟大的作家都是他生活的时代的代言人,都是为他的同时代人而创作的。所以,司汤达肯定地指出:"一切伟大作家都是他们时代的浪漫主义者。"索福克勒斯和欧里庇得斯是卓越的浪漫主义者,因为他们的悲剧是按照希腊当时人民的道德习惯、宗教信仰、对于人的尊严的固定看法创作出来的,是为聚集在雅典剧场的希腊人创作的,所以它能给当时的希腊人提供最大的愉快。莎士比亚是浪漫主义者,"因为他首先给1590年的英国人表现了内战所带来的流血灾难,并且,为展示这种悲惨的场面,他又大量地、细致地描绘了人的心灵的激荡和热情的最精细的变化。"他虽然写的是英国过去的历史,却反映了当时英国的社会生活和人们所关心的问题,所以能够深深激动和吸引伊丽莎白时代的观众。17世纪的古典主义悲剧作家拉辛在他的时代,也是浪漫主义者,拉辛并不像古典主义模仿者所歪曲的那样,是一切时代都要模仿的典范。他并没有脱离他所生活的时代。他的悲剧从内容到形式都是由路易十四统治时代的生活和风尚所决定的。"拉辛曾经为路易十四宫廷的侯爵们描绘种种激情的图画,可是极端的尊严感是当时的风尚，因此拉辛所描绘的激情图画不免受到了节制。"尊严感是拉辛生活的君主专制时代特有的道德风尚。"这种尊严感并不见之于希腊人，这种尊严感对我们今天来说也是冷冰冰的。拉辛正因为这种尊严感，他才是浪漫主义者。"但是，司汤达认为，"如果拉辛今天还活着，而且敢于按照新规则创作，他肯定写得胜过《伊斐日尼》一百倍，他会使观众泪如泉涌，而不是只引起赞赏敬慕，有点冷冰冰的感情"。司汤达不像古典主义模仿者那样，把文学艺术孤立于产生它的时代之外，而是把它放在一定的时代生活和历史条件中去观察，因此能够看到文艺和时代的关系，提出文艺必须反映时代的进步的美学原则。

司汤达并不因为强调文学和时代生活的联系，就笼统地反对向古代文学和古代作家学习。他只是反对古典主义者闭眼不看现实，只知向古代文学抄袭和模仿，用过去时代形成的艺术法则，阻碍文学接近当代生活。他认为学习过去时代的作家，不是为了使文学回到过去时代，而是为了使文学更好地表现今天的时代。所以，他在论文中虽然推崇莎士比亚，却并不要当时的作家模仿和抄袭莎士比亚。他说："浪漫主义者并不劝人直接模仿莎士比亚的戏剧。我们应该向这位伟大人物学习的是：对我们生活于其中的世界的研究方法，和为我们同时代人创作他们所需要的悲剧的艺术。"这就是说，学习过去时代作家的创作方法和艺术经验，也仍然是为了研究和表现当代的生活，使文艺更好地符合时代的需要。所以，对过去时代的艺术的学习和继承，必须以今天时代的需要作为取舍的标准。由于司汤达是从创造"适应时代需要"的民族的新文艺出发，探讨向过去时代的作家学习的问题，所以能够比较辩证地看待学习、继承遗产和革新、创造的关系，并为19世纪的新文艺找到最适于继承和发扬的莎士比亚的现实主义的文学传统。

唯意志论者眼中的审美和艺术

——叔本华的审美直观说

当我们考察五花八门的现代资产阶级美学和文艺理论时，可以看到它们在许多方面和叔本华的美学思想有着直接和间接的渊源关系。叔本华（1788—1860年）是德国哲学家，唯意志论的创立者。他在其主要著作《作为意志和表象的世界》中，系统地阐述了唯意志论的哲学和美学观点。

叔本华哲学认为，世界的真正内在内容和本质就是意志。"世界是我的意志"，意志是万物之源。意志是不能遏止的盲目冲动，是一种欲求。它所欲求的就是生命，所以意志又称"生命意志"。在叔本华看来，他所说的生命意志的本质就是痛苦。因为一切欲求都是由于缺乏，由于对自己现状的不满，一天不能得到满足，就痛苦一天，而没有一次满足是可以持久的。所以，欲求是无止境的，痛苦是无边际的。人要摆脱痛苦，就要舍弃欲求，摆脱意志的束缚，否定生命意志。否定生命意志的最彻底办法就是消灭一切欲望，达到涅槃的境界，得到永久的解脱。此外，还有一种不彻底的、暂时的解脱方法，这便是通过审美和艺术，因为在审美和艺术中，我们的注意力已经不再集中于欲求的动机，暂时忘却了自己，只是沉浸于对事物纯粹客观的观审之中。"我们在那一瞬间已摆脱了欲求而委心于纯粹无意志的认识，我们就好像进入了另一世界，在那儿，［日常］推动我们的意志因而强烈地震撼我们的东西都不存在了。认识这样获得自由，正如睡眠与梦一样，能完全把我们从上述一切中解放出来，幸与不幸都消逝了。"由此可见，叔本华对于审美和艺术的本源及作用的看法，都是从唯心主义的唯意志论和悲观主义人生观出发的。他把审美和艺术仅仅当作人从意志和欲望的痛苦中解脱出来的一种形式，从意志到梦境，从欲望到静观，也就是逃避、超脱到与现实世界不同的另一世界。这种观点充满了神秘主义，从根本上否定了作为社会意识的美感和艺术是对现实生活的反映，取消了美感和艺术在社会生活中的积极的、能动的作用。

为什么在审美和艺术中人能从意志和欲望的痛苦中得到解脱呢？叔本华认为这是因为美感和艺术是一种完全不同于一般认识的特别的认识方式，是一种极其神秘的、直观的精神活动。对这精神活动的性质，叔本华有以下分析：

第一，审美和艺术是一种和一般认识完全不同的非理性的认识方式。叔本华认为有两种完全不同的认识方式，一种是逻辑的、理性的认识，即科学的认识；另一种是非理性的、直观的认识，即审美的认识。两种认识都不是对外部世界的反映，而只是主体本身的一种活动。科学的、理性的认识是"对事物的习惯看法"，它依据先验的认识形式即"充分根据律"，在时间、空间、因果关系中考察事物，所认识的只是作为意志、理念的偶然显现形式的事物，而不是事物的本质和真理。而审美的、直观的认识则是不依靠"充分根据律"的观察事物的方式，它根本不顾时间、地点、条件、关系而直观事物本身，依靠这种"直观"便可直达事物的本质，即理念、意志，发现真理。叔本华这种观点，明显地把审美、艺术与理性认识对立起来，又把审美、艺术放在高于理性认识的地位，用直观否定理性，从而表现出他的美学思想的反理性主义特点。

第二，在审美和艺术中，认识的对象不是个别事物，而是作为意志的直接客观化的理论。叔本华认为世界上一切事物都是意志的客观化的表现。意志的客观化有无穷的级别，这些级别就是柏拉图所说的"理念"。理念是意志的直接的客观化，是永恒不变的形式。至于现实世界的个别事物则是"理念的展开"，是理念的偶然表现形式，所以也就是意志的一种间接的客体化。个别事物是非本质的、不真实的，只有理念才是本质的、真实的。叔本华进一步指出，审美和艺术所认识的不是作为理念的偶然显现形式的个别事物，而是永恒的理念本身，"是意志在这一级别上的直接客体性"。所以，在叔本华看来，美感和艺术的内容、来源不是客观现实生活，而是作为意志的"直接客体性"的永恒的理念。"艺术的唯一源泉就是对理念的认识，它唯一的目的就是传达这一认识。"这个结论充分表现出叔本华美学思想的唯心主义实质。

第三，在审美和艺术中，认识的主体已不再是个体的人，而是纯粹的、无意志的认识主体。叔本华认为审美观赏的能力不是人原来就有的，只有在作为主体的人发生了一种变化之后，也就是在摆脱了意志的束缚之后，上升为纯粹不带意志的主体时，才能获得这种能力。所以，使认识从意志的奴役之下解放出来，忘记作为个体的自我，是审美观赏的主观条件。有了这个条件，才能不关利害，没有主观性，纯粹客观地观察事物，才能使主体与对象合而为一，进入审美观赏的无我之境。这里，叔本华用了一个非常玄奥的词："自失"。他说，在审美中"人们自失于对象之中了，也就是说人们忘记了他的个体，忘记了他的意志"，于是直观者和直观本身融为一体，主客观完全达到同一。这可以说是一种神秘的境界，表面上看来，叔本华讲的是主体在客体中丧失自己；实质上却是要使客体丧失在审美主体中，把一切客观的实际存在都归结为主体，消灭物与我的界限和分别，即所谓"我没入大自然，大自然也没入我"。这种貌似神秘、玄奥的理论，说穿了，不过是一种彻头彻尾的唯我论。

滑稽丑怪和崇高优美的对照融合

——雨果的浪漫主义文艺思想的核心论点

雨果（1802—1885年）是法国19世纪浪漫主义文艺运动的领袖。他的杰出成就和贡献主要在诗歌、小说和戏剧创作，但是，他的文艺理论著作作为当时浪漫主义运动的重要的理论文献，对当时和后世也都产生了很大影响。1827年，雨果发表了一部描写英国资产阶级革命家克伦威尔业绩的剧本——《克伦威尔》。由于编写不太符合上演要求，这个剧本影响不大。但是雨果为它写的序言，却作为浪漫主义的宣言而彪炳史册。面对当时法国文坛日益激化的浪漫主义和伪古典主义新旧文艺思想的斗争，雨果在这篇序言中，全面而有力地批判了古典主义，明确地提出和正面地阐述了浪漫主义的创作原则。其中，作为全文核心论点的，就是滑稽丑怪和崇高优美的对照和融合的创作原则。

雨果认为，现实生活是复杂多样、充满矛盾的，如果以高瞻远瞩的目光来看事物，那么人们就会看到，"万物中的一切并非都是合乎人情的美，她会发觉，丑就在美的身旁，畸形靠近着优美，丑怪藏在崇高的背后，美与恶并存，光明与黑暗相共"。古代艺术对自然仅仅从一个方面去加以考察，看不到美丑并存，所以把世界中那些可供艺术模仿但与某种典型美无关的一切东西，全都从艺术中抛弃掉。近代艺术则不同，它看到现实中的美丑并存，"开始像自然一样动作，在自己的作品里，把阴影掺入光明、把滑稽丑怪结合崇高优美而又不使它们相混"。近代艺术把滑稽丑怪当作艺术的要素，并使之与崇高优美相结合，这便产生了古代艺术未曾有过的新的原则，新的形式。"正是从滑稽丑怪的典型和崇高优美的典型这两者圆满的结合中，才产生出近代的天才，这种天才丰富多彩、形式富有变化，而其创造更是无穷无尽，恰巧和古代天才的单调色形成对比。"雨果指出，莎士比亚就是这种近代天才的最高代表、"一个诗王"。"莎士比亚，这就是戏剧；而戏剧，它以同一种气息融合了滑稽丑怪和崇高优美、可怕与可笑、悲剧和喜剧，戏剧是第三阶段的诗，也就是当前文学固有的特性。"

通过以上分析，雨果得出结论说，滑稽丑怪和崇高优美之间的紧密的、创造性的结合，是"浪漫主义时代"艺术的一个突出特征，也是它和古典主义艺术的一个根本的差别。"这种差别把近代艺术与古代艺术、把现存的形式和死亡的形式区分了开来，或者用比较含糊但却流行的话来说，把'浪漫主义的'文学和'古典主义'的文学区分了开来。"

雨果虽然指出滑稽丑怪在艺术中具有广泛的作用，但他的美学理想仍然是要表现崇高优美，所以，他认为在艺术中表现滑稽丑怪是"作为崇高优美的配角和对照"。这种美丑对照，是"大自然给予艺术的最丰富的源泉"，它可以"给予近代的崇高以一些比古代的美更纯净、更伟大、更高尚的东西"，可以在艺术形象和典型塑造上形成更为强烈的效果。比如画家卢本斯的画，在国王加冕典礼的荣耀仪式里，安插进几个丑陋的宫廷小丑的形象，就具有这种美丑对照的特殊审美效果。雨果说："古代庄严地散布在一切之上的普遍的美，不无单调之感；同样的印象老是重复，时间一久也会使人生厌。崇高与崇高很难产生对照，人们需要任何东西都要有所变化，以便能够休息一下，甚至对美也是如此。相反，滑稽丑怪却似乎是一段稍息的时间，一种比较的对象，一个出发点，从这里我们带着一种更新鲜更敏锐的感受朝着美而上升。鲵鱼衬托出水仙；地底的小神使天仙显得更美。"这段话从审美效果上论述了艺术中美丑对照、以丑衬美的必要性，是艺术和审美辩证法的一个具体体现。

艺术中的美丑虽然是自然中美丑的反映，但它又与自然中美丑有严格区别。所以，雨果强调不能把艺术和自然、"从艺术出发的真实"和"从自然出发的真实"这两者混为一谈。艺术家在反映自然中的美丑时，须经过主观能动作用，使之典型化、理想化，而不能不加考虑地模仿"绝对自然"。他说："我们好像觉得已经有人说过这样的话：戏剧是一面反映自然的镜子。不过，如果这面镜子是一面普遍的镜子，一个刻板的平面镜，那么它只能够映照出事物暗淡、平面、忠实但却毫无光彩的形象；大家都知道，经过这样简单的映照，事物的颜色和光彩会失去了多少。戏剧是一面集中的镜子，它不仅不减弱原来的颜色和光彩，而且把它们集中起来，凝聚起来，把微光化为光明，把光明化为火光。"这段话辩证地谈到艺术和自然的关系，主要是强调作家反映生活的主观能动作用，要求将生活典型化、理想化，要求艺术有所夸张，这是符合浪漫主义创作原则的。

雨果在《〈克伦威尔〉序》中所提出的美丑对照的创作原则，作为浪漫主义文艺思想的一个核心，在当时是有进步意义的。古典主义创作原则把悲剧和喜剧片面地对立起来，只强调表现帝王将相、王公贵族，而排斥描写生活中低贱、粗俗的人物。在古典主义看来，艺术中表现滑稽丑怪及其与崇高优美的结合，都是同"风度""雅趣"不相容的。雨果主张"自然中的一切在艺术中都应有其地位"，不仅可以表现美，也可以表现丑；表现美丑并存，这是和古典主义针锋相对的，体现了新兴浪漫主义文艺要求扩大表现范围、真实反映时代的要求。不过，雨果在强调美丑对照的必要性时，又把这个原则绝对化了，并且错误地把它说成是基督教指示的真理。美丑对照、融合，固然能使艺术形象产生鲜明的效果，但如果只从这个抽象的原则出发去刻意经营，而不是真正从生活实际出发，也容易使形象显得不自然。这在雨果的某些作品中就有所表现。

"艺术是寓于形象的思维"

——别林斯基的艺术定义

被列宁称赞为俄国解放运动中"平民知识分子的先驱"的别林斯基（1811—1848年），是俄国革命民主主义美学的创始人和著名的文学评论家。他认为"美学应该把艺术看作对象"，所以有关艺术的本质、特点的论述，在他的美学思想中占有极其重要的地位。

别林斯基对艺术本质和特点的认识和研究经历了一个理论思想的发展过程。早期（1840年代以前）的别林斯基在美学上受到黑格尔的影响，基本上是以黑格尔的唯心主义观点来解释艺术本质的。在他最早的成名作《文学的幻想》里，别林斯基从唯心主义理念论出发，提出了"艺术是宇宙的伟大理念在其无边多样的现象中的表现"的看法，也就是把表现理念作为艺术的本质。虽然别林斯基在同时也提出诗人"应该研究自然"，但他认为艺术的来源仍然是理念。

别林斯基关于"诗是寓于形象的思维"的著名论断，是在1830年代的论文中提出的。但是真正对这一论点展开论述，则是1841年所写的《艺术的概念》一文。在文中，别林斯基明确提出一个"艺术定义"，就是："艺术是对真理的直感的观察，或者说寓于形象的思维。"别林斯基自称他这一"崭新的艺术定义"还是第一次见于俄文，并且说这一艺术定义中包含着艺术的本质在内的全部艺术理论。这个艺术定义在俄国文艺思想发展史上确实产生了较大影响，由这一定义所提炼的"形象思维"这一术语，后来也被广泛采用。

不过别林斯基这个艺术定义并没有摆脱黑格尔的影响，实际上它还是从黑格尔的艺术是"理念的感性显现"的论点中推论出来的。因为别林斯基所说的"思维"，并不是指人对客观现实的认识和反映，而是指普通的、脱离人的精神实体，也就是黑格尔所说的绝对理念。他说："一切存在的东西，一切实有的东西，一切我们叫作物质和精神、大自然、生活、人类、历史、世界、宇宙的东西，都是自己进行思考的思维。一切现存的东西，一切这些无限繁复多样的世界生活的现象和事实，都不过是思维的形式和事实；因此，只有思维存在着，除了思维，什么都不存在。"这显然是把"思维"看作宇宙万物之源。所以，他的艺术定义还是把艺术的本质看作以感性形象去表现某种普遍的精神实体，这仍然是以客观唯心主义作为哲学基础的。

值得注意的是，别林斯基虽然按照黑格尔的看法，认为艺术的本质是以形象去表现理念，但同时他又主张艺术应该从现实生活出发，而艺术的本质就是现实生活的再现。用他在1835年所写的《论俄国中篇小说和果戈理君的中篇小说》一文中的说法，艺术的突出特色应该是"对现实的忠实"，"像凸出的镜子一样，在一种观点之下把生活的复杂多彩的现象反映出来"。这反映出他当时对艺术本质的理解是存在着矛盾的观点的。

如果说别林斯基"艺术是寓于形象的思维"的定义，并没有正确回答艺术的来源和本质，那么，他在对这一定义的论述中，却较深刻地接触到艺术的特点问题。如他认为宗教、艺术、哲学是"三种思维"，虽然它们不过是同一个内容，却采取三种不同的形式。宗教是"对于真理的直感的理解"；哲学"摆脱了一切直感的东西，把一切提升为纯粹概念"；艺术则是"对于真理的直感的观察"。他强调艺术须有"直感性"，认为"现象的直感性是艺术的基本法则"，但又指出"直感性"并非"不自觉性"。结合着艺术定义，他还论述了创作的特殊规律，提出"诗人用形象来思考"，须运用"创造性的形象"等等。这对于我们了解艺术的形象思维与科学的抽象思维的区别，是很有启发作用的。

后期的别林斯基逐渐完成了从唯心主义向唯物主义的转变。随着他的现实主义艺术观的形成，他对于艺术本质的观点也有了根本变化。他提出"艺术是真实的表现，而只有现实才是至高无上的真实"的新论点，用现实生活代替了原先的理念，并以此作为艺术的来源和出发点。在别林斯基晚年所写的最杰出的论文《1847年俄国文学一瞥》中，他提出了"另外一个艺术定义——艺术是其全部真实性上的现实的复制"。这表明他在艺术本质问题上，已由唯心主义理念论走向了唯物主义反映论。在这个前提下，别林斯基重新对"诗人用形象来思考"这一命题作了进一步阐明。他说:"哲学家以三段论法说话,诗人则以形象和图画说话,然而他们说的都是同一件事。政治经济学家运用统计的材料,作用于读者或听众的理智,证明社会中某一阶级的状况,由于某些原因,业已大为改善,或者大为恶化。诗人则运用生动而鲜明的现实的描绘,作用于读者的想象,在真实的画面里面显示社会中某一阶级的状况,由于某些原因,业已大为改善,或者大为恶化。一个是证明,另一个是显示,他们都在说服人,所不同的只是一个用逻辑论据,另一个用描绘而已。"这段论述既肯定了艺术是对现实的认识和反映,又强调艺术的认识不同于科学认识的特点,这可说是别林斯基美学遗产中最为后人称道的卓越理论观点之一。

"感染性是艺术的一个肯定无疑的标志"

——列夫·托尔斯泰论什么是艺术

被列宁誉为"俄国革命的一面镜子"的批判现实主义作家列夫·托尔斯泰（1828—1910年），在他的艺术理论著作《艺术论》中，围绕着"什么是艺术"这个中心问题，全面阐述了他的艺术观点，对艺术的本质、特点、目的、作用等理论问题，提出了独具特色的见解。

托尔斯泰考察了美学史上流行的美的定义和以"美"为根据的艺术的定义，否定了艺术的目的是"美"（即享乐）的看法，并提出"要探索一个普遍的、适用于一切艺术作品定义"。接着，他就提出和分析了自己的艺术定义。他说：

> 在自己心里唤起曾经一度体验过的感情，在唤起这种感情之后，用动作、线条、色彩、声音以及言词所表达的形象来传达出这种感情，使别人也能体验到这同样的感情，——这就是艺术活动。艺术是这样的一项人类活动：一个人用某种外在的标志有意识地把自己体验过的感情传达给别人，而别人为这些感情所感染，也体验到这些感情。

托尔斯泰这个艺术定义，简单地说，就是认为艺术是以形象传达感情，或者说，艺术是感情的传达。为此，托尔斯泰进一步指出："自己体验过的感情""各种各样的感情"就是"艺术的起源"和"艺术的对象"；艺术和语言都是人与人之间相互交际的手段，不过语言是"互相传达思想"，而艺术则是"互相传达感情"；只有传达出人们所没有体验过的新的感情的艺术作品才是真正的艺术作品，而只有在"宗教意识"的基础上才可能产生人们没有体验过的新感情；艺术所表达的感情的好坏，须根据宗教意识来评定，所以，艺术内容应该表达宗教意识中流露出来的感情。以上这些看法涉及艺术的本质、来源、内容、作用以及评价标准等问题，都是从上述的艺术定义中所引申出来的。

把主观感情看作艺术的来源，把感情的表现作为艺术的本质，这种看法并不始于托尔斯泰。18世纪末、19世纪初出现的浪漫主义文学思潮就非常强调艺术表达主观感情，有的浪漫主义者宣称好诗"都是从强烈的感情中自然而然地溢出的"，所以要"从内心去找"。不过，以传达感情作为艺术的定义，则是托尔斯泰才从理论上明确提出的。这个艺术定义充分肯定了主观感情在艺术中的作用以及艺术表达感情的特点，可以从另一个方面给人以启发。但是，这个定义并没有科学地揭示艺术的本质，存在着明显的缺陷。首先，它把主观感情作为艺术的来源，而不是把客观现实生活作为艺术的唯一来源，这就不符合艺术是现实生活的反映这一根本性质。艺术当然要表现作者的主观感情，但主观感情也是来源于客观现实，是客观现实的反映，所以不能作为艺术的来源。至于托尔斯泰认为艺术所表达的感情是来源于"宗教意识"，来源于"人的本性"，那就否定了感情还有其产生的客观现实根源，当然就更难揭示艺术的真正源泉。另外，这个定义认为艺术的内容是传达感情，而不是传达思想，这样把感情和思想割裂开来、对立起来也是极为片面的。对于这个错误，普列汉诺夫曾经正确地给予批评，指出"艺术既表现人们的感情，也表现人们的思想，但是并非抽象地表现，而是用生动的形象来表现"。应该指出，托尔斯泰这些观点和他的现实主义艺术实践以及谈自己创作经验的言论是互相矛盾的。

如果说托尔斯泰的艺术定义没有正确解释艺术的本质和来源，那么它却从一个方面准确地抓住了艺术的特点。从艺术表现感情这一不可否认的特点出发，托尔斯泰得出了一个重要结论："感染性是艺术的一个肯定无疑的标志。"他说："要区分真正的艺术与虚假的艺术，有一个肯定无疑的标志，即艺术的感染性。"所谓"感染性"，就是艺术作品"在人的心里唤起一种和所有其他感情全然不同的喜悦的感情"，"使这个人在心灵上跟另一个人（作者）、跟欣赏同一艺术作品的另一些人（听众和观众）相一致"。艺术的感染性形成了艺术欣赏中感受者意识活动的特点，那就是："感受者和艺术家那样融洽地结合在一起，以致感受者觉得他所欣赏的那件艺术作品并不是其他什么人所创造的，而是他自己创造的，而且觉得这件作品所表达的一切正是他很早就已经想表达的。"艺术感染力的大小决定于三个条件,即感情的独特性、感情的清晰的表达、感情的真挚程度,其中最重要的就是"真挚"。托尔斯泰说:"艺术家的真挚的程度对艺术感染力的大小的影响比什么都大。观众、听众和读者一旦感觉到艺术家自己也被自己的作品所感染,他的写作、歌唱和演奏是为了他自己,而不单是为了影响别人,那么艺术家的这种心情也就感染了感受者。"以上对艺术感染性所作的分析,既涉及艺术对欣赏者发挥影响作用的心理特点,又涉及艺术创作主体感情活动的特点。对于欣赏者来说,艺术作品应该引起感情上的共鸣;对于艺术家来说,则应该表达自己深切体验、从心灵深处涌出的感情。这些深刻的见解,对于那些忽视艺术的情感特点的理论,正可以起到纠偏的作用。

"欧米哀尔"的艺术哲学

——罗丹谈现实丑转化为艺术美

近代法国杰出的雕塑大师罗丹（1840—1917年）曾经创作了一尊被人称为"丑得如此精美"的雕像——"欧米哀尔"。这尊雕像又名"老娼妇"，它是根据法国诗人维龙的诗《美丽的欧米哀尔》而塑成的。呈现在我们眼前的是一个年老的妓女，她弯着腰，屈膝而坐，低垂着头。似乎绝望的眼光，射在她那丑陋、衰老的身躯上。她身上筋骨突起，肌肤松弛，干瘪的胸腹无力地松垂着，两条如枯柴般的胳膊僵硬地挂在两侧。这是一个被社会生活和自然法则所摧残的女性，是一个可怜可悲的人物。她过去曾为自己的青春、美貌而骄傲，如今却为不堪入目的衰老、丑陋而伤心。对于这样一个形象，按照一般人对美丑的看法，可能会觉得它并不美，然而它却具有很高的艺术美。这个作品体现了罗丹的一个重要的创作思想，即艺术家可以描绘现实中的丑，并且能够把它转化成为艺术中的美。在《罗丹艺术论》中，罗丹就"欧米哀尔"这个作品阐发了他的美学见解，他说："平常的人总以为凡是现实中认为丑的，就不是艺术的材料——他们想禁止我们表现自然中使他们感到不愉快和触犯他们的东西。这是他们的大错误。在自然中一般人所谓'丑'，在艺术中能变成非常的美。"他还说："一位伟大的艺术家，或作家，取得了这个'丑'或那个'丑'，能当时使它变形，……只要用魔杖触一下'丑'便化成美了——这是点金术，这是仙法！"罗丹这种看法充满了艺术辩证法，它可以说是结合自己的创作体会，对这个美学上有争议的问题从理论上进一步作了小结。

艺术能不能以现实中的丑作为对象和材料？现实中的丑在艺术中能不能转化为艺术美？美学史上对这个问题看法并不完全一致。例如莱辛在论诗画区别时，认为丑只能作为诗的题材，不能作为绘画的题材。黑格尔在论艺术的理想动作时，认为"只有本身是正面的有实体性的力量才能成为理想动作的真正内容",所以,他反对艺术表现"反面的、坏的、邪恶的力量",因为"如果内在的概念和目的本身已经是虚妄的,原来内在的丑在它的外在的实在(客观存在)中也就更不能成为真正的美了"。但是,另有一些美学家却不这样看。例如康德认为艺术美能够把自然中丑的东西表现为美,这正是艺术美优于自然美的地方。他说:"艺术美优于自然美的地方,在于它能够把自然中本来是丑的或令人不快的事物,加以美的描写。复仇女神、疾病、战争的灾难等,这些丑恶的东西,都可以非常美丽地加以描写,甚至在绘画中再现出来。"这种看法和莱辛显然不同,反而和罗丹倒是一致。艺术创作实践证明了罗丹的看法是正确的。

罗丹不仅指出了现实丑可以转化为艺术美,而且分析了之所以能实现这种转化的原因和条件。他认为艺术美首先在于真实地反映现实,"美只有一种,即宣示真实的美",是真实还是虚假,这是区别艺术中美和丑的一个标尺。"在艺术中所谓丑的,就是那些虚假的、做作的东西。"根据这种认识,他认为艺术要将现实丑转化为艺术美,首要的条件就是真实。他说:"在艺术中,有'性格'的作品,才算是美的。所谓性格,就是,不管是美的或丑的,某种自然景象的高度真实,甚至也可以叫作'双重性的真实';因为性格就是外部真实所表现于内在的真实,就是人的面目、姿势和动作,天空的色调和地平线,所表现的灵魂、感情和思想。"按照罗丹的看法,艺术反映现实中的美,固然必须达到外部真实与内在真实的高度统一;反映现实中的丑,也应当达到外部真实与内在真实的高度统一。只有以外部真实表现了内在真实,即反映出现实的内在本质和规律,艺术才能具备"双重性的真实",才能有"性格",现实中的丑才能转化为艺术美。作为例证,罗丹曾谈到莎士比亚的作品。他说:"当莎士比亚描写亚果或理查三世时……被这样清晰、透彻的头脑所表现出来的精神上的丑,却变成极好的美的题材。"亚果是莎士比亚悲剧《奥瑟罗》中的一个野心家、阴谋家式的人物,其精神世界本来是极其丑恶的。但莎士比亚通过艺术概括,极其真实地反映了他的面貌和本质,揭示出像亚果这样丑恶的灵魂和性格是与社会发展规律和人文主义思想相违背的。所以这种真实地揭示了丑的本质的艺术形象,也就是包含着生活真理的具体形象,是体现着艺术美的。在形象塑造上,罗丹非常强调要表现内在真实。他说:"一个人的形象和姿态必然显露出他心中的感情,形体表达内在的精神。"又说:

"名副其实的艺术家,应该表现自然的整个真理,不仅外表的真理,而且特别是内在的真理。"这其实就是讲形象要达到现象和本质、个别和一般的高度统一,亦即达到典型化。只有通过艺术典型,才能使描写现实丑的艺术形象具有"双重性的真实",从而转化为艺术美。要实现这种转化,艺术家的主观条件也是不可缺少的。正如罗丹所说,卓越的作品总是表达了天才作家在"自然"前面的感受,艺术中的"双重性的真实"是通过艺术家的"眼睛""头脑"观察、思考、评价的。所以,美不能和作者表现的思想感情无关。"艺术的整个美,来自思想,来自意图,来自作者在宇宙中得到启发的思想和意图。"现实丑之所以能转化为艺术美,正是因为在典型化中熔铸了作家对于丑的否定的审美评价和进步的审美理想。罗丹的杰出作品正是他这些成熟的美学思想的实践。

"俄狄浦斯情结"和"白日梦"

——弗洛伊德的精神分析艺术理论

奥地利心理学家弗洛伊德（1865—1939年）是精神分析学说的创始人。他用精神分析学说来解释艺术的起源、作用以及艺术创作的过程，提出了一些不同凡响的看法，他的艺术观点对西方现代资产阶级美学和文艺有着很大影响。

弗洛伊德认为，人的精神过程是由无意识和意识这两部分构成的。所谓"无意识"，其内容并不是指人脑对客观现实的反映，而是指由生物遗传或种族遗传所形成的个人原始本能，以及出生后与本能有关的欲望，其中主要是性的本能和欲望。在弗洛伊德看来，人的整个精神过程都是受无意识支配的，"无意识才是精神的真正实际"。因此，他非常强调无意识中的本能欲望在精神生活中的作用，并且对性的本能欲望赋予特别地位。他把性的本能和欲望所具有的心理能量称为"里比多"（Iibido），认为性的后面有一种潜力，驱使人去寻求快感。这种性的本能冲动给人的全部活动提供力量，并在人的整个精神活动中表现出来。他说："精神分析认为，正是这些性的冲动对人类精神的最高的文化、艺术和社会成就做出了其价值不可能被估计过高的贡献。"据此，弗洛伊德把人类艺术活动的来源、动力归结为性的冲动和欲望，认为艺术是使人的欲望，特别是性欲在想象中得到满足的一种方式。

在说明性欲对于艺术的作用时，弗洛伊德特别提到所谓"俄狄浦斯情结"。俄狄浦斯是古希腊神话中的一个王子，曾于无意中弑父娶母。弗洛伊德用俄狄浦斯情结来表示他所杜撰的所谓男孩子恋母仇父的性向，认为这种性向是由遗传机制决定的人类最普遍、最原始的一个倾向，并认为这种性向和道德、宗教、艺术的形成有着重要联系。他说："在俄狄浦斯情结中同时产生了宗教、社会、道德、艺术的源泉。"据此，弗洛伊德分析了达·芬奇的创作，认为达·芬奇是一个孤儿，从小钟情于母亲，母亲过早地激起了他的性欲活动。他的被排除到无意识系统中的性的心理能量在以后便成功地升华到绘画活动里。所以，达·芬奇的艺术成就是来源于他所特有的俄狄浦斯情结。

人的本能欲望如何能在艺术中得到满足呢？弗洛伊德认为这是通过升华作用。人的本能欲望由于为人类社会的伦理道德、宗教纪律、风俗习惯所不容，被压抑在无意识领域，不能得到满足。但是这些本能欲望并没有消灭，而是在不自觉地积极活动，追求满足。升华作用就是把性的心理能量从婴儿期所固有的情结上解放出来，移到社会所允许的途径去发泄，使本能欲望既可得到相当的满足，同时又与社会道德习俗不相违背。在弗洛伊德看来，艺术就是这种升华作用的结果，它和梦一样，都是以化装的方式使欲望得到表现，在想象中求得补偿。在《创作家与白日梦》中，弗洛伊德指出，除了晚间睡梦以外，人还"在虚渺的空中建造城堡，创造出我们叫作'白日梦'的东西"。所谓"白日梦"就是幻想，它和夜间睡梦一样，也是欲望的满足。作家把他的"白日梦"表现出来，这就产生了文艺。由此，弗洛伊德得出结论：文艺创作和"白日梦"在本质上是一样的。"一篇作品就像一场白日梦一样"，它是"目前的强烈经验，唤起了作家对早先经验的回忆（通常是孩提时代的经验），这种回忆在现在产生了一种愿望，这愿望在作品中得到了实现"。总之，文艺是作者的性欲望在白日梦中的升华。

弗洛伊德的精神分析学说把人的心理活动仅仅理解为意识和无意识（本能、欲望）之间的矛盾，把无意识的本能、欲望看作人的整个精神过程的支配力量，根本否定外部世界、社会条件对心理活动的主导的、决定性的作用。这种唯心主义观点是直接和唯物主义者关于心理"是外部世界的反映"的科学论断对立的。他从这种错误的理论出发，用本能、欲望来解释艺术现象，把艺术的来源归结为性欲望，把艺术的本质说成是性欲在升华中的满足，这是对作为社会生活反映的艺术的来源和性质的歪曲。被弗洛伊德当作艺术源泉的俄狄浦斯情结，不过是一种主观的构思，没有什么科学的根据。他把一些杰出艺术家的创作成就归因于特殊的俄狄浦斯情结，这纯属主观构想，实际上是抹杀了这些作品的思想认识意义和美学价值。马克思主义认为人的本质在于人的社会性，人的一切精神活动都是由人的社会存在所决定的。而弗洛伊德却把人的心理的本能欲望提到高于一切的地位，把它们当作决定人的一切活动和心理现象的基础，这实际上是把人降低为动物。

弗洛伊德赋予无意识概念以特殊内容，把它和意识对立起来，极大抬高无意识的地位，贬低意识的作用。这种观点具有强烈的反理性主义性质。他用这种观点解释文艺，认为文艺创作和梦境一样，不过是无意识的发露。这样势必要排斥意识、理性在创作中的支配作用，导致艺术创作的反理性主义，这在西方现代资产阶级文艺创作中有明显影响。苏联心理学家鲁宾斯坦指出："不可能像弗洛伊德所做的那样把人的心理分解为意识和无意识的两个互为外部的方面。……在有意识的人身上，根本不存在完全处于意识之外的心理体验。如果说它们完全在意识之外，那么这只能是生理过程，而不是心理过程。可是只要一谈到观念的东西，我们可以说在这样完备的意识性中，没有什么东西是没有意识到的。"这段话用来批评弗洛伊德把文艺创作贬低为无意识活动的理论，也是十分恰当的。

第二辑

中华美学精神的民族特色

中华美学精神是一个内涵和外延非常丰富的概念，它体现在中华民族的审美心理、文学艺术和美学思想等不同层面，具有多种存在形态。从美学思想上说，中华美学精神是中国传统文化和哲学思想在审美和艺术认识中的具体体现，也是中华民族文艺和审美经验的理论升华。中国传统文化和哲学思维方式的民族特点，以及中国传统艺术对创作规律创造性运用的民族特征，深刻烙印在中华美学精神之中，从而形成中华美学精神鲜明的民族特色。对此进行深入探讨，有助于全面认识中华美学精神的丰富内涵和本质特征，实现其在新时代的创造性转化，从而推进中国特色现代美学和文艺理论建设。

天人合一中和之美的审美观念建构

中国传统哲学以天人关系为主要问题并形成其基本特点。从先秦管子提出"人与天调"，到周易讲"先天而天弗违，后天而奉天时""财成天地之道，辅相天地之宜"，再到宋代张载明确提出"天人合一""天人一物"，都是将天理解为自然，强调人与自然的关系是和谐统一的关系。一方面，讲人要顺应自然，不可违背自然规律；另一方面，也讲人应发挥主观能动作用，利用自然规律为人服务。这显然是具有唯物和辩证观点的。天人合一强调人与自然两个方面既相互区别和对立，又相互联系和统一。合一就是不同方面的相互和谐，这是儒家哲学的一个根本观点。人与自然的和谐统一，也就是合规律性与合目的性的和谐统一。正是在这种哲学思想的基础之上,形成了中国古代以"和"为美的审美观念,认定美就存在于事物对立面和谐统一的最佳状态之中。最高的审美理想和人生境界就是人与自然、人与社会以及人自身达到和谐统一状态。这就为中国传统美学构建独具特色的审美观念体系奠定了思想基础。

所谓对立面统一的和谐之美,既表现于审美主体和审美客体各自的和谐,也表现于审美主体和客体之间关系的和谐。西方哲学特别重视主客体关系,并且往往将主客体看成互相对立的关系,由此形成西方美学思想建构的主要哲学基础和基本特点。中国传统哲学没有主体客体这两个名词,而是讲心物关系,实际上也就是主客体关系问题。由于受天人合一的辩证思维方式的影响,在中国传统哲学中主张主客、心物对立的思想不占主导地位,主要是强调两者的统一性。与此相联系,在中国传统美学思想中也是强调主客、心物在审美和艺术创造中的统一性。一方面,主张审美经验和艺术创作是由审美客体引起的;另一方面也重视审美主体的能动性,强调审美经验和艺术创作中主客体互相联系、互相作用,因此,审美主体与审美客体的和谐统一构成对审美主客体关系的基本审美观念。

在中国传统美学思想中,强调审美经验和艺术创造起源于人心感于外物、客体作用于主体的"心物感应"说,是一种一以贯之的审美观念。《乐记》说:"乐者,音之所由生也,其本在人心感于物也,……感于物而后动。"[①] 就是强调音乐创作起源于对外物的感动。《文心雕龙》说:"人禀七情,应物斯感,感物吟志,莫非自然。"[②] 这也是把被外物感动看作审美经验和文艺创作的起点,都是强调审美经验和艺术美的创造来源于客观的现实美和生活美。在心物感应说的基础之上,中国传统美学进一步形成了"心物交融"说,强调审美经验和艺术创作中主客、心物之间的相互作用、融为一体。《文心雕龙》说:"诗人感物,联类不穷;流连万象之际,沈吟视听之区。写气图貌,既随物以宛转;属采附声,亦与心而徘徊。"[③] 就是认为心物、主客在审美创造中是互相作用、彼此渗透的。王夫之同样认为审美感兴生成于主客、心物、内外之间的相互作用。他说:"形于吾

[①] 北京大学哲学系美学教研室编:《中国美学史资料选编》上册,中华书局1980年版,第58—59页。
[②] (南朝)刘勰著、周振甫注:《文心雕龙注释》,人民文学出版社1981年版,第48页。
[③] (南朝)刘勰著、周振甫注:《文心雕龙注释》,人民文学出版社1981年版,第493页。

身外者，化也；生于吾身内者，心也。相值而相取，一俯一仰之间，几与为通，而悖然兴矣。"① 这种"心物交融""心物想取"说，深入揭示出审美心理中主客、心物内在统一的规律，将对审美主客体和谐统一关系的认识推进到一个新的高度。它是以辩证思维方式研究审美经验的成果，与西方美学将审美主客体分离、对立起来的观点是完全不同的。

从辩证思维方式上看，天人合一的哲学理念和儒家倡导的中和为本的思想是一致的、共通的。"中"是儒家哲学的基本观念，有中行、中道、中庸、中正、中和等多种表达。《中庸》说："喜怒哀乐之未发，谓之中。发而皆中节，谓之和。中也者，天下之大本也；和也者，天下之达道也。致中和，天地位焉，万物育焉。"② 按照孔子和儒家学者的理解，中即是"执其两端用其中"，和即是指"和而不同"，都是指事物矛盾和多样的各个方面达到相互平衡、协调，实现对立多样的和谐统一。中和思想的和谐统一与天人合一的和谐统一是互相联系的，它体现着自然、社会以及人的感情本身共同遵循的普遍规律。

中和思想具体表现在儒家维护的礼乐传统之中，对中国美学思想的形成产生了直接影响。荀子的《乐论》和《礼记·乐记》都把乐和礼看作互相区别又互相补充、互相矛盾又互相统一的双方。《乐记》说："乐者，天地之和也；礼者，天地之序也。和，故万物皆化；序，故群物皆别。"③ 又说："乐也者，动于内者也；礼也者，动于外者也。乐极和，礼极顺。内和而外顺，则民瞻其颜色而勿与争也。"④ 这都是强调音乐的本质、特征、作用在于"和"，是对先秦文献中记载的"乐从和"思想的丰富和发展。"和"有平和与调和两义，平和指情感的表达适中而恰到好处，即所谓"乐而不淫，哀而不伤"；调和指将多样而差异的情感和音调纳入和谐统一之中，即所谓"和而不同"。这种处于最佳状态的对立多样方面的和谐统一就是儒家理想的"中和"之美。由于礼乐传统是中国美学思想的直接来

---

① 王夫之：《诗广传》卷二《豳风》三，载敏泽《中国美学思想史》下卷，湖南教育出版社2004年版，第524页。
② 刘俊田等译注：《四书全译》，贵州人民出版社1988年版，第31页。
③ 北京大学哲学系美学教研室编：《中国美学史资料选编》上册，中华书局1980年版，第61页。
④ 北京大学哲学系美学教研室编：《中国美学史资料选编》上册，中华书局1980年版，第67页。

源，因而它所体现的中和之美便成为构建中国审美观念体系的基础和核心，不仅中国传统美学范畴的形成深受中和思想的影响，而且中国传统文艺的内容、形式、类型、风格等也都体现出中和之美的特点，从而成为中华美学精神显著而又基本的民族特色。

以形传神寓理于情的审美意境创造

意境是中国传统美学思想体系的一个核心范畴，是中国传统文艺创作的中心之中心，因而也是中华美学精神的民族特色的一个集中体现。意境作为一个美学范畴的形成，凝结着我们民族文艺创作的独特经验，也深受中国传统哲学思想发展的影响。中国古代诗歌创作擅长运用比兴的艺术思维方式和手法，形成诗歌理论中影响深远的比兴说。"所谓比与兴者，皆托物寓情而为之者也。"[①] 托物言志，托物寓情，正是比兴艺术思维和手法的基本特点，也是中国抒情文学独有的美学特色。这里已孕育着意境思想的萌芽。《周易》讲"立象以尽意"，先秦以降，意、象的关系成为中国哲学中探讨的一个重要问题，也是形成意境观念的重要哲学基础。到了唐代，随着创作经验的丰富和理论思考的深化，意境作为美学和文论范畴便逐渐形成。其中，关于诗歌创作要"景与意相兼""意与境会""思与景偕"以及"境生于象外"等论述，最得意境之精髓和奥妙。

作为中国传统文艺创作经验之总结的意境说，体现了中国传统美学和文论对于艺术审美规律的创造性把握和对于艺术美的独特认识。西方美学对于艺术美的理解，主要集中在感性与理性、个别与普遍的对立统一上。黑格尔说："美就是理念的感性显现。"[②] 在他看来，普遍理念与个别现象的统一就是美的本质和通过艺术所进行的美的创造的本质，而最能体现这种艺术美的就是艺术典型。意境范畴和典型范畴分别作为中西艺术美的核心范畴，既有联系，也有区别。意境不仅表现为感性与理性、个别与普遍的统一，而且突出表现为意与境、情与景、虚与实、形与神、情与理等互

---

① 李东阳：《怀麓堂诗话》，载敏泽《中国美学思想史》上卷，湖南教育出版社2004年版，第363页。
② [德] 黑格尔：《美学》第1卷，商务印书馆1979年版，第142页。

为张力的两个方面的辩证统一，其理论内涵更为丰富，艺术含义更为精妙，审美特色更为鲜明。

意境包含的基本审美和艺术规律就是意与境两者的辩证和谐统一。意指主观内在的情思，境指客观外在的物象。心与物、意与象的结合，本是艺术形象的基本要求。但仅仅是两者的一般结合，还不能构成意境。必须"搜求于象，心入于境，神会于物，因心而得"，"放安神思，心偶照境，率然而生"①，使客观物象浸透主观情思，主观情思融入客观物象，情思与物象相契合、相渗透、相交融，通过灵感妙思，塑造出一个独特的艺术形象，才能达到意境之美。王夫之从情景关系上阐明意境，指出："情景虽有在心在物之分，而景生情，情生景，哀乐之触，荣悴之迎，互藏其宅。"②"情景名为二，而实不可离。神于诗者，妙合无垠。巧者则有情中景，景中情。"③ 这就将意境中情与景、意与境相生相融、妙合无垠的关系讲深讲透了。

"境生于象外"是意境突出的审美特征和效应，也是对中国传统文艺创作对艺术形象的特殊的、更高的审美追求。司空图论诗境，对此尤有进一步发挥。他引戴叔伦语"诗家之景，如蓝田日暖，良玉生烟，可望而不可置于眉睫之前"来加以说明，提出诗境应是"象外之象，景外之景"，并具"味外之旨""韵外之致"。这和后来欧阳修所说"含不尽之意见于言外"、严羽所说"言有尽而意无穷"，都是同一个意思，说明意境应当具有意在言外的象外旨趣。这种审美趣味和艺术主张，显然受到道家和佛家思想的影响。所谓象外之象，不仅指诗人塑造的艺术形象应当来源于客观物象而又高于或超越客观物象，而且指由作品中直接描写的具体可感的形象所引起，而又超越了这种具体实象的直接感受的虚实结合、有限与无限统一的形象。这种形象不仅直接作用于欣赏者的感知，而且作用于欣赏者的联想和想象，通过欣赏者的补充和再创造，由有限通向无限，获得更为丰富的、多方面的内涵和意蕴，对事物的本质规律和生活的真谛产生更为深刻和全面的领悟，从而得到更多的精神满足和审美享受。这就是所谓味

---

① 《唐音癸签》卷二引，载袁行霈等《中国诗学通论》，安徽教育出版社1994年版，第439页。
② （清）王夫之著、戴鸿森笺注：《姜斋诗话笺注》，人民文学出版社1981年版，第33页。
③ （清）王夫之著、戴鸿森笺注：《姜斋诗话笺注》，人民文学出版社1981年版，第72页。

外之旨、韵外之致。

意境要具有虚实结合、有限与无限统一的审美特点和效应，就需要在艺术形象塑造达到形神兼备、以形传神。这也是意境说包括的一个重要理论内涵。形、神关系本是中国传统哲学中早就探讨的问题，后来应用于艺术创造中，形成"形似""神似"这一对具有民族特色的审美概念。顾恺之的画论提出了"以形写神""传神写照"的创作原则，谢赫的画论也提出了"气韵""神韵"之说，要求绘画不仅止于形似，而要能生动地表现出形外之神。司空图的《二十四诗品》明确提出"离形写似"的主张，倡导诗人"略形貌而取神骨"，追求艺术的神似，这都反映了我们民族文艺创造的鲜明特点。西方艺术和美学从古希腊罗马开始，都比较注重艺术形象细致描摹的形似，追求艺术形象的描绘要近于客观对象的感觉的真实。中国的传统艺术则更注重以形传神，追求超越客观对象形貌之外的神似，创造欣赏者想象中的艺术真实。中国绘画描绘景物，中国诗歌描写景色，远不如西方绘画和诗歌那样具体、细致、明确，而是"妙在似与不似之间"，含蓄凝练，言简意赅，突出对象的本质特点和内在神韵，给欣赏者留下联想和想象的无限空间，从而收到"以少胜多""以一当十"的审美效果。

意境之意即主观情思，既包括情感、感受，也包括认识、理解，从而形成审美和艺术创作中情理结合的特殊心理结构。西方美学往往忽视审美和艺术中认识和理性的作用，片面强调情感的地位和作用。有的甚至将情感和理性对立起来，主张审美和艺术只涉及情感，和理性认识无关。休谟的趣味说、康德的审美判断说就带有这种特点。而中国传统美学则恰恰相反，主要是强调审美和艺术中感情和认识、情感与理性的相互统一和融合，形成情志一体、情理交融、以理导情、寓理于情的审美和艺术心理学思想。《乐记》十分强调音乐的情感特点，指出："乐也者，情之不可变者也，凡音者，生人心也。情动于中，故形于声，声成文谓之音。"[①] 同时，它又指出乐与礼二者是相辅相成的，乐之情和礼之理是互相联系的，情是体现着理的情。可见，作为中国美学思想之源的礼乐传统，本身就是强调情理统一的。中国古代诗歌理论对诗歌的本质特点的概括有"诗言志"和"诗缘

---

① 北京大学哲学系美学教研室编：《中国美学史资料选编》上册，中华书局1980年版，第59页。

情"两说。两说虽有不同，但却是互相联系的。志指志意，当然包括理性内容，但也含有抒情之意。志在诗中需体现于情。《毛诗序》说："诗者，志之所之也，在心为志，发言为诗。情动于中而形于言。"① 这不仅讲了诗歌言志的性质，而且也谈到了它的抒情的特点，把"志"和"情"统一起来了。

刘勰的《文心雕龙》在总结文艺创作和审美经验的基础上，更为自觉地意识到文艺创作中"志"和"情"不可分割的关系，并在理论上使二者成为一个有机统一的整体，明确提出了"情志"这一具有民族特色的美学概念，使"情志"说成为中国传统美学阐明艺术和审美中感情与认识、情与理相统一规律的重要理论。在后世为数众多的中国传统诗文论中，虽然也有的偏重义理或偏重感情的，但主要是强调情理交融，寓理于情。清代叶燮在《原诗》中明确提出诗歌创作是"情理交至""情必依乎理，情得然后理真"，并精辟指出诗歌创作的特点是写"不可名言之理，不可施见之事，不可径达之情"，"幽渺以为理，想象以为事，惝恍以为情"。② 这种富于创见的"情理交至"说和"情景交融"说，作为具有民族特色的审美学说成为意境的两个主要内涵，充分体现了中国传统美学对文艺形象思维规律和审美心理活动特点的深刻理解。

尽美尽善文质兼备的审美价值导向

美善关系是美学史上长期探讨的一个基本问题。尽管中西美学自古都有美善关系的论述，但如此突出强调美与善的高度统一，却是中国传统美学一个极为显著的特征。在中国古代早期美学思想中，美和善往往被看作密不可分，美也就是善。见之于文献记载的最早的美的定义是伍举为美下的定义："夫美也者，上下、内外、大小、远近皆无害焉，故曰美。"③ 这里将美等同于善（无害），认为不善则不美。这种美善不分的观点固然有忽视美的独特性的缺陷，但在强调美不能脱离善上却有其合理性。孔子开

---

① 北京大学哲学系美学教研室编：《中国美学史资料选编》上册，中华书局1980年版，第130页。
② （清）叶燮著、霍松林校注：《原诗》，人民文学出版社1979年版，第32页。
③ 北京大学哲学系美学教研室编：《中国美学史资料选编》上册，中华书局1980年版，第9页。

始将美与善明确加以分别,论述了美与善既有区别又有统一的关系。《论语》记载说:"子谓《韶》尽美矣,又尽善也。谓《武》尽美矣,未尽善也。"① 孔子高度称赞《韶》乐既尽美又尽善,也就是将美与善的统一作为他所追求的审美理想标准。但他也承认《武》乐虽未"尽善",却仍然"尽美",就是认为美有区别于善的独特性。美虽然以善为内容,但善并不等同于美。孔子所要求的是善的内容与美的形式的结合和统一。孔子的美善统一观,作为儒家美学的一个思想特点和优良传统,长期影响着中国传统美学思想的形成和发展,使中国传统美学和文论极为重视文艺对于真善美的价值的追求,强调文艺作品传递真善美的重要作用。

由于美善统一的审美理想标准和价值取向的建立,中国传统美学十分强调文艺感动人心、陶冶情性、塑造心灵、引人向上、醇化风俗的重要社会作用,重视文艺与政治和道德的密切关系,特别注重文艺所具有的社会伦理道德意义和价值。孔子建立了以"仁"学为核心的道德伦理学说,他就是从"仁"学出发来观察和解决审美和文艺问题的。他的美学思想实际上是其伦理思想的延伸,因而具有强烈的伦理学色彩。他重视诗与乐,主要是把它们看作培养仁人君子的必要条件。所谓"兴于诗,立于礼,成于乐",就是要让诗的启迪感发作用、礼的行为规范作用、乐的情感感染作用互相补充,使人达到修身成仁、完善人性的目的。但孔子在强调文艺的思想道德教育作用时,也很重视文艺发挥作用的特点。"诗可以兴,可以观,可以群,可以怨"论述,既全面阐明了诗歌作用的思想道德性质和普遍社会意义,也指出了诗歌作用的情感感染特点和特殊审美价值。《乐记》和《诗大序》又进一步具体地发挥了这种观点。《乐记》说:"乐也者,圣人之所乐也;而可以善民心,其感人深,其移风易俗,故先王著其教焉。"② 《诗大序》说:"正得失,动天地,感鬼神,莫近于诗。先王以是经夫妇,成孝敬,厚人伦,美教化,移风俗。"③ 这就将文艺和审美的社会

---

① 北京大学哲学系美学教研室编:《中国美学史资料选编》上册,中华书局1980年版,第13页。

② 北京大学哲学系美学教研室编:《中国美学史资料选编》上册,中华书局1980年版,第63页。

③ 北京大学哲学系美学教研室编:《中国美学史资料选编》上册,中华书局1980年版,第130页。

伦理道德作用强调到无以复加，使其发展成为中国美学史上关于艺术的审美教化作用的有力传统。后来《文心雕龙》提出"诗者，持也，持人性情"，《颜氏家训》提出文章"陶冶性灵"，黄遵宪提出"诗以言志为体，以感人为用"等，都是沿袭和发展这种传统，倡导审美和艺术具有引人向真向善向美的感化教育功能，应当发挥积极的特殊的社会功能。这与西方美学中提倡的"审美不涉社会功利""为艺术而艺术"等思想主张在审美和艺术观上是完全不同的。

中国传统美学和文论十分注重文学艺术作品中内容和形式、思想性和艺术性、社会性和审美性的结合与统一，并以此作为文学艺术作品创造的基本美学法则和审美价值判断的基本标准。这和上述对美善统一以及文艺审美教育作用的强调是一致的。在中国传统诗论、文论等著作中，文与质、文与道、情与采、情与声等的关系问题都是作为核心问题之一来加以探讨的。质、道、情，即文艺作品的思想内容；文、采、声，即文艺作品的表现形式。孔子的《论语》便已注意到文与质的关系问题，指出："质胜文则野，文胜质则史。文质彬彬，然后君子。"[1] 要求两者的统一。虽然孔子说的文质彬彬是对君子的修养而讲的，却包含着内容与形式的和谐统一才是完美的普遍含义，后世便逐渐用它来表述文艺的内容和形式统一关系。后来的文论虽然也有重文轻质或重质轻文者，但居于主导地位的主张却是质主文辅、文质结合。《淮南子》不仅要求文与质应该统一，而且指出"必有其质，乃为之文"，认为在两者统一中质是统帅文的。《文心雕龙》设专篇讨论文学作品中文与质、情与采的关系，既指出"文附质"，又指出"质待文"，强调二者结合，并且进一步指出："情者，文之经，辞者，理之纬；经正而后纬成，理定而后辞畅，此立文之本源也。"[2] 不仅阐明了文学作品情理内容主导文辞形式的原理，而且将其确立为创作的根本原则。文与质的关系，从另一个角度看，就是文与道的关系。文是形式，道是内容。《文心雕龙》明确提出"文以明道"的主张："道沿圣以垂文，圣因文而明道。"[3] 强调文是用于表明道的，形式应当为内容服务，但他对

---

[1] 北京大学哲学系美学教研室编：《中国美学史资料选编》上册，中华书局1980年版，第15页。

[2] 刘勰著、周振甫注：《文心雕龙注释》，人民文学出版社1981年版，第346—347页。

[3] 刘勰著、周振甫注：《文心雕龙注释》，人民文学出版社1981年版，第2页。

文学形式也很重视。唐宋古文运动代表人物韩愈和欧阳修都是既重道，也不轻文，强调"文与道俱"。在西方美学史上，将形式和内容相分割的"美在形式"的理论一直具有重要地位和很大影响，并形成各种形式主义美学思潮。而在中国传统美学思想中，占据主导地位的观点是主张美在内容和形式的统一，主张美在形式的理论是没有地位的。文质兼备、文道结合、艺术性和思想性相统一，是中国传统美学对文艺创作的基本要求，并由此形成评鉴文艺作品的基本美学标准。

综上所述，中国传统美学以具有民族特色的概念、范畴、观念、学说和话语体系，深刻揭示了审美和艺术的本质、特点和规律，科学阐明了审美心理和艺术创造中诸多对立因素的辩证统一关系，集中体现了艺术促进人的发展和社会进步的积极价值追求，形成独特的美学思想体系和中华美学精神。中、西两大美学思想体系犹如双峰对峙，以其各自的特长和优势，为世界美学发展做出了巨大贡献。今天，我们要建设中国特色现代美学和文艺理论，既要学习和借鉴包括西方在内的世界优秀美学和文艺理论成果，更要继承和弘扬中国传统美学和文艺理论遗产，结合新的时代条件，对中华美学精神的内涵和特点做出新的阐明和发挥，推动其实现创造性转化，使其与当代美学和文艺理论相融合，以促进美学和文艺理论的中国化、民族化发展。

（原载于《甘肃社会科学》2016年第2期）

包容与融通：中华美学创新发展之路径

中华美学精神作为中华优秀传统文化的重要组成部分，在其形成和发展的长期历史过程中，不断吸收、补充和融合了多种多样的文化因素，并使其交融、统一为一个具有鲜明特色的美学思想体系。这种多样文化的相互交融和相互补充，不仅极大地丰富了中华美学精神的理论和精神内涵，而且有力地推动了中华美学的变革和创新。今天我们传承和弘扬中华美学精神，需要结合新的时代条件，继续推进多样文化因素的融合统一并由此实现创新性发展。

正如中国传统哲学是以儒家哲学思想为主体一样，中国传统美学的基础和主体也是儒家美学思想。儒家美学根源于先秦礼乐传统，以天人合一、中行为本的哲学思想和孔门仁学为基础，视人与自然、人与社会以及人自身的和谐为最高审美理想，追求中和之美，主张美善统一，情理交融，文道结合，文质兼备，重视审美和文艺对于伦理教化和人格建构的重要作用。它代表着中华美学精神的主流，也最能体现中华美学的基本特质。

儒家美学的形成是吸收和融合了先秦多种文化因素的。孔子对夏、商、周文化作了反思，对周文化基本持肯定态度，因而儒家主要继承了周文化及其中行思想，但也逐渐吸收融合了殷文化的五行学说以及与之联系的阴阳学说。《管子》一书提出"人与天调"，是天人和谐思想的较早记载，也是儒家天人合一哲学思想的重要来源。而该书就是以阴阳五行学说来解释宇宙存在系统的。《国语》中记载的"务和同""乐从和"等论述，就是同当时流行的阴阳五行学说相联系的，后来也被融合在儒家的中行、中和的美学思想中。应该说，中和之美、和谐之美这一中华美学的核心思想，是儒家美学融合先秦多种文化因素的基础上才最后形成的。

儒家和道家是先秦时期诸子百家中双峰对峙的两大哲学派别，哲学思想和美学思想都存在很大分歧。儒家强调社会伦理，而道家则强调自然自由。道家美学是以老子天道自然无为的哲学和庄子以自然为自由的观点为基础的，它主张美在不可言说的自然整体并与道相贯通，追求超功利、超社会、超感官的绝对精神自由，以及物我两忘、主客同一的"天乐""至乐"，重视艺术的神遇神识和自由想象的创作特点，强调艺术超功利的独立性质。但这种看似与儒家美学相左的美学思想，却和儒家美学具有许多内在的同一与联系。如两者都主张天人合一、天人相和，尽管侧重面有差异，但都强调人与自然的和谐统一。道家虽然主张超脱社会人世，但同儒家一样肯定感性生命。由于两者在精神上的许多接近，所以它们既相反又相成。无论是从对文人士大夫知识分子的作用看，还是从对中国哲学、美学和文艺创作的影响看，儒道两家都是相互渗透、相互补充的。像《文心雕龙》这样完整的美学著作，就是既以儒家为宗，而又吸收和融合了道、佛思想，因而能够形成蔚为大观的美学思想体系。儒、道美学的交融、互补，极大地丰富了中国美学对审美和艺术规律的认识，扩展了中华美学精神的内涵，推动了中华美学的创新发展。

汉代输入中国的佛教，很快与玄学相结合，成为玄学化的佛教学说，后来又出现中国特有的佛教宗派——禅宗。在中国哲学和美学发展史上，儒、道、释三家并称，地位重要，关系密切。佛教的哲学思想即佛学，主张万物皆空、精神永恒，要求超脱尘世，获得精神解脱。禅宗又提出顿悟学说。在此影响下，佛教美学极力倡导文艺创作中直觉式的"妙悟"，重视艺术中的韵味、境界，以空灵、冲淡、含蓄为最高审美追求。从哲学和美学上看，佛学离儒学较远，而和道学则相当接近。佛学的玄学化，首先就是由于两者同属出世哲学，而玄学崇尚的就是老庄思想。玄学是儒、道融合的新形式。通过玄学化，佛学被融入道家和儒家思想之中。在中国美学和文艺创作中，佛学的影响总是和道学、儒学互相交织的，很难截然分开。像苏轼这样的诗词大家，便是以儒为基础而吸收融合道、禅，形成豪旷超逸的独特风格，这也体现出儒、道、释在中国美学中互相交融的基本格局。即使像《沧浪诗话》这样以禅寓诗的著作，其诗论也仍是以禅寓为表而以儒道为里的。佛学融入中国美学，形成了许多新的范畴，创造了许多新的意境、风格和表现手法，进一步丰富了中国美学思想，使中华美学精神更为多姿多彩。

近代以来，西方文化传入中国。西方哲学和美学逐渐与中国传统美学相结合，推动了中华美学精神的转型发展。西方美学和中国传统美学是两种不同的美学思想体系，在哲学基础、思维方式、概念范畴、话语形态上都存在很大差别。西方美学主要以形而上学思维方式观察研究审美和艺术现象，注重分析和部分；中国美学则主要以辩证思维方式观察和研究审美和艺术现象，注重综合和整体。在对审美和艺术中主客体关系、情理关系、再现与表现关系、内容和形式关系以及审美、艺术的社会功利性等基本问题看法上，两者之间都存在重要分歧。但异中有同，中西美学以不同概念、范畴和话语所揭示的许多审美和艺术的普遍规律，是具有一致性和共同性的。这就使两者融通具有可能性。而且，西方美学概念的明晰性和理论分析的严密逻辑性，恰恰可以补充中国美学概念、范畴的模糊性、多义性、体悟性，有助于对其理论内涵的科学理解，实现现代性转化。这就使两者相互融通具有必要性。中西美学的融合，既要使双方互相沟通，在理论、概念、范畴上发现融通之点，彼此形成关联，又要保持各自的特色和优点，在融合互补中进行新的理论创造。为此，不少美学家以各种方式作了一定的探索。王国维的意境说、蔡元培的美育代宗教说、朱光潜的文艺心理学研究、宗白华的中西艺术比较研究等，都是中西美学结合的代表性成果。中西美学结合与交融，推进了中国传统美学的创造性转化，锻造了中国美学的现代性。

海纳百川，有容乃大。中华美学精神的开放性、包容性、融通性，使它能不断吸收、补充、同化、融汇多种多样的文化因素，并形成有主导的有机统一体，从而让自己得到丰富和完善，获得变革和创新。今天，在新的时代条件下，中华美学的融合创新发展正迈入一个更全面、更深入、更富于创造性的历史新阶段。由于时代的发展，这种融合的基础和主体也产生了变化。所谓"中体西用"或"西体中用"，都不是我们需要的结合模式。新的融合主体既不是中国传统美学的任何一家，也不是西方美学的任何一派，而是具有时代精神的马克思主义美学。这种马克思主义美学是一个与时俱进、不断发展的完整的美学思想体系。它既包括经典作家关于审美和艺术的理论，也包括总结当代中国社会主义文艺经验和人民群众审美实践而提出的新理论、新思想、新观点。以此作为基础，中西融合就有了新的方向和途径。这种融合将更加注重理论的创造性和创新性，它既不是对传统美学的全盘接受，也不是对西方和外来美学的盲目照搬。而是在有所继承有所扬弃中，结合新的时代条件对传统美学进行创造性转化，使其古为今用；在有所吸收有所排斥中，结合中国实际需要对西方美学进行选择消化，使其外为中用，共同融入中国特色现代新的美学思想体系的创造，实现中国美学的创新性发展。

（原载于《中国社会科学报》2016年12月27日）

审美观照：中西不同学说体系的演变与比较

中国传统美学非常重视审美和艺术实践的研究，善于从审美和艺术实践经验中总结和阐明审美和艺术的本质和规律，这就形成了注重审美心理研究的特点。在中国美学史上出现的众多的文论、诗论、乐论、画论、书论、园林建筑论等，都包含丰富的审美心理学思想，形成了各种微妙精辟的审美心理学说。它们和西方美学中的各种审美心理学说，在对审美心理性质和特点的揭示上有异曲同工之妙。但在哲学基础、思维方式和概念、范畴、话语上却独具特色，在许多具体问题的认识上也存在着较大差异。这在对审美观照的心理现象的认识和解释中表现尤为明显。

审美观照又称审美静观，是人在审美活动中对审美对象凝神注视和观赏时的一种特殊的心理状态和心理活动方式。它既发生在审美欣赏活动中，也发生在艺术创作活动中，因为集中体现着审美心理活动的特点，所以向来是美学研究特别关注的一个问题，形成了各种学说。审美观照因而成为美学理论中的一个关键词。中西审美心理学思想中都有对审美观照中主体心理条件、心理状态和心理特点的探究，并且形成各自特殊的概念和范畴，构成两大不同的理论体系和话语体系。梳理中西审美观照学说的发展演变，对比中西审美观照学说的同与异，不仅可以更全面地认识和理解审美观照这一关键词的理论内涵，而且能够更深入地了解和把握中国审美心理学说的优长和特点，以便在与西方审美心理学说的互相参照中，推动中国传统美学思想的创造性转化和创新性发展。

一 西方审美观照学说体系及其演变

在西方美学史上，柏拉图最早提出"观照"一词，并将其用于对于美的认识的论述。他认为对于"美本身的观照是一个人最值得过的

审美观照：中西不同学说体系的演变与比较

生活境界"①，也是哲学的极境。同时又提出审美观照需排除尘世的杂念，凝视、观照美本身。古罗马新柏拉图主义美学家普罗提诺继承和发展了柏拉图的审美观照说，认为只有凭借"内心视觉"这种特殊能力才能观照美。但他把审美观照宗教化，看作灵魂上升，脱离尘世，回归美的根源——"太一"的一种神秘的精神状态。17、18 世纪的经验派和理性派美学家都对审美观照的心理能力和心理特点做过探究。经验派美学家舍夫茨别利和哈奇生等提出"内在感官"说，认为审美观照依靠一种审美的特殊感官，具有直接性和无关利害等特点，对推动近代审美心理学说的发展起到重要作用。

德国古典美学创始人康德在调和经验论和理性论两派美学的基础上，通过对审美判断的分析，在西方美学史上第一次对审美鉴赏或观照的性质和特点从理论上做出了完整的阐述。他认为鉴赏判断是"不带任何利害关系的愉快"，完全不涉及对于对象的实际用途和利害感；是"没有概念而普遍令人愉快的"，其普遍可传达性只与想象力和知性的自由游戏的内心状态相关；是"无目的的合目的性"，只和对象的形式有关，不涉及对象的内容、意义。他说："关于美的判断只要混杂有丝毫的利害在内，就会是很有偏心的，而不是纯粹的鉴赏判断了。我们必须对事物的实存没有丝毫倾向性，而是在这方面完全抱无所谓的态度。"② 又说，"这种静观本身也不是针对概念的，因为鉴赏判断不是认识判断（既不是理论上的认识判断也不是实践上的认识判断），因而也不是建立在概念之上，乃至于以概念为目的的"③。自此以后，西方对审美观照中心理状态和特点的探究，便主要是围绕着康德提出的"不涉及利害"和"不凭借概念"这两个基本观点展开的。

受康德哲学和美学影响的叔本华从唯意志论哲学出发提出了审美直观说，对康德的审美判断理论作了新的阐发。他认为，世界是由意志和表象组成的。意志是世界的基础和本源，整个表象世界都是意志的客观化。作为万物之源的意志是一种无意识的、不能遏止的盲目冲动，是一种欲求，它所欲求的就是生命，因此可称为"生命意志"。生命意志的欲求是无止

---

① ［古希腊］柏拉图：《文艺对话集》，朱光潜译，人民文学出版社 1980 年版，第 273 页。
② ［德］康德：《判断力批判》，邓晓芒译，人民出版社 2002 年版，第 35 页。
③ ［德］康德：《判断力批判》，邓晓芒译，人民出版社 2002 年版，第 44 页。

境的，人的痛苦因而是无边际的。人要摆脱痛苦，就要舍弃欲求、摆脱意志的束缚，否定生命意志。而审美直观就是从意志和欲望的束缚中获得暂时的解脱的一种认识方式。在审美直观中，我们的注意力已经不在集中于欲求的动机，暂时忘却了自己只是沉浸于对于对象纯粹客观的观赏之中。"我们在那一瞬间已经摆脱了欲求而委心于纯粹无意志的认识，我们就好像进入了另一个世界。"① 按照叔本华的分析，审美直观在心理上具有两大特点。一是排除了对事物的习惯看法和理性认识，"把人的全副精神献给直观，浸沉于直观"②，意识只是为宁静地观审恰在眼前的对象所充满。二是人"自失"于对象的直观之中，忘记了他的个体，忘记了他的意志，脱离了事物对意志的关系，"所以也即是不关利害，没有主观性，纯粹客观地观察事物"③。

叔本华审美直观说虽然揭示了审美心理活动的某些特点，但它是以唯我主义和反理性主义唯意志论哲学为基础的。审美直观说的突出特点是抬高直观，贬低理性，超脱自我，排除欲求。所谓"纯粹直观"，具有强烈的神秘主义色彩和反理性主义特征。无论从审美直观的性质和来源上看，还是从审美直观的心理特点上看，叔本华的审美直观说都比康德的审美理论更具有主观唯心主义和非理性主义色彩，因而成为后来众多反理性主义美学思潮的重要思想来源。

叔本华之后，克罗齐以他的精神哲学为基础提出了审美直觉说。按照克罗齐对精神活动的划分，认识活动分为直觉和概念两种，直觉不依赖概念，而概念却须依赖直觉。直觉是一种离开理智而独立的、低级的感觉活动。他反复强调，"直觉是离理智作用而独立自主的"，"直觉知识可以离理性知识而独立"。④ 直觉不仅与理性认识无关，而且和感性认识中的知觉也有根本区别。纯粹的直觉是在知觉认识以下的，只是对事物产生一种混沌的形象，完全不涉及对象的内容、意义。克罗齐的全部美学观点都是建立在"直觉即表现"这个基本论点之上的，按照他的美学公式，"直觉即表现"，就是审美，就是艺术。他说："我们已经坦白地把直觉的（即表现

---

① ［德］叔本华：《作为意志和表象的世界》，石白冲译，商务印书馆1982年版，第276页。
② ［德］叔本华：《作为意志和表象的世界》，石白冲译，商务印书馆1982年版，第249页。
③ ［德］叔本华：《作为意志和表象的世界》，石白冲译，商务印书馆1982年版，第274页。
④ ［意］克罗齐：《美学原理 美学纲要》，朱光潜等译，外国文学出版社1983年版，第2页。

的）的知识和审美的（即艺术的）事实看成统一。"① 同时，"直觉就其为认识活动来说，是和任何实践活动相对立的"②。它与实践的功利和道德活动无关。由此克罗齐一方面强调审美观照和理性、理智认识无关，"审美的知识完全不依靠理性的知识"③，是一种不涉及对象内容、意义的低级的感性认识活动；另一方面强调审美观照和实践的功利活动无关，是一种独立于功利实践活动之外的无目的的活动。"就艺术之为艺术而言，寻求艺术的目的是可笑的。"④ 克罗齐的直觉说突出强调了审美和艺术不同于科学认识的特点，但它将审美观照的直觉特点绝对化、片面化，使其与理性、功利性完全对立起来，完全割断审美观照和理性、功利性的关系。这种非理性主义、非功利主义倾向在现代西方的审美学说中颇具代表性，因而成为现代西方美学中影响最大的美学学说之一。

　　进入20世纪，西方美学出现了研究重点由审美客体向审美主体的转向。与此相伴随，以审美主体在审美过程中心理活动为主要研究对象的审美心理学迅速发展起来。对审美观照的研究也出现了由哲学思辨向经验研究的转变，产生了许多建立在心理学基础上的审美观照学说，其中最有代表性、最有影响的当推布洛的心理距离说。布洛用观赏者和观赏对象之间产生的心理距离来说明审美观照的主观态度和特殊心理状态。所谓"心理距离"，是指通过心理作用，"把客体及其吸引力与人的本身分离开来"，"使客体摆脱了人本身的实际需要与目的"。⑤ 通过心理距离，对象超脱了我们个人实际需要和目的的牵涉，从而使我们能够"客观地"观看它，注意它的"客观"特征。布洛认为，距离包含否定和肯定两方面的作用。就否定方面说，它抛开实际的目的和需要；就肯定方面说，它注重形象的观赏。它把主体和对象的关系由实用功利的变为纯粹观赏的。因而，心理距离也就成了一种审美原则。恰当地处理"距离的矛盾"，把距离最大限度地缩小，而又不至于使其消失，是审美和艺术的最佳境界。显然，在强调

---

　　① [意]克罗齐：《美学原理》，朱光潜译，作家出版社1958年版，第12页。
　　② [意]克罗齐：《美学原理》，朱光潜译，作家出版社1958年版，第2页。
　　③ [意]克罗齐：《美学原理》，朱光潜译，作家出版社1958年版，第21页。
　　④ [意]克罗齐：《美学原理》，朱光潜译，作家出版社1958年版，第47页。
　　⑤ [英]爱德华·布洛：《作为艺术因素与审美原则的"心理距离说"》，载《美学译文》（2），中国社会科学出版社1982年版，第96页。

审美观照的无利害关系性质和心理状态上，心理距离说和康德、叔本华的审美理论是一脉相承的。叔本华已经把审美观照说成"彻底改变看待事物的普遍方式"，这可以说是心理距离说的一个来源。但布洛从心理学的角度研究审美观照的距离问题，使心理距离成为一个审美心理学的概念和范畴，同时也更加强调了审美观照中主体心理态度和观看方式的作用，因而在西方审美心理学说发展中产生了重大的影响。

当代审美态度理论以新的理论和话语方式发展了心理距离说。这种理论的提倡者主张把"无利害关系"和"无转移"的注意看作一种特殊的审美的观看方式，认为这种主体观看方式和态度的变化是使客体成为审美对象和让主体唤起审美经验的关键。J. 斯托尼茨说："无论何时，只要我们用一种特定方式观察对象，就是说，我们不是为了其他原因而观看它，而纯粹是为了观看和欣赏它，那么，任何对象都可以是审美对象。"① 他把这种观察对象的特殊方式称为"审美态度"。他说："我们将把'审美态度'定义为：'仅仅由于对象本身的缘故，而对于任何意识到的对象的无利害关系的和同情的注意和观照。'"② 他进一步指出，在这个定义中，"无利害关系"是一个关键的重要词语，"它的意思是指我们不是出于对于对象可以服务的任何进一步目的而观看对象"。就是说，审美态度仅仅是一种对于对象的无利害关系的注意和观照。E. 维瓦斯则提出，审美态度是一种特殊的注意力，他把它称为"无转移注意"，说："审美经验可以被定义为一种无转移的注意的经验。"③ 审美态度说和叔本华、布洛的学说在强调审美无利害关系上是一脉相承的，但却将审美观照的特点集中在注意的特殊方式上，更强调了主体观看方式的变化对审美经验的决定作用，因而将审美观照完全主观化了。

二　中国传统审美观照学说体系及其发展

中国古代审美学思想中，很早就有关于审美观照的心理状态和特点的

---

① ［美］J. 斯托尼茨：《美学与艺术批评哲学》，波士顿：豪格顿·米弗林出版社1960年版，第29页。
② ［美］J. 斯托尼茨：《美学与艺术批评哲学》，波士顿：豪格顿·米弗林出版社1960年版，第34—35页。
③ ［美］E. 维瓦斯：《审美经验的定义》，载《美学问题》，纽约，1953年，第411页。

论述。先秦哲学家老子和庄子从道家哲学思想出发，提出了审美心理虚静说，成为中国美学史上第一个完整的审美观照学说。老子第一个提出了"道"作为哲学的最高范畴。"道"是世界万物自身的普遍规律，是构成世界万物的基础和根源。它是一种浑然一体的东西，比天地更在先；它不靠外力而存在，永远循环往复地运行着。老子认为，认识的最终目的在于认识"道"。但"道之为物，惟恍惟惚"[①]，它不是通过耳目闻见的感觉经验可以感受到的。认识"道"必须用不同于认识个别事物的特殊的认识方法，这就是老子所说的"涤除玄鉴"[②]。"涤除"，就是洗除垢尘；"玄鉴"比喻人心的深邃灵妙明澈如镜。"涤除玄鉴"，意思就是洗清杂念，保持内心虚静，以便用深邃的心灵去观照"道"。他又提出"致虚极，守静笃"[③]，强调观照"道"必须排除干扰和成见，保持内心空明和宁静。虚静玄鉴之说，蕴含着两层意思。一是要摒除内心欲念和利害考虑；二是要采用一种超越感性和理性的直观认识方法。尽管老子还没有将它和审美直接联系起来，但老子的道和真、善、美是一体的。对道的认识应该也包含对美的认识。

庄子继承和发展了老子的观点，并且将它与审美结合起来，明确提出审美心理虚静说。他说："唯道集虚。虚，心斋也。"[④] "虚"是指心境空明，排除了一切杂念干扰。"唯道集虚"是说只有达到空明的心境，才能与道相集合，才能把握"道"。这个空明的心境就是心斋。他还说："正则静，静则明，明则虚，虚则无为而无不为也。"[⑤] 强调内心要排除各种利害和欲念的干扰，保持平正、安静、空明，以顺任自然。庄子认为，虚静的心理状态和精神境界是主体方面认识和把握道的前提条件。同样也是审美感知的必要条件。只有"疏瀹而心"，"澡雪而精神"，疏通内心，洗净心灵，清除各种欲念，摒弃一切理智，使心理状态绝对处于虚静，才能观"道"，也才能感知和把握天地之"大美""至美"。从美学角度看，虚静说在客观上揭示了审美观照的心理条件和心理特点，因此在中国美学发展

---

① 陈鼓应：《老子注释及评价》，中华书局1984年版，第148页。
② 陈鼓应：《老子注释及评价》，中华书局1984年版，第96页。
③ 陈鼓应：《老子注释及评价》，中华书局1984年版，第124页。
④ 《庄子今注今译》上册，陈鼓应注释，中华书局1983年版，第117页。
⑤ 《庄子今注今译》下册，陈鼓应注释，中华书局1983年版，第618页。

史上具有重要地位,对中国传统美学关于文艺创作理论和审美心理学思想的发展产生了广泛影响。虚静说是先秦时期一种普遍的认识。后来,荀子又提出"虚一而静"之说,也涉及审美感知中心理状态的虚静专一问题。但他对虚静说进行了唯物的辩证的改造,比老庄大大前进了一步。

南朝画家宗炳受道家和佛学思想影响,他将老子和庄子的虚静说运用于绘画创作理论,提出"澄怀味象"的审美心理学说。他说:"圣人含道应物,贤者澄怀味象。"①。"澄怀"就是审美主体要排除心中一切杂念。"味象"就是品味观赏审美对象,进行审美观照。这一学说包含两方面意思。第一,讲审美观照的主观条件,就是"澄怀"。所谓"澄怀",也就是保持虚静空明的心境。这与老子说的"涤除"、庄子说的"心斋""坐忘"是一致的。宗炳认为,"澄怀"是审美观照必不可少的的心理条件,只有"澄怀"才能"味象""观道",形成审美观照。第二,讲审美观照的客体的特点,就是要有象(形象)。所谓"味象",就是品味鉴赏审美对象,从对美的形象的直接观赏中得到精神的愉悦和享受。老子讲到象,并指出象的本体乃是道。宗炳发展了这一观点,认为审美观照的对象是象和道的统一,象是道的显现,所以味象也就是观道。"澄怀味象"之说,结合着审美和艺术实践,相当准确地把握了审美观照的重要特征,实际上把审美观照对主体的心理要求提到了哲学原则,比前人的说法有重要进展。

刘勰在《文心雕龙》中将庄子的虚静说用于文艺创作,说:"陶钧文思,贵在虚静,疏瀹五藏,澡雪精神。"② 这里强调内心虚静是创作构思的必要心理条件,但创作构思离不开审美观照。所谓"登山则情满于山,观海则意溢于海"③,既是创作想象的心理活动,也是审美观照的心理活动。"疏瀹五藏,澡雪精神"之说直接源于《庄子》。"五藏"(五脏),据汉代《白虎通义》解释,"此性情之所由出入也",这里即指性情。可见虚静不仅是指一种短暂的心理状态,而且是指一种性情、精神。刘勰把虚静作为一种陶钧文思的积极手段,借此让创作构思的思想感情充沛活跃起来,这比老子、庄子的虚静说更有积极意义,是美学思想上的重要发展。

---

① (南北朝)宗炳:《画山水序》,载北京大学哲学系美学教研室编《中国美学史资料选编》上册,中华书局1980年版,第177页。
② (南北朝)刘勰著、周振甫注:《文心雕龙注释》,人民文学出版社1981年版,第295页。
③ (南北朝)刘勰著、周振甫注:《文心雕龙注释》,人民文学出版社1981年版,第295页。

审美观照：中西不同学说体系的演变与比较

如果说虚静说、澄怀说主要揭示审美观照的无欲求、无利害的性质，那么，后来的妙悟说、现量说则直接涉及审美观照的直觉性特点。"妙悟"一说，最早见于唐代张彦远的《历代名画记》。张彦远在谈到观赏绘画的心理活动时说："遍观众画，唯顾生画古贤，得其妙理。对之令人终日不倦。凝神遐想，妙悟自然，物我两忘，离形去智。"① 这段话心理内容非常丰富。"凝神遐想"说明审美观照中主体的精神高度专一集中，同时伴有丰富的想象。"妙悟自然"是指通过直觉，不假推理，立即感悟自然之道。"物我两忘"是说审美观照中主体与客体融合无间，化为一体。"离形去智"是说审美观照须排除自我欲念和逻辑思考。这里不仅包含有虚静说的含义，而且突出了审美观照的直觉感悟、不假推理的特点。到了宋代，严羽的《沧浪诗话》明确提出妙悟说，说："大抵禅道唯在妙悟，诗道亦在妙悟。"② 在宋代以禅喻诗的风气中，严羽的妙悟说是影响最大的。佛学讲"悟入"本指以直觉了知本体实相的心理过程。诗的妙悟和禅的妙悟不可简单等同，但在心理现象上却有相通之处，就是都要借助直觉。悟是禅与诗在心理状态上的一个联结点。悟就是直觉感悟。严羽认为好诗不在学力知识，而在直觉感悟。他说："唯悟乃为当行，乃为本色。"③ 这就把审美观照中直觉的作用和特点更加彰显出来了。明代王世贞在《艺苑卮言》中阐发严羽的妙悟说，称其为"神与境会，忽然而来，浑然而就，无岐级可寻，无色声可指"④，使妙悟中瞬间顿悟、心领神会的直觉特点得到更为具体的描述。

清代初期著名美学家王夫之直接将佛家的"现量"说运用于对审美观照和审美意象创造的心理特点的解释之中，提出了对审美观照心理特点的新看法。他认为审美意象的创造来自于"心目相取""即景会心"的审美观照，这就是禅家所谓的"现量"。"现量"本来是印度因明学的一个概念。王夫之对它作了新的解释。他说："'现量'，'现'者有'现在'义，有'现成'义，有'显现真实'义。'现在'，不缘过去作影；'现成'，

---

① （唐）张彦远：《历代名画记》，载《历代论画名著汇编》，文物出版社1982年版，第39页。
② （宋）严羽著，郭绍虞校释：《沧浪诗话校释》，人民文学出版社1961年版，第10页。
③ （宋）严羽著，郭绍虞校释：《沧浪诗话校释》，人民文学出版社1961年版，第10页。
④ （明）王世贞：《艺苑卮言》卷一，载敏泽《中国美学思想史》下卷，湖南教育出版社2004年版，第314页。

· 471 ·

一触即觉，不假思量计较；'显现真实'，乃彼之体性本来如此，显现无疑，不参虚妄。"① 在王夫之看来，"现量"的三种含义，也就是审美观照所具有的三种特殊性质。"现在"，指审美观照的直接感兴特点，"即景会心"，触景生情，面对审美对象直接引起感兴，而不是依靠过去的印象；"现成"，指审美观照的瞬间直觉特点，"一触即觉"，顿生美感，不做任何抽象推理和比较；"显现真实"，指审美观照是按照直觉到的审美对象本来的性质状貌来显现，"即时如实觉知"，而不是脱离对象"实相"的虚妄的东西。这三个特点是互相联系的，归结到一点，就是审美的直觉性，这也是审美观照心理活动的一个基本特点。王夫之的现量说无论是从全面性还是深刻性看，都是中国美学史上对于审美观照的认识达到的一个新的高度。可以看到，从虚静说、澄怀说到妙悟说、现量说，中国传统审美心理学说在演进和发展中，力图从不同方面揭示审美观照的主观心理条件和特殊心理活动方式，推动研究不断走向深入。

三　中西不同审美观照学说体系的比较

中西美学中的审美观照学说体系都有悠久的发展和演变的历史，两者分别属于不同的文化体系和理论体系，在概念、范畴、话语上各不相同，但在关于审美观照心态及特点的看法上有着许多共同的认识和类似的表述。它们都认为审美观照的一个主要心理特点就是要超脱与对象之间的实用功利关系，排除一切欲念和利害考虑，保持内心的空明虚静。与此相联系，审美观照具有直观、直觉的心理活动特点，不涉及抽象的概念的认识，对于审美对象的感受具有瞬间性。可以说，中西美学对于审美观照的性质和特点的论述是有相通之处的，两者可以互相阐发和补充。但是，中西两种审美观照学说是建立在中西不同文化和哲学思想的基础之上的。西方哲学长于形而上学思维方式，注重分析，比较强调事物的部分和对立面的分立；中国哲学长于辩证思维方式，注重综合，比较强调事物的整体和对立面的统一。"中国哲学富于辩证思维，因而中国哲学的一些基本范畴

---

① （清）王夫之：《船山遗书》卷六，载敏泽《中国美学思想史》下卷，湖南教育出版社2000年版，第357页。

审美观照：中西不同学说体系的演变与比较

具有深奥的含义，表现为多方面规定的综合，或两个对立的规定的结合。"[①] 这对中国美学范畴和概念的形成产生了重要影响。主要建立在辩证思维方式上的中国审美心理学说体系，因而在对审美观照心理的理解上，和西方审美心理学说也存在着显著差别，彰显出中国美学的民族文化特色。

首先，关于审美观照的无利害感的形成原因和心理活动的性质问题。西方各种审美观照学说往往着眼于审美心理构成中某个因素的作用，片面地将直觉、情感、注意、潜意识等因素孤立起来作为审美观照的特点，而忽视对审美心理结构特殊性的整体性的把握。就审美观照的无利害感的特殊心理状态及其成因来说，西方各种审美观照学说也都是仅仅归结为某种心理因素的孤立作用。审美直观说、心理距离说和审美态度说都把审美观照的无利害感主要看作由于观赏者的注意转移而形成的。所谓"注意力不再集中于欲求的动机"，"注意转向"，"对于任何意识到的对象的无利害关系的注意"，等等，都是主要从对于对象的注意的指向性、选择性、集中性的改变，也就是仅仅从注意方式的改变，来看审美观照无利害感的心理成因和状态。与此不同，中国传统审美心理学说不是仅仅从个别心理因素的作用上看待审美观照的无利害感的心理状态，而是把它看作多种心理因素互相调节和作用而形成的心理整体性活动和功能。虚静说和澄怀说讲内心的虚静和澄明，这并不是仅仅由于注意的转移而形成，而是一种整体性的心理功能的改变。"玄鉴""虚静""澄怀"，都不是短暂的注意指向的转移，而是一个人长久具有的稳定的心理特点。庄子讲虚静，是建立在他的自然无为、强调人的自然本性的哲学思想上的。虚静是人的自然本性美的一种体现。这在实际上就是把审美观照的无利害感的特殊心态看作是一种超越性人生境界。所谓"疏瀹五藏，澡雪精神"，是指对主体内心的调节和整个心灵的净化。刘勰讲"陶钧文思，贵在虚静"，和他的养气说讲"清和其心，调畅其气"[②] 是一个意思，心和气畅才能虚静照物，理融情畅。这就是强调审美和文艺创作要从主体上调理和培养良好的精神气质。庄子和刘勰的看法，都涉及人的整体精神和品格的培养和陶冶。正因如此，所以中国的审美观照学说虽然认为审美心理在性质上不直接涉及个人

[①] 张岱年：《文化与哲学》，教育科学出版社1988年版，第27页。
[②] （南北朝）刘勰著、周振甫注：《文心雕龙注释》，人民文学出版社1981年版，第296页。

欲念和实用利害考虑，却不否认审美和艺术与社会功利性更为广泛和深刻的联系，不否认审美和艺术对于陶冶人的性情和心灵的社会功利价值，反而强调审美和艺术具有"持人性情""陶冶性灵"，有利于社会人生的积极作用。这和西方审美观照学说通过审美无利害关系之说否认审美和艺术的一切社会功利价值和作用，倡导"审美无目的""为艺术而艺术"等是有根本区别的。

其次，关于审美观照的心理活动中直觉和理性、情与理关系问题。西方的审美观照学说多片面强调直觉和感情作用，较忽视理性作用。柏拉图认为审美观照就是"失去平常理智而陷入迷狂"[①]，灵魂遍体沸腾不能自制。这显然充满非理性的神秘色彩。叔本华认为审美直观摆脱意志的束缚，也就是"摆脱对事物的习惯看法"，排除一切理性认识。他把审美认识和理性认识直接对立起来，认为审美观照是一种非理性的、纯粹直观的认识活动。克罗齐认为审美是单纯直觉的心灵活动，是主观感受和情感的表现，和理性认识是对立的。虽然在西方美学中，也有像黑格尔那样认为审美观照是"在感性直接观照里同时了解到本质和概念"，直觉和理性是统一的，但是，忽视理性甚至排斥理性却是西方众多审美心理学说的一个普遍倾向。相较而言，中国古代的审美观照学说则较少这种片面性，注重审美中直觉与理性、情与理的统一。如刘勰论审美观照和创作构思，认为贵在内心虚静，排除杂念，集中精神于审美对象（"神与物游"）。在被对象吸引和交流之中，既有情感的感动和变化，又有理性的认识和反应，即所谓"神用象通，情变所孕。物以貌求，心以理应"[②]，情与理相互作用和交融。严羽的妙悟说强调审美感悟和直觉，但他也明确肯定唐诗"尚意兴而理在其中"，就是说审美意象中感兴、直觉和理性是可以结合在一起的。王夫之的现量说虽然极为重视直觉在审美观照中的作用，但并非如西方审美直觉说那样，把直觉和一切理性对立起来，用直觉排斥理性。在解释"诗有妙悟，非关理也"之说时，他明确指出："非谓无理有诗，正不得以名言之理相求耳。"[③] 就是说审美感兴和意象之中是蕴含着理的，但审美观

---

① ［古希腊］柏拉图：《文艺对话集》，朱光潜译，人民文学出版社1980年版。第8页。
② （南北朝）刘勰著、周振甫注：《文心雕龙注释》，人民文学出版社1981年版，第456页。
③ （清）王夫之：《古诗评选》卷四，司马彪《杂诗》，载北京大学哲学系美学教研室编《中国美学史资料选编》下册，中华书局1980年版，第284页。

审美观照：中西不同学说体系的演变与比较

照之理，是"不得以名言之理相求"之理，即不是通过抽象概念和推理表达的理，而是寓于意境和形象之中的理。后来，叶燮在《原诗》中进一步发挥了王夫之的看法，说："惟不可名言之理，不可施见之事，不可径达之情，则幽妙以为理，想象以为事，惝恍以为情，方为理至、事至、情至之语。"① 这就将审美观照和审美意象中微妙精深之理，与虚拟想象之事、迷离恍惚之情融为一体了，从而更加深入地揭示了直觉与理性、情与理互相交融的形象思维的突出特点。这才是对审美心理性质和特点的全面的、辩证的认识和理解。

最后，关于审美观照的主客体条件和相互关系问题。西方的审美直观说、审美直觉说和审美态度说都认为，一旦审美主体出现超越利害考虑的心理状态，那么任何对象便都可经由主体的作用而成为审美对象，并产生审美经验。叔本华认为，在审美直观中，客观存在以主体为条件，主体把大自然摄入自身，从而大自然不过只是主体本质的偶然属性。审美直观中摆脱意志束缚的认识主体"乃是世界及一切客观的实际存在的条件，从而也是这一切一切的支柱"②。这显然是颠倒了审美观照中主体和客体的关系，把审美主体看作产生审美客体并形成审美观照的根本和决定条件。克罗齐的审美直觉说，则将作为直觉的审美观照看成是心灵赋予物质以形式的活动。他认为，"形式"是内在的心灵的活动，物质是外在的供心灵活动利用的"材料"，物质通过心灵的综合作用得到形式，形成具体意象。这就是直觉的心灵活动。所以，直觉不是来自客观对象，而是来自心灵。当代审美态度说则把主体注意方式的变化看作产生审美经验的决定条件，将审美观照完全主观化。相较而言，中国古代美学中的审美观照学说虽然也强调空明虚静、超越功利的心理状态是形成审美观照的必要条件，但也指出审美观照是由对象的审美特质引起的，是审美主客体互相作用的结果。如宗炳的澄怀味象说，一方面强调审美观照的主体心理条件"澄怀"的作用；另一方面也强调审美观照的客体来源"象"的作用。他说："山水以形媚道而仁者乐。"③ 就是说山水以它的形象体现着"道"，本身具有

---

① （清）叶燮著、霍松林注：《原诗》，人民文学出版社1979年版，第32页。
② ［德］叔本华：《作为意志和表象的世界》，石白冲译，商务印书馆1982年版，第253页。
③ （南北朝）宗炳：《画山水序》，载北京大学哲学系美学教研室编《中国美学史资料选编》上册，中华书局1980年版，第177页。

· 475 ·

引起愉悦的审美的特质，并不是由审美主体决定的。"味象"是观赏品味审美对象，这是审美观照的客观来源。只有既"澄怀"，又"味象"，主客体共同发挥作用，才能引起观赏者的审美观照的心理活动和愉快的审美体验。王夫之的"现量"说，在指出审美观照主体需要不假思量计较的同时，也指出审美观照是由面对的审美对象直接引起的，并且需要显现审美对象的真实面貌，不假虚妄。总体上看，中国传统审美心理学说受到中国哲学长于辩证思维的影响，强调审美心理中主客体的统一。既重视审美观照的客观来源，也重视审美观照的主观条件，认为在审美观照中主体特殊的心态和观察方式与客体具有的审美特质是互相结合、交互作用的。这就避免了西方许多审美观照学说将主客体对立起来、强调主体决定客体的片面性和主观性，因而对于认识和揭示审美观照心理活动的客观规律，具有极为重要的价值。

（原载于《深圳社会科学》2022 年第 2 期）

鲁迅的现实主义文艺思想

彻底地、不妥协地反帝国主义和反封建主义精神与文艺创作上现实主义要求相结合,是"五四运动"以来中国新文艺运动的革命传统。这个运动的光辉旗手鲁迅不仅依据革命现实主义的创作方法,创作了真实反映时代生活、深刻体现劳动人民思想、感情、愿望的杰出作品,而且结合文学史上优秀的现实主义传统以及自己的创作经验,科学地阐述了现实主义的文艺思想,并同违背现实主义原则的各种错误理论和创作倾向进行了坚持不懈的斗争。这是我们应当学习和研究的一份重要的文艺理论和美学遗产。

一

鲁迅的现实主义文艺思想,是建立在对文艺与现实关系的正确理解的基础之上的。他很早就提出艺术是对于客观现实的"再现",表现了唯物主义的文艺观点。后来,鲁迅又多次指出文艺是社会的"反映","时代的纪录"。他曾把文艺与社会生活的关系比喻为芝麻油与芝麻的关系:首先文艺"敏感的描写社会",正如芝麻油原从芝麻打出;其次文艺"又转而影响社会,使有变革",正如用芝麻油浸芝麻,就使它更油。这是运用辩证唯物主义的反映论阐明文艺与生活关系的范例。

基于对文艺与生活关系的正确认识,鲁迅一再强调文艺创作必须从生活出发,从作家的生活经验和生活感受出发,而反对从概念出发,从主观观念出发。而这正是现实主义创作的一个重要原则。鲁迅说:"我以为文艺大概由于现实生活的感受,亲身所感到的,便影印到文艺中去。"[1] 如果没有对于现实生活的真切感受和实际的经历,是无法写出真实反映生活和

---

[1] 《鲁迅全集》第7卷,人民文学出版社1958年版,第105页。

强烈打动读者的作品的。鲁迅谈到创作题材问题时指出:"现在有许多人,以为应该表现国民的艰苦,国民的战斗,这自然并不错的,但如自己并不在这样的漩涡中,实在无法表现,假使以意为之,那就决不能真切,深刻,也就不成为艺术。"①鲁迅是主张文艺应当反映重大的社会斗争的,但他在这里强调说明:只有作者投身于斗争漩涡之中,有了真切的感受,有了实际的体验,才可能将它在作品中生动的、真实的表现出来。鲁迅坚决反对"以意为之"。所谓"以意为之",就是不从实际生活出发,而从某种抽象概念出发,用对概念的图解代替对于生活的真实反映和形象描绘。这样写出的作品"决不能真切,深刻",而只能是虚假的、浮浅的、概念化的东西。鲁迅批评了从概念出发的唯心主义创作倾向和创作理论。1935年他在《〈中国新文学大系〉小说二集序》中,深刻剖析了"五四运动"时期一位叫杨振声的作者提倡的"要忠实于主观"、用人工来制造理想的人物的创作方法,指出作者依照这种方法所创造的人物"不过一个傀儡,她的降生也就是死亡"。1933年,韩侍桁鼓吹艺术典型可以脱离实际生活,由作家依照"社会的存在的可能","随心之所欲"的凭空造出。鲁迅当即驳斥了这种荒谬主张。他说:"其实这正是呓语。莫非大作家动笔,一定故意只看社会不看人(不涉及人,社会上又看什么),舍已有之典型而写可有的典型的么?"②鲁迅说作家不应该"舍已有之典型而写可有的典型",就是说作家创造人物必须从实际生活出发。如果依照韩侍桁所说的方法,脱离生活,"凭空造出",那么这样写出的人物必然是对生活的歪曲。鲁迅明确指出,这种主张颠倒了文艺与生活的关系,其目的就是要"动摇文学上的写实主义"。

　　鲁迅的创作实践为我们提供了从生活出发进行创作的极好的榜样。他在谈到自己创作时说"启示我的是事实"③,这是千真万确的。鲁迅的现实主义的作品,都是从他所观察的生活事实和积累的广阔、深厚的现实生活的基础之上的。从鲁迅自述创作动机的文章中可以清楚看到,他是对"病态社会"有了深入的观察和了解,反复感受到"上流社会的堕落和下层社

---

① 《鲁迅书信集》(下),人民文学出版社1976年版,第746页。
② 《鲁迅书信集》(上),人民文学出版社1976年版,第444页。
③ 《鲁迅书信集》(上),人民文学出版社1976年版,第465页。

会的不幸"①，特别是目睹了农村广大劳动人民所受的压迫和痛苦生活，积累了丰富的生活经验，并从生活中得到启示和触发，这才开始进行创作的。正因为鲁迅坚持从生活出发，作品中的人物、情节以及主题等等，都是从实际生活中提炼出来的，所以他才能在作品中那么真实地再现生活，那么深刻地提出具有重大时代意义的问题，从而引起社会上进步人们的普遍关心和注意，充分发挥了革命现实主义艺术的巨大社会作用。

鲁迅坚持从生活出发的创作原则，所以十分强调作家的生活经验对文艺创作的重要性。他说："作者写出创作来，对于其中的事情，虽然不必亲历过，最好是经历过。"② 他认为文学史上优秀的现实主义作品，无不是以作家丰富的生活经验为基础的。例如吴敬梓创作《儒林外史》，"多据自所闻见"③；曹雪芹写作《红楼梦》，"闻见悉所亲历"④。他要求革命作家采取严格的现实主义创作态度，努力到实际生活中去获得亲身经验。他曾经把《毁灭》和《铁流》两部小说做过比较，认为前者在艺术形象的塑造上显得非常真实、生动、丰满，而后者则令人觉得有点空，究其原因，即在于《毁灭》的作者是斗争的"身历者"，一切皆"得于实际的经验"；而《铁流》的作者因那时并未在场的缘故，虽然后来调查了一通，"究竟和亲历不同"。1928年以后，中国的无产阶级文学运动有了发展，但当时的革命作家主要还是一些小资产阶级的知识分子，缺乏革命斗争的实际经验，因此，鲁迅指出："他们要写出革命的实际来，是很不容易的。"他不同意否定作家"本身的经验"对创作的意义的错误观点，认为厨川白村所说的作家对自己没有亲历的生活、人物之所以能够"体察"，也仍然是以经历的生活和熟悉的人物作为基础的。由于作家生长在旧社会，对旧社会的生活和人物熟悉，所以能够体察旧社会的种种情形。可是由于没有亲身参加革命斗争，没有新的生活经验，对于无产阶级的生活和人物就不能正确地加以体察和描写。"所以革命文学家，至少是必须和革命共同着生命，或深切地感受着革命的脉搏的。"⑤ 这充分说明，要真实地、深刻地反

---

① 《鲁迅全集》第7卷，人民文学出版社1958年版，第632页。
② 《鲁迅全集》第6卷，人民文学出版社1958年版，第175页。
③ 《鲁迅全集》第8卷，人民文学出版社1958年版，第182页。
④ 《鲁迅全集》第8卷，人民文学出版社1958年版，第196页。
⑤ 《鲁迅全集》第4卷，人民文学出版社1958年版，第237页。

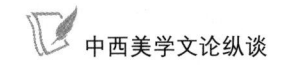

映新的时代,新的人物,除了深入人民群众、深入实际斗争之外,别无捷径可走。

二

现实主义的基本原则是真实地描写客观现实。鲁迅很早就提出了文学要真实地反映现实生活的主张,并且把是否敢于正视现实、真实地描写人生,作为区分新、旧文艺的一个重要标志。对于中国旧式文人不敢正视现实,"只好瞒和骗,因此也生出瞒和骗的文艺来",以欺骗和毒害群众,鲁迅表示了极大的愤慨。他热烈地号召作家"取下假面,真诚地,深入地,大胆地看取人生并且写出他的血和肉来"①,用真实反映现实的崭新文艺来取代各种"瞒和骗的文艺"。在当时的革命民主主义者鲁迅看来,只有这种真实地反映现实生活的文艺,才能完成唤起群众觉悟、推动改造社会的任务。

从要求真实地反映生活的现实主义文艺思想出发,鲁迅高度评价了中外优秀的现实主义作品,认为它们巨大的思想认识意义和强烈的艺术感染力,都是与反映生活的真实性密切相关的。例如,他在论述"俄国写实派的开山祖师"果戈理的作品时,称赞作者具有"伟大的写实本领",成功地运用了"写实手法"。② 在论述我国现实主义名著《红楼梦》时,又称赞作者"敢于写实",指出它在创作方法上的突出特点是:"叙述皆存本真,闻见悉所亲历,正因写实,转成新鲜。"③ 这些评价表现出鲁迅对于文艺的真实性多么重视。

鲁迅后期用马克思主义观点观察和研究文艺问题,对当时的革命作家和进步的文艺创作提出过严格要求,文艺的真实性正是重要要求之一。1933年一位作者给鲁迅写信谈到描写国民党统治下的灾区生活问题,鲁迅复信说:"灾区的真实情形……倘有切实的记录或描写出版是极好的。用这些材料做小说自然也可以的,但不要夸张及腹测,而只将所见所闻的老

---

① 《鲁迅全集》第1卷,人民文学出版社1958年版,第332页。
② 《鲁迅全集》第6卷,人民文学出版社1958年版,第354页。
③ 《鲁迅全集》第8卷,人民文学出版社1958年版,第196页。

老实实的写出来就好。"① 1936 年鲁迅在第二次全国木刻联合流动展览会上的谈话中着重指出:"艺术应该真实,作者故意把对象歪曲是不应该的。故对于任何事物,必要观察准确、透彻,才好下笔,农民是纯厚的,假若偏要把它们涂上满面血污,那是矫揉造作,与事实不符。"② 这段话虽然是针对当时一些青年木刻工作者观察不够,不善于刻画人物,至使艺术形象表现得不够真实这样一个缺点而说的,但它对各种形式的文艺创作都具有普遍意义。

鲁迅反对作家用主观幻想代替生活真实。他希望革命作家要有正视现实的勇气,不要回避现实,更不要粉饰现实。1920 年代末在革命文学的讨论中,有人提出过创作要"超越时代"的主张,实际上是不敢正视和反映当时的社会黑暗现象。鲁迅严肃地帮助这些作者认识这种主张的危害。他分析道:"近来的革命文学家往往特别畏惧黑暗,掩藏黑暗,……不敢正视社会现象,……只捡一点吉祥之兆来陶醉自己,于是就算超出了时代。"③ 如果革命文艺家对于社会上反动黑暗势力及其残害人民的罪恶熟视无睹,不敢予以大胆揭露和批判,而是"只捡一点吉祥之兆来陶醉自己",那么这种违背生活真实的文艺除了麻醉群众之外还能有什么作用呢?

对于文艺作品描写革命斗争,鲁迅也反对作者随心所欲加以歪曲,反对用小资产阶级的脱离实际的幻想代替对于革命斗争和英雄人物的真实描绘。1930 年代初期叶灵凤在画工人的形象时,故意把人物画成斜视眼,伸着特别大的拳头。鲁迅批评他道:"我以为画普罗列塔利亚应该是写实的,照工人原来的面貌,并不须画得拳头比脑袋还要大。"④ 有些作者以虚假的极"左"的面目出现,"以为凡革命艺术,都应该大刀阔斧,乱砍乱劈,凶眼睛,大拳头,不然即是贵族"。鲁迅批评这种倾向时指出:"无产者的革命,乃是为了自己的解放和消灭阶级,并非因为要杀人,……而我们的作者,却将革命的工农用笔涂成一个吓人的鬼脸,由我看来,真是鲁莽之极了。"⑤ 当时,另有一些革命文学家脱离革命斗争实际,从小资产阶级的

---

① 《鲁迅全集》第 10 卷,人民文学出版社 1958 年版,第 137 页。
② 《鲁迅论美术》,人民美术出版社 1982 年版,第 151 页。
③ 《鲁迅全集》第 4 卷,人民文学出版社 1958 年版,第 83 页。
④ 《鲁迅全集》第 4 卷,人民文学出版社 1958 年版,第 230 页。
⑤ 《鲁迅全集》第 4 卷,人民文学出版社 1958 年版,第 345—346 页。

主观幻想出发，要求描写"美满的革命"和"完全的革命人"，似乎"大众先都成了革命人，于是振臂一呼，万众响应，不折一兵，不费一矢，而成革命天下"。鲁迅认为，这样认识和描写革命斗争和革命人物是不真实的，因为"革命有血，有污秽，但有婴孩"。他明确指出："中国的革命文学家和批评家常在要求描写美满的革命，完全的革命人，意见固然是高超完美之极，但他们也因此终于是乌托邦主义者。"① 鲁迅认为无产阶级的革命战士也是在斗争中成长起来的，不应当把他们写成超凡入圣的"神人"。他非常赞赏小说《毁灭》中对革命英雄人物莱奋生所做的异常真实的描绘，说："这和现在世间通行的主角无不超绝，事业无不圆满的小说一比较，实在是一部令人扫兴的书。平和的改革家之在静待神人一般的先驱，君子一般的大众者，其实就是为了惩于世间有这样的事实"；但"因此他们就并非书本上的人物，却是真的活的人"。②

当然，文艺创作需要有夸张、虚构，但要以生活的真实为基础，并且通过突出地揭示对象的特点和本质，达到比普通实际生活更高的艺术真实。如果不顾生活的真实，随心所欲地夸张、虚构，任意拔高人物，那就会背离现实主义创作原则，破坏文艺的真实性。这是鲁迅所一贯反对的。他在《中国小说史略》中，对清代小说《儿女英雄传》的作者滥用夸张手法、任意拔高侠女何玉凤这个人物深表不满，指出这个人物"当纯出作者意造，缘欲使英雄儿女之概，备于一身，遂致性格失常，言动绝异，矫揉之态，触目皆是"③。显然，这种虚假、失常的人物，是不会有任何艺术生命力的。

鲁迅一向重视文艺作品的思想性、倾向性，但是他反复指出，作品的思想倾向性不应当脱离描写生活的真实性由作者特别地说出，将它硬塞给读者，而应当过对于现实生活的真实的、形象的描绘，自然而然地体现出来。他说："作者的说明，以少为是。"④ 又说："我们需要的，不是作品后面添上去的口号和矫作的尾巴，而是那全部作品中的真实的生活，生龙活

---

① 《鲁迅全集》第 10 卷，人民文学出版社 2005 年版，第 372 页。
② 《鲁迅全集》第 10 卷，人民文学出版社 2005 年版，第 366 页。
③ 《鲁迅全集》第 9 卷，人民文学出版社 2005 年版，第 279 页。
④ 《鲁迅书信集》（下），人民文学出版社 1976 年版，第 797 页。

虎的战斗,跳动着的脉搏,思想和热情,等等。"① 文学艺术不是以抽象的说理形式,而是以具体的形象的形式来反映现实生活。作者对于生活的说明和评价,是通过对生活本身的真实的、形象的描绘流露出来的。如果离开"全部作品中的真实的生活",孤立地加添一些口号和作者的议论、说明,那就会把文艺作品变成哲学讲义,形成"标语口号式"的倾向,这既破坏了文艺特点和规律,也不能达到艺术地体现政治倾向的目的。

鲁迅关于文艺的倾向性和真实性相结合的要求,还表现在他对文学作品的评价中。例如他在评价我国古典小说《儒林外史》时,高度称赞它寓倾向性于艺术描写的真实性的卓越的讽刺艺术,并举例说:"叙范进家本寒微,以乡试中式暴发,旋丁母忧,翼翼尽礼,则无一贬词,而情伪毕露,诚微辞之妙选,亦狙击之辣手矣。"② 所谓"无一贬词,而情伪毕露",即作品的讽刺意味不是由作者直接说出,而是让那些讽刺对象的嘴脸真实地暴露在读者面前。和这相对照,鲁迅在评价晚清出现的"谴责小说"时,则对其离开甚至违背文学的真实性以宣扬作者的观点表示不满,说:"虽命意在于匡世,似与讽刺小说同伦,而辞气浮露,笔无藏锋,甚且过甚其辞,以合时人嗜好,则其度量技术之相去亦远矣。"③ 所谓"辞气浮露,笔无藏锋",就是作者的思想倾向不是通过真实的艺术形象体现出来,而是赤裸裸地加以说明,这样的作品当然是缺乏艺术感染力量的。

现实主义文艺创作描写生活的真实性、客观性,绝不意味着它可以不受作家的世界观的影响和制约。鲁迅曾经高度评价果戈理在《死魂灵》第一部中对俄国农奴主贵族醉生梦死的生活和贪婪吝啬的本性所做的真实描写,但对于《死魂灵》第二部则多有非议。他说:果戈理为了"描写地主们改心向善",便虚构了理想的地主形象,"他使尽力气,要写得她动人,却反而并不活动,也不像真实,甚至过于矫揉造作"。④ 这就令人信服地说明,即使像果戈理这样伟大的现实主义作家,由于世界观的局限性,也会损害艺术形象的真实性。鲁迅曾经把苏联"同路人"的作品和无产阶级作家的作品加以对比研究,认为前者虽然"同情革命,描写革命",反映出

---

① 《鲁迅全集》第6卷,人民文学出版社1958年版,第477页。
② 《鲁迅全集》第8卷,人民文学出版社1958年版,第184页。
③ 《鲁迅全集》第8卷,人民文学出版社1958年版,第239页。
④ 《鲁迅全集》第10卷,人民文学出版社2005年版,第455页。

"或时或处"的某些真实情景,但由于"本身所属的阶级和思想","看不见全局","所描写的大抵是游移和后悔",比起后者对革命的描写,在真实性上就差得远了。鲁迅把作家树立无产阶级世界观与真实地反映生活辩证地统一起来,这是他的文艺思想已经发展为革命现实主义文艺思想的重要标志。

三

恩格斯关于现实主义的经典论述指出:"现实主义的意思是,除细节的真实外,还要真实地再现典型环境中的典型人物。"① 在现实主义艺术中,艺术描写的真实性和典型化的艺术原则是不可分割的联系着的。

鲁迅认为,艺术的真实虽然来源于生活的真实,但是它不是机械地简单地抄录和描摹生活现象,而是作家运用典型化的方法,对实际生活进行艺术的概括和加工所创造出来的。他说:"艺术的真实非即历史上的真实、……因为后者须有其事,而创作则可以缀合,抒写,只要逼真,不必实有其事也。"② 这里所说的"缀合""抒写",以及他在总结自己创作经验时所说的对生活事实和人物模特儿要进行"采取""改造""拼凑""生发"等,都是指的对生活进行典型化的艺术加工过程。在典型化的过程中,作者"不全用这事实",而是在分析和研究大量错综复杂的生活现象的基础上,深入理解和洞察个别的生活现象、人物、事件的本质,选择和提炼最富于本质意义的生活材料,集中和概括人物、事件、环境的本质特征,力求通过具体的、个别的人物、情节和环境,揭示生活的本质规律。这样所创造的艺术的真实,不仅描写了生活现象的真实,而且揭示了生活本质的真实,因而具有更高的真实性。

鲁迅指出,作家从生活中选取材料进行典型化的艺术加工,可以用两种办法。一种是"杂取种种人,合成一个"③;另一种是专用一个人做骨干。他采用的是前一法,他说:"这方法也和中国人的习惯相合,例如画

---

① 《马克思恩格斯选集》第4卷,人民出版社1972年版,第462页。
② 《鲁迅全集》第10卷,人民文学出版社1958年版,第198页。
③ 《鲁迅全集》第6卷,人民文学出版社1958年版,第423页。

家的画人物，也是静观默察，烂熟于心，然后凝神结想，一挥而就，向来不用一个单独的模特儿。"① 这种方法综合了生活中大量事实，集中了许多人物的共同特征，可以使艺术形象具有很高的概括性，"使作品的力量较能集中，发挥得更强烈"。但是鲁迅也指出，即使采用"专用一个人做骨干"的方法，也不能原封不动地照搬生活事实，仍然需要对素材进行选择、补充、集中、概括，这样才能塑造成典型人物。他一贯反对对生活现象不加选择和概括，而只作机械记录和描摹的自然主义的创作方法。他指出：如果"要使读者信一切所写为事实，靠事实来取得真实性"，那就会使作者"牺牲了抒写的自由"②，抛弃典型化的原则，破坏艺术真实。

现实主义艺术中的典型人物是依据个别与一般、个性与共性相统一的典型化的规律创造出来的。它要求把人物的个性描写和细节描写，同揭示人物性格的本质、反映生活的发展规律互相统一起来，努力在个别的人物、事件和细节描写中，表现出一般的、普遍的东西，达到对生活进行广泛而深刻的概括。鲁迅通过对现实主义艺术典型的分析，深刻揭示了这一规律。他认为果戈理在《死魂灵》中塑造的地主典型"真是生动极了，直到现在，纵使时代不同，国度不同，也还使我们像是遇见了有些熟识的人物"，"觉得仿佛写着自己的周围"。③ 这是为什么呢？就是因为在这些具体的、个别的地主形象中，高度概括了地主阶级的某些共同性、普遍性。鲁迅在自己现实主义的小说创作中，对现实生活进行了极为广泛和深刻的艺术概括。他所创造的人物形象，达到了个性与共性的高度统一。在谈到阿Q典型的创造时他说："我虽然试做，但终于自己还不能很有把握，我是否真能够写出一个现代的我们国人的魂灵来。"④ 鲁迅通过阿Q这样把握，我是否真能够写出一个现代的我们国人的魂灵来。鲁迅通过阿Q这样"一个"具体的、独特的人物，要概括出"现代的我们国人的魂灵"这样一种社会生活的普遍性。由此可见，鲁迅在阿Q形象的塑造中，多么自觉地遵循典型化的艺术规律。他还说过："我的方法是在使读者摸不着在写自己以外的谁，一下子就推诿掉，变成旁观者，而疑心倒像是写自己，又像是

---

① 《鲁迅全集》第6卷，人民文学出版社1958年版，第423页。
② 《鲁迅全集》第4卷，人民文学出版社1958年版，第20页。
③ 《鲁迅全集》第6卷，人民文学出版社1958年版，第354页。
④ 《鲁迅全集》第7卷，人民文学出版社1958年版，第77页。

写一切人，由此开出反省的道路。"① 所谓"像是写自己，又像是写一切人"，就是说，作家不应当机械地、照相式地描摹个别人物，而应当在活生生的个别的人物形象中，概括许多同类人物的共同本质。典型人物的个性愈鲜明、概括性愈大，就愈是具有广泛、深远的意义和社会作用。

鲁迅还认为，现实主义文艺作品应当正确表现典型人物与典型环境的关系。他对于中国第一部现实主义的"人情小说"《金瓶梅》有过精湛的分析，其中谈到小说对西门庆形象的塑造说："缘西门庆故称世家，为缙绅，不惟交通权贵，即士类亦与周旋，著此一家，即骂尽诸色。"② 这是很独到的见解。一般人读《金瓶梅》往往只看到书中描摹下流言行，而不易深刻理解西门庆这个人物的普遍社会意义。实际上作品并不是孤立地描写西门庆的下流言行，而是把这个人物放在当时的典型的社会关系中来刻画。西门庆为所欲为，是和他的亦官亦商的恶霸土豪的社会地位分不开的。他在社会上有广泛的联系，"不惟交通权贵，即士类亦与周旋"，上自宫庭间为非作歹的宦官和太师，下至市井间招摇撞骗的帮闲篾片和流氓地痞，环绕西门庆构成了一个阴森残酷的鬼蜮世界。这样，作品就能通过西门庆这样一个巧取豪夺以发家致富、因而肆求声色犬马之娱的典型人物的家庭丑史的描写，暴露出当时封建统治阶级各种人物腐朽而龌龊的面貌，也就是鲁迅所说的"著此一家，即骂尽诸色"。《金瓶梅》是有一定缺陷的作品，但它以典型人物反映典型环境这一现实主义手法却得到鲁迅的充分肯定。鲁迅在分析《红楼梦》中贾宝玉这个典型人物时还讲过这样一段话："然荣公府虽煊赫，……颓运方至，变故渐多；宝玉在繁华丰厚中，且亦屡与'无常'觌面，先有可卿自经；秦钟夭逝；自又中父妾厌胜之术，几死；继以金钏投井；尤二姐吞金；而所爱之侍儿晴雯又被遣，随殁。悲凉之雾，遍被华林，然呼吸而领会之者，独宝玉而已。"③ 这段话精辟地分析了荣国府的典型环境对贾宝玉叛离思想性格的形成和发展的影响作用。贾宝玉的典型性格，是他生活的那个充满悲凉之雾的假繁荣的贵族家庭环境所决定的，是那个时代各种矛盾的反映。鲁迅对贾宝玉这个典型

---

① 《鲁迅全集》第6卷，人民文学出版社1958年版，第114页。
② 《鲁迅全集》第9卷，人民文学出版社2005年版，第187页。
③ 《鲁迅全集》第8卷，人民文学出版社1958年版，第192—193页。

人物的社会现实意义给予了充分评价,这是和曹雪芹创造了典型环境中典型性格分不开的。鲁迅的小说继承和发扬了现实主义的优秀传统,在典型的时代环境中刻画了阿Q、祥林嫂、孔乙己、狂人等典型人物,这些形象的概括意义是那么巨大,以致通过这些人物,我们可以认识旧中国的整整一个时代。

[原载于《华中师院学报》(哲学社会科学版) 1979年第3期]

朱光潜与中国现代审美学学科建设

从20世纪30年代到80年代，在长达半个多世纪的美学研究中，朱光潜的学术思想经历了巨大的变化，他的具体美学观点也不断演变。但是，他的美学研究始终坚持从审美实际活动出发，以审美经验作为美学研究的核心，这一学术特点一直没有改变，这使他成为中国现代审美学的学科创建人。从学科建设角度认真分析朱光潜对中国现代审美学发展的贡献和局限，辨析其得失，对于全面认识朱光潜美学思想，对于研究中国现代审美学的学科发展历程，从中获得推进中国特色现代审美学理论和话语体系建设的启示，都是具有重要意义的。

一 构建以审美经验为核心的美学研究模式

朱光潜先生是中国现代审美学的学科奠基者。他构建了中国现代第一个审美心理学的理论体系。和较早传统西方美学注重美的本质探讨大相迥异，朱光潜的美学研究注重的是审美经验。他的美学研究是从分析美感经验开始的。《文艺心理学》一开始便说，美学的首要问题是"在美感经验中我们的心理活动是什么样"的，而"什么样的事物才能算是美"的问题则在其次。"这第二个问题也并非不重要，不过要解决它，必须先解决第一个问题；因为事物能引起美感经验才能算是美，我们必先知道怎样的经验是美感的，然后才能决定怎样的事物所引起的经验是美感的。"[1] 所以，"美学的最大任务就在分析这种美感经验"[2]。这里讲的"美感"，即西文中的aesthetic，后来，作者改译为"审美"（见《朱光潜美学文集》第一

---

[1] 《朱光潜美学文集》第1卷，上海文艺出版社1982年版，第9页。
[2] 《朱光潜美学文集》第1卷，上海文艺出版社1982年版，第10页。

卷补注）。美感研究不仅是朱光潜美学思想的出发点，而且成为贯穿他一生美学研究的核心问题。他认为，美感问题牵涉到美学领域里所有的基本问题，"应该是美学研究的中心对象"①。可以说，朱光潜对于艺术和美的研究都是以美感研究为基础的，也都是从美感出发的。这形成了朱光潜美学思想的一个突出特色。

朱光潜一再强调美感经验是美学研究的中心对象和出发点，这首先是由于他开始从事美学研究就深受西方近代美学的影响。正如他在文章中所说，近代美学是从近代哲学分支出来的，从休谟、康德一直到克罗齐，近代哲学都是偏重知识论（即认识论），中心问题是心如何知物，因此注意到以心知物时的心理活动。哲学家将知的活动分为直觉的和名理的两种，研究名理的部分属于知识论，研究直觉的部分属于美学。"美学在西文为aesthetic。这个名词译为'美学'不如译为'直觉学'较为准确，因为美字在中文是指事物的一种特质，aesthetic字在西文中是指心知物的一种特殊活动。"②所以，近代美学最大功用不在于分析事物何以为美，而在于分析人的美感经验。"近代美学所侧重的问题是，在美感经验中我们的心理活动如何？至于'事物如何才能算是美'一个问题还在其次……所以美感经验的问题是较为基本的。"③朱光潜美学思想的最初来源是克罗齐。克罗齐是黑格尔的门徒，他的美学仍是继承由康德传下来的一个系统。这就使朱光潜的美学研究一开始就直接接受了近代美学侧重美感经验研究的传统。

朱光潜将美学研究对象集中在美感经验上，和他个人的学术经历也密切相关。他说："我可以说是从心理学走向美学的，读的美学书大半同时涉及心理学。"④他在欧洲留学时对心理学很感兴趣，早在撰写《文艺心理学》之前，他就写了《变态心理学派别》和《变态心理学》。在爱丁堡大学时，他选修了一年心理学，并在心理学研究班宣读过一篇《论悲剧的快感》论文，颇受心理学导师嘉许。后来以此为基础深入研究，在斯特拉斯堡大学心理学教授夏尔·布朗达尔指导下，完成了博士论文《悲剧心理学》。这部著作是朱光潜美学思想的起点，也是后来《文艺心理学》的萌

---

① 《朱光潜美学文集》第3卷，上海文艺出版社1982年版，第69页。
② 《朱光潜全集》第3卷，安徽教育出版社1987年版，第406页。
③ 《朱光潜全集》第3卷，安徽教育出版社1987年版，第407页。
④ 《朱光潜美学文集》第1卷，上海文艺出版社1982年版，第16页。

芽。它从研究悲剧的快感入手，全面探讨了悲剧美感经验的特点和形成原因，并将其与整个审美经验的特质相联系，实在是一部研究审美经验的专著。他后来以美感经验研究为中心写出《文艺心理学》，和他最初选择的学术道路一脉相承。

在《文艺心理学》中，朱光潜构建了以审美经验为中心研究美学的新模式，初步形成了中国现代审美学的学科理论框架。该书以美感经验的研究为起点，并将其从始至终贯穿全书的各个研究方面。这与许多美学著作以美的本质问题作为研究起点和中心是大不相同的。作者说："美学是从哲学分支出来的，以往的美学家大半心中先有了一种哲学系统，以它为根据，演绎出一些美学原理来。本书所采用的是另一种方法。它丢开一切哲学的成见，把文艺的创造和欣赏当作心理的事实去研究，从事实中归纳得一些可适用的文艺批评的原理。它的对象是文艺的创造和欣赏，它的观点大致是心理学的。"[①] 这里所说不是从哲学成见出发，而是从创造和欣赏的审美实际出发；不是以美的哲学的推演为对象，而是以创造和欣赏的审美经验为对象；不是哲学的演绎方法，而是心理学的归纳方法等，就是对以审美经验为中心的审美学研究模式和方法的概括。实际上也就是指明了审美学的特定研究对象和方法。

《文艺心理学》共有十七章，其中直接探讨和研究美感经验的占了十章，充分显示出美感研究的核心地位。作者首先运用克罗齐直觉说和近代心理美学学说分析美感经验，然后再加以辨析、订正、补充，从不同方面对美感经验的性质、特点、心理结构、生理基础、形成机制等作了多方面分析，进一步又论述阳刚与阴柔、悲剧与喜剧不同美感形态的特点和心理构成，从而形成中国现代美学史上第一个完整、系统的美感心理学说。这套学说虽然没有完全克服西方近代美感论的主观性和片面性，但它仍然是我们进一步探讨审美心理奥秘的最重要的思想资源之一。

在《文艺心理学》中，作者对美的本质问题没有回避，但也不是从既定哲学观点进行演绎和推论，而是仍然从审美实践出发，以美感经验作为基础，去回答"什么叫作美"的问题。历来关于美的本质的见解，存在着美在于心还是美在于物的根本分歧，作者认为这两说都很难成立，因为他

[①] 《朱光潜美学文集》第1卷，上海文艺出版社1982年版，第3页。

们都不符合美感经验的实际。人们对于事物美的感受总是存在分歧，说明它带有主观性；但多数人对美的审别又带有一致性，说明它仍有几分客观性。所以，"美不仅在物，亦不仅在心，它在心与物的关系上面……它是心借物的形象来表现情趣"①。这种对美的本质的理解，和作者对美感经验的解释如出一辙。因为美感经验就是"见出意象恰好表现情趣"，是情趣的意象化或意象的情趣化，"美就是情趣意象化或意象情趣化时心中所觉到'恰好'的快感"②。这显然是从审美经验出发，用美感经验来诠释美的本质，而不是从既定哲学观念出发演绎出美的本质，更不是从抽象概念出发去拼凑各种美的本质的定义。

美感经验发生在文艺创造和欣赏之中，对于美感经验的研究和文艺问题研究是密不可分的。《文艺心理学》从美感经验出发，以美感经验为基础研究文艺问题，对艺术的起源、艺术的创造、文艺与道德的关系等重要文艺问题都有专章进行论述。因为出发点和角度不同，所以，结合美感经验探讨文艺问题，和一般的艺术理论研究还是存在区别的。例如对于文艺和道德的关系问题，历来有文艺与道德无关和文艺必含道德两说。作者从分析美感经验与艺术活动的联系和区别来辨析两种学说。认为一方面艺术活动作为美感经验，应不涉及功利和道德；另一方面艺术活动又不完全限于和等同于美感经验，"美感经验只是艺术活动全体中的一小部分"③，而且，在人的整个心理活动中，美感的和科学的、伦理的活动是不能分割开来的。所以在美感经验之外，艺术仍然是与道德密切相关的。显而易见，作者的方法是通过艺术和美感经验的关系来阐述艺术与道德的关系，而不是脱离审美经验孤立研究艺术。

综上所述，《文艺心理学》是以审美经验为研究中心对象的，它不是从抽象概念出发探讨美的本质，也不是孤立地研究文艺问题，而是以审美经验为核心，将美、审美、艺术三者融为一体来进行研究，使审美哲学、审美心理学、审美艺术学互相贯通。这种研究模式和方法就是审美学的研究模式和方法。所以，《文艺心理学》成为中国现代审美学学科建设的开山之作。

---

① 《朱光潜美学文集》第1卷，上海文艺出版社1982年版，第153页。
② 《朱光潜美学文集》第1卷，上海文艺出版社1982年版，第153页。
③ 《朱光潜美学文集》第1卷，上海文艺出版社1982年版，第119页。

二 建立中西融合互补的美感心理学说

朱光潜在《文艺心理学》中分析和解释美感经验，构建审美心理学说，走的是中西结合融通之路，用他的话说，就是"移西方美学之花接中国传统之木"。从接受西方美学的影响来说，对朱光潜研究美感经验产生最大影响的，一个是从康德到克罗齐一脉相承的近代哲学美学；另一个是以心理距离说和移情说等为代表的近代心理学美学。前者为他的研究提供了哲学基础；后者是他研究的心理学根据，两者互相补充。其中克罗齐的美学思想对其美感经验研究产生了直接影响。朱光潜自述，克罗齐的《美学原理》是他的美学思想的最初来源。《文艺心理学》对美感经验的分析，便是从克罗齐的直觉说开始的。直觉说是克罗齐主观唯心论哲学和美学的基石。《美学原理》一开始便说："知识有两种形式：不是直觉的，就是逻辑的。"① 前者产生的是意象，后者产生的是概念。直觉是知觉以下的最低级的认识活动，是离理智作用而独立自主的。接着就指出，直觉的（即表现的）知识和审美的（即艺术的）事实是统一的，美学就是直觉（或表现的知识）的科学。朱光潜便是以此为理论基础，提出了"美感经验是形象的直觉"定义，并加以解释说："在美感经验中，心所以接物者只是直觉而不是知觉和概念：物所以呈现于心者是它的形象本身，而不是与它有关系的事项，如实质、成因、效用、价值等等意义。"② 这可以说是美感经验最基本的性质。由此展开，便形成美感经验的两个显著特征，一是意象的孤立绝缘；二是物我两忘。以上就是《文艺心理学》构建美感心理学说的基本支柱。

克罗齐对美感经验的解释是建立在哲学概念上的，缺少心理分析和根据。为了弥补不足，更深入揭示美感心理特点，朱光潜吸收了近代心理学美学中代表性观点心理距离说和移情作用说，并结合审美欣赏和文艺创造的经验加以发挥。心理距离说重在说明美感经验如何创造一个孤立绝缘的意象，移情说重在说明美感经验如何实现物我两忘和物我交融。这两种心

---

① ［意］克罗齐：《美学原理》，朱光潜译，作家出版社 1958 年版，第 1 页。
② 《朱光潜美学文集》第 1 卷，上海文艺出版社 1982 年版，第 13 页。

理活动结合起来，就达到了聚精会神地观赏一个孤立绝缘的意象，使我的情趣和物的意象融为一体，这也就是形象的直觉。单就吸收心理距离和移情作用两说看，这里似无新意，但是，作者不仅结合大量实例对其作了发挥和引申，而且将其融入形象的直觉说之中形成一个有机整体，这还是有一定新意的。

朱光潜大致采取了克罗齐的直觉说，但他也发现了直觉说的一些不足和矛盾，并且能够从审美欣赏和文艺创造的实际出发，提出了和克罗齐不同的见解。这可以说是《文艺心理学》中最有创造性的部分。其中，最有价值的是两个方面。一方面是关于美感与联想的关系问题。克罗齐肯定审美和艺术只是直觉，否认和知觉、联想有关。朱光潜认为这不符合审美和艺术实际，承认审美和艺术与知觉、联想仍有相当的关系。他说：无论是创造或是欣赏，知觉和想象都必须活动，而知觉和想象都以联想为基础。创作和欣赏中的移情作用也是一种类似联想。欣赏不能不借助于联想，因为它不能不借助于了解。"所以联想有助于美感，与美感为形象的直觉两说并不冲突。"美感经验中意象的产生不能不借助于联想。"联想虽不能与美感经验同时并存，但可以在美感经验之前，使美感经验愈加充实。"[①]

另一方面是关于文艺和道德的关系问题。克罗齐认为艺术只是直觉，不涉意志和对象的意义、价值，所以无关道德。朱光潜认为这也不符合艺术活动实际。美感经验只能算是艺术活动的一部分，艺术不可能和人生绝缘。人是一个有机整体，美感的人同时也是伦理的人与科学的人，美感的、伦理的、科学的三种活动在理论上虽有分别，但在实际人生中并不能分割开来。"文艺与道德不能无关，因为'美感的人'和'伦理的人'共有一个生命。"[②] "美感经验只能有直觉而不能有意志及思考；整个艺术活动却不能不用意志和思考。"[③] 就美感经验本身说，可以说与道德无关，但在美感经验以前和以后，文艺与道德密切相关。这些见解虽然只是"补苴罅漏"，本身仍然存在矛盾，但较之克罗齐的观点还是前进了一步，二者是有明显区别的。

---

① 《朱光潜美学文集》第1卷，上海文艺出版社1982年版，第96页。
② 《朱光潜美学文集》第1卷，上海文艺出版社1982年版，第121页。
③ 《朱光潜美学文集》第1卷，上海文艺出版社1982年版，第120页。

正是在"补苴罅漏"修正克罗齐形式派美学的过程中，朱光潜继承和发挥了中国优秀传统文艺经验和美学思想的优势，将之运用于审美经验和艺术问题研究。如在论述美感和联想的联系时，作者着重分析了中国优秀传统诗歌的创作经验。认为在中国诗里，"诗的微妙往往在联想的微妙"[①]。如李贺的《正月》、李商隐的《锦瑟》，"都是选择几个很精妙的意象出来，以唤起读者的多方面的联想"[②]。联想愈丰富则意象愈深广，愈明晰。中国古诗最善运用比兴手法，比兴都是拿意象来象征情趣，都是要通过联想。象征是拿具体的东西代替抽象的性质，如陶渊明诗里松菊象征清高，根据的就是类似联想。通过象征，概念完全溶解在意象里，"使意象虽是象征概念而却不流露概念的痕迹，好比一块糖溶解在水里，虽然点点水之中都有甜味，而却无处可寻出糖来"[③]。这实是采用了中国优秀传统美学思想的精妙之论。

又如在论述文艺与道德密切相关时，朱光潜特别指出了中国文学和现实人生紧密结合的长处。他说：就大体说，全部中国文学后面都有中国人看重实用和道德的这个偏向作骨子。这是中国文学的短出所在，也是它的长处所在；短处所在，因为它钳制想象，阻碍纯文学的尽量发展；长处所在，因为它把文学和现实人生关系结的非常紧密，所以，中国文学比西方文学较浅近、平易、亲切。中国伟大的诗人如屈原、陶潜、阮籍、杜甫、李白等都是要极简朴、极真诚地把他们的忧生忧世忧民的热情表达出来。"在中国文学中，道德的严肃和艺术的严肃并不截然分为二事。"[④] 这样概括中国文学中文道结合的特点和长处，非常精辟和深刻。

除此之外，朱光潜在美感经验研究中还处处将中国传统美学的概念、范畴和话语表达，与西方美学的概念、范畴和话语表达进行对照、比较和互释，从而使所阐述的观点、理论显得更为清晰和丰富。例如将中国诗论中"情景相生"的境界说和西方形象直觉说、移情说加以比较，以更恰切地揭示美感经验的特点。诗的境界是情景的契合，情景相生而且相契合无间便是诗的境界。情即情趣，景即意象。所以，每个诗的境界必有情趣和

---

① 《朱光潜美学文集》第1卷，上海文艺出版社1982年版，第93页。
② 《朱光潜美学文集》第1卷，上海文艺出版社1982年版，第95页。
③ 《朱光潜美学文集》第1卷，上海文艺出版社1982年版，第196页。
④ 《朱光潜美学文集》第1卷，上海文艺出版社1982年版，第102页。

意象两个要素。由此，作者将美感经验的特点概括为"见出意象恰好表达情趣"，创造是"情趣的意象化"；欣赏是"意象的情趣化"。又如将中国传统美学中阳刚美与阴柔美的范畴，和西方美学中雄伟（崇高）与秀美的范畴进行对照和互释，以更充分地阐明两种美感形态的区别和各自心理特点。这些都达到了中西互相融通、相得益彰的效果。

总之，朱光潜在《文艺心理学》中，将西方近代哲学美学和心理学美学同中国传统文艺经验和美学思想结合起来，形成了中西融为一体、较为完整的美感心理学说。尽管它还是以西方美学学说为主干，但由于经过分析和消化，并融入中国传统美学思想和文艺经验，在理论和话语上仍然具有了自己的民族特色，它和盲目照搬的西化审美理论是不一样的。这种探索的成功经验和尚存不足，对于我们继续推进中西美学融合，建设中国特色现代审美学都是具有重要意义的。

三　运用马克思主义观点解释审美活动

在 20 世纪 50 年代的美学大讨论中，朱光潜的美学研究发生了两个转变。一个是他学习运用马克思主义观点观察和研究美学问题；另一个是他把研究重点从审美经验转向美的本质问题。前者是他跟随时代变化，与时俱进；后者是由于当时美学大讨论各派争论焦点集中在美的本质问题上。但是，认真读过他参加大讨论论战文章的人，都会发现他对美的本质的阐述仍然是从审美经验出发的，在具体论述中，他所讲的美的本质、性质，实际上就是美感的性质、艺术的性质。

朱光潜在论战中提出了"美是客观与主观的统一"和"美是意识形态性的"的观点，他所依据的理论根据是马克思主义的社会意识形态理论。在《文艺心理学》中，他曾提出美在心与物的关系上面，但又说"凡是美都要经过心灵的创造"，与物无关。大讨论一开始，他便在自我批判中承认这是主观唯心论。所以，在阐明新的美学观点时，他首先确立了理论基础和基本原则，这就是马克思主义的社会意识形态理论和"文艺是一种社会意识形态"这个基本原则。然后根据这一基本原则，从文艺和美感的性质去推导美的性质和本质。按照他的理解，文艺是一种意识形态，而美是文艺的一种特性，所以，"美必然是意识形态性的"。"所谓'意识形态性的'，就是说，美作为一种性质，是意识形态的性质，而不是客观存在的性质。"[1] 美作为一种意识形态的性质，表现为客观与主观、自然性与社会性的统一。客观存在和自然性只是美的条件，必须经过主观意识形态的加工和作用，成为客观和主观、自然性和社会性相统一的艺术形象，才能具有美学意义上的美。所以，"美是客观方面某些事物、性质和形状适合主观方面意识形态，可以交融在一起而成为一个完整形象的那种特质"[2]。

以上是朱光潜关于美的本质新说的基本观点。它在论战中受到来自不同方面的批评。在回答这些批评时，朱光潜一再强调要将"物"和"物的形象"、"美"和"美的条件"两者严格区别开来。他把自然存在的客观的物称为"物甲"，把经过主观意识形态作用产生的物的形象（即艺术形象）称为"物乙"。物甲仅提供美的条件，物乙才构成美的形象。所以，美不在物甲而在物乙。美感的对象不是物甲而是物乙。这种物甲物乙说，可说是朱先生的一个创造，它很精确也很形象地概括了他的美的本质论的要点。

为了说明物甲（物本身）怎样成为物乙（物的形象），朱光潜较详细分析了美感经验的过程。他将美感经验即艺术或美感的反映分为两个阶段。第一个阶段是一般的感觉阶段，是感觉对于客观现实世界的反映。这个阶段美感和艺术与科学反映是一致的，可用列宁的反映论来解释。第二个阶段是正式美感阶段，即欣赏或创造阶段，必须进行形象思维。这个阶段美感和艺术与科学反映有本质区别。它不是一般感觉和科学的反映，而是意识形态式的反映，须受主观方面意识形态的影响。因此不能用反映论来解释，而是要用意识形态论来解释。经过正式美感阶段和主观意识形态的作用，物甲才变成物乙，美的条件才变成为美。

对朱光潜的美的本质论的批评，主要集中在关于艺术和美、美感和美的关系问题上。批评者指出，艺术不等于美，美的不就是艺术，所以不能将两者相等同，也不能由艺术是意识形态，推导出美也是意识形态。艺术美是现实美的反映，是第二性的美，它的来源是客观存在的现实美。艺术作为意识活动的一种产品，它的物化形态的艺术作品作为美感的对象，作

---

[1] 《朱光潜美学文集》第3卷，上海文艺出版社1982年版，第100页。
[2] 《朱光潜美学文集》第3卷，上海文艺出版社1982年版，第71—72页。

为美的存在，对于欣赏者来说是一种客观存在。自然美是一种客观存在，不等于艺术美。美感是人主观意识的一种活动，是客观美的反映，美在先，美感在后，一个属于客观存在范畴；另一个属于主观意识范畴，不能将美等同于美感。艺术家的美感在创造艺术美中具有很大的能动作用，但艺术美的根源是现实美，不能说是美感产生美。此外，批评者还指出，把本来统一的马克思主义的反映论和意识形态论对立和割裂开来，也是极不科学的。

今天看来，对于朱光潜美的本质论的批评基本上都是合理的。问题是朱先生的美的本质论本来就是艺术论或审美经验论，所以在他的论述中，美、美感、艺术是互相等同的。如果我们撇开美的本质，仅就他对审美经验的论述来看，则是有相当可取之处的。从意识形态理论来论美感，和原来从直觉说论美感相比，对朱先生来说，无疑是一个很大的进步。他从美感是社会意识形态出发，肯定了美感是社会存在的反映，指出美感不仅是感觉活动，而且是形象思维活动，有时还须借助于抽象思维，是感性与理性的统一。美感经验中起作用的因素异常复杂，意识形态的总和和个人的生活经验互相结合起着重要作用。不同时代、不同民族、不同阶级和阶层，审美趣味存在差异，个人生活经验千差万别，同一审美对象对不同的人，会产生程度不同的美感，因而形成美感的差异性。同时，就同一时代、同一民族或同一阶级来说，经济基础和一般社会生活是大致相同的，所以意识形态也是大致相同的。所有时代的人都有一些共同的理想和感情，反映出人类普遍性里一些基本的东西，因而形成美感的普遍性。这些建立在意识形态论基础之上的审美意识理论，对审美学的研究和建设是具有重要价值的。

进入20世纪60年代以后，朱光潜在运用马克思主义观点研究美学问题上从意识形态论进一步转向实践论。他认为，马克思主义的实践观点对于美学起了根本变革的作用。马克思在《1844年经济学哲学手稿》中"建立了艺术审美活动起于劳动或生产实践这个基本原则"。生产实践不仅依据主观方面的需要，还要依据对客观事物的认识，也就是"按照美的规律"来制造。人的劳动产品是"人化的自然"和"人的本质力量的对象化"，人就"在自己所创造的世界里观照自己"。朱先生据此认为，"劳动生产是人对世界的实践精神的掌握，同时也就是人对世界的艺术的掌握"，

"劳动创造正是一种艺术创造"。① 无论是劳动创造，还是艺术创造，基本的原则都只有一个："自然的人化"或"人的本质力量的对象化"；基本的感受也只有一种：认识到对象是自己的作品，见出了人的本质力量，因而感到喜悦和快慰。这正是我们所说的美感。总之，"从马克思主义的实践观点看，美感起于劳动生产中的喜悦，起于人从自己的产品中看出自己的本质力量的那种喜悦"②。"人从他的产品里不仅得到实用需要的满足，而且得到精神需要的满足，因为产品体现了他的人的本质，即人作为社会人所有的愿望和实现愿望的能力。人认识到这一点，就感到喜悦，对它的产品加以欣赏。这就是美感的起源。"③ 人的感觉力、审美的感觉力是在用生产劳动改变世界的实践活动中形成和发展起来的。

朱光潜在《文艺心理学》中建立的审美学体系是从认识论出发的，后来转向运用马克思主义意识形态理论和实践观点重新说明审美问题，从哲学基础上说是根本性的转变，即从单纯认识论观点转到实践观点。他指出不应该把美学只是当作认识论，应当首先从实践观点出发。但他并没有完全抛弃认识论，而是认为应在实践基础上把认识论和实践论统一起来，明确提出美学"必须从马克思列宁主义哲学的认识论和实践论出发"④，这就为审美学建设提供了坚实的哲学基础。

朱光潜运用马克思主义实践观点建立的审美活动理论，包括生产劳动与审美活动的关系、美的规律的内涵、审美活动的性质、美感的本质、起源、形成和发展、人的全面发展和美感发展的关系等重要理论问题。这些问题是需要在哲学和美学上进行深入探讨的。朱先生的看法也只能说是一种探讨，产生争论在所难免，其中提出的"生产实践本身就是艺术活动或人对世界的艺术掌握"的看法，由于混淆了物质生产和精神生产的区别，因而受到较多批评。但这不妨碍他的许多看法和论述具有的学术探索价值，它对于我们今天深化审美活动和审美经验性质和规律的研究，也仍然是具有重要参考作用的。

（原载于《中国文学批评》2019年第1期）

---

① 《朱光潜美学文集》第3卷，上海文艺出版社1982年版，第290页。
② 《朱光潜美学文集》第3卷，上海文艺出版社1982年版，第290页。
③ 《朱光潜美学文集》第3卷，上海文艺出版社1982年版，第295页。
④ 《朱光潜美学文集》第3卷，上海文艺出版社1982年版，第278页。

蔡仪美感论的体系建构及其独创性

蔡仪先生是我国著名的马克思主义美学家。他长期坚持运用马克思主义的立场、观点和方法来分析和研究美学问题，并形成一套新的美学理论系统。他在《新美学》改写本中，创造性地将马克思主义认识论运用于复杂繁难的美感研究，提出了美的认识论、形象思维论、美的观念论、美感性质论等极具特色的美感学说，建构了一个完整的、独创的美感理论体系。

一

诚如蔡仪在《新美学》改写本中所言："美感是美学问题的中心，也是意见最多、分歧最大的。"[①] 美感问题之所以成为美学中意见最多、分歧最大的问题，一则由于它在理论上既关系着美，也关系着艺术，对于美和艺术的不同看法往往都集中在美感问题上；再则也由于人们考察美感所依据的理论基础是很不相同的。因此，要厘清各种美感学说，建立科学的美感理论，必须首先为美感研究找到一个正确的理论基础。蔡仪在《新美学》中力倡以马克思主义的辩证唯物主义认识论作为美感论的理论基础，从而使他的美感论一开始就不同于美学史上以及当今的许多美感理论。关于究竟应该怎样理解美感论的哲学基础是马克思主义认识论，蔡仪解释道："按马克思主义认识论的基本原则来说，承认自然界或物质是本原的、是第一性的，而精神或意识是派生的、是第二性的。那么，从美学上来说，那就是认为客观事物的美是本原的、第一性的，而主观的美感则是派生的、是第二性的。若要进一步具体地表明精神对自然界的认识关系来说，那就首先要肯定自然界是精神的根源，而精神则是自然界的反映。从

---

① 蔡仪：《新美学》（改写本）第2卷，中国社会科学出版社1991年版，第1页。

美学上来说,也就是客观现实事物的美是主观的美感的根源,而主观的美感则是客观现实事物的美的反映。反映论是唯物主义认识论的首要论点,也是唯物主义美学、唯物主义美感论必须充分注意的重要论点。"[①] 这说明坚持以马克思主义认识论作为美感论的哲学基础,也就是坚持客观的美是主观的美感的来源,主观的美感必须是客观的美的反映。所谓美感,首先由于它是对美的反映,也就是由于对美的认识。这种美感论和美学史上以及当今许多美感学说显然是不同的。

从西方美学史来看,虽然也有的美学家认为美感是客观的美的反映,但更多的美学家则主张美感是来自主观的观念和心理活动,而不是来自客观的美。在他们看来,不是客观的美决定和引起主观的美感,而是主观的美感决定和创造客观的美。从17、18世纪的审美内在感官说、审美趣味论,到19、20世纪的美感直觉说、审美移情说,乃至当代仍有影响的审美态度理论等,都是一味强调美感产生的主观因素,而否认其客观来源,也否认美感是对于美的反映,反倒是主张由美感决定美、创造美的。我国现、当代美学研究中,也颇多与上述主张相类似的看法,虽然名目和提法不尽相同。面对诸多否定美感客观来源,否定美感是美的反映的理论,蔡仪强调美学的哲学基础首先是反映论,强调美感首先在于美的认识,也就是对于客观的美的反映,这当然是颇有针对性的,而且也表现了他一贯坚持的唯物主义美学、唯物主义美感论的基本特点。

有一种看法认为,蔡仪运用马克思主义认识论来研究美感问题,是机械唯物主义的。这首先是对于马克思主义认识论的一种误解。马克思主义认识论和欧洲18世纪盛行的机械唯物主义认识论的本质区别,就在于它是将唯物主义和辩证法两者有机统一在一起的,从而成为现代的、新的对世界的认识论。列宁在《唯物主义与经验批判主义》中直接称马克思主义哲学为"辩证唯物主义认识论",可见马克思主义哲学的辩证唯物主义也就是一种认识论。辩证唯物主义认识论在坚持唯物主义反映论的同时,克服了以往一切唯物主义离开人的社会性、离开人的历史发展去观察认识问题,因而不能了解认识对社会实践的依赖关系的缺点,把科学的实践观引入认识论,对认识论的研究进行了根本的改造。因而,它不同于机械唯物

---

① 蔡仪:《新美学》(改写本)第2卷,中国社会科学出版社1991年版,第59页。

主义的带有直观性质的反映论,是能动的革命的反映论。要之,马克思主义认识论即辩证唯物主义认识论,既表现出唯物主义和辩证法的统一,又体现了辩证唯物主义和历史唯物主义的统一,是唯一科学的认识论,它当然可以成为马克思美学的美感论的理论基础。

以马克思主义认识论作为美感论的理论基础,和用心理学去研究美感问题不是对立的,而是可以统一的。科学的心理学和哲学的认识论不是相互脱离、相互矛盾的,而是密切相关、根本一致的。"当前的心理学首先就是从它本身的角度来研究认识论,用实验的科学的方法,切切实实地来研究认识的各个步骤及其发展的各种心理活动过程,自感觉、知觉、表象(认知)以至思维,并且也结合认识的发展研究感情和意志等心理活动。"[1]不仅心理学的关于认识发展过程的研究,和哲学的认识论是根本上一致的,而且心理学关于各种心理活动的研究,也都是以哲学的认识论为理论基础的。因此,在美感研究中将马克思主义认识论和科学心理学统一起来,使两者互相结合、互相补充,是完全可以做到的。

强调以马克思主义认识论作为美感论的哲学基础,强调美感首先在于美的认识,其核心是要解决美感和认识的关系问题。美感是否是对于客观的美的认识?美感中的感情活动是否要以美的认识为基础?这是历来在美感研究中争论最大的问题。在西方哲学史和美学史上,有不少人就认为感情和理智是相互分立的,因而也就只强调美感的感情特点,以为它和认识是无关的。如休谟就主张认识论以"理智"为对象,而美学以"情感"和"趣味"为对象,而理智和情感分属于"人性"的两个部分。康德哲学提出知、情、意三分说,发展了感情和理智各自独立的哲学思想。他明确主张审美判断和知识判断是不同的,认为知识判断是逻辑的,判断时只是连系于客体;审美判断是情感的,判断时只是连系于主体。所以,在审美判断中,我们所得到的不是关于客体的某种知识,而只是主体方面的快感和不快感。这样,康德美学就把审美判断和知识判断完全对立起来,肯定审美不涉及对于客体的认识,只涉及主体的情感感受,从而也就完全割断了美感与认识的内在联系。康德美学思想影响深远,他的美感只涉及主观情感的主张,在现代美学界仍然十分流行。我国美学界也有类似主张,如认

---

[1] 蔡仪:《新美学》(改写本)第2卷,中国社会科学出版社1991年版,第247页。

为"艺术和审美就是把主观感情对象化"云云。蔡仪坚持反对这些主张。他强调美感首先是人的意识对客观的美的认识。对于美的认识,是美感心理活动的第一要义,也是美感心理活动的一般基础。他说:"所谓美感的根本性质,我们认为首先就是关于美的认识,没有美的认识就不可能有美感。"①

那么,蔡仪是不是只强调美感的认识内容而忽视美感的情感特点呢?不是的。虽然他强调美的认识是美感的基础,但也指出感情的活动是美感的显著的、突出的特点。如他论述美感的性质说:"根据我们的理解,所谓美感就是由于对外物的美的认识而引起的心理上的反映,主要是感情上的感动。"② 又说,"我们认为美感根本上是由于对客观美的认识,引起感性的快适和理智的满足,主要是美的观念的满足,以致心灵的愉悦","心灵的愉悦,可以说是美感的最后的也是重要的根本性质"。③ 由此可见,那种认为蔡仪的美感论只强调认识、不重视感情的看法是一种误解。蔡仪反对的只是美感与认识无关的观点,不同意美感中的感情活动和认识是没有关系的,也就是强调美感中的感情活动要以认识为基础,和美的认识相统一。这不是要取消美感的感情特点,而是为了科学地说明美感的感情活动的特点,使美感中的感情的感动和美的认识有机结合和统一起来。如他所指出:"我们也承认感情的活动是美感的显著的特点,也可以说没有感情的活动就不可能是美感。但是反过来更可以说,如果没有对于客观事物的美的认识,也就没有对于美的感情的感动,当然也就没有什么美感了。"④ 这些以马克思主义认识论为基础研究美感得出的结论,当然是科学的、合理的。

二

以马克思主义认识论作为理论基础,肯定美感首先在于美的认识,这仅仅是为探讨美感问题奠定了基础,却还不是对于美感性质、特点和规律的深入研究。因为哲学认识论并不直接讲美的认识,而美的认识和一般的认识或理论的认识则是不完全相同的、另有特点的。所以,要深入研究美感

---

① 蔡仪:《新美学》(改写本)第 2 卷,中国社会科学出版社 1991 年版,第 261 页。
② 蔡仪:《新美学》(改写本)第 2 卷,中国社会科学出版社 1991 年版,第 243 页。
③ 蔡仪:《新美学》(改写本)第 2 卷,中国社会科学出版社 1991 年版,第 260、263 页。
④ 蔡仪:《新美学》(改写本)第 2 卷,中国社会科学出版社 1991 年版,第 243 页。

的性质和特点，必须深入探究美的认识有别于其他认识方式的特点和规律。这就是《新美学》（改写本）在"形象思维论"中所要集中回答的问题。

早在20世纪40年代初，蔡仪就在《新艺术论》中明确提出了"形象思维"的概念，并以此为中心，对艺术的认识不同于科学的认识的性质作了深入论述，从而对我国现代形象思维理论的形成和发展产生了重要影响。《新美学》（改写本）论形象思维，在基本观点上和《新艺术论》《新美学》是一致的，但也补充了许多新观点、新材料，论述也更为深入、具体，特别是对于形象思维的性质、形象思维的活动过程及表现形态、形象思维的逻辑规律等方面的论述，不但独具特色，而且也提出了一系列创新见解，是对形象思维理论的新贡献。

首先，蔡仪明确肯定形象思维是一种有别于抽象思维的独立的认识方式或思维方式。他从马克思所论的四种把握世界的方式出发，指出理论的认识方式和艺术的认识方式的区别，就是抽象思维和形象思维两种不同认识方式的区别。针对"形象思维并非思维"的看法，蔡仪十分肯定地指出："人类的认识方式，除了初级的抽象思维之外，既有高级的辩证思维，还有主要的和它起点相同的形象思维，也即一般所说的艺术的思维。"① 在西方近代哲学史上，绝大多数哲学家和美学家一般都认为思维只能是抽象的，而形象则是和智性或悟性认识无关的，所以也都认为想象不同于思维，也不属于智性认识或悟性认识。所谓形象思维就是艺术想象而不是一种独立的思维方式的看法，和上述哲学家、美学家的看法是一脉相承的。蔡仪是反对这种看法的。他根据人类认识实践，特别是中外艺术实践，以及哲学史、美史上有关形象思维的论说，认为想象是一种形象和思维相结合的理智活动，"所学谓形象的思维，也就是一般的艺术的想象"②。"想象不是和思维不同的另一种认识功能，而只是思维的一种形态，即不是抽象的思维，而是形象的思维。"③

然则，想象既是感性的、形象的，又何以能够成为理性的、思维的呢？这个问题在哲学认识论中是找不到答案的。在哲学认识论中对于思维

---

① 蔡仪：《新美学》（改写本）第2卷，中国社会科学出版社1991年版，第167页。
② 蔡仪：《新美学》（改写本）第2卷，中国社会科学出版社1991年版，第172页。
③ 蔡仪：《新美学》（改写本）第2卷，中国社会科学出版社1991年版，第103页。

的概括作用的理解，认为只是抽象的概括，凡概括都是抽象的。思维活动的作用除了一般的比较、分析、综合之外，主要就是抽象，或者如习惯说法"抽象概括"。如果按照这种观点，那么艺术的认识或美的认识都被排除在思维作用之外，想象也就不可能成为思维。然而这种对思维作用的认识实际上是不全面的。为了纠正这种片面性，正确理解形象思维和美的认识，蔡仪对思维的概括作用以及它的起点的概念，从新的角度作了进一步的考察，创造性提出了"具象概念"的新观点。他说："思维的概括作用，既有抽象的方面，也有具象的方面。抽象的方面就是思维的以表象的本质或普遍性为根柢，而使有关表象都普遍化，也就是概括共同的东西。而具象的方面也就是思维的以表象的本质或普遍性为根柢，把那些表现本质和普遍性的特异的现象或突出的个别性，一齐都概括起来，也就是使有关表象的特殊的东西都集中化。"[①] 思维有两种概括作用，所形成的概念也有两种——普遍化的概括作用形成抽象概念，集中化的概括作用则形成具象概念。所谓具象概念，就是"概念的反映事物的本质、普遍性等，不仅不排除那些原有的特殊的现象或个别性，而是相反的，概括那些表象原有的特殊的现象或个别性的东西，形成为形象显明而完满的概念"[②]。具象概念的提出，使想象或形象思维何以是理性认识或思维，找到了科学的、合理的依据，解决了哲学认识论所不能解释的问题，并为进一步探讨形象思维的特点和规律寻找到一个正确的起点。

其次，蔡仪对以具象概念为基础的形象思维的活动过程作了深入分析，指出形象思维也能进行判断和推理。在普通逻辑学中，关于抽象思维的研究，可以用语言来表达判断和推理的活动过程。但形象思维是否也有类似判断和推理活动呢？这从一般逻辑书中是找不到答案的，而否定形象思维是思维的人对此也是持否定态度的。蔡仪则通过缜密分析，指出形象思维既是思维，思维活动由表示概念间已知的关系的判断，进到表示概念间未知的关系的推理，形象思维同样是有的。"形象思维同样可以由具象概念构成形象思维的判断和推理。即由两个（或两个以上的）具象概念构成判断，表示两个已知的具象概念间的关系，表示两个已知的实际事物间

[①] 蔡仪：《新美学》（改写本）第2卷，中国社会科学出版社1991年版，第146页。
[②] 蔡仪：《新美学》（改写本）第2卷，中国社会科学出版社1991年版，第144页。

的关系；而由三个或三个以上的具象概念构成推理，即以一个或更多的具象概念为媒介，表示两个未知的具象概念间的关系，也即以一个或更多的实际事物为媒介，表示未知的两个实际事物间的关系。"① 蔡仪进一步认为，形象思维的判断和推理与抽象思维的判断和推理在表现形态上是各有特点的。抽象思维的判断和推理以抽象概念为基础，而形象思维的判断和推理则以具象概念为基础。抽象概念的内容和意义是明确的、固定的；而具象概念的内容和意义则是不明确的、不稳定的。由于具象概念的形象性以及不明确、不稳定的特点，于是形象思维无论是在判断阶段或推理阶段的表现形态，也是复杂而多样的。结合形象思维在文艺创作中运用的各种情况，蔡仪将形象思维的判断和推理的活动概括为六种主要的表现形态，即描述、譬喻、比拟、兴感、显示、夸饰，并以大量创作为例证，对此作了详尽分析和说明。这些分析和见解可以说是蔡仪独创的，至今我们还未在中外关于形象思维的其他研究成果中见到过。

最后，蔡仪肯定形象思维有它的逻辑性，并提出和阐明了形象思维的逻辑规律。论究形象思维的逻辑性和逻辑规律，在哲学认识论和逻辑学中均无先例。一说到思维的逻辑性，一般只讲形式逻辑的那几条规律，这样的逻辑规律，形象思维是不可能有的。但形象思维既是真正的思维，也就要承认有它识别正误或是非的标准，承认它作为思维的逻辑性。论究形象思维的逻辑性和逻辑规律，是一种探索性的工作，蔡仪表示他也只是试行提出了一种新说。他根据形象思维是有形象的，即有具体内容的，以及它的认识和现实有直接关系的特点，并结合古今中外文艺理论和创作实际，通过层层分析得出结论：具有形象真实性的形象思维就是正确的形象思维，没有形象真实性的形象思维就是不正确的形象思维，因此，形象的真实性是形象思维的根本的逻辑规律。与此相联系和相一致，排斥虚伪性、避免抽象性、传统理想性也是形象思维的逻辑规律。以上这些虽属试行提出的论见，却填补了形象思维研究中的一项空白，使形象思维的理论更具完整性，同时也为前进到美的认识确立了前提。总之，从形象思维是一种独立的思维方式，到具象概念的提出，再到形象思维的活动过程和逻辑规律的论究，蔡仪形成了一套别具一格的、完整的、系统的形象思维理论，

---

① 蔡仪：《新美学》（改写本）第2卷，中国社会科学出版社1991年版，第173页。

这对哲学认识论以致美学和文艺理论，都是一个莫大的贡献。

三

形象思维是达到美的认识的特殊认识方式，也是达到美的认识的必经之途。形象思维作为艺术的认识方式，它的认识成果艺术形象并非都是美的。因此，要达到美的认识，还需要由形象思维前进到更高级阶段，使艺术的认识典型化，形成美的观念。在蔡仪的美感论中，美的观念是美的认识的核心概念，也是由美的认识到美的感动形成美感的关键环节。因此，美的观念论可以说是蔡仪美感理论体系中最具特色、最有创新性的部分。如果我们不了解美的观念论，也就不理解蔡仪的美感论的精髓，不能充分认识他的美感理论的创新意义。

美的观念这种类似说法，在西方哲学史、美学史上是早已有的。如柏拉图最早提出"美的理念"，到17、18世纪，哈奇生又明确提出"美的观念"，伯克也采用了这种说法。不过，他们所谈的美的观念，是客观的、先天固有的、先验的观念。蔡仪从美学史上借用来这种说法，但对此作了根本改造，是从另一个意义上来使用这一概念的。如他所说："我们所谓的美的观念，不是过去有的哲学家所谓先验的美的观念或客观的美的观念，而是和他们那种唯心主义论点相反，总的说来是客观现实事物的美的反映。"[①] 以此为基础，蔡仪构建了一套崭新的美的观念理论，其中包括美的观念形成的主要思维过程、美的观念的特性和根本要求、美的观念对于美感的意义及中介作用等，从而使美感的性质和产生机制得到较为完满的阐明。

蔡仪认为，美的观念是形象思维活动进到更高级阶段的认识成果，其形成的过程"主要是经过形象思维活动，由具象概念发展而形成为意象，再由意象发展而完成为美的观念"[②]。形象思维自具象概念开始，并以具象概念为基础，经过了判断阶段或推理阶段，原来作为思维对象的具象概念，在思维过程中由于别的具象概念的陪衬、形容或修饰，而发生相应的

[①] 蔡仪：《新美学》（改写本）第2卷，中国社会科学出版社1991年版，第205页。
[②] 蔡仪：《新美学》（改写本）第2卷，中国社会科学出版社1991年版，第205页。

不同程度的变化。"它的变化一般都表现在两个方面。即一方面是它的'象'表现得更丰富、更具体,更鲜明也更生动了;另一方面它还或多或少体现着作者(或其他认识者)的主观意思。而且应该说,它已开始成了作者创造的新的形象。"① 这种形象更为丰富、主客因素统一的认识成果,就是"意象"。意象是意与象的矛盾的统一,但它还不是完整性的认识成果,为实现认识的本质要求,它必然要发展。意象的发展,从象的方面来看,要求通过描写事物的现象以表现它的本质;而要求表现事物的本质根本上还要求意识的观念的正确性。同时,在形象的描写方面还要求能抓住事物的特征。如果意象沿着这种正确的途径发展,"能恰好描写形象的本质特征,使创造的艺术形象能符合形象思维的逻辑规律,也就是使形象地发展达到典型化的高度,我们认为艺术形象的典型化,也就是符合美的规律的形象。而具有美的规律的意象,也就是我们所说的美的观念"②。以上对美的观念形成的主要的思维过程的分析和阐述,是颇为细微而严密的,也是符合一切优秀的文艺创作的实际的。

当然,蔡仪并不是认为美的观念只能存在于文艺创作中,而是认为美的观念是人们在一般实际生活中也可能有的。由于人们在日常生活中都接触过许许多多的事物,都留下一些或深或浅的印象;更由于许许多多的同类事物的印象,在不知不觉之间进行了比较、分析和概括而形成具象概念;又不自觉或自觉地进行了形象思维的判断和推理,而形成意象以至于成为典型化的意象。其中有些是认识者本人不关心的,其后自然而然地淡化。也有些是认识者本人很关心的,一开始就留下深刻的印象,能短时期或长期留在自己的心底。这样的事实可能是许多人都有的。如青年人对于异性对象,画家对于某些山水风景,文学家对于某种人物或事件,容易形成特定的意象或带典型性的意象。这些论断也是符合实际而且颇为新鲜的。

蔡仪指出,美的观念是形象思维的最好成就,是美的认识过程中的关键步骤,对美感和艺术创作均具有重要作用和意义。美的观念不但具有形象思维原有的特点,即感性与智性、现象与本质、个别性与普遍性的统一,而且是典型意象的认识,具有高度真实性的认识,它以鲜明的形象充

---

① 蔡仪:《新美学》(改写本)第2卷,中国社会科学出版社1991年版,第211页。
② 蔡仪:《新美学》(改写本)第2卷,中国社会科学出版社1991年版,第231页。

分地表现它的本质，以突出的个别性充分地表现它的普遍性，从而形成美的观念的新的特点。美的观念之所以是美的认识的关键步骤，就在于它所具有的根本性质和特点。因为"客观事物的美引起我们主观的美感，根本是由于它的所以美的规律为我们所认识，这就是说，既要认识它的特异的现象或突出的个别性，又要认识它的这种现象所充分表现的本质，或它的这种个别性所充分表现的普遍性；这既是特别的感性认识，又是特别的智性认识，而且这两种认识还是同时进行的。这才是对美的事物的所以美的规律的认识"[1]。这些论述深刻揭示了美的观念和美的认识以及美感的内在联系，而且它们同蔡仪关于美的规律的论述在逻辑上是完全一致的。

所谓美的观念是美的认识过程中的关键步骤，这也是说，它并不是美的认识的最后成果。按照蔡仪的看法，美的认识的最后成果，主要表现为两种情况：一种情况是由于遇见美的事物符合于美的观念，因而产生美感，引起心情的愉悦；另一种情况是由于美的认识引起内心的冲动从而进行艺术创造。艺术的美是艺术创作的本质要求，而要创造艺术的美，先要有美的认识。"所谓美感之前的美的认识，或创作之前的美的认识，关键在于要有美的观念，实际上正是由于美的观念的中介作用，对于客观的美的对象的观照即产生了主观的美感。"[2] 这里提出的美的观念在美感产生中具有中介作用的观点，是蔡仪美感论最具独创性的观点，是他的全部美感论的精华之所在。

所谓美的观念对美感产生的中介作用，究竟如何理解呢？对此，蔡仪作了详细说明。他认为美的观念既是形象思维认识的一种成果，也和形象思维的一般认识一样，往往不是很明确而有时混沌，不够确定而有时变幻的。虽然美的观念在自觉的酝酿中形成时，可能以鲜明的形象充分表现其本质，也能给人以理智的满足和心灵的愉悦。然而人们的意识千变万化，当别的意识活动起来时，就自然而然地把原有的美的观念压到心底了，它也就不免成为模糊而暗淡的了。然而美的观念即使模糊、暗淡而压在心底了，若是还留有它的影子，它还是要求明确而稳定，偶有机缘触发，它又可能由回忆或联想而恢复成为较为鲜明而完整的美的观念。"如果一旦遇

---

[1] 蔡仪：《新美学》（改写本）第 2 卷，中国社会科学出版社 1991 年版，第 243—244 页。
[2] 蔡仪：《新美学》（改写本）第 2 卷，中国社会科学出版社 1991 年版，第 240 页。

到和美的观念相一致的客观事物的对象,于是原来本是不明确的突然明确了,原来本是不稳定的突然稳定了。即使是一时所得的外物映象与之符合,也使美的观念得到渴望的满足,因此心灵不禁非常愉快了。"① 这种主要由于美的观念的满足,导致心灵的愉悦,就是美感。而美的观念作为理智认识的满足感和心灵的愉悦,可以说就是美感中最重要的根本性质。蔡仪对美感产生的这些具体而微妙的论述,可以说是对美感发生的心理机制的精彩的说明,对我们揭开美感发生的奥秘是非常具有启发性的。他指出美感发生之前先有美的观念,一旦遇到客观对象与美的观念相一致、相符合,顿觉美的观念满足,产生美感,引起心情的愉悦。这不仅很好地解释了美感产生何以是突发的、直觉的,似乎没有从感性到理性的过程等美感现象问题,而且也突出了美感产生中主体的认识能动作用,否定了美感是美的对象的直观反映的机械唯物主义观点。这可以说是他创造性地运用辩证唯物主义于美学研究所取得的一个重大成果。

(原载于《美学的传承与鼎新:纪念蔡仪诞生百年》,中国社会科学出版社 2009 年版)

---

① 蔡仪:《新美学》(改写本)第 2 卷,中国社会科学出版社 1991 年版,第 261 页。

马克思恩格斯文艺批评中的人学思想

马克思于1845年春写成的《关于费尔巴哈提纲》和马克思、恩格斯于1845—1846年合著的《德意志意识形态》，对费尔巴哈关于"人"和"人的本质"的历史唯心主义观点进行了深入的批判，用关于现实的人及其历史发展的科学代替了费尔巴哈对抽象的人的崇拜，从而使对人的本质和人性的理解真正建立在辩证唯物主义和历史唯物主义的科学基础之上。恩格斯认为，《关于费尔巴哈的提纲》是马克思"包含有新世界观天才萌芽的第一个文件"，其中，马克思关于人的本质"在其现实性上，它是一切社会关系的总和"的科学论断，正是"新世界天才萌芽"的一个重要表现。

在批判费尔巴哈对于抽象的人和爱的宗教的崇拜的同时，马克思主义创始人还批判了"真正的社会主义"所鼓吹的抽象的人性和泛爱的空谈。"真正的社会主义"是从1844年起在德国传播开来的一种小资产阶级的反动思潮，其代表人物是莫·赫斯、卡尔·格律恩和海·克利盖等。这一思潮的提倡者把英国、法国的空想的共产主义学说从它们所由产生的历史条件和现实中抽离出来，而又任意地把它同德国古典哲学联系起来，企图用德国哲学特别是黑格尔和费尔巴哈的观点，来理解和说明英、法社会主义和共产主义文献的思想。实际上，它不过是把法国空想社会主义同黑格尔和费尔巴哈的思想揉合在一起的大杂烩，"是无产阶级的共产主义和英国法国那些或多或少同它相近的党派在德国人的精神太空……和德国人的心灵太空中的变形而已"[①]。"真正的社会主义"者把费尔巴哈对于抽象的人和爱的崇拜当作自己的出发点，用费尔巴哈所说的"人的本质"作为衡量一切、判断一切的尺度，把"真正人的本质"说成是"真正的社会主义"

[①] 《马克思恩格斯全集》第3卷，人民出版社1960年版，第536—537页。

的。他们宣扬抽象的人性，主张靠"爱"来实现人类的解放，认为共产主义的目的就是"使爱的宗教变为真理"，就是所谓的人道主义的实现。在他们看来，"只要把费尔巴哈和实践结合起来，把他的学说运用到社会生活中去，就可以对现存社会进行全面的批判了"①。这当然只是一种脱离现实、脱离实际的主观幻想。

马克思主义创始人在"真正的社会主义"思潮一出现时，就对它展开了坚决的斗争。1845 年，恩格斯在《"傅立叶论商业的片断"的前言和结束语》中，首次对"真正的社会主义"进行了公开的批判。此后几年间，马克思和恩格斯先后在《德意志意识形态》《真正的社会主义者》《反克利盖的通告》《诗歌和散文中的德国社会主义》《德国制宪问题》，直至《共产党宣言》等著作中，对"真正的社会主义"相继作了深刻有力的揭露和批判。马克思和恩格斯运用辩证唯物主义和历史唯物主义观点，集中剖析了"真正的社会主义"的理论核心——抽象的人性及其在哲学、政治、美学、文学等各个方面的表现，深刻分析了它的错误、实质和危害作用。由于"真正的社会主义"同费尔巴哈的哲学的弱点是有着密切联系的，所以马克思和恩格斯对"真正的社会主义"抽象的人和人性观点的批判，在一定意义上，也可以说是对费尔巴哈人本主义思想的局限性、不彻底性的批判的发展和深入。它不仅对推动马克思主义走向完全的成熟起了十分重要的作用，而且进一步阐明了马克思主义创始人对人和人性的科学理解，丰富和发展了马克思主义人学思想。

一

"真正的社会主义"认为，德国社会主义是德国哲学的实现。它将费尔巴哈对"人"和"人的本质"的哲学观点上作为出发点。正如马克思和恩格斯所说，"真正的社会主义者""需要做的只是到处寻找'人'和'人的'这个词"②。在他们的各种著作中，"人"和"人的本质"成了理解和说明一切问题的万应灵丹，但他们所说的"人"，不是实在的、现实

---

① 《马克思恩格斯全集》第 3 卷，人民出版社 1960 年版，第 580 页。
② 《马克思恩格斯全集》第 3 卷，人民出版社 1960 年版，第 581 页。

的人,而是抽象的、空洞的"人"。这个"人"不是从现实的历史活动中找到的,而是从德国思辨哲学,特别是从费尔巴哈人本主义哲学中寻出的。卡尔·格律恩在他写的《费尔巴哈和社会主义》一篇短评中坦率地宣称:"我们找到了人,即找到了已摆脱宗教、已摆脱僵死的思想、已摆脱一切异己的东西和由此产生的一切实际后果的人。我们找到了纯粹的、真正的人。"① 对此,马克思和恩格斯加以讽刺地揭露说:"格律恩先生装备有对德国哲学如费尔巴哈所说的那些结果的坚定信念,即深信'人','纯粹的、真正的人'似乎是世界历史的最终目的,宗教是异化了的人的本质,人的本质是人的本质和万物的尺度……"②

费尔巴哈在批判唯心主义和宗教的斗争中,把宗教神学和唯心主义的思辨哲学还原为人,把基督教神的本质归结为人的本质,指出神实际上是人的本质的虚幻反映,是人的本质的自我异化,从而否认上帝作为一个精神实体的存在。这无疑是唯物主义的,并且具有进步的历史作用。但是,费尔巴哈就此止步不前,他没有把唯物主义贯彻到底,没有把它运用到社会历史领域中来。费尔巴哈把人作为哲学的最高的对象,作为出发点,但是他把人只看作"感性的对象",而不是"感性的活动"。他脱离了社会实践来谈论所谓人,而不是从人们现有的社会联系,从那些使人们成为现在这种样子的周围生活条件来观察人们,因此,费尔巴哈从来没有看到现实的、活动的人,而是停留在抽象的人上。正如恩格斯所说,在费尔巴哈那里,"这个人始终是宗教哲学中所说的那种抽象的人。这个人不是从娘胎里生出来的,他是从一神教的神羽化而来的,所以他也不是生活在现实的、历史地发生和历史地确定了的世界里面;虽然他同其他的人来往,但是任何一个其他的人也和他本人一样是抽象的"③。这就是说,费尔巴哈在批判了对于宗教的神的崇拜之后,走向了对抽象的人的崇拜。这正是他的人本主义哲学的局限性和弱点的突出表现,是他陷入历史唯心主义的根本原因。

然而,"真正的社会主义"恰恰迷恋于费尔巴哈崇拜抽象的人的根本弱点,并把它拿来当作自己的哲学理论基石。他们大谈特谈的所谓"纯粹

---

① 《马克思恩格斯全集》第 3 卷,人民出版社 1960 年版,第 576 页。
② 《马克思恩格斯全集》第 3 卷,人民出版社 1960 年版,第 576 页。
③ 《马克思恩格斯选集》第 4 卷,人民出版社 1972 年版,第 232 页。

的、真正的人",实际上不过是一个脱离社会、脱离历史、脱离现实的抽象物。费尔巴哈把人仅仅看作是一种"感性存在",而"真正的社会主义者"卡尔·格律恩在关于"什么是人"的论断中,也胡诌什么在"五种感觉"中"包含着整个的人","人甚至完全包含在一种感觉中,包含在感性中"。① 针对格律恩这种论断,马克思和恩格斯写道:"我们看到,在这里格律恩先生在整本书中如何第一次试图从费尔巴哈的观点来谈傅立叶的心理学。我们也看到,这个'包含'在真实的个体的一个唯一的特性中,并且被哲学家根据这个特性来加以解释的这个'整个的人'是怎样一种幻想;这个不是从其现实的历史活动和存在来加以观察,而是从其耳垂或某种不同于动物的另一特征中引申出来的'人',一般究竟是怎样一种人。这种人'包含'在自身中,如同自己的脓疮一样。"② 这就是说,"真正的社会主义"所说的"人"是从不同于动物的生理特性中引申出来的"人",是完全脱离了他所生活的社会历史条件,"完全不依赖于生产的阶段和人们的交往"的"人",这种"人"不可能存在于真实的现实中,而只能表现在哲学家的幻想里。按照马克思的科学理解,人的本质并不是单个人所固有的抽象物。在其现实性上,它是一切社会关系的总和。因此,不应当撇开历史进程和社会关系,把人看作一种抽象的、孤立的人类个体。要科学地理解人和人的本质,绝不能从只存在于口头上所说的、思考出来的、设想出来的"人"出发,而要从"处在一定条件下进行的现实的、可以通过经验观察到的发展过程中的人"出发,"把这些人当作在历史中行动的人去研究"③。如果脱离了人生活于其中的各种社会关系,脱离了人的现实的历史活动和发展,去谈论抽象的人性和人的本质,那就必然会像"真正的社会主义"那样,陷入历史唯心主义。

费尔巴哈把人的本质理解为"类","理解为一种内在的、无声的、把许多个人纯粹自然地联系起来的共同性"。这完全是从生物学的角度来理解人的本质,把人性归结为纯粹的自然属性。"真正的社会主义"所鼓吹的抽象的人性和"人的本质",同样也是这种自然生物学意义上的共同性。

---

① 《马克思恩格斯全集》第3卷,人民出版社1960年版,第606页。
② 《马克思恩格斯全集》第3卷,人民出版社1960年版,第606—607页。
③ 《马克思恩格斯选集》第4卷,人民出版社1972年版,第237页。

他们有时把两性的结合当作人性的体现,宣布"两性的结合只是爱的最高阶段并且应当是爱的最高阶段,因为只有自然的东西才是真正的东西,而真正的东西才是道德的东西"①。有时又把人性当作"类意识",说什么"内在人类本性"是"一切人所共有的","正像爱、友谊、正义以及一切社会美德是以对人类自然联系和一致的感觉为基础的一样"。马克思和恩格斯在驳斥这类观点时指出,人性和人的本质是在历史上形成的人的社会性,而不是超社会的、动物式的自然本能。"不管人们的'内在本性',或者是人们的对这种本性的'意识','即'他们的'理性',向来都是历史的产物。"②马克思、恩格斯虽然也不否认人有自然属性和自然联系,但是,他们强调这些自然属性和自然联系是被人的社会性和社会关系所制约的。"这种'人类自然联系'是每天都在被人们改造着的历史产物,这种产物向来都是十分自然的"③,因而不能孤立地把人的自然属性、自然联系看作是人的本性、本质。如果脱离了人的社会性,把人性归结为一种抽象的自然本性,那么,人性和兽性实质上就没有根本区别了。

马克思和恩格斯对"真正的社会主义"的"人"的观点的批判,鲜明地划出了对于人性和人的本质的两种根本不同观点的界限,揭穿了把人性和人的本质抽象化、自然化的历史唯心主义的本质,进一步阐明了马克思主义对人性和人的本质的科学理解。

二

"真正的社会主义"不仅表现在哲学思想和政治思想上,而且像瘟疫一样传染到美学和文学领域。马克思和恩格斯在《德意志意识形态》中曾经指出:"'真正的社会主义'显然是给青年德意志派的美文学家、魔术博士以及其他著作家开辟了利用社会运动的广阔场所。德国原来没有现实的、激烈的、实际的党派斗争的这种情况,在开始时甚至把社会运动也变成了纯粹的文学运动。'真正的社会主义'就是这种社会文学运动的最完

---

① 《马克思恩格斯全集》第3卷,人民出版社1960年版,第545页。
② 《马克思恩格斯全集》第3卷,人民出版社1960年版,第567页。
③ 《马克思恩格斯全集》第3卷,人民出版社1960年版,第567页。

全的表现。"① 这不仅说明了"真正的社会主义"对文学运动的影响，而且也分析了形成这种影响的社会历史原因。在"真正的社会主义"繁荣时期，它把一大群写"社会问题"的小资产阶级诗人和小说家吸引到自己的旗帜下面来。这些小资产阶级作家大都是属于"青年德意志派"。加之"真正的社会主义者"的著作是"以美学的词句代替了科学的认识"，并以令人厌恶的美文学的形式来掩盖其空洞而模糊的内容，所以它也显示出"'真正的社会主义'和青年德意志派的低级文学汇合的有趣景象"。由于"真正的社会主义"的哲学、政治观点同它的美学观点和文学创作是有密切联系的，马克思主义创始人对它的批判也必然要深入到美学和文学领域。

卡尔·格律恩在1846年出版的《从人的观点论歌德》一书，是用抽象的人和人性观点来评论作家和作品的一部富于代表性的著作。格律恩在评论歌德时，把歌德描绘成为"人的诗人"，称他的作品是"完美的人性""人类的真正法典""面对着全人类"，说什么"歌德身上除了人的内容外没有别的内容"，"歌德把人想象和描写成我们今天所希望实现的那样"，"歌德的诗篇是人类社会的理想"，等等。为了在歌德身上发现"人的内容"，宣扬所谓"完美的人性"，格律恩仅仅从歌德创作中摘取适合自己的需要和口味的东西，赞美和夸大歌德著作中的消极方面，极力把诗人庸俗化，甚至把他描绘成一个"真正的社会主义者"的化身。这就使歌德的形象和作品受到极大歪曲。

恩格斯对格律恩这本书进行了彻底的批判。他首先揭露出格律恩所说的"人"和歌德所说的"人"，其内容是不同的。他说："在歌德身上发现'人'的功劳正是应该归于格律恩先生的，但这个人不是男人和女人所生的、自然的、生气蓬勃、有血有肉的人，而是在更高意义上的人，辩证的人，是提炼出圣父、圣子和圣灵的坩埚中的 caput mortuum［无用的残渣］，是《浮士德》中的侏儒的 cousin germain［堂兄弟］，总之，不是歌德所说的人，而是格律恩先生所说的'人'。"② 这就是说，格律恩在歌德身上发现的"人"，实际上是"真正社会主义者"头脑中主观臆想出来的抽象的人，而不是实际存在的现实的人。它和歌德所说的人在意义上是不

---

① 《马克思恩格斯全集》第3卷，人民出版社1960年版，第537—538页。
② 《马克思恩格斯全集》第4卷，人民出版社1958年版，第254页。

一样的。固然，歌德自己时常在比较夸张的意义上使用过"人"和"人的"这些字眼。但他所说的"人"，不是抽象的人，而是现实的、有血有肉的人。在《收藏家和他的朋友们》一文中，歌德说："人不仅是一种能思考的东西，同时也是一种能感觉的东西。他是一个整体，一个多方面而有内在联系的各种能力的统一体；艺术作品必向人的这个整体说话。"他相信人的力量，认为"纯洁的人性"可以"补偿人的瑕玷"，战胜人的邪恶。在歌德的作品中，这种充满活力和创造力的人，是与宗教神学和丑恶现实相对立的，它体现着西欧资产阶级上升时期进步人士的精神面貌和理想，具有时代的、阶级的具体内容。歌德往往把希腊人作为他所追求的人的理想，并使之同异教的和基督教的野蛮人相对立，而不是把人当作一种神秘的哲学概念来理解。正如恩格斯所说："歌德使用这些字眼自然仅仅是指当时的人们以及后来的黑格尔所使用的那种意义而言，那时，'人的'这个词主要是用在同异教的和基督教的野蛮人相对立的希腊人身上，是指远在费尔巴哈赋予这些术语以神秘的哲学内容之前所使用的那种意义而言。这些字眼，特别是在歌德那里，大多具有一种完全非哲学的、肉体的意义。"① 然而，格律恩不管歌德所说的"人"的实际意义，仅仅根据歌德自己使用过"人"和"人的"这些字眼，就轻而易举地把歌德变成了"人的诗人"，并把费尔巴哈和"真正的社会主义"所理解的抽象的人说成是歌德早已有之的思想，这样一来，歌德在格律恩的笔下，便成了一个脱离时代，脱离历史，脱离民族，脱离阶级，"过去和现在都和现实没有任何共同之处"的抽象的全人类的诗人。恩格斯以讽刺的笔调写道："把歌德变成费尔巴哈的弟子和'真正的社会主义者'的功劳，是全部属于格律恩先生的。"② 这就揭穿了格律恩用抽象的人的观点来歪曲歌德，借歌德的作品以宣扬抽象人性的卑劣伎俩。

格律恩用"人"的观点和尺度来衡量歌德，从歌德的作品中发现了"人的内容"。那么，这个被他加以歪曲又大加赞美的"人的内容"究竟是些什么呢？对此，恩格斯结合格律恩对歌德作品的评论作了极其深入的分析，并对格律恩从歌德作品中所发现的"人"的特性作了如下概括："首

---

① 《马克思恩格斯选集》第4卷，人民出版社1972年版，第255页。
② 《马克思恩格斯全集》第4卷，人民出版社1958年版，第255—256页。

先，……'人'对于'有教养的阶层'总是怀着深厚的敬意，对于上层贵族更是毕恭毕敬。其次，他的特点是极端畏惧一切巨大的群众运动，一切强大的社会运动；……同时他全身贯注在'光明磊落地挣来的和光明磊落地获得的地产'上面，此外，他具有非常'善于持家的爱和平的天性'；他谦逊、知足，希望不要有什么暴风雨来打扰他享受他那微小的宁静的乐趣。……他什么人也不羡慕，只要让他安静地生活，他就谢天谢地。一句话，这个'人'（我们已经知道，他是地道的德国人）渐渐和德国的小市民一模一样了。"① 这样，恩格斯就揭露出格律恩通过歪曲歌德所宣扬的"人的内容"的阶级实质，指出它绝不是什么超时代、超阶级的东西，而正是德国小市民的庸俗思想和市侩习气的表现。

格律恩为了利用歌德来宣扬抽象的人和人性，以他少有的勤勉去收罗歌德一切庸俗的、一切小市民的、一切琐屑的东西，并且用文学家的笔法加以夸张，但是他对于歌德一切确实伟大的和天才的地方，不是匆匆地一闪而过，就是滔滔不绝地说一通言之无物的废话。透过格律恩的"人的观点"的哈哈镜，歌德仅仅被描写成了一个充满小市民的鄙陋俗气的庸人，而他在"狂飚突进"运动中所表现的反对封建、要求自由的革命精神，他作为社会的批判家在揭露德国黑暗现实方面所建立的最伟大的批判的功绩，他对于人类美好未来的憧憬和追求，在这里却一点也看不到了。恩格斯在1847年写给马克思的信中谈到格律恩《从人的观点论歌德》一书时说："格律恩把歌德的一切市侩习气当作人的东西加以赞美，他把法兰克福人和官吏的歌德变成'真正的人'，同时竟致忽视甚至唾弃一切伟大的和天才的东西，所以这本书是一个光辉的证明：人＝德国小市民。"② 这个论断，不只是进一步揭露了"真正的社会主义"所鼓吹的"人"的阶级实质，而且也说明了像"真正的社会主义者"那样，用抽象的人和人性的观点来观察分析文学现象，必然会导致对作家作品的片面理解和严重歪曲。

在驳斥格律恩用抽象的人性歪曲歌德的同时，恩格斯还指出了运用历史唯物主义观点评价文学现象的正确原则和科学标准。他指出，对于歌德，"不是用道德的、政治的、或'人的'尺度来衡量他"，而是要"从

---

① 《马克思恩格斯全集》第4卷，人民出版社1958年版，第266页。
② 《马克思恩格斯论艺术》（二），人民文学出版社1963年版，第354页。

美学和历史的观点"来评价他;在分析他的贡献和局限时,都要"结合着他的整个时代、他的文学前辈和同时代人来描写他","从他的发展上和结合着他的社会地位来描写他"。① 显然,这种结合作家生活的时代和社会地位、作家同文学前辈和同时代人的关系以及作家本人的发展变化来评价作家的观点和方法,就是对文学现象进行具体的、历史的、阶级的分析的方法,它同以抽象的、超历史、超阶级的人性来分析文学现象的观点和方法是根本对立的。恩格斯正是运用这种观点和方法,对歌德整个创作的倾向进行了科学的分析。他评价歌德说:"在他心中经常进行着天才诗人和法兰克福市议员的谨慎的儿子、可敬的魏玛的枢密顾问之间的斗争;前者厌恶周围环境的鄙俗气,而后者却不得不对这种鄙俗气妥协、迁就。因此,歌德有时非常伟大,有时极为渺小;有时是叛逆的、爱嘲笑的、鄙视世界的天才,有时则是谨小慎微、事事知足、胸襟狭隘的庸人。"② 这个精辟的论断驳斥了"真正的社会主义者"从人的观点对歌德的歪曲,使歌德的思想和作品第一次得到了完全正确的、恰如其分的阐述。

三

"真正的社会主义"作家是从抽象的人性出发进行文学创作的。他们完全不去了解现存的各种现实关系,也不去反映现实中客观存在的阶级矛盾,而是迷醉于表现所谓"温情""慈善""博爱""良心"等共同人性,用号召压迫者和被压迫者之间保持协调和友爱的人道主义宣传,反对被压迫、被剥削阶级的阶级斗争。因此,真正的社会主义文学,实际上是打着社会主义的招牌贩卖资产阶级人性论和人道主义的文学,是用阶级调和取消阶级斗争的冒牌的社会主义文学。

"真正的社会主义"文学宣扬抽象人性的特点之一,是对资本主义社会的压迫者、剥削者充满了幼稚的小市民的幻想。它向富人和大资本家宣传人道主义,希望他们良心发现,发扬博爱精神,以拯救穷人的苦难。如卡尔·倍克的《穷人之歌》在描写欧洲的犹太金融世家、大资本家路特希

---

① 《马克思恩格斯全集》第4卷,人民出版社1958年版,第257页。
② 《马克思恩格斯全集》第4卷,人民出版社1958年版,第256页。

尔德家族时，完全不了解这一势力和现存各种关系之间的联系，对路特希尔德家族为了成为一种势力并永远保存这种势力而必须使用的那些手段持有非常错误的见解。"诗人并没有威吓说，要消灭路特希尔德的实际势力，消灭作为这一势力的基础的社会关系；他只是希望比较人道地来运用这一势力。他抱怨银行家不是社会主义博爱家，不是幻想家，不是人类的善士，而仅仅是银行家而已。"[1] 诗人从他所固有的小资产阶级幻想出发，把各种神奇的力量强加在路特希尔德的身上。他认为黄金是"按照"路特希尔德的"脾气进行统治的"，他希望路特希尔德教导所有的富人鄙视"金钱"，"为了世界的幸福而摒弃它"；还希望他"以一个披麻蒙灰劝人行善和忏悔的传教士的姿态出现"，教导所有富人"忘记利己主义，忘记欺诈和高利盘剥的手段"。对于"真正的社会主义"这种愚蠢、卑怯的幻想，恩格斯无情地给予嘲笑说："我们的诗人的这个大胆的要求无异于要求路易·菲力普教导那些受七月革命养育的资产者废除私有制。假使路特希尔德和路易·菲力普竟这样疯癫，那么他们的权力很快就会丧失，但是犹太人决不会不做买卖，资产者也决不会忘记私有制。"[2] 针对诗人吹捧路特希尔德能够做富人的"良心"，并把他们引入人世的无知而浪漫的想法，恩格斯还说："只要路特希尔德先生稍有良心，他就完全可以阻止商业和工业的发展、竞争、财产的积聚、国债和投机倒把，简言之，即可以阻止现代资产阶级社会的发展。必须真正具有德国诗歌的全部令人不能容忍的幼稚性，才敢于刊登这样的童话。"[3] "真正社会主义"诗歌在抽象人性的招牌下，美化剥削者、压迫者，幻想他们能放下屠刀，立地成佛，乞求他们用仁慈和良心来"减轻这个世界上全部的苦难"，这种幻想不仅是表现了德国小市民的无知和愚蠢，而且也表现了他们的卑鄙和怯懦。正如恩格斯所说："怯懦和愚蠢、妇人般的多愁善感、可鄙的小资产阶级的庸俗气，这就是拨动诗人心弦的缪斯。"[4]

"真正的社会主义"文学宣扬抽象人性的特点之二，是以悲天悯人的态度描写"穷人"的苦难。它装模作样地、痛哭流涕地指责周围"惨无人

---

[1] 《马克思恩格斯全集》第4卷，人民出版社1958年版，第223页。
[2] 《马克思恩格斯全集》第4卷，人民出版社1958年版，第229页。
[3] 《马克思恩格斯全集》第4卷，人民出版社1958年版，第230页。
[4] 《马克思恩格斯全集》第4卷，人民出版社1958年版，第224页。

道"的现象,对穷人的不幸表示一点无力的悲叹;同时劝导被压迫、被剥削者以宽厚容忍的态度"忍受人生的沉重负担",等待"救世主"传来"人的福音"。卡尔·倍克在《穷人之歌》中,一再为穷人的"贫穷"悲痛哭泣,但是丝毫也不触及造成这种贫穷的社会制度。他面对着圣诞节中无家可归的穷孩子,却高唱什么"在圣诞夜的灯光下,孩子们的欢呼我听来会更甜美,如果没有穷人在潮湿的洞穴,躺在腐烂的草席上挨冻受罪"。恩格斯在揭露"真正的社会主义"诗人这种小市民的伪善的人道主义面孔时说:"社会主义的扬扬得意的议论的一种司空见惯的手法,就是唱这样的高调;从另一方面来看,只要没有穷人,那就会万事如意了。这种议论可以被应用到任何对象上去。它的真正内容就是在慈善掩饰下的伪善的小市民的庸俗气,它完全同意现存社会的正面,使它悲痛的是,除了正面外,还存在着反面——贫穷;这种庸俗气已和现代社会融为一体,而它的唯一的希望就是现代社会继续存在下去,但是不要它存在的条件。"① 人道主义者尽管也可能对现存的剥削制度表示某种不满,但是他们希望现存的剥削制度永远存在下去。因此,他们一方面描写一点穷人的苦难,一方面却劝导穷人要忍受苦难、甘当奴隶。在《穷人之歌》中,倍克描写一个俄国人的"道德高尚"的仆人为了接济他的年迈的父亲,在夜里偷了他那个似乎在打瞌睡的主人的钱,然后在他写父亲的信中表示忏悔,并且自白道:"我要多多工作而且挣钱,从草席上赶走睡眠,直到我能够给我善良的主人,补偿上这笔偷盗了的钱。"这就是"真正的社会主义"诗歌中所赞颂的穷人的美德,"完美的人性"。恩格斯认为,倍克从抽象的人性观点出发,完全歪曲了被压迫阶级的形象。他十分不满地写道:"倍克歌颂胆怯的小市民的鄙俗风气。歌颂'穷人',歌颂 pauvre honteux［耻于乞讨的穷人］——怀着卑微的、虔诚的和互相矛盾的愿望的人,歌颂各种各样的'小人物',然而并不歌颂倔强的、咤风云的和革命的无产者。"② 无论是赞美富人和资本家对穷人的仁慈与友爱,还是歌颂穷人和无产者对压迫者、剥削者的宽容与虔诚,都是力图用阶级调和取消现实的阶级斗争,反对被压迫阶级的革命。这就是"真正的社会主义"文学宣扬抽象人性和人道主

---

① 《马克思恩格斯全集》第 4 卷,人民出版社 1958 年版,第 239 页。
② 《马克思恩格斯全集》第 4 卷,人民出版社 1958 年版,第 223—224 页。

义所要达到的政治目的。在被恩格斯称作"真正的社会主义""诗王"的阿·迈斯纳的诗歌中,描写一个穷人四处漂泊流浪,从英国"渡海到了法国,看到工人群众热情沸腾,像火山爆发",立即感到"胆战心惊,恐怖万分"。他劝说富人,但富人不听,于是他认为"人民胜利的日子还遥遥无期",便只有投水自尽。这个"穷人"畏惧反抗压迫者的阶级斗争,对革命前途丧失信心,他实际上是诗人自己思想的反映。恩格斯评论这篇诗歌说:"这个愚蠢的胆小鬼,在英国什么也没有看见,而看到法国无产阶级运动时就胆战心惊,恐怖万分,他那样卑鄙无耻,不去参加本阶级反抗压迫者的斗争。"[①] 这就告诉我们,以宣扬抽象人性为核心的"真正的社会主义"文学绝不是战斗的无产阶级的文学,而是一种麻醉无产阶级革命斗志的卑鄙龌龊的市侩文学。马克思恩格斯对"真正的社会主义"文学创作和文学评论的分析和批判,深刻地揭示了抽象的人和人性观点对于文艺的危害,说明只有运用马克思主义的科学的人学思想指导文艺创作和文艺批评,才能使社会主义文艺沿着正确方向健康的发展。

(原载于《马克思哲学美学思想研究》,湖南人民出版社 1983 年版)

[①] 《马克思恩格斯全集》第 3 卷,人民出版社 1958 年版,第 674 页。

马克思恩格斯论文艺倾向性和真实性的统一

文学艺术的倾向性、真实性以及二者的关系问题，是马克思和恩格斯美学思想的一个重要内容。从19世纪40年代起，马克思主义的创始人就根据无产阶级革命斗争的要求，并且按照文学艺术本身的规律和特点，对这一问题作了一系列的科学论述。1885年，恩格斯在致敏·考茨基的信中，结合对于小说《旧和新》的批评，对于文艺的思想倾向性与艺术真实性以及二者的联系，作了完整的、透彻的论述。全面地、准确地理解马克思和恩格斯关于这一问题的论述，对于深入研究马克思主义文艺理论，繁荣和发展社会主义文艺创作，都是非常必要的。

一

马克思、恩格斯非常重视文艺的思想倾向，始终肯定和赞扬文艺作品中进步的倾向性。恩格斯在致敏·考茨基的信中写道："我决不反对倾向诗本身。悲剧之父埃斯库罗斯和喜剧之父阿里斯托芬都是有强烈倾向的诗人，但丁和塞万提斯也不逊色；而席勒的《阴谋与爱情》的主要价值就在于它是德国第一部有政治倾向的戏剧。现代的那些写出优秀小说的俄国人和挪威人全是有倾向的作家。"① 这里，恩格斯列举了欧洲文学的几个重要发展阶段——从古希腊文学、文艺复兴时期文学到18世纪、19世纪的浪漫主义和现实主义文学中的一些有影响的作家和作品，说明文学史上一切优秀的文学作品都是具有强烈的思想倾向的。恩格斯在《德国状况》一文中，曾对18世纪末叶的德国文学作过这样的评价："这个时代的每一部杰作都渗透了反抗当时整个德国社会的叛逆的精神。歌德写了《葛兹·冯·

---

① 《马克思恩格斯选集》第4卷，人民出版社1972年版，第454页。

柏里欣根》，他在这本书里通过戏剧的形式向一个叛逆者表示哀悼和敬意。席勒写了《强盗》一书，他在这本书中歌颂一个向全社会公开宣战的豪侠的青年。"恩格斯还说："这个时代在政治和社会方面是可耻的，但是，在德国文学方面却是伟大的。"① 显然，恩格斯在这里对当时德国文学的杰作的充分肯定，首先就是因为它们"渗透了反抗当时整个德国社会的"进步的政治倾向。无论是歌德的《葛兹·冯·柏里欣根》，还是席勒的《强盗》，都充满了当时德国资产阶级"狂飙突进"运动的反封建的叛逆精神。恩格斯对于他们在作品中体现的鲜明的反封建的思想倾向，给予了高度评价。

马克思主义创始人主张文艺作品要有鲜明的思想倾向性，支持和赞扬作品中进步的政治倾向，这同他们关于阶级社会中文艺的阶级性质的科学理论是密切联系在一起的。恩格斯在分析挪威作家易卜生的作品的阶级性时指出："易卜生的戏剧不管有怎样的缺点，它们却反映了一个即使是中小资产阶级的但是比起德国的来却有天渊之别的世界；在这个世界里，人们还有自己的性格以及首创的和独立的精神，即使在外国人看来往往有些奇怪。"② 这说明作品的思想倾向是由作家所处的社会历史条件和具体的阶级关系决定的，不管作家是否自觉，他所代表的阶级利益、阶级观点以及阶级的爱憎感情总要在作品中反映出来，从而形成一定的倾向性。而那些进步的作家则总是力求在作品中反映历史上进步阶级的利益、要求、感情和希望，从而流露出进步的倾向性。恩格斯肯定了进步的思想倾向是优秀文艺作品的重要特质。

马克思和恩格斯评价文艺作品，总是首先从无产阶级革命利益出发，着眼于其思想倾向性。例如他们对于拉萨尔的剧本《弗兰茨·冯·济金根》的评论，就是着重批判了拉萨尔在这个剧本中反映出来的机会主义的政治观点以及唯心主义的历史观点。马克思和恩格斯指出拉萨尔从错误的政治观点和历史观点出发，一方面美化了济金根这个贵族阶层的代表人物，把他的失败描写成只是由于他的"外交错误"，而掩盖了他的覆灭的真正阶级根源"是因为他作为骑士和作为垂死阶级的代表起来反对现存制

---

① 《马克思恩格斯全集》第2卷，人民出版社1957年版，第634页。
② 《马克思恩格斯选集》第4卷，人民出版社1972年版，第473—474页

度，或者说得更确切些，反对现存制度的新形式"；另一方面又忽视了农民运动，没有把当时广泛兴起的农民起义作为骑士暴动的"十分重要的积极的背景"，而是"把路德式的骑士反对派看得高于闵采尔式的平民反对派"①，因此，"对贵族的国民运动作了不正确的描写，同时也就忽视了在济金根命运中的真正悲剧的因素"②。从马克思和恩格斯对《济金根》的评论中可以看到，他们认为思想倾向性对于文学作品是具有决定意义的。如果被作者的立场和世界观所决定的作品的思想倾向是错误的、反动的，那么它对生活的反映也不可能是正确的、真实的，是不能真实地揭示历史的本质规律的；只有具有进步的思想倾向的作品，才能具有深刻的艺术的真实性。

马克思、恩格斯从无产阶级革命斗争的需要出发，非常重视当时出现的具有社会主义倾向的文艺作品。1845年，恩格斯在《共产主义在德国的迅速发展》一文中，称赞了德国一系列宣传社会主义和共产主义思想的文艺作品。他提到了许布纳尔的绘画，说"从宣传社会主义这个角度来看，这幅画所起的作用要比一百本小册子大得多。它画的是一群向厂主交亚麻布的西里西亚织工，画面异常有力地把冷酷的富有和绝望的穷困作了鲜明的对比"。恩格斯还特别提到诗人海涅，说"德国当代最杰出的诗人亨利希·海涅也参加了我们的队伍，他出版了一本政治诗集，其中也收集了几篇宣传社会主义的诗作。他是著名的《西里西亚织工之歌》的作者"。恩格斯赞汤海涅的《西里西亚织工之歌》"是我所知道的最有力的诗歌之一"③，并且他亲自把这首歌的德文原文翻译成英文。马克思在《评"普鲁士人"的"普鲁士国王和社会改革"一文》中，还提到西里西亚织工起义前夕流行的革命歌曲《血腥的屠杀》，说："这是一个勇敢的战斗的呼声。在这支歌中根本没有提到家庭、工厂、地区，相反地，无产阶级在这支歌中一下子就毫不含糊地、尖锐地、直截了当地、威风凛凛地厉声宣布，它反对私有制社会。"④ 在马克思和恩格斯所处的时代，无产阶级革命还处于准备阶段，真正的无产阶级作家为数不多，但马克思主义创始人对于他们

---

① 《马克思恩格斯选集》第4卷，人民出版社1972年版，第339、340、341页。
② 《马克思恩格斯选集》第4卷，人民出版社1972年版，第346页。
③ 《马克思恩格斯全集》第2卷，人民出版社1957年版，第589、591、592页。
④ 《马克思恩格斯全集》第1卷，人民出版社1956年版，第483页。

的创作却十分关注。德国无产阶级最早的诗人维尔特写了一些社会主义的政治诗篇,真实地反映了现实斗争,在无产阶级革命斗争中发挥了一定的战斗作用,恩格斯称他为"德国无产阶级第一个和最重要的诗人",赞扬"他的社会主义的和政治的诗作,在独创性、俏皮方面,尤其在火一般的热情方面,都大大超过弗莱里格拉特的诗作"。① 所有这一切充分说明,马克思和恩格斯是非常希望文艺作品具有社会主义倾向性的,是要求文艺作品体现无产阶级革命思想,对无产阶级革命斗争发挥积极作用的。

二

马克思、恩格斯重视文艺作品的倾向性,同时,他们又认为对于文艺的倾向性不能作简单化的肤浅的理解,而应当把它同真实地、形象地描写现实生活结合起来。恩格斯在致敏·考茨基的信中说:"我认为倾向应当从场面和情节中自然而然地流露出来,而不应当特别把它指点出来;同时我认为作家不必要把他描写的社会冲突的历史的未来的解决办法硬塞给读者。"他还说:"如果一部具有社会主义倾向的小说通过对现实关系的真实描写,来打破关于这些关系的流行的传统幻想,动摇资产阶级世界的乐观主义,不可避免地引起对于现存事物的永世长存的怀疑,那么,即使作者没有直接提出任何解决办法,甚至作者有时并没有明确地表明自己的立场,但我认为这部小说也完全完成了自己的使命。"② 恩格斯这两段重要论述的精神实质究竟是什么呢? 我们知道,恩格斯这些论述是在分析敏·考茨基的小说《旧和新》的缺点以及产生这些缺点的原因时讲的。敏·考茨基在这部小说中对盐场工人和维也纳上流社会的生活作了真实的、出色的描绘。但是,由于她的世界观中唯心主义和改良主义因素的影响,她没有把新与旧的斗争正确地理解和描写为阶级斗争,而把它归结为两种抽象原则的斗争,即无神论和宗教的斗争,纯洁的爱情和利己主义的斗争,对美好未来的热烈追求和听从命运摆布的斗争。作者在小说中塑造了一个"新"的社会力量的代表人物阿尔诺德。他是一个年轻的无神论科学家,

---

① 《马克思恩格斯全集》第21卷,人民出版社1965年版,第8页。
② 《马克思恩格斯选集》第4卷,人民出版社1972年版,第454页。

同女主人公爱莎一起到盐矿宣传社会主义。但是，他脱离社会斗争实际，认为社会主义"不用战斗和宝剑""专凭宣传思想"就能取得胜利。作者在塑造这个人物时，不是从现实生活出发，而是从他主观臆造的抽象原则出发，以过分欣赏的态度对待这个人物，把他写得完美无缺，结果，"个性就更多地消融到原则里去了"，人物仅仅成了原则的化身，失去了艺术真实性。作品中所表现的倾向由于脱离现实生活，脱离对于阶级斗争的真实、具体的描写，便成为"新"的原则的空洞抽象的说教。恩格斯不赞成这种抽象的唯心主义的倾向性，而要求作家从生活出发，通过对现实关系的真实描写，让倾向从真实反映生活的场面和情节中自然而然地流露出来。由此可见，恩格斯上述论述的基本精神就是向作家提出革命文艺创作的一个基本原则——思想倾向性和艺术真实性辩证统一的创作原则。

　　恩格斯在这里关于文艺的思想倾向性必须与艺术真实性相统一的论述，包含有这样两层意思：第一，作品的思想倾向不能游离于艺术真实之外，成为抽象的说教，而必须通过艺术真实自然而然地流露出来；第二，作品的思想倾向不能违背艺术真实、破坏艺术真实，成为主观的臆断，而必须从反映客观现实面貌和本质的艺术真实中生发出来，必须符合客观现实生活的本质和发展规律。只有从现实生活中生发出来而和生活的本质规律相符合的倾向，只有通过对现实生活的真实描写自然而然地体现出来的倾向，才是恩格斯所提倡和肯定的真正的文艺倾向性。要达到这种要求，当然应当注意文艺反映生活的特点，注意作品的形象性，个性化等等；但是，更为重要的，则是必须坚持从现实生活出发的正确的创作方法。就是说，作家要深入观察和研究现实生活，从生活中发现社会发展的现实动力，深入揭示现实生活的本质规律，真实地描写现实关系，使思想倾向性寓于艺术真实性之中。如果与此相反，脱离生活，从主观观念出发进行文艺创作，用对抽象观念的图解代替对于现实生活的真实描绘，那就势必造成倾向性和真实性的分裂。这样的作品或是歪曲现实生活，或是表现为公式化，概念化，都不可能具有真正的思想和艺术价值。

　　马克思和恩格斯始终坚持文艺的思想倾向性和艺术真实性相统一的创作原则，坚持从生活出发的正确的创作方法，同文艺上的主观唯心主义的创作方法和由此而形成的脱离艺术真实性的抽象的唯心的倾向性，进行了坚持不懈的斗争。早在19世纪40年代，马克思和恩格斯就在他们合写的著作《神圣家族》中，结合对法国浪漫派小说家欧仁·苏的作品《巴黎的秘密》的评论，批判了从抽象观念出发的恶劣的倾向性。他们指出欧仁·苏为了宣扬抽象的基督教道德，否定了像"刺客""校长"以及妓女马丽这些平民人物的现实的感性的性质；他剥夺了这些人物的可爱的独特的个性，使他们成为由作者任意操纵的傀儡。马克思写道："欧仁·苏书中的人物（先是'刺客'，在这里是'校长'），必须把他这个作家本人的意图（这种意图决定作家使这些人物这样行动，而不是那样行动）充作他们自己思考的结果，充作他们行动的自觉动机。"① 由于作者不是从生活出发，而是从主观意图出发描写人物，所以在作品中，"现实人物变成了抽象的观点"，变成了"罪恶"和"道德"的象征。于是，人物性格自己发展逻辑消失了，作者不是从人物形象中产生而是从外面强加在它身上的倾向，代替了生活关系的现实逻辑，从而导致对现实生活的歪曲，使小说中的人物失去了艺术的真实性。恩格斯在评论"真正的社会主义"的文学作品时，对其中所宣扬的反动的社会政治观点进行了尖锐的批评，同时，也批评了它那脱离现实，从主观空想出发的唯心主义的创作倾向。他在分析卡尔·倍克的诗《穷人之歌》时指出："他不是在现实世界中生活和创作诗歌的活动着的人，而是一个飘浮在云雾中的'诗人'，但这些云雾不过是德国市民的朦胧的幻想罢了。"② "真正的社会主义"的诗人自以为是真正的革命诗人，但是由于他们思想的空虚、不明确和脱离生活实际，他们笔下所描绘的革命却变成了对于革命的侮辱和讽刺。在弗莱里格拉特的一首诗中，一群饥饿的人民走进了军械库，"开玩笑地"穿上军服，拿起武器，冲进京城，革命就胜利了。恩格斯讽刺地写道："这一切进行得这样迅速，这样顺利，以致'无产者大队'中的任何一个成员可能在这全部过程中连一袋烟都来不及抽完。必须承认，任何地方的革命都没有像在我们的弗莱里格拉特的脑子里完成得那样愉快和从容不迫。"③ 这种从"真正的社会主义"的观念出发所构想的革命，不过是严重歪曲现实生活的主观空想罢了。

1851年，恩格斯在《德国的革命和反革命》中批评了"青年德意志"

---

① 《马克思恩格斯全集》第2卷，人民出版社1957年版，第233页。
② 《马克思恩格斯全集》第4卷，人民出版社1958年版，第242页。
③ 《马克思恩格斯论艺术》（三），人民文学出版社1963年版，第177页。

作品中的所谓"倾向"。"青年德意志"是19世纪30年代产生于德国的一个文学团体。"青年德意志"的作家在他们的文艺作品中反映出小资产阶级的反抗情绪，但也表现了小资产阶级的狂热性和不彻底性。由于他们思想偏激，脱离实际，作品中缺乏现实生活的真实描写，充满了空洞的叫喊和脱离实际的浮夸之词。他们常常空谈自由平等，但对真正符合人民利益的革命任务却是不明确的，所以不可能深刻地、真实地反映出时代迫切的问题。他们叫嚷所谓"倾向性"，但不了解真正的文艺倾向性应当是什么，反而指责海涅的作品缺乏他们所谓的"倾向性"。恩格斯在批评他们时指出："在这批人中间，特别是在低等文人中间，逐渐形成了一种习惯，他们用一些能够引起公众注意的政治暗喻来弥补他们作品中才华的不足。在诗歌、小说、评论、戏剧中，在一切文学作品中，都充满所谓的'倾向'，即反政府情绪的畏首畏尾的流露。"① 恩格斯还指出，"青年德意志"作家散布的"杂乱思想"，不过是"大学里没有经过很好的消化的对德国哲学的记忆以及被曲解了的法国社会主义，尤其是圣西门主义的只言片语掺混在一起。"② 显然，这种所谓"倾向"既不是来自对现实斗争的深刻理解，也不是体现在现实生活的真实描写之中，因而不可能在现实生活中发挥积极的影响作用。

马克思和恩格斯在评论拉萨尔的剧本《弗兰茨·冯·济金根》时，批评了作品中表现的机会主义的政治观点和唯心主义的历史观点，同时也批评了拉萨尔主观唯心主义的创作方法。马克思、恩格斯指出，拉萨尔没有从历史真实中去认识济金根真正的悲剧因素，看不到农民起义的作用，却从他的唯心主义的历史观点和悲剧观点出发去描述济金根所代表的贵族的国民运动，"为了观念的东西而忘掉现实主义的东西，为了席勒而忘掉莎士比亚"③，结果，"把个人变成时代精神的单纯的传声筒"④。拉萨尔的创作是以主观和客观、观念和现实、倾向性和真实性相分裂为其特点的。他不是从现实出发，而是从观念出发进行创作，所以他所表现的倾向性是概念化的、违背历史真实的。拉萨尔从唯心主义文艺观出发，推崇席勒而贬

---

① 《马克思恩格斯选集》第1卷，人民出版社1972年版，第510页。
② 《马克思恩格斯选集》第1卷，人民出版社1972年版，第510页。
③ 《马克思恩格斯选集》第4卷，人民出版社1972年版，第345页。
④ 《马克思恩格斯选集》第4卷，人民出版社1972年版，第340页。

低莎士比亚，说什么"德国戏剧通过席勒和歌德取得了超越莎士比亚的进步"①。马克思、恩格斯在驳斥拉萨尔的唯心主义文艺观时，和他针锋相对，提倡"莎士比亚化"而反对"席勒式"的创作倾向。这里所说的"席勒式"和"莎士比亚化"，实际上是讲的两种根本对立的创作方法。前者是从观念出发的唯心主义的创作方法，后者是从生活出发的现实主义的创作方法。席勒写过思想性和艺术性都较高的剧本，可是，由于他缺乏生活经验，特别是由于后来受了康德的先验唯心哲学的影响，完全生活在概念世界里，往往从抽象的思想出发创作，以致表现出"那种沉缅于不能实现的理想的庸人倾向"②。他的某些作品中的正面人物，在一定程度上成为作者自己道德理想的"传声筒"，这就使作品在某些方面脱离艺术真实而成为作者的抽象说教。而莎士比亚由于在人文主义思想指导下，深入而广泛地观察和研究现实生活，坚持从生活出发进行创作，因而使他的剧作不仅具有深刻的批判性质，而且在当时可能达到的程度上最真实地反映了现实。广阔的、真实的社会生活图画的描绘，生动的、丰富的戏剧情节，形成了他的剧作的显著特色。他塑造的人物丰富多样，他们不是"时代精神的单纯的传声筒"，而是从生活中概括出来的、活生生的、有个性、有发展的人物。恩格斯在谈到莎士比亚剧作时说过："单是'Merry wives'（《温莎的风流娘儿》）的第一幕比起全部德国文学来，就有更多的生活和情节，单是那个带看叫克拉柏的狗的兰斯，就比德国一切喜剧的总和还更有价值。"③ 从马克思和恩格斯对拉萨尔剧本的批评以及关于"席勒式"和"莎士比亚化"的论述中，我们可以进一步理解到，他们是一贯主张文艺创作从生活出发，而反对从观念出发的，是一贯主张文艺的倾向性和真实性相统一，而反对倾向性和真实性相分裂的。

三

在批判主观唯心主义的创作方法和倾向的同时，马克思和恩格斯肯定

---

① ［德］拉萨尔：《弗兰茨·冯·济金根》，人民文学出版社1976年版，第9页。
② 《马克思恩格斯选集》第4卷，人民出版社1972年版，第228页。
③ 《马克思恩格斯论艺术》（二），人民文学出版社1963年版，第147页。

和阐明了文艺的真实性原则。真实性是西方美学和文艺理论中早已有之的概念。它是唯物主义美学和文艺理论对文学艺术提出的一个基本要求。由于这个要求较正确地体现了文艺和现实的关系，也较符合文学艺术的特点，所以，马克思和恩格斯也把真实性作为对于文学艺术作品的一个基本要求而予以肯定。他们在《新莱因报·政治经济评论》第四期上发表的书评中，要求作家用伦勃朗的强烈色彩把当时革命派的领导人真实地栩栩如生地描绘出来。两位革命导师写道："在现有的一切绘画中，始终没有把这些人物真实地描绘出来，而只是把他们画成一种官场人物，脚穿厚底靴，头上绕着灵光圈。在这些形象被夸张了的拉斐尔式的画象中，一切绘画的真实性都消失了。"[①] 显然，马克思、恩格斯对于失去真实性的作品是不满意的。他们在各种创作方法中，之所以提倡现实主义的创作方法，主要的也是因为这种创作方法能够真实地反映现实。恩格斯在致玛·哈克奈斯的信中，就充分肯定了"现实主义的真实性"。

马克思和恩格斯在阐述科学的现实主义理论时，对于文艺的真实性也给予了科学的、全面的解释。首先，他们把辩证唯物主义思想运用于文学艺术，科学地阐明了艺术真实与生活真实的关系。恩格斯说"据我看来，现实主义的意思是，除细节的真实外，还要真实地再现典型环境中的典型人物。"[②] 从这个关于现实主义的经典论述中，我们可以理解到现实主义艺术所要求的真实性，不仅要真实地描写生活的细节和面貌，而且要真实地反映生活的本质和规律。只有把真实地反映生活的面貌和本质统一起来，把细节的真实和塑造典型形象统一起来，才能达到高度的艺术真实。哈克奈斯在小说《城市姑娘》中描写了消极、落后的工人形象，他们屈服于命运的摆布，不能自助，也没有表现出任何企图自助的努力。恩格斯认为这种描写没有反映出那个时代阶级斗争的发展规律，也没有反映出无产阶级的革命本质，因而不能成为典型环境中的典型人物，也就不是充分的现实主义的。按照恩格斯的意见，不应当着眼于描写工人阶级生活的消极面，而应当反映"工人阶级对他们四周的压迫环境所进行的叛逆的反抗，他们

---

① 《马克思恩格斯全集》第7卷，人民出版社1959年版，第313页。
② 《马克思恩格斯选集》第4卷，人民出版社1972年版，第462页。

为恢复自己做人的地位所作的剧烈的努力"①，即正确表现工人阶级的革命斗争，这样才能深刻地揭示时代的本质和发展规律，从而也才能使文艺作品中塑造的形象具有高度的真实性和典型性。恩格斯并不否认生活中存在有消极的工人群众，正如他在给哈克奈斯信中所指出："在文明世界里，任何地方的工人群众都不象伦敦东头的工人群众那样不积极地反抗，那样消极地屈服于命运，那样迟钝。"②但是，他认为照搬局部生活中的工人群众落后面的文学作品，是不能真实地再现典型环境中的典型人物的。这就启示我们，艺术的真实和生活事实是有联系而又有区别的。社会生活中存在着异常复杂的现象，有些现象是具有本质意义的，有些现象却不那么具有本质意义。文学艺术要反映生活的本质规律，就要选择那些具有本质意义的现象加以集中概括、典型化，这样才能创造出比普通实际生活更具有普遍意义的高度的艺术真实。

其次，马克思和恩格斯论述了艺术真实性与作家世界观的关系。从他们关于作家、作品的评论中可以看到，他们认为文艺作品的真实性是和作家进步的世界观密不可分的联系着的。只有在进步世界观的指导之下，才有可能真正深刻地反映生活的真实。而作家世界观上的缺陷，又总是限制或损害他们对生活的真实描写。恩格斯在评论"真正的社会主义"的文学时指出："'真正的社会主义'由于本身模糊不定，不可能把要叙述的事实同一般的环境联系起来，并从而使这些事实中所包含的一切特出的和意味深长的方面显露出来。"他们既不能从事实同环境的联系中去揭示它的本质意义，便只好在作品中"枯燥无味地记录个别的不幸事件和社会现象"，以致于歪曲地描写现实关系。这一切，恰恰"是由于他们的整个世界观模糊不定的缘故"③。

最后，马克思和恩格斯指出了艺术真实性与作家生活实践的关系。从他们对现实主义作家的评论们中可以看到，他们认为文艺的真实性是以作家对现实生活的观察、体验、分析、研究为基础的。他们在称赞巴尔扎克的作品描绘出法国社会生活的真实图画时，特别强调巴尔扎克对于现实生

---

① 《马克思恩格斯选集》第4卷，人民出版社1972年版，第462页。
② 《马克思恩格斯选集》第4卷，人民出版社1972年版，第463页。
③ 《马克思恩格斯全集》第4卷，人民出版社1958年版，第237页。

活有着认真的观察和深刻的理解。马克思称巴尔扎克是"以对现实关系具有深刻理解而著名的"①的作家。恩格斯在分析巴尔扎克的思想和创作的关系时,特别称赞他对现实生活的观察和认识如何战胜了他原来的阶级同情和政治偏见,从而使他在作品中真实地反映了现实中各个阶级人物的面貌和本质。恩格斯以精湛的分析说明,巴尔扎克在创作中,不是一味坚持从他头脑中抽象的正统派的政治见解出发,用他的正统派的政治观念去套现实生活中的各种人物,而是坚持从观察和认识到的现实生活出发,严格按照他所"看到了"的现实生活的面貌和规律,按照现实生活中各种人物本身的逻辑,来描写各种不同人物的行为和命运。他从现实中"看到了他心爱的贵族们灭亡的必然性",就严格遵循生活的逻辑,以空前尖锐的嘲笑和空前辛辣的讽刺,"把他们描写成不配有更好命运的人"②。他从现实中"看到了""未来的真正的人",就严格依据历史的真实,以毫不掩饰的赞赏的态度,把圣玛丽修道院的共和党的英雄们描写成"法兰西土地上出生的最高贵的人物"。巴尔扎克能够违反自己原来的阶级同情和政治见解,对生活做出真实的描写,首先当然是由于他的世界观内部矛盾运动的结果,但也同他对现实生活的深入观察和研究有着密切关系。巴尔扎克说:"我搜集了许多事实,又以热情作为元素,将这些事实如实地摹写出来。"又说:"应该进一步研究产生这些社会现象的多种原因或一种原因,寻出隐藏在广大的人物、热情和事故里面的意义。"③可见他是多么重视观察和研究现实生活。恩格斯称巴尔扎克的创作是"现实主义的最伟大的胜利之一",正是对他注重生活实践,认真观察和研究现实生活,并坚持从生活出发进行创作的充分肯定。

马克思和恩格斯坚持对文学艺术的真实性的要求,坚持文艺要真实地描写现实的创作原则,既是尊重文学艺术本身的特点和规律,也是为了更有效地发挥文学艺术对无产阶级革命事业的积极作用,他们都非常称赞优秀的现实主义作品的认识作用和教育作用。马克思称赞英国杰出的现实主义作家狄更斯、萨克莱等"以他们那明白晓畅和令人感动的描写,向世界

---

① [德] 马克思:《资本论》第 3 卷,人民出版社 1975 年版,第 47 页。
② 《马克思恩格斯选集》第 4 卷,人民出版社 1972 年版,第 463 页。
③ 文艺理论译丛编辑委员会编:《文艺理论译丛》1957 年第 2 期,人民出版社 1957 年版,第 11、6 页。

揭示了政治的和社会的真理,比起政治家、政论家和道德家合起来所作的还多"①。恩格斯称赞法国现实主义大师巴尔扎克"在《人间喜剧》里给我们提供了一部法国'社会',特别是巴黎'上流社会'的卓越的现实主义历史",并说:"我从这里,甚至在经济细节方面(如革命以后动产和不动产的重新分配)所学到的东西,也要比从当时所有职业的历史学家、经济学家和统计学家那里学到的全部东西还要多。"②为什么在这些优秀的现实主义作品中所揭示的政治的和社会的真理,甚至所描写的经济细节,比当时资产阶级的政治学家、政论家、道德家、历史学家、经济学家和统计学家都要多呢?就是因为它们真实地、具体地、生动地反映了当时的社会生活。文艺作品只有真实地反映现实生活,才能具有认识价值和教育意义。作品的真实性越强,其认识作用和教育作用就会越大。所以,恩格斯认为,坚持文艺的真实性原则同坚持文艺为无产阶级政治服务是统一的。文艺作品只有"通过对现实关系的真实描写",才能使读者"打破关于这些关系的流行的传统幻想,动摇资本主义世界的乐观主义,不可避免地引起对于现存事物的永世长存的怀疑",从而在当时发挥对无产阶级革命事业的积极作用。

马克思和恩格斯关于文艺的思想倾向性和艺术真实性辩证统一的思想,在美学和文艺理论发展中具有非常重要的意义。它正确地、全面地体现了文艺的一般规律与特殊规律的辩证关系,既指明了文艺必须具有思想教育作用,又指明了文艺反映现实生活的特点和发挥思想教育作用的特殊途径;既指出了作家的立场、世界观对创作的制约作用,又指出了文艺创作必须从生活出发,而不能从观念出发。这一光辉思想,是马克思主义创始人对于以往优秀文艺创作,特别是现实主义文艺创作经验的科学总结,同时也是对未来的无产阶级文艺创作的根本要求。恩格斯在致拉萨尔的信中,提出对未来的戏剧的要求是"较大的思想深度和意识到的历史内容,同莎士比亚剧作的情节的生动性和丰富性的完美的融合"③,这也是革命导

---

① 《马克思恩格斯论艺术》(二),人民文学出版社1963年版,第402页。
② 《马克思恩格斯选集》第4卷,人民出版社1972年版,第462、463页。
③ 《马克思恩格斯选集》第4卷,人民出版社1972年版,第343页。

师对未来的无产阶级文艺的理想。这个理想中,就包含了作品的思想性、真实性、艺术性互相结合的要求。在马克思和恩格斯关于文艺的思想倾向性和艺术真实性相统一的思想中,实际上已具有了无产阶级新的创作方法的萌芽,它对于社会主义文艺创作具有极为重要的指导作用。

(原载于《外国文学研究》1978 年第 2 期)

从西方美学和文艺思潮看"自我表现"说

一

近年来,随着一些新的文艺现象的出现和西方文艺思潮影响的扩大,在美学和文艺理论上也出现了一些新的主张,文艺是"自我表现"的主张就是其中之一。有的文章号召作家"要顽强地表现自己","顽强地表现他自己的一个赤条条的'我'!"[1] 有的诗歌作者宣称:"我成功的诀窍是忠于自己的感情,我就是我","我愿意在诗中表现我自己"。有的文章则明白无误地把文艺"表现自我感情世界"同反映人民生活、表现"时代精神"完全对立起来,并且提到美学高度,称赞"自我表现"的文艺主张是一种"新的美学原则的崛起"[2]。问题既然提得如此明确和尖锐,这就不能不引起我们思索:文艺即"自我表现"说究竟是不是一种"新的美学原则"?这种"美学原则"是否符合文艺的本质和创作规律?它能否作为指导我们今天文艺创作的理论基石?

其实,文艺即"自我表现"的主张,在西方美学和文艺理论中是早已有之的。远的不说,即以 18 世纪末出现的消极浪漫主义来说,就是以"自我表现"作为美学思想核心的。最早的德国消极浪漫主义理论的倡导者施莱格尔兄弟便认为诗是表现诗人无限自由的"自我",而整个世界也就在"自我"之中。奥·施莱格尔有句话:"诗人们始终是自我欣赏者。"[3] 这可推为消极浪漫主义作家的创作格言。19 世纪 50 年代左右,随

---

[1] 《诗人就是要顽强地表现自己》,《淮阴师专学报》1980 年第 4 期。
[2] 《新的美学原则在崛起》,《诗刊》1981 年第 3 期。
[3] 古典文艺理论译丛编辑委员会编:《古典文艺理论译丛》第 2 册,人民文学出版社 1961 年版,第 55 页。

着西欧资本主义的演变，在文艺上也明显出现了颓废主义倾向。颓废主义早期代表之一的法国诗人和文艺批评家波德莱尔主张艺术脱离自然，抒发个人感觉和情欲，尤其是"忧郁""悔恨"的心情，甚至把文艺当作宣泄个人"苦恼"的工具，这可说是"自我表现"说的另一发展。到了19世纪末期以后，西方自由资本主义开始向垄断资本主义过渡，社会矛盾更加深化，精神危机日益严重，各种现代主义文艺思潮和流派应运而生。现代主义文艺思潮名目繁多，各种流派在创作的内容和表现手法上也各有特点，所起的作用也相当复杂，不能一概而论，需要具体分析。但是，从美学思想上来说，它们又有共同之处。其中很突出的一点，就是它们都毫无例外地把"自我表现"当作指导创作的理论基石。它们否认客观世界的真实性，认为只有作家的主观世界才是唯一真实的。因此，在文艺创作上片面强调表现作家的主观意识、自我感受和内心生活，用主观意识代替客观现实，用表现自我代替反映生活。这种美学思想，从象征主义、表现主义到超现实主义以及其他各种现代派、抽象派艺术，可以说是愈演愈烈。与上述各种文艺思潮的发展相联系，在美学理论上，叔本华认为艺术是意志客观化的表现，尼采主张艺术家要高度的扩张自我、表现自我，柏格森把艺术看作"生命的冲动""心灵状态的表现"，克罗齐鼓吹"艺术即直觉即表现"，弗洛伊德提出"艺术是性的本能和情欲的升华"……所有这些，在某种意义上说，都是文艺即"自我表现"说的变种。由此可见，今天被某些文章当作"新的美学原则"来大加宣扬的文艺是"自我表现"的主张，根本不是什么"新"的发明创造。实际上，它不过是西方某些类似美学理论和文艺思潮"旧调重弹"罢了。

为什么有的文章把"自我表现"这种陈旧的美学理论当作"新的美学原则"来提倡呢？如果说这仅仅是由于对历史不了解，那就不完全符合实际。有的作者接受并宣扬这种美学原则，并不是为了要进行纯理论的探讨，而是要从这种美学原则中，寻找医治过去文艺创作中存在的"弊病"的万灵药方，提出今天所谓"艺术革新潮流"的理论根据，以鼓励作家去"探求那些在传统的美学观看来是危险的禁区和陌生的处女地"。总之，他们是选中了"自我表现"这个美学原则来作为"突破""传统的美学原则"或"与传统的艺术习惯作斗争"的理论武器。请看下面这段话："崛起的青年对我们传统的美学观念常常表现出一种不驯服的姿态。他们不屑于作时代精神的号筒，也不屑于表现自我感情世界以外的丰功伟绩。他们甚至于回避去写那些我们习惯了的人物的经历、英勇的斗争和忘我的劳动的场景。他们和我们五十年代的颂歌传统和六十年代战歌传统有所不同，不是直接去赞美生活，而是追求生活溶解在心灵中的秘密。"① 作者在这里将"自我表现"的美学原则和"传统的美学观念"显著对立起来，含义十分明白。原来他们所要突破的"传统的美学原则"或"艺术习惯"，就是指文艺要反映人民的生活、赞美和歌颂人民的丰功伟绩、抒发人民的思想感情、体现出时代精神等社会主义文艺创作的基本美学原则。作者对我国革命文艺的现实主义美学传统，采取了一种虚无主义的态度，宣称它表现了旧的"艺术习惯的顽强惰性"，"成了思想解放和艺术革新的障碍"。这显然是对沿着革命现实主义美学传统前进的我国社会主义文艺发展的历史和现状的曲解，是一种非常偏激的看法，这和当前西方美学和文艺理论中某些否定现实主义传统，认为现实主义已经过时了，不再适合今天时代的需要了之类的论调，在思想上倒是合拍的。

毫无疑问，社会主义文艺必须不断适应时代变化和需要进行变革和创新。但是，一种美学理论、文艺思潮、创作方法在性质上的"新"与"旧"，并不是以个别美学家、理论家、艺术家的个人意志为转移的。文艺作为一种社会意识形态，它的发展终归要受到社会生活的制约。同时它也有自己反映社会生活的客观规律。美学和文艺理论性质上的"新"与"旧"，也只能以它是否符合时代社会生活的前进步伐，是否符合文艺本身的客观规律作为客观标准。如果我们对西方美学和文艺思潮中"自我表现"说的基本特点加以考察，再联系某些作者鼓吹"自我表现"的论点加以分析，那么，我们就可以明白这种"美学原则"完全违背了文艺和社会生活的关系与文艺本身的客观规律，在文艺与现实、作家和人民、世界观与创作等相互关系问题上，都作了错误的回答。对于社会主义文艺发展和创作实践来说不仅不具有创新意义，而且会形成严重障碍。

二

西方美学和文艺思潮中的"自我表现"说尽管形式不同，但其共同

---

① 《新的美学原则在崛起》，《诗刊》1981年第3期。

的、主要的特点,就是割裂文艺创作中主观与客观的关系,把文艺表现作家主观"自我"与反映客观现实对立起来,从而否认社会生活是文艺的根本来源。西方文艺中力主表现"自我"的消极浪漫主义美学观点,是在德国古典哲学的主观唯心主义思想影响下形成的。德国古典哲学家费希特进一步发展了康德的主观唯心主义哲学,强调"'自我'是世界的创造者","自我"是唯一的实在。他根本否认客观世界的存在,认为一切存在物都在"自我"之中,"除了你所意识到的东西以外,决不存在任何其他的物。你自己就是这种物……你在你之外所见到的一切,总是你自己"①。消极浪漫主义理论的最初创导者弗·施莱格尔就是从费希特这个"自我"出发来建立他的美学理论的。他提出"浪漫式的滑稽态度"说,认为艺术家的"自我"高于一切、创造一切。对此,黑格尔在《美学》中曾经批判说:"如果按照滑稽说,艺术家就是自由建立又自由消灭一切的'我',对于这个'我'没有什么意识内容是绝对的和自为自在的,而只显现为由我自己创造并且可以由我自己消灭的显现(外形),如果照这看……严肃的态度就不能存在,因为除掉'我'的赋与形式作用以外,一切事物都没有意义。"②

　　消极浪漫主义者强调"自我"的独立性,把作家"自我"抬高到客观现实之上,认为"自我"无所不包,无所不能,可以独往独来,任意创造一切。文学艺术就应当以表现这种"自我"为中心。如弗·施莱格尔说,文艺尽管包罗万象,但其实只是"完美地表现作者本人的灵魂";"许多艺术家虽然不过存心只写一部长篇小说,实际上描绘了自己本人"。③ 这就是把文艺的一切内容仅仅归结为作者自己主观意识的表现。他还强调作家表现"自我"是自由的、无限的,可以"任凭兴之所至"表现一切,完全不需要受客观现实和客观规律的约束,这就更是把作家的主观"自我"凌驾于客观现实之上了。消极浪漫主义作家有的宣称好诗的标准只能"从内心去找",有的鼓吹"诗的核心或中心应该在神话中和古代宗教神秘剧中去寻找",这就否定了客观现实生活是文艺的根本来源。许多消极浪漫主义作家无视现实生活的发展,仅仅龟缩在个人内心世界之中,从"自我"出

---

① [德] 费希特:《人的使命》,梁志学等译,商务印书馆1982年版,第60页。
② [德] 黑格尔:《美学》第1卷,朱光潜译,商务印书馆1979年版,第78页。
③ 古典文艺理论译丛编辑委员会编:《古典文艺理论译丛》第2册,人民文学出版社1961年版,第53页。

从西方美学和文艺思潮看"自我表现"说

发进行创作。于是他们的作品便只能歌颂黑夜，歌颂死亡；赞美孤独，赞美天国；充满了厌弃生活、逃避现实的颓丧情绪。正如高尔基所说，它"使人逃避现实，徒然堕入自己内心世界的深渊，堕入'不祥人生之谜'、爱与死等思想中去"①。这正是反映了当时一些消极浪漫主义者固守没落的封建贵族立场，逆历史潮流而动，向往退回到封建中世纪生活的思想情绪。由此可见，"自我表现"作为一种与反映现实相对立的美学原则，当它在消极浪漫主义文艺思潮中体现出来时，就是建立在主观唯心主义哲学基础之上，并同文艺中背离历史发展和时代潮流的思想倾向相适应的。

作为消极浪漫主义在理论上的回光返照，同时又为现代主义文艺思潮提供理论基石的，是克罗齐的美学理论。克罗齐提出了"艺术即直觉即表现"的公式。在他看来，艺术不是客观现实的反映，而是由"直觉"这种特殊的心灵活动所创造的。"直觉"的来源不是客观生活，而是主观情感。只有经过"直觉"的创造，才形成表现主观情感的意象。故直觉就是抒情的表现，就是美，就是创造、欣赏，也就是艺术。显然这是把艺术完全归结为主观，否认了它与客观现实生活的联系；同时，也剥夺了文艺的理性内容，而把艺术降低到表现个人最低级的感性印象和霎时的主观感情，以致否定艺术有任何认识价值和思想意义。这种美学理论反映出西方社会矛盾激化情况下，艺术脱离社会生活和自囿于作者个人感受的小天地的消极没落情况，它对西方现代美学和艺术的发展影响特别大。

西方现代主义文艺思潮各流派所提出的艺术主张，它们和克罗齐的美学理论可以说是一脉相承的。虽然有些现代派艺术中使用的表现手法和艺术形式因素，对我们也不无可以借鉴之处，但它们提出的基本美学思想却是不能照搬的。因为它们基本上都是把作家的主观凌驾于客观世界之上，否认文艺是客观现实的反映，片面强调文艺是主观意识的表现，是个人心灵的创造。如象征派认为文艺是主观神秘境界的象征，超现实主义主张文艺是潜意识的发露，意识流作家主张用"心理的现实"代替客观的现实，要求"沉思默想的现实""独立发言"等等，这些艺术主张可以说都是建立在主观唯心主义的哲学基础之上的。许多现代派作家公开表示要彻底摆脱文艺反映现实的传统美学观念，赋予精神力量以新的生命，实际上，也

---

① [苏] 高尔基：《论文学》，孟昌等译，人民文学出版社1983年版，第163页。

就是主张无限夸大和膨胀主观"自我"在创作中的作用。在他们看来，客观现实生活并不是文艺反映的对象和来源，而不过是可以用来表现主观意念、能够随意加以曲解的"物质形式"。

文艺究竟是客观现实的反映，还是主观意识的表现？作家进行创作是从现实生活出发，还是从主观"自我"出发？这不是什么写作方法问题，而是如何看待文艺与现实、作家主观与客观关系的根本原则问题。西方美学和文艺思潮中的"自我表现"说正是在这个根本问题上，暴露了它的唯心主义的实质。今天，有的作者宣扬文艺是"自我表现"，同样也是对这个根本问题作了错误的回答。如有的文章公开主张文艺不要反映客观世界，而认为它的"新大陆就在我们自身"；有的作者只讲创作要"忠于自己的感情"，忠于"主观自我"，却不谈要忠于客观现实生活；还有的文章干脆主张作家不要"表现自我感情世界以外的"一切，只以追求个人"心灵中的秘密"为目标。所有这些观点，都是把作家的主观"自我"同客观现实加以割裂和对立起来，片面主张文艺创作要从主观"自我"出发。

我们并不否认作家的主观意识在文艺创作中具有重要作用。文艺反映生活不是消极的、被动的，而是积极的、能动的。作家的主观意识、思想感情、审美观点始终制约着他对生活的认识、评价和表现。但是，能否因此就可以把文艺归结为"自我表现"，而认为创作必须从主观自我出发呢？绝对不可以。作家的主观意识和自我心灵归根到底还是被现实生活所决定的，它不能代替现实生活成为文艺的来源，也不能脱离现实生活孤立地依靠自我去进行文艺创造。文艺创作实践早已证明，如果脱离了现实生活，单靠作家的主观意念是无法进行文艺创作的；即使勉强挤出来，也只能是内容空洞、虚假，甚至是歪曲现实的赝品。有的文章认为只有让作家"顽强地表现自己"，才能克服创作中的公式化、概念化的倾向。这只能说是一种天真的想法。事实上，公式化、概念化的作品正是由于不是从现实生活出发，而是从主观意念出发才造成的。鲁迅曾多次批评文艺创作中"以意为之""凭空创造"的做法。他认为那些凭空创造的人物"不过一个傀儡，她的降生也就是死亡"[①]。足见要求文艺创作从自我出发，进行"自我表现"，在理论上是错误的，在实践上也是有害的。

[①] 鲁迅：《且介亭杂文二集》，人民文学出版社1973年版，第21页。

我们也不否认文艺作品要表现作家自己的思想感情,更不否认抒情性作品(特别是抒情诗)具有直接抒发作者内心感情的特点。文艺对现实的反映是一种审美的反映,作家在反映客观现实时,不可能不表现主观的评价。作家对生活的认识和评价,他的思想感情,通过作品对生活的描写和形象的塑造,必然会这样那样地流露出来。抒情性的作品常常以作家的自我感情作为描写对象,通过直接抒写自己的内心感受和情感,塑造出抒情性的艺术形象。过去,有的同志忽视抒情作品的特点,笼统地反对抒情诗中表现诗人自我的形象,压制作家抒发内心的感情,这当然是违背艺术规律的。但是,我们不能从一个极端走向另一个极端,把强调文艺作品抒发作家的思想感情同反映现实生活对立起来,认为"文艺的新大陆就在我们自身",作家只能表现自己,不能表现"自我感情世界"之外的一切。实际上,文艺表现作家的思想感情、抒写自我内心世界,也只能是文艺反映现实生活的一个方面,不能把它和文艺反映现实生活对立起来,也不能用它去代替文艺反映整个的现实生活,排斥文艺需要反映人民的生活和思想感情。文艺作品固然可以而且也需要表现作家的"自我感情",但并不是任何表现作家"自我感情"的作品都是好的。文艺史上消极浪漫主义作品和积极浪漫主义作品都强烈地表现着作家的主观感情,但它们的意义、成就和作用,却是很不一样的。这区别就在于后者表现的主观感情是真实地反映现实生活,符合时代生活的发展趋势和人民愿望的;而前者表现的主观感情是不符合现实生活的本质真实,违背时代生活的发展趋势和人民愿望的。所以,后者是积极的、进步的,而前者则是落后的、颓废的。当代西方符号学美学的代表苏珊·朗格虽然强调艺术是情感的表现,她却强烈反对艺术仅仅表现作家个人的自我情感。任何优秀的诗人和作家、艺术家,他所表现的个人感情都不能脱离生活、脱离时代、脱离人民,而总是植根于社会生活和时代潮流之中,和先进阶级及人民群众的思想感情有着不同程度的联系的。别林斯基说:"没有一个诗人能够由于自身和依赖自身而伟大,他既不能依赖自己的痛苦,也不能依赖自己的幸福;任何伟大的诗人之所以伟大,是因为他的痛苦和幸福深深植根于社会和历史的土壤里,他从而成为社会、时代以及人类的代表和喉舌。只有渺小的诗人们才由于自身和依赖自身而喜或忧;然而,也只有他们自己才去谛听自己小鸟般的歌唱。"① 所以,任何诗人和作家要创作出具有深刻社会意义和动人心弦的艺术作品,仅仅"忠于自己的感情",从主观自我出发去进行"自我表现"是不行的。他必须从客观现实和人民生活出发,使自己要抒发的思想感情同时代发展的要求以及人民群众的思想愿望紧密地联系起来,通过具有个性特色的自我内心世界的抒写,表达出人民的思想感情和时代的精神。如果把文艺"表现自我"同反映时代生活、"抒人民之情"对立起来,引导诗人和作家从主观出发,脱离现实、脱离人民,把自己封锁在"自我感情世界"以内的小天地里,咀嚼着"个人的悲欢",发泄着个人的愤懑,那就只能使我们的文艺背离时代和人民的要求,走上歧路。

三

西方美学和文艺思潮中"自我表现"说的另一个重要特点,是否定文艺创作中的理性作用,强调文艺要表现作家个人的直觉、幻觉,描写人的本能和下意识,从而也就取消了先进思想对文艺反映现实的重要指导意义。

西方美学自康德以后,直觉主义、反理性主义的倾向越来越突出。德国古典美学家费希特、谢林都大谈审美直觉和艺术创作中的无意识活动,并且把这种现象用唯心主义观点加以曲解,使其神秘化。这对当时的消极浪漫主义文艺思潮产生了很大影响。消极浪漫主义作家强调以神秘的、直觉的眼光看待人生和自然,排斥理性认识在创作中的作用,从而使他们的作品中表现的自我感情和幻想,几乎都具有某种神秘主义的、不可理解的性质。德国消极浪漫主义作家诺瓦里斯就公开主张"诗人在无意识状态中出现",并认为创作中"想象的基本规律和逻辑的规律是对立的"。② 他的诗歌把梦看成现实,把生活看成梦,表现出中世纪神秘的朦胧境界,充满了反理性的大胆的幻想。歌德在和爱克曼的谈话中,把当时德国的消极浪漫主义文艺称作"病态的"文艺。实际上,在消极浪漫主义提倡"自我表现"的文艺思想中,已经包含有后来在现代主义文艺思潮中大加发展的写

---

① 《别林斯基论文学》,梁真译,新文艺出版社1958年版,第26页。
② [苏]伊凡肖娃:《十九世纪外国文学史》第1卷,杨周翰译,人民文学出版社1958年版,第359页。

变态心理、下意识活动的因素。

对西方现代主义文艺思潮的形成起着重大影响作用的是尼采、弗洛伊德、柏格森等人的反理性主义的哲学、心理学和美学思想。尼采是唯意志论者。他认为用理性去认识世界是根本不可能的。柏格森进一步发展他的反理性主义的哲学思想，提出"直觉主义"。他所谓"直觉"，是指一种排斥理性分析而不可言传的内心体验，他认为只有凭这种"直觉"才能认识真理，创造美和艺术。所以他主张艺术家要凭"直觉"去打开理性的外壳，"表现心灵状态"。弗洛伊德在分析人的心理现象时，把非理性的情绪、本能和欲望提到首要地位，认为它是决定一切行为的动力。而艺术创造就是被排除到无意识中而未得到满足的本能和欲望（特别是性欲）产生升华的结果。基于这种看法，弗洛伊德强调艺术要表现无意识活动，认为"无意识才是精神的真正实际"。上述各种反理性主义的美学思想，使现代主义文艺思潮中的"自我表现"说获得了新的理论武装，引导现代派作家努力去开掘和描写个人直觉、下意识领域及梦幻世界。如超现实主义者在他们的《宣言》中就把"超现实主义"解释为"纯粹的精神无意识活动"，没有任何理性的控制，并宣称超现实主义艺术要"挖掘新的心灵世界，将机运、疯狂、梦幻、错觉、偶然灵感或无意识本能等所提供的下意识主题，用形状表现出来"[①]。为此，他们主张作家要通过对晕头晕脑时的自我的探索，挖掘个人心灵世界的混沌和紊乱状态，进而找到深埋在心底的未开发地区，打开这座被理性禁锢的私人"牢房"。这就将"自我表现"说的反理性主义性质暴露无遗了。

我们认为，西方美学和文艺思潮中"自我表现"说所鼓吹的反理性主义创作思想，是违背文艺反映现实的客观规律的。文艺要真实地反映现实，不仅要描绘现实的现象，而且要反映现实的本质。所以这种能动的反映不能仅仅停留在感性直觉上，而必须进到理性认识；否则文艺就不可能通过现象反映本质，通过个别表现一般，创造出真实、典型、优美的艺术形象。如果认为文艺只是表现直觉、下意识和无意识，与理性认识无关，那就会否定世界观对文艺创作的作用，并且导致歪曲现实生活。可惜的是，有的作者在强调文艺要表现"自我"时，竟不加分析地把这种非理性

[①] 《现代派美术作品集》，上海译文出版社1981年版，第32页。

主义的艺术观点搬来作为立论的根据。"新的美学原则"的提倡者十分强调在艺术创作中"自发"的"潜意识或下意识"起着主要作用。他们认为文艺创作"光凭自觉意识就是光凭概念",所以一定"要和那'不由自主的''自发的'潜意识打很久的交道",摆脱自觉意识的影响才行。同时他们又认为"艺术的感情色彩使它有一种'不由自主的''自发的'一面,这一面有时还占着优势'"①。显然,这都是片面强调文艺创作中作家的潜意识和自发性,而忽视以致抹杀作家的自觉意识和理性思想在创作中的决定作用。

诚然,艺术是不能"光凭概念"的,它运用的是形象思维。形象思维虽然具有不脱离对具体形象的把握和审美直觉的特性,但它并不仅仅是对生活的感性直觉的反映,不是排除理性认识和思想的作用的。恰恰相反,形象思维同样也是一种理性活动。它的特点在于通过个别反映一般,通过现象反映本质,因而也就是一种始终不脱离感性认识的理性认识活动。形象思维就其本质来说,就是对现实的审美认识。它在对现实的感性把握中,渗透着对现实的理性的理解因素和思想因素。只不过作家这种对生活的理解和思想成分是渗透在对生活的形象感受之中,溶化在对生活的形象描写之内,和艺术的感知、想象、情感活动互相交融在一起,不着痕迹地起作用罢了。中国古代诗论中所谓"不涉理路,不落言筌","羚羊挂角,无迹可求"等等,用科学的艺术认识论来说明,其实都是讲的艺术创作中的理性因素溶化在其他成分中,不着痕迹地起作用的特点,并不是一种非理性、非自觉意识的神秘精神活动。高尔基说,艺术中完美的形象"都是理性和直觉、思想和感情和谐地结合在一起而创造出来的"②。这可以说是形象思维的基本规律。如果置文艺创作的客观规律于不顾,片面强调文艺创作的自发性、非理性,甚至把文艺降低为下意识、潜意识活动,那就不可能对现实做出正确反映,就不可能创造完美的形象,就会忽视以致取消艺术的思想意义。

我们也承认艺术是有"感情色彩"的,却不同意说作家所表现的感情是"不由自主的""自发的",是一种下意识和潜意识活动。诚然,作家的

---

① 《新的美学原则在崛起》,《诗刊》1981 年第 3 期。
② 《高尔基选集·文学论文选》,孟昌等译,人民文学出版社 1958 年版,第 327 页。

感情不能等同于认识，等同于思想；但是，任何感情都是伴随着认识的，是受思想支配和影响的。感情是人对客观事物的态度的一种反映。人对客观事物采取什么态度，决定于现实事物对人具有什么样的意义。所以，感情要以对现实事物的认识作为前提。作家和诗人的爱与憎，喜和忧，都不是主观自生的，而是由客观现实引起的。它只能产生于对客观现实的认识和感受过程之中，因而也必然不能脱离思想的支配和影响。在艺术审美和形象思维中，理智与感情是辩证统一的。在西方当代美学家中，苏珊·朗格虽然强调艺术是情感的表现，但她也明确指出艺术中情感和认识、理解是联系在一起的，艺术作为"情感的逻辑表现"，是情感的理智化，实质上也是理智性的、认识性的。忽视艺术中感情的表现固然不对，但认为作家的感情是自发的、无意识的，与理性思想和自觉意识无关也是不正确的。至于有的文章不仅主张文艺要表现自发感情，而且还强调要表现自我"原始的冲动和情绪"，那就和西方非理性主义文艺思想划不清界线了。这样做，必然会取消马克思主义世界观对文艺创作的指导作用，否定作家的自我感情必须建立在当代先进思想的基础之上，使各种不正确、不健康的思想感情在创作中大肆泛滥。

早在半个世纪以前，伟大的革命家、思想家、文学家鲁迅就要求前进的艺术家明白"作品和大众不能机械地分开"。他说："以为艺术是艺术家的'灵感'的爆发，像鼻子发痒的人，只要打出喷嚏来就浑身舒服，一了百了的时候已经过去了，现在想到，而且关心了大众。"[①] 我们的文艺是革命的文艺、人民的文艺，不是纯粹个人的事业。革命的文艺家绝不能仅仅把作品看成是个人的自我表现。他们应该深入群众，联系群众，使自己的思想感情和人民群众的思想感情打成一片，把自己当作群众的忠实的代言人，只有这样，他们才不至于辜负时代和人民的要求，他们的工作才有意义。

（原载于《文艺研究》1982年第1期）

---

① 鲁迅：《且介亭杂文》，人民文学出版社1973年版，第15—16页。

形象思维与文艺创作

毛泽东同志在给陈毅同志谈诗的一封信中指出:"诗要用形象思维,不能如散文那样直说,所以比、兴两法是不能不用的。"这里对于形象思维的科学论断,不仅阐明了诗歌创作的特点和规律,而且概括了整个文学艺术的特点和创作规律,是对马克思主义的认识论和文艺理论的又一重大贡献。它对于发展马克思主义文艺科学,繁荣社会主义文艺创作,都具有极其深远和重大的意义。

形象思维的问题是文艺科学中一个重要而又复杂的理论问题。本文试就形象思维的一般性质和基本特点、文艺创作中形象思维的过程、形象思维与逻辑思维的关系等问题,谈一点初步的学习体会。

一

形象思维是文学家、艺术家在认识和反映现实的过程中所运用的一种思维方法。这种思维方法,既遵循思维的一般规律,又具有自己的特点。

马克思在《〈政治经济学批判〉导言》中指出:"整体,当它在头脑中作为被思维的整体而出现时,是思维着的头脑的产物,这个头脑用它所专有的方式掌握世界,而这种方式是不同于对世界的艺术的、宗教的、实践—精神的掌握的。实在主体仍然是在头脑之外保持着它的独立性;只要这个头脑还仅仅是思辨地、理论地活动着。"[①] 人们认识和掌握世界,可以有不同的思维方式。哲学家、科学家"思辨地、理论地"对待现实,要用逻辑思维;文学家、艺术家从艺术上去掌握世界,要用形象思维。不论是逻辑思维,还是形象思维,都是人们的一种思维活动,都必须遵循思维的

---

① 《马克思恩格斯选集》第2卷,人民出版社1972年版,第104页。

共同规律。列宁说:"唯物主义和自然科学完全一致,认为物质是第一性的东西,意识、思维、感觉是第二性的东西。"① 形象思维和逻辑思维都是人脑对客观现实的反映,都来源于人们的社会实践。唯心主义哲学家否认形象思维是客观现实的反映。客观唯心主义者黑格尔把形象思维看作由超然于客观事物之外的"绝对理念"发展出来的一种形式;主观唯心主义者康德认为艺术的创造来源于作家与生俱来的"天才"和"灵感",因而都不能正确地揭示艺术创作的规律。另外,思维是人的认识的深化,是认识过程的理性阶段。毛泽东同志在《实践论》中科学地阐明了基于实践的由浅入深的辩证唯物论的关于认识发展过程的理论,指出认识过程有感性认识和理性认识两个阶段。他说:"认识的真正任务在于经过感觉而到达于思维,到达于逐步了解客观事物的内部矛盾,了解它的规律性,了解这一过程和那一过程间时内部联系,即到达于论理的认识。"② 形象思维和逻辑思维都要从感性认识跃进到理性认识,都可以而且应该反映客观事物的本质和内部规律性,在总的认识过程上,它们是具有共同性的。唯心主义美学家克罗齐把形象思维和逻辑思维截然对立起来,认为形象思维就是单纯感觉式的"直感",否认理性在艺术创作中的作用,必然导致取消艺术的思想意义。

形象思维和逻辑思维虽然有共同的规律,但是作为两种不同的思维方法,它们又各有自己特殊的性质。逻辑思维和形象思维都要反映现实的本质和规律,但它们用于反映现实本质和规律的具体方式是不同的。逻辑思维是从现实中个别的、具体的事物中,抽象出它们的本质和规律,得出一般的法则,造成概念和理论的系统,以抽象的、一般的方式直接把事物的本质和规律揭示出来。形象思维虽然也要从现实中个别的、具体的事物中,概括出它们的本质规律,但不是造成抽象的概念和理论的系统,而是要选择、集中、概括那些具有本质意义的个别的具体的生活现象,塑造出鲜明生动而又有概括性的艺术形象,以具体的、个别的方式把现实生活的本质和规律体现出来。

逻辑思维和形象思维都要从感性认识上升到理性认识,但是认识深化

---

① [苏]列宁:《唯物主义和经验批判主义》,人民出版社1960年版,第32页。
② 《毛泽东选集》一卷本,人民出版社1991年版,第262—263页。

的具体方法是不同的,在认识深化的过程中对具体感性材料的处理方式也是不同的。在逻辑思维的过程中,科学家从感性认识进到理性认识,要舍弃具体感性的材料,舍弃具体的、个别的生活现象和细节,通过抽象化的方法,形成反映事物本质和内部规律性的概念和理论。概念和理论具有抽象性的特点,它是客观事物的间接反映,不是直接反映外界对象的具体的原型,它只从各种事物和现象中抽象出一般的、主要的、共同的本质,而舍弃了事物和现象的个别的、次要的、具体的特征。在形象思维的过程中,作家从感性认识进到理性认识,也要概括出事物和现象的一般的、本质的特征,但是这种概括并不是舍弃一切具体感性材料,舍弃事物的个别特征和生动细节,而是一方面排除那些非本质的、芜杂的生活材料;另一方面却挑选、提炼、集中、生发具有本质意义的具体感性的生活现象和细节,通过典型化的方法,创造出概括性和具体性、共性和个性相统一的艺术形象。所以,在形象思维的过程中,作者对丰富的感觉材料加以"去粗取精、去伪存真、由此及彼、由表及里"的改造制作工夫,是始终不脱离具体感性形象的。作家在从理性上认识生活现象的本质意义的同时,也对体现本质意义的生活现象进行着选择、提炼、集中、概括的工作。这也就是鲁迅谈到自己的小说创作时所说的:"历来所见的农村之类的景况,也更加分明地再现于我的眼前"[1];"先前所见所闻的她的半身事迹的断片,至此也联成一片了"[2]。鲁迅还说:"所写的事迹,大抵有一点见过或听到过的缘由,但决不全用这事实,只是采取一端,加以改造,或生发开去,到足以几乎完全发表我的意思为止。"[3] 这里所说的对所见所闻的生活事实进行"采取""改造""生发",使其充分体现作者对生活意义的认识的方法,也就是文学创作中形象思维的方法。

综上所述,形象思维的基本特点是理性的思维和感性的形象的有机的统一。它既是不脱离具体感性的形象的理性认识过程,又是不脱离理性认识的艺术形象的酝酿和塑造过程。

为了更好地了解形象思维的这个基本特点,研究一下我国古代文学理

---

[1] 《鲁迅全集》第 7 卷,人民文学出版社 1956 年版,第 632 页。
[2] 《鲁迅全集》第 2 卷,人民文学出版社 1956 年版,第 10 页。
[3] 《鲁迅全集》第 4 卷,人民文学出版社 1956 年版,第 394 页。

论批评著作中对诗歌创作方法的论述是很有益处的。毛主席在论述写诗"要用形象思维"时，特别提出"比、兴两法是不能不用的"。可见诗歌中比、兴的手法，也就是形象思维的一种方法。我国古代不少文学评论在阐述诗歌创作中比、兴两法的含义时，往往都接触到文学创作中思维的特点。皎然说："取象曰比，取义曰兴，义即象下之意。"①刘勰说："且何谓为比？盖写物以附意，扬言以切事者也。""夫比之为义，取类不常：或喻于声，或方于貌，或拟于心，或譬于事。"②钟嵘则把兴、比、赋三者综合起来说："文已尽而意有余，兴也；因物喻志，比也；直书其事，寓言写物，赋也。宏斯三义，酌而用之……使味之者无极，闻之者动心，是诗之至也。"他认为运用这种创作方法，才能使作品成为"指事造形，穷情写物，最为详切者"③。这些论述，在解释比、兴两法的含义时，都很注重诗歌创作要写物附意，因物喻志，以象表义，穷情写物，就是说，要把描绘具体事物和形象同揭示生活的意义、表达作者的思想感情有机地结合起来，以创造出鲜明生动、深刻感人的诗歌意境。我国古典诗歌创作理论还辩证地阐述了诗人在创作中写景与抒情的关系。刘勰说，作家在进行创作时，"睹物兴情""情以物兴""物以情观"④，把自然景物的描绘和思想感情的抒发水乳交融在一起。王船山说："不能作景语，又何能作情语邪？古人绝唱多景语，……而情寓其中矣。以写景之心理言情，则身心中独喻之微，轻安拈出。"⑤ 要求寓情于景，以景抒情，情景交融，这是我国古代诗歌创作的美学传统。上述优秀的古典诗歌理论，都体现了诗歌创作中形象思维的基本特点：理性的认识和感性的形象的有机统一。如果没有鲜明生动的艺术形象，那么诗人的思想感情就失去了依托；如果没有深刻感人的思想感情，那么诗中的形象描绘也失去了意义。只有运用形象思维方

---

① 北京大学哲学系美学教研室编：《中国美学史资料选编》上册，中华书局1980年版，第282页。
② （南朝）刘勰著、范文澜注：《文心雕龙注》（下），人民文学出版社1962年版，第601—602页。
③ 北京大学哲学系美学教研室编：《中国美学史资料选编》上册，中华书局1980年版，第213页。
④ （南朝）刘勰著、范文澜注：《文心雕龙注》（上），人民文学出版社1962年版，第136页。
⑤ 北京大学哲学系美学教研室编：《中国美学史资料选编》下册，中华书局1980年版，第278—279页。

法，把描绘鲜明、生动的形象和表达深刻感人的思想有机地结合起来，从描绘具体形象中发掘深广的意义，抒发动人的感情，才能引起读者反复咀嚼、回味，产生强烈的艺术感染力。

由于在形象思维过程中，作家理性的思维活动始终不脱离具体感性的形象，并且是以创造鲜明生动的艺术形象为目的，所以，在这里，想象具有特别突出的意义。毛主席说自己写诗时"浮想联翩"，正是讲的形象思维过程中想象的活跃。诗歌中比、兴两法，都离不开对具体事物的联想和想象。陆机在《文赋》中说作家在创作构思中"精骛八极，心游万仞"，"笼天地于形内，挫万物于笔端"①；刘勰在《文心雕龙》中说作家的创作构思能"思接千载""视通万里"，达到"神与物游"②，都是强调想象在创作中的作用。高尔基说："作家需各式各样地想象自己底观察和印象、思想和生活经验等而将它们装进各种的形象、情景和性格里去。"③ 在形象思维过程中，作家塑造人物形象，不仅要想象出人物的声音、笑貌、服饰、风度，而且要深入人物的灵魂深处，透视、剖析他们的内心活动，预见到人物在某种条件下思想行动的必然规律。鲁迅说：作家创造人物要"静观默察，烂熟于心，然后凝神结想，一挥而就"④。如果离开想象，那是根本无法做到的。所以，如果不借助于想象，形象思维就飞腾不起来。正是在这个意义上，高尔基强调"艺术是靠想象而存在的"⑤。他认为想象"主要是用形象来思维，是'艺术的'思维"⑥。

为了正确地了解形象思维的性质和特点，必须反对两种片面认识。一方面，必须反对那种把形象思维的特点绝对化，否认它具有思维的共同规律的片面理论；另一方面，又必须反对那种否定形象思维的特点，以一般规律代替特殊规律的片面理论。过去，有的人把形象思维论说成是"一个反马克思主义的认识论体系"，是"现代修正主义文艺思潮的一个认识论基础"，根本否定形象思维的特点和存在，这是不符合事实的，应当予以澄清。

---

　　① 北京大学哲学系美学教研室编：《中国美学史资料选编》上册，中华书局1980年版，第156页。
　　② （南朝）刘勰著、范文澜注：《文心雕龙注》（上），人民文学出版社1962年版，第493页。
　　③ ［苏］高尔基：《给青年作者》，以群等译，中国青年出版社1955年版，第71页。
　　④ 《鲁迅全集》第6卷，人民文学出版社1956年版，第423页。
　　⑤ 《高尔基选集·文学论文选》，孟昌等译，人民文学出版社1958年版，第47页。
　　⑥ ［苏］高尔基：《论文学》，孟昌等译，人民文学出版社1983年版，第160页。

二

作家、艺术家进行文艺创作的整个过程，都是用形象思维认识和反映社会生活的过程。这个过程是一个概括化和具体化辩证统一的复杂过程；对于优秀的文艺创作来说，就是一个典型化的过程。

作家、艺术家通过深入生活，观察、体验、研究、分析一切人，一切阶级，一切群众，一切生动的生活形式和斗争形式，一切文学和艺术的原始材料，掌握和积累了大量的、丰富的生活素材，其中一些现象、人物、事件吸引着他、感动着他。当作家运用形象思维对这些生活素材进行艺术加工时，一方面对吸引、感动着他的生活现象进行深入的思考，努力探索和发掘蕴藏在其中的深刻的社会意义；另一方面便对大量的丰富的人物、事件进行着比较、选择、提炼，舍弃那些偶然的、次要的、没有意义的现象，选取那些富有特征的、主要的、最有意义的人物、事件和细节，加以集中、缀合、改造、生发。这样，对生活的概括化和具体化有机结合，互相交织，一方面作品的主题思想越来越明确和深刻；另一方面作品的人物、情节以致整个生活图画也越来越具体和典型。拿歌剧《白毛女》的创作过程来说，作者在和农民共同的战斗生活中，亲自参加了贫雇农和地主之间的斗争，掌握了关于农村阶级斗争的许多生活材料，同时，还收集到了在晋察冀边区某地流传的"白毛仙姑"的故事。作者听到了这个故事以后，被它深深感动。但这个生活故事究竟包含着什么样的意义呢？一开始，有人觉得这是一个没有意义的"神怪"故事，另外有人说倒可以作为一个"破除迷信"的题材来写。后来，作者又反复仔细地研究了这个故事，终于抓取了它更积极的意义——表现两个不同社会的对照，表现人民的翻身，即："旧社会把人逼成'鬼'，新社会把'鬼'变成人。"作者从"白毛仙姑"的生活故事中提炼的这个主题，不仅照亮了故事本身，而且也照亮了"过去农村生活的材料"。和主题的提炼相伴随，作者开始从积累的生活材料中选取、集中能充分体现这一主题的情节、细节，"对原故事加以相当的改变、补充、修正"，"把其中的矛盾和斗争典型化"，使喜儿父女和黄世仁之间的斗争更加尖锐、激烈，更加集中、典型，使喜儿和黄世仁的性格更加鲜明、更加丰满。① 这一具体的创作过程说明，作品主题思想的提炼是和艺术形象的孕育有机结合在一起的。作品的主题思想不是游离于人物形象、故事情节之外的赤裸裸的抽象的理论、观点，而是由人物形象、故事情节所体现出来的思想意义。在文学创作中，主题思想应该是随着人物形象及其相互关系的逐步发展而逐步展开、逐步深化的。文艺创作中的所谓"主题先行"论，主张首先想出主题思想，再根据主观构想的主题思想来设计人物、情节和矛盾冲突。这就从根本上违背了文艺创作中形象思维的艺术规律。高尔基说："主题是从作者的经验中产生、由生活暗示给他的一种思想，可是它聚集在他的印象里还未形成，当它要求用形象来体现时，它会在作者心中唤起一种欲望——赋予它一个形式。"② 就是说，主题是作者从生活中提炼出来而又用形象来体现的，它不可能先于生活，也不可能脱离形象。在文学创作中，如果先定下一个抽象的赤裸裸的主题思想，再寻找和构想人物、情节等形象，那就会使作品成为某种概念的具体说明和图解，根本不可能创造出具有深刻意义而又有血有肉的艺术形象。

　　叙事性文学的中心是塑造艺术典型。对于优秀文艺作品的创作来说，主题思想的深刻化离不开主要人物的性格的典型化。人物性格的典型化是概括化和个性化辩证统一的过程。恩格斯谈到艺术典型时说："每个人都是典型，但同时又是一定的单个人，正如老黑格尔所说的，是一个'这个'。"③ 在典型人物的创造中，作家一方面集中概括某类人物的本质特征，深入探求人物性格的普遍社会意义；另一方面又从人物原型中选择、提炼最能体现某种本质特征的语言、行动、心理活动以至外貌、作风、习惯、爱好等鲜明的个性特征，加以集中、改造、生发，创造出完整的、独特的正是"这个"的人物性格，以鲜明、独特的个性表现某类人物的共性，反映社会生活的某种本质规律。正如共性和个性是同一典型人物的统一而不可分割的两个方面一样，概括化和个性化也是同一典型化过程的统一而不可分割的两个方面。对某类人物的本质特征的概括不仅一刻也不能脱离对

---

① 参见《〈白毛女〉的创作和演出》。
② 《高尔基选集·文学论文选》，孟昌等译，人民文学出版社1958年版，第296页。
③ 《马克思恩格斯选集》第4卷，人民出版社1972年版，第453页。

人物个性的构思和描绘，而且必然是一个寓共性于个性、以个性表现共性的矛盾运动过程。屠格涅夫在谈到创造人物形象的过程时说："我在生活中遇到了某一位费克拉·安德烈也夫娜、某一位彼得、某一位伊凡，你瞧，这个费克拉·安得烈耶夫娜、这个彼得、这个伊凡的身上忽然有某种与众不同的东西、我在别人身上没有看见过和听见过的东西震撼了我。我仔细观察他，他或她使我产生了特殊的印象；我反复思索，后来这个费克拉、这个彼得、这个伊凡离远了，不知流落到哪里去了，但是他们所造成的印象，却深印下来，逐渐成熟。我把这些人同别人加以比较，把他们领到不同的活动领域中去，于是我的脑子里便造成了完整的特殊的小世界。"① 在这里，作者对人物原型的反复思索、概栝的过程，不仅没有排除人物的具体印象，而且恰恰是把人物的具体印象加以比较、选择、改造、发展，以造成完整的独特的个性的过程。鲁迅在创造阿Q这个典型人物时，是经过高度概括的。他说过：通过阿Q的形象要"写出一个现代的我们国人的魂灵来"②。这当然不是说，阿Q这个典型是什么抽象的国民精神的体现，而是说阿Q这个典型形象表现着深刻的普遍的社会意义，概括了那个特定时代普遍流行的一种精神病态——精神胜利法。但是，鲁迅对阿Q这一本质特征的概括，又始终没有离开阿Q这个旧中国落后农民的独特形象、独特个性。鲁迅说："阿Q的形象，在我心目中似乎确已有了好几年。"③ 又说："我的意见，以为阿Q该是三十岁左右，样子平平常常，有农民式的质朴，愚蠢，但也很沾了些游手之徒的狡猾。在上海，从洋车夫和小车夫里面，恐怕可以找出他的影子来的，不过没有流氓样，也不像瘪三样。只要在头上戴上一顶瓜皮小帽，就失去了阿Q，我记得我给他戴的是毡帽。这是一种黑色的，半圆形的东西，将那帽边翻起一寸多，戴在头上的；上海的乡下，恐怕也还有人戴。"④ 可见对阿Q这个人物进行概括化的过程，是一刻也没有脱离阿Q这个具体人物的具体性格的。随着人物形象概括化过程的进展，人物形象个性化过程也同时在进展，致使阿Q这个

---

① 古典文艺理论译丛编辑委员会编：《古典文艺理论译丛》第3册，人民文学出版社1962年版，第196—197页。
② 《鲁迅全集》第7卷，人民文学出版社1956年版，第445页。
③ 《鲁迅全集》第3卷，人民文学出版社1956年版，第362页。
④ 《鲁迅全集》第6卷，人民文学出版社1956年版，第150页。

人物形象共性越来越充分，个性越来越鲜明，成为共性与个性高度统一的艺术典型。

反形象思维论者认为塑造典型形象的过程不是概括化和个性化辩证统一、不可分割的过程，而是"表象—概念—表象"的过程，即先进行抽象，"取得对于各个阶级人物的各种共性"的"概念"；再进行个性化，把取得的抽象概念转化为各类"新的表象"。这是不符合形象思维和典型化的基本规律的。在形象思维和典型化的过程中，并不存在一个脱离具体形象、脱离人物个性的单独的抽象概念的阶段，作家在典型化中对人物阶级共性的认识不是舍弃人物的个性特征而以单独的抽象概念的形式存在，而是和体现人物阶级共性的具体生动的个性化的语言、行动、心理、细节等等的选择和集中紧密联系在一起的。高尔基说，作家不应当将自己的主人公"当作'概念'来观察"，而必须"当作活的人来观察"。"作家须从各人物身上，发现并指出语言，行为，姿态，相貌，微笑，眼风等性格的独创的特点，而强调起来，这时他的主人公们才会活起来。"[1] 他还说："不要把'阶级特征'从外面贴到一个人的脸上去"，"阶级特征不是黑痣，而是一种非常内在的、深入神经和脑髓的、生物学的东西"。[2] 把典型化的过程概括成"表象—概念—表象"的公式，实际上就是把人物的共性与个性机械地割裂开来，抹杀文艺创作的形象思维和科学研究的逻辑思维的区别，取消艺术的特点和规律，把典型化变成概念的图解，这是绝不能创造出真实、生动、典型的人物形象的。

三

作家、艺术家进行文艺创作要用形象思维，并不是说在文艺创作中就完全不需要用逻辑思维。正如科学家有时需要用形象思维来辅助逻辑思维一样，文艺家有时也需要用逻辑思维来辅助形象思维。高尔基说："艺术家应该努力使自己的想象力和逻辑、直觉、理性的力量平衡起来。"[3] 在文

---

[1] [苏]高尔基：《给青年作者》，以群等译，中国青年出版社1955年版，第73页。
[2] 《高尔基选集·文学论文选》，孟昌等译，人民文学出版社1958年版，第248页。
[3] 《高尔基选集·文学论文选》，孟昌等译，人民文学出版社1958年版，第313页。

学创作中，作家的逻辑思维和形象思维不应该是互相排斥、互相对立的，而应该是互相渗透、相辅相成的。作家在形象思维的过程中，常常需要借助于逻辑思维的帮助。这不只是说作家在研究、分析大量的生活材料时，在探索生活现象的本质意义时，往往需要运用逻辑思维的成果，运用概念和理论的体系作为观察、分析、概括生活的武器；而且指作家在认识和反映生活时，常常要借助逻辑思维来直探生活的本质，确定创作意图，审查艺术构思，等等。鲁迅在创作《狂人日记》时，对中国历史有过长期的冷静的清醒的分析和研究。他在1918年8月20日致友人书信中谈到这篇小说的创作时写道："前曾言中国根柢全在道教，此说近颇广行。以此读史，有多种问题可以迎刃而解。后以偶阅《通鉴》，乃悟中国人尚是食人民族，因此成篇。此种发现，关系亦甚大，而知者尚寥寥也。"① 鲁迅研究中国封建社会的历史所获得的这种逻辑认识，帮助他在创作中更加深刻地揭示狂人思想感情和生活经历的本质意义。茅盾写《子夜》前正值中国社会性质问题的论战。作者在这次理论论争中所获得的逻辑认识，直接影响着他的创作意图。他说："一九三〇年春……正是中国革命转向新的阶段，中国社会性质论战进行得激烈的时候，我那时打算用小说的形式写出以下三方面：一、民族工业在帝国主义经济侵略的压迫下，在世界经济的影响下，在农村破产的环境下，为要自保，使用更加残酷的手段加紧对工人阶级的剥削；二、因此引起了工人阶级的经济的政治的斗争；三、当时的南北大战、农村经济破产以及农民暴动又加深了民族工业的恐慌。这三者是互为因果的，我打算从这里下手，给以形象的表现。"他又说："我所要回答的，只是一个问题，即回答了托派：中国并没有走向资本主义发展的道路，中国在帝国主义的压迫下，是更加殖民地化了。"② 茅盾在这里对中国社会问题进行的逻辑思维，在他进行《子夜》创作中无疑是起了重要作用的。

在文学创作过程中，作家还常常随时自觉地运用逻辑思维来考虑、估计、评价自己的艺术构思和正在塑造的形象。果戈理在谈他写作《死灵魂》时说："我时时都碰到许多问题：为了什么？这有什么意思？这样的

---

① 《鲁迅全集》第9卷，人民文学出版社1956年版，第285页。
② 参见茅盾《〈子夜〉是怎样写成的?》。

一个性格应该说明什么？这样的一个现象应该表现什么？"① 所以，作家在进行形象思维的同时，是随时会伴随着进行逻辑思维的。但是，这绝不是说文学创作可以用逻辑思维代替形象思维。逻辑思维在文学创作中虽然可以对形象思维起辅助作用，但它不能直接创造艺术形象。要创造艺术形象，就必须用形象思维。

形象思维和逻辑思维，是人们认识现实的两种思维方式，它们都要受一定世界观的指导。作家在进行形象思维时，怎样认识和概括生活现象以构成艺术形象，怎样评价各种人物、事件，都要受其立场和世界观的支配和决定。进步的、革命的世界观，能够指导作家正确地认识生活的本质意义，区别生活的主流和支流，选择、概括最有本质意义的、主要的生活事实，塑造出真实的、典型的艺术形象。而落后的、反动的世界观则会妨碍作家正确地认识和评价生活，甚至塑造出歪曲生活的艺术形象。

丰富生动的感性材料和生活形象，是进行形象思维的基础。作家、艺术家不深入实际生活，不掌握大量丰富的生活素材、人物原型，形象思维就没有加工的原料。所以，肯定形象思维是文艺创作的基本规律，实质上也就是肯定了作家深入生活、掌握丰富的艺术原料的极端重要性。高尔基说："形象思维，依靠着对现实生活的渊博的知识。"② 作家具有丰富的生活经验和感性材料，就可以自由裕如地从中选择、提炼、概括出各种各样的艺术形象。许多杰出的作家、艺术家都一再强调过深入生活，观察和捕捉具有社会意义的事实、景象、细节，对于文艺创作的重要性。高尔基说："写长篇小说、剧本等等是一件很困难的、需要小心从事的细致的工作，动笔之前必须长期观察生活现象，积累事实。"③ 他还强调捕捉具体感性的生活细节的重要，说："我是一个文学工作者。这个职业逼着我注意琐细的事情，这个职务已经变成习惯了。"④ 鲁迅回答"创作要怎样才好？"的问题时，会第一条讲的就是"留心各样的事情，多看看，不要看到一点

---

① 参见《电影艺术》1958年第10期。
② ［苏］高尔基：《给青年作者》，以群等译，中国青年出版社1955年版，第123页。
③ 《高尔基选集·文学论文选》，孟昌等译，人民文学出版社1958年版，第246页。
④ ［苏］高尔基：《忆列宁》，载《列宁论文学与艺术》（二），人民文学出版社1960年版，第881页。

就写"①。他还说:"若作者的社会阅历不深,观察不够,那也是无法创造出伟大的艺术品来的。"② 鲁迅在小说中之所以能创造出阿Q、祥林嫂、闰土等栩栩如生的农民形象,同他从小接触农民、积累了大量农村生活材料分不开。正如他自己所说:"我母亲的母家是农村,使我能够间或和许多农民相亲近,逐渐知道他们是毕生受着压迫,很多苦痛。"③ 如果作家没有深入现实生活,从中汲取具体的、生动的、丰富的素材,脑子里就难以形成活生生的人物形象,形象思维就没有原料。只有坚持深入不断发展的现实生活,刻苦磨炼艺术技巧,才能自觉运用形象思维,创造出更多更好的文艺作品,促进社会主义文艺事业的繁荣和发展。

[原载于《华中师院学报》(哲学社会科学版)1978年第1期]

---

① 《鲁迅全集》第4卷,人民文学出版社1956年版,第289页。
② 《鲁迅全集补遗续编》(上),上海出版公司1952年版,第459页。
③ 《鲁迅全集》第7卷,人民文学出版社1956年版,第632页。

创作方法的意义不应忽视

徐缉熙同志在《"创作方法"是一个科学概念吗?》(《上海文学》1980年第3期)一文中,认为文艺理论中使用的"创作方法"这个概念是不科学的。其理由主要是:一、这个概念没有确切的、令人满意的解释。二、这个概念最早是苏联拉普派提出的;马克思、恩格斯、列宁乃至高尔基都没有使用过这个概念。三、这个概念不符合"古今中外文艺创作的实际"和"历史实际"。在文艺史上,只存在不同的美学思想、不同的文艺流派和文艺潮流,不存在不同的创作方法。四、这个概念对创作实践没有什么实际意义,反而对创作有害,不利于文艺创作的独创性和多样化。作者根据以上几点理由,完全否定了文艺史上和文艺创作中有创作方法这种现象存在,否定了创作方法在文艺创作中的意义和作用。这种观点究竟是否真的符合历史实际和创作实际,究竟对文艺创作、文艺研究有利还是有弊,笔者认为都是需要加以认真对待和讨论的。

首先应该承认,对"创作方法"这一概念,过去在理解它的含义上,确实存在有歧义。对文艺理论中某一个科学概念的含义,在理解上还存在某些分歧,或者存在不正确的理解,这可能是由于概念本身确实不符合实际;也可能是由于这一概念所概括的某种文艺现象的规律还没有普遍地为人们所认识,还没有得到科学地、完备地说明。所以,需要具体分析、具体对待,不能因此一概认为概念本身都不科学。如"形象思维"这一概念,过去在理解上也有歧义,也有不正确的解释;甚至直到现在,对这一概念所反映的作家思维的规律也还在进行争论,但我们不能因此就断定"形象思维"这个概念是不科学的,是不符合创作实际的。类似的还有"艺术典型"的概念等。如果说对某一概念的理解上有分歧,或者对它的含义的解释还不能完全令人满意,就否定这个概念及其所反映的事实本身,那么许多文艺概念恐怕都要被当作"不科学的"而被抛掉。这显然不是发展文艺科学的正确办法。

在1920年代末期，苏联的拉普派提倡过"艺术上的辩证唯物主义的方法"，这是事实，但这不能说明创作方法这个概念本身不科学。辩证唯物主义创作方法的错误，在于用一般的世界观取代了创作方法，否定了文艺创作固有的特点和规律，把文学创作当作写哲学讲义，并不是由于用了"创作方法"的概念。早在拉普派提出"艺术上的辩证唯物主义方法"之前，马雅可夫斯基、阿·托尔斯泰等作家已经就苏联文学的创作方法问题作了探索。20年代末30年代初，在苏联有大量的理论文章和批评文章谈论艺术方法（即"创作方法"）问题。当时对"艺术方法"这一概念的理解也颇不一致，并不都是拉普派的观点。在批判和清算了拉普派提倡的辩证唯物主义艺术方法以后，苏联许多作家、理论家继续对创作方法问题进行了探讨，并没有因此就否定"艺术方法"这一概念。如法捷耶夫就说："每一个明理的人都懂得，艺术方法这个概念正是从探索这样一些道路中产生的，这些道路会帮助语言艺术成为最令人信服的、最聪明的、最真实的语言。"（《论社会现实主义》）这都说明，不能因为拉普派提倡过辩证唯物主义创作方法，就否定创作方法这个概念本身是科学的。考察一个理论概念是否科学，关键不在于它是谁提出的和谁使用过它，而在于它是否符合实际。

那么，"创作方法"这一概念究竟是否符合古今中外文艺创作的实际呢？这个问题是我们和徐文的主要分歧所在。我们认为这个概念是反映了文艺创作中的某种共同规律的，是符合创作实际的。文艺创作是现实生活的反映。任何一个作家在进行文艺创作时，都有一个如何处理文艺创作和现实生活的关系问题，即作品是否反映现实以及如何反映现实的问题。不管作家本人是否自觉地意识到这个问题，但他在创作过程中，在选择、提炼、加工生活素材，塑造艺术形象的时候，对这些问题必然有自己的回答，从而自然而然地形成为他在艺术形象的塑造中所遵循的基本原则。而由于作家反映现实生活、塑造艺术形象的基本原则的不同，也就形成了不同的创作方法。鲁迅曾经从艺术形象塑造的基本原则上指出过《红楼梦》和《儿女英雄传》两部小说的区别。他认为，《红楼梦》中的人物塑造"其要点在敢于如实描写，并无讳饰，和从前的小说叙好人完全是好，坏人完全是坏，大不相同，所以其中所叙的人物，都是真的人物"；而《儿女英雄传》中的人物则"纯属作者臆造，缘欲使英雄儿女之概，备于一身，遂致性格失常，言动绝异，矫揉之态，触目皆是"。这两部小说在艺术形象的塑造上，一个是按照现实的本来面目"如实描写，并无讳饰"；另一个则是按照作者主观臆想，随意制造。所以，一个写出了像生活一样真实的人物；另一个则写出了"性格失常"的虚假的人物。这说明两部作品在艺术形象塑造中对于如何处理文艺与现实的关系确实遵循着不同的原则。创造方法这个概念，正是要从作家在艺术形象塑造中如何处理文艺与现实生活关系的基本原则上，总结出创作的规律，概括出作家、作品的异和同。否认作家在创作中有创作方法这种现象存在，是不符合文艺创作实际的。

徐文认为创作方法既是指作家认识和表现生活的基本原则，"那就应该是作家艺术观或美学思想"，所以不必再用"创作方法"这个概念。这是把"美学思想"和"创作方法"这两个有内在联系而又有严格区别的概念混为一谈了。所谓"美学思想"或艺术观点，是指人们对文艺的基本性质的认识，它是人们的世界观（广义的）的一个组成部分。而创作方法则是作家、艺术家在创作中通过形象思维反映现实生活时所遵循的基本原则，它是作家的艺术实践的组成部分。创作方法一定要在创作过程中、在艺术实践中才能表现出来。对于一个不从事文艺创作、不进行艺术实践的人来说，不存在什么创作方法问题。而美学思想、文艺观点则不一定非表现在创作过程中不可。亚里士多德写了《诗学》，但没有从事文艺创作，留下任何作品。因此，我们可以说他具有什么样的美学思想、文艺观点，却不能说他采用了什么样的创作方法。我们考察一个作家采用什么创作方法，也要根据他的作品加以分析和研究，而不能只看他写的理论文章。当然，创作方法和美学思想也是有内在联系的。文学史上某种创作方法的形成往往和一定的美学思想的指导密切相关；而某种美学思想又往往是从文学艺术不同创作方法的实践经验中总结出来的。就某一个具体作家、艺术家来说，他的美学思想、文艺观点，特别是他对文艺和现实系的观点，直接影响和制约着他在创作中所采用的创作方法。从这个意义上说，创作方法也可以说是美学思想作为创作原则的方面在艺术实践中的具体体现。然而，美学思想、文艺观点不仅可以表现在创作原则中，还可以表现在文艺批评和文艺欣赏的原则中，所以它们的含义和创作方法的含义并不完全一样。用"美学思想"的概念来代替"创作方法"的概念，同样是不符合文艺实际的。

为了说明文艺史上不存在创作方法这种现象，徐文还以现实主义和浪漫主义为例。文中说：现实主义和浪漫主义，"其本来意义都不是指什么'创作方法'，而是指各种不同的文艺思潮"，这种解释也是极为片面的。我们知道，现实主义和浪漫主义作为两种不同的文艺流派和思潮，成为广泛的文艺运动，都是一定历史时期在欧洲文艺史上出现的。浪漫主义文艺思潮形成于18世纪末19世纪初，而现实主义文艺思潮则形成于19世纪中叶。但是，在这两种文艺思潮、流派出现之前，在欧洲文学中早已出现了现实主义和浪漫主义两种不同的作品。例如塞万提斯、莎士比亚、歌德、菲尔丁都写过现实主义作品，而席勒也写过浪漫主义作品。正是由于存在这两种不同的创作实践，席勒才能在他的美学论文《论素朴的诗与感伤的诗》（1795）中，就两种诗在处理诗与自然的关系上的区别进行比较研究。席勒认为素朴的诗是"尽可能完美的模仿现实"，而感伤的诗则是"把现实提高到理想，或者换句话说，就是表现或显示理想"。席勒有时直接把素朴的诗与感伤的诗的区别，看作"现实主义"与"理想主义"的分别。而"现实主义"这个术语，就是席勒在他的这篇美学论文中第一次用到研究文艺现象上来的。可是在当时现实主义文艺思潮和文艺运动还没有在欧洲出现。如果说，现实主义和浪漫主义仅仅是指不同的文艺思潮，而不是指创作方法，那么以上所述文学现象又应作何种解释呢？此外，还必须看到，在文学史上，有许多国家并没有出现成为"广泛的文艺运动"的现实主义和浪漫主义文艺思潮和流派，但是在他们悠久的文学史上，却也有现实主义和浪漫主义的作品，因而也就自然形成了现实主义和浪漫主义两种源远流长的创作方法。如果认为现实主义和浪漫主义只能指特定时代出现的文艺思潮和流派，而不是指创作方法，那么这些国家的文学现象就不能得到科学说明，而在中国悠久的文学发展史上，也就没有现实主义和浪漫主义可言了。这显然是不符合历史实际，也不利于文学史研究的。

诚然，现实主义和浪漫主义作为文艺史上特定时期形成的文艺思潮来说，它们之间的区别和论争不只限于创作方法的不同，而是比创作方法更为广泛的美学思想上的分歧。但是，不可否认这两种文艺思潮的区别和论争，也确实表现出了作家在创作方法上的显著不同。就以徐文中所谈的浪漫主义作家乔治·桑同批判现实主义作家巴尔扎克和福楼拜的争论来说，虽然这是他们在整个美学思想上的分歧，但也包含着对不同创作方法的探讨。如乔治·桑认为巴尔扎克是按照他"所眼见"的现实情况描绘人类，而她自己则是按照"希望于人类的"理想的情况来描绘人类，就是从总结两人的创作经验中，说明了他们遵循的是不同的创作方法。再如乔治·桑和福楼拜的争论，一个主张文艺创作要"由先见、原理、理想出发"，强调作家应在作品中表白自己；另一个主张文艺创作要"胶着在地面上"，立足于现实，强调作家"不该在作品里面露面"。这也同样是总结了两人在创作方法上的某些分歧。乔治·桑对巴尔扎克和福楼拜还有一个共同的评价。她说："我们不晓得巴尔扎克是不是现实主义者，福楼拜是不是现实主义者。我们常拿他们互相比较，因为他们用的方法一样。他们把他们的小说建立在对现实生活的大力研究上。"这既指出了巴尔扎克和福楼拜在创作方法上的一致性，也说明了她和他们的区别确实有创作方法上的不同。所以，我们不能认为他们之间关于现实主义与浪漫主义的分歧和争论，只是美学思想、文艺流派的不同，而不同时也是创作方法的不同。事实上，作为文艺思潮、流派而出现的浪漫主义和现实主义文艺运动，同文艺史上这两种主要的创作方法的发展是密切相关的。浪漫主义和现实主义作为文艺史上的两种主要的创作方法，经历了许多不同的历史发展阶段。18世纪末叶和19世纪中叶开始形成的浪漫主义和现实主义文艺思潮与流派，从创作方法上讲，正是浪漫主义和现实主义两大主要创作方法发展到一个更为充分、更为完备、更为成熟的阶段。所以我们认为，把现实主义和浪漫主义理解为不同的文艺思潮和不同的创作方法，都是符合实际的。

既然现实主义、浪漫主义以及其他种种创作方法，是文学史上和文艺创作中实际存在的现象，那么对它的不同特点和发展规律进行理论上的探讨，就不能说是对创作实践没有什么"实际意义"。文学创作要对生活进行创造性的艺术概括，以塑造出真实典型、优美动人的艺术形象。要做到这一点，仅仅有先进的思想，而不掌握正确的创作方法是不行的。正确的创作方法，由于符合文艺的特点，总结了优秀文艺反映生活的客观规律，能够帮助作家正确地选择和概括现实生活，塑造出真实、感人的艺术形象，使作品具有良好的社会效果。错误的创作方法，由于违背文艺的特点，破坏了文艺反映生活的客观规律，也会导致作品对现实生活的歪曲，使作品中塑造的形象虚假，产生不好的社会效果。这两种性质不同的创作方法对文学创作所起的不同作用，在文学史上是不乏其例的。例如果戈理《死魂灵》第一部的成功和第二部的失败，除了根源于作者思想上的变化而外，和他采用了不同性质的创作方法也有很大关系。在文学创作中，也有思想正确而由于创作方法不当，写出了失败的作品，某些公式化、概念化的作品即属此类。这都证明掌握正确的创作方法，是创作优秀作品的一个必不可少的条件。

"文化大革命"中提出的一套唯心主义、形而上学的"原则"和"方法"，把文艺创作引向了脱离生活、歪曲现实以及公式化、模式化的歧路。这个事实只能说明违背文艺特点和规律的错误的创作方法对文艺创作要起破坏作用，说明恢复和发扬革命现实主义的创作方法对创作是何等重要，却不能由此得出结论说一切创作方法对文学创作都是不必要的、有害的。由于作家、艺术家在创作中自觉或不自觉地总要采用一定的创作方法，所以我们更有必要通过总结创作经验、进行理论探讨，帮助作家自觉地掌握正确的创作方法，抵制错误的创作方法。否认创作方法的存在，不从创作方法上对创作给予正确指导，放任自流，对文艺创作才是真正有害的。回顾近几年来文艺创作上出现的新成果和存在的问题，总结创作的经验和教训，都不能和创作方法问题无关。例如，有的作者在前进中对现实主义产生了某种误解，把现实主义描写的真实性，错误地看成是不加选择、不加概括地记录生活中某些个别的、局部的事实；还有的违背现实主义要求真实地反映生活的本质和规律的原则，盲目地追求偶然的、离奇的情节。这就使少数作品在反映生活的真实性、典型性上和产生的社会效果上，都受到严重影响。另外，也有的作品（特别是个别影片），虽然作者思想意图是好的，但由于在创作方法上仍然没有彻底摆脱公式主义、形而上学的创作方法的影响，人物脸谱化痕迹很重，有些情节也显得虚假和矫揉造作，因而不够真实感人。上述问题都说明，从文艺创作实际出发，深入探讨社会主义文学的创作方法，是文艺理论战线上一个十分迫切和重要的任务，它对于促进社会主义文艺创作的发展是必不可少的。

（原载于《上海文学》1980年第10期）

典型理论美学价值的丰富与创新

走出典型问题认识误区

文艺的典型理论特别是恩格斯关于"典型环境中的典型人物"的经典命题,是美学和文艺理论研究的一个核心理论问题。它在20世纪以来我国文艺理论建设和文艺创作发展中曾产生过重大的影响。著名美学家朱光潜在20世纪60年代出版的《西方美学史》中,将典型人物理论列为西方美学史的四个关键性问题之一,指出:"典型问题在实质上就是艺术本质问题,是美学中头等重要的问题。"[①] 这可以说代表了当时美学界和文艺界占主导地位的看法。对于典型人物问题的持续不断的争论和探讨,深化了对典型人物和典型环境理论内涵和重要意义的认识,使典型理论深入人心。在文艺批评领域,典型理论成为分析评价文艺作品中人物形象的主要标准之一;在文艺创作方面,塑造典型环境中的典型人物成为叙事性作品的一种最高艺术追求。社会主义文艺创作中成功塑造了一批富有思想深度和艺术魅力、在读者中产生强烈共鸣和影响力的典型人物。

然而,一个时期以来,在一定文艺范围内对于典型人物理论的认识出现了一些变化。有的文艺理论批评家有意或无意地淡化了典型人物理论,甚至有所谓解构典型理论之说;有的作家对于文学是否需要创造典型人物产生了怀疑,以致出现了追求非典型化的自然主义创作倾向。文艺典型理论过时论一时间不胫而走。在文艺观念和文艺创作日益多元化的新局面下,出于对于某些西方当代文艺思潮和主张的盲从和迷恋,对于典型人物理论有一些不同看法,是不足为奇的。但是,其中产生的一些理论上的模

---

① 朱光潜:《西方美学史》,人民文学出版社2002年版,第678页。

糊认识，却需要加以分辨和澄清。

　　首先是对于典型人物理论的误读。恩格斯提出的现实主义文学创作原则，要求现实主义"除细节的真实外，还要真实地再现典型环境中的典型人物"[①]。这说明典型创造特别是典型人物创造是现实主义文艺的基本原则和最高要求。有人据此认为，"典型人物论只是现实主义文学之一种"，典型人物创造仅仅是对某种现实主义文学才适合的创作原则，现在文学创作方法多样化和多元化，许多文学作品不再采用传统现实主义方法，因此，把典型人物创造作为文学创作的普遍要求是不合适的。固然，现实主义文学要求创造典型人物，但这并不意味着运用其他创作方法创作的作品不需要创造典型人物。文学史上的事实早已说明，现实主义文学和浪漫主义文学都曾创造出脍炙人口的典型人物。《西游记》《白蛇传》是浪漫主义文学作品，但其中塑造的孙悟空、白素贞就是公认的典型人物。拜伦的《恰尔德·哈罗尔德游记》、雨果的《悲惨世界》也是浪漫主义作品，而其中的主人公恰尔德、冉阿让也都是典型性很强的人物。这些人物典型一点也不比现实主义文学典型人物逊色。现代主义文学同样也能创造典型人物，卡夫卡的《变形记》中变成大甲虫的格里高尔就是一个极具典型意义的人物。可以说，一切真实反映现实生活的文学，无论运用何种创作方法，都可以而且应该创造典型形象和典型人物。借口创作方法多样化和多元化，否定典型形象和典型人物创造是文学艺术的基本规律和普遍要求，是没有根据的。要求创造典型人物，就是要求人物形象要有鲜明突出的个性、丰富饱满的性格、普遍深刻的意义、独特新颖的面貌。难道这不是所有优秀文艺作品应有的最高美学追求吗？

　　其次是对西方现当代文论的误识。西方现代和当代文艺理论五花八门，流派众多。关于文艺形象特别是人物形象的理论在具体观点上并不完全一致，但有人却以偏概全，认为西方现当代文艺理论都是主张非典型化和否定典型人物创造的，实际上并非如此。20世纪40年代出版的韦勒克和沃伦合著的《文学理论》是西方现代文论中最具权威性和影响极大的著作之一。这本书在观点和方法上可说是新批评派文论的代表，在文学本源和本质问题的理解上和我们有着原则区别。但作者以其渊博学识，通过总

[①] 《马克思恩格斯选集》第4卷，人民出版社1972年版，第462页。

结文学史上大量优秀作家创作经验，对文学创作提出许多真知灼见。他强调虚构性、想象性、创造性是文学的突出特征，其中就包括肯定文学典型化创造的思想。他说："伟大的小说家都有一个自己的世界，人们可以从中看出这一世界和经验世界的部分重合，但是从它的自我连贯的可理解性来说它又是一个与经验世界不同的独特的世界。""狄更斯的世界可以被认为是伦敦，卡夫卡的世界是古老的布拉格，但是这两位小说家的世界完全是投射出来的、创造出来的，而且富有创造性，因此在经验世界中狄更斯的人物或卡夫卡的情境往往被认作典型。"[①] 20 世纪获得诺贝尔文学奖的法国著名作家马丁·杜加尔在 50 年代出版的《文学回忆录》中，也明确主张未来的小说家要以列夫·托尔斯泰为导师，创造出反映"内心世界最本质东西"的典型人物。有不少文论著作在论述人物形象创造时，虽然没有典型人物的字眼，但实际上是对典型人物理论作了补充和丰富。如福斯特在《小说面面观》中提出的圆整人物理论就是一例。所谓圆整人物，是指与性格单一、类型化人物不同的人物形象，他们"像现实生活中的人那样是个多面体"，性格丰富多样、富于变化，因而人物形象更为丰满、内涵更为深刻。这和黑格尔对典型人物的要求是一致的。而作者认作圆整人物的例子《战争与和平》的主要人物、《包法利夫人》的主人公等，恰恰正是文学史上著名的典型人物。当然，在西方现当代文论中也有像法国"新小说派"理论那样，明显主张以表现作家自我潜意识心理活动取代典型人物创造的观点。特别是后现代主义美学和文论，往往对现代美学和文艺传统持全面否定态度，试图解构一切经典理论，其中自然也包括典型理论。对此我们应当以正确的立场和科学的态度分清理论是非，绝不能盲从和追随。

典型理论美学价值不会消失

文艺创作实践和文艺发展历史充分证明，典型创造绝不是文艺可有可无的要求，而是文艺创作的基本规律，是文艺应有的审美价值追求。典型

---

① ［美］韦勒克、沃伦：《文学理论》，刘象愚等译，生活·读书·新知三联书店 1984 年版，第 238—239 页。

理论是文艺必须遵循的普遍的美学规律，其美学价值永远不会消失。典型创造在不同类型作品中有不同的形态。对于抒情性文艺来说，典型形象主要是创造典型意境；而对于叙事性文艺来说，典型形象主要就是要创造典型人物。因此，创造典型人物应是叙事性文艺创作遵循的基本规律和美学法则。广而言之，一切文艺创作都应将创造典型形象作为美学和艺术的最高价值追求。

别林斯基说："没有典型化，就没有艺术。"[①] 可见典型创造对于文学艺术的重要性。我们强调典型理论的美学价值，强调典型创造是文艺的基本规律和审美价值追求，就是因为典型化和典型创造是文艺本质和特征的集中体现，是文艺以审美方式反映社会生活的必然要求。正如卢卡契所说，典型是艺术把生活的运动作为生动的统一体变成感性观照的"最重要的范畴之一"。文艺是以人和人的社会生活作为主要反映和描写对象的。它以审美的、形象的方式，通过描绘丰富多彩的生活现象，集中地、深刻地体现现象中蕴含的深刻内涵、意蕴、意义，揭示人生的真谛。而典型创造就是实现文艺的这种本质要求和审美特点的必由之路。歌德说：文学家"应该抓住特殊，从这特殊中表现出一般"[②]。这就是文艺典型化和典型创造的精髓。文艺反映生活和形象创造有集中与不集中、深刻与不深刻、理想与不理想、高与不高之别。只有通过典型化，将特殊与一般、个性与共性、外在现象与内在本质、现实与理想高度统一起来，文学反映生活和形象创造才能达到集中、深刻、理想的状态，也才能创造出源于生活又高于生活的艺术形象。从文艺的美学特性上看，典型化和典型创造是艺术美形成的基本规律。在康德美学中，"美的理想""审美理念"和典型是同一个意思，就是个别感性形象与普遍理性内容的统一。黑格尔为美下的定义"美是理念的感性显现"，其实也就是典型的定义。他认为艺术美的概念就是典型的概念，艺术美的创造就是典型的创造，本质"就在于必然与自由、特殊与普遍、感性与理性等对立面的真正统一"。舍弃了典型创造，艺术美的创造和文艺的美学特性也就无从谈起。

有人认为，当代文艺发展的情况已经发生了新的变化，文艺面对的现

---

① 参见朱光潜《西方美学史》，人民出版社2002年版，第678页。
② 《歌德谈话录》，爱克曼辑录，朱光潜译，人民文学出版社1978年版，第90页。

实生活、文艺的媒介手段、文艺接受者的审美趣味等等，都已发生改变，文艺创作、文艺观念也会随之发生改变。因此，不应该再坚持典型理论的美学价值，坚持典型创造作为文艺的基本规律和审美价值追求。这不但包含着许多主观臆测，在逻辑上也是说不通的。现实生活的变化当然会引起文艺创造及其观念的变化，特别在作品的题材、主题、人物、叙事等方面必然会有新的内容。但是对这种变化应当作出准确的分析和判断才有利于创作发展。如果片面地认为现实生活已经变成"日常化的非典型性现实"，生活中"已经难于找到具有典型性特征的人物形象"，并以此为借口否定文艺的典型人物创造，那就无异于瞎子摸象。现实生活中并非只有小人物、普通人物，也有大人物、英雄人物，即使小人物、普通人物，不是也可塑造出典型人物形象吗？现在文学作品中所谓典型人物的"退隐"，不能怪罪于现实生活的变化，而是在于文学家脱离现实生活，没有真正跟上现实生活的迅速而巨大的变化，因而也就无力去发现、提炼、概括出时代的典型人物。以数字技术、网络技术为基础的各种新媒体的出现，的确对文艺创作产生了很大影响，这方面还需要做认真研究。至少在文体、形式、语言等方面对文学创作带来的变化是极其明显的。如网络文学的出现就是一种文学的新形态。网络文学在创作上有更大的自由度，可以利用网络的虚拟性充分发挥艺术想象。但是，这些变化并没有改变文学的本质和特点，因而也不会改变典型创造作为文学的基本规律和审美追求。而且也只有坚持艺术典型化规律，才能有效解决网络文学较普遍存在的艺术质量和水准较低问题。至于说到文艺接受者审美趣味的变化，那就要做更多具体分析。不能武断地、笼统地说今天的多数接受者已经疏远了典型人物。事实证明，在小说、电影中出现的具有典型性的人物仍然能引起读者或观众强烈共鸣。读者和观众趣味更加多样化，要求作家艺术家创造出更加丰富多样的典型人物，而不是取消典型创造。审美趣味的多样性、差异性，是一种任何时候都存在的普遍现象。即使确有读者偏爱某些作品中的平庸化、碎片化、模糊化人物，也不能以此作为文艺导向。趣味从来有高雅不高雅、健康不健康之分，如果作家艺术家放弃典型创造的审美追求去迎合部分人的畸形趣味，那就失去了创作的准绳，也丧失了应有的社会责任。

推动典型问题研究理论创新

我们说典型理论的美学价值、典型创造作为文艺的基本规律和审美价值追求，不会因文艺的发展变化而消失，不是说典型理论的内容不会变化。美学和艺术的理论和范畴，都是在艺术的历史发展中形成的。黑格尔非常重视美学和艺术范畴同艺术发展史的紧密联系。"作为辩证论者，黑格尔把范畴的这种绝对的本质同范畴具体表现的历史的、相对的性质联系起来；在一切场合他都试图阐明绝对性和相对性的辩证关系，而且是具体地联系历史发展过程的进程来阐明这种辩证关系。"[①] 典型理论和范畴也是绝对性和历史具体的相对性的统一，它不是凝固不变的，而是不断发展的；不是封闭性的，而是开放性的。时代的变化和文艺本身的变化，都会推动典型理论的不断丰富、创新和发展。典型或典型人物这种文艺观念虽然在西方早已有之，但真正形成完备的理论范畴和体系，则是在18—19世纪。经过启蒙时期文艺理论家狄德罗等的提倡和阐述，德国美学家歌德、黑格尔等的概括和完善，俄国文艺理论批评家别林斯基等的运用和丰富，典型理论才逐渐成为西方美学和文论中的核心范畴和最有代表性的一种学说。恩格斯继承和发展了这一理论，并在总结19世纪现实主义文学经验的基础上，提出了"典型环境中的典型人物"这一重要命题，使其成为现实主义文学理论的经典学说。典型理论和范畴的发展史，正是从一个方面反映出文艺自身发展变化的历史。不同时代的美学家和文艺理论家都会在充分总结不同时代文艺发展新经验的基础上，给典型理论增添新的内容，唯其如此，它才能在指导文艺实践中焕发出理论的生命力。狄德罗、歌德、黑格尔、别林斯基和恩格斯对典型理论的不断丰富和发展，便是在分别总结各自时代文艺实践经验基础上形成的。今天我们时代的文艺发展积累了新的经验，也遇到了新的问题。这就需要我们结合新的文艺实践对典型理论进行新的思考、新的研究，做出新的阐释、新的论断、新的概括。

习近平同志在中国文联十大、作协九大开幕式上的讲话中指出："典

[①] 中国社会科学院外国文学研究所外国文学研究资料丛刊编辑委员会编：《卢卡契文学论文集》（一），中国社会科学出版社1980年版，第414页。

型人物所达到的高度，就是文艺作品的高度，也是时代的艺术高度。只有创作出典型人物，文艺作品才能有吸引力、感染力、生命力。"① 这是对典型人物创造在文艺作品和文艺发展中的地位和作用的高度评价和肯定，指明了典型人物创造是达到时代艺术高度的根本途径，揭示了典型理论的时代意义。它为文艺创作努力塑造典型人物和文艺理论深入探讨典型人物理论指出了新的方向。我们应当从时代的艺术高度着眼，紧密联系当代文艺创作实践经验和面临的问题，对典型人物理论进行重新阐释和思考，深入探讨典型人物创造的理论新问题。如何创造新时代的典型人物，是我国当代文艺面临的重大课题，也是文艺理论批评应当深入探讨的核心问题。围绕这一核心问题，关于典型人物思想感情和性格特质与时代发展和时代精神的关系、关于典型人物鲜明独特个性塑造与体现深刻普遍社会意义的关系、关于典型人物突出性格特点与性格的多样性变异性丰满型的关系、关于典型人物的真实性与理想性或作家审美理想的关系、关于典型人物创造与创作方法和表现手法的多样性、创新性的关系，等等，都应当结合新的创作实践进行深入探讨和创造性研究，以推动其实现学术理论创新。应该看到，由于作家审美理想、创作个性、创作方法更趋多样化，文艺类型、作品形式、表现手法更具创新性，文艺作品中典型创造和典型人物的表现形态也会更加丰富多样和富于独创性，这就需要文艺理论批评家以新的观念、新的眼光对其进行具体、准确、深入、独到的分析和评论，而不只是重复既有的一般典型定义。可惜在美学和文艺理论批评领域，这方面的研究成果不甚理想，这也是我们的美学和文艺理论批评对文艺创作缺乏有力指导作用的一个原因。创造与我们伟大时代相匹配的时代的典型人物，是我们攀登时代的文艺高峰的必由之路，这需要新时代的中国美学和文艺理论批评做出创新性的理论贡献。

（原载于《中国社会科学报》2018 年 3 月 26 日）

---

① 习近平：《在中国文联十大、中国作协九大开幕式上的讲话》，《人民日报》2016 年 12 月 1 日。

怪诞美学范畴研究的新视角

"怪诞"是艺术作品中经常出现的一种艺术形象或审美形态，也是美学中一个重要的美学范畴。研究艺术或美学，如果忽视怪诞这一审美形态和美学范畴，必然会影响我们对艺术发展和审美规律的全面认识和把握。令人遗憾的是，对于怪诞这一审美形态和美学范畴的研究，一直是美学和艺术理论研究中的一个较薄弱的环节。无论是从国内来看，还是从国外来看，对怪诞的研究相对于其他美学范畴和艺术形态来说，都是很不充分的。李梦博士的专著《论视觉艺术中的怪诞：一种文化心理学的解读》，选择怪诞作为研究对象和主题，在一个研究薄弱的领域进行开拓，这本身就具有较高的难度和挑战性，同时它也具有了突破和创新的契机。关键是要选准研究的路径和方向，如果按照已有的少数研究成果的路数继续走下去，那就事倍功半，难以有新的建树。记得李梦在选择和确定将怪诞范畴研究作为博士论文课题时，我们之间谈得最多的问题就是如何突破已有的范式和路径，开拓出一种研究怪诞的新路径、新方式。她经过认真研读已有成果，对照分析，从中找出问题，认为既有的各种怪诞理论和学说之所以不同程度地存在片面狭隘、互相矛盾、难于自圆其说等弊病，重要原因就是"将怪诞视作静态的显现个体"，用超历史的、孤立的、静态的观点和方法来研究它的构成和特点，这就难以对怪诞现象做出完整的、令人信服的解释。于是，她决定将研究视野"拓展到怪诞悠久的存在史"，将怪诞置于其生成的原初语境中，"把它作为动态的历史延绵体系"来考察和研究。这一研究思路和方式的改变，使她的研究成果展现出和以往怪诞研究完全不同的新面貌。

该书的一大特点就是运用历史唯物主义方法，并且融入文化人类学和文化心理学的观点和方法，把怪诞放在其生成的历史语境中来考察，完整地描述出怪诞由原生态到现代及后现代的发展变化，深入揭示了不同历史文化语境中生成的怪诞艺术所具有的文化心理内涵和意义。书中重点考察和分析了怪诞的原生形态——人类原始思维和原始艺术中表现的怪诞，从文化人类学、原始宗教和巫术行为、原始思维方式及象征性表现方法等多维度对原始艺术中的怪诞进行了深入细致的分析，阐明了怪诞的"完整""具体""象征""特异情感"等特点，展示出一个比较全面、完整、具体的原始的怪诞的面貌，得出了令人信服的结论。接着，作者又论述了怪诞的传承与变异，既揭示了怪诞的原型和母题，又凸现了怪诞在现代意识和艺术中的"变脸"以及向后现代的转换，同样对于怪诞作了合理的、有说服力的解读。该书不仅总结了前人对怪诞范畴的理论分析，而且以较翔实的视觉艺术资料印证了不同时代的怪诞艺术形态的演化，阐明怪诞是一个历史的美学范畴，其表现形态总是与特定时代的社会条件和文化心理紧密联系在一起的。怪诞又是发展中的范畴和形态，随着人类社会生活和文化心理的变化，又会生发出新的怪诞形态，赋予怪诞以新的审美特点和审美感受。这种新的观点和认识，较之国内已有著作对怪诞这一美学范畴的研究，确实大大前进了一步。

现有的对怪诞美学范畴或审美形态的研究，大都着眼于对怪诞的结构因素、审美反应、表现方式等方面的分析，这当然是必要的。但这些分析多注重于怪诞形态的外在方面，而对于怪诞形成的内在心理原因则考虑不够充分。该书自觉运用文化心理学的观点和方法研究怪诞，着重揭示不同时代怪诞形成的文化心理原因和社会根源，这也在怪诞研究中给人以别开生面的感觉。作者将原始思维说、集体无意识说、潜意识说以及符号学的理论等，融会在对于不同时代艺术中怪诞形象的分析中，力求探索怪诞生成的深层心理结构。正是基于对怪诞的文化心理分析和比较，作者才能准确地把握住古老的怪诞变形与现代的怪诞变形之间意义的变化。在古老的变形中，往往赋予了被变形者的一种神圣性，用以揭示出其超常的能力，并投射了一种崇拜的感情。相比于传统怪诞的那种倾向于放大的、加式的与正面性的变形，现代怪诞的变形，则是倾向于一种收缩的、减式的与负面性的变形。具有敏锐感觉的艺术家把他们对于时代的内心感觉倾泻到作品中，于是，怪诞艺术的变形由传统的神圣感转换为现代的怪异感。这些论述都是较为新颖和深刻的。

该书还有一点值得称道，就是作者对怪诞的探讨不是从抽象的哲学思辨出发，从概念到概念地进行推论，而是从大量的视觉艺术创作实践和典型的艺术形象出发，将理论探讨寓于艺术形象的分析和鉴赏之中。这不仅加强了理论的说服力，而且也增强了可读性。作者虽然注重艺术的实证研究，却并不缺少理论建构意识，力图对怪诞的内涵和特点做出较好的理论概括。书中通过对怪诞历时性的悠久多变的考察和描述，阐明了在不同的历史阶段怪诞大致呈现出的不同特点，即"神圣神奇""反常滑稽""怪异恐怖""多元通俗"等。最后通过"重识怪诞"，从文化和审美结合上横向考察怪诞，从而创新性地归纳出怪诞的几个特点，即主体意象化、生命普泛化、对象陌生化、审美多元化等。这些特点个别看来，也许是其他艺术形态同样会有的，但如果结合一起看，也不失为对怪诞特点的一种新认识。

由于作者认为怪诞是一种"开放的审美形态""一种动态的延绵"，所以，该书没有对怪诞下一个严格的、明确的定义。这可能会让希望看到定义的读者感到有点不太满足。但从作者对怪诞的认识和分析来看这样做也具有其本身的合理性。无论从怪诞的蕴含意义、构成要素看，还是从表现形态和审美效果看，怪诞这一审美形态的复杂性、动态性、多元性、包容性都是值得重视和深入研究的。应该看到，比起丰富多彩、千变万化的怪诞艺术创作实践来，对于怪诞美学范畴的研究似乎显得较为苍白。面对西方现代派艺术和后现代主义艺术中令人眼花缭乱的怪诞现象，艺术理论和批评常常显得力不从心。对于处在开放多元之中的当代中国艺术来说，怪诞当然也应该有一席之地。但我们的艺术理论和批评却缺少这方面的话题。这一切都显示出怪诞研究的理论和实践意义，同时也显示这方面研究还有大可开拓的空间。我希望李梦这部著作的出版能引起更多学人关心怪诞研究、深化怪诞研究、创新怪诞研究，进一步丰富我们的美学理论并指导艺术实践。

[本文是为李梦《论视觉艺术中的怪诞：一种文化心理学的解读》（河北美术出版社2013年版）写的序]

美育二题

愿美育之花盛开

近几年来，人们常常谈论着在我国兴起的"美学热"。"美学热"，一方面反映出群众特别是广大青年对于美学的爱好和钻研；另一方面也表明美学已走出书斋，逐渐与大众的审美实际相结合。美学理论与审美和艺术实际的结合，可以说是近年我国当代美学发展的一大特点。它不但使美学的对象和范围日益扩大，而且也使美学在社会生活中的实际作用和现实重要性不断增强。正是在这种发展趋势推动下，美育的问题比以往任何时候都受到美学研究工作者的关心和重视。普及美育知识，探讨美育理论，指导美育实践，使美学研究进入了新的领地。

美育，又称美感教育或审美教育。它通过文学艺术以及其他各种美的形态对于人的影响，以唤起美感的方式来对人进行教育。其任务在于培养和提高人们的审美能力，帮助人们形成正确的审美观念和健康的审美趣味，以达到陶情冶性、美化人生的目的。由于它具有生动形象、动之以情、寓教于乐、潜移默化等特点，在人的情操培养与情感教育上起到的特殊作用，所以，向来受到教育家、美学家、艺术家和思想家的重视。马克思、恩格斯在批判继承前人优秀思想的基础上，明确论述了培养和提高审美能力是使人的本质力量获得全面发展的一个不可缺少的方面，提出必须把美育作为共产主义教育中的一个组成部分，从而确立了美育在培养和造就未来社会的新人中的重要地位。

现在我国正处在社会主义现代化建设的新时期。我们要在建设高度的物质文明的同时，建设高度的社会主义精神文明，而审美教育正是进行精神文明建设的一种特殊的教育手段。党和国家已明确提出美育和德育、智育、体育同样列入我们的教育方针，充分表明了美育对于培养社会主义新人，对于提高整个社会的思想、文化、道德水平所起的重要作用。随着社会主义现代化建设的发展，人民的物质生活和文化生活水平不断地提高，人们的审美要求也越来越高、越来越丰富，这必将使美育在人们的日常生活和性格培养中发挥更加广泛而深入的影响。

美育的基础是学校教育，但它的对象却是整个社会。学校—家庭—社会，都是实施美育中互相联系、必不可少的环节。美育的基本形式是艺术教育，但它的手段却是一切美的形态、美的对象。自然美—社会美—艺术美，都与美育具有内在的、必然的联系。美育的范围非常广泛，"凡有美化的程度者均在所包"（蔡元培语）。从艺术学习、艺术创作、艺术欣赏、艺术批评，到生产劳动、人际交往、品德修养、言谈举止，以致环境美化、服饰打扮、文体娱乐、旅游观光等等，无不包含着审美教育的内容和意义。人们的审美活动贯穿在社会生活的各个方面，进行审美教育是全社会的共同责任。如果全社会都来关心美育，把整个社会和生活环境都变为进行美育的场所，自觉地提倡高尚的审美理想、正确的审美观念和健康的审美趣味，抵制那些腐蚀人们心灵的庸俗丑陋、格调低下的东西，引导人们开展良好的艺术和审美活动，那么，就一定会不断提高我们民族的审美水平，从而大大促进高度的社会主义精神文明的建设。

对于美育的研究，无论中外，都有悠久历史。在不同的历史阶段，曾经产生了各种美育思想和美育理论。它们从各自的观点和角度阐明了美育的性质和特点，论述了美育的地位和作用，并且提出了实施美育的途径和方法。认真研究和总结这笔丰富的美育思想遗产，无疑是我们的美学和美育研究的一项重要任务。在此基础上，我们还需要以马克思主义世界观作指导，进一步加强对美育基本理论的研究，更加深入地揭示人类审美教育的普遍规律，分析各种形式的审美教育的特点，探索提高审美能力的途径，阐明美育在人格建构中的作用及其与德育、智育、体育的相互关系。此外，摆在我国美学和美育研究工作者面前的另一个迫切任务，就是要面向当代我国社会主义建设中的美育实践，回答人民群众特别是青少年在日常审美实际和艺术活动中所提出的新问题，对社会主义美育的新经验从理论上给予科学的总结和概括。这必将会进一步加强美学和美育研究对实践的指导作用，同时也必然使美学和美育理论得到新的补充和发展。

正是怀着促进美育发展、推动美育研究的愿望，我们决定编辑这套"美育丛书"。丛书的选题包括美育基本原理、中外美育思想史、各种美的形态与审美教育、各种艺术种类与审美教育、各种美育设施和途径等方面的著作。这套丛书的作者几乎都是长期在研究机构和高等学校从事美学和艺术教育及研究的中青年理论工作者。在丛书撰写中，我们把坚持四项基本原则，努力开拓创新，学术性、知识性、可读性相结合，深入浅出，雅俗共赏，作为共同的追求目标。至于在学术观点上，则坚决贯彻百家争鸣的方针。只要言之成理，持之有故，即使见解不同，也将广采博纳。希望这套丛书的出版能引起更多人对美育的关注并促进美育的发展，使其在培养全面发展的新人、推动社会主义精神文明建设方面，发挥应有的作用。

[本文是彭立勋主编《美育丛书》（暨南大学出版社1991年版）的序]

审美教育与语文教育

美育，又称美感教育或审美教育。它通过文学艺术以及其他各种审美对象（自然美、社会美）对人的影响，以唤起美感的方式对人进行一种特殊的教育，以达到陶情淑性、美化人生的目的。美育所要达到的基本要求，概括起来讲，有以下三个方面：

第一，形成正确的审美观念。审美观念是指对事物美丑的看法，即在面对自然、社会以及文学艺术诸种审美对象时，审美主体对何者为美、何者为丑的认识和判断。它基本上属于认识的范畴，但不是抽象的理论认识，而是理性和感性的统一。审美观念是形象思维的产物，对于具体的审美主体来说，其审美观念的形成、发展、完善，是在个人社会实践、生活实践、审美实践中逐步实现的。当然，其中也包括学习美学理论、美学知识的影响，但主要是生活实践、审美实践的影响。即使是不懂美学的人，也都有自己的审美观念。美育，是帮助人们形成正确审美观念的根本途径。

第二，培养健康的审美情趣。审美情趣或审美趣味，是指审美主体在审美活动中表现出来的喜欢什么、不喜欢什么的情感的倾向性，它是体现在个人审美活动中的一种主观的爱好。审美情趣基本上属于人的情感范畴，不仅总是带有个人特点，而且带有非理性因素。但它从根本上还是要受社会、理性的东西制约的。审美情趣必须通过审美实践，在审美教育中得到熏陶并健康发展。

第三，提高审美欣赏和创造能力。审美能力是审美心理能力的综合体现，它包括审美的感觉、知觉、联想、通感、想象、理解、情感、体验等一系列心理能力，而其中最基本的是感受力和想象力。康德、黑格尔讲审美鉴赏和艺术创造，都是把想象力放在核心位置。没有很好的感受力、感想力，无论进行艺术欣赏还是从事艺术创造，都是极困难的。但一个人的审美能力不是天生的，而要通过审美实践和审美教育，才能逐步得到培养、提高、完善。

美育是人的素质教育的一个重要内容、重要方面。素质教育要求全面发展人的各种素质，包括思想素质、道德素质、科学素质、文化素质、审美素质、心理素质、身体素质等等，并且要求把这许多方面有机统一起来，以提升人的整体素质和促进人的全面发展。美育和德育、智育、体育一样，都是实施素质教育不可缺少的内容，并且在促进人的全面发展中具有不可替代的作用。美育是一种形象教育、情感教育，具有以情动人、寓教于乐、潜移默化的特点，它对人的精神世界和性格的影响是深入的、全面的、持久的，因此被称作是"一种心灵的体操"（[苏]苏霍姆林斯基语）。通过美育，不仅可直接达到陶冶情感、美化心灵的目的，而且还能间接起到启迪智慧、提升品德的作用，所以它也是通向智育和德育的一座桥梁。忽视美育的独特作用，认为德育、智育可以代替美育的片面观点，是不利于全面推进素质教育的。

审美教育和语文教育两者联系是非常紧密的，在教育内容、形式、手段上是互相交叉、重合的关系。从审美教育来看，它的内容、手段，虽然包含了自然美、社会美、艺术美各种美的形态和审美对象，但是其主要内容则是作为审美对象的文学艺术作品，其主要手段也是文学教育、艺术教育。而中学语文教学的内容主要就是文学作品，主要就是文学和语言教育。所以，审美教育必然地要将语文教育作为一种基本的形式、基本的手段，中学审美教育不能脱离语文教育。现在一谈审美教育，往往较多想到的是美术教育、音乐教育等，而对语文教育的重要性则认识不足，这是一种片面观点。

另一方面，从语文教育来看，它也不能脱离审美教育。从中学语文教材的选文类别看，绝大部分是中外古今的文学作品；最近一次的高中语文教材改革，又大大加重了文学教育的分量，所精选的中国古代、现代作品和外国文学作品特别注重其文化内涵和审美价值，这就使中学语文教材包含了极其丰富的审美教育内容，成为在学校教育中对学生进行审美教育的一种基本手段。即使是语文教材中的非文学作品，也大都为名篇佳作，从内容、形式到语言，同样具有不同程度的审美因素，如钱钟书的《论中国诗》、马丁·路德·金的《在林肯纪念堂前的演讲》等，阅读这些文章，同样可以受到审美教育。可以说中学语文教学的一个重要任务，就是要通过文学语言教育，提高学生的文学鉴赏水平和审美能力，特别是培养学生对于文学形象的丰富的想象力和对文学语言的敏锐的感知力。因此，中学语文教育必然贯穿着审美教育，必然把审美教育作为其实现的目的之一。

在我国语文教育中较长时期存在着忽视审美教育的情况，致使语文教育中的审美教育的因素和作用没有得到充分的发挥和体现。1960年代提出"不要把语文课上成文学课"，使语文教学中的文学教育、审美教育大为削弱。1980年代文学教育才在语文教学中重新被提起。但是长期以来由于对语文教育和审美教育关系、对文学教育存在的模糊认识，滞缓了语文教育的改革。最近的语文教材改革，才开始改变忽视文学教育、审美教育的情况。我认为，要真正解决语文教育中忽视文学教育和审美教育的问题，必须对语文教育的性质和任务有一个全面、正确的认识和理解，把中学语文教育纳入到素质教育的轨道上来。为此，要纠正以下两种片面认识。一是把语文教育等同于思想政治教育。语文教材，不论是文学作品还是非文学作品，都具有丰富的思想内容和社会内容，它们必然对学生思想道德的培养具有重要作用。但在语文教育中，这种思想道德教育只能蕴含于文学语言教育和审美教育之中，并通过后者来实现。如果反其道而行之，抛弃后者而去追求前者，那就无异于缘木求鱼。其结果，使语文教育丧失了本身的性质和魅力。二是把语文教育当成应试的工具。语文教育包含有传授语文知识、培养语言技能的任务，但是如果中学语文教育为了应付高考。把纯技术性、操作性的训练强调到压倒一切的地位，那就违背了着眼于学生语文素质整体提高的宗旨。在应试教育思想指导下，中学语言教学越来越程式化，从解词、分段、概括段落大意到归纳中心思想，这套刻板生硬的训练，严重窒息了学生的创造力，极不符合对文学作品进行阅读和鉴赏的审美规律。通过文学作品传授语文知识，训练语文能力，要通过对形象、情思、语言的审美感受和把握，否则难于得其奥妙，也达不到预想的效果。

中学语文教材包含有非常丰富的审美对象和美育内容，因此，把审美教育贯穿到语文教学之中，最重要的就是要通过深入钻研教材，充分发掘选文的思想价值、文化价值和审美价值，引导学生去鉴赏、体验、领会语文教材的审美因素，从对审美对象的感受中获得美感享受。语文教材可分为文学作品和非文学作品两类。文学作品固然是审美对象，能给人以极大的美感享受和审美教育；非文学作品也不同程度地具有审美因素，同样能给人以特定的美感教育。当然，两者比较，文学作品在进行审美教育方面发挥着更重要的作用。因此，实现语文教育的美育功能，重点应放在对文学作品中的审美因素和审美价值的发掘上。

著名美学家朱光潜先生在谈到文学作品的创作时说："文艺先需有要表现的情感，这情感必融合于一种完整的具体意象（刘彦和所谓'事'），即借那个意象得以表现，然后用语言把它记载下来。"这里提到的情感、意象、语言，就是文学作品构成三要素，也是文学美构成三要素。文学作品的美及审美价值，就是体现于情感美、意象美、语言美的三者和谐统一之中的。因此，在文学作品的教学中，必须抓住意象美、情感美、语言美这三个主要环节，充分唤起学生的美感体验，来进行审美教育。意象美是通过完整的艺术形象体现的，它包括了文学形象中所描绘的自然景物、社会图景、人物性格等，其中人物性格形象之美尤具动人心魄的美感影响力，应成为文学教育实施美育的重点。语言是文学作品塑造形象、表情达意的手段，是文学美的主要特征。鲁迅先生说，语言有三美：意美以感心，音美以感耳，形美以感目，可见语言美也是内容与形式、内在与外在的统一。因此，在语文教学中充分发挥语言美的特点和魅力，让学生从语言美中获得特殊的美感体验，并提高对文学语言的感知力，是语文教育实施美育必不可少的内容。从目前情况来看，这方面还需要下大功夫。

（原载于《语文教学与研究》2001年第1期）

附 录

我心中的剑桥

古老的大学城

我是在五月中旬抵达剑桥开始为期一年的学术访问的。在英国，这正是春意最浓的时候。冬季的寒冷和劲风已经完全消退，温和的阳光和徐徐的海风使空气变得新鲜、舒适而明净。由于受到气候条件的恩惠，在英格兰土地上生长的树木花草显得格外多姿多彩、鲜艳夺目。我一到剑桥，便被城市大道、广场、公园中绿树鲜花的绚丽色彩所吸引了。红的、黄的、蓝的、紫的、绿的、白的组成了一首首色彩的交响曲，把这个古老的大学城打扮得像一个花枝招展的美貌女郎。

然而，无论怎样俊俏的装扮也掩盖不了剑桥作为大学城的古老历史。排列在剑河两岸的一幢幢别具特色的学院的建筑群，才是剑桥城的真正的象征。如果从剑桥最早的学院——彼得书屋算起，剑桥大学至今已有七百多年的历史。它和牛津大学同为西方历史最悠久的高等学府。现在，剑桥大学已包括几十个学院，这些学院的建筑分别建成于不同时代，从中世纪的哥特式、文艺复兴式到18世纪的新古典式、新哥特式，以至于20世纪的现代派，其建筑样式、风格各呈异彩、琳琅满目。然而，这些形式、风格如此多样的建筑又如此互相协调，组合成为和谐的整体，它的卓越的建筑成就和多样统一的建筑美，实在令人叹为观止。

在众多的学院建筑群中，最著名而又给我印象最深的便是国王学院。它是由英王亨利六世在15世纪开始兴建的，背靠剑河，面向国王广场，正好处于现在的市中心。穿过由小尖塔和鳞茎状小圆顶组成的学院大门，一片绿色如茵的宽阔的草坪便展现在人们面前。草坪正中有一个雕像环绕着的喷泉，精致而典雅。正面是建于18世纪初的学院大楼，具有严谨的古典美；左边是建于19世纪初的一排房屋，采用优美的新哥特式结构；右边是始建于15世纪的高大宏伟的教堂，它不仅是剑桥大学的标志，而且也是欧洲最著名、最美丽的建筑之一。精巧雅致的屋顶装饰，耸向蓝天的四座尖塔，高大厚实的弓形拱门，宽敞柔和的内部空间……这一切都使人充分感受到文艺复兴时期建筑的辉煌壮丽气派。剑桥人显然以拥有这座宏大而富丽的建筑而自豪。在他们有关剑桥的出版物、宣传品的旅游纪念品中，总是可以看到以这座大教堂为主体的图片。而剑桥的学生和众多的游客也总是爱以此作为背景，摄下他们在剑桥的倩影。

在剑桥的建筑中，桥也是特别引人注目的。跨越剑河两岸的十多座桥，有古老的、重修的、新筑的；有石结构的、木结构的、钢结构的，它们不但形式各异，而且许多桥都有特殊意义。位于圣·琼斯学院的著名的"风景桥"建于19世纪，它横跨剑河将学院的旧校园和新校园连结为一体。它的狭窄的桥面上建有S形的屋顶、小尖塔和弓形大窗，和新校园建筑的新哥特式风格完全熔为一体，堪称一建筑奇观。建于王后学院内的"数学桥"，则运用数学和力学原理，将许多根木条结构在一起，远远望去，就像各种不同形状的几何图案。这些各呈异彩的小桥，点缀在剑河上，形成了桥水辉映成趣的景观美。

在剑桥，最令人陶醉和愉快的一项活动便是在剑河上荡舟游览。剑河自北向南从城市中部蜿蜒流过，好像是将两岸的建筑明珠贯串起来的一条红线。河面虽不宽，河水却清澈透明。七月初的一天，我和几位中国、英国朋友相约去划船。小舟沿河逆流而上，大片的绿茵草坪，茂密的树林花丛，宏伟的古老建筑，精致的跨河小桥……自然景色和建筑体形完全融为一体，组成一幅幅不断变换的画面，连续在我们眼前展开，美不胜收。这也许是剑桥较热的一个夏日，加之天气晴好，阳光灿烂，不仅河中荡舟的人特别多，在两岸草坪上也聚集着许许多多游人。他们或坐着，或躺着，或聊天，或弹唱，青年男女大多坦胸露臂，着衣甚少。同舟的英国朋友告诉我：英国地处北回归线附近，平日气温较低，且阴雨连绵，见到的阳光较少，所以，每逢夏季晴好的日子，剑桥人便往往全家出动，到户外或郊外去尽情享受大自然所给予的恩赐。这种休闲游乐场面为严肃宁静的大学城忽然平添了一种活泼奔放的气氛。

学者伟人的摇篮

　　世界上成千上万的学子向往剑桥、仰慕剑桥，主要是由于剑桥大学作为世界最著名高等学府之一所拥有的学术名声和地位。

　　和剑桥大学的校名连系在一起的是一大批具有世界声誉的科学家、思想家和文学家的名字。据说，仅大学所属的特里尼蒂学院就曾有20多位学者名人荣获过诺贝尔奖。

　　在这所大学中最负盛名的国王学院的大教堂内，设置有大学著名人物的雕像的陈列馆，这也是游人和留学生必去之地。在这些雕像中，你可以看到著名哲学家培根、罗素，著名诗人屈莱顿、丁尼生、拜伦，伟大的数学家和物理学家惠威尔、卢瑟福等，他们都是对世界做出杰出贡献的人物。其中最为人敬仰的当然要属物理学家牛顿。由于牛顿的伟大发现和杰出贡献，他的雕像被置于大厅最显眼的地方。

　　牛顿不仅是剑桥大学的学生，而且毕业后一直担任剑桥大学的教授。他在特里尼蒂学院的工作室，现在按原状保留着供人参观。在这所学院的大门外左侧草坪上有一棵不太引人瞩目的苹果树，据说这就是当年因看到苹果落地而诱使牛顿发现万有引力定律的那棵树。来剑桥的学子和游人，都会来到这棵树前参观和留影。

　　在剑桥做出过世界贡献的科学家中，人们显然不会忘记伟大的博物学家查理·达尔文。他所创立的进化论被恩格斯赞誉为19世纪自然科学三大发现之一。而达尔文正是在剑桥大学毕业后开始他艰苦卓绝的探索工作的。他的次子乔治·达尔文也是剑桥大学的学生，并担任母校的教授。乔治·达尔文是著名天文学家，曾当选为英国皇家学会会员，任英国皇家天文学会会长。这对父子科学家在剑桥学人中常常传为美谈。为了纪念达尔文的卓越贡献，原来达尔文学习和工作的学院已被命名为达尔文学院。

　　剑桥大学的崇高学术地位和声誉，使它成为英国青年梦寐以求的深造之地。由于剑桥大学和牛津大学在英国国内是单独招考学生，录取标准比一般要高，所以，能进入这两所大学学习的青年，也往往被视为佼佼者。

至于从世界各国来剑桥大学深造的留学生，也多是以优异成绩而被录取的，其中攻读博士、硕士者又多来自世界各国的名牌大学。针对这些起点较高的学生，大学的教学也更多采用了研讨式的方法，注重对于学生自身的独立性和创造性的培养。各个系开设的课程门类都较多，学生可根据学习目标自行选择所学的课程，也可在不同的系选修课程，只要能获满学分即可。教师讲课的时间不多，一般都是着重讲述有关本课题的各种不同见解，或发表自己的研究成果，然后开列出详细书目，让学生自己去查阅资料，进行课题研究和实验。这种教学方法有利于人才脱颖而出，颇值得借鉴。

每年六月末，在国王广场旁的大学办公楼前，都要举行一年一度的学位授予仪式。完成了学业并获得学士、硕士、博士学位的青年们，个个穿上黑色长袍（学位装），戴着博士帽，从各个学院汇集到这里来接受学位证书，并度过他们一生中兴奋而难忘的一天。聚会、游览、交谈、合影……一系列活动，使整个剑桥城似乎都沉浸在一种浓厚的节日气氛中。

许多毕业生的家长、亲友，这时也特地从国内外远路赶来，和子女亲人一起庆贺这个日子。在这隆重的活动中，我欣喜地看到好些个华人学生，还有一些他们的父母亲友。从和他们的交谈中，我深感这些学生的学习成果来之不易，同时也深感到他们因获得剑桥学位所产生的自豪感和幸福感。

架构东西文化的桥梁

在剑桥，我最常去也最爱去的地方，便是大学图书馆。位于各学院建筑群中心地带的这座图书馆大楼，是一座赭色的庞大现代建筑。它的建筑面积排在剑桥所有建筑之首，而塔顶式的主楼则高耸入云，其高度也居于所有建筑之冠。对于剑桥大学图书馆的藏书之丰，我早有所闻。出国之前，我已准备好一份需要查阅的英文资料目录，希望能在该图书馆中找到原著。所以，到达剑桥后，我便立即办好了在图书馆自由出入和借阅图书的手续，从此便成为这里的常客。每周工作日，除了听课和参加学术讨论，我经常清早便骑着自行车，穿过数学桥旁边的剑河大桥，直奔图书馆，在那里度过一整个上午。直到今天，我也难以忘怀第一次进入图书馆查阅资料时那种如饥似渴的感受，以及找到所需资料时那种惊喜异常的心情。这座巨大的建筑分为南、北、东、西四翼，西翼设有多种阅览室，其他几乎都是分门别类的藏书库。除珍藏本书库外,其余藏书库全部对读者开放,自由检索。读者先从电脑中查出所找书目及编号,再对号入座,查出藏书库号码,便可径往取书,十分方便。我的初步印象,感到全世界出版的英文学术著作和文艺图书,这里几乎应有尽有,特别是一些难以查到的英文古典著作,这里也几乎都有珍藏。其他如俄文、德文、法文和各种西文图书,藏书也相当丰富。就我的专业范围所涉猎的图书看,不仅数量多、品种齐全,而且新著琳琅满目,展示出当代的最新研究成果。如果我们把剑桥的大学图书馆称作是一座西方学术文化的宝库,那是一点也不过分的。我每次进入图书馆,都是长时间埋首在成堆的英文图书资料中,几乎忘了休息,因而颇觉疲劳,但每次离开图书馆,却又总是带着丰收的喜悦和满足的心情。

使我颇感意外的是,在大学图书馆和东方研究系的图书馆里,都收藏有大量的中文著作和图书。其中,既有中国大陆作者的著作,也有台湾、香港及海外华人的著作,还有部分日本作者研究中国的著作。有些在国内很难见到的中国文学作品的版本,在这里却也陈列在书架上,供人们自由借阅。如《红楼梦》和《金瓶梅》的各种不同版本,我在这里都见到了。这便为剑桥学者和学生学习、了解、研究中国文化提供了较为便利的条件。

在剑桥大学,从事中国文化研究的学者是不少的。其中,最为中国人所熟悉的就是李约瑟博士。他所著的《中国科技史》已蜚声世界。此外,在大学的东方研究系中,也有不少学者在中国文化研究方面卓有成就。东方研究系包括有中国研究、印度研究和日本研究三个部。中国研究部开设有中国历史、中国语言、中国文学、中文写作以及当代中国研究等课程,常常邀请一些著名中国学者前来讲学。我到剑桥后,首先便结识了东方研究系的主任格林·杜德桥教授。杜德桥教授先后在牛津、剑桥两间大学教授中国文学,并任英国学术院院士。他以研究中国古代小说而著名,现已出版了研究《李娃传》《西游记》以及 16 世纪中国小说的多部英文著作。我们第一次见面,是在他的办公室。一间宽敞而明亮的房屋里,靠墙摆满了书柜,其中大部分都是中文图书,还有许多他按期订阅的中国学术杂志。这时,他刚从北京参加一个国际会议后返英不久,谈到中国之行的印象,显得颇为兴奋。开始我们用英语交谈,但因他的中文也讲得很好,慢慢便改为中文交谈,这对我来说更自由一些。从谈话中我才知道,他是在香港大学再次获得中文博士学位的，而且他的太太还是广东人。我告诉他，我的太太也是广东人，现在已在深圳工作。这种巧合似乎加快了我们的相互了解。当然，我们谈话的主题还是中西文学比较问题。以后，我赠送他一本我的著作，他也高兴地回赠我一本他的研究《李娃传》的专著。农历新年时，我特地寄给他一张具有鲜明中国风格的贺年片，他在回信中充满友好感情。有一天，我忽然接到他的邀请信，请我去系里参加中国研究部毕业班学生的一次课堂讨论。记得那次讨论的主题是唐代传奇《柳毅传》，由他亲自主持。讨论结束后，他又向我介绍了学生的姓名和他们各自正在做的毕业论文题目。这些题目中，有研究《三国演义》《水浒》《红楼梦》等中国小说的，也有探讨中国古代诗词的。我一方面对这些学生的汉语水平感到惊讶；另一方面也为他们对中国文化的浓厚兴趣和认同而颇感自豪，当然也十分感谢杜德桥教授为传播和研究中国文化所做的努力。我想，在剑桥既有中国学者潜心研究西方文化，又有西方学者认真研究中国文化，这种异质优秀文化的交融，一定会结出更为绚丽的人类文明之果吧。

（原载于《深圳特区报》1992年6月17日、7月29日、12月2日）

情满多瑙河

八月的布达佩斯，风和日丽，正是旅游的黄金时节。想一睹素有"小巴黎"美称的布达佩斯风采的游客们，从欧洲和世界的其他地方，云集到这座多瑙河边的名城来，一下子使大街小巷熙熙攘攘，似乎每个旅游点都笼罩在节日的气氛之中。

我正是在这气候宜人、宾客纷至的时刻，应国际经验美学学会的邀请，来到布达佩斯，出席第11届国际经验美学会议的。

从法兰克福转机飞往布达佩斯，仅有一个多小时的路程。但由于起飞时间延迟，等我抵达布达佩斯机场时，已是暮色苍茫了。估计会议的报到时间已过，我决定从机场乘车直接往中国大使馆。大使馆文化参赞符先生见到我非常热情，并立即与会议筹备单位通了电话。他说："我们早就知道你将来这里参加国际会议，并与会议主办单位联系过。他们非常高兴有中国的学者来参加会议。"一席交谈，不仅使我感到分外亲切，而且也赋予了我一种使命感。

第二天上午，我便往匈牙利科学院新大楼报到并出席会议的开幕式。由于会议组织者的精心准备，有关会议的各种资料提供得很齐全。厚厚的一本论文集，收集了各国学者提供的七十余篇论文，其中也有我的一篇。会议日程安排表，详细罗列了大会、小会的时间和讲演题目，我的演讲已被列入日程表中。正当我聚精会神翻阅论文集时，突然有人用英语向我问："请问您是从中国来的彭教授吗？"我抬起头来，见一位中年学者正面带微笑地看着我，便立刻答道："是。请问您是………？""我是萨尔斯堡大学的阿莱齐。"啊，原来这就是近年来数次与我通信、交换对一些共同感兴趣的学术问题看法的那位奥地利朋友。记得我前年从英国剑桥大学归来不久，便收到这位朋友的第一封来信。信中说，他在英国参加国际美学会议期间，曾看到我的一篇英文论文的题目，与他正在研究的问题相似，但可惜他未读到论文,希望我能将论文全文复印寄给他一份。

我立刻满足了他的要求,从此便开始了我们之间的学术交流和友谊。虽然两人早已神交,却未见过面。这次他因早知道我将来参加会议,而且到会的中国学者又仅我一人,所以凭猜便认出了我。寒暄几句之后,他立刻将我介绍给身边的霍奇博士。霍奇博士来自德国的奥登堡大学,是国际经验美学学会的秘书长。他听了阿莱齐博士的介绍并接过我的名片后,立刻热情地和我握手,并说:"我们学会成立二十五年来,您是我们接待的第一位参加会议的中国学者。因此,我们感到特别高兴。"

会议上的学术讨论,组织得紧凑而有序。有一百多座位的新装修的讲演大厅,每次会议都座无虚席。来自世界近三十个国家的上百位学者,带来了各自最新的研究成果,在这里宣读、演示并开展讨论。丰富多样的信息、资料,新颖独特的理论、见解,像一块巨大的磁石,紧紧吸引着与会学者的注意;认真地聆听、思考,严肃地提问、回答,像一股股无形的力量,共同创造出一种令人肃穆的学术气氛。

在这样庄重的气氛下,当我走上讲台发表演讲时,心中装着"中国学者"四个大字,自然有一种神圣的感觉。尽管我对自己将要发表的论点和论据都已十分熟悉,但仍然在事先作了充分准备,以应付听众可能对演讲提出的某些疑问。我讲演的题目是《心理学美学的评价问题》。我聚精会神地看着讲稿,竭力阐述自己的观点,几乎忘记了周围的一切。当我讲完最后一句"谢谢大家"时,立刻听到听众席上传来的掌声。接着便是接受提问。出乎我的意料之外,对于讲演的内容本身,一个问题也没有提出。倒是有人接连提出,希望我谈谈经验美学研究在中国的发展趋向及其所起的作用。尽管会议主持者认为这些提问已离开了演讲题目,但我深为与会者对中国学术发展的关注所感动,仍然在有限的时间里补充回答了所提的问题。最后,会议主持人、美国威斯康辛—麦迪逊大学的内鲁教授讲话。他说,这是他第一次听到一位中国学者的美学讲演,他对于演讲的内容很感兴趣。接着,又对演讲作了热情的、充分的肯定。内鲁教授的一番话,使我深深感受到与会学者之间互相学习、互相敬重的学术情谊,我连连向他表示感谢。

恰好就在我发表演讲的当天晚上,会议主办单位邀请与会的各国专家学者乘船游览多瑙河。由于完成了讲演任务,我的心情显得特别轻松。在夜幕降临之前,我们便兴致勃勃来到了指定的多瑙河边的登船地点——玛格丽特桥头。从桥头向下游望去,宽阔的多瑙河像一条蓝色的缎带穿过布达佩斯城,将它分为两半。河右岸是布达,河左岸是佩斯。右岸丘峦起伏,苍翠绵延。山丘上巍然耸立着渔人堡、玛丽亚教堂、王宫以及自由纪念碑等著名建筑。它们上下参差,错落有致,色彩缤纷,互相映衬,在落日的余辉中显得特别苍劲、壮丽,犹如一幅西方传统的风景画。左岸与渔人堡遥遥相望,岸边屹立着建于19世纪的、风格独特的议会大厦。它那由巨大的圆顶、众多的尖塔所组成的延伸的建筑群,好似升起在多瑙河之上的一座不朽的纪念碑,永远闪耀着匈牙利人民的智慧和气魄。连接布达和佩斯两岸的链索大桥横跨多瑙河之上,犹如挂在多瑙河上的一把大锁,使布达和佩斯联结为浑然一体。遥望着眼前一幅幅壮丽景象,我在心中惊叹道:"真不愧是多瑙河上的一颗明珠!

当夜幕徐徐降临时,主人便邀请我们登船游览。我们鱼贯上船,在安置好的桌旁分别就坐。和我围坐在一个桌边的是来自英国、美国和日本的三位学者。在互致问候之后,大家便愉快地交谈起来。来自英国的那位学者是曼彻斯特大学的哈沃斯博士。他听说我曾往剑桥大学进行学术交流和研究工作,显得特别热情,津津有味地和我聊起英伦三岛的天气、风光、名胜,欢迎我将来有机会再去英国并到曼彻斯特大学访问。

游艇起锚后逆流而上,沿着玛格丽特岛东岸,缓缓向市郊方向驶去。此时华灯初放,隐藏在两岸绿荫之中的高低建筑的窗口一起射出光芒。多瑙河像一条长长的墨绿色地毯展现在我们脚下,河水冲击着游艇哗哗作响。虽然是风平浪静,也仍然可以感到河水阻碍游艇劈开的力量。我默默地注视着不断在眼前延伸的多瑙河、两岸的草地、树林、灯光、楼房……,耳边忽然响起了约翰·施特劳斯的《蓝色的多瑙河》圆舞曲的旋律,它是那么清澈、宁静、舒展、欢快,渗透着一缕缕令人流连忘返的深情厚意。

主办者精心安排了这次游览活动。风味独特的晚餐,甜蜜可口的匈牙利葡萄,丰富多样的饮料,无拘无束的交谈,自由自在的歌唱……不知不觉之间,游艇已经绕过玛格丽特岛,向着下游驶进了。河面越来越宽阔,建筑越来越密集,灯光越来越繁多。忽然,由无数彩灯装饰的链索大桥,闪耀着耀眼的光芒,一下子出现在我们眼前。游艇已驶入市中心区河面了。为了一睹布达佩斯美丽的夜色,我们纷纷离开座位,登上游艇的甲板。尽管河面上吹来阵阵晚风,但布达佩斯的八月之夜却没有丝毫凉意。从甲板上向两岸望去,只见右岸的教堂、渔人堡、王宫和左岸的高楼大厦,都被明亮的灯光装饰出建筑的清晰的轮廓,在夜空中犹如一个个星座,显得分外辉煌壮观。两岸的灯光将河面照得如同白昼,来往的游艇上彩旗飘扬。如此良宵美景,实在令人陶醉。为了留下一个纪念,许多人都用照相机抢拍一些镜头。

正当我拿出相机准备拍照时,会议组织者哈拉兹先生陪着国际经验美学学会主席、多伦多大学的库普奇克教授来到我身边。哈拉兹先生问我有何感受,我连忙回答:"很好。谢谢您让我们度过一个非常愉快的夜晚。"库普奇克教授和我握手后说:"你今天的演讲很好。这届会议有中国学者参加,使我们感到很高兴。"我说,作为一位中国学者,能来到这里和国际上许多同行交流学术成果,我也很高兴。库普奇克教授还表示,他希望今后能有更多的中国学者参加国际经验美学会议,希望能和更多的中国学者开展学术交流活动。最后,他问到我在中国的地址,我告诉他是"深圳",并介绍说,深圳毗邻香港,是中国实行对外开放的一个经济特区。我还特别表示,如果将来有机会,非常欢迎他到深圳参观、访问。他微笑着点头。这时,我提议同他合影留念,他高兴地与我并肩站在一起。我把相机递给另一个人,请他拍摄。闪光灯亮后,我们再一次握起手来。他一边握手,一边重复念着"深圳、深圳………"我的思绪也被他的话语触动,飞向了中国,飞向了深圳。我想,我一定要把他的友好的愿望和学术情谊,带给中国的学者,带给深圳的朋友们……

(原载于《特区文学》1991 年第 2 期)

马德里广场环境艺术巡礼

在欧洲各国首都中，马德里素有"欧洲文化之都"的美称。遍布于市中心区的各种各样的广场，就是这座文化名城的显著标志。我在马德里大学参加第12届国际美学会议之后，怀着浓厚的兴趣来到这些广场参观。

作为西班牙的首都，马德里代表着西班牙的历史、文化和民族精神。而位于老市区中心的"中心广场"，就是具有浓厚的西班牙历史文化色彩的广场之一。从连接首都各大街的交通枢纽——太阳门广场，沿着中心大街向西行数百米，就见到了环绕着中心广场的巨大建筑群。建筑群下数百米长的连拱廊，从四周将广场团团包围。周围楼顶上耸出四个尖塔，两两相对，十分对称。成排的白色窗户与红色的墙壁相交织，形成强烈对比。整个建筑群给人以既热烈奔放而又严整规范的感觉，完美地体现出奥地利时代西班牙建筑风格的特点。其中被称为"皇家面包屋"的楼房，建于1619年，是17世纪马德里建筑风格的一个典范。据说，在奥地利统治时期，各种重大庆典和娱乐活动包括斗牛，都是在这个广场中举行的，而四周建筑群上的数百个阳台则被用作包厢，以便让人们从那里舒适地观看庆典和欣赏表演。

中心广场的中央，立有西班牙国王菲力普三世昂首骑马的雕塑。黑色雕像屹立在红色花岗石的基座上，那种威严的气势与动感的形象，与周围建筑热烈的色调和严整的排列，在对立中形成和谐，构成为一个完美的艺术整体。在中心广场游览和观赏，你会感到优美和壮丽、伟大和单纯、热烈和严正是那么巧妙而有机地结合为一体，它是和谐统一的美，又是丰富多样的美，难怪它被人们称作欧洲最可爱的广场之一。

从中心广场向西不远，就是闻名于世的西班牙王宫。虽然它的建筑面积没有法国凡尔赛宫那么大，但其外观的宏伟和内部的华丽，则可与凡尔赛宫媲美。在王宫的东侧，就是游人必至的"东方广场"。这也是马德里历史古老的广场之一。如果说王宫以其巨大宏丽的建筑而闻名，那么东方广场则以秀美雅致的园林而取胜，两者相得益彰。这个广场同中心广场一样，是经过艺术家精心设计和安排的，不过中心广场是由建筑群包围的封闭式的长方形广场，而东方广场则是由树林环抱的开放式的半圆形广场，两者的格调很不一样。东方广场虽小，却完美体现出西方园林的规整、划一、比例、对称等形式美的特点。广场中心有圆形水池，四周的花围成对称排列，并被精心设计成各种图案，宛如铺上一床床地毯。树木和花草也都被人工培育成各种几何形体，犹如一座座植物雕塑，十分赏心悦目。

不过，东方广场最吸引人注目的还是竖立在园林之中的历代西班牙国王的雕像。其中最有艺术特色最著名的便是矗立在广场中心的菲力普四世骑马的巨型雕塑。由于雕塑安置在一个高达数米的华丽基座上，周围又有水池环绕，显得分外突出。菲力普手执权杖，正策马奔驰，奔马前蹄腾空，呈飞跃之势。整个雕塑给人以自由奔放和气势恢宏的感觉，加之有背后王宫高大、威严的建筑立面相互衬托，展示出一种令人震撼的崇高美。这座雕像是1640年在意大利制作的，它被看作马德里最重要的纪念性雕塑之一。

从东方广场沿王宫前的撒巴提尼花园北行，很快就到了闻名遐迩的"西班牙广场"。这个广场对于马德里市民显得特别重要，因为它位于几条重要干道的会合处，是市内经常举行热烈盛大活动的场所。从艺术上看，它也是建筑、雕塑、园林、小品的奇妙结合。广场中央，建有巨大的塞万提斯纪念碑。碑的正面下方立有塞万提斯全身雕像。这位以小说《堂吉诃德》而闻名于世的17世纪大文豪，手持他的名著安详地坐着，两眼闪烁着睿智，一副沉思的神情，似乎正陷入丰富的想象和构思之中。在他的前方，又有他的小说主人公堂吉诃德和桑丘的塑像。堂吉诃德身着盔甲，脚跨瘦马，左手持长矛，右手高高扬起，似乎正向凶恶的巨人——风车宣战。桑丘粗壮、浑实的身躯骑在一头骡上，虔诚地跟随在堂吉诃德身旁。长久疑视着两座栩栩如生的雕像。我好像重新置身于小说所描绘的情境之中。塞万提斯纪念碑和组雕，不仅是西班牙广场的标志，而且也是西班牙文化的象征。可以说，在马德里的所有城市广场中，西班牙广场是最具文化内涵和艺术精神的，因而也最使人流连忘返。

从环境艺术的角度看，西班牙广场还有一个显著特点，就是它十分注意各种环境艺术构成因素的相互关系和配合，以创造广场空间环境的整体美。在纪念碑前后建有水池和喷泉，周围有绿树和草坪，这些建筑小品和园林绿化，不仅可供人娱乐和休憩，而且对广场中心的纪念碑和雕塑也起到了烘云托月的作用。广场连接主要干道的一边，是两座耸入蓝天的现代风格的摩天大厦，它们好像两个卫士守卫着广场，也更衬托出塞万提斯纪念碑和雕像的伟大和崇高。另一边则面对广阔而美丽的绿化风景带，视野非常开阔，色彩丰富明媚，因而更增添了广场诱人的魅力。

在马德里，不仅历史悠久的纪念性广场多，而且扩建、新建了许多现代化的大型广场。位于城市南北干道巴塞奥大街和东西干道戈雅大街交会处的哥伦布广场，就是将交通性、纪念性、游憩性综合为一体的一个大型广场。这个广场将宽阔的巴塞奥大街和广场连为一体，在中心设置了巨大的水池和喷泉。广场东西两侧分别坐落着国家图书馆、博物馆、哥伦布大厦、金融大楼等大型建筑，古典建筑风格和现代建筑形式交相辉映，蔚为壮观。广场东侧连接着文化艺术公园。园内绿树成荫，并建有大型现代雕塑，是游人休憩、娱乐的好去处。在公园与广场高低错落处，置有长达数十米的水帘和水池，这座人工瀑布和广场中心的巨大喷泉相映衬，形成广场的独特景观，增添了广场的壮丽气派。

在广场和公园之间，著名的哥伦布纪念碑像一柄利剑，直插蓝天，成为广场的最突出标志和主体构筑物。1492年，哥伦布率领一支船队从西班牙出发横渡大西洋，终于发现了美洲新大陆，开创了一个历史新时代。以《美洲发现者》为题的哥伦布全身塑像，被高高竖立在纪念碑的顶端。哥伦布右手挥动着带有十字架的旗标，左臂张开呈拥抱状，昂首迈步向前，似乎正面对发现的新大陆纵情欢呼。

在秋日的余晖中，我伫立在这个宽大的广场，长久凝视着这座耸立于城市上空的美洲发现者的雕像，同时感受到周围的壮丽景象和磅礴气势，心中浮想联翩。我想，这里散发出的开放意识，探索精神和浪漫气质，不正是西班牙人民的文化和精神的一种折射吗？

（原载于《艺术世界》1993年第2期）

圣马可广场审美漫笔

九月的罗马，气候温和，吹着湿润的海风，是最适宜旅游的季节。我在这里参加第 15 届国际经验美学会议之后，转赴威尼斯游览。

我从罗马到佛罗伦萨停留一晚，第二天清晨乘上火车，不久便抵达位于海岛西部的威尼斯火车站。车站离市中心不远，当我徒步到达商店琳琅满目的街区时，早已游人如织。人们都说，在威尼斯，沿着那些交织如网的小街、小巷、小河、小桥自由的漫步游荡，是最舒心适意的。但我却想尽快去到心中早已神往的地方。所以，匆匆穿过蜿蜒狭窄的街巷，来到里亚尔托桥，在这里稍作停留之后，我便直奔主要目的地——圣马可广场。

横跨大运河的里亚尔托桥，地处威尼斯的商贸中心。大桥两岸集聚着威尼斯最具代表性的古建筑群。众多游人便是由此乘坐贡多拉游览大运河。我从这里沿着大运河往西走不远，绕过市政厅，便很快到了圣马可广场。从广场西边进去，首先映入眼帘的便是位于广场前端高耸入云的钟塔。这是一座 99 米高的红褐色建筑，罗马式古典风格，造型别具一格，绿色棱锥形的尖塔顶有着鲜明的白色边缘，在空中显得特别突出。顶端有一个镀金带翅小天使，正在风中转动。钟塔周边的广场西、南、北面，都被由镶着大理石的连环拱廊连接的华丽宫殿环绕着，这些昔日的执政官官邸，如今底层都开着豪华商店。再向东望去，便是广场的核心建筑——圣马可大教堂。

圣马可大教堂始建于中世纪，是当时欧洲最大的教堂。11 世纪初进行了重建。这座教堂的奇特和惊人之处，是它的造型和风格不同于欧洲任何其他的著名教堂。它既非单纯罗马式、哥特式，也非单纯文艺复兴式、巴洛克式，而是融拜占庭式、罗马式、哥特式、伊斯兰式等东西方不同建筑风格于一体，形成为一种举世无双的奇异的混合式造型和风格。所以它给我的第一印象，便是外观具有出人意料的奇特之美。当我接近它的正面细看，才发现正中有5座罗马式拱形大门，而正门上部则排列着哥特式和东方式的尖塔。中间大门上的尖塔绝顶，屹立着被奉为威尼斯守护神的圣马可塑像。教堂顶部覆盖着5座半球形洋葱式圆顶，可以说是拜占庭式和罗马式的混合。这些不同的风格和元素组合在一起，却并不让人感到杂乱无章，而是觉得非常统一与和谐。再细看正门上的装饰，各种大理石塑像、浮雕、壁画和花形图案相互交织排列，繁富华丽。特别是拱形门上方多幅描绘圣马可事迹的大型镶嵌画，全部以黄金色为主调，再加上屋顶和尖塔上金色的图案装饰，使整座教堂显得金碧辉煌、豪华壮丽。

我以前在欧洲参观各种著名教堂，无论是罗马式还是哥特式，走进教堂内部，总有一种庄重、严肃甚至阴森的感觉。而当我置身于圣马可教堂的大殿时，却在感到庄重、严肃之外，另有一种活泼自由和敞亮的感觉。教堂高大的内殿，从墙壁到天花板都布满以圣经故事为主题的彩色镶嵌画，画上均覆盖着一层金箔，闪闪发光。主祭坛后方巨大的金色饰屏，由数十幅描绘耶稣等事迹的镶嵌画和数千颗珠宝装饰而成，璀璨夺目。这一切都将大殿装点得金光灿烂、熠熠生辉。在教堂入口处，我惊喜地观赏到了展出的4匹鎏金青铜马，这是大教堂闻名遐迩的珍贵文物。大殿有楼梯，由此而上，便到了教堂的顶部平台。在这里，视野开阔，可以俯览广场的全部风光。

从大教堂出来，已是正午。原来阴沉的天气突然放晴，在阳光照耀下重新观赏大教堂，更感觉它金碧辉煌，宏伟壮观，也更让我理解了为什么它能获得"世界上最美教堂"的美誉。这时，广场上众多的游人开始聚集到教堂北边高高耸立的钟楼旁，注视者楼顶的大钟和钟旁的两个摩尔人塑像。12时正，摩尔人自动挥锤敲钟，洪亮的钟声响彻全城。随着钟声，广场上众多正在觅食的鸽群忽然腾空飞起，盘旋飞舞。游览的人群也顿时欢腾起来，阳光下的广场弥漫着欢快浪漫的气氛。

从大教堂往南行，便是相毗邻的威尼斯最著名宫殿建筑总督府。这座体量巨大的建筑南面临海，西面朝向广场。据说，它在9世纪始建时为拜占庭风格，现在则是14世纪重建时采取的哥特式风格。不过，它的造型在哥特式基础上作了变化，采用了文艺复兴式建筑和伊斯兰建筑的一些元素，因而显得新颖活泼、富有特色。尤其是西、南两面各由36根雕花大理石圆柱构成的连拱长廊，长廊上部带有镂花空窗的拱顶，以及布满图案的黄色外墙上端白色垛口形的城堡式装饰，构成了优美独特的线条和造型，让人留下了独一无二的印象。在宫殿入口处的大门顶部，立有一座正义女神雕像，亭亭玉立，姿态优美。

这座宫殿建筑现在是艺术和兵器博物馆。宫殿内部原有的油画、壁画、大理石雕塑、木雕等装饰品，现在都作为展品供游人参观。最为难得的，是在这里可以观赏到威尼斯画派著名绘画大师丁托列托、韦罗内塞以及其他著名画家的油画作品，如《威尼斯的胜利》《海神向威尼斯献礼》等。三楼大议事会厅的墙壁上，有丁托列托创作的巨幅油画《天堂》，构图宏伟，人物众多，色彩绚丽，画幅之大，为当时世界之最。作为美学研究者的我，能在这里亲眼观赏到这些难得一见的艺术珍品，自然感到分外欣喜。

总督府对面，是圣马可图书馆。两座建筑遥遥相望，中间自然形成一个依傍海岸的小广场。小广场上，立着两座雄伟的红花岗岩圆柱。一座柱顶上是威尼斯首位守护神圣泰奥多的塑像；另一座柱顶上是带飞翅的雄狮的青铜雕像，它是圣马可的象征，也是威尼斯的城徽。这两座圆柱和雕塑不仅使广场环境显得更为丰富多变，也进一步突出了广场的地位和特色。这里被称作威尼斯的大门，至今仍可让人想象到文艺复兴时代的繁华景象和磅礴气势。

通过这个小广场，整个广场上的丰富的人文建筑景观与大海波涛汹涌的海面和广袤的自然风光连成一体。从小广场远远望去，一边是广场上高低错落、层次丰富的建筑和雕塑群，它们以不同的风格和各自的特色，互相映照和融合，形成为一个和谐统一的整体；另一边是辽阔的大运河出海口，越过宽广的河面，对面圣乔治岛上耸立的钟塔和教堂的圆顶清晰可见。这种丰富多样而极富特色的人文景观和自然景色融合所形成的壮阔之美、多样之美、个性之美、和谐之美，在世界上几乎是无与伦比和让人叹为观止的。传说当年拿破仑率兵进入威尼斯城，曾亲临圣马可广场。这位曾经以武力征服欧洲大陆的风云人物，在这里竟然被圣马可广场美的魅力所征服，让他情不自禁地赞叹道："这是世界上最美的广场！"今天我们身临其境，享受着在这里产生的丰富的审美体验，更感到拿破仑的评价是实至名归。

在小广场图书馆的前面，我突然看到有一群男女青年坐在一个个小画架前，正聚精会神地写生。我好奇地走向前去和其中两位攀谈。他们告诉我，这些写生的都是来自佛罗伦萨美术学院的学生。他们经常来到这里，不仅是为了临摹和素描，更是为了寻找创作的灵感。说得多好啊！我想他们是一定会在这里获得艺术的灵感的。那体现在圣马可广场和威尼斯水城的浪漫气息和人文情怀，那蕴藏在建筑、雕塑、绘画和整个环境之中的巨大的创造力和丰富的想象力，不正是艺术灵感最丰富的诱因和源泉吗？

  我下到广场的岸边，登上游船。随着游船缓缓向大运河驶去，广场上的建筑高低起伏的轮廓和高耸的钟塔也渐渐离我远去。但我仍然站在船舷上依依不舍地望着、望着，似乎想将它永远保存在记忆里。这时我忽然感到，今天令我惊异的，不仅是广场那目不暇接、无与伦比的美，更是那缔造美的奇迹的人的深刻的感受力、丰富的想象力和巨大的创造力。

（原载于《深圳商报》2017年11月8日、11月9日）

我与汝信先生的学术之谊

在我从事学术研究的道路上，曾经得到许多著名学者和专家的教益和帮助，其中，与汝信先生的学术交往和友谊最令人难忘。

汝信先生是我国著名哲学家和美学家，我很早就仰慕他的学识。但我们互相结识，却始于1993年。那年6月，中宣部在上海举办"建设有中国特色社会主义理论"研讨会，邀请了国内多位专家与会。我作为深圳市社科界负责人和代表，也被邀请参加会议，并被安排在首日作大会发言。在会议讨论和参观期间，我和汝信先生多有交谈。他当时担任中国社会科学院副院长，我向他介绍了深圳社会科学事业发展情况，请他给予指导。他赠送了一本刚出版的新书《美的找寻》给我。

我一直盼望在美学研究上得到汝信先生的指教。从上海开会回来不久，我便给他寄去了我的美学专著《美感心理研究》和《审美经验论》，请他指正。这年底，我接到广东省第六次社会科学成果评奖申报通知，拟将《审美经验论》申报评奖。由于评奖申请表上要填写专家推荐意见，我于是将申请表寄给汝信先生，请他写推荐意见。没有好久，便收到他寄来的推荐信。推荐信写道："彭立勋教授著《审美经验论》一书是具有高度学术水平的美学著作，该书较深入而又系统地研究了过去我国美学界所忽视的审美经验问题，填补了我国美学研究中一个空白"，"作者提出了自己的审美经验理论体系，富有独创性，对有关审美活动的一系列重要美学问题的分析和解释都颇有新意，突破了前人研究水平。"我看完推荐信，又欣喜又感激，感到它既是鼓励也是鞭策。1994年评奖结果揭晓，《审美经验论》获得广东省社会科学优秀成果一等奖。

我于1987年受国家教委派遣，到英国剑桥大学从事学术访问。在和中国社会科学出版社黄德志编审通信时，我向她介绍了我在国外从事美学研究的情况。回国后，她一直关注我的研究进展。后来，在她的督促下，我把数年来发表的论文结集为《美学的现代思考》一书交中国社会科学出版社出版。书稿编好后，黄编审和我商定，约请汝信先生为该书作序。1996年3月我受国际美学学会委托，到中国社会科学院联系在中国共同举办美学会议之事，拜访了汝信先生。顺便谈到请他为我的文集作序事，他当即欣然同意。他在书序中对我的研究成果多所鼓励，肯定书中文章"新意迭出"，对建立有中国特色的新的美学理论作了可贵的探索和有益的尝试。后来，《人民日报》理论版又以《建设有中国特色的新美学——〈美学的现代思考〉简评》为题，转发了汝信先生的序言，令我倍受鼓舞。

1997年11月，中南地区社科院院长联席会议在广州召开，汝信先生应邀前来参加会议，我们再次见面。按原计划，会议后半段移到深圳进行，同时，举行深圳市社会科学院正式成立挂牌仪式。挂牌仪式后，接下来讨论会由我主持，汝信先生就会议主题"社科研究与两个文明建设"作了讲话。会议期间，我陪同汝信先生散步和交谈，进一步增进了我们之间的深厚友谊。

1999年5月，我往成都参加第五届全国美学会议。汝信先生作为全国美学学会会长在开幕式上讲话，我也在大会上作了发言。会议期间，我去拜访他，他又赠送了刚出版不久的《论西方美学与艺术》一书给我。当年10月，中国社会科学院举办"新中国哲学50年"学术研讨会，我应邀参加会议，并被安排在大会上作发言。这是中华人民共和国成立以来哲学界全学科的一次盛会。在这次会议上，我和汝信先生又高兴相会。

1999年12月，深圳市委市政府在深圳举办"建设有中国特色社会主义示范市"研讨会，邀请北京和广东等地专家与会。汝信先生和黄德志编审应邀来深圳出席会议。会议休息时间，黄编审向我提起编撰出版新的西方美学史著作的计划。我很支持这个选题计划，并建议由汝信先生来主持编撰工作。会议结束后，我专门请汝信先生和黄编审一起，协商书的编撰事宜。汝信先生欣然同意担任主编，并希望我与他合作开展研究，提议项目由中国社会科学院哲学研究所和深圳市社会科学院共同承担。这项研究计划，得到深圳市宣传文化专项基金的大力支持。接着，中国社会科学出版社决定立即启动这项选题，并作为重点图书给予出版资助。

2000年春，由中国社会科学院哲学研究所、中国社会科学出版社和深圳市社会科学院在深圳联合召开了《西方美学史》编撰学术研讨会，应邀参加该课题研究和编撰的十多位国内知名美学专家与会。会议由汝信先生主持，围绕西方美学史研究范围、研究方法、全书体例、内容结构等进行了深入的讨论，达成了共识。确定全书分为四卷，汝信任主编，彭立勋、李鹏程任副主编，同时确定了各卷的主编名单。由此，《西方美学史》编撰工作正式启动。2001年，该项目由中国社会科学院哲学研究所申报国家社科基金课题，并被批准立项。

从2000年到2008年，《西方美学史》课题研究组在汝信先生主持下，先后召开了五次研讨会，就书的编写进行反复研究。2003年11月在深圳召开了第一、二卷书稿讨论会，并围绕书稿研讨了一些相关学术问题。汝信先生认真地审阅了部分书稿。在讨论会上，他肯定了书稿在资料运用和分析论证上的全面和创新，也对部分内容提出了一些修改意见。会后，经过作者反复修改，《西方美学史》第一、二卷于2005年由中国社会科学出版社正式出版。2006年8月课题研究组在北京召开了第三、四卷书稿讨论会。汝信先生在会上强调，这部书一定要能代表当代西方美学史研究水平，若干年后仍会作为重要参考书。经过认真讨论，这次审稿会对三、四卷的内容结构作了较大调整，使其更具科学性也更具创新性。审稿会结束，汝信先生高兴地请几位主要作者到他家吃饭，临别时又赠送了新出版的《汝信文集》给我。此后，三、四卷作了新的修改，并于2008年正式出版。

《西方美学史》四卷共约300万字，从破题、研究、撰写、讨论、修改到出版，历经8年打磨，凝聚了数十位哲学和美学学者的心血和智慧，可谓是一项浩大学术工程。2008年6月，由中国社会科学院科研局、哲学研究所和中国社会科学出版社共同在北京举办了"中国社会科学院成果发布会暨《西方美学史》出版座谈会"。我受汝信先生委托，介绍了本书的编撰过程和主要体会。到会专家在发言中对该书给予了很高评价，称此项成果在我国西方美学史研究中"达到了西方美学通史在当代中国的最前沿水平"。

2005年我参加撰写的《西方美学史》第二卷出版后，我又充分利用在剑桥大学做学术访问时收集的英文资料，继续对西方近代经验主义和理性主义两大美学思潮进行了全面、系统、综合、比较研究，于2009年完成了专著《趣味与理性：西方近代两大美学思潮》，并交由中国社会科学出版社出版。在本课题确立和写作中我多次聆听了汝信先生的宝贵意见，书稿完成后又请他审阅，并承蒙他的厚爱为该书作序。汝信先生在书序中肯定"这部专著填补了我国西方美学史研究中的一个重要空白"，"大大超越了我国学术界过去对这一时期西方美学的研究水平，确实是难能可贵的富有创见的学术成果"。同时，他还结合书中论述对西方近代美学的转向和成因作了极其深刻的阐述，体现了他长期独到的研究心得，让人深受启发。

（原载于《中国社会科学报》2018年9月10日）

美学文艺学著述年表

著作

《美的欣赏》，漓江出版社，1984年2月。

《美感心理研究》，湖南人民出版社，1985年12月。

《西方美学与中国文论》（彭立勋、曾祖荫著），湖北教育出版社，1986年6月。

《西方美学名著引论》，华中工学院出版社，1987年5月；台湾木铎出版社，1989年8月再版。

《审美经验论》，长江文艺出版社，1989年12月；人民出版社，1999年11月再版。

《美学的现代思考》，中国社会科学出版社，1996年12月。

《西方美学史（第二卷）文艺复兴至启蒙运动美学》（彭立勋、邱紫华、吴予敏著），中国社会科学出版社，2005年12月。

《趣味与理性：西方近代两大美学思潮》，中国社会科学出版社，2009年12月。

《审美学现代建构论》，海天出版社，2014年2月。

《中西美学范式与转型》，中国社会科学出版社，2016年4月。

《西方美学名著导读》，华中科技大学出版社，2022年1月。

主编

《美育丛书》（共9册），暨南大学出版社，1990年12月至1996年5月。

《社会科学千万个为什么·美学卷》，世界知识出版社，1991年9月。

《西方美学史》（共4卷）（汝信主编，彭立勋、李鹏程副主编），中国社

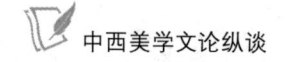

会科学出版社，2005年3月至2008年5月。

《美育辞典》（彭立勋、陈鼎如、汤文进主编），江西教育出版社，2018年7月。

论文　文章

1959

《关于王维及其诗歌评价的几点意见》（合著），载《华中师院学报》（语言文学版）1959年第1期。

1960

《向共产主义进军的号角——读马雅可夫斯基的诗集〈给青年〉》，载《湖北日报》1960年1月9日。

《试论〈迎春花〉》，载《华中师院学报》（语言文学版）1960年第2期。

《谈题材》，载《湖北日报》1960年8月13日。

1961

《谈散文》，载《湖北日报》1961年9月3日。

《形象和情感——写诗漫谈》，载《新闻业务》1961年第2期。

《坚定如铁　热情如火——读〈鲁迅回忆录〉》，载《武汉晚报》1961年9月14日。

1962

《留有余地——文艺欣赏随笔》，载《湖北日报》1962年2月11日。

《还有风俗画》，载《羊城晚报》1962年8月22日。

《"完美"与"逼真"》，载《羊城晚报》1962年10月15日。

1963

《听到了革命的召唤——读〈第一个风浪〉》，载《湖北日报》1963年2月18日。

《文学是战斗的事业——读〈高尔基文学书简〉》，载《延河》1963年第4期。

1964

《立足点必须高——从优秀话剧作者的创作经验谈起》，载《长江文艺》

1964 年 9 月号。

《戏曲艺术要不要革命化——评禾得雨〈艺苑漫步〉中的一个问题》，载《江汉学报》1964 年第 11 期。

1965

《努力塑造新一代的光辉形象》，载《人民日报》1965 年 3 月 9 日。

《谈中南区戏剧观摩演出下乡剧目的创作特色》，载《新建设》1965 年第 11-12 期。

1976

《光辉的艺术典范——学习毛主席两首诗词的一点体会》，载《湖北日报》1976 年 1 月 7 日。

1977

《革命现实与革命理想的辩证统——评歌剧〈洪湖赤卫队〉》，载《湖北文艺》1977 年第 3 期。

《发展社会主义文艺的指路明灯》，载《华中师院学报》（哲学社会科学版）1977 年第 3 期。

《谈文学作品中的人物形象的分析》，载《语文函授》1977 年第 4 期。

1978

《略谈形象思维》，载《语文函授》1978 年第 1 期。

《形象思维与文艺创作》，载《华中师院学报》（哲学社会科学版）1978 年第 1 期。

《关于文艺的倾向性和真实性——马恩美学思想学习札记》，载《外国文学研究》1978 年第 2 期。

1979

《鲁迅的现实主义创作理论》，载《华中师院学报》（哲学社会科学版）1979 年第 3 期；人大复印报刊资料《鲁迅研究》1979 年第 9 期转载。

1980

《文艺社会作用的特点》，载《语文教学与研究》1980 年第 1 期。

《如何理解典型环境中的典型人物》，载《文艺理论研究》1980 年第 1 期；《新华月报》（文摘版）1980 年第 9 期、人大复印报刊资料《文艺理论》1980 年第 20 期转载。

《创作方法的意义不应忽视》，载《上海文学》1980 年第 10 期；人大复印报刊资料《文艺理论》1980 年第 30 期转载。

1981

《歌德与席勒的友谊》，载《美育》1981 年第 1 期。

《论文艺的真实性与倾向性》，载《文学评论》1981 年第 4 期；人大复印报刊资料《文艺理论》1981 年第 13 期转载；收入《掌握好文艺批评的武器》，安徽人民出版社，1982 年 2 月。

《美学争论鸟瞰》，载《社会科学动态》1981 年第 20 期。

1982

《希腊艺术与美的法则——古希腊美学思想之一》，载《美育》1982 年第 1 期。

《从西方美学和文艺思潮看"自我表现"说》，载《文艺研究》1982 年第 1 期；《光明日报》1982 年 4 月 13 日转摘；人大复印报刊资料《文艺理论》1982 年第 8 期转载；收入四川省社会科学院文学研究所编《美学文摘》（1），重庆出版社，1982 年 12 月；收入《西方现代派文学问题论集》，人民文学出版社，1984 年 2 月。

《鲁迅论文艺的审美特征》，载《华中师院学报》（哲学社会科学版）1982 年第 2 期。

《文艺的审美教育作用统一论》，收入《美学评林》（1），山东人民出版社，1982 年 8 月。

《漂亮的小姐是不是美——古希腊的美学思想之二》，载《美育》1982 年第 2 期。

《为诗人辩护——古希腊美学思想之三》，载《美育》1982 年第 4 期。

《马克思论美感——兼论马克思美学思想的哲学基础》，收入中国社会科学院文学研究所编《马克思哲学美学思想论集》，山东人民出版社，1982 年 12 月。

1983

《马克思恩格斯对"真正社会主义"人性论的批判》，收入蔡仪等《马克思哲学美学思想研究》，湖南人民出版社，1983 年 1 月。

《论〈拉辛与莎士比亚〉的美学思想》，收入《美学论丛》（5），湖南人民出版社，1983年1月。

《马克思与席勒审美理论之比较——从〈美育书简〉到〈巴黎手稿〉》，载《外国文学研究》1983年第1期；人大复印报刊资料《外国文学研究》1983年第4期转载。

《美的欣赏与精神文明》，载《语文教学与研究》1983年第1期。

《"只有音乐才能引起音乐感"》，载《语文教学与研究》1983年第2期。

《"感受音乐的耳朵"与"感受形式美的眼睛"——审美能力及其培养》，载《语文教学与研究》1983年第3期。

《"各以其情而自得"——审美的个人差异性》，载《语文教学与研究》1983年第4期。

《柏拉图〈文艺对话集〉》，收入《美学述林》（1），武汉大学出版社，1983年6月。

《维纳斯、女妖及其它——审美的时代性、阶级性》，载《语文教学与研究》1983年第6期。

《刘勰情志说与黑格尔情致说漫议》，载《江汉论坛》1983年第8期；人大复印报刊资料《中国古代近代文学研究》1983年第9期转载；收入《艺术美学文摘》（4），四川省社会科学院出版社，1985年1月；收入曹顺庆编《中西比较美学文学论文集》，四川文艺出版社，1985年6月。

《"目之于色也，有同美焉"——审美的共同性》，载《语文教学与研究》1983年第8期。

《古希腊美学思想浅谈》，收入四川省社会科学院文学研究所编《美学文摘》（2），重庆出版社，1983年10月。

1984

《〈经济学哲学手稿〉审美理论初探》，收入全国马列文论研究会《马列文论研究》编辑部编《〈马克思手稿中的美学问题》，黑龙江人民出版社，1984年2月。

《关于现代派美学思想的几个问题》，载《华中师院学报》（哲学社会科学版）1984年第2期；中国人大复印报刊资料《美学》1984年4月转载。

《美学研究的对象和范围》，载《湖北电大学刊》1984年第4期。

《今日美学》（译文），载《美育》1984年第4期。

《略谈西方美学史上对美的本质的探讨》，载《湖北电大学刊》1984年第5期。

《马克思美学思想的哲学基础问题》，收入《美学评林》（6），山东人民出版社，1984年10月。

1985

《"移情"新论》，载《江汉论坛》1985年第1期。

《论艺术中认识和情感的关系》，收入《文学评论丛刊》（24），中国社会科学出版社，1985年2月。

《悲剧美感之迷》，载《外国文学研究》1985年第3期；人大复印报刊资料《戏剧研究》1986年第1期转载。

《科林伍德的表现主义概述》（译文），载《文艺理论研究》1985年第4期。

《从审美意识看艺术想象的特点》，载《华中师范大学学报》（哲学社会科学版）1985年第5期；人大复印报刊资料《美学》1985年第10期转载。

《笑——喜剧美感的特点》，载《江汉论坛》1985年第11期。

1986

《审美心理的系统研究》，载《华中师范大学学报》（哲学社会科学版）1986年第6期；人大复印报刊资料《美学》1987年第1期转载。

《从系统论看美感心理特性》，载《文艺理论研究》1986年第6期。

1987

《论美感情感的层次结构》，收入杨安苍主编《美学研究与应用》，湖南人民出版社，1987年1月。

《在"一见倾心"的现象背后》，载《美育》1987年第1期。

《从形式的表现性说起》，载《美育》1987年第2期。

《残缺美的奇妙效果》，载《美育》1987年第3期。

《可意会而不可言传》，载《美育》1987年第4期。

《从"娱目悦耳"到"愉心怡神"》，载《美育》1987年第5期。
《创造和欣赏的双向活动》，载《美育》1987年第6期。
《形象观念与美的认识》，载《江汉论坛》1987年第9期。

1988
《当代英国美学一瞥》，载《美学与时代》1988年第1期。
《评符号学的艺术本性论》，载《文艺研究》1988年第2期；人大复印报刊资料《文艺理论》1988年第5期、人大复印报刊资料《美学》1988年第5期转载。

1989
《关于审美知觉的特性问题——评鲁道夫·阿恩海姆〈艺术与视知觉〉》，载《社会科学家》1989年第4期；人大复印报刊资料《美学》1989年第10期转载。
《审美经验与艺术研究的统一——当代西方美学研究特点的总体审视》，载《文艺研究》1989年第4期；人大复印报刊资料《美学》1989年第10期转载。
《在现代水平上研究审美经验》，载《江汉论坛》1989年第9期。
《愿美育之花盛开——〈美育丛书〉序》，载《深圳特区报》1989年10月8日。

1991
《国际经验美学三大趋势》，载《社会科学报》1991年1月17日。
《经验美学的新趋向——第11届国际经验美学会议观感》，载《文艺研究》1991年第3期；人大复印报刊资料《美学》1991年第7期转载。
《论文艺的意识形态性与审美性的关系》，载《文艺研究》1991年第6期；人大复印报刊资料《文艺理论》199年第1期转载。

1992
《意识形态论与审美论的统一——马克思主义文艺学体系建设的思考》，载《学术月刊》1992年第1期。
《城市美学与城市文明建设》，载《特区理论与实践》1992年第2期；人大复印报刊资料《美学》1992年第6期转载。

《当代西方审美态度理论述评》，收入《外国美学》（8），商务印书馆，1992年3月。

《繁荣社会主义文艺的光辉指南——纪念毛泽东同志〈在延安文艺座谈会上的讲话〉发表50周年》，载《深圳特区报》1992年5月24日。

1993

《雕塑文化的新阐释——评〈生命·神祇·时空：雕塑文化论〉》，载香港《大公报》1993年1月17日。

《城市美学的研究对象和范围》，载《长沙水电师院社会科学学报》1993年第1期。

《马德里的广场环境艺术》，载《艺术世界》1993年第2期。

《第12届国际美学会议述评》，载《文艺研究》1993年第3期；人大复印报刊资料《美学》1993年第7期转载。

1995

《心理美学中的心理生物学》（译文），载《文艺研究》1995年第1期；人大复印报刊资料《心理学》1995年第3期转载。

《城市空间环境美与环境艺术的创造》，载《文艺研究》1995年第6期。

1996

《城市空间环境美与环境艺术的创造》，收入鲍世行、顾孟潮主编《杰出科学家钱学森论城市学与山水城市》，中国建筑工业出版社，1996年5月。

《城市空间环境美》，载《城市发展研究》1996年第3期。

《西方现代心理学美学的评价问题》，载《文艺报》1996年7月19日；人大复印报刊资料《美学》1996年第9期转载；"摘要"收入《中国新时期社会科学成果荟萃》，中国经济出版社，1999年1月。

《西方现代心理学美学评价》，载《学术研究》1996年第12期；人大复印报刊资料《美学》1997年第4期转载；收入林有能等编《审美文化：从形而上学研究到范畴拓展》，商务印书馆，2015年3月。

1997

《孔子与柏拉图美学思想比较研究》，载《广东社会科学》1997年第2期；

人大复印报刊资料《美学》1997年第4期转载。

《城市环境艺术的创造》，载《城市发展研究》1997年第2期。

1999

《20世纪中国审美主体研究纵论》，载《学术研究》1999年第4期；人大复印报刊资料《美学》1999年第6期转载；收入林有能等编《审美文化：从形而上学研究到范畴拓展》，商务印书馆，2015年3月。

《城市美学的研究对象和范围》，载鲍世行、顾孟潮主编《杰出科学家钱学森论山水城市与建筑科学》，中国建筑工业出版社，1999年6月。

《20世纪中国审美心理学建设的回顾与展望》，载《中国社会科学》1999年第6期；人大复印报刊资料《心理学》2000年第1期转载；"摘要"收入《中国优秀创新成果通报》，中华大百科全书出版社，2001年8月。

《现代化建设与文艺的使命——邓小平文艺理论的崭新命题》，载《学术研究》1999年专辑。

2000

《西方美学史学科建设的若干问题》，载《哲学研究》2000年第8期；人大复印报刊资料《美学》2000年第11期转载。

《走向新世纪的中国心理美学》，载《深圳特区报》2000年12月17日。

2001

《审美教育与语文教育》，载《语文教育与研究》2001年第1期。

《余光中的诗歌美学思想》，载《世界华文文学论坛》2001年第1期。

《20世纪中国审美心理学研究的回顾与展望》（英文），载《中国社会科学》（英文版）2001年第2期。

《后现代主义与美学的范式转换》，载《文艺研究》2001年第5期；人大复印报刊资料《文艺理论》2002年第4期转载；"摘要"收入《中国美学年鉴》（2001），河南人民出版社，2003年1月。

《后现代主义再审视》，载《深圳特区报》2001年6月17日。

2002

《"生态美学"向我们走来》，载《深圳特区报》2002年1月6日。

《生态美学：人与环境关系的审美视角》，载《光明日报》2002年2月19日。

《培根对西方美学思想的贡献》，载《南方论丛》（创刊号）2002年9月。

《论休谟的美学思想》，载《华中师范大学学报》（人文社会科学版）2002年第6期；人大复印报刊资料《美学》2003年第2期转载。

2003

《霍布斯的经验论心理美学思想》，载《深圳大学学报》（人文社会科学版）2003年第2期；人大复印报刊资料《美学》2003年第5期转载。

《论后现代主义哲学和文化思潮的倾向性特征》，载《开放时代》2003年（增刊）。

《后现代主义哲学和文化思潮的若干特征》，载《南方论丛》2003年第3期。

《论舍夫茨别利的美学思想》，载《外国文学研究》2003年第5期。

《论英国经验主义美学的特点和原则性理论贡献》，载《华中师范大学学报》（人文社会科学版）2003年第6期。

2004

《伯克论崇高与美》，载《武汉理工大学学报》（社会科学版）2004年第3期；人大复印报刊资料《美学》2004年第8期转载。

《西方美学史发展脉络探讨》，载《南方论丛》2004年第4期；《光明日报》2005年2月8日学术版转摘。

《20世纪前期中国审美心理学研究中的中西结合探索》，收入汝信等主编《中国美学》（第二辑），商务印书馆，2004年11月。

2005

《论莱布尼茨的理性主义美学思想》，载《深圳大学学报》（人文社会科学版）2005年第1期；人大复印报刊资料《美学》2005年第4期转载。

《建筑：你生命中不可分的部分》，载《深圳商报》2005年7月22日。

《建筑艺术的文化内涵和审美特点》，载《城市发展研究》2005年第6期。

2006

《哈奇生的直觉美学思想》，载《江西社会科学》2006年第2期。

《西方近代美学思潮的主导精神和基本倾向》，载《学术研究》2006年第5期；人大复印报刊资料《美学》2006年第8期转载；收入林有能等编《审美文化：从形而上学研究到范畴拓展》，商务印书馆，2011年3月。

《笛卡尔美学思想新论》，载《哲学研究》2006年第12期；人大复印报刊资料《美学》2007年第2期转载。

《英国经验主义美学概评》，收入《美学思想》第一辑，云南美术出版社，2006年12月。

2007

《后现代性与中国当代审美文化》，载《学术研究》2007年第9期；人大复印报刊资料《美学》2007年第12期转载；收入林有能等编《审美文化：从形而上学研究到范畴拓展》，商务印书馆，2011年3月。

《大陆理性主义美学演变和特点》，载《南方论丛》2007年第9期。

2008

《从笛卡尔到胡塞尔：现象学美学的方法论转型》，收入滕守尧主编《美学》（第二卷），南京出版社，2008年3月。

《鲍姆加登的美学思想及其历史贡献》，载《湖北大学学报》（哲学社会科学版）2008年第2期。

2009

《试析蔡仪美感论的特色及其创新性》，收入王善忠等编《美学的传承与鼎新：纪念蔡仪诞辰百年》，中国社会科学出版社，2009年1月。

《斯宾诺莎美学思想新探》，载《哲学动态》2009年第1期；人大复印报刊资料《美学》2009年第3期转载。

《经验主义与理性主义美学的历史地位和当代价值》，载《南方论坛》2009年第1期。

《西方美学史发展的阶段特征与动态分析》，载《武汉理工大学学报》（社会科学版）2009年第2期。

2010

《为新都市文艺立传》，载《中国社会科学报》2010年10月19日。

《西方近代启蒙美学家的"美善统一分殊"论》，载《学术研究》2010 年第 11 期。

2012

《西方美学史研究重在批判和创新》，载《中国社会科学报》2012 年 2 月 13 日。

《加强文艺理论与文艺批评的互动和互进》，载《文艺报》2012 年 8 月 31 日。

《从中西比较看中国园林艺术的审美特点及生态美学价值》，载《艺术百家》2012 年第 6 期。

2013

《我的美学探索之路》，载《美与时代》2013 年第 4 期。

《康德美学思想的调和特点及其内在矛盾》，载《广东社会科学》2013 年第 4 期。

《新都市文艺三十年的理性审视》，载《文艺报》2013 年 9 月 2 日。

《审美学学科定位与当代发展》，载《中国社会科学报》2013 年 10 月 9 日。

《〈论视觉艺术中的怪诞〉序》，收入李梦《论视觉艺术中的怪诞：一种文化心理学的解读》，河北美术出版社，2013 年 12 月。

2014

《海德格尔存在主义哲学和美学的认识和评价问题》，载《学术研究》2014 年第 1 期。

《审美学的学科定位与现代建构》，载《艺术百家》2014 年第 1 期。

《建设中国特色现代审美学——美学家彭立勋访谈》，载《文艺报》2014 年 7 月 18 日。

《推动中国传统美学思想创造性转化》，载《中国社会科学报》2014 年 8 月 4 日。

《现代审美学建设的若干思考》，载《学术界》2014 年第 9 期；人大复印报刊资料《美学》2014 年第 12 期转载。

《文化视域下中西审美学思想之比较》，载《广东社会科学》2014 年第 6 期；《学术界》2015 年第 1 期转摘。

2015

《中华传统美学思想的价值及其创造性转化》，载《美与时代》2015年第2期。

《正确理解马克思美学思想的三个关键理论问题——〈1844年经济学哲学手稿〉的文本阐释》，载《武汉理工大学学报》（社会科学版）2015年第2期；人大复印报刊资料《美学》2015年第10期转载。

《彭立勋：建构中国特色现代审美学》，载熊元义等编《当代文艺理论家如是说》，中国文联出版社，2015年3月。

《中华美学精神与传统美学的创造性转化》，载《艺术百家》2015年第3期；《高等学校文科学术文摘》2015年第5期转载；《红旗文摘》2015年第10期转摘。

《美学的批评与批评的美学》，载《文艺报》2015年8月3日。

《推进中国特色现代审美学建设——美学家彭立勋教授访谈》，载《文化深圳》2015年第10期。

《严羽〈沧浪诗话〉审美心理学思想辨析》，载《云南社会科学》2015年第6期。

2016

《审美学的理论创新与学科建构——美学家彭立勋先生访谈录》，载《美与时代》2016年第1期。

《论叶燮的审美学思想体系及其特点》，载《武汉理工大学学报》（社会科学版）2016年第1期。

《中华美学精神的民族特色》，载《甘肃社会科学》2016年第2期。

《深圳学派要有原创学术理论——专访当代著名美学家彭立勋教授》，载《深圳商报》2016年6月22日。

《开拓审美之谜探索新思路——访著名美学家彭立勋教授》，载《特区实践与理论》2016年第5期。

《包容与融通：中华美学创新发展之路径》，载《中国社会科学报》2016年12月27日。

2017

《圣马可广场审美漫笔》（上），载《深圳商报》2017年11月8日。

《圣马可广场审美漫笔》（下），载《深圳商报》2017 年 11 月 9 日。

2018

《典型理论美学价值的丰富与创新》，载《中国社会科学报》2018 年 3 月 26 日。

《杜威美学思想的创造性及其当代价值》，载《深圳社会科学》2018 年第 1 期（创刊号）；人大复印报刊资料《美学》2018 年第 6 期转载。

2019

《朱光潜与中国现代审美学学科建设》，载《中国文学批评》2019 年第 1 期；《中国社会科学文摘》2019 年第 10 期转载；人大复印报刊资料《美学》2019 年第 5 期转载。

《论海德格尔对艺术本质的存在之思》，载《艺术百家》2019 年第 3 期。

2022

《审美观照：中西不同学说体系的演变与比较》，载《深圳社会科学》2022 年第 2 期；人大复印报刊资料《美学》2022 年第 3 期转载。